生命科学前沿及应用生物技术大系·典藏版

结构生物学与现代药学研究

杨　铭　主编

科 学 出 版 社
北　京

内 容 简 介

结构生物学是以生物大分子三维结构及其运动性的研究为基础，定量阐明生命现象的学科，而现代药物的合理设计大多是以结构生物学的研究成果为基础。本书侧重于药学研究中的结构生物学问题，作为《结构生物学与药学研究》的新版，更力求反映这一领域的最新研究进展。除了第一章绪论外，全书分为两篇：上篇为专论篇，共十五章；下篇为方法与技术篇，共十二章。首先概述结构生物学的研究现状和发展趋势，再从分子水平上探讨主要生物大分子的三维结构与生物功能的关系及药学研究前沿领域中的一些重要科学问题，最后介绍结构生物学研究的主要方法与技术。

本书可供生命科学相关领域中从事药学基础研究的科学工作者及医药院校、科研单位的教师、科研人员及研究生等参考。

图书在版编目（CIP）数据

结构生物学与现代药学研究 / 杨铭主编. —北京：科学出版社，2008.8（2017.4重印）

（现代生物技术前沿）

ISBN 978-7-03-022253-4

Ⅰ.结… Ⅱ.杨… Ⅲ.①生物结构-分子生物学-研究 ②药学-研究
Ⅳ.Q617R9

中国版本图书馆CIP数据核字（2008）第081923号

责任编辑：李 晓 / 责任校对：朱光光

责任印制：赵 博 / 封面设计：王 浩

科学出版社 出版
北京东黄城根北街16号
邮政编码：100717
http://www.sciencep.com

北京凌奇印刷有限责任公司印刷

科学出版社发行 各地新华书店经销

*

2008年8月第 一 版 开本：787×1092 1/16
2008年1月第一次印刷 印张：29 1/2
2017年4月第二次印刷 字数：673 000

定价：120.00元

（如有印装质量问题，我社负责调换）

参编人员名单

主　　编：杨　铭

参编人员：(以姓氏笔画为序)

于晓琳	王丽珺	王　敏	卢景雰
叶新山	刘振明	朱树梅	李介博
李　敏	杨宪斌	杨晓达	杨　铭
周田彦	岳保珍	徐　源	袁　兰

再版前言

《结构生物学与药学研究》自2003年10月问世以来，深受全国生物学领域的科学工作者、高校老师及研究生的欢迎。承蒙大家的厚爱，这次决定修订再版。修订的指导思想是：既要保持本书原有的特色又要与时俱进、创新发展；努力做到将科学性、知识性和实用性有机地结合在一起；力求使其成为一本有足够信息量、真正有用、受读者喜爱的好书。

本版的修订，除了纠正第一版中的一些疏漏和印刷错误以外，主要进行了以下几方面的改进：

1. 在本版“专论篇”中，为了体现内容的新颖性和前沿性，我们增加了三章。新加入的第九章为 G-四链体核酸的结构及其生物学功能，是对核酸结构生物学的补充；新加入的第十一章和第十二章为HIV结构生物学与药物研究，是为了弥补第一版中有关病毒结构生物学方面的不足。同时，第十一章亦可作为基于蛋白质与核酸相互作用的一个典型研究范例；第十二章亦可作为对蛋白质结构生物学的补充。

2. 在本版“方法与技术篇”中，增加了两章：生物传感技术——表面等离子共振技术(第二十五章)和高内涵筛选与高内涵分析技术(第二十七章)，作为相关领域新近发展起来的前沿技术的补充。

3. 考虑到更突出结构生物学的特点，将第一版原第二十三章结构生物学为基础的计算机辅助药物设计替换为第二十八章计算机辅助技术在生物大分子结构模拟与功能研究中的应用。

4. 修订的同时，根据内容的需要，将书名《结构生物学与药学研究》更名为《结构生物学与现代药学研究》。

本书的编写、修订和出版得到了科学出版社的全力支持，特别是科学出版中心生物分社的负责同志及本书的责任编辑为其修订和出版做了大量的工作，在此表示感谢。值此新版问世之际，我还要再次感谢国家自然科学基金(30670415)和北京大学985项目基金对相关研究项目的资助。同时，特别感谢张礼和院士、王夔院士对我的帮助。在两位院士的倡导和支持下，北京大学药学院从1998年起开设了博士生必修课——结构生物学导论。梁栋材院士、白春礼院士、刘元方院士、李方华院士、张景强教授、王志珍院士、王大成院士、徐伟教授、王金凤教授、郑启泰教授在课程开设过程中给予了指导和帮助。本书的撰写在一定程度上也得益于此课程的开设，得益于以上专家教授的关心和支持，在此一并表示衷心的感谢。

最后感谢全体参编人员的合作和努力。

由于时间仓促，编者水平有限，本书难免还存在疏漏、不足或错误之处。热忱希望同行和使用本书的读者批评指正。

杨 铭

2008年5月于北京

第一版前言

生物学研究从宏观到微观是一重要发展，在分子和分子以上层次研究结构与功能的关系是其中的核心部分。结构生物学是以生物大分子三维结构及其运动性研究为基础，定量阐明生命现象的科学。近年来，不仅由于结构生物学的迅速发展使其成为分子生物学的前沿和主流，而且其研究成果越来越受到生命科学中各个相关领域的重视。任何一本与分子生物学或药学研究领域相关的专著和教科书都在大量地引用结构生物学的研究成果。我们也注意到在结构生物学基础研究不断深入和发展的同时，应用研究也在迅速发展。以生物大分子三维结构为基础的药物分子设计进展尤为可观，结构生物学已经对药学研究产生了巨大的影响。药物的合理设计、新药的发现都以结构生物学的研究成果为基础。因此，迫切要求药学工作者更多地了解结构生物学的基础知识、研究方法和发展现状，而国内目前尚缺少一本这样较为系统的参考书。本书尤其侧重于药学研究中的结构生物学问题，力求反映当代这一领域最新研究进展，其中很多内容是参编人员的最新研究成果。我们希望本书能够为这一领域的科学工作者提供必要的基础知识，希望本书的出版，不仅会促进国内生命科学工作者对结构生物学这一新兴领域的系统化认识，而且能为从分子水平上阐明生命现象、揭示药物作用的分子机理，特别是为以生物大分子为靶的药物设计提供一定的理论依据。

在张礼和院士和王夔院士的倡导和支持下，从 1998 年起北京大学药学院新开设了博士生必修课“结构生物学导论”，本书在 5 年授课基础上，查阅大量较新的文献整理而成。在此课程开设过程中得到了梁栋材院士、白春礼院士、王大成教授、徐伟教授、王志珍院士、刘元方院士、郑启泰教授、李方华院士的指导和帮助。贾欣博士对第十六章、第十七章、第十八章进行了审校；卢景雰教授对第十九章进行了审校；肖苏龙、于晓琳协助进行了大量的校对和录入工作，在此一并表示感谢。同时对国家自然科学基金、北京市自然科学基金、北京大学 985 新学科建设基金及北京大学生命科学跨学科研究中心项目基金给予课程建设的支持表示感谢！最后衷心感谢科学出版社编辑们在出版方面的帮助！

杨　铭

2003 年 8 月于北京

目　录

方法与技术篇

第一章 绪 论

20世纪自然科学史上最伟大的事件之一就是物理学与生物学的结合，在此基础上科学对人类文明所做出的最大贡献就是创立了量子力学和分子生物学。这两者的联姻敲开了结构生物学的大门。

75年前，量子力学领域的开拓者，伟大的物理学家玻尔(Neils Bohr)看到了生物学未来的发展前景，预示出物理世界与生物世界交融发展的必然趋势，于1932年发表了“生命和光”(Life and Light)的讲演。他指出，生物学在使用了新的概念和一些物理学方法后将能达到一个新的水平。他的学生德尔布鲁克(Max Delbluck)亲自参与了生物学研究，在他们研究噬菌体的过程中证明了DNA是遗传信息的载体。7年后，另一位量子力学家薛定谔(Erwin Schrödinger)也写了一本颇具影响的书《生命是什么》(*What is life*)，书中在论述什么是生命时指出，生命的特征在于生命系统能不断减少自己的熵，主张新的物理学要在研究生物学中形成，与玻尔的观点遥相呼应。后来半个多世纪科学的发展已经证实了他们的预言。现代科学技术出现了一种在高度分化基础上的综合化、整体化发展的新趋势。由于学科间方法上的相互运用，理论上的彼此借鉴，使学科界限不再分明，不同领域的科学家也开始有了共同语言。特别是生物学进入分子水平，与其他学科彼此交叉渗透也越来越深入，逐渐形成了一系列新兴的学科。生物学在与其他学科的交叉、渗透获得发展的同时，也为其他学科开拓了新的领域。生物学已然成为自然科学中引人注目的一门带头学科，一步步展现出其蓬勃发展的势头。当许多有远见的自然科学家称21世纪为生物学的世纪时，生物学蓬勃发展所揭示出的大量事实又引发了人们新的思考：为什么形形色色的动植物、微生物等有着令人惊奇的共性？它们都含有相似的化合物，具有相似的组成，并且执行着相似的功能。生物体的基本单位是细胞，而构成生命的不同形态的细胞却有着极其相似的分子设计。要想揭开这个谜，要想更多地揭示生命的共性和本质，一定要在生物学领域内再发生一场深刻的变革和跨时代的飞跃。其标志就是生物学研究从宏观到微观的过渡，要把认识的层次从细胞深入到分子。在这一时期生物学领域里的几大突破，如发现DNA是遗传物质、DNA双螺旋结构的阐明以及生物大分子晶体学的诞生，都让人们体会到了生物学的这场变革的深刻意义。正是由于生物学研究本身的需要，加之化学、物理、数学等学科向生命科学的渗透，生物学研究明显地分成了几个层次。其中在分子和原子水平上的研究促进了分子生物学、生物物理学的诞生。值得一提的是，19世纪以来，化学学科发展很快，不仅创立了原子、分子学说而且开辟了生物化学的研究方向，逐渐形成了生物化学学科，明确了很多生命过程中的重大化学问题，带动了生命科学走向分子水平。而进行分子水平的研究也确实赋予生命科学不可限量的活力和前景。但是从本质上说，仍迫切需要找到一种合理的遗传物质的结构来解释其功能(这就是核酸)。另一方面为了认识酶的生化本质及解释大量的生化实验结果也迫切需要蛋白质的结构数据，也就是迫切需要研究核酸和蛋白质这两类生物大分子的结构和功能。其内容主要是对核酸和蛋白质的高级结构进行测定、分析，并发掘、研究其功能，并对蛋白结构与功能的关系进行探讨。于是，结构生物学作为生命科学的一门前沿学科应运而生。

第一节　结构生物学时代的兴起

看到结构生物学蓬勃发展的今天，想到结构生物学诞生的历史，我们不能不饮水思源，不能不提到本与生物学无关的伦琴射线的发现在结构研究上所立下的伟大功勋。1895 年德国人伦琴(W. K. Röntgen)发现了 X 射线，也就是伦琴射线。100 多年来 X 射线在物质结构，特别是晶态物质结构的阐明上作出了巨大贡献。1912 年劳尔(M. F. Lauer)发现了晶体的 X 射线衍射。把 X 射线的波长与晶体内原子间的距离相比，当它透过晶体而产生衍射时，将能显现出晶体内部的有序结构。1934 年物理学家伯纳尔(Bernal)和克劳福特(Crowfoot)拍摄到胃蛋白酶单晶的 X 射线衍射的第一张照片，但无法解出其结构。事隔 20 年之后佩鲁茨(M. Perutz)的一个重大发现解决了这一难题，1953 年，他用同晶置换技术解决了胃蛋白酶的结构。随后的五六年里，Kendren 和 Perutz 分别获得了 6Å 分辨率的肌红蛋白和 5Å 分辨率的血红蛋白的晶体结构。与此同时，沃森(Watson)和克里克(Crick)在有限的 X 射线衍射数据基础上，通过推理和想像共同建立了 DNA 双螺旋结构模型，由此奠定了分子生物学的基础。这是一个伟大的功绩，人们也从此开始了对生物大分子三维结构的描述。在 1957~1967 年的 10 年里，结构生物学又发展到了一个新的阶段。随着溶菌酶结构阐明之后，胰凝乳蛋白酶 A 及核糖核酸酶 S 也分别得到了高分辨率的衍射结果，并通过结构分析了溶菌酶对多糖的水解机制、对糖苷键的断裂机理等。这说明作为结构生物学的主要部分——蛋白质晶体学已成为一门成熟的科学。然而，虽然它起到了结构生物学奠基者和开路先锋的作用，但还不能独立被称之为结构生物学。直至 20 世纪 70 年代，该领域的研究从生物大分子三维结构的测定进入到生物大分子三维结构与其生物学功能关系的研究阶段，即不仅是测定单个分子而且是开始测定复合物的结构，不仅是测定静态的、单个复合物的结构，而是测定动态的、一系列复合物不同运动状态的结构，并开始特别注意其结构与功能关系研究的时候，才正式提出了结构生物学的名称。算下来，结构生物学名称的提出距今已有 36 年(1972~2008 年)，但它快速发展并逐步形成一个新的学科领域，则是近几年的事。

英国出版的最权威的杂志 *Nature* 于 1993 年 11 月召开了一次以结构生物学为主题的讨论会。曾任哈佛大学、麻省理工大学教授，现任美国 Brandeis 大学的教授 Petsko 在会上宣称结构生物学的时代已经开始。实际上，当时多种国际性的结构生物学专业刊物的创立就是很好的证明。1990 年以来问世的五种新的结构生物学专业刊物是：*Journal of Structural Biology* (1990)，*Current Opinions in Structural Biology* (1991)，*Macromolecular Structure* (1991)，*Structure* (1993)和 *Nature* 出版的 *Structure Biology* 专刊 (1994)。而且原来的一些著名期刊如 *J. Med. Biol.* 和 *Nature* 等刊物所刊登的与结构生物学有关的学术论文也与日俱增，另外还有一些著名刊物也是主要刊登结构生物学方面的研究内容，如 *Biological Macromolecules, Structure and Dynamics*，*Protein Science*，*Protein, Structure Function and Genetics*，*Biopolymer*，*Structural Dynamics* 和 *Journal of Biomolecular NMR*。

这些刊物的诞生和发展的确宣告了结构生物学时代的兴起。

第二节　结构生物学的主要研究技术

研究结构生物学的方法可以归纳为晶体学方法、显微学方法、谱学方法及一些近代发展的特殊技术如双向电泳等，如图 1-1 所示。

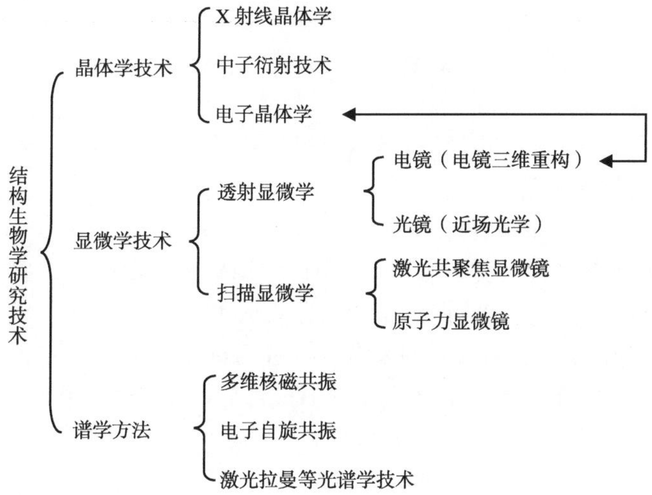

图 1-1　结构生物学研究技术分类

晶体学方法包括 X 射线晶体学、中子衍射晶体学及电子晶体学。显微学方法包括透射显微学及扫描显微学。透射显微学包括光学显微镜、电子显微镜及电镜三维重构技术。扫描显微学主要是扫描隧道显微镜、原子力显微镜及激光共聚焦显微镜技术。谱学方法除了经典的多维核磁共振技术外，还有顺磁共振技术、圆二色性技术及激光拉曼技术，此外，荧光、紫外等波谱技术也发挥了很大作用。新发展的技术也得到了越来越广泛的应用，如双向电泳技术用于蛋白质的快速鉴定和计算机模拟技术用于生物大分子结构预测中。而最新的基因芯片技术、表面等离子共振技术及细胞高内涵分析技术亦正在被逐步运用到结构生物学的研究中。

下面除了介绍经典的研究生物大分子结构的主要三大手段：X 射线晶体学、电子晶体学及多维核磁共振外，对于扫描隧道显微镜及各种谱学技术也将作一简要说明。

一、X 射线晶体学

X 射线晶体学这样一个最初专门用来测定无机或有机小分子化合物结构的物理学工具的确为结构生物学研究帮了大忙。自从 1912 年 Lauer 发现晶体对 X 射线衍射以来，就预示了 X 射线晶体学时代的到来。最初是 1913 年布拉格(W. L. Bragg)测定了氯化钠和金刚石的晶体结构。从此以后，X 射线晶体结构分析就成为测定晶体和分子结构的主要方法。在早期，著名的霍奇金(D. Hodgkin)教授应用这个方法测定了胆固醇、维生素 D、青霉素和维生素 B_{12} 的结构，以后随着结构生物学的发展，蛋白质晶体学已逐渐成为一个非常重要的独立分支学科，X 射线晶体学成为一个非常重要的研究手段。生命科学中的每个重要新发现几乎都伴随着晶体结构的阐明。虽然其他方法也在飞速发展，但 100 年来，X 射线晶体学在物质结构，特别是晶态物质结构的发现上一直占主导地位，目前它正努力在四维结构变化上，在第三代同步辐射新技术的应用上使生物大分子精细结构的研究达到前所未有的水平。

二、电子晶体学与电镜三维重构技术

X 射线晶体学是借助于 X 射线与晶体的相互作用来研究晶体结构，而电子晶体学则是借助于电子与晶体的相互作用来研究晶体结构的科学。因为电子与物质的相互作用远强于 X 射线，所以电子晶体学适合研究微小晶体与薄膜的结构。例如膜蛋白，一般很难分离纯化，也很难得到单晶，又不溶于水，所以电镜就成为很有希望的研究方法。另外，X 射线晶体学是从 X 射线衍射数据来获得晶体的结构信息。电子晶体学则还可以通过磁透镜聚焦，用电子显微成像来获得晶体的结构信息。De Rosier 和 Klug 两位科学家于 1968 年提出的电镜三维重构的思想就是用电子显微成像后，再把试样沿不同方向投影得到的一系列电子显微像进行三维重构，这在膜结构的测定上起了很大的作用。

三、多维核磁共振方法

核磁共振(nuclear magnet resonance，NMR)是测定溶液中生物大分子结构、构象及其相互作用并给出原子分辨水平详细结构信息的最有力的工具之一。1957 年 Jardetzky 首先用 NMR 技术研究氨基酸，同年 Saunders 等也发表了关于核糖核酸酯的第一篇 NMR 研究论文。至此之后，NMR 方法不断改进，直至二维和多维核磁的诞生使生物大分子的结构测定成为可能。X 射线衍射确实是测定生物大分子结构的主要方法，但它对于液体和非晶态固体生物样品中生物大分子的结构分析就受到一定限制。当一个样品的三维结构已确定，要研究它的运动和变化则要依靠 NMR 技术。NMR 最主要的优势在于它测定的是液体，它所测定的结构可以是处于生理环境下的动态构象群，更能反映生物大分子在有机体内的实际情况。NMR 目前的发展很快，用 NMR 已经能测定出几万 Da 的未知蛋白的结构，像 Wuthrich 等用二维核磁共振测定蛋白质完整的空间结构也已经获得成功，随着 NMR 一整套新技术的运用，如超导核磁、快速傅里叶变换和三共振实验等，NMR 已经能在溶液或非晶态中测定生物大分子三维结构及其动力学变化。另一方面最近国际上少数先进的 NMR 实验室也在开展类似于液态分子构象的固体 NMR 的研究工作，比如在固态下，生物膜的高分辨研究也取得了一些重要进展。而且 NMR 方法测定的结构数量也有了迅速的增长，而且其完整结构测定的分子质量上限已突破了近 40 000Da，预计未来几十年内，NMR 方法的测定结果在结构生物学上将会与 X 射线衍射晶体学的结果并驾齐驱、互相补充。从技术需要来看，优秀的国家实验室应在以上三个主要方向并向发展。

四、扫描隧道与原子力显微镜技术

第一台扫描隧道显微镜(scanning tunneling microscope，STM)是瑞士的葛·比宁(Gerd Binnig)和海因里希·罗勒(Heinrich Rohrer)于1982年研制发明的。它的出现使人类能够实时地观察单个原子在物质表面的排列状态以及与表面电子行为有关的物理化学性质，这两位科学家因此获得诺贝尔物理学奖。它的原理主要是利用隧道效应，使极细小的一个探针与被研究的物体表面构成两个电极，当它们之间的距离小于1nm时，在外加电场的作用下，电子就会穿过两个电极之间的壁垒流向另一电极。隧道电流强度对针尖与样品表面之间的距离非常敏感，所以能通过电流强度测出样品表面的起伏。

迄今为止，用STM不仅研究了核酸在天然状态下的结构包括B-DNA、A-DNA、Z-DNA、单链DNA及RNA、poly(A)、poly(U)等，还研究了结构蛋白(包括胶原蛋白、骨架蛋白)、功能蛋白(包括溶菌酶、猪胃蛋白酶)以及蛋白与核酸的复合物的表面结构，均取得了很好的结果。

除此以外，各种谱学方法如紫外、红外、激光拉曼、荧光、圆二色性光谱等能给出生物大分子二级结构及一些溶液构象方面的粗略信息。虽然我们不能仅靠谱学方法获得完整确切的结构信息，但通过谱学方法可以方便、快捷地获取三维结构的运动性方面的信息。特别是激光拉曼技术在结构生物学中的应用已引起了科学家的极大兴趣。

第三节 结构生物学研究现状和展望

结构生物学是一级学科深层次交叉的结果。它不是结构学，而是生命科学。它所面临的是生命科学中的问题，从生命科学出发，又回到生命科学中去。结构生物学的诞生是与生命科学的发展趋势和特征密切相关的。生命科学是从现象到本质研究生命的科学，它的核心是生物学，研究的内容是生物大分子(蛋白质、核酸、多糖及类脂)的结构和功能。

生物大分子发挥其生物功能必需的条件是具备相对稳定的、特征的三维结构及其三维结构在各个水平上的运动。结构生物学针对生物系统的多层次结构研究也应该包括细胞生物学，但分子层次的结构生物学一直是其发展的主流。也有另一种看法即结构生物学就是指分子层次，所以不必说结构分子生物学或分子结构生物学而特指分子层次。我们曾提到生物系统的多层次结构，而单就分子水平看，生物大分子的结构仍具有层次性。我们称之为不同级的结构。一级结构是指组成蛋白质的20种不同的氨基酸及组成核酸的四种核苷酸的排列顺序。如DNA的一级结构即为脱氧核糖核酸的种类、数量、排列位置和键连接关系。二级结构是指由相邻氨基酸或核苷酸折叠形成的一种规则结构，如蛋白质的α螺旋、β折叠的构象，DNA的双螺旋结构等都属于二级结构。三级结构主要是指在一级、二级结构的基础上蛋白或核酸链的卷曲，如基因转录调控蛋白的三种构象：螺旋–转折–螺旋(helix-turn-helix)，锌指蛋白(zinc finger)和亮氨酸拉链(leucine zipper)结构以及质粒DNA的超螺旋结构，酶性核酸的锤头型结构都属于三级结构。从结构生物学的内涵来看，每个生物大分子都有其特定、固有的三维空间结构，也就是说构成生物大分子的每个原子在空间都占有一个固定的位置，可以测出它的坐标。测定生物大分子的三维结构是研究生物大分子的核心，也是研究其功能的基础。结构生物学就是以生物大分子三维结构的测定为手段，以其三维结构与功能的关系研究为内容，以探讨和阐明生物学各前沿领域中分子层次作用机制和原理为目的的学科。它以生命物质的精确空间结构及其在各个水平上的运动为基础，阐明生命现象的本质，在分子层次上从三维结构角度研究当前生物学中各个前沿领域中的重要科学问题。几乎每一个重要的生物大分子及其复合物的高分辨三维结构的测定都是从分子水平上阐明了一个基本的生命现象。反过来说，当前分子生物学中的每个重要问题都是在三维结构解析的基础上给予阐明的。从近几十年结构生物学及其相关领域获诺贝尔奖的情况可以看出：过去、现在和将来，分子生物学中的每一个前沿突破必将是与其三维结构的突破密切相关。1962 年，诺贝尔生理与医学奖是关于核酸双螺旋结构的阐明；化学奖是关于血红蛋白和肌红蛋白结构的阐明；1964 年的化学奖属于维生素 B_{12} 的结构和胰岛素结构的阐明；1982 年的化学奖则是关于病毒结构的阐明；1988 年的化学奖是由于解出了细菌光合反应中心——含有 4 个蛋白质分子的膜蛋白复合物的结构，并首次在分子水平上解释了光能是如何转化为化学能的；1997 年的化学奖的一半也是基于结构的三磷酸腺苷 ATP 合成的基本酶学机制的阐明。

下面分三个方面简要介绍与生物大分子相关的结构与功能研究方面的新进展。

一、生物大分子三维结构的测试在高速发展

因为结构生物学不是描述性科学，不是推论性科学，它所研究的内容必须是定量的，是原子水平上的三维结构，所以生物大分子三维结构测定发展速度就体现了结构生物学的发展，也是其发展的重要标志。

首先，精确测定的生物大分子结构近年来呈指数增长势态。1988 年结构测定速度是每年 129 个，而到 1995 年激增到每天 3.3 个。仅两年后的 1997 年就增为每天 5.1 个。这足以说明结构测定发展之快，测定方法之成熟和普及。其次，近几年内还突破解决了很多难度高，意义重大的结构，使得以精确三维结构为基础揭示重要生命过程已达到前所未有的深度和广度。举例如下：

细菌光合作用中心复合物及细菌集光蛋白复合物三维结构的阐明，比较完整地揭示了细菌光合作用的运行机理及光能高效传递的时空关系和分子机制。

细菌视紫红质高分辨(0.25nm)精细三维结构的测定是几个高分辨膜蛋白三维结构测定成功的实例之一。

与重要疾病相关的重要结构——全长重组普里昂(prion)蛋白的 NMR 溶液结构的突破，为研究普里昂的特殊致病——构象转换致病机理奠定了结构基础。

在首次测定抗体–抗原复合物结构之后，近年来对人组织相容性抗原及多种 T 细胞及其复合物的晶体结构的解析，使免疫反应机制与规律获得越来越深入的了解。

1997 年底所准确确定的由 8 个组蛋白亚基和 146 个 DNA 碱基对组成的核小体三维结构，是目前在原子水平上测定的最大也是最复杂的蛋白质–核酸复合物三维结构，这一成就为研究基因转录、DNA 复制提供了精确的结构基础。

另外，人生长激素与受体复合物、猿猴病毒 40、人鼻病毒 14、人免疫缺陷病毒(HIV)蛋白酶、与 HIV 有强结合能力的糖蛋白 CD4、一氧化氮合酶、微管蛋白及酶性核酸三维结构的报道都具有里程碑式的意义，都是世人瞩目的结构生物学重大成就。

二、研究技术方面的新进展

复杂生物大分子精细结构的研究极大地依赖于复杂的技术条件。近年来对结构生物学影响最大的是高能量第三代同步辐射仪的出现，*Science* 杂志将此列为 1997 年 10 大科学成就之一。第三代同步辐射仪可以提供多种波长，强 100 倍的高亮度光源和精细 100 倍的细微聚焦能力。这些先进技术的应用对于生物大分子三维结构的研究产生了重大的影响。首先它极大地降低了对晶体大小的要求，而 X 射线晶体衍射成功的前提是必须有足够大的优质单晶。使用第三代同步辐射光源可使对晶体要求的尺度从 0.1mm 降至 20~40μm，因而使原先过小的膜蛋白的晶体都得到了成功的分析。另一方面也能克服在一些过大的晶胞(如病毒的分子组装体)、复杂的蛋白质、DNA、RNA 及其复合物中由于含原子数极多、衍射点过多或衍射点强度过弱而造成晶体解析的困难。这具有重要的生物学意义，因为几乎所有的生物功能都是通过生物大分子相互作用实现的。目前结构生物学研究已从单分子进入到研究分子间相互作用的复合物以及许多分子构成的复合体，如酶和底物、生物激素与受体、抗原与抗体以及 DNA 与其调控蛋白等都是令人瞩目的研究对象，特别是一些复杂、庞大的分子组装体结构，如高等植物的光合作用系统是由 60 个不同的蛋白质和 3 条 RNA 链组成的分子质量为 230kDa 的核糖体结构，这些结构的解析对光合作用、激素作用、DNA 复制、基因调控、遗传信息的转录翻译乃至肽链的折叠、卷曲等重要生命过程的分子机理的阐明有重要意义。所以测定生物大分子复合物以及亚细胞器、细胞器的精细三维结构是结构生物学的重要目标，这无疑需要先进的技术条件。

另外，第三代同步辐射仪的先进性还在于大大减少了在同晶置换法中重原子衍生物制备的困难，使得结构测定的速度加快。同时也可以极快速度获取衍射数据，从而使研究快速运动和动力学过程成为可能，使结构生物学研究从生物大分子静态的结构进入了动态的结构研究和动力学分析。

多维核磁共振技术也发展很快。价值 700 万美元的 900MHz 核磁共振仪已于 1998 年在美国投入运行，而 1000MHz 的新一代 NMR 谱仪也已在筹划之中。计算机硬件和软件的迅猛发展以及图像显示技术的进步都更进一步推动了结构生物学研究技术的发展。2002 年的诺贝尔化学奖之一半授予了 Kurt Wüthtich 博士，就是因为他在应用核磁共振技术获得生物大分子三维结构方面所做出的卓越贡献，这也充分说明核磁共振技术在结构生物学研究中的发展之迅速。

三、结构生物学与现代药学研究

结构生物学是一级学科(数、理、化、天、地、生)主要是生物、物理、化学和计算数学深层次交叉的产物。在对生命的不同结构层次进行深入探索中会不断有新的边缘学科形成，由于深层次的学科交叉，生物学将面临理论上大综合和大发展时期。结构生物学是这个时期的产物，它的诞生促进了学科间深层次的交叉，同样给各交叉学科也注入了新的生机。结构生物学的研究成果越来越受到生命科学各个相关领域的重视和引用，当前任何一本分子生物学相关领域的专著和教科书都在大量引用结构生物学的研究成果，特别是一些三维结构的研究成果，借此才能定量地、深入地阐明有关生物学机理，使其成为一门前沿学科。优秀的分子生物学的论文几乎都含有结构生物学内容，这也说明结构生物学已渗透到生物学中各个领域。众所周知，2000 年 6 月 26 日美英正式向世人宣告：人类基因组的工作草图已经完成。这是生命科学历史发展中的一次新飞跃，它标志着生命科学正在迎来一个崭新的时代，解释所有蛋白质的结构和功能已成为生命科学新的前沿与挑战。通过结构生物学与基因组学的深入交叉，使得大规模克隆基因、表达蛋白、生长晶体、测定三维结构从而快速获取基础蛋白的结构与功能变得不再遥远。同时这种交叉也促成了一个新的学科领域的诞生，即结构基因组学(structural genomics)，其最终目标是使基因组的遗传密码与细胞中蛋白质的精细结构与功能直接联系起来。美国 1998 年即启动了测定细菌模式系统中全套蛋白质三维结构的计划。2000 年后 NIH 作为第一期计划已设立了 6 个结构基因组学的研究机构，这些工作的推进也一定会对未来世纪的生物学产生不可估量的影响。在后基因组时代里，生物学的中心任务是揭示全部基因组的功能，而揭示基因组功能的基本途径就是进一步集中研究蛋白质的结构与功能；在获得基因组序列基础上全面了解相关蛋白质及其复合物、组装体的精细三维结构及其在各个水平上的运动和相互作用，主要是结构与功能的关系。事实上，生命活动的规律及疾病发生、发展的分子机理是很难仅用基因的知识去阐明的。例如，20 世纪 80 年代就首次发现了癌基因，但作用机制始终不清楚，直到 1997 年第一个癌基因蛋白 Src 及其同源蛋白精细三维结构的测定成功才揭示了这种具有正常功能，而在一定条件下可以发生癌变的分子机制，进而开辟了根据分子开关机理进行药物设计，使 Src 分子保持关闭状态而防治癌症的新途径，并促成药物基因组学这一新学科的诞生。这一实例充分说明蛋白质三维结构及其功能的研究在阐明基因功能中起着多么大的作用，也说明在后基因组时代，结构生物学将在现代药物设计中起重要作用。现代合理药物设计包括基于机理和基于结构的药物设计。基于机理主要是基于病理，基于疾病发生、发展过程的分子基础，即药物的内源性活性靶分子(蛋白质、核酸、多糖和类脂及微量元素等)在调节作用中的分子机理。基于结构主要是基于 X 射线晶体学、计算机辅助设计等方法获得的生物靶分子的结构及药物小分子与其相互作用的复合物的结构，这两方面都与结构生物学密不可分。由于药学与基因组学的交叉与相互渗透又诞生了结构基因组学与药物基因组学，这些新学科的发展极大地推动了药物研究的新进展。在人类基因组的工作草图完成后不到一年的时间内就发现了 1778 个疾病基因。与人类疾病相关基因的识别、鉴定及结构与功能的研究为合理药物设计开拓了不可限量的前景，给新药设计带来了契机。2001 年 11 月 12 日我国已正式加入世界贸易组织(WTO)，这对我国的制药业既带来了机遇，又是一种挑战，更是极大的冲击。实现以结构生物学为基础的药物设计，快速研制出具有我国自主知识产权的药物迫在眉睫。结构生物学使药物研究向分子层次发展，使药物研制向更高水平推进，是现代药物研究的重要基础之一；结构生物学与药学研究相结合也为结构生物学本身的发展呈现了更广阔的前景。从这个意义上说，药学结构生物学是当今生命科学的一个重要前沿领域。

主要参考文献

梁栋材. 1994. 我国生命科学的前沿问题. 上海: 上海科学技术出版社

刘次全, 白春礼等. 1997. 结构分子生物学. 北京: 高等教育出版社

唐有祺. 1997. 生命科学和结构分析. 共同走向科学(百名院士科技系列报告集). 中卷. 北京: 北京科学技术出版社

王大成. 2000. 后基因组时代中的结构生物学. 生物化学与生物生理进展, 27(4): 340~344

王大成. 1998. 结构生物学研究的一些新进展. 生物化学与生物物理进展, 25(5): 396~403

王亚辉, 吴志纯, 李家瑶. 1992. 走向 21 世纪的生物学——未来生物学预测. 北京: 华夏出版社

邹承鲁. 1995. 结构生物学. 世界科技研究与发展, 17: 9~12

Drews J. 2000. Drug discovery: a historical perspective. Science, 287 (5460): 1960~1964

Rost B. 1998. Marrying structure and genomics, Structure, 6: 259~263

Service RF. 2000. Structural genomics: protein data justice for all. Science, 288:939~941

Service R. 2000. Structural genomics offers high-speed look at proteins Science, 287: 1954~1956

Service RF. 1998. NMR researches look to the next generation of machines, Science, 279(5354): 1127~1128

Shapiro L, Lima CD. 1998. The argonne structural genomics workshop: Lamaze class for the birth of a new science. Structure, 6: 265~267

Service RF. 1999. Wiggling and undulating out of an X-ray shortage and the automated approach to protein structure. Science, 285 (5432):1342~1346

(杨 铭)

专论篇

◆第二章　蛋白质的结构生物学基础

◆第三章　以蛋白酶为靶的合理药物设计

◆第四章　受体结构生物学与药物设计

◆第五章　微管蛋白的结构与功能

◆第六章　核酸的结构生物学基础

◆第七章　调控性核酸——反义核酸的结构与功能

◆第八章　酶性核酸的结构及其生物学意义

◆第九章　G-四链体核酸的结构及其生物学功能

◆第十章　核酸与蛋白质的相互作用

◆第十一章　基于 HIV 结构生物学的药物研究之一
——Tat 蛋白与 TAR RNA 相互作用的抑制剂

◆第十二章　基于 HIV 结构生物学的药物研究之二
——HIV-1 衣壳蛋白及人亲环蛋白 A

◆第十三章　小分子药物对核酸三维结构的识别

◆第十四章　模拟 DNA 结构与复制的分子自组装

◆第十五章　生物膜的结构生物学

◆第十六章　糖的结构、功能与糖及其模拟物的组合合成

第二章　蛋白质的结构生物学基础

生物体是由多种复杂成分组成的，包括许多有机分子和金属、非金属离子，也有各种各样的生物大分子，如蛋白质、核酸、多糖、类脂和生物膜，其中蛋白质和核酸是最重要的物质。在蛋白质结构的研究历史中曾有不少重要的发现，也曾诞生不少理论。20世纪初期，德国著名化学家 Willstatter 曾认为蛋白质是一种无序的胶体结构。1935 年 Bernal 和 Crowfoot 运用 X 射线衍射技术通过研究胃蛋白酶晶体，提出了蛋白质并非胶体而是存在一种有序的三维结构。1952 年丹麦生物化学家 Linderstrom Lang 提出的蛋白质三级结构理论、1958 年英国晶体学家 Bernal 提出的蛋白质四级结构理论，均被国际科学界所接受。在进一步深入研究的基础之上，又提出超二级结构和结构域的概念。目前蛋白质结构的理论仍在不断的发展和完善之中。但目前为止，人们普遍认为蛋白质是一种含有由 DNA 编码的 20 种 L 型α-氨基酸，通过α碳原子上的取代基间形成的酰胺键连成的、具有特定空间结构和生物功能的肽链构成的生物大分子。蛋白质分子可分为初级结构(一级结构)和高级结构(二、三、四级结构)等不同层次。

第一节　蛋白质的初级结构

蛋白质的一级结构为蛋白质的初级结构，也可称为化学结构。蛋白质是由一条或几条多肽链组成，每条链大约由几十到几百个氨基酸残基组成，氨基酸是由一个氨基、一个羧基、一个氢原子和一个称为侧链的 R 基团组成的。组成蛋白质的氨基酸是一类特殊的氨基酸，氨基和羧基都在α碳原子上，不同的氨基酸有不同的 R 基团(图 2-1)。

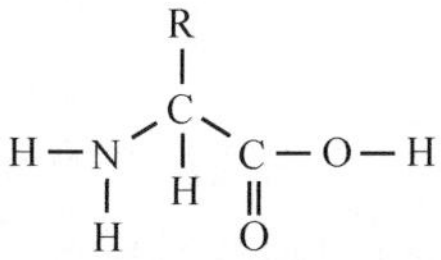

图 2-1　组成蛋白质的氨基酸结构通式

氨基酸结构中有一个不对称的α碳原子，这就表示它有不同构型的两种立体结构——L 型和 D 型。天然蛋白质大多是 L 型的，D 型非常少，仅在某些细菌的细胞壁和低肽抗生素中存在。

蛋白质由多肽链组成，多肽链是由相邻氨基酸的羧基和氨基脱水生成的肽键(—CO—NH—)相连形成的。蛋白质的一级结构是指多肽链中氨基酸的排列顺序。

20 世纪 30 年代著名化学家 L. Pauling 和 R. B. Corey 根据氨基酸和肽的 X 射线衍射晶体学研究中所获得的一系列键长、键角数据指出由肽键(—CO—NH—)组成的肽链基本单位(α碳原子到下一个相邻的α碳原子为一个肽单位)的结构特征如下(图 2-2)：

(1) 绝大多数肽单位都是刚性平面结构，所有主链上原子都处在一个平面(肽平面)内，只有少数酰胺平面呈扭曲状态。

(2) 除了含脯氨酸的肽单位是顺式平面结构外，其余肽单位都是反式酰胺平面结构。

(3) 在每个肽单位中，主链上原子的键长、键角等立体化学参数都是基本相同的，所以多肽链中所有的肽单位都具有相同的结构。

(4) 肽链具有部分双键的性质，不能自由旋转。每个肽单位仅能绕两个键转动，即绕 N1—α2 碳原子键转动的 ϕ 角及绕 C2—α2 碳原子键转动的 ψ 角形成二面角。ϕ 角和 ψ 角均为主链构象角，当 ϕ 角和 ψ 角确定以后，主链的构象也就确定了。

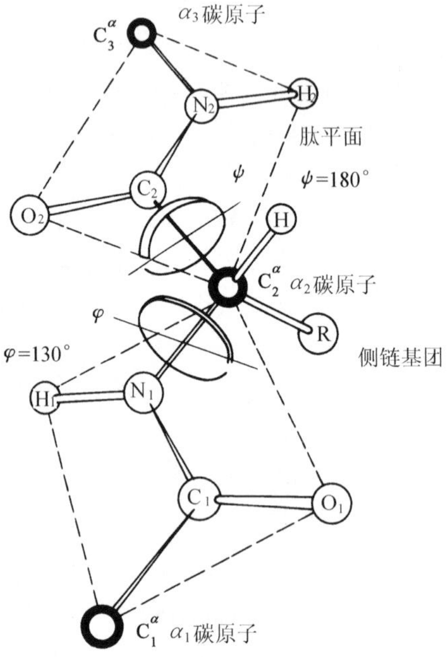

图 2-2　肽平面和二面角 ψ 和 ϕ

蛋白质分子的氨基酸侧链起着稳定蛋白质构象的作用，也是其发挥功能的结构基础。蛋白质所含有的由遗传密码决定的标准氨基酸共有 20 种，按化学结构可分为疏水性氨基酸[Ala(A)、Val(V)、Ile(I)、Leu(L)、Met (M)、Phe (P)、Tyr (Y)和 Trp (W)]和亲水性氨基酸；后者包括酸性氨基酸[Asp(D) 和 Glu (E)]、碱性氨基酸[Lys (K) 、Arg (R) 和 His (H)]、极性氨基酸[Ser(S)、Thr(T)、Asn(N)和 Gln(Q)]以及 3 种特殊氨基酸[Cys(C)、Gly(G) 和 Pro (P)]。不同类型氨基酸残基的结构特征在形成肽链过程中均有其各自的功能。其中疏水性氨基酸残基有利于形成蛋白质分子的疏水内核，也有助于蛋白质分子表面间的疏水相互作用；若电性相反的残基侧链互相靠近，则容易形成盐桥；两个半胱氨酸(Cys)残基互相靠近，位置合适就有可能氧化形成二硫键，以稳定蛋白质的三维结构，它既可以把不同的肽链连在一起形成稳定的三维结构，也可稳定单个多肽链的折叠，在发挥蛋白质功能中起重要作用。例如，有活性的胰岛素就是由两条肽链通过两对链间的二硫键连接组成的分子。

认识蛋白质的一级结构，对于了解蛋白质的结构与功能的关系及蛋白质结构的预测等，都具有十分重要的意义。所以，这已经成为生物学家迫切需要了解和掌握的知识。结构生物学家也从没有放弃这方面的努力和探索。

1955 年，英国科学家 Fred Sanger 在经历 10 年潜心研究后，首次确定了胰岛素的一级结构，发表了它的 51 个氨基酸排列顺序，建立了蛋白质测序的方法，这是对蛋白质结构生物学研究的重要贡献，他也因此获得诺贝尔奖。

1960 年美国科学家 Moore、Stein 和 Anfinsen 等又改进了 Sanger 的方法，首次发表了牛胰核糖核酸酶的一级结构，使蛋白质氨基酸序列测定工作又向前推进一步。后来 Anfinsen 又通过对牛胰核糖核酸酶的变性和复性的研究提出蛋白质一级结构决定高级结构这一富有挑战性的著名论断，并因此获得诺贝尔奖。

最近，一些序列同源性分析研究也报道了丙型肝炎病毒的两种酶——Zn^{2+}依赖性金属蛋白酶和丝氨酸蛋白酶的催化中心序列是高度保守的，氨基酸序列具有高度的同源性。这些都说明蛋白质一级结构在发挥蛋白质功能中的重要作用。另外，我国科学家人工合成胰岛素的成功，也说明一条特定序列的肽链在特定条件下会自动形成天然胰岛素的空间结构，这从另一个角度证明了氨基酸序列在决定蛋白质的高级结构中的作用。

生命遗传中的中心法则是从 DNA 到 RNA，再到蛋白质。从文字上看，DNA 和 RNA 都是由 A、T(U)、G、C 四个字母(四种核苷酸)打头的相同文字组成，区别是有无 d-字母(deoxygen-)的添加，仿佛是同一文字的两种写法，所以从 DNA 到 RNA 的过程，被称为“转录”。而 RNA 和蛋白质却是由不同的字母(核苷酸和氨基酸)构成，可看成是两种文字，所以由 RNA 到蛋白质的过程，被称为“翻译”。如果把“DNA 序列决定氨基酸序列”称为生命的第一密码，那么“蛋白质氨基酸序列决定其自然结构”应称为生命的第二密码。

第二节　蛋白质的高级结构

蛋白质的结构是立体的、多层次的。通常人们把有机化学中立体异构体的概念用于描述蛋白质的高级结构。在有机化学中构型和构象都是描述分子中一些原子相对位置的立体化学的概念。构型描述的是有光学活性的分子中，手性中心上相连接的各个原子和基团相对位置不同所产生的立体化学现象；而构象是指组成分子的各个原子和基团间的相对空间位置。构型的改变，分子中一定会有共价键的断裂和新的共价键的生成；而构象的改变不需要共价键的变换。再有，构型概念仅涉及与手性中心相连的各个原子和基团的相对位置，没有手性中心就不存在分子的构型；而构象概念涉及分子中所有原子和基团，由于分子中单键的旋转，一些原子和基团的相对位置可有多种差异，因而一个分子可有多种构象体。可以看出，构型和构象绝不是等同的概念，它们有本质的差别，不应混淆。早年间，人们仅把有机化学中描述光学立体异构体——“构型”的概念用于说明蛋白质的立体结构是不准确的。的确，由于氨基酸有一个不对称的α碳原子可产生两种构型——L 型和 D 型，而对蛋白质立体结构的研究，当时又主要是对其构象的研究。

DNA 的信息存储和转换主要是线性的，所以 DNA 分子的结构相对比较单一。而蛋白质必须通过精细的三维结构去识别成千上万种不同分子，这就需要蛋白质分子具有结构多样性。所以，具有独特、专一的空间构象是蛋白质分子的一个重要特征，是发挥其生物功能所必需的。蛋白质分子的构象指的是蛋白质分子中所有原子在三维空间中的排布，也称为三维结构、空间结构、立体结构、高级结构。我国科学家吴宪在 20 世纪 30 年代首先提出蛋白质在肽链保持完整的情况下，空间结构的破坏称为蛋白质的变性，这一概念已得到国际上的广泛认可。

1969 年 IUPAC 会议对蛋白质高级结构的不同结构层次作了界定，蛋白质分子的结构层次从低至高排列如下：

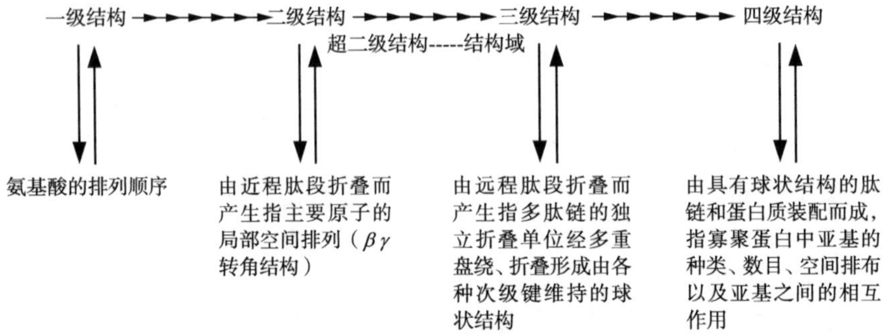

蛋白质的二级结构、三级结构和四级结构都属于高级结构。下面对高级结构的各个结构层次分别进行简要介绍。

一、蛋白质的二级结构

蛋白质的二级结构，是指多肽链在氢键的作用下，沿一维方向排列成为具有周期性的结构的构象，它是肽链中局部肽段的构象，是完整肽链构象的结构单元，是蛋白质复杂构象的基础。

二级结构的类型有α螺旋、β折叠、回折和无规则卷曲。

在蛋白质的二级结构中，螺旋是蛋白质复杂构象的基础，α螺旋又是最常见的二级结构。在这些构象单元中，所有与α碳原子相连的两个夹角都是恒定的，ϕ角为–57°，ψ角为–47°；每旋转一圈有 3.6 个氨基酸残基；上升 1.5Å；每圈螺旋的螺距 5.4 Å；在每对氢键间含有 13 个碳原子(图 2-3)。由于α螺旋变成一个巨大的偶极，N 端为正极，C 端为负极，这对维持α螺旋主链的稳定性起着很重要的作用。

由于蛋白质分子单键的旋转，其侧链也产生不同构象。侧链的构象不如主链构象那样有规则，由侧链构成亲水微区和疏水微区。亲水微区结构有利于形成极性的环境通道，疏水微区结构有利于与膜相互作用，有助于膜蛋白在膜中的整合。

β折叠是蛋白质结构中普遍存在的另一种构象，是一种特殊的螺旋，包括β折叠股和β折叠片。每个β折叠的平均长度约有 20 Å，相当于是 6.5 个残基，一般为 3~10 个残基。β折叠中，不易形成肽键，所以单个的β折叠是不稳定的，只有通过肽链之间形成氢键，多个β折叠形成一组β折叠才比较稳定，一组β折叠称为β折叠片(图 2-4)。形成β

折叠所有肽段走向相同的称为平行β折叠，肽段走向相反的称为反平行β片层，在一些不平行β片层中，有一个β折叠中的一个残基的肽键没有参与和相邻的β折叠碱基的配对，导致这一部位有一个凸起，称为β凸起结构。

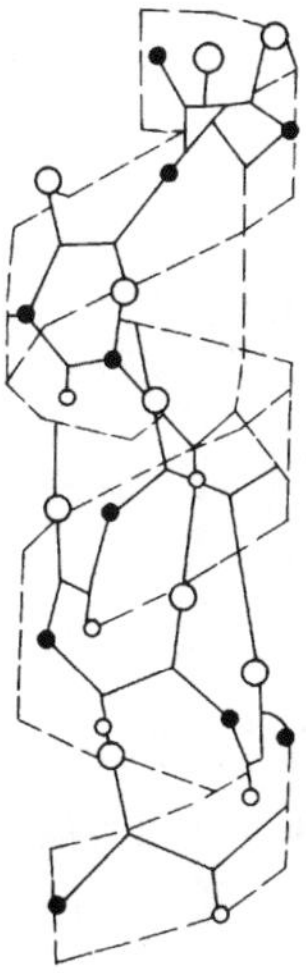

图 2-3　蛋白质二级结构——α螺旋

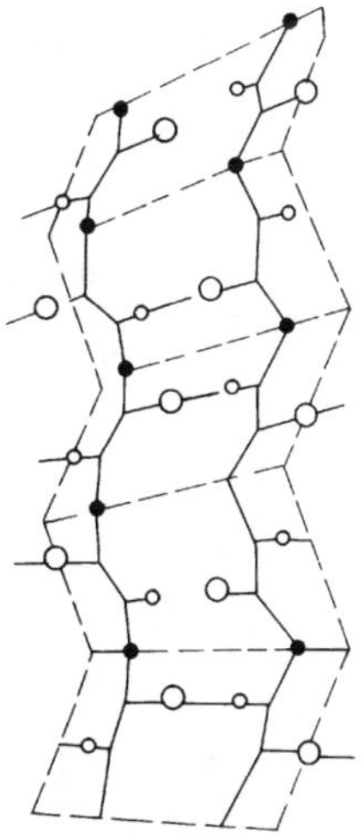

图 2-4　蛋白质二级结构——β折叠

在球状蛋白质分子表面，大约有 1/3 的残基结构使多肽链发生 180°回折，形成转角结构，这种结构就是回折，它是一种非周期性的主链扭转，主要有两类：β转角和γ转角。

β转角在蛋白质结构中比较常见，是由 4 个连续的氨基酸残基组成的，第一个残基形成的肽链碳基氧与第 4 个残基形成肽键的亚氨基酸形成氢键。β转角一般连接一个反平行的β折叠，形成一个β发夹结构。这是最近发现的存在于球蛋白中的一种新的二级结构。

γ转角出现的概率比较小，它由 3 个连续的氨基酸残基组成，第一个残基肽键的羰基氧与第三个残基肽键的亚氨基形成氢键，这种结构很紧密。

在蛋白质构象中，有一些有序但不重复的构象，它与α螺旋、β折叠和转角等规则而重复的构象不同，仍是氢键，这种构象称之为卷曲。

蛋白质的二级结构并不是一成不变的，一些因素可以引起蛋白质二级结构的改变。pH 的变化能改变侧链基团的电性而引起侧链构象的改变，从而影响蛋白质主链的构象。如多聚赖氨酸在 pH 11 时，整条链形成α螺旋，在 pH 中性时，整条链转变为无规则卷曲。温度也会影响蛋白质的构象。当 pH 为 11.8，温度为 4℃时，多聚赖氨酸呈α螺旋二级结构，若温度升为 52℃多肽链就呈β折叠构象了。有时溶液成分含量变化也会引起蛋白质二级结构的变化。

对于构象病机理的研究更引起了人们对蛋白质二级结构的可变性的极大兴趣。1997 年美国科学家 Prusiner 揭示出普里昂(prion)是引发令世人惊恐的疯牛病和一系列致死性神经变性疾病的病因。指出 prion 蛋白质分子自身三维结构从以α螺旋为主变为以β折叠为主的构象变异可以引发疯牛病。他之所以获得 1997 年诺贝尔奖还在于由此提出了一个全新的致病机理即蛋白质可以像细菌、病毒一样是致病原，它的不适当的三维结构可以引发和传染疾病。近年来已经有多种疑难病症的病因被查出是可能与特定的蛋白质的错误三维结构有关，除了有害构象会引起疯牛病、早老性痴呆外，蛋白质不能折叠可引起肺束性纤维化以及蛋白质错误折叠、错误定位可导致高脂血蛋白症等。这类构象病的发生、发展和防治都与蛋白质的结构生物学密切相关，查明这一类构象病的结构机理，能够为这类疑难病症防治药物的研究开辟全新的途径。

二、蛋白质的超二级结构和结构域

α螺旋和β折叠等二级结构在蛋白质定向结构上进一步聚集、折叠能形成特定的局部立体构象，这是更高一级的有规律的结构。在这类结构单元中，各二级结构之间由连接多肽连接。连接多肽之间的羰基和亚氨基常常与水分子形成氢键，而它们之间大多数情况下不形成氢键，1973 年，Rossman 正式提出了超二级结构的概念，指的是存在于蛋白质各种结构中的几个二级结构的复合体。有多种类型：$\alpha\alpha$螺旋、$\beta x\beta$单元、β发卡、β折叠筒、β迂回、希腊图案花样及α螺旋-β转角-α螺旋等。

两个相邻的α螺旋，彼此之间通过肽链连接起来，就形成了$\alpha\alpha$超二级结构，螺旋之间由一条肽链连接。螺旋和螺旋接触时，螺旋表面的隆起和另一螺旋的沟槽总是相对应的，螺旋间的相互作用由残基侧链的性质所决定，侧链间的次级键使这种超螺旋结构更为稳定，组成超螺旋的这种α螺旋与正常的α螺旋有所不同，每圈螺旋由 3.5 个残基组成，螺距为 0.51nm。

如果是由 2 个β结构形成的超二级结构，就成为$\beta\beta$超二级结构，β发夹结构就属此类。

β迂回超二级结构是由三条或三条以上的反平行的β折叠股构成。其中有一种是由四邻近的反平行β链组成，由于排列类似古希腊装饰图案，所以称作希腊图案花样(图 2-5)。

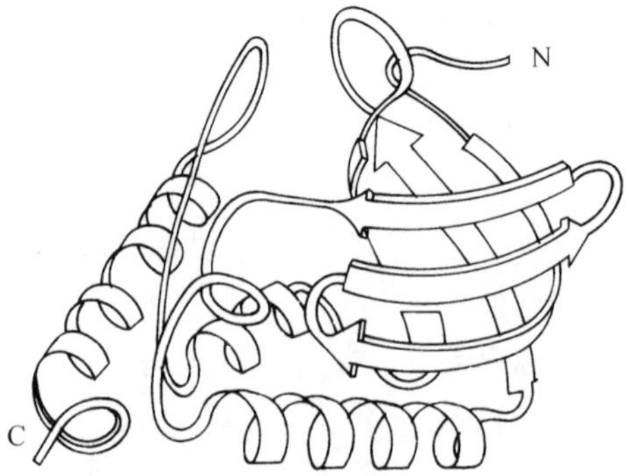

图 2-5　核酸酶中希腊图案花样的结构

$\beta x\beta$单元是由两条平行的β-折叠股通过 x 结构连接而形成的示意图，如果 x 为无规则卷曲则为$\beta\alpha\beta$单元；如有两种$\beta\alpha\beta$单元组合在一起，则形成一种特殊形式的$\beta\alpha\beta$单元结构，称为 Rossmann 折叠(图 2-6)。如果 x 为α螺旋则为$\beta\alpha\beta$单元，如果 x 为β折叠股则为$\beta\beta\beta$单元。大多数球蛋白中作含有$\beta x\beta$单元结构。

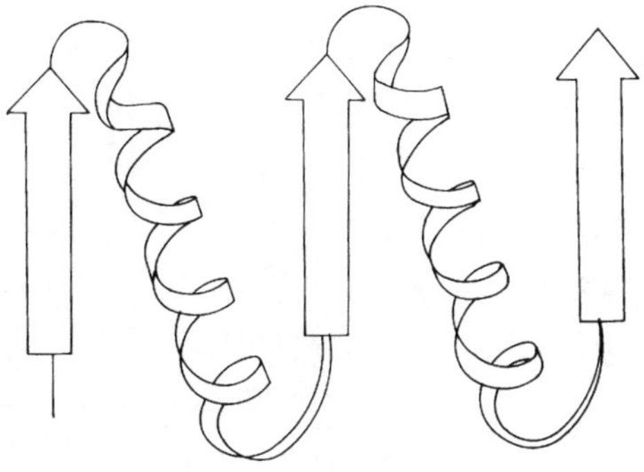

图 2-6　Rossmann 折叠

β折叠筒是由多条(5~15 条)β折叠股所构成的折叠片再卷成一个圆筒状的结构。超氧化物歧化酶就是一个由 8 条β折叠组成的β折叠筒结构。

两个α螺旋通过一个β转角连接在一起，形成α螺旋-β转角-α螺旋超二级结构。这是在蛋白质与 DNA 的结合中的一种关键结构，*E.coli* 的 CAP 蛋白中都含有这种结构(图 2-7)。

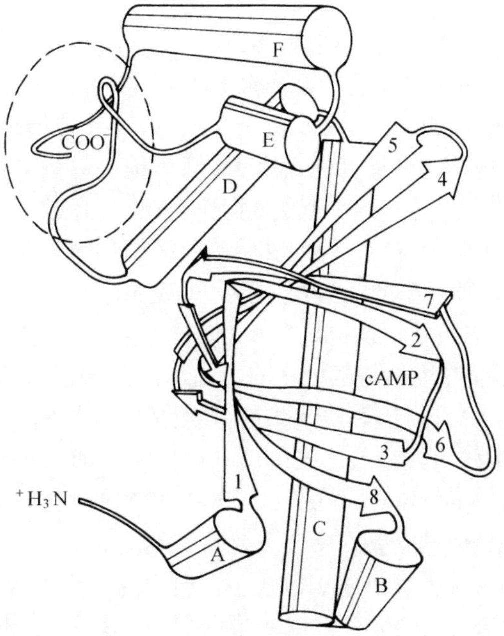

图 2-7　CAP 单体结构

超二级结构是蛋白质空间结构中极重要的一个结构层次，对它的研究与蛋白质空间结构的预测及蛋白质多肽链折叠研究密切相关。

随着蛋白质超二级结构研究的进一步发展，为了描述免疫球蛋白(IgG)分子的构象，Edelman 提出了结构域的概念。结构域是由不同的二级结构和超二级结构组合形成的，在一些较大的球蛋白分子中，多肽链经常形成球状构象，结构域是在球蛋白的折叠结构中介于超二级结构和三级结构之间的一个结构层次。结构域是多肽链的独立折叠单位，是蛋白质分子的基本结构单位，一般由 100~200 个残基构成。短的多肽链，如果只有一个结构域，则此蛋白质的结构域和三级结构为同一个结构层次，而较大的蛋白质一般含有 2 个或 2 个以上的结构域，如 IgG 分子就含有 12 个结构域。结构域有可能是相似的，也有可能完全不同。结构域之间的连接比较松散，一般只有一段肽链相连接，这种结构域间柔软的连接结构，容易使它们之间发生相对独立的刚性运动。

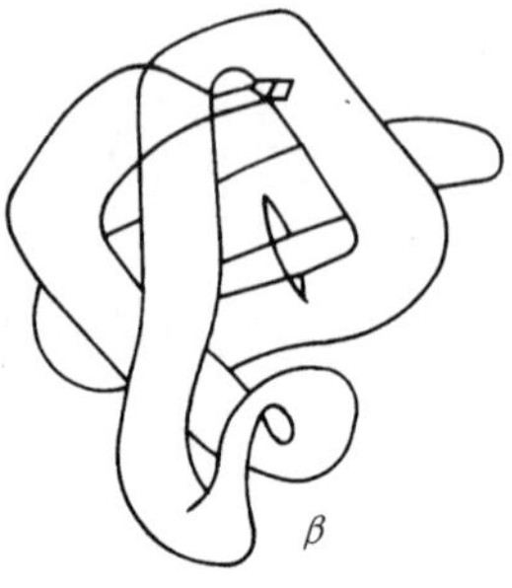

图 2-8　蛋白质三级结构——血红蛋白β亚基

结构域一般分为 4 个类型：反平行α、平行α/β、反平行β和其他类型的结构域。

反平行α结构域：这种结构中的主要成分为α螺旋，它又分为升降螺旋捆(up-and-down helix bundle)和希腊花边螺旋捆(Greek key helix bundle)。升降螺旋捆中相邻的α螺旋反平行排列，螺旋间以肽段相连，构成 U 形弯转，连续的反平行螺旋对组成螺旋簇，其中α螺旋的数目不等，以四螺旋簇形成两层结构最为稳定为普遍，如蚯蚓血红蛋白。希腊花边螺旋捆指连续的反平行螺旋间以接近直角方式折叠起来，与回形花边相似，全α螺旋蛋白质中多为双层结构，血红蛋白的β亚基就是这样(图 2-8)。

平行α/β结构域：是由$\beta\alpha\beta$型超二级结构组成的，β折叠在内部，α螺旋在外部。它又分为 2 种类型：单绕平行β圆筒(single wound parallel beta barrel)，它是由 8 个平行的β折叠链位于中间，形成内桶，外周 8 个α螺旋形成外桶；双绕平行β圆筒(double wound parallel beta sheets)，中间也是一组平行的β折叠，在它的内外两侧各有一层α螺旋和肽链的环状结构，将β折叠埋在中间，例如乳酸脱氢酶结构域等。

反平行β结构域：这种类型的结构有 3 种，一是希腊花边β桶(Greek key β-barrel)，它是以超二级结构中的$\beta\beta$为基本结构组分，由β转角连接一组反平行的β折叠，不仅连接相邻的β链，而且可以连接不相邻的β链，如丙酮酸激酶。二是“开面夹心”结构(open-face sandwich)，由 3~15 个反平行的β折叠组成，为扭曲的单层封闭结构，而β折叠之间由α螺旋及一些β转角或松散连接形成双层结构，如球状病毒的外壳蛋白就是这种结构。三是升降β桶(up and down β-barrel)亚类，相邻的β折叠间由发夹结构连接，这类结构比较少见，在视黄醇结合蛋白中可见到这种结构。

其他类型结构域：这种类型的结构比较小，所含的二级结构单元少，结构不规则，一般富含半胱氨酸、二硫键、金属蛋白或非蛋白基团，其中，二硫键和非蛋白基团的结合最重要，如果二硫键被破坏，或是去除非蛋白基团，这些蛋白质的结构就不能保持了。

能特异识别 DNA 并与之结合的基因转录调控蛋白的四种构象：螺旋转折螺旋(helix-turn-helix，图 2-9)、锌指(zinc finger，图 2-10)、亮氨酸拉链(leucine zipper，图 2-11)

及螺旋套螺旋(helix-loop-helix)结构都是蛋白质重要的结构域单元。

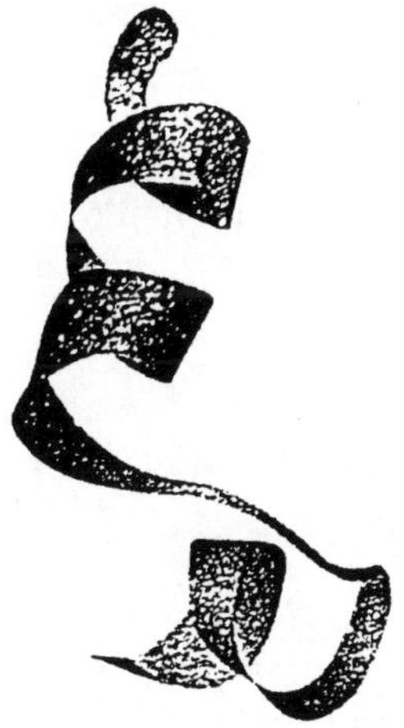

图 2-9　蛋白质螺旋转折螺旋结构域

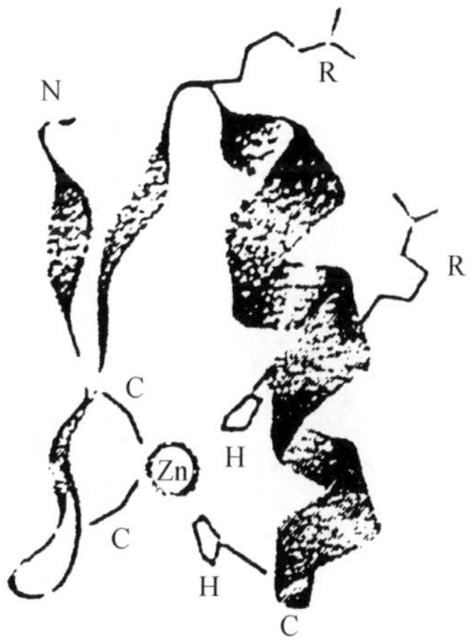

图 2-10　锌指蛋白结构域

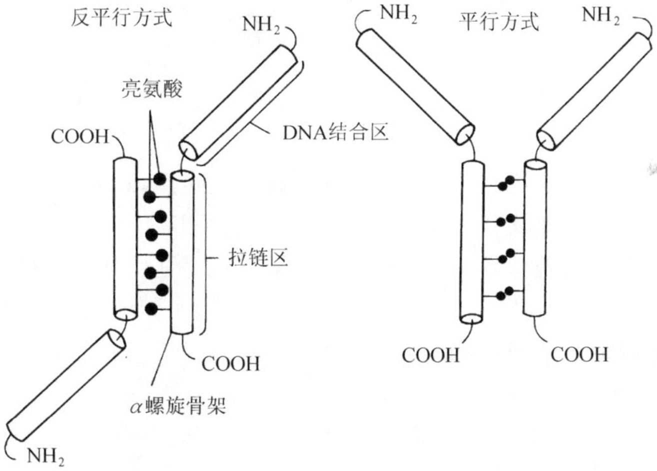

图 2-11　亮氨酸拉链式结构域(两种二聚体)

三、蛋白质的三级和四级结构

蛋白质的三级结构是指具有二级结构的多肽链在空间的排布，也就是指蛋白质的基本二级结构单元，例如α螺旋、β折叠等进一步折叠成紧密的球状，形成所谓的三级结构。蛋白质分子三级结构中大多数极性侧链总是暴露在分子表面而大多数非极性侧链总是埋在分子内部。稳定蛋白质构象的作用力有共价键、配位键和非共价键三种，共价键为肽键和二硫键。配位键为与金属结合键。非共价键有氢键，α螺旋和β折叠中的肽链内或肽链间氢键；疏水键，非极性侧链间的疏水作用；离子键，带正负电荷集团之间的离子键(盐桥)。

蛋白质三级结构的基本结构单位是结构域。某些蛋白质是由两条以上的多肽链组成的，这些多肽链各自折叠成球状，相互间以非共价键相连。这种多肽链称为亚基。球蛋白分子中的最小共价单位就是亚基。

蛋白质的四级结构是指蛋白质结构中亚基的数目、种类、空间排布以及亚基之间以次级键的相互作用，即亚基的高度有序排列。从广义上讲也包括相同或不同球蛋白分子所构成的聚集体，如病毒外壳蛋白，血红蛋白(图 2-12)和细菌鞭毛中的微管(图 2-13)等。

图 2-12　蛋白质四级结构——血红蛋白

图 2-13　蛋白质四级结构——微管蛋白

亚基间由次级键相互组合在一起，也采用尽量多的接触点的方式组合在一起。从亚基的组成来分，蛋白质的亚基有两种组成方式，一是由相互不同的亚基组成的，例如染色体的核糖蛋白，整个聚合体具有不对称性，一般来说，这种具有不对称性的复杂的生物学功能的亚基，多是由一种或几种不同的亚基多次重复组装成的，这种结构类型比较普遍，亚基的空间排列呈几何排列，比较规则，如肌动蛋白和肌球蛋白。这类排列又可以分为下列几种结构：

(1) 线性排列：这是四级结构中最简单的一种，通过简单地加入后续的亚基而延长，亚基沿直线方向平移连接，如肌肉组织中的肌动蛋白和肌球蛋白等。

(2) 螺旋状排列：这种排列比较常见，蛋白质的各亚基沿螺旋方向上平移加螺旋，如烟草花叶病毒。

(3) 点群对称排列：这类结构的特点是，不论构象如何变化，分子的所有对称元素都相交于 1 个固定点，如异柠檬酸裂解酶。

四、蛋白质初级结构与高级结构的关系

根据基因表达中心法则，DNA 转录成 RNA，再翻译成蛋白质序列，表达合成为蛋白质一级氨基酸序列，之后蛋白质便自发折叠成一个精确的三维结构。结构域之间的相互作用形成蛋白质的三级结构；亚基之间的相互作用形成蛋白质的四级结构。

蛋白质结构层次的产生是肽链折叠的结果。研究证明，蛋白质分子在活细胞中，必

须折叠并“缩合”成具有一定三维结构的形式，才能执行其各种各样的功能。所以蛋白质的空间结构、肽链的折叠和生物学功能之间的关系是结构生物学研究的核心，而蛋白质分子的折叠机制是当前的热门研究课题。

诺贝尔奖获得者 Aufinsen 曾指出“所有确定的折叠过程及其信息均包含在氨基酸序列中”。明确提出蛋白质折叠的中心法则即一级结构确定三级结构，专一的蛋白质三级结构是由具有独特的氨基酸序列的多肽链自折叠形成的。

大量研究表明，蛋白质折叠形成的原因主要由 3 个：疏水作用、二级结构的形成和一些特殊作用力，如二硫键等。起主导作用的还是二级结构的形成，它在蛋白质三维结构形成中起决定蛋白质折叠途径的作用。而蛋白质的折叠机理即线性多肽链如何形成其二、三级结构的问题还是没有解决，目前比较公认的蛋白质折叠形成过程主要有 3 种机理：第一种机理是无规则的有机链经过一个简单的反应，折叠为天然状态；第二个机理为蛋白质从一段开始逐渐卷曲，经过一系列连续的中间过程，最后形成折叠；第三种机理为，先在链内形成一个有机结构的核心，再在此核心上折叠形成其余部分，从而形成一个完整的折叠。

蛋白质多肽在折叠过程中，一定长度的多肽链的某些区域，与相邻的残基形成二级结构，如α螺旋和β折叠等，再主要通过邻近效应的作用，使得相邻的二级结构片段组装形成一个超二级结构，在此基础之上形成的一个相对独立的三维实体，2 个或 2 个以上的三维实体结合成一个球状的三级结构，如血清白蛋白等。

目前蛋白质分子折叠机制研究的最重要的进展应该是蛋白质分子伴侣作用机制的发现。以前，人们一直认为由线性氨基酸多肽转变成新生肽链再经过折叠和组装生成具有特定空间构象的功能蛋白质这一过程是没有能量代谢，也不需要催化的。而最近发现许多蛋白质正确的折叠需要一种功能蛋白质即分子伴侣的帮助。1978 年 Casky 最早提出分子伴侣这个概念。分子伴侣的主要作用是帮助蛋白质正确地折叠、组装或转运。作用过程中有能量(ATP)消耗。这种“伴侣”的作用机制与一些蛋白质折叠酶、异构酶不同。它不是酶促反应，不是在蛋白质折叠的限速步骤通过加快折叠速度来作用，而只是阻止新生肽链分子内或分子间的错误折叠，通过控制结合与释放，帮助它们正确折叠从而提高折叠的产率来实现的。

GroEL 和 GroES 是研究得最多的蛋白质的分子伴侣，它们的结构和功能研究进行得很深入，电镜及 X 射线晶体结构显示 GroEL 是由两个环状“空心饼”背对背而成，每个“饼”由七个亚基组成；GroES 由一个七聚体组成一个小圆屋顶状，有β发卡结构从顶部伸出来形成屋顶的开口，结构中还有一个可动的开关，环区调节着与 GroEL 的结合。GroEL 与 GroES 形成复合物，组装成一个盖有圆屋顶的圆柱体，形成一定空间，供非天然态蛋白质折叠用，作为未折叠新生肽链释放用的封闭折叠场所，在此将不稳定的蛋白质结合形成稳定结构。

GroEL 在提供折叠场所时主要依赖构象变化，而这种变化是受 GroES 诱导的，蛋白质分子伴侣 GroEL 和 GroES 结构和功能阐明为揭开新生肽链折叠之谜开辟了新的途径。蛋白质的折叠和去折叠是现代结构生物学中的一个基本问题和研究热点，研究蛋白质自折叠的最终目的是为了解蛋白质一级结构怎样决定三级结构之谜，这将使我们能以氨基酸序列来预测蛋白质三级结构。同时，对蛋白质一级和三级结构与进化关系的研究也是对传统进化研究的一个重要补充。

第三节　蛋白质结构生物学研究进程中的黄金时代

蛋白质结构生物学的研究进程中有两个黄金时代。20 世纪 50 年代是第一个黄金时代：由于色谱技术的发展使蛋白质纯化工作再大大向前进了一步，这对蛋白质晶体学的发展也是促进。另外 1953 年，在技术方面提出的同晶置换法，使得进行 X 射线晶体学测定时可以在尽可能短的时间内，收集到尽可能多的衍射数据。除了在技术方法学方面的进步外，在生物大分子结构研究上也有丰硕的成果。Sanger 在 1955 年完成了胰岛素的氨基酸序列测定工作，这是人们得到的第一个蛋白质的一级结构，而且，他通过此项工作还建立并完善了蛋白质的化学测序方法。另外，血红蛋白、肌红蛋白的三维空间结构也是在这个时期(1962 年)被解析出来的。

第二个蛋白质的黄金时代属于 20 世纪 80 年代。在这期间，分子生物学获得大发展，由于 DNA 重组技术、分子克隆技术、重点突变技术的突飞猛进使得蛋白质的功能研究产生飞跃。技术方面，NMR 技术飞速发展，在生物大分子结构测定上发挥越来越大的作用。数种蛋白质的结构与功能研究的期刊问世也是这个蛋白质黄金时代的特征，如著名期刊 *Protein Structure Function and Genetics* 是 1986 年诞生的，1987 年 *Protein Sciences* 问世，到 1993 年更有 *Structure Biology* 诞生并以此宣告结构生物学时代的到来。另外，1982 年 A. Klug 发明了电流三维重构的方法解决生物大学分子结构，一些病毒、膜蛋白等复杂分子聚集体的三维结构得到解析。在 X 射线衍射方面，第三代同步辐射新技术的发展也极大地促进了晶体学的发展。

人类跨入 21 世纪以来，生命科学也迎来了一个崭新的时代——以研究生物大分子生物功能为中心的新时代。在这个生命科学新纪元中，我们要真正认识生命的本质及其运动规律，不仅需要了解基因组的全部信息，更要了解蛋白质及其复合物、组装体的精细三维结构与功能。而这正是结构生物学研究的核心内容。这自然而然就决定了结构生物学将在后基因组时代中具有战略性的关键地位。同时也预示蛋白质结构生物学研究的又一个黄金时代已经来临。

主要参考文献

韩生成, 田波. 1998. 朊病毒的基因及其蛋白质结构生物学研究. 科学通报, 43: 2017

胡志远, 贺福初. 1999. 蛋白质组学研究. 生物化学与生物物理进展, 26: 202

黄仲贤, 刘玉奇. 1998. 锌指类蛋白研究的新进展. 高等学校化学学报, 19: 1904

刘次全, 白春礼, 张静. 1997. 结构分子生物学. 北京: 高等教育出版社

强伯勤, 方福德. 2000. 中国人类基因组研究的现在与未来. 生物化学与生物物理进展, 27: 455

王大成. 2000. 后基因时代中的结构生物学. 生物化学与生物物理进展, 27: 340

王琳芳, 杨克恭. 2001. 医学分子生物学原理. 北京: 高等教育出版社. 3~48

王志新. 1998. 蛋白质结构预测的现状与展望. 生命的化学, 18: 19

张迺衡. 1999. 医学分子生物学. 北京: 北京医科大学出版社. 74~113

Harrison S C. 1984. Multiple modes of subunit association in the structure of simple spherical viruses. Trends Biochem Sci, 9: 345

Janin J, Miller S. Chothia C. 1988. Surface, subunit interfaces and interior of oligomeric proteins. J Mol Boil, 204: 155

Katto S, Lemaster D M, Eklund H. 1990. Crystal structure of thioredoxin from *E.coli* at 1.68Å resolution. J Mol Boil, 212: 167

Smith J, Hendrickson W, Honzatko R, et al. 1986. Structure heterogeneity in protein crystals. Biochemistry, 25: 501811

Stryer L. 1988. Biochemistry. 3rd ed. New York: W H Freeman and Company

Tomus E Y. Craghton. 1993. Protein, structure and molecular properties. 2nd ed. New York: W H Freeman and Company

Wright P E. 1989. What can two-dimensional NMR tell us about proteins. Trends Biochem, 14: 225

(杨　铭)

第三章　以蛋白酶为靶的合理药物设计

现代合理的药物设计是以生物信息学为基础，借助于分子生物学的手段，以结构生物学为中心，运用计算机辅助设计、组合化学及高内涵筛选三大新技术进行的系统研究，(图 3-1)。

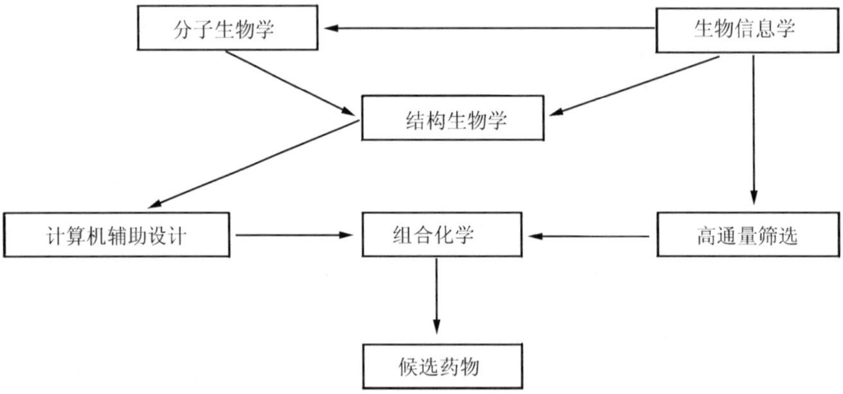

图 3-1　现代合理药物设计

由于生命科学中各学科的相互渗透及飞速发展，目前的药物设计主要集中在基于机理和基于结构两个方面。也就是基于疾病发生、发展的关键环节，以生物大分子，包括蛋白质、核酸、糖和脂类为靶，以生物靶分子三维空间结构的运动性为基础进行药物设计。当然也包括在药物作用靶点和作用机理还不甚明了的情况下，以具有生物活性的先导化合物为基础，结合定量构效关系研究及组合化学技术来设计、寻找新药的方法。近年来，人们更多地将基于结构和机理两种思想结合起来，即基于机理并通过结构辅助进行药物设计。

蛋白质作为药物作用的生物靶，是以酶和受体的结构与功能为基础的。本章将主要介绍以蛋白酶为靶，以其作用机理和酶的晶体结构为基础的合理药物设计。

第一节　基于酶学机理的药物设计

酶和受体是疾病的发生和治疗的关键环节，因而也就成为药物设计的重要的靶分子。由于酶分子的主要功能是催化化学反应，为了达到最大反应速度，酶分子具有与底物弱结合而与过渡态中间产物强结合的特点。这与受体紧密结合底物的方式不同。从某种意义上说，未结合的受体可以看做是一种没有活性的“酶的前体”，受体与底物之结合如同酶与其辅酶的结合，从而导致活性催化分子的产生。因此类似酶结合辅酶，受体与其底物结合是非常稳定的。就受体而言，可以基于其活性中心的结构有效设计抑制物的分子结构。但对于酶分子来说，基于酶的工作机理进行抑制物设计则显得更为重要。在已经获得了不少体内有重要生理作用的酶的晶体数据的基础上，药物化学家正在开展着越来越多的基于酶的结构的药物设计研究。然而，仅仅利用酶的静态结构很难直接设计出有效的酶抑制剂，因为生物体内所有化学反应几乎都是在酶的催化下进行的，酶是生物催化剂，所以要设计酶抑制剂一定要进行酶促反应动力学分析，这就要分析反应的催化部位；要检测可能的中间产物。注意到这些问题，药物化学家们更致力于发现酶活性中心的构象互补物及反应的过渡态类似物来深入了解酶与底物的结合机制，基于酶与底物的结合机制来设计酶抑制剂。这样设计出的化合物的抑制作用常会比基于酶的静态结构设计的抑制剂的活性高出几个数量级。事实上现在已经获得了 50 多种有效的酶抑制剂。

酶的抑制物可分为可逆和不可逆抑制剂。可逆抑制剂通常是可与酶的自然底物相竞争结合的分子。大多数竞争性抑制剂并不具备发展成为治疗药物的意义，因为它们与酶的结合较弱(较大的 K_i)。而底物的过渡态类似物可以充分利用酶–过渡态的互补性，获得与酶较强的结合能力。通常过渡态类似物与靶酶有着专一性的结合，而其解离常数较自然底物要小 100~10 000 倍。弄清靶酶的催化机理，设计合成稳定的过渡态类似物是基于机理药物设计的一个重要方面。

另一方面，专一性很高的、不可逆的酶抑制剂是非常重要的，因为它们最有可能成为治疗药物。不可逆酶抑制剂一般通过共价修饰导致靶酶的不可逆失活，或者使酶长期陷于一种无活性的分子构象之中。不可逆酶抑制剂在动力学机理上服从以下方程描述

$$\mathrm{E + I \underset{k_{-1}}{\overset{k_1}{\rightleftharpoons}} EI \xrightarrow{k_2} E-I}$$

因此，酶失活是一个时间和抑制物浓度依赖的过程，使用可逆性抑制剂或酶的自然底物可降低酶的失活速度。酶失活过程服从准一级动力学；其表观动力学常数 k_{obs} 表示为以下公式

$$k_{\mathrm{obs}} = \frac{k_2\,[\mathrm{I}]}{[\mathrm{I}] + K_i}, \quad K_i = \frac{k_{-1}}{k_1}$$

k_2/K_i(有时也可用 $k_{\mathrm{obs}}/[\mathrm{I}]$)是表征抑制物强度(potency)的参数。

活性部位指导的亲和标记试剂是不可逆抑制剂，如对甲苯磺酰-L-苯丙氨酰氯甲酮(TPCK)与糜蛋白酶的反应。但它们用作治疗药物存在一系列的缺点。因为它们一般是易反应的化合物，其选择性依靠与靶酶活性部位的结合。尽管这种选择性对于专一修饰纯蛋白的活性部位是完全合适的，但是在体内亲和标记试剂可能与其他蛋白质和生物分子产生太多的副反应，如谷胱苷肽和金属硫蛋白等富含高活性的—SH 基团，不仅消耗亲和试剂而且引起副作用。因此，药物设计中更为关注的是另一类不可逆性酶抑制剂。这类抑制剂是酶的特殊底物。它们或是酶的不完全底物，只被酶的某些活性所催化，但酶不能完成整个催化循环和释放反应产物，从而酶被锁定在通常是催化过程中能量最低的过渡态的构象——一种热力学“陷阱”之中，导致靶酶失活；或是被酶催化后生成高度活泼产物，与酶活性中心的一些氨基酸残基形成共价结合。这类抑制剂一般被称为自杀

型抑制剂；其他术语还有酶激活的底物抑制剂(EASI)和基于机理的抑制剂(mechanism-based inhibitor)等。它们具备以下特征：

(1) 在无靶酶条件下，抑制剂在化学上没有反应性；

(2) 必须通过它的靶酶，专一性地被激活；

(3) 被酶激活后，活泼中间产物与靶酶的反应(导致酶失活)速度与其解离(生成其他产物)速度之比称为抑制分配系数(partition coefficiency)。抑制剂应该具有足够大的分配系数。

在自杀型抑制剂分子设计时需要考虑酶反应机理和酶结构两方面的因素。可以利用酶活性如酸碱(金属离子)催化活性、氧化还原活性和亲核/亲电进攻(共价催化)等。由于酶活性中心的亲核基团(如—SH、—NH_2、═NH)是生成的活泼中间物经常选择的进攻位点，一个常见的设计是中间物具有共轭双键，并且对 Michael 加成反应是敏感的。这样，酶上的一个亲核基团可能被活泼中间物所烷基化(图 3-2)。例如，丙炔苯丙胺[(–) Deprenyl]是用于治疗帕金森病和抑郁症的一种药。它是一个炔类化合物，被单胺氧化酶氧化后产生 Michael 受体，共价地结合于还原型黄素上而抑制单胺氧化酶活性(图 3-3)。

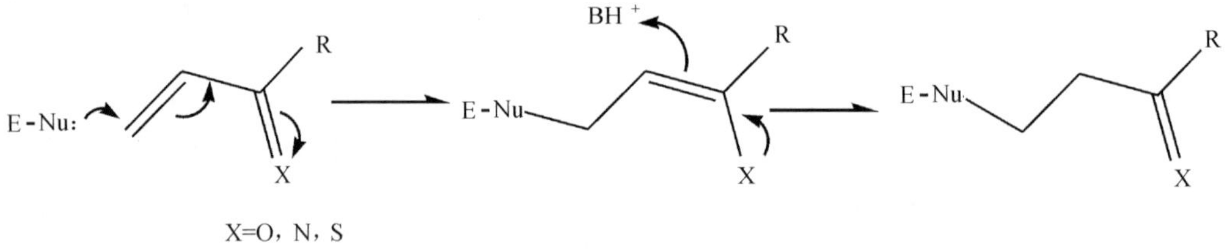

图 3-2 亲核基团的 Michael 加成反应

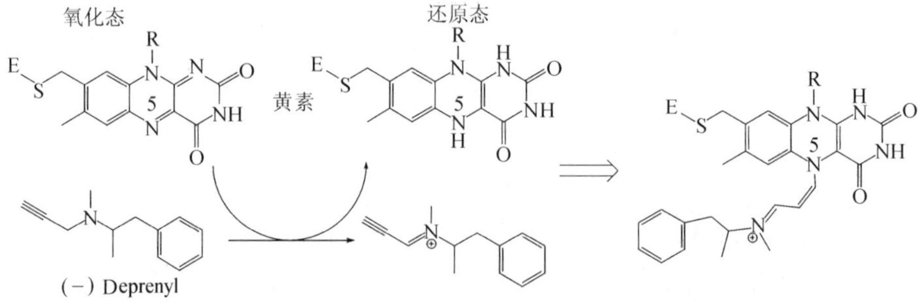

图 3-3 丙炔苯丙胺［(–) Deprenyl］抑制单胺氧化酶活性的机理

要获得大的抑制分配系数的抑制剂，必须考虑酶结构方面的因素，因为活泼中间物与活性中心的亲核基团的结合效率依赖于两者的相对空间位置等因素。高效的基于机理的抑制物设计不能离开结构因素的辅助。

第二节 酶晶体结构对药物设计的指导

与靶酶高稳定地结合是酶抑制剂首先应具备的性质。虽然通过自然底物的过渡态类似物已经可以获得与靶酶强结合的抑制剂，但是过渡态类似物并不一定用尽了酶的结合能，并且抑制剂分子的结构并不一定要像底物过渡态那样复杂，简单的分子结构有可能达到同样的结合能力。例如，S-DHPA(图 3-4)是腺苷高半胱氨酸(AdoHcy)水解酶的一个结构十分简单的可逆抑制剂，它与酶的结合的解离常数 $K_s = 4\text{nmol/L}$，比自然底物——腺苷(Ado)的解离常数($K_s = 9\text{nmol/L}$)高约 2000 倍，与过渡态化合物 4′，5′-双脱氢-3-酮基腺苷(DHKAdo，图 3-4)的解离常数($K_s = 6\text{nmol/L}$)相仿。因此，从过渡态分子结构出发，依据靶酶的晶体结构可能设计结构简单而高亲和性的专一性酶抑制物。

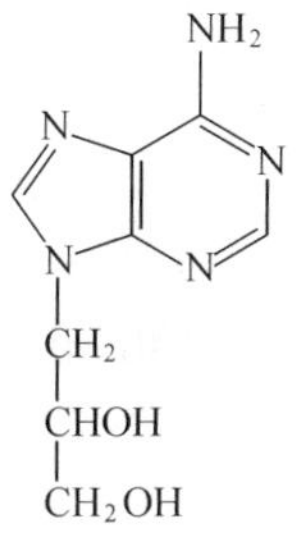

S-DHPA

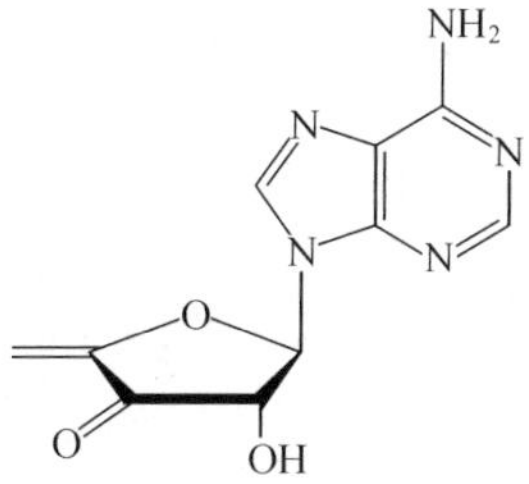

4′, 5′-双脱氢-3′-酮基腺苷

图 3-4 SDHPA 和 4′，5′-双脱氢-3′-酮基腺苷的结构示意图

从酶晶体结构的活性部位出发设计抑制物的分子结构有多种方法，这里不作赘述。思路之一是以酶晶体结构和计算机辅助对酶–抑制剂的结合热力学参数进行最优化，即以基于机理设计的化合物(如过渡态类似物等)为先导化合物，用组合化学方法改变各结构单元的种类，从而在理论上产生一系列的候选化合物。然后在酶晶体结构的基础上，用计算机分子图形学方法如自动分子对接(auto dock)对候选化合物与酶活性中心的结合能量进行逐一计算，从中选择能量最低的一组分子，进一步进行合成和研究它们的抑制活性及酶抑制机理。机理研究的结果反馈回来，以改进下一步的设计循环。

结构辅助设计抑制物的另一重要方面是动力学因素的优化。为了达到较大的抑制分配系数，经酶激活的活泼中间物应尽可能地靠近计划中的被修饰基团。酶的晶体结构可以提供下列信息：①酶活性中心存在哪些可被修饰的亲核基团，以便选择活泼中间物的类型，设计分子结构使活化型的亲核攻击受体处于最佳的反应的空间位置；②酶催化中心的空间宽容度，从而最大限度地利用酶活性活化抑制剂分子。一些酶(主要是各种水解酶)的活性中心可能包含一分子的结构水。这一水分子的存在可能消耗掉活泼中间物，也可能导致酶–抑制剂共轭物的水解。为避免此情形发生，一种方法是在抑制剂的试剂中加入空间位阻基团，取代结构水或使其不能接近酶活性中心的位置。

第三节　以酶为靶的药物设计

一、丝氨酸蛋白酶抑制剂的设计

丝氨酸蛋白酶家族包括多种内肽酶，它们催化酯或酰胺键的水解。图 3-5 表示了丝氨酸蛋白酶的催化机理，其中酶的一个丝氨酸羟基攻击底物的羰基生成酰基酶是催化过程的关键步骤。丝氨酸蛋白酶的催化中心包含了一个被称为“三元组”的氢键网(图 3-6)。

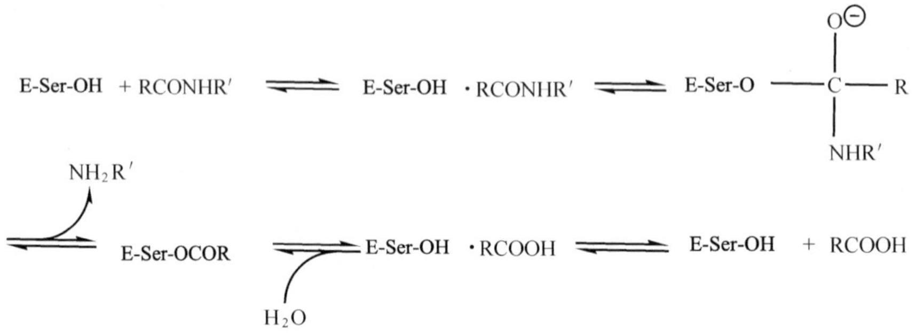

图 3-5　丝氨酸蛋白酶的催化机理示意图

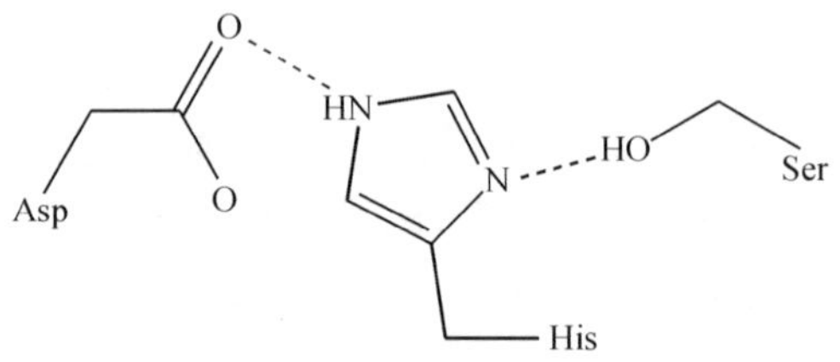

图 3-6　丝氨酸蛋白酶的催化中心的“三元组”氢键网

丝氨酸蛋白酶结合多肽底物的部位由一系列酶表面的亚基组成。惯例上列为图 3-7 所示形式，亚基称为 S。多数丝氨酸蛋白酶的特异性底物结合部位较浅；除了个别酶如胰蛋白酶的初级结合部位 S_1 外，在底物结合方面没有非常清晰的裂缝或沟槽。这些亚基是沿着蛋白质表面分布的。丝氨酸蛋白酶的底物结合非常类似蛋白质–蛋白质分子作用，因此，设计特异性和强结合的小分子化合物是比较困难的。利用酶催化中心的活泼丝氨酸等残基，使之与抑制剂分子形成稳定的共价加合物(covalent adduct)，这是设计高强度的特异性抑制物的有效方法。

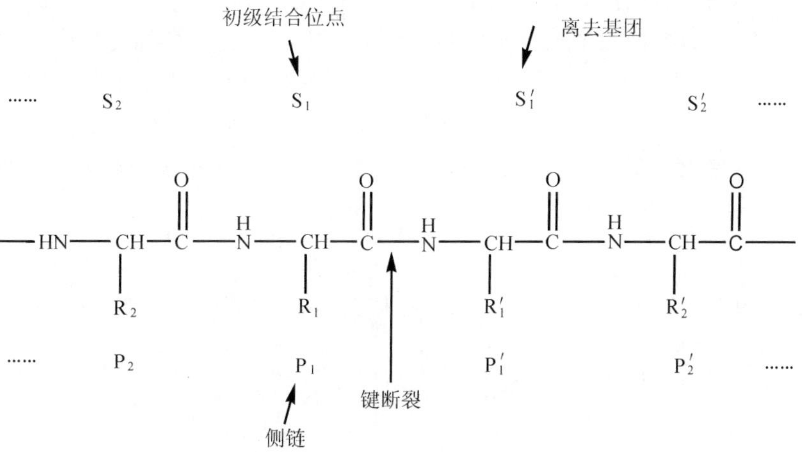

图 3-7 丝氨酸蛋白酶结合多肽底物部位的示意图

弹性蛋白酶(HLE)、组织蛋白酶 G(Cat G)和蛋白酶 3(PR 3)是与发炎性疾病有关的丝氨酸蛋白酶。机体缺乏对该酶的有效控制时，将导致结缔组织重要成分如弹性蛋白的破坏。因此，对该酶的抑制剂可称为抗炎症药物。

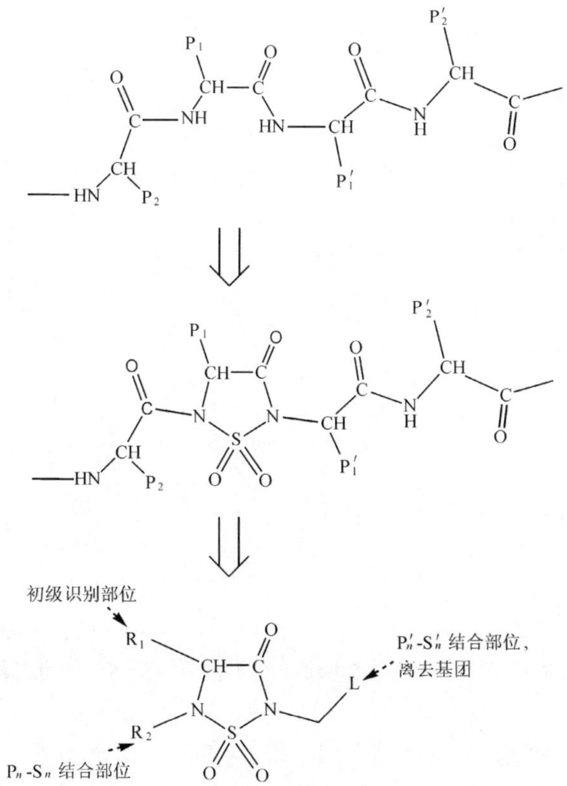

图 3-8 丝氨酸蛋白酶抑制剂的一个设计策略

设计上述酶的特异性抑制剂采用了图 3-8 所示的策略。首先，在酰胺键断裂部位引入杂环结构。酶对抑制物的亲核攻击将导致环的开裂，经过一系列的反应过程后，可能生成高度活泼的 *N*-磺酰胺(*N*-sulfonylimine)结构，导致进一步的酶的共价修饰(图 3-9)。其次，设计其他 3 个结合部位(R_1、R_2 和离去基团 L)的大小和结构。然后，根据弹性蛋白酶与抑制剂复合物的 2 个晶体结构，通过计算机模型计算方法筛选和优化抑制物。

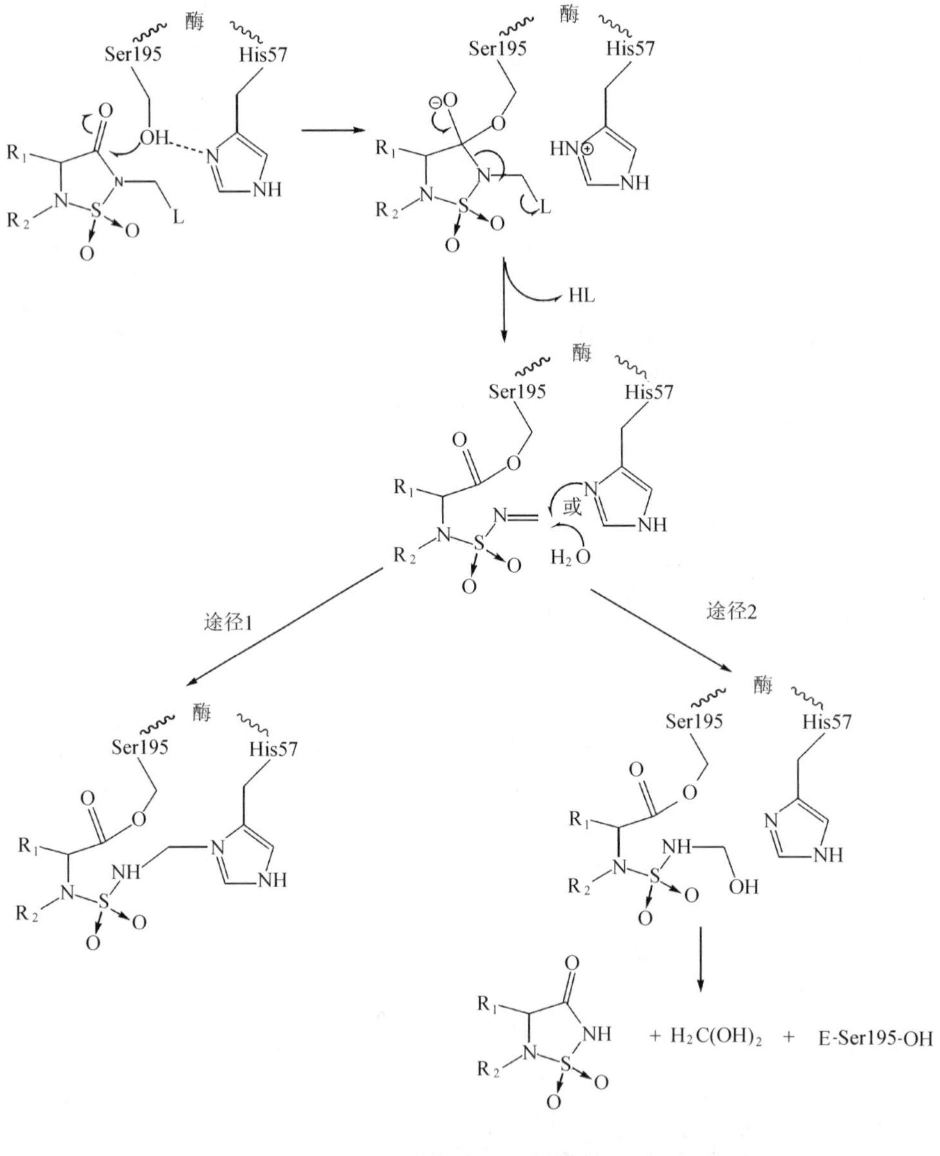

图 3-9　图 3-8 中的化合物抑制丝氨酸蛋白酶活性的可能机理

对离去基团为苯磺酸的 13 个不同 R_1 和 R_2 基团的化合物进行了研究。分子对接模型计算显示 R_1 基团结合于酶的 S_1 结合“口袋”内，R_2 和 L 基团分别结合于酶的 S_2-S_n 及 S'_n 的位置上。R_1 和 R_2 基团分别是异丁基和苯基的化合物对 HLE、Cat G 和 PR3 均表现出了良好的抑制活性。而 R_1 和 R_2 基团为其他烃基的化合物对胰凝乳蛋白酶(chymotrypsin)和牛胰蛋白酶等表现出不同的选择性。因此，图 3-9 所列的杂化化合物的构架可能是一个具有普遍适用意义的丝氨酸蛋白酶抑制剂的设计方式。机制研究显示，此类化合物与酶的反应机制(图 3-9)与所预料的相同(途径 1)，丝氨酸 195 和组氨酸 57 都与抑制剂成键，形成“双击”(double hit)机制。但是水分子也可以与活泼中间物反应，导致抑制剂分子从酶活性中心解离下来(途径 2)，使这部分抑制剂失去抑制活性。

细小核糖核酸病毒 3C 蛋白酶专一地在 Gln-Gly 序列处水解蛋白质，在催化机理上非常类似丝氨酸蛋白酶。但其催化中心是半胱氨酸 147 而非丝氨酸，因此，病毒 3C 蛋白酶在结构上整合了丝氨酸蛋白酶和半胱氨酸蛋白酶的特性。在 RNA 病毒的繁殖中首先表达出一种前体聚蛋白。前体聚蛋白被病毒 3C 蛋白酶等水解，释放病毒繁殖所需的各种蛋白质。因此，病毒 3C 蛋白酶成为抗病毒药物设计的一个重要的靶蛋白质分子。

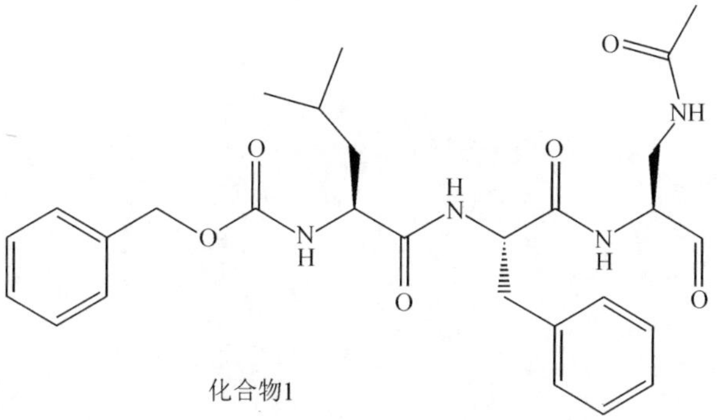

化合物1

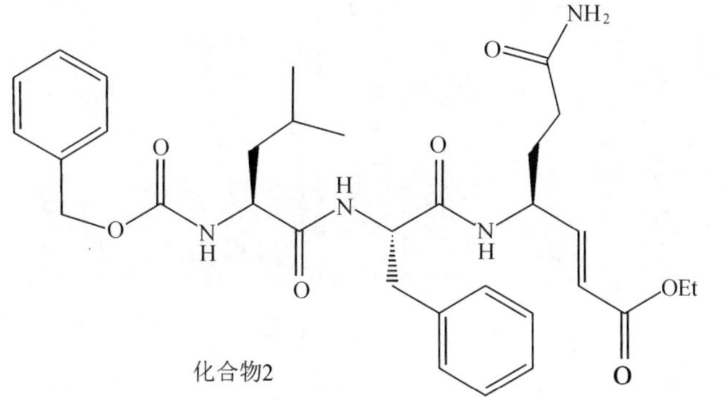

化合物2

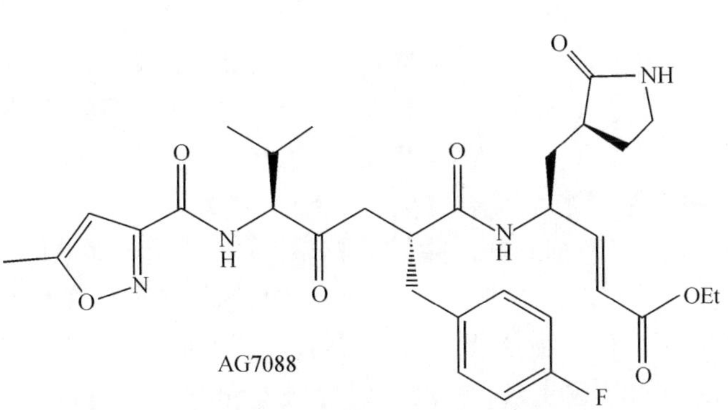

AG7088

图 3-10　鼻病毒 3C 蛋白酶的一些抑制剂的结构

图 3-10 中化合物 1 是一个侧链氨基被 *N*-乙酰基保护的含醛基的三肽，它可以抑制 14 型的人鼻病毒 3C 蛋白酶，$K_i = 6$nmol/L。它与血清 2 型人鼻病毒 3C 蛋白酶复合物的晶体结构已经被解析(图 3-11)。晶体结构表明，结合于病毒蛋白酶上的醛基肽呈部分展开的构象。分析其结构发现：①抑制剂的 P_1 侧链位于一个浅的口袋中，*N*-乙酰基的羰基氧与酶的组氨酸 161 及苏氨酸 142 形成氢键，而 *N*-乙酰基的甲基与苏氨酸 142 的主链接近。P_1 主链的酰胺基与酶的主肽链(缬氨酸162)有弱的氢键作用。对自然底物而言，P_1 基团是谷氨酰胺的侧链，可以推测苏氨酸 142 的主链与底物的酰胺基应该有进一步的作用；②抑制剂的 P_2 苯基侧链深入到酶分子的较大的 S_2 结合口袋，P_2 主链基团与酶主链及丝氨酸 162 侧链形成氢键；③抑制剂 P_3 主链与酶蛋白质主链作用，而其亮氨酸残基暴露在溶剂中；④抑制剂的末端苯基处于一个浅的疏水的口袋中，面对酶天冬酰胺 165 的侧链。这种氨基酸–芳香基团的作用模式给结构设计预留了很大的空间。此外，比较不同来源病毒 3C 蛋白酶的结构发现上述底物结合方式在不同种类病毒的蛋白酶中是高度保守的。

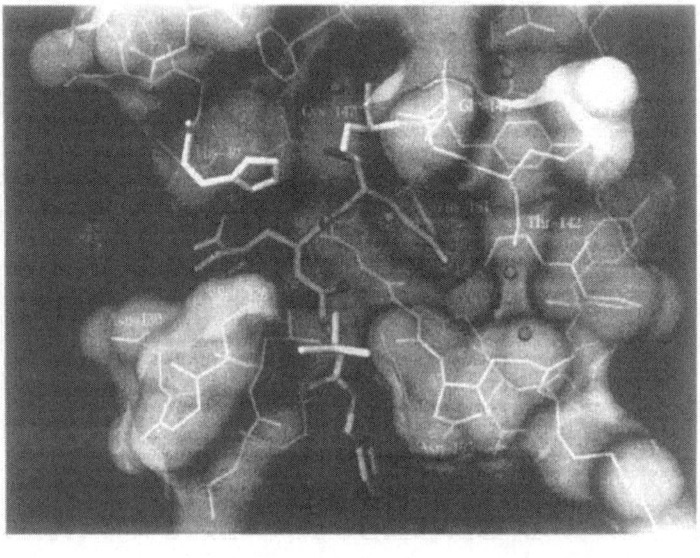

图 3-11　血清 2 型人鼻病毒 3C 蛋白酶–化合物 1(图 3-10)复合物的 2.2Å 分辨率晶体结构局部

大球为“三元组”氨基酸；小球为溶剂水；棒状为抑制剂分子的碳原子

化合物 1 是一个亲和标记分子。虽然它是病毒 3C 蛋白酶–化合物的很好的抑制剂，但其醛基结构不具备反应的特异性。如前(第一节)所述，可以将醛基换成 Michael 受体。由于不再担心抑制剂的其他亲核基团与其反应，P_1 部分也因此可以换成类似自然底物谷氨酰胺的结构。基团改换后得到化合物 2(图 3-10)。研究表明，化合物 2 是人鼻病毒 3C 蛋白酶的一个很强的不可逆抑制剂，并且表现出中等的抗病毒活性而没有明显的毒性。化合物 2 与酶复合物的晶体结构表明， 化合物 2 与酶的结合与醛基的化合物 1 非常相似。但在 P_1 的结合区，化合物 2 多出一个氢键，即如预料中那样，酰胺残基的氮与酶主链(苏氨酸 142)之间有氢键生成。因此，化合物 2 与酶的结合更为紧密。

在以上晶体结构的基础上可以设计选择性更好、抑制能力更强的抑制剂分子。首先是 Michael 受体部分。实验合成了一系列不同的抑制剂，包括α，β-不饱和酯、含酰胺基 Michael 受体、α，β-不饱和酮、乙烯基不饱和杂原子化合物和含酰基内酰胺等的 Michael 受体。测试了它们的抑制活性和与非酶巯基的反应等性质，结果发现α，β-不饱和酯是最合适的 Michael 受体候选。

对于 P_1 结合部位。晶体结构显示，P_1 结合口袋较浅，侧链酰胺暴露于溶剂中。因此，在不影响酰胺残基原有的氢键的前提下，酰胺基团的适当烷基化有助于增大疏水作用。通过计算机模型分析，形成α碳为 S 构型的内酰胺可能提高抑制剂于酶 S_1 结合部位的亲和力。对于 P_2 结合部位，酶的 S_2 结合口袋既深又大，适宜于结合较大的疏水基团。模型及实验研究表明，对氟基苯是较好的候选。对于 P_3 结合部位。由于亮氨酸侧链暴露于溶剂中，对结合贡献不大。放置一个容易合成的疏水基团较好。对于 P_4 结合部位，如前所述，这里有很大的设计空间。通过系统的组合化学和高通量筛选研究，结果表明 5-甲基异噁唑-3-碳酰胺(5-methyllisoxazole-3-carboamide)可以产生最强的抑制效应。最后，为了减少抑制剂的多肽性质，可用酮基次甲基结构替换 P_2–P_3 的肽键。研究表明，这一替换并不显著降低产物的抑制蛋白酶活性的能力，反而提高了抑制剂的抗病毒活性。

综合以上的设计和研究结果，设计合成了 AG7088 分子(图 3-10)。研究表明，AG7088 是人鼻病毒 3C 蛋白酶极佳的抑制剂，具有很高的抗病毒活性和低毒性($EC_{50} = 0.013\mu mol/L$；细胞毒性达到 50%时的浓度>100μmol/L)。SDS-PAGE 分析发现，药物处理的鼻病毒感染 Hela 细胞中有剂量依赖的病毒前体蛋白的积累，因此，AG7088 抗病毒的机理与其特异性地抑制病毒 3C 蛋白酶是一致的。目前，AG7088 已作为药物进行临床研究。

二、β-内酰胺水解酶抑制剂的设计

具有β-内酰胺结构的抗生素如青霉素等是临床上应用最为广泛的抗菌药物。很多情况下，细菌以表达 C 类型β-内酰胺水解酶产生抗药性。β-内酰胺水解酶抑制剂是治疗抗药性细菌感染的重要辅助药物。

β-内酰胺水解酶催化内酰胺的机制类似上述的丝氨酸蛋白酶，即首先利用催化中心的一个丝氨酸残基攻击酰胺键的羰基，酰胺键断开，同时酶被酰化；然后，一个水分子被酶的多个氨基酸残基所活化，将酶–底物间的酯键水解，释放反应产物。

氨曲南(aztreonam)(图 3-12)是β-内酰胺水解酶的抑制剂，它与酶的自然底物有类似的核心结构。当受到靶酶丝氨酸羟基进攻后，抑制剂核心结构开环。此时，沿 C3-C4 键有两种转动方式：反时针转动，形成构象 1；顺时针转动，形成构象 2(图 3-13)。计算机分子模型计算表明，氨曲南的 C3-C4 基团的反式结构使其倾向于采取构象 1 方式。在构象 1 中，磺酸基占据了水分子的位置，并阻断了水分子向酯键的亲核进攻方向，因此，酶分子保持酰化的状态，活性受到抑制；而自然底物则不同，它们 C3-C4 基团为顺式结构，开环后倾向于采取构象 2 结构，利于水分子向水解酶–底物间的酯键的进攻，完成β-内酰胺的水解。

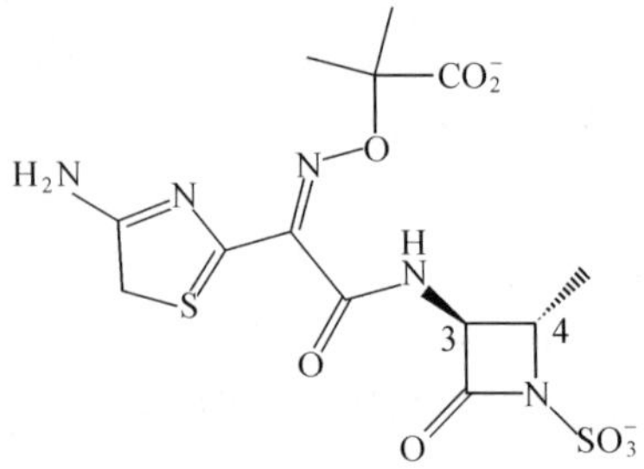

图 3-12　β-内酰胺水解酶抑制剂氨曲南的结构

根据上述酶活性抑制的机理，如果改变抑制剂的结构从而限制开环后沿 C3-C4 键的转动，就必然能够提高抑制剂的抑制分配系数。一个方法是合成如图 3-14(a)所示的具有

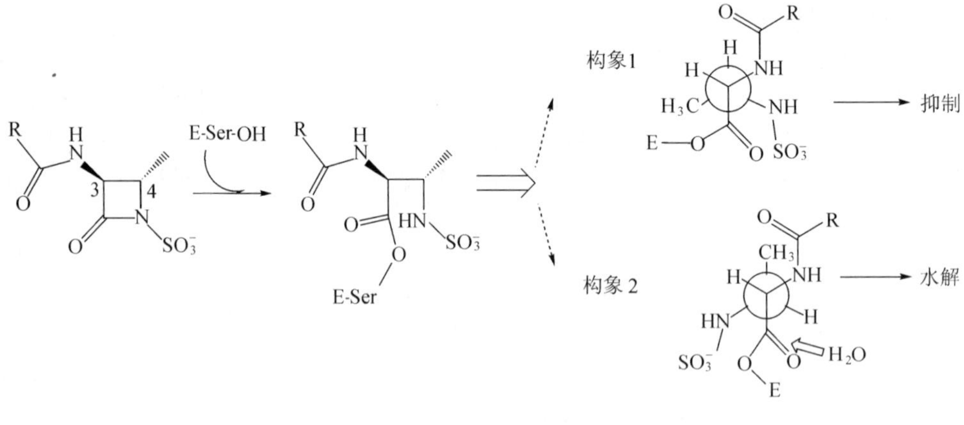

图 3-13　氨曲南抑制β-内酰胺水解酶的机理示意

桥环结构的单酰胺(monobactam)分子，通过对 R_1、R_2 和 R_3 基团优化，应该得到具有高度特异性的β-内酰胺水解酶抑制剂。研究表明，一系列 n=1 的桥式单酰胺化合物均有显著的酶抑制活性。其中一个 R_1 为对羟基苯胺基，R_2 和 R_3 为氢原子的简单化合物［图 3-14(b)］，并且获得了该化合物与β-内酰胺水解酶(*C. freundii*)的晶体结构。这个化合物的 IC_{50} 分别为 109nmol/L(*C. freundii*)和 155nmol/L(*P. aeruginosa*)，抑制分配系数达到 1~1000。晶体结构显示，抑制剂被酶激活后，其 N1 基团阻挡了朝攻击酯键的方向，同时其磺酸基顶替了催化水的位置；而正常酶的此位置结合并活化水分子以进行亲核攻击。进一步的研究证明，酰基化的β-内酰胺水解酶丝氨酸–抑制物的酯键与正常底物的情形没有区别，桥式单酰胺化合物之所以抑制酶–抑制剂酶键的水解，的确是因为阻止了水分子亲核进攻这一动力学因素而产生。

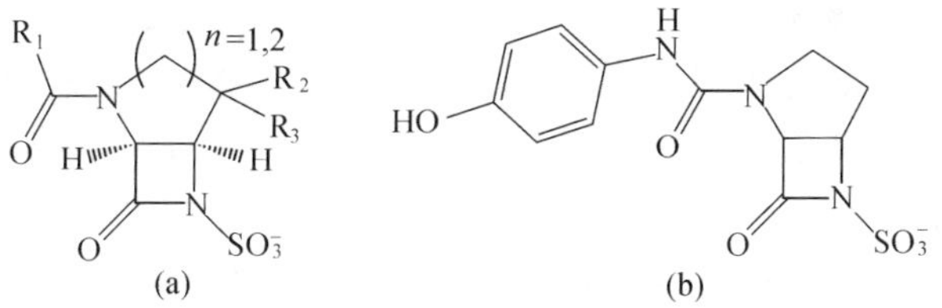

图 13-14 桥式单酰胺化合物的结构示意

(a) 通式；(b) 一个化合物

三、腺苷同型半胱氨酸水解酶抑制剂的设计

S-腺苷同型半胱氨酸 (AdoHcy)水解酶催化 AdoHcy 水解生成腺苷(Ado)和同型半胱氨酸(Hcy)。它通过控制细胞内腺苷基蛋氨酸(AdoMet)/AdoHcy 的比值，调控各种 AdoMet 依赖的生物甲基化酶的活性，因而是生物细胞生命过程中的一个必需的酶。此外，生物体内 Hcy 的来源目前所知只有 AdoHcy 的水解。近年来发现，血清 Hcy 水平过高是导致心血管疾病的重要因子。因此，AdoHcy 水解酶已成为药物相关研究中非常重要的靶分子，用于抗癌、抗病毒、抗寄生虫、抗关节炎和抗心血管疾病等的药物设计。

图 3-15 显示了 AdoHcy 水解酶的催化机理。这是一个比较复杂的水解机制：酶首先将底物氧化，使其结构被活化，水解步骤则是通过消除 Michael 加成方式进行，最后产物被还原后释放。在整个过程中，酶包含了两个相对独立的催化活性，即氧还活性和水解活性。有可能利用这两个活性设计基于机理的酶抑制剂。

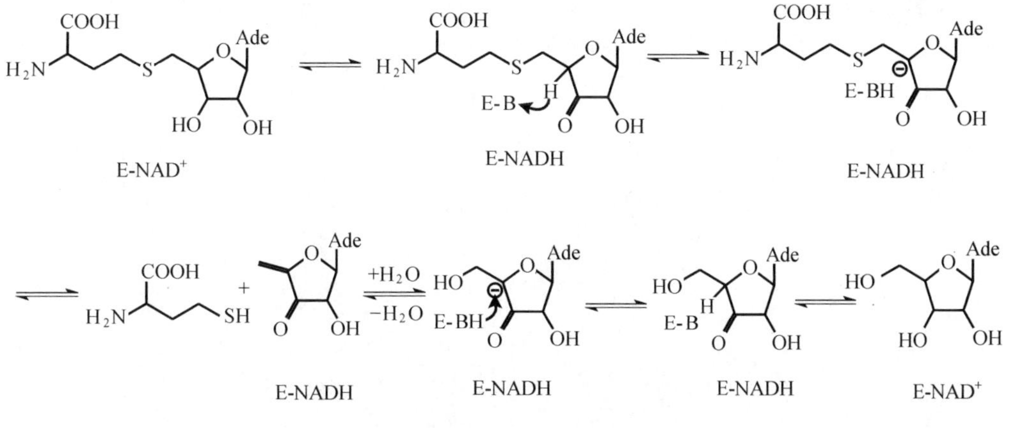

图 3-15 AdoHcy 水解酶的催化机理

实际上，酶抑制剂的寻找是首先从天然的化合物开始的。与自然底物 Ado 相似的天然化合物如 Nep A 和芒霉素(aristeromycin，图 3-16)都是 AdoHcy 水解酶的很好的抑制剂。研究表明，Nep A 抑制 AdoHcy 水解酶活性的机理为抑制物被酶氧化后生成过渡态 4′，5′-双脱氢-3′-酮基腺苷(图 3-4)的类似物，但却不能进行下一步的水解反应。晶体结构和图形分析表明，Nep A 的 5′-羟基占据了酶结构中原来催化水分子(图 3-17)的位置。因此，Nep A 被酶氧化后陷入了在酶催化循环中能量最低的一个热力学“陷阱”之中，从而

AdoHcy 水解酶的活性被无限期地锁住。与过渡态 4′, 5′-双脱氢-3′-酮基腺苷相类似的化合物如腺苷二醛(Ado dialdehyde)等是 AdoHcy 水解酶的良好竞争型抑制剂，K_i 大小从 4μmol/L 到 1nmol/L 不等。十分有趣的是简单的化合物 S-DHPA(图 3-4)虽然结构上与过渡态的分子结构相差较大，但与酶有很强的结合力(K_i = 4nmol/L)。说明酶结构在结合底物分子时有一定的动态适应性，可以利用酶复合物的晶体结构设计高效却结构简单的竞争型乃至不可逆的抑制物分子。

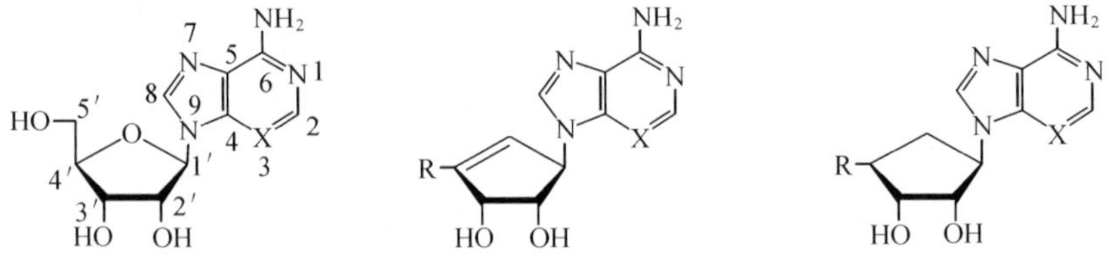

图 3-16　AdoHcy 水解酶自然底物 Ado 及一些抑制剂的分子结构

与 Nep A 抑制 AdoHcy 水解酶活性的机理相同的被称为类型 I 抑制剂，它们都能强烈地抑制酶的活性。但是，Nep A 的毒性也很高。研究发现，其毒性主要的来源是它是磷酸激酶等结合腺嘌呤结构酶的底物/抑制剂。结构改造的方法有：①去掉抑制物 5′-侧链，这类化合物如 DHCaA、DHCeA(图 3-16)等；②改造腺嘌呤结构，产物如 C^3-Nep A、C^3-芒霉素等。这些工作卓有成效。已经得到了 DHCeA-AdoHcy 水解酶复合物的晶体结构(图 3-17)。晶体结构表明，一个水分子(中间小球)在底物 5′-侧链消除后占据 5′-羟基的位置，His55、His301 和 Asp131 活化水分子，完成 Michael 加成步骤。

图 3-17　DHCeA-人 AdoHcy 水解酶复合物的晶体结构

然而，更重要的是设计经酶激活后可与酶分子共价结合的新抑制物，即类型 II 抑制剂。最初的尝试是设计合成了 ZDDFA 化合物(图 3-18)。设想是：ZDDFA 的 3′-羟基被氧化，生成 Michael 受体，再被酶的一个亲核基团进攻，在消除 F^-后形成稳定的共价化合物。但实际并非如此，生成的 Michael 受体遭到活化的水分子的进攻，抑制剂转化为 Ado-5′-羰醛的已知化合物，后者经研究发现是一个强的类型 I 抑制剂。因此，若要得到类型 II 抑制剂，可采取两条途径：①设计抑制剂的结构使其排斥催化水分子，以便让临近的酶亲核基团(His55 和 His301)直接进攻生成的 Michael 受体；②利用水加成反应产生活泼中间化合物，对酶分子进行共价修饰。

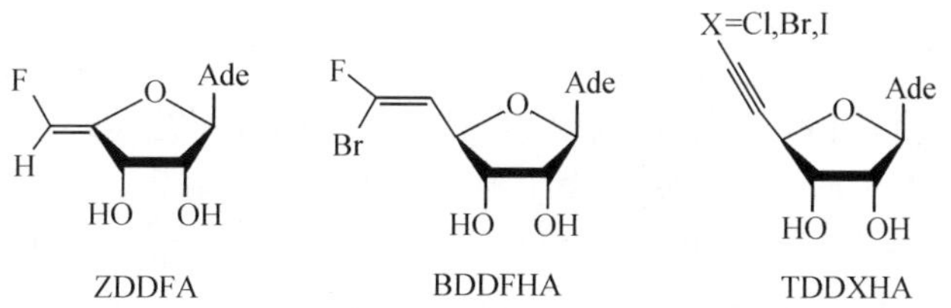

图 3-18　ZDDFA 及目前已知的类型 II 抑制剂

通过对一系列乙烯基腺苷类似物的研究发现，AdoHcy 水解酶的水加成活性可以延伸到 5′-侧链上的 6′位置。这可能是 ZDDFA 的侧链没有能够推开水分子的原因。但在另一方面，延伸的水加成活性可能导致较长侧链的活泼抑制物，可以与更多的酶亲核残基形成共价键。研究获得了几个真正的类型 II 抑制剂，包括 BDDFHA 和 TDDXHA。后者与 AdoHcy 水解酶作用的机理见图 3-19。目前，这些抑制剂还存在许多问题，如较低的抑制分配系数和只能导致一半酶活性位点的共价修饰等等。进一步的研究正在进行。

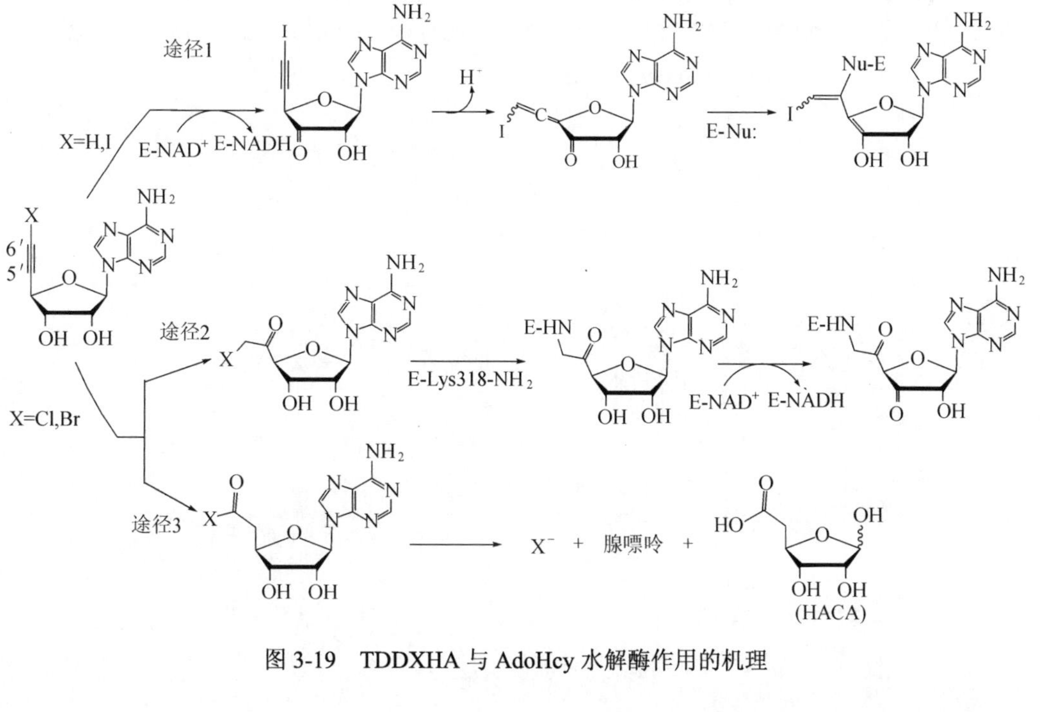

图 3-19　TDDXHA 与 AdoHcy 水解酶作用的机理

四、HIV 相关酶抑制剂的设计

获得性免疫缺陷综合征(acquired immunodeficiency syndrome，AIDS)的医治已经成为世界范围内的最具挑战性的医学难题。1983 年，Barre-Sinoussi 等从 AIDS 病人的血液中分离出了 I 型人类免疫缺陷病毒(human immunodeficiency virus type I，HIV-I)，使人们对 AIDS 的发病机理有了认识，开始了对 HIV 的全面研究。

1. HIV 的复制机理

HIV 是一种直径为 100nm 的 RNA 病毒，外壳由一脂双层及两种糖蛋白 gp41 和 gp120 组成。它是一种典型的逆转录病毒，由 3 种主要的基因(*gag*、*pol* 及 *env*)组成基本结构，还有 6 个附加基因编码的 6 种调节蛋白(如 rev、tat、vpr、vpu、vif 及 nef)及逆转录酶、整合酶、蛋白酶等。HIV 通过外膜蛋白(gp120)与宿主 T 细胞 CD4 受体特异结合，脱去蛋白主壳，释放出病毒 RNA 基因组，以后的复制过程简单表示在图 3-20 中，具体内容将在第十一章中进行详细论述。

2. HIV 逆转录酶抑制剂研究进展

HIV 逆转录病毒的最大特点是在病毒体中含有逆转录酶。HIV 的逆转录过程就是在病毒的逆转录酶作用下，以病毒 RNA 为模板合成前病毒 DNA 的过程，在这个过程中逆转录酶起着重要的作用。所以寻找 AIDS 新药的努力首先就放在发展逆转录酶抑制剂上。最先获得美国 FDA 批准的抗 AIDS 的逆转录酶抑制剂是 3′-叠氮基-2′，3′-脱氧胸苷(AZT)。除了 AZT 之外，具有抑制 HIV 逆转录活性的核苷类似物还有 2′，3′-双脱氧核苷、无环核苷、异核苷等等，它们抑制 HIV 的逆转录的作用机制主要通过底物相似性竞争性地抑制逆转录酶的活性，对于一些 3′-脱羟基的脱氧核苷如 AZT 等，同时还能终止前病毒 DNA 链的延伸而阻断 HIV 的复制。

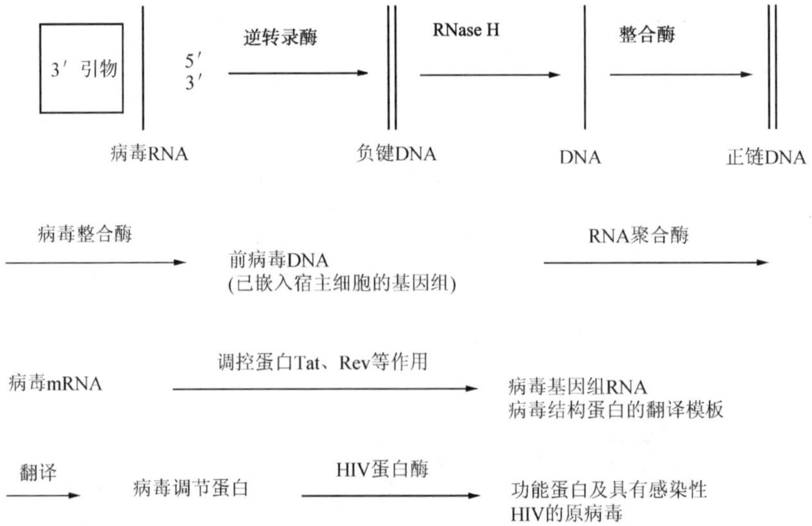

图 3-20　HIV 的复制周期

5 年前，人们又发现了一些非核苷类 HIV 逆转录酶抑制剂，如四氢–甲基咪唑–苯二氮䓬酮(TIBO)类，二吡啶并二氮䓬酮(BIRG)类，1 位、4 位分别由杂环取代的(苯磺酰)吲哚类，这些都是经过普筛得到的对 HIV 的逆转录酶有抑制作用的先导化合物又经结构优化而得到的高选择性的非核苷类 HIV 逆转录酶抑制剂。它们都是通过与逆转录酶的非底物结合部位结合而抑制逆转录酶的活性。再有如｛1-[(2′-羟乙氧基)甲基]-6-(苯巯基)｝胸腺嘧啶(HEPT)及一些 2′，5′位羟基均被叔丁二甲硅基所取代的核苷衍生物，虽都属于核苷类似物，但它们在结构上与核苷已有较大差别。虽作用靶仍是 HIV 逆转录酶，但作用机制却与核苷类抑制剂不同，是通过和 HIV 逆转录酶非底物结合而抑制其酶活性而阻止病毒的复制。

这些逆转录酶抑制剂的发现对治疗艾滋病药物的研究有重要意义。然而，由于病毒的逆转录酶缺乏校正错配碱基的能力，同时受病毒基因组之间重组机制的影响，HIV 基因结构具有广泛、快速变异及高度的遗传异质性特征。这使得病毒群体中变异数目增多，也使受损的基因容易得到修复，从而产生了广泛的遗传变异和快速的进化现象。这使逆转录酶抑制剂往往具有较大的毒副作用，同时长期应用很容易产生耐药病毒株，而使其应用受到限制。无论是核苷类还是非核苷类逆转录酶抑制剂的研制都存在着这个棘手的问题。

3. HIV 蛋白酶抑制剂的设计

由于 HIV 复杂的复制周期为抗 AIDS 药物的干扰提供了多种可能性，人们又开始寻找抑制病毒复制的更有效的靶标进行药物设计。根据 HIV 的复制周期规律，其病毒生长繁殖时要先合成一个相对分子质量 52 000 的多聚蛋白，再由一种特异性的蛋白酶切割成大小不同的蛋白质亚基，经组装才能成为有活性的病毒颗粒。正是由于 HIV 蛋白酶在病毒的成熟方面起关键作用，所以人们将此 HIV 蛋白酶作为靶酶来寻找有特异活性的抑制剂。希望通过药物的干预，使 HIV 蛋白酶编码区发生单点突变或缺失突变而使受 HIV 感染的细胞产生没有传染力的病毒粒子，从而使疾病得到控制。近年来 HIV-1 相关酶抑制剂在治疗 HIV-1 感染上取得了较大进展。现有四种 HIV-1 蛋白酶抑制剂 saqninavir、ritonavir、indinavir 和 helfinavir 已经成为治疗 HIV 的临床药物，蛋白质专家和药物化学家还在继续从不同的途径逐渐认识 HIV 蛋白酶的结构特征，想通过运用蛋白质结构生物学技术来合理设计更有选择性的 HIV 蛋白酶抑制剂。

这种 HIV 蛋白酶包含在 gag-pol 产物中，由两个含有 99 个氨基酸残基的单位构成，每个单位中都有天冬氨酸蛋白酶家族中固定的活性中心序列——Asp-Thr-Gly，而且每个单位中所含的中心序列 Asp 侧链都和活性部位密切相关。通常天冬氨酸水解酶都由两个结构近似对称的结构域构成，因此推断 HIV 病毒蛋白酶也是由两个完全相同的亚单元通过二聚作用来完成其功能。

20 世纪 90 年代初，Wlodawer 等获得了全合成的 HIV 蛋白酶的晶体结构，证实了 HIV 蛋白酶确如预期的那样以二聚体的形式产生活性，其亚基取向类似于天冬氨酸水解酶中的 N 端结构域和 C 端结构域。同时也证实了人们假设的如同天然蛋白质 HIV 蛋白酶具有确切的双折叠螺旋对称性。

HIV 蛋白酶抑制剂的设计是在对 HIV 蛋白酶分子结构认识的基础上进行的。由于

HIV 蛋白酶是同源二聚体，其活性部位具有二重轴对称性，所设计的抑制剂也应具有同样的对称性才可能有较高的抑制活性。这样首先考虑到的抑制剂应是多肽结构，但多肽药物一般不易口服吸收且代谢稳定性差，必须在结构上进行很大的改变才能开发成有效的药物。怎么做呢？首先用化学合成方法并通过在大肠杆菌(*E. coli*)蛋白质的过度表达，可以得到相应足够量的纯化了的酶，用以研究酶反应动力学，同时可以得到酶与抑制剂所生成的复合物的结晶，再进行高分辨的 X 射线衍射分析，这样在对复合物结构认识的基础上再进行有效的结构再改造。因此，人们设计成功了一种具有 C2 对称性的多肽类似物作为抑制剂，它除了和 C2 对称活性部位完全对称外还具有一些亚位点。虽然它是在天冬氨酸酶抑制剂的基础上设计的，但由于天冬氨酸酶亚位点的对称排列相对减少，可以预计这些抑制剂对 HIV 病毒蛋白酶比对天冬氨酸蛋白酶会有更高的选择性。从同源的逆转录病毒蛋白酶的结构出发在 Phe-Pro 处切断，根据 HIV 蛋白酶在 gag-pol 基因产物中断裂 Phe-Pro 键的特点，其中一部分按二重轴转 180°则构成一个对称的分子。若在—CH_2—上引入羟基，这样沿着羟基构成的对称轴通过中间键的断裂，产生 4 个核心单元如图 3-21 中的 **1~4**，对 C2 对称性抑制剂的设计就是基于对这些结构分子的识别。其中双胺 **1** 蛋白酶抑制活性很弱，在体内也没有任何抗 HIV 的活性。而将 **1** 进行修饰后，所得到的衍生物 **5**，又命名为 A-74704，作用在亚位点上具有很强的酶抑制活性，而且对 HIV 蛋白酶的选择性很好，比对其他相关酶的抑制作用强 10 000 倍。更重要的是化合物 **5** 具有很强的抗病毒活性，它对 H_9 细胞的核心抗源病毒的抑制极明显，$IC_{50} = 0.4\mu mol/L$，从 500 例的临床观察看，毒性并不大，$LD_{50} = 200\mu mol/L$。化合物 **5** 与 HIV 蛋白所形成的复合物的晶体结构已经得到了。结晶图谱证明化合物 **5** 与 HIV 蛋白酶之间通过水分子形成氢键，而且 **5** 与 HIV 蛋白酶之间具有双折叠对称性，这是它们相互识别、结合的基础。

具有二醇结构的化合物 **3** 的衍生物 **6** 及未列出结构的 **7** 和 **8** 是三个几何异构体。它们的酶抑制活性是 **1** 的 10 倍。与传统的单羟基一乙基的过渡态物质相比较，**6**、**7** 和 **8** 对 HIV 蛋白酶具有相似的抑制活性部位(—CHOH—CHOH—)具有一定程度的构象转换。这三个异构体对 H_9 细胞 HIV 的抑制作用的 IC_{50} 为 0.02~0.06μmol/L。

另外，我们知道 HIV 蛋白酶断裂病毒基因产物中的 Phe(Tyr)-Pro 键的特征是区别于其他天冬氨酸蛋白酶的选择性特异性作用。所以羟基、乙基部分是必需的最小序列，在酶的作用下酰胺键发生断裂后再重新结合，使酶对病毒基因的正常切割作用受阻，从而抑制了病毒的复制。但是，研究表明，太小的分子序列的作用是很弱的，像这样得到的化合物 **10** 只有很弱的活性，但如果 N 端的结构稍加扩展，如化合物的结构就能使它的抑制活性增加 40 倍。而在其他的 C 端或 N 端扩展时对活性则没有提高。

虽然，在 HIV 蛋白酶结构生物学的基础上进行的药物设计研究有了一定的成果，但有时科学的进步并不等于在药物水平上的成功。我们也发现了经验合成的抑制剂化合物 **9**，也称为 R031-8959，活性很好，它的高活性来自于亚氨基的变化。这个化合物通过抑制 HIV 的复制机制，对 C_{8166} 细胞表现出极强的抗病毒活性。$IC_{50} = 2nmol/L$，在老鼠和猴子身上以 1.0mg/kg 的剂量口服给药，血药浓度超过 70ng/ml，实现了对 HIV 蛋白酶的抑制状态并可维持 6h 以上。表现出较好的口服利用度。

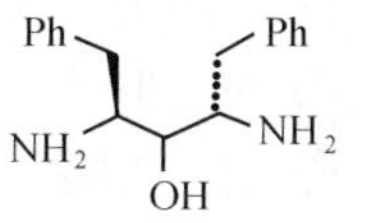

1

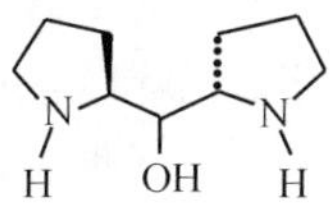

2

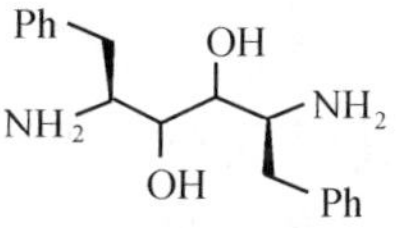

3

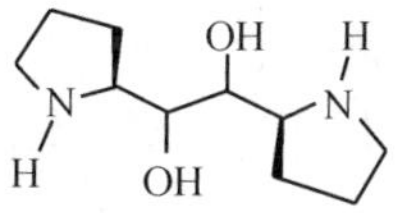

4

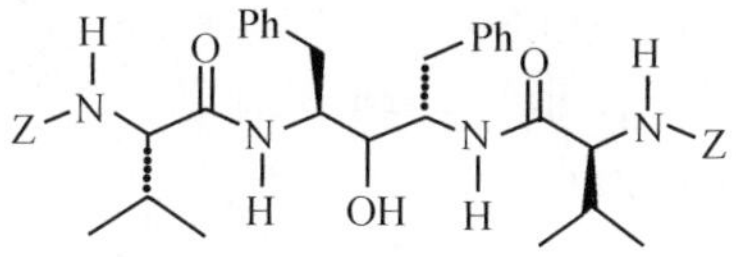

5

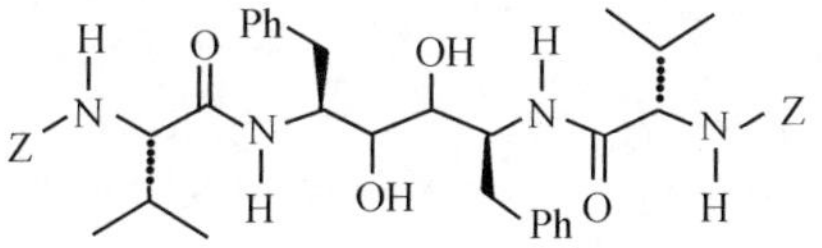

6 3R,4R
7 3S,4S
8 3R,4S

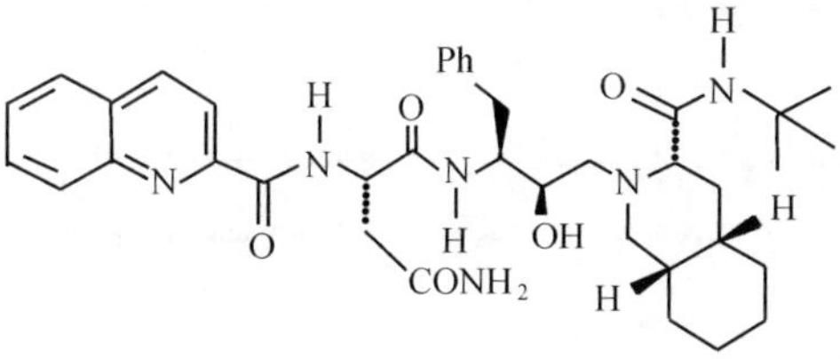

9

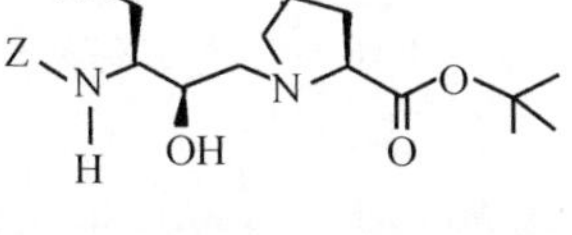

10

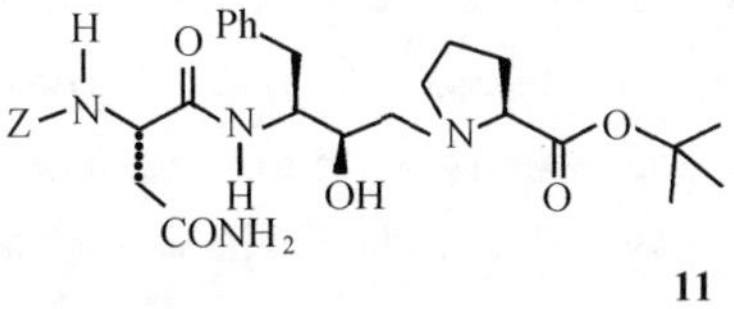

11

图 3-21　化合物结构

以 HIV 蛋白酶为靶进行其抑制剂设计的另一个较为成功的实例是美国加州大学旧金山分校的研究人员利用计算机数据库进行的设计。先利用 HIV 蛋白酶的晶体结构数据推算出该酶结构的互补结构，再以剑桥结构数据库中分子形状数据库调出分子进行对比、叠合、打分，然后对分数高的进行筛选。依照它们与蛋白质表面形成氢键能力的大小，分子侧链被酶的底物包容的情况及合成的难易程度，筛选出了一个化合物，溴哌醇。其羟基恰好可以与酶活性部位的天冬氨酸作用。对进一步修饰改造的氟哌啶醇及还原的羟基哌啶醇所进行的活性测定表明其对 HIV 蛋白酶有抑制活性，并具有很高的选择性。这说明用计算机数据库方法寻找先导化合物是可以成功的。但该抑制剂仍存在的问题，主要是需要在很高的浓度下才有抑制活性，说明尚需进一步的改造，才能真正作为药用。

总之，结构辅助并基于机理进行有目的药物设计，主要建立靶酶分子的晶体结构、靶酶的催化机理和反应化学，以及现代计算机图形技术的基础之上。它是一个较新的药物设计策略，除了上述的介绍目前已有不少的工作的开展。相信它是当今药物设计发展的一个重要的趋势。21 世纪基因科学和计算机信息技术飞速发展，以下方面的进展将给药物设计思想带来重大冲击：①越来越多的未知蛋白质/酶的基因结构被解析；②病变的酶/受体结构的解析和酶/受体功能修复药物的设计和研究；③生物/化学信息学可能带来对结构–生物活性关系的全新理解；④新的结构理论和计算可能使我们从酶的基因结构直接有效的预测酶的三维立体结构；⑤高通量实验技术带来实验扩展的可能。我们无法预言将来药物设计会有什么样的新思维和新方法，但可以预料，以结构生物学为基础不断吸收计算机科学和分子生物科学的新技术始终会是未来药物设计的发展方向。

主要参考文献

Dragovich P S,Webber S E,Prins T J,et al. 1999.Structure-based design of irreversible,tripeptidyl human rhinovirus 3C protease inhibitors containing N-methyl amino acids. Bioorg Med Chem Lett, 9: 2189~2194

Dragovich P S, Prins T J, Zhou R, et al. 1999. Structure-based design, synthesis,and biological evaluation of irreversible human rhinovirus 3C protease inhibitors 4.Incorporation of P1 lactam moieties as L-glutamine replacements.J Med Chem, 42: 1213~1224

Dragovich P S, Prins T J, Zhou R, et al.1999.Structure-based design,synthesis,and biological evaluation of irreversible human rhinovirus 3C protease inhibitors. 3. Structure-activity studies of ketomethylene-containing peptidomimetics. J Med Chem, 42: 1203~1212

Fersht A. 1985.Enzyme structure and mechanism.2rd ed. London: W H Freeman and Company

Groutas W C, Kuang R,Venkataraman R, et al. 1997. Structure-based design of a general class of mechanism-based inhibitors of the serine proteinases employing a novel amino acid-derived heterocyclic scaffold.Biochemistry, 36: 4739~4750

Heinze-Krauss I, Angehrn P, Charnas R L, et al. 1998. Structure-based design of beta-lactamase inhibitors 1 Synthesis and evaluation of bridged monobactams.J Med Chem, 41: 3961~3971

Lawson M A and Semler B L. 1990. Picornavirus protein processing—enzymes,substrates, and genetic regulation. Curr Top Microbiol Immunol, 161: 49~87

Long A C, Orr D C, Cameron J M, et al. 1989. A consensus sequence for substrate hydrolysis by rhinovirus 3C proteinase. FEBS Lett, 258: 75~78

Matthews D A, Dragovich P S, Webber S E, et al. 1999. Structure-assisted design of mechanism-based irreversible inhibitors of human rhinovirus 3C protease with potent antiviral activity against multiple rhinovirus serotypes. Proc Natl Acad Sci U S A, 96: 11000~11007

Robins M J, Wnuk S F,Yang X,et al. 1998. Inactivation of S-adenosyl-L-homocysteine hydrolase and antiviral activity with 5′,5′,6′,6′-tetradehydro-6′-deoxy6′-halohomoadenosine analogues (4′-haloacetylene analogues derived from adenosine). J Med Chem, 41: 3857~3864

Silverman R. 1995. Mechanism-based enzyme inactivators. Methods Enzymol, 249: 240~283

Steegborn C, Clausen T, Sondermann P, et al. 1999. Kinetics and inhibition of recombinant human cystathionine gammalyase. Toward the rational control of transsulfuration. J Biol Chem, 274: 12675~12684

Turner M A, Yuan C S, Borchardt R T, et al. 1998. Structure determination of selenomethionyl S-adenosylhomocysteine hydrolase using data at a single wavelength. Nat Struct Biol, 5: 369~376

Yang X, Yin D, Wnuk S F, et al. 2000. Mechanisms of inactivation of human S-adenosylhomocysteine hydrolase by 5′,5′,6′,6′-tetradehydro-6′-deoxy -6′-halohomoadenosines Biochemistry, 39: 15234~15241

Yin D, Yang X, Yuan C, et al. 2000. Mechanism-based S-adenosyl-L-homocysteine hydrolase inhibitors in the search for broad-spectrum antiviral agents. New York: John Wiley & Sons, Inc. 41~71

Yuan C S, Yeh J, Liu S, et al. 1993. Mechanism of inactivation of S-adenosyl homocysteine hydrolase by(Z)-4′,5′-didehydro -5′-deoxy 5′fluoroadenosine. J Biol Chem, 268: 17030~17037

Yuan C S, Wnuk S F, Robins M J, et al. 1998. A novel mechanism-based inhibitor (6′-bromo-5′, 6′-didehydro-6′-deoxy-6′-fluorohomoadenosine)that covalently modifies human placental S-adenosyl homocysteine hydrolase. J Biol Chem, 273: 18191~18197

(杨晓达　杨　铭)

第四章　受体结构生物学与药物设计

受体学是从药理学发展起来的。最早的受体假说是药理学家 Lang Ley 于 1878 年提出的，他首先提出在细胞内存在能与药物结合物质。然后 Ehrlich 于 1897 年进一步提出受体的概念。认为在细胞上有一种能够与一些特定毒素基因结合的物质；而且提出受体与配体相互作用是锁和钥匙关系的假说，即锁钥学说，虽然在后来的大量实验研究室中该学说得到了证实，但当时由于受到结构测室技术方面的限制，人们无法认识受体的实质，甚至很长一段时间一直把受体看成是一种虚设的概念，不能用科学的方法证实它的存在。正如结构生物学不是描述性科学而是定量的科学一样，直到 20 世纪 20 年代末，Chark 等开始定量研究受体和配体的作用机制，提出了“占领学说”、“速率学说”等定量研究的理论基础时，才打破了受体研究停滞不前的局面。

20 世纪 60 年代以来，两项重要的进展为受体研究带来了新的转机：一是α放射性同位素标记后的激素制备成功之后，建立了放射免疫分析法，并在此基础上发展成放射性配基结合分析技术，为受体研究提供了新的手段；二是 Suthertand 在研究肾上腺素升高血糖的作用中，发现环磷酸腺苷(cAMP)在激素与其诱发的生理效应之间充当信使分子，并据此提出了第二信使学说，为研究激素–受体相互作用及信号转导机理开辟了新的途径。这是受体功能与作用机制研究史上的一个里程碑。

20 世纪 70 年代后由于结构生物学研究技术的进步，特别是 X 射线衍射分析和电子显微技术的飞速发展，人们获得细胞膜脂双层的精细结构以及镶嵌在其中的受体蛋白。当然，同位素标记技术的进步也使人们能够用高放射比活的配体来研究受体，如用碘标记的胰岛素来研究胰岛素受体。受体是蛋白质，随着蛋白质化学的飞速发展，使得分离纯化受体成为可能。运用结构生物学的研究技术已经证明受体不仅是大分子的聚集体而且含有 4 种类型。同于受体含量极微，要把这种蛋白质分子从膜上提取出来并不破坏原有的结构和功能是非常困难的，所以很难用经典的方法弄清楚其全部的一级结构。而后分子生物学及蛋白质工程技术的发展，使人们能够用重组 DNA 技术，对一些受体进行结构研究。首次得到 4 种受体类型的 DNA 克隆，通过其核苷酸顺序推算出 4 种类型的一级结构，并推测出它们按一定顺序组成五聚体，中间形成一个通道，从膜外贯穿膜双层通向膜内。该通道为一、二价阳离子通道和非电解质通道，阴离子不能通过。一些受体激动剂则能诱导受体构型发生改变，使离子通透性发生改变而产生生物效应。总之，由于分子克隆技术及结构生物学技术的进步，至今已使大量受体分子结构被阐明。受体已经不再是一个虚设的概念，而是一个真正存在于细胞膜、细胞质或细胞核内的生物大分子如糖蛋白、脂蛋白等，化学信号物质(如激素、神经递质)，细胞生长因子以及胞内第二信使分子如环核苷酸等。这类生物大分子具有结合特异的细胞外化学物质(配体)及介导信号转导的特征。由于生命科学中各学科如生物化学、生理学、细胞学、免疫学的发展以及分子生物学、结构生物学技术的应用，特别是电子显微技术和生化分离技术的进步，使人们对受体分子的结构与功能的认识有了实质性的飞跃。受体也从药理学家的假说变成为一门专门学科——受体学(receptorology)。这是专门研究位于细胞膜、细胞质或细胞核内能够与功能性分子药物、激素神经递质或其他自身活性物质，相结合并将生物信息传递到效应器的生物大分子的结构与功能的科学。受体学的诞生极大地推动了生物学、医学和药学各学科的进步和发展。而受体学自身也在不断地完善和发展，又出现了改进的占领学说以及二态模型和三态模型等新的模型，可以进行深入的理论和参数计算，更为药物设计提供了新的靶标，开拓了新的方向。

第一节　受体的分类与功能

一、受体的分类

按照国际药理学联合会(IUPHAR)受体命名和药物分类委员会(NC-IUPHAR)的建议，目前受体分为四大类，也可称为受体分子四大家族：G 蛋白偶联受体、配体门控离子通道受体、酶活性跨膜受体及配基依赖的转录因子受体。前三类都是在细胞膜上，如质膜、内质网、高尔基体、核膜等，属于膜上受体。第四类位于细胞质及细胞核上，属于核内受体。这种划分是由受体蛋白质结构及其功能，特别是与细胞膜结合功能及信号转导特征所决定的。

G 蛋白偶联受体是由单一肽链形成的 7 个α螺旋反复穿透细胞膜，并与异源三聚体 G 蛋白偶联而形成的跨膜区段，也称为 7 次跨膜受体。属于这类受体的蛋白质已发现有两百多种，形成了一个庞大的受体超家族。一级结构分析表明，这类受体均含 7 个跨膜功能区，每个跨膜结构由 20~25 个疏水氨基酸组成，其 N 端位于膜上，C 端位于膜内。这类受体又有 3 种亚型。它的功能是通过改变细胞内第二信使的浓度使反应系统更敏感，更灵活，是一类极为重要的信号转导系统，以毒蕈碱(M)样乙酰碱受体为代表。

配体门控离子通道受体由 4~5 个肽链组成，每一肽链反复 4 次或 2 次穿透细胞膜组成跨膜离子通道，它由五个亚基组成(两个α亚基及β、γ、σ 亚基)，每个亚基沿离子通道中心轴排列成准五重对称的结构，且每个亚基均含有 4 段跨膜结构(M_1、M_2、M_3、M_4)，其中α亚基是乙酰胆碱结合部位；它的功能主要是介导可兴奋性信号的快速传递。以烟碱(N)样乙酰胆碱受体为代表。

酶活性跨膜受体由单一肽链组成，一次穿透细胞膜，胞外有识别部位，胞内含酶活性或偶联蛋白激酶，它的功能是启动蛋白磷酸化反应，调节细胞内信号转导和基因转录，以胰岛素受体和各种生长因子受体为代表。

配基依赖的转录因子受体由配体识别区域和大约 70 个氨基酸残基组成 DNA 结合域，形成“锌指”结构，根据其所处位置也被称为“核内/细胞质受体”。它的功能是调节胞内信号转导和基因转录影响特异性蛋白质的合成而发挥广泛的生理效应。以甾体激素受体、甲状腺素受体等为代表。

二、受体的功能与特征

受体是位于细胞膜表面或细胞内的功能蛋白质，必须具备如下功能：

(1) 识别与结合配体的功能　能与受体特异结合的物质称为配体，也是所谓的第一信使。包括内源性配体(体内存在的生理功能调节物质如内分泌激素、神经递质、免疫物质、生长因子等)和外源性配体(药物等)。受体通过高度选择性的立体构型，准确地识别并特异地结合在其结构与之立体特异性互补的配体上。

(2) 信号转导功能　由于与膜受体结合而导致的生物信息在细胞内的传递主要有四条途径：①β受体介导的腺苷酸环化酶途径；②α受体介导的磷酯酰肌醇代谢途径；③生长因子受体介导的酪氨酸激酶途径；④离子通道和离子泵途径。激素或神经递质与膜受体结合先形成激素–受体复合物，然后经鸟苷酸结合蛋白的转换，导致酶激活，离子通道打开，制动膜磷脂，特别是肌醇磷脂代谢，使细胞内产生一些能特异传递胞外第一信使的小分子化合物，即第二信使。第二信使分别通过特异地激活或抑制相应的丝氨酸蛋白激酶而传递信息。许多药物就是通过与相应的受体结合而发挥作用。在这个过程中，受体本身并不产生直接的生理效应，而仅起信号接受和转导作用，激发细胞内效应系统。酶和核酸等生物大分子与受体的区别在于：酶虽然也有识别和结合底物的能力，但它真正的功能是生物催化而不是信号转导；核酸和离子通道以及一些载体蛋白虽然也可以与药物直接作用，也起着受纳体的作用，但因其本身具有功能，严格地说不是受体。

(3) 间接产生相应的生理　效应受体介导的间接的生理效应必须在完整的细胞和组织内产生，因为它们介导的生理效应需要下游效应系统的存在，能激活受体继发产生生理效应的配体称为激动剂(agonist)，能与受体结合但不产生激活作用的配体称为拮抗剂(antagonist)。

另外，受体还应具有如下特征：

(1) 特异性　包括与配体结合的特异性(一种特定配体只能与其特定受体结合而产生特定效应)及靶组织特异性(受体以不同密度存在于不同靶组织和靶细胞的不同区域)。

(2) 高亲和性　受体与配体结合紧密，表观解离常数一般为 10^{-12}~10^{-9}mol/L。

(3) 饱和性　配体与受体达到最高水平后其结合值后不再随配体浓度增高而增大。

(4) 可逆性　配体与受体结合形成复合物后可以解离，也可被其他专一配体置换。

第二节　受体与药物作用的分子机理

以受体为靶的药物分子往往在很低的浓度下就可产生生物活性，称为特异性结构的药物，其特征为：①这些药物的生物效应不完全与热力学活性相关，往往所测参数数值很低。②这些药物的某些结构特征相同，都有同一基本结构，若官能团位于同一空间方向，其生物效应则相类似。③稍改变其化学结构就会改变其重要的药理活性，有时甚至变异很大，有些和母体化合物相拮抗，而有些和母体化合物作用则相似。结构特异性的药物具有对受体作用的高度分子互补性，此类药物与其受体间的相互作用将同酶的活性部位与其底物的作用相类似。

药物与受体作用的分子机理可视为一种弱的化学反应，既然是一种反应类型，势必要考虑药物分子与受体是通过何种化学键结合的。大量实验证实药物和受体间形成的键一般较弱，这些键为：离子键、极性键、氢键、疏水键、范德华力，其作用具有以下特点：

(1) 药物在受体上发生药理作用并不是永久的。当达到其最大作用后，其药理活性逐渐减低。说明此反应是可逆的，其作用强度与受体上药物的浓度相关。

(2) 药物与受体反应，其分子没有化学上的改变，如同化学反应中的催化剂一样。

(3) 在多数情况下，受体与药物分子反应并不能永久性地改变受体，而是可逆的，以便遇到另外的药物分子也能得到相同的反应。键合作用的可逆性，可以实现药物对细胞短暂时间的作用，即当药物在细胞外液中的浓度降低时，药物–受体之间的结合变弱，药物就停止作用了，这正是我们所希望的。比如，由于神经系统的兴奋剂或抑制剂的持久作用是有害的，则只要求有短的维持时间且作用可逆，因此这类药物与受体靠离子键或更弱的键相联结。

为了在分子水平上描绘药物作用的可能的方式，描绘它们与受体间相互作用的可能途径，研究者们提出占领学说、速率学说、诱导契合学说、双态学说及大分子干扰学说。在解释分子识别作用时，常用几种学说互相补充，但以占领学说和诱导契合学说应用较多。药物–受体作用的占领学说是 Clark 和 Guddum 提出的，基于酶与底物作用的质量作用定律，用于药物–受体作用，提出药物的作用强度与受体被药物分子占据的数目成正比，受体分子被占据越多，药理作用的强度越大。受体被占据的数目取决于受体部位药物的浓度和单位面积(或体积)的受体数目。当全部受体被占据，出现最大效应。但此学说的不足之处在于不能解释生命过程中的某些重要现象，如拮抗剂和激动剂占据的是同一受体，却产生完全相反的生物效应等。而诱导契合学说是 Koshland 基于底物–酶相互作用时酶的构象受底物的诱导发生改变而提出的，其认为结晶状态酶的活性部位其形状未必与底物有互补性，但是在与底物相互作用下，具有柔性或可塑性的酶活性中心被诱导发生了构象变化，因而产生互补结合，这种构象的诱导变化是可逆的，可以复原。由此理论推广到药物和受体的相互作用，是受体分子与药物结合和解离时，构象发生可逆的变化，激动剂与受体诱导契合后，使受体构象发生变化而引起生物活性，拮抗剂虽与受体结合，但不能诱导同样的构象变化，所以生物效应不同。

总之，药物必须在结构上满足受体的要求，才能被受体所识别，也就是在疏水性、电性及立体化学方面与受体互补才能和受体结合。药物的结构骨架，或其中一部分需符合受体的要求，骨架上的次结构部分或称取代基也是构成互补的重要因素。受体在结构上具有一定刚性，也有一定的柔性即可变性；受体不仅与药物分子结构互补，而且还需构象互补，优势构象特别是药效构象的互补，使药物分子与受体很好地契合，如乙酰胆碱是柔性分子，具有对位交叉、斜扭、重叠等多种构象体，其中对位交叉式最稳定，重叠式最不稳定。在研究其环丙烷同系物与胆碱受体结合时，发现(+)-反式异构体与毒蕈碱样受体(M-R)的作用和乙酰胆碱相同，不与烟碱样受体(N-R)作用，且易被胆碱酯酶所水解破坏；而(±)-顺式异构体和(–)-反式异构体对毒蕈碱样和烟碱样两种受体都只有很小的活性，说明乙酰胆碱在与毒蕈碱受体作用时是呈对位交叉式构象。这也说明旋光异构体和几何异构体与受体的作用显然是有区别的。只有药物与受体在空间结构上配置适当才会产生特异性的作用，否则，不能引起受体的构象变化，因而没有或只有较小的活性。

了解药物分子与受体部位相互作用的三维空间特征及结合的理化本质有助于发现药物–受体相互作用中的分子识别规律，而为以受体为靶的药物分子设计提供依据。

第三节　以受体为靶的药物分子设计

以受体为靶的药物分子设计可以从两个方面着手，一是从已知受体的结构直接设计药物分子，找出受体与药物的结合部位如识别位点、活性位点、变构区域以及一些必要的非功能区，并将已知药物沿着相互作用能量最小的方向引入结合部位；另一种是间接地从一系列药物分子中归纳出受体结合位点的要求来设计药物分子，此法是在不知道受体结构的情况下进行药物分子设计。根据药物分子的结构和生物活性之间的构效关系规律，推出与之结合的受体的立体形状，从而勾画出受体的结构，便于进一步的药物分子设计。

由 Dale、Ahlgust 及其合作者所开创研究的各种典型的神经递质的受体类型及其亚型的数目不断增加，特别是用于分离和鉴定基因编码受体的生物技术的进展，已发现了许多具有一般受体结构的亚型受体，并且有特定的功能。如阿片受体存在三种具有独特药理作用的亚型(μ、σ和κ)，其中与内源性镇痛作用相关最密切的是σ亚型；腺苷受体也存在 A_1、A_2和 A_3三种亚型，其中兴奋型 A_2受体被腺苷激活后，刺激 cAMP 与其他介质的形成，还可以造成多巴胺 D_2受体介导的神经递质的减少；内源性强力血管收缩物质内皮素(ET)也有两种受体：ET_A和 ET_B。受体传统的鉴定标准仍然依靠于组织分布、底物结合性质以及信号传导机理。但是，最近分子生物学的研究表明，迄今为止，所有克隆并测出其基因序列的受体都可归纳到受体四大超家族之一中，其中最大的基因家族是能够与 G 蛋白相互作用，以药理学上呈多样化受体为代表，如肾上腺素受体、毒蕈碱型胆碱受体(M-R)、多巴胺受体、5-羟色胺受体以及各种肽受体(包括血管紧张素Ⅱ受体和缓激肽)。更令人吃惊的是这些受体与可见的色素如细菌视紫红素属于同系物，这使药物化学家开始认识到，不仅从一个受体系统分析中得到的结构信息可以应用于这个家族中另一个受体系统，深刻地认识受体的结构和构象，理解药物与受体的相互作用，而且可以根据已知同系物受体的基础结构来设计新的药物，也就是以受体为靶来设计药物。与 G 蛋白偶联受体一样，另外两个超家族受体成员也是在细胞外的：一类是生长因子受体、胰岛素受体、表皮生长因子受体等；另一类是化学门控型离子通道如烟碱型胆碱受体、4-氨基丁酸受体和甘氨酸受体；而细胞质内受体如甾类和甲状腺激素受体代表了第四类超家族成员。G 蛋白偶联的受体组成了一个非常庞大的受体家族，它之所以引起研究者们的极大兴趣，是因为这种受体是许多药物作用的靶点。我们将分别讨论这个家族中三个受体与药物小分子相互作用中的分子识别以及其药物设计的研究进展。

一、毒蕈碱型胆碱受体激动剂与阿尔茨海默病的研究进展

世界范围的统计表明，在神经变性型疾病中阿尔茨海默病(Alzheimer’s disease，AD)的患者越来越多，并呈持续增长趋势，却尚无治疗 AD 的有效药物。随着 AD 的病理生理学的研究进展，人们发现 AD 患者脑中明显缺乏突触胆碱标志物，由此提出了 AD 的胆碱假说。这一假说唤起了药物化学工作者对如何恢复胆碱传递缺损的深入研究，该研

究集中在以乙酰胆碱受体(AChR)为靶的胆碱能药物方面，研究最多的化合物类型是乙酰胆碱酯酶抑制剂和毒蕈碱型(M 型)激动剂。它们主要是通过两种途径来加强胆碱能的传递：①抑制乙酰胆碱酯酶来增强内源性神经传导效应；②直接作为皮质中突触后的毒蕈碱型胆碱能受体(M-R)激动剂。在第二条研究途径中，早期无选择性的激动剂(如槟榔碱和毛果云香碱)的临床实验结果是令人失望的。直到 20 世纪 80 年代末期，人们仍确信只存在两种毒蕈碱受体 N_1 和 N_2。然而，近年来由于获得了更多的关于毒蕈碱受体亚型的知识，已经证实了有更多的受体亚型存在，至少从药理学上可为四种亚型，即 M_1~M_4；而从分子生物学的角度，胆碱能 M-R 基因编码 5 种受体蛋白，表示为 m_1、m_2、m_3、m_4 和 m_5 亚型。这就意味着发展毒蕈碱激动剂作为治疗 AD 的药物向前迈了一大步，在其受体模型、药效团模型、受体–药物相互作用分子模型、定量构效关系(QSAR)模型、静电计算方面都有了一定的进展。

毒蕈碱受体是 GPCR 家族中的成员之一。1990 年 Saunders 等用受体模型发展了受体与激动剂和拮抗剂作用机制的理论，指出在激动剂与毒蕈碱受体分子作用模型中，完全激动剂利用两个氢键结合受体，而拮抗剂只需要一个氢键，并推测拮抗剂与接近膜表面的天冬氨酸(Aspl05)结合，而毒蕈碱还需要与位于受体跨膜部分深处的天冬氨酸(Asp71)结合。药物与 Aspl05、Asp71 及周围氨基酸的最佳识别则会起到完全激动作用。

根据大量的毒蕈碱受体及受体亚型的结构信息以及受体与底物相互识别的构效关系信息，Schulman 提出毒蕈碱样乙酰胆碱受体能被激动剂识别的三个基本结构因素：必须具有一个与乙酰胆碱三甲胺的阴离子结合点。一个与脂基的氢键结合点和一个与乙酰胆碱酯基末端甲基结合的疏水袋(图 4-1)。

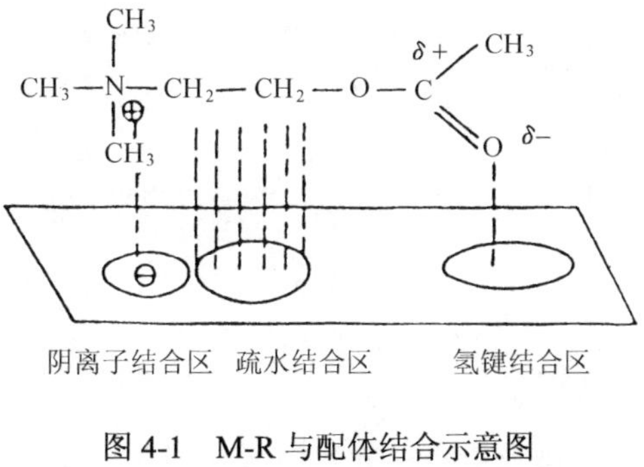

图 4-1　M-R 与配体结合示意图

虽然这 3 个基本要素是 Schulman 通过早期发现的毒蕈碱受体亚型而提出的，但在假定的激动剂结合区域内，克隆的受体亚型 7 个假定的跨膜螺旋区域的同源性非常高，说明它是具有普遍性的。在这个基础上，Moon 等又提出了激动剂和拮抗剂的受体活性构象，即除分子大小外，激动剂和拮抗剂有不同的氢键结合模式，说明这两类化合物具有不同的构象。Kooijman 等用不同毒蕈碱的晶体结构及能量最低构象进行构效关系研究，辨别了作用于毒蕈碱、乙酰胆碱和与乙酰胆碱有关的化合物的一般活性构象。计算机分子图形学的发展为毒蕈碱激动剂的设计研究揭开了新的一页。生物电子等排的静电计算表明两个氢键结合点对提高激动剂的活性非常重要，而且药物的刚性可能对激动剂激活受体的活性有影响，因为激动剂在活化受体过程中有构象变化。刚性化合物比柔性底物更需要受体上精确的结合位点，因此半刚性的化合物可能会提供有选择性的激动剂。Greco等对39个结构不同的一系列毒蕈碱激动剂进行了比较分子力场分析(COMFA)。分析结果清楚地显示了底物–受体结合的三维空间状态。这为毒蕈碱受体激动剂的分子设计提供了依据。目前正在研究的毒蕈碱激动剂主要有毒蕈碱的衍生物如毒蕈酮(muscarone)和异毒蕈酮(allomuscarone)；毛果云香碱(pile-carpine)衍生物；氧化震颤素衍生物及槟榔碱(arecoline)衍生物等。而以槟榔碱作为治疗AD的药物设计的起点，进行结构修饰者最多。这些修饰包括四氢吡啶环上的取代；用其他的氮杂单环或氮杂二元环取代四氢吡啶环；用酯的生物电子等排体替换不稳定的酯基。在槟榔碱的四氮吡啶环上引入甲基，结果降低了化合物与毒蕈碱受体的亲和性，用多种含脒基的环取代槟榔碱的四氢吡啶环得到的几个化合物与毒蕈碱受体有高度的亲和性。用生物电子等排的五元杂环替换酯基，如噁二唑和噻二唑环的衍生物都与毒蕈碱受体有高度的亲和性，成为强效的选择性 M_1 受体激动剂。侧链中的杂原子(O、S)及其在芳杂环中的排布对毒蕈碱活性至关重要，侧链的大小对活性也很重要。近来认为三唑和四唑环是槟榔碱酯基的生物电子等排体，与毒蕈碱受体有较强的结合力。几种不同的槟榔碱的衍生物作为毒蕈碱激动剂的活性列于表4-1。这里构效关系研究的药理学测定中与毒蕈碱受体的亲和力通过抑制氚代毒蕈碱([^{3}H] -N-methylscopolamine，NMS)及([^{3}H]-oxorremorinem，OXO-M)结合来测量，并且二者结合速率的比值 K_{app}(NMS)/K_{app}(OXO-M)与其活性直接关。化合物(1)~(5)的结构见图4-2。

表4-1　槟榔碱(1)及其衍生物(2~5)的毒蕈碱受体活性

化合物	结合参数/(μmol/L)			底物类型
	[^{3}H] NMS	[^{3}H]OXO-M	K_{app}(NMS)/K_{app}(OXO-M)	
1	6.2	0.011	560	部分激动剂
2	1.8	0.0046	390	部分激动剂
3	0.44	0.009	490	部分激动剂
4	0.032	<0.0004	>1000	完全激动剂
5	1.4	0.0013	1100	完全激动剂

从文中所涉及的构效关系及所有已知单胺类神经递质的GPCR的同源性，可以区别具有不同生物效应的底物。一般来说，阳离子基团是所有底物所必需的。完全激动剂利用氢键结合方式相互作用，通常是其性质及解剖学方面随着受体的不同而各异。激动剂是一些小的亲水性分子，拮抗剂是依靠亲脂性的结合能量去稳定其与受体的结合，因而常常是一些具有较大体积亲脂性区域的大分子，这也就意味着可利用激动剂直接来设计拮抗剂，事实也确实如此，一种受体的药物往往可以被用作设计另一种受体的药物。

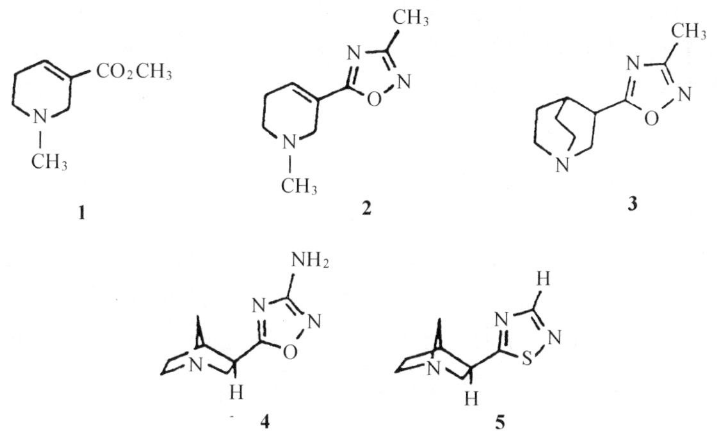

图 4-2　槟榔碱及其衍生物的结构式

二、血管紧张素 II 受体及拮抗剂的研究进展

肾素–血管紧张素系统(RAS)在肾血管高血压及充血性心力衰竭等疾病的发病中起着重要的作用。RAS 是通过产生血紧张素 II(A-II)及血管紧张素 III(A-III)来维持血压的，A-II 和 A-III 可以直接作用于血管使其收缩或通过促进去甲肾上腺素的释放，增加 Na^+ 在肾脏的重吸收，以及刺激醛固酮的产生等间接的方式产生生理效应。血管紧张素 II(A-II)是一个 8 肽的化合物，它是通过作用于其受体而产生作用的。

A-II 除参与正常血管张力、维持水盐平衡调节外，由局部 RAS 产生的 A-II 还参与了局部组织细胞的功能及生长的调节，并在某些心血管疾病如高血压、心肌肥厚、充血性心衰、缺血性心肌病及肾功能不全病理过程发生发展中起着重要作用。A-II 主要是通过激活特异性受体(AT)而发挥生物学效应的。AT 有 AT_1 和 AT_2 两种亚型。氨基酸序列的嗜水性分析表明，AT_1 受体属 G 蛋白偶联受体家族成员，有 7 个疏水区，构成 7 个跨膜区。该蛋白还含有可能是翻译后加工的位点，包括 3 个 *N*-糖基化位点。另外，AT_1 受体还具有亲水性氨基酸末端序列；膜外环有半胱氨酸，可形成二硫键，此为该受体与底物结合发挥生物效应所必需的。AT_1 受体在大脑主要分布于与调节血压、水盐摄入、尿钠排泄及血管加压素形成和释放有关的区域，另外也分布于血管平滑肌、肾上腺皮质以及肾、肝。AT_1 受体介导几乎所有 A-II 所产生的生物效应，并与百日咳毒素不敏感的 G 蛋白偶联，加速肌醇磷脂代谢，增加细胞内游离 Ca^{2+} 的浓度，进而激活蛋白激酶 C 及磷脂酶 D 介导的磷脂酰胆碱水解，还可抑制腺苷酸环化反应，使 cAMP 生成减少。AT_2 受体为一含 363 个氨基酸的蛋白，也具有类似 G 蛋白偶联受体家族的结构特点，有 7 个跨膜疏水区，膜外有 *N*-糖基化位点和决定其与底物结合的区域。多年来人们致力于寻找有效的 AT 拮抗剂。特别是如何由随机药物筛选过渡到基于药物作用分子机制的基础上来发现有效的 A-II 受体拮抗剂，许多科研工作者都在进行这方面的工作，尤其是 Du Pont 研究小组的工作更为引人注目。如图 4-3 所示，在证实了 S-8307 和 S-8308 为特异性的 A-II 受体拮抗剂且无部分激动活性后，他们采用 3H 标记的 A-II 作为大鼠皮质微粒体的替代配体，利用放射配基结合试验测定了化合物的解离常数，结果显示这些化合物并没有内在活性。曾经在研究中假设，A-II 中 Asp1 的β-羧酸基团与 Tyr4 中的苯酚基团为 S-8307 的苄基所接触的区域提供负电荷。这个大胆的假设是基于 A-II 的 NMR 实验。不论是理论上的证实还是纯粹的巧合，这个假设确实成立。在 S-8307 中引入对位的基团(COOH)得到一个活性提高百余倍的拮抗剂化合物 10($IC_{50} = 1.2\mu mol/L$)，S-83071($IC_{50} = 15\mu mol/L$)，应当作为 A-II 结合的抑制剂；后来又发现化合物 11 与受体的亲和力可又增加 5 倍($IC_{50} = 0.28\mu mol/L$)，而且有口服活性。当化合物 11 的 $COOH^-$被等药效(isophammeophorie)基团四唑基组分置换得化合物 12(DuP753)，显示了与 A-II 受体更大的亲和性($IC_{50} = 19nmol/L$)，并在兔主动脉实验中反映了其作为 A-II 受体拮抗剂的潜力。在肾性高血压大鼠(单侧动脉，结扎)中，口服 DuP753(ED = 0.59mg/kg)比静脉给药(ED = 0.78mg/kg)显示了更大的降血压效应，这提示两种给药途径可能有不同的代谢速率。

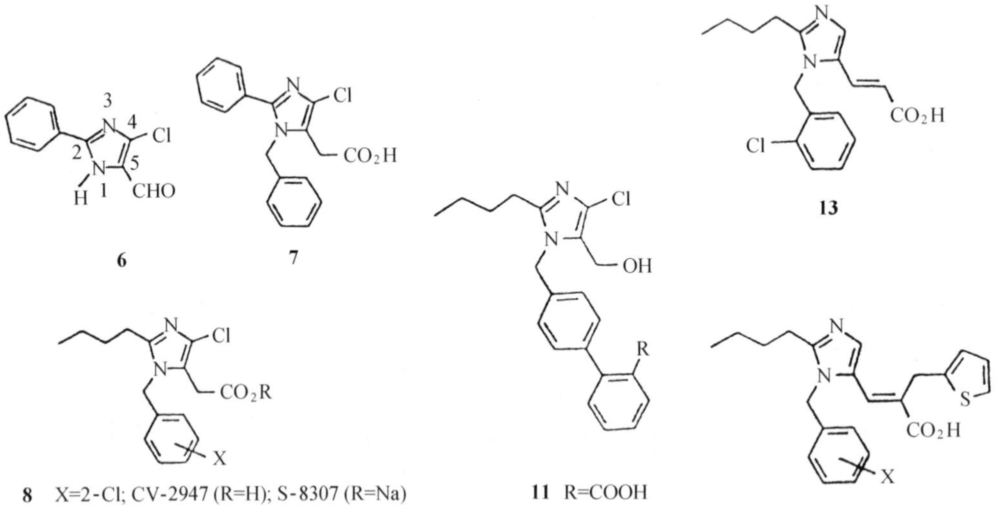

8　X=2-Cl; CV-2947 (R=H); S-8307 (R=Na)
9　X=2-NO_2; CV-2961 (R=H); S-8308 (R=Na)
10　X=4-CO_2Na; R=Na

11　R=COOH
12　R=四唑基

14　X=2-Cl
15　X=4-COOH

图 4-3　用于非肽类 A-II 受体拮抗剂研究的衍生物结构图

从实验假设及实验研究中发现化合物 8 (S-8307)的结合方式是 *N*-芳基和羧基分别与 A-II Tyr4 芳环和 Phe8 的羧基相关联。药物化学工作者们在此深入了研究，并决定延长化合物 8 的酸侧链，最大限度地使 Tyr4-Phe8 隔开而又不至于有太大的构象自由。反式的丙烯酸类化合物 13 的研究表明其与受体的亲和力有一定的增加($IC_{50} = 8.9\mu mol/L$ 相对于 S-8307 的 $IC_{50} = 43\mu mol/L$，此实验是用 ^{125}I 标记的 A-II 配基)。当引入α-噻吩基去模拟 Phe8 侧链时，其亲和力大大提高(化合物 14 的 $IC_{50} = 0.4\mu mol/L$)。从一系列不同取代基的苄基环中得到 4-COOH 衍生物化合物 15 显示了非常高的亲和力($IC_{50} = 1.0\mu mol/L$)。从这些研究可以得知，丙烯酸羧基和噻吩基团与 Phe8 相关联，2-丁基是在靠近 Ile5 的疏水区，咪唑的 N—C—N 及丙烯酸的双键分别呈现了原始的肽骨架(图 4-4)。化合物 15 对 A-II 体亚型 AT_1(位于血管)有高度的选择性，而对中枢神经系统(CNS)中及人子宫中分布的 AT_2 几乎不影响。

目前，进入临床的 ATi 拮抗剂按化学结构可分为：①联苯四唑类，如洛沙坦

(Losartan)、伊白沙坦(Irbesartan)等；②非联苯四唑类，如 SK&F108566(即化合物 15)和 R117289 等；③非杂环类，如维沙坦(Valsartan，CGP48933)。

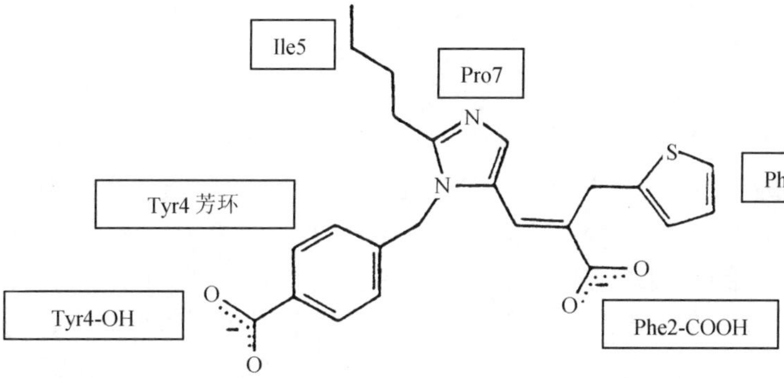

图 4-4　化合物 15 与受体结合示意图

Losartan 经临床应用，显示了极好的应用前景，对特异的 A-II 结合部位具有高度亲和力，对 AT_1 有高度的选择性，而对其他激素无亲和力，表明它与 AT_1 的结合有高度的特异性，而无激动剂活性，具有良好的抗高血压、抗心肌肥厚、抗心衰、保护肾脏作用；它还显著抑制 A-II 刺激的饮水反应及醛固酮释放、A-II 诱导的心房去甲肾上腺素的释放和 A-II 诱导的 *c-fos*、*c-myc* 基因表达及心肌细胞蛋白质合成和成纤维细胞分裂增殖。它还可显著抑制培养的血管手滑肌细胞的增殖反应及血管壁损伤后的重建。

如前面提到的，SK&F10856(化合物 15)对位于血管壁的 AT_1 有很高的选择性，在正常血压大鼠实验中，它可抑制 A-II 介导的血压升高(ID_{50} = 0.8mg/kg)在正常血压狗实验中，用 A-II 灌注造成狗高血压，此化合物静脉给药(3mg/kg)或口服(10mg/kg)可使狗平均动脉压从 20.8kPa(160mmHg)降至 13kPa(100 mmHg)，且作用可维持 6h 以上。此化合物已被列为高血压临床用药的候选药物。Valsartan 是一个合成的非杂环 AT_1 拮抗剂，起效快、作用强，维持时间也较长。

三、血小板活化因子受体拮抗剂的研究进展

血小板活化因子(PAF)是一种脂质类介质，为目前报道中作用最强的低分子质量血小板激活剂。除血小板和中性白细胞对其敏感外，其他如单核细胞、巨噬细胞、平滑肌细胞以及内皮细胞等也敏感，生物活性广泛，可引起血栓、哮喘、过敏反应、内毒素休克、溃疡性结肠炎、牛皮癣和肾小球肾炎等病变。近期研究发现，PAF 的作用不仅是激活血小板，而且是一种强效内分泌调节剂，可能在某些人类疾病的发生和发展中起着重要作用。

PAF 是一种含手性碳、不对称取代的甘油衍生物，已被鉴定为 1-烷氧基-2-(R)-乙酰基–甘油-3-磷酰胆碱。PAF 受体在体内极其稀少，故人们对其结构的研究和受体的纯化工作一直进展不大。1991 年初，Honda 等建立了豚鼠肺 PAF 受体的 cDNA 克隆，并成功地进行了表达。同年，Richard 等克隆出人体 PAF 受体的 cDNA，可表达人的 PAF 受

体。根据所克隆出的人 PAF 受体与视紫素类 G 蛋白连接的受体在跨膜区有广泛的序列同源性，表明 PAF 受体属于视紫素类受体家族。在对 PAF 受体的底物研究中，Godfroid 等人做了大量广泛的工作，发现存在如下的构效关系：①PAF 化学结构 1 位上的疏水基团对产生激动作用是最基本的，保持 C_{16}-C_{18} 直链可有效地引起血小板激活、低血压及血小板减少，而当直链为 C_{14} 时还可引起支气管收缩；②2 位上所连接的酯基并非受体激动所必需，而在此位置上取代基的长度和体积是关键；③3 位上的磷酰基是其激活血小板不可少的，若去掉此基团，则生物活性消失。另对磷脂与季铵头之间的距离也有要求，以 $n=2$ 为最佳；④甘油基的空间螺旋特性及长度至关重要，而与取代基的空间排列关系不大。在构效关系的研究基础上，Godfroid 等人还提出，PAF 分子的疏水部分与细胞膜表面结合，脂肪链插入膜内，从而导致膜流动性和膜活性改变。Volone 等研究表明：活性部位为 1 位的醚链，2 位短链脂肪酸以及在极性的胆碱部分都起关键作用。

PAF 构效关系研究表明：C1 上的脂肪链缩短，激动活性减弱，此现象提示，该碳上需有一个亲脂基团，且有一定长度，以便于伸入到疏水区的膜中。醚链氧原子上的电子对向未知膜靶上转移所起的重要作用，可由相对应的硫醚衍生物的活性减弱得到反证。甘油骨架 C2 上的多种取代基都能产生激动作用，但须考虑这些取代基的长度和体积。空间位阻大的基团，激动活性显著减弱；如把体积最小的基团或 C13 和 C17 缩醛磷脂通过缩醛键接到长脂肪链上，其活性也可降低。由此提示，C2 上的短链可能参与 PAF 在其受体上的定位，而使该介质的极性头与膜磷脂的极性头几乎处在同一直线位置上。此假设可以在理论上阐明只是 R 构型才有活性的实验结果。C3 连有各种季铵基和最适长度烷链的 PAF 类似物，都具有较强的激动活性，说明极性的季铵基团起着十分重要的作用。

根据上述分析，可推断 PAF 结合部位的假设构象如图 4-5 所示。

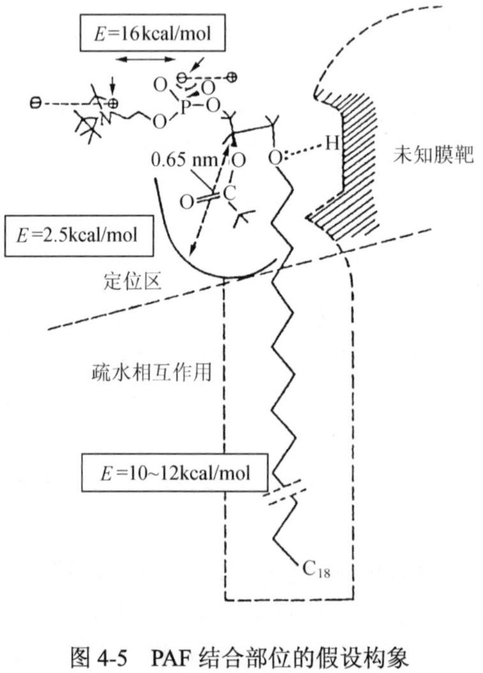

图 4-5 PAF 结合部位的假设构象

1kcal = 4.1868×10³J

PAF 独特的磷脂结构说明其活化血小板的作用是通过和膜受体的相互作用而产生的。目前研究证实，PAF 受体与其信息分子结合而产生生物效应也是由 G 蛋白、磷脂酶 C(PLC)或腺苷酸环化酶在血小板或其他细胞和组织中构成 PAF 受体“专一的转导蛋白”。通过活化 G 蛋白，激活磷酸肌醇特异性 PLC 或抑制腺苷酸环化酶，催化质膜上磷脂酰肌醇水解而产生重要的细胞内信使二酰甘油(DAG)和三磷酸肌醇(IP3)，然后产生细胞效应。

鉴于 PAF 具有多种病理生理活性，且受体在体内分布较广，故 PAF 受体拮抗剂的研究令人瞩目。PAF 受体拮抗剂具有较强的专一性，如它可取代[3H]-PAF 与血小板及白细胞的结合；在肺组织中能抑制 PAF 诱导的血小板聚集，所以，PAF 受体拮抗剂有明显的临床治疗意义。PAF 受体拮抗剂的研究近年来有不少的报道，主要是 PAF 类似物、天然产物及一些合成化合物。 WEB2086、WEB2170、STY2108 是一类具有稠合杂环的二氧杂类的 PAF 拮抗剂，结构如图 4-6 所示。

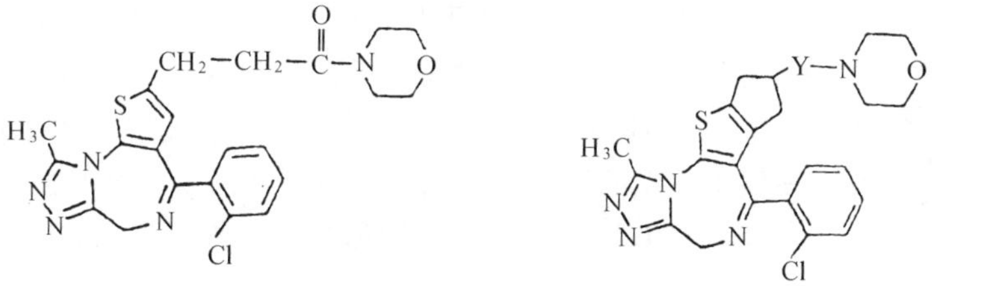

WEB 2086　　WEB2170 Y=CO　　STY2108 Y=CH_2

图 4-6　稠合杂环的 PAF 拮抗剂结构

WEB2086(Apafant)具有低脂溶性，不易透过血脑屏障，可抑制 PAF 诱导的血小板聚集。口服、静脉注射或吸入给药均有效，是高效、专一的 PAF 竞争性拮抗剂。实验研究表明，当 PAF 为 0.05μmol/L 时，WEB2086、WEB2170、STY2108 抑制人血小板聚集的 IC 分别为 0.17、0.3μmol/L。

以 PAF 分子为模型设计的一系列甘油衍生物，也显示了很强的 PAF 受体阻断作用，如化合物 CV-3988、ONO-6240、SR163-119，结构如图 4-7 所示。

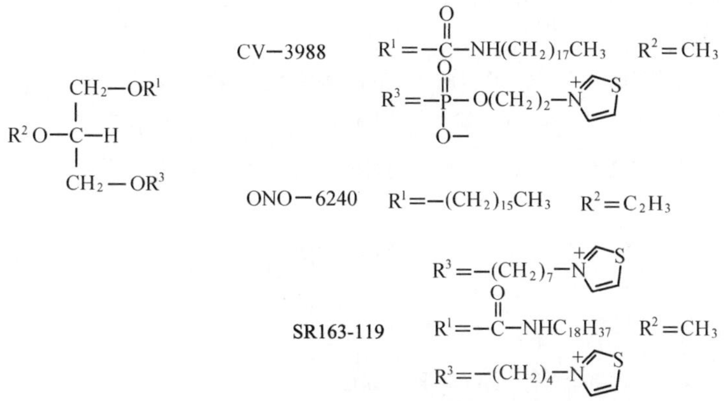

图 4-7　以 PAF 分子为模型设计的甘油衍生物结构

其中 SR163-119 的阻断作用最强，当 PAF 为 0.1μg/kg 时，其抑制 PAF 诱导的人血小板聚集的 IC_{50} 为 3.8×106mol/L。构效研究表明，此类化合物中 1 位是烷基氨基甲酸酯基团，3 位是烷基噻唑基团，有利于和 PAF 受体结合；而在几种植物提取的 PAF 拮抗剂中，一些有呋喃环结构的化合物活性较强。

除了很多磷脂类似物外，合成的简单脂类也可抑制 PAF。Kertseher 在研究中测试了一系列合成的、具有不同季铵结构特征的高活性磷脂 PAle 拮抗剂的脂质类似物的抑制 PAF 的作用，并讨论了其构效关系。他们以 2-正丙基丙二醇-1，3 作为原料，合成得到分析纯的 1-十六烷氧基-2-正丙基丙二醇-1，3 产物。另发现为了在主链 C3 上引入极性基团，可先用相应的酰氯合成卤酯衍生物，并对血小板的 PAF 进行了活性及构效关系的研究。在 14 种带有 1-十六烷氧基-2-正丙基丙二醇-1，3 产基本骨架和不同杂环主基团的脂质类似物研究中，发现其体外人血小板 PAF 的拮抗作用与结构相似的磷脂的抑制 PAF 诱导聚集作用相当，且对浓度有依赖性并对 PAF 有特异性，而此中有的化合物的抑制作用还更好一些。这些脂质类似物的拮抗作用强度主要取决于结构主链 C3 上的酰基和醚基到翁中心的距离，以及联结的叔碱的面积。酯基的碳原子与锚中心之间相隔 4 或 5 个亚甲基时作用最强，具有 7 个亚甲基则作用明显减弱，而杂环上取代引起的作用明显不同，带有 3，5-二甲基吡啶锚主基团的化合物作用最强，相比之下 4-甲基吡啶的作用较弱。主链 C3 位上具有醚结构的类似物并带有 4-二甲氨基吡啶锚主基团的化合物具有较高的活性。

海风藤酮(kadsurenone)为具有特殊结构的天然产物，是从胡椒科植物海风藤中提取纯化的。当诱导剂 PAF 为 5×10^{-8}mol/L 时，三者抑制人血小板聚集的 IC_{50} 分别为 1.3、0.82 和 5.4μmol/L。

PAF 受体拮抗剂的化学结构存在着明显差异，表明有不同类型的 PAF 受体亚型存在。同一 PAF 受体拮抗剂对不同细胞也可产生不同效应，如海风藤酮对豚鼠活性巨噬细胞 PAF 受体的亲和力最高；此外，不同类型、不同结构的 PAF 受体阻断剂也可能产生相似的生理效应。

综上所述，PAF 受体在体内分布广泛，涉及的生化反应也很复杂，因此全面了解 PAF 受体拮抗剂的作用特点、构效关系，对以 PAF 受体为靶设计合成新型、高效的 PAF 受体拮抗剂，在理论和实际应用中都有深远意义，它不仅有助于某些疾病发病机理的探讨，更有利于一些疾病的监测及实验性治疗，尤其是在脑、心血管疾病的防治中起着重要的作用。

总之，以受体为靶的药物分子设计是开发研究新药的一个十分有用的武器，特别是近年来受体亚型研究的不断深入，新的亚型不断发现，这就为亚型选择性药物的开发奠定了基础。亚型选择性药物不仅特异性高且毒副作用小，具有相当高的临床应用价值。

主要参考文献

曹观坤. 1993. 药物化学选论. 北京: 中国医药科技出版社. 223~228

郭宗儒. 1996. 药物化学总论. 第二版. 北京: 中国医药科技出版社. 73~75

郝文学. 1992. 血栓与抗栓酶. 沈阳: 沈阳出版社. 77~81

Akorolkovas. 1970. Essentials of Molecular Pharmacology. New York: Wiley, 127

Bobishaw J D. 1989. Role of G protein in the regulation of the cardiovascular system. Annu Rev Physiol, 51: 229~233

Crawford K W. 1992. Angiotension I receptor recognized by Dup 753 regulates two distinct guanine nuelotide-binding protein signaling pathways. Mol Pharmacol. 41: 154~158

Godfroid J J. 1986. PAF-acether specific binding sites: 1.quantitative SAR study of PAF-acether isosteres. Trends phar-macol Sci, 7: 372~375

Humphrey P, 1994. Receptor classification and nomenclature: the revolution and resolution. Tips, 115: 203~205

Moore G J, 1994. Designing peptide. Memeties. Trends Phannacol Sci, 15 (4): 124~129

Nahmias C. 1995. Angiotension II AT_2 receptors are founctionally coupled to protein tyrosine dephosphorylation in N1E-115 neuroblastoma cells. Bioehem J, 306: 87~92

Reithmeier RAF. 1995. Characterization and modeling of membrane protein using sequence analysis. Curr Opin Struct Biol, 5 (4): 491~500

Timmennans PBMWM and Smith R D. 1994. Angiotensin II receptor subtypes: Selective antagonists and founctional correlates. Eur Heart J, 15: 79~82

(朱树梅　杨　铭)

第五章 微管蛋白的结构与功能

细胞骨架(cytoskeleton)是真核细胞中由微丝(microfilament)、微管(microtubule)和中间纤维(intermediate filament)组成的网状结构，对细胞起支持作用。细胞骨架是一类非常重要的细胞器，在维持细胞的形态、细胞运动及信号传递方面发挥重要作用。细胞骨架的 3 种组成成分以其形态、分布及理化特性不同而相互区分。各种细胞骨架弥散于细胞内又成为相互连接的联合体。微管蛋白结合于微丝与中间丝，并控制着二者的分布，同时微管也与细胞内不同的细胞器相连接，并可能指导细胞器在体内的运动。因此，微管在细胞骨架中起着主要调控作用。本章节主要介绍微管的结构，化学组成及其生物学功能，并讨论将其作为药物作用靶点的一些最新认识与研究进展。

第一节 微管的结构与分布

微管存在于几乎所有真核生物中，是有丝分裂期纺锤体、纤毛及鞭毛基体的主要成分。电镜下观察，微管为中空柱状结构。微管外径约 24nm，壁厚约 5nm，其长度因细胞种类和功能的不同而异。如神经细胞轴突内的微管长度为 10~25nm，纤毛和鞭毛内微管长度为 5~200nm 不等，质膜下的微管较短。

微管超微结构研究表明，微管由α、β微管蛋白形成的异二聚体(heterodimer)为基本结构单位组装而成。α、β微管蛋白均为球蛋白，球的直径约 5nm，α、β微管蛋白头尾相接交替排列形成原丝(protofilament)。13 根原丝沿微管纵轴环状排列而形成筒状。因此，微管横切面为 13 个环状排列的球形微管蛋白。α、β微管蛋白二聚体是有极性的，即α微管蛋白总是位于一侧，β微管蛋白位于另一侧。因此，以α、β微管蛋白二聚体为组装单位形成的多聚体也存在极性，即一端为α微管蛋白(正极)，另一端为β微管蛋白(负极)。微管的这种极性在其组装和执行功能过程中发挥着重要作用(图 5-1)。

微管以不同的方式存在于细胞中。质膜下微管是由单管组成的网状结构，不稳定，随细胞周期各时相的变更有所变化。在有的时相中微管排列成束，培养的成纤维细胞处于间期时，微管从细胞核发出向核的四周伸展而止于细胞质膜或延伸至细胞伪足，细胞临近有丝分裂期时，上述微管消失，由新组装的微管形成纺锤丝，分布在细胞核附近，待细胞质分裂后纺锤丝微管才自行消失。在两个连接预断处又出现膜下新组装的微管。纤毛和鞭毛是分布于细胞表面的由二联管组成的另一种筒状微管。纤毛和鞭毛的基体则由三联管组成。纤毛和鞭毛的微管是稳定的。第三种是分布于细胞核附近的，以三联管组成的中心粒。

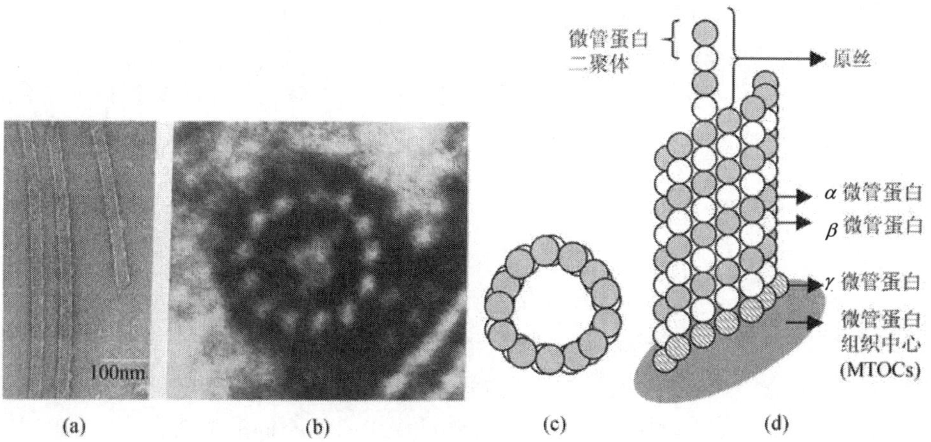

图 5-1　微管结构

(a) 脑组织电镜负染结果，图中显示微管蛋白亚单位组成原丝；(b) 桧属植物 *Juniperus* 根尖细胞微管横断面电镜图，图中显示微管壁 13 个球状微管蛋白亚单位；(c) 微管横断面示意图；(d) 微管纵观示意图。图(a)(b)引自(Gerald K　1996)

第二节　微管的分子组成

微管主要由α、β微管蛋白二聚体以微管组织中心(microtubule organizing center，MTOC)为核心，并与多种微管相关蛋白质(microtubule-associated protein，MAP)相互作用聚合而成。

一、微 管 蛋 白

微管蛋白(tubulin)是由α、β两种球状亚单位结合而成的异二聚体，其分子质量约为110kDa。α、β两种球状亚单位的多肽链组成不同，以非共价键相互连接。α或β球状亚单位的分子质量分别为 54kDa。近来，人们又发现另一种称之为 γ 微管蛋白(γ-tubulin)的新微管蛋白。γ 微管蛋白分子质量约为 50kDa，与α、β微管蛋白有 35%~40%的同源性。γ微管蛋白可见于动植物细胞中，具有稳定和加强微管的作用。

二、微管相关蛋白质

大量能够调节微管动力学不稳定的蛋白质分子正在不断被发现。这些非微管蛋白的蛋白质分子占微管蛋白质总量的 10%~15%。主要包括 Tau 和微管相关蛋白质两大类。

多数微管相关蛋白质存在于脑组织中，而 MAP4 则广泛分布于其他组织中。电镜下观察有些 MAP 有头尾结构。头部为球状附着于微管壁，尾部为纤维状可伸展至微管外，在微管之间及微管与其他细胞器之间起连接作用。例如，MAP2 分子有三个微管结合位点，由一个短的多肽链相连。每个结合位点之间有足够的空间保证 MAP2 分子结合微管壁上三个单独的微管蛋白球状亚单位。同样，MAP2 分子尾部向外延伸，与其他细胞成分相互作用。Tau 蛋白为另一类微管修饰蛋白，其分子质量为 55~62 kDa。Tau 蛋白可增加微管装配的起始点和速度，使微管组装从平衡点向聚合方向前进。另外，它还可促进二聚体聚合为多聚体，并促成环形的微管结构。

微管相关蛋白质在微管组装中发挥着重要作用。有人提出微管相关蛋白质可连接单根平行排列的原丝成片状，当原丝达 13 根时合拢为管状微管，此后，蛋白二聚体再加合到微管末端。

三、微管组织中心

由于微管在细胞内的聚合具有时空特异性，因此，人们推测微管在细胞内的聚合是由微管聚合的位点所决定的。这些具有起始微管聚合功能的特殊结构称为微管组织中心(microtubule organizing center，MTOC)。微管组织中心以不同的形式存在于细胞中，包括中心体、基体和染色体着丝粒。

1. 中心体

动物细胞中心体(centrosome)由两个棒状中心粒和周围的无定形电子致密物质组成。中心粒是直径为 0.2μm，长约 0.4μm 的圆柱体结构。中心粒一般成对出现，呈直角排列。中心粒由九组纤维丝均匀呈轮辐状排列而成。每组纤维丝又由 A、B、C 三个微管组成，其中仅 A 管是完整的微管(图 5-2)。

中心体一般位于核外细胞中央。大量实验表明，中心体是微管蛋白的集结地。有关微管骨架的研究多建立在其聚合与解聚的模型基础上。低温或微管蛋白毒性药物[秋水仙素(colchicine) 和诺卡达唑(Nocodazole)] 可使微管解聚；当升高温度或去除药物作用时，微管重新聚合。如果将细胞固定于不同的时间，再用抗微管蛋白特异抗体进行荧光染色，当抑制条件去除后几分钟内，细胞质内可见荧光标记；15~30 min 内可出现不断增加的含荧光的纤维状结构呈放射状分布。同时，电镜观察也发现新形成的微管以中心体为中心呈放射状分布。进一步研究发现微管不能深入到中心粒，而只见于中心粒周围的电子致密物质。因此，中心粒周围的电子致密物质具有起始微管形成的作用。微管的极性总是相同的，即微管负极紧邻中心体，而正极则位于另微一侧管蛋白二聚体的尾部。

2. 基体

中心体并不是细胞的惟一微管组织中心，微管也可从鞭毛或纤毛底部称之为基体(basal body)的部位开始形成。基体结构与中心体完全相同，事实上基体与中心体可以相互转换。例如，精子鞭毛基体是有中心粒衍化而来，而中心粒是精子减数分裂时纺锤体的一部分。

其他类型的细胞也有不同的微管蛋白组织中心。真菌的 MTOC 以碟型结构出现，称为纺锤极体(spindle pole body)。纺锤极体埋入或插入核膜，由此向外伸展的微管形成细胞骨架的一部分，而向核内形成的微管则组成纺锤体的一部分。植物细胞缺乏中心体和中心粒，其 MTOC 由核膜外物质组成，微管由此开始形成。

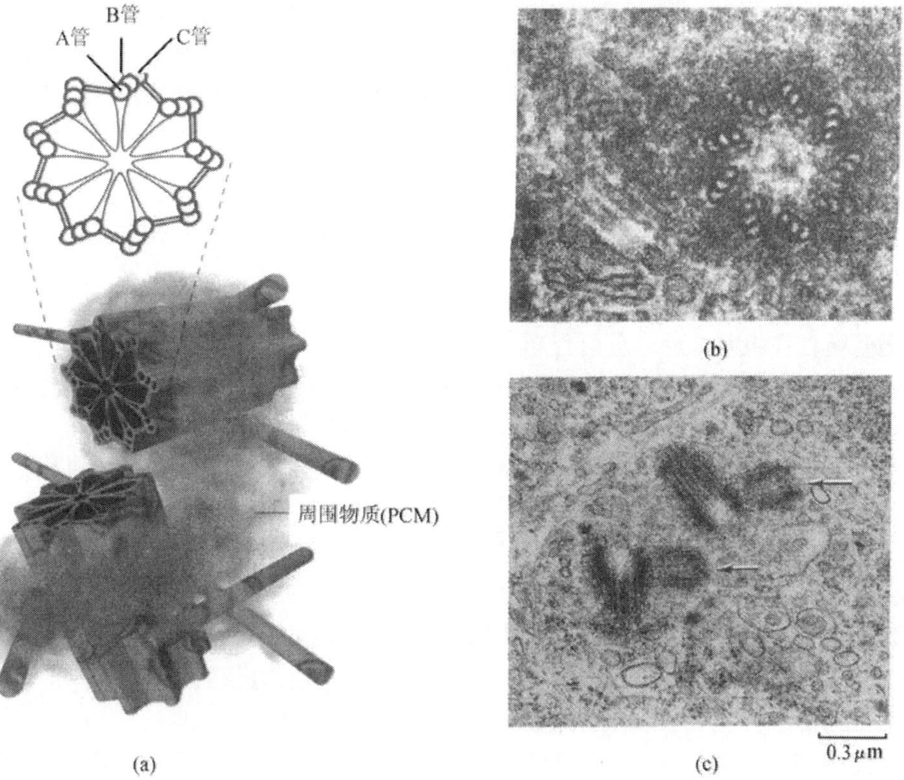

图 5-2　中心体结构

(a) 中心体结构示意图，中央为成对出现的中心粒，周围为电子致密物质(PCM)，微管由此开始聚合；(b) 中心体电镜横切面图，图示九组周围纤维呈风车状排列，每组包含一个完整微管及两个不完整微管；(c) 电镜图示两对中心粒，每对包含长短两个中心粒，箭头所指为两个短中心粒。引自(Gerald K 1996)

3. 染色体着丝粒

染色体主缢痕处的特殊分化区称为染色粒，它与盘状蛋白结构相结合称为着丝粒。研究表明，着丝粒在体外有组织微管的活性。用标记的微管蛋白活体注入和荧光淬灭等技术证明，在保持着丝粒与微管不脱离的情况下，微管的活性装配确实发生在着丝粒的一端，而不是在极一端。

无论 MTOC 以何种形式出现，它们在细胞内发挥的作用是相似的。MTOC 控制着细胞内微管的数量和极性、构成微管壁原丝的数量及微管聚合的时间与空间定位。此外，MTOC 还具有共同的蛋白成分 γ 微管蛋白(γ-tubulin)。

γ 微管蛋白首先被发现于植物细胞，之后在果蝇及动物细胞也检测到其存在。γ 微管蛋白存在于中心体及其他微管蛋白组织中心结构中，其含量仅为细胞蛋白总质量的 0.005%(α和β微管蛋白占 2.5%)。γ 微管蛋白在细胞内的分布与含量因不同的动物和组织而异，同一细胞内也因细胞周期的不同时相而异。当细胞处于有丝分裂间期时，γ 微管蛋白位于中心体而微管蛋白骨架中则难以检测到。当细胞进入有丝分裂期时，γ 微管蛋白则存在于纺锤体极中，而且此时的 γ 微管蛋白含量要比间期中心体内的含量高得多。

γ微管蛋白与周围的相关蛋白质组成环状复合物，定位于微管的负极，是微管蛋白聚合过程中必不可少的成分之一。实验研究表明，抗γ微管蛋白抗体经微注射进入细胞后，可阻断活细胞内微管的重新聚合。遗传工程构建的γ微管蛋白合成缺陷株同样不能形成正常的微管，因此认为γ微管蛋白在微管的体内组装过程中起到十分关键的作用。体外微管聚合可以不需γ微管蛋白参与。

第三节　微管蛋白的组装动态

微管蛋白在组装过程中有两种形式的动态特征，一种是发生于微管正极端的组装与去组装的动态不稳定性 (dynamic instability)；另一种为正极组装与负极去组装的踏车现象(tread milling)。

早在20世纪60年代就有人开始研究微管是如何形成的。最早的实验是用偏光显微镜观察有丝分裂纺锤体中的微管。人们发现低温、高压或秋水仙素可使纺锤体的双折射减弱，表明微管结构遭到了破坏；而温度回升、低压及去除秋水仙素后，纺锤体又自动形成。这种快速的恢复过程甚至在蛋白合成抑制剂存在时也能出现，说明微管的聚合不需要新的微管蛋白合成。因此，人们认为微管是微管蛋白的多聚体，这些多聚体与未聚合的微管蛋白之间存在动态平衡。这种平衡的改变调节着微管的聚合与解聚，而微管蛋白的合成与降解同微管聚合与解聚无关。

20世纪70年代，体外研究模型已用于微管聚合与解聚的研究。人们发现细胞提取物在37℃、无Ca^{2+}加入GTP的条件下，微管可自发形成。此后又有证据表明另一类蛋白质也参与微管聚合，包括Tau和微管相关蛋白质两类，它们只占微管蛋白总量的10%~15%。当温度降低微管解聚时，可发现两种类型的微管蛋白。一类是α和β微管蛋白二聚体，另一类是较大的环状或螺旋状微管蛋白聚合物。分离的环状结构能在温度升高时迅速掺入微管，而α和β微管蛋白二聚体则必须在环状结构或微管片段存在下，以其作为聚合起点才能加入到微管。后续的研究还表明分离的环状结构内含有微管相关蛋白质，而二聚体内则没有。由此可见微管相关蛋白质是微管二聚体向环状结构多聚体转化所必需的，而后者是微管聚合的中间体。显微照相发现，在微管解聚时，原丝相互分离，其末端往往弯曲形成卷曲状特别是产生类似环状的结构；反之，当微管聚合时，原丝似乎又是由展开的环状结构聚合而成。因此，微管聚合包括微管蛋白环状结构展开形成原丝，原丝再平行排列形成片状。当原丝数量达13时，片状原丝合拢成管。这一过程完成后，微管蛋白二聚体再加于微管末端，使微管不断加长(图5-3)。

荧光标记微管蛋白微注射可直接观察细胞内微管蛋白的动态变化。实验发现，在任意时刻，一些微管在增长，而另一些则在缩短。如果长时间观察单根微管会发现微管的增长与缩短也是随机的。由于微管缩短发生快于其增长，许多微管最终从细胞消失，而被自微管蛋白组织中心生发出来的新微管所替代。微管的这种在增长与缩短两个时相之间所出现的延伸与退缩现象称之为微管动力学不稳定性。这一特性导致了微管蛋白二聚体与多聚体的交换。

微管蛋白二聚体加入微管末端是单向性的，即从微管蛋白组织中心向外延伸加长。以后的研究还发现解聚也可发生于微管聚合的另一端，这样微管的聚合与解聚分别在微管的两端进行，微管二聚体的掺入就像从微管的一侧(正极)向另一侧(负极)流动一样，称之为微管聚合的踏车模式。微管不断地聚合与解聚过程使细胞能对任何外来刺激做出反应，或参与需要调节微管结构的活动。

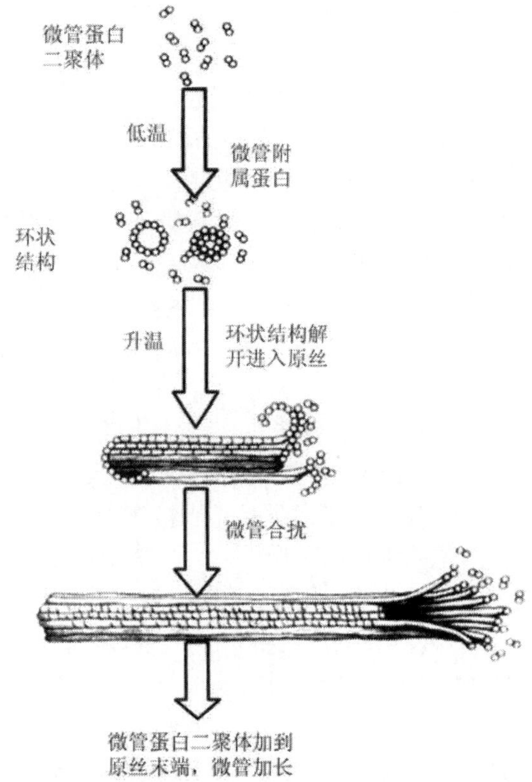

图 5-3　微管体外组装示意图

引自(Lewis J K et al. 1998)

第四节　微管的功能

一、支 持 功 能

微管具有一定的抗压特性以抵抗外力对纤维的压迫与弯曲。这一特性使微管有能力支持细胞的形态。培养的动物细胞微管呈圆形或扁平状以核为中心放射状排列，而柱状上皮细胞微管则沿细胞长轴平行排列。神经细胞轴突及某些原虫的伪轴突也为微管的细胞骨架功能提供了证据。在胚胎发育过程中，微管在维持神经细胞轴突从中枢神经向周围胚胎组织延伸过程中发挥着关键性作用。类似的过程也能见于细胞培养。当用秋水仙素等干扰微管的药物处理带轴突的神经细胞时，神经细胞轴突停止向外生长，细胞趋于圆形。在植物细胞中，微管则通过影响细胞壁的形成而间接发挥着维持细胞形态的作用。

微管还参与维持细胞内结构的相对固定。秋水仙素等干扰微管的药物能影响含膜细胞器，特别是高尔基体的分布。正常情况下，高尔基体位于核外细胞中央。当细胞经秋水仙素处理后，高尔基体则移至细胞周边；而当秋水仙素被去除后，微管聚合高尔基体回到细胞中央。

二、细胞器的运动功能

真核细胞的微管可分为两大类：一类为相对稳定的纤毛、鞭毛及其他轴丝结构，负责整体细胞及包裹于细胞表面液体的运动；另一类为结构不稳定，动态组装的细胞质内微管，除了在维持细胞形态方面发挥重要作用外还参与亚细胞结构的运动和相互作用。

(1) 染色体运动　在有丝分裂过程中，母细胞的染色体需经移动，最终分配到两个子细胞中，完成新细胞的周期性生命活动。以染色体着丝粒为微管蛋白组织中心形成的纺锤体微管参与染色体的运动。纺锤体中的染色体牵引丝将染色体连到纺锤体的两极。连接丝再将纺锤体的两极相连。纺锤体的中间丝在有丝分裂后期和末期连接两个子染色体。

(2) 纤毛与鞭毛运动　纤毛和鞭毛都是十分纤细的丝状物，由特殊结构的微管组成。原生动物和精子细胞的鞭毛，上皮细胞的纤毛是细胞内的一种运动装置。纤毛与鞭毛的基本结构为轴丝(axonem)。从纤毛与鞭毛的横切面上可见中心部位有两个中央微管，外围部有九对二联微管。两个中央微管具有典型的微管结构，由 13 根原丝组成，其周围有蛋白质构成的中心鞘包裹，两个中央微管之间有“架桥”相连。外围的二联微管中 A 管为完整的微管，紧邻的 B 管仅有 10 根原丝，B 管与 A 管共用部分微管蛋白。从每对二联管中 A 管每隔 16~22nm 发出放射状辐条(radial spoke)向中央微管排布。辐条也由蛋白质组成，在其向心的一端有“头”，A 管上还伸出由动力蛋白 (dynein)组成的内、外两臂，两臂与相邻的二联管中的 B 管作用。相邻的二联管之间也有连接蛋白(nexin)相连(图 5-4)。

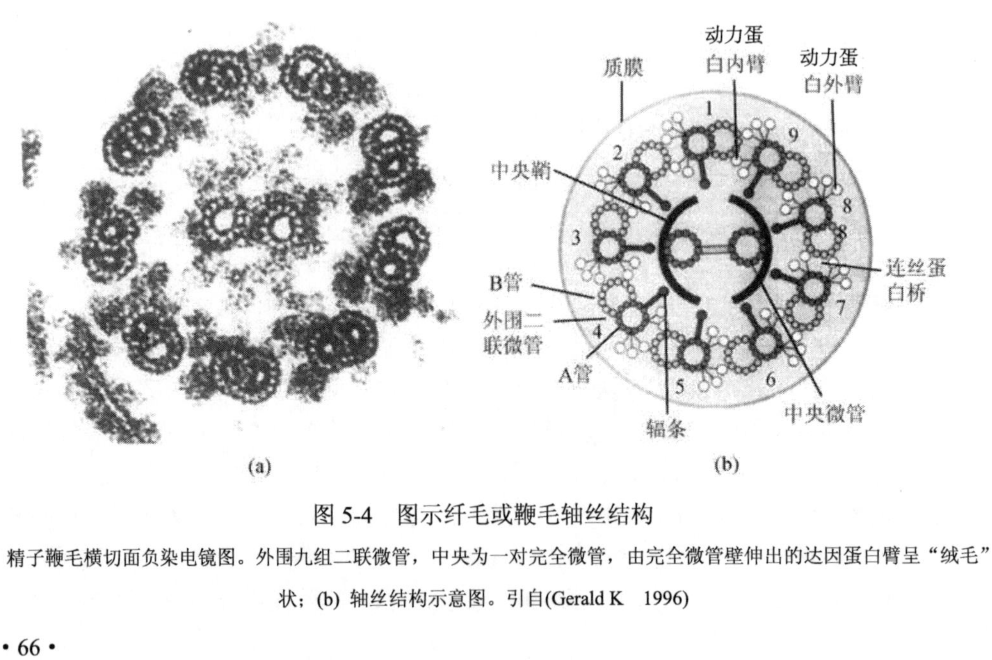

图 5-4　图示纤毛或鞭毛轴丝结构

(a) 精子鞭毛横切面负染电镜图。外围九组二联微管，中央为一对完全微管，由完全微管壁伸出的达因蛋白臂呈“绒毛”状；(b) 轴丝结构示意图。引自(Gerald K　1996)

鞭毛的基体由三连管组成。其中，A 管由 13 条原丝；B 管仅有 11 根原丝，与 A 管共用 3 条原丝；C 管也有 11 条原丝，与 B 管共用 3 条原丝。三连管的中央部位没有微管。

纤毛与鞭毛的特殊微管组成使它们可以进行摆动运动。由于纤毛与鞭毛的各部位均可发生弯曲，而使之形成波动性运动。产生波动性运动的机制在于二联管之间的动力蛋白臂使微管之间产生滑动；同时二联管之间的连接蛋白和放射辐条又使微管之间的滑动受到限制，从而造成纤毛与鞭毛的局部弯曲而形成波动性运动。

精子借其鞭毛的摆动可在精液和子宫黏液中游动，进而和卵子结合。上皮细胞表面的众多纤毛共同摆动，使呼吸道和生殖道内液体形成液流，借纤毛摆动的推力把混在液体中的固体颗粒或其他物质及液体一同推出管道口。两栖类和哺乳类动物输卵管上皮细胞的纤毛摆动可将卵子推向前进进行排卵活动。

三、运 输 功 能

细胞内囊泡从一种膜成分转移到另一个膜结构依赖于微管的存在，因为对微管骨架成分的干扰会阻止囊泡的运动。神经原及色素细胞内物质的运动常有赖于微管束的规则排列。因此这两种细胞也常用于微管运动功能的研究。单个运动神经原的轴突可从脊髓延伸至手指或脚趾。神经轴突内充满了相互连接的微丝、中间纤维和微管。标记氨基酸掺入，电镜及显微摄影研究表明，神经细胞胞体内的物质可沿轴突不断向其末端转运。反之，轴突末端的有些成分也能返送到胞体。而且，这种转运速度可达 5μm/s。实验证明这种转运是沿轴突内微管进行的。两种运动蛋白参与了这一过程。它们是驱动蛋白(kinesin)和细胞质内动力蛋白(cytoplasmic danein)。驱动蛋白负责物质从胞体向轴突末端方向的转运，也称之为正向转运；细胞质内动力蛋白则参与从轴突末端向胞体方向的物质转运，即逆向转运(图 5-5)。微管作为一种轨道或通路还参与细胞内的色素颗粒、病毒颗粒、线粒体从胞内的某一区域转送到另一区域。各种颗粒与微管结合，借助相邻微管之间的滑动运输颗粒。有些微管在近核一侧组装，而在近膜一侧去组装，使微管从细胞核向细胞膜方向移动。这种移动使分泌颗粒等物质沿微管传送到近细胞膜处分泌出细胞。

四、吞 噬 功 能

微管参与吞噬细胞吞噬异物和病菌的活动。细胞内每一个与吞噬活动有关的部位都出现微管。如细胞伸出的伪足，细胞膜受体成帽部位，胞内溶酶体运动部位，溶酶体与吞噬泡二者接触部位均出现微管并参与活动。

五、参与信号传导

微管在参与吞噬活动的过程中，也将膜表面受体结合的外界信息与分子传递到细胞内，引起诸如细胞分裂等活动。实验证明，干扰微管的药物秋水仙素能阻断这一过程。

神经细胞内的微管与某些信息传递有关。有人认为随电信号传导同时发生的微管介导，能使胞内化学物质得到传递，证明微管能进行信息传递。

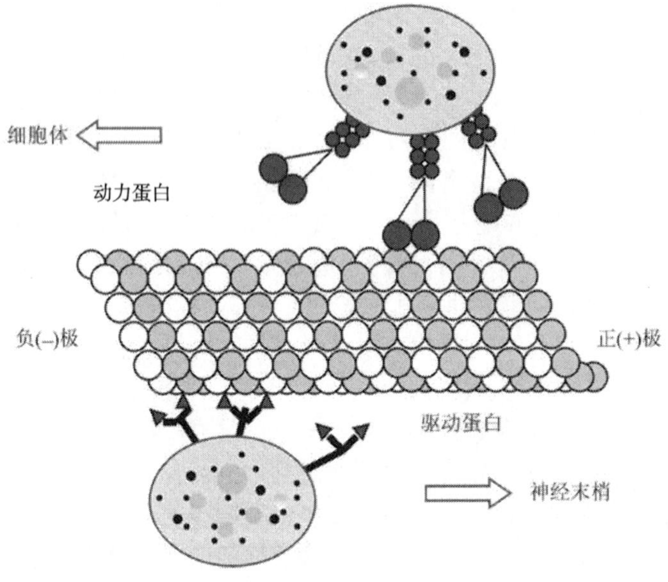

图 5-5　图示神经细胞内两个囊泡在动力蛋白和驱动蛋白作用下沿同一微管向两个相反的方向运动

引自(Gerald K 1996)

第五节　影响微管蛋白聚合与解聚的因素

(1) GTP 与微管蛋白浓度　早期的体外研究表明，GTP 是微管聚合所必需的。微管蛋白二聚体聚合时需要 GTP 结合于微管蛋白亚单位。二聚体结合到微管末端的过程不需要 GTP 的水解；当二聚体掺入到微管后，GTP 迅速水解为 GDP 并存留于已聚合的多聚体上。在微管解聚过程中，二聚体被释放到可溶性池中，GDP 则由一个新的 GTP 所替换，这种类似“充电”的过程使 GTP-二聚体再一次成为微管组装单位。GTP-二聚体较 GDP-二聚体具有更强的亲和力，微管末端 GTP-二聚体的存在有利于吸附另一个 GTP-二聚体，微管组装并延长；而 GDP-二聚体存在于微管末端时，有利于二聚体释放，微管解聚变短。因此，细胞内微管聚合与解聚两个相反而且独立的过程便得到调控。另外，GTP 水解速度也影响微管的聚合与解聚。GTP 水解稍落后于微管蛋白二聚体的掺入。当微管蛋白二聚体的掺入快于 GTP 水解，微管末端 GTP-二聚体有利于更多的 GTP-二聚体掺入，微管聚合增长；反之，GTP 水解速率等于或大于 GTP-二聚体掺入时，微管解聚变短。

(2) 微管相关蛋白质　某些微管相关蛋白质能增加微管的稳定性，MAP 可能是通过促进聚合或者阻止微管蛋白亚单位从微管末端的释放而发挥上述功能。MAP 浓度变化或磷酸化的状态对微管聚合与解聚的平衡均有重大影响。例如，MAP2 被依赖 cAMP 的蛋白激酶修饰后，其促进微管聚合能力则大大降低。细胞内不同的微管(如纺锤体微管或纤毛微管)被认为含有不同的 MAP，这样有助于聚合一类微管而解聚其他类型的微管发挥其应有的功能。

(3) 钙调蛋白浓度　钙调蛋白是一种钙结合蛋白，在体内调控着许多的细胞活动。Ca^{2+}对微管聚合的影响有赖于钙调蛋白的存在。

(4) 二价阳离子浓度　Mg^{2+}促进微管聚合，而 Ca^{2+}作用相反。用脑组织提取的微管蛋白复合物进行体外微管聚合/解聚实验时发现，37℃条件下在复合物中加入 Mg^{2+}，GTP 和 EDTA (螯合 Ca^{2+})，能检测到微管聚合。

(5) 药物作用　现已发现许多药物能干扰微管的聚合或解聚过程而使细胞停滞于有丝分裂期。例如，秋水仙素可与微管蛋白亚单位上特殊的位点相结合，促进微管解聚 (图 5-6)。紫衫醇类药物则能稳定微管，抑制其解聚过程而使细胞停止分裂。

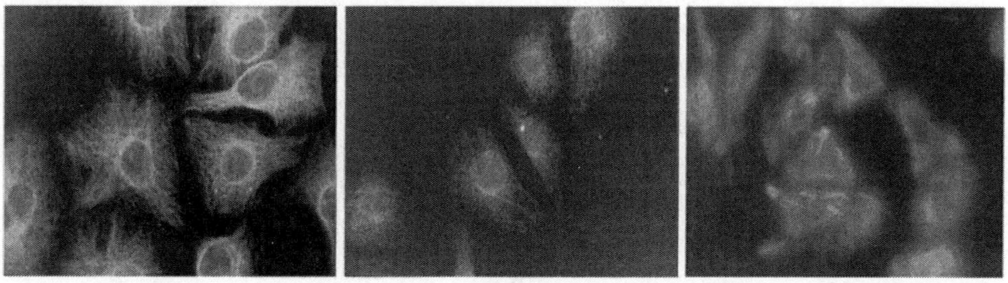

图 5-6　免疫荧光染色显示人宫颈癌细胞经秋水仙素和紫杉醇处理前后微管结构

(a) 未经药物处理的人宫颈癌细胞，微管呈网状结构；(b) 秋水仙素(1μmol/L，6h)处理后细胞，微管解聚，网状结构消失；(c) 紫杉醇(1μmol/L，6h)处理后细胞，微管聚合呈束状结构

第六节　微管作为抗癌药物作用靶点的研究

真核细胞中微管系统作为开发抗有丝分裂和抗癌药物的一个非常有用的靶点正越来越受到人们的重视。微管组装动态在细胞有丝分裂过程中发挥着重要作用，同时也是研究作用于微管蛋白化合物的结构学基础。微管蛋白抑制剂与微管蛋白结合可促进或抑制微管的聚合而干扰微管的正常结构与功能。

一、以微管或微管蛋白为靶点的药物及其结合位点

作用于微管蛋白的药物主要为天然产物 (如秋水仙素、长春碱和紫杉醇)及其结构改造后的合成与半合成产物。这些药物根据结合位点和作用机理不同大致可分为四类，分别是与秋水仙素、长春碱和紫杉醇结合位点相互作用的药物及其他类。

(1) 与秋水仙素结合位点相互作用的药物　秋水仙素结合于可溶性微管蛋白形成秋水仙素/微管蛋白复合物，使二者的构相发生改变，然后削弱微管末端的连接键，妨碍下一个微管蛋白分子连接于微管，最后使微管的增长停止。研究表明，秋水仙素结合于微管蛋白，使围绕第 39 位精氨酸的部位解旋，这一过程使得有丝分裂中期的纺锤体微管

解聚。尽管秋水仙素是最早的抗有丝分裂剂之一，但其毒性也限制了它的广泛应用。近年来，许多秋水仙素类似化合物得到了分离与合成，其中有些已用于临床。多数结构改造后的秋水仙素类似化合物在微管蛋白分子上具有共同的结合位点并发挥着相同的药理作用。应用计算机自动结构评估程序研究这些药物的定量构效关系，结合以往的研究结果发现，秋水仙素结合于微管蛋白时，A、B、C 三个环的分子构象与化学特征需要有严格的结构与空间特征。秋水仙素分子上三个甲氧基是保证其完全结合亲和性和抑制微管聚合所必需的。

(2) 与长春碱结合位点相互作用的药物　这是目前临床常用的一类抗有丝分裂抗肿瘤药物，包括长春新碱，长春碱和长春地辛 (vindesine)。它们具有广泛的抗癌谱和可逆的毒性反应，作用于纺锤体微管而抑制有丝分裂。与秋水仙素不同的是长春碱可快速、可逆、温度非依赖性地结合于微管蛋白，其结合位点也完全不同于秋水仙素。实验发现，每分子的微管蛋白二聚体有两个长春碱结合位点，分别具有高亲和性($K_D = 0.2\sim0.5\mu mol/L$)和低亲和性($K_D = \mu 10mol/L$)。但在微管蛋白二聚体上确切的位点尚未被阐明。近来的研究表明，长春碱的结合位点可能位于围绕α微管蛋白第 339 位和β微管蛋白第 390 位残基的一级结构中。长春碱可能结合于已聚合的微管上，抑制微管组装；也可能结合于微管多聚体形成凝集和不全结晶。为了提高抗癌活性、降低毒性，特别是神经毒性，分离、合成及广泛筛选长春碱类似药物的工作进行了许多，但长春碱的结构特别复杂，所以，得到的有效化合物甚少。

(3) 与紫杉醇结合位点相互作用的药物　紫杉醇是另一类抗有丝分裂抗肿瘤药物，促进微管的聚合与稳定性。紫杉醇在微管蛋白上的结合位点尚未明确，最近的研究表明在其 3 位上的衍生物之一主要结合于β微管蛋白 N 端第 31 位残基上。紫杉醇结合于微管，而不是未聚合的微管蛋白；这一过程是可逆的，无需 GTP 水解。紫杉醇衍生物 paclitaxol 具有高效的抑制微管解聚的活性，IC_{50}可达$(0.31\pm0.01)\mu mol/L$[紫杉醇$IC_{50}(0.42\pm0.03)\mu mol/L$]。

二、抗微管药物抑制微管组装动态具有动态特征

当细胞进入有丝分裂期时，网状微管骨架逐渐消失，双极纺锤体形成并附着于染色体，然后牵引染色体向两个纺锤体极运动。微管的动力活动在细胞分裂间期较缓慢，而当细胞进入有丝分裂期时则增加 20~100 倍。更精确细微的微管高度动力学不稳定性与踏车现象可见于有丝分裂期纺锤体，而纺锤体的动态特性在染色体的复杂运动中起着关键性作用。许多化合物特别是一些天然产物主要结合于有丝分裂期纺锤体微管蛋白，阻止细胞从有丝分裂中期/后期的转化，从而抑制细胞分裂。这类药物有秋水仙素，长春碱，它们分别以较高浓度抑制微管组装破坏有丝分裂纺锤体。另一类药物如紫杉醇、Taxotere、Discodermolide 和 Epothilones 则通过促进微管蛋白聚合稳定微管抑制细胞复制。最新研究表明，上两类药物作用机制在于影响纺锤体微管的动态稳定性，而不是影响微管的组装与去组装。而且，抗微管药物抑制微管组装动态也具有动态特征。例如，高浓度紫杉醇能有效地使微管去组装，而低浓度时则具有稳定微管的特性。又如 1~2 mol/L 浓度的长春碱结合于微管的正极，在不影响微管多聚体的前提下，可降低微管的

不稳定性。还有研究表明，紫杉醇对微管两极的作用是不同的，紫杉醇主要影响微管正极的组装与去组装，而负极的解聚不受影响。因此，探索作用于纺锤体微管动态的药物对开发抑制细胞增殖的抗肿瘤药物具有重要意义。

三、微管蛋白抑制剂的抗肿瘤机制

抑制细胞从有丝分裂中期/后期的转化，诱导细胞凋亡。微管蛋白在有丝分裂中期的快速组装与去组装在有丝分裂过程中发挥着重要作用。高浓度抗微管药物稳定或破坏微管结构，干扰纺锤体的正常功能，阻断细胞周期于有丝分裂的关键点——前期/中期向后期的转化。有丝分裂阻断的后果将依不同的细胞而异。多数细胞退出有丝分裂而进入凋亡过程。研究表明由作用于微管的药物诱导的细胞凋亡常常伴有蛋白激酶 Raf-1 和凋亡调节因子 Bcl-2 磷酸化。正常细胞，转化细胞及突变细胞对药物诱导的有丝分裂阻断反应性不一样。此外，紫杉醇对非转化细胞只引起短暂的 G1 期阻断，而转化细胞不受其影响。

在讨论作用于微管的抗有丝分裂的抗肿瘤活性应注意其组织特异性和产生药物抗性的机制。近年来的研究表明，微管蛋白的表型是影响药效发挥的重要因素。人体细胞中微管蛋白分别有 6 个表型，特别是β微管蛋白表型在其与药物结合的动态过程中，以及在不同肿瘤组织的表达都有极大的差异。紫杉醇对由纯化的$\alpha\beta$III 或$\alpha\beta$IV 微管蛋白组成的微管只有较弱的抑制组装动态作用。因此，$\alpha\beta$III 和$\alpha\beta$IV 微管蛋白的表达将可能导致对紫杉醇的抗性。与此相对应的研究还发现，在不改变药物吸收的条件下，紫杉醇抗性的卵巢癌组织、人白血病、前列腺癌以及培养的肺癌细胞$\alpha\beta$III 和$\alpha\beta$IV 微管蛋白过表达；相反，经一步暴露法获得的紫杉醇抗性肉瘤细胞$\alpha\beta$III 和$\alpha\beta$IV 微管蛋白低表达。另一类常被忽略的抗性机制则是微管蛋白的突变。微管蛋白表型的变化是肿瘤组织对抗有丝分裂药物产生耐药的主要机制。因此，针对某一表型的抗癌药物开发可提高抗肿瘤药物的特异性。

四、小　　结

以微管为靶点的药物研发工作应包括对原有药物的结构改造以提高抗有丝分裂活性，降低毒性；联合应用作用于不同结合位点的药物增强疗效；广泛筛选天然产物及合成半合成化合物以获得有活性的先导化合物；运用现代分子与细胞生物学手段进行作用机制与结和位点的研究。新近发现的两种紫杉醇类似化合物(discodermolide 和 epothilone)均能稳定微管而阻断有丝分裂。Cryptophylin 是新近发现的对小鼠实体瘤有效的药物，其作用机制在于紧密结合于微管蛋白抑制细胞增殖。极微量的 Cryptophylin 能阻断细胞有丝分裂诱导凋亡，而高浓度时可抑制微管蛋白聚合。研究表明 Cryptophylin 1 在微管蛋白上的结合位点临近长春碱的结合位点，与长春新碱和紫杉醇相比具有更强的抑制微管组装动态特性，同时不影响网状微管的解聚。

上述研究进展不仅更新了我们对微管蛋白结构与功能的认识，还使我们对微管蛋白抑制剂设计与合成，结构与功能关系的研究，生物活性与作用机理的探讨，临床研究等诸多方面有了更浓厚的兴趣。

寻找与发现新的抗肿瘤药物是一件非常有意义的工作。微管蛋白不失为一种有效的靶蛋白。因此，利用编码微管蛋白的基因，这些基因的产物以及微管蛋白动力学不稳定性可研发多种高通量筛选抗癌药物的方法，促进以微管蛋白为靶点的抗有丝分裂剂和抗肿瘤药物的开发和应用。

主要参考文献

谭曾鲁，周柔丽. 1995. 医学细胞生物学. 北京：北京医科大学中国协和医科大学联合出版社

Gerald K. 1996. Cell and molecular biology (concepts and experiments) Chapter 9: The cytoskeleton and cell mobility. New York. John Wiley & Sons, Inc

Lewis J K and Valerie M K. 1988. Principles of cell biology. Chapter 9: The cytoskeleton : its role in cell organization and motility. Harper Collins Publishers, Inc

Mary A J and Leslie W. 1998. Microtubules and actin filaments: dynamic targets for cancer chemotherapy. Current Opinion in Cell Biology,10: 123~130

Qian S, Ke C, Susan L,.et al. 1998. Recent progress in the development of tubulin inhibitors as antimitotic antitumor agents. Current Pharmaceutical Design, 4: 219~248

（李　敏）

第六章　核酸的结构生物学基础

核酸(nucleic acid)这一术语来源于核素(nuclein)。核素也可称为核质，最初是由一位24岁的瑞士学生Miescher在脓血细胞核中提取出的一种含磷酸较多的酸性物质，于是就这样命名了。实际上，他当时(1869年)发现的是核酸–蛋白质复合物。20年后，科学家Altmann从动植物体系、酵母中分离出不含蛋白质的核酸，从此开始使用“核酸”这一术语。又经历四五十年之后，确证了核酸的种类和组分；发现并证明核酸是生命中的遗传物质；建立了DNA双螺旋结构模型；奠定了现代分子生物学和结构生学的基础。随着时间的推移，核酸的结构生物学研究越来越富有魅力，对核酸结构与功能的研究不仅为生物学带来一系列新的发现，如遗传密码的阐明、内切核酸酶的发现、核酸合成和序列分析与基因重组技术的建立等，也为其他自然科学的发展作出了贡献。近30年来，进行核酸研究的科学家17次获得诺贝尔奖(化学奖和生理学或医学奖)就是很好的证明。

第一节　核酸的初级结构和基本功能

核酸的初级结构也称为化学结构，其基本结构单元是核苷酸(nucleotide)。核苷酸由含氮杂环碱基、戊糖和磷酸三部分组成，碱基负责携带遗传信息有腺嘌呤(adonine，A)和鸟嘌呤(guanine，G)、胞嘧啶(cytosine，C)、胸腺嘧啶(thymine，T)和尿嘧啶(uridine，U)；戊糖有β-D-核糖(β-D-ribose)和β-D-2脱氧核糖(β-D-deoxyribose)，以内式(*endo*)或外式(*exo*)两种构象存在；核苷是由戊糖和碱基缩合而成的。有一磷酸核苷(NMP)、二磷酸核苷(NDP)和三磷酸核苷(NTP)，其中N代表碱基。

由其中磷酸二酯键共价连接形成线性聚合物即为核糖核酸(RNA)或脱氧核糖核酸(DNA)。多核苷酸链具有方向性，如同多肽链的两端(N端和C端)被称为末端，多核苷酸链也有两个末端核苷酸残基。末端5′碳原子携带的游离磷酸基为5′端，而保留有羟基的末端3′碳原子一端为3′端，一般核酸碱基序列以5′端→3′端排列。

DNA的一级结构是指脱氧核糖核酸的种类、数量及分子直链上碱基的排列顺序。RNA的一级结构则是指核糖核酸的种类、数量及碱基的排列顺序。而且根据其不同的功能可分为占细胞RNA总量的80%核糖体的RNA(rRNA)，占全部RNA的15%的转运RNA(tRNA)和仅占5%的信使RNA(mRNA)。

mRNA是蛋白质合成的模板，虽然种类很多，但也有共同的结构特征，如一般都具有200个核苷酸长的多聚腺苷酸(poly A)尾链；其末端鸟嘌呤核苷酸经焦磷酸与相邻的一个核苷酸相连形成磷酸二酯键，这种结构对5′核酸外切酶有一定抗性。

核酸最主要的功能是携带遗传信息，担负生命信息的存储和传递。然而这个最基本的科学认识是经历了50年才获得的。

20世纪初，人们已发现遗传物质的载体是染色体，并对染色体进行了大量的研究，但长期误认为染色体中结构复杂的蛋白质具有遗传功能，而核酸仅为染色体的组分之一，但不是具备遗传功能。

1928 年英国微生物学家 Griffith 进行了 16 年之久的肺炎球菌转化实验研究，发现具有致病能力的S型肺炎球菌细胞提取物能够使原本不能致病的肺炎突变株R型在传代中转变成有致病能力的 S 型菌株。虽然当时并不知道这种提取物的化学本质，但这一发现确实对“蛋白质是遗传物质”这一根深蒂固的传统观念提出了挑战。

直到 1944 年 Avery 等三位加拿大学生经过多年研究，终于证明，将 R 型肺炎球菌变成 S 型的这种细胞提取物的纯度与转化效率呈正相关，它是 DNA，而不是蛋白质、多糖和脂类，所以 DNA 是遗传物质。这一革命性的结论，不仅是核酸研究史上的一个重要里程碑，而且对于生命科学的发展具有划时代的意义。

此后，20 世纪 50 年代中两项出色的研究工作问世。一是：1951 年，Herriott 等发现，噬菌体 T2 感染大肠杆菌时，其蛋白外壳并不进入细胞，而是首先尾部与宿主细胞接触，然后释放蛋白酶消化细菌外膜，再将噬菌体的核酸注入细胞。二是：1952 年，Hershey 和 Chase 等利用 ^{32}P 和 ^{35}S 分别标记噬菌体 DNA 和它的蛋白外壳，结果显示：子代噬菌体的 DNA 被 ^{32}P 标记，但其蛋白外壳中没有检测到 ^{35}S。这些重要结果为“DNA是遗传物质”提供了有力的证据。长期统治生物学界的“蛋白质是遗传物质”的观念终于被推翻。“核酸是具有遗传功能的遗传物质”成为生物学家的共识。核酸的一级结构之所以重要是因为其分子特有的碱基顺序决定了它携带的遗传信息及行使的生物功能。

第二节　DNA 的高级结构和功能

核酸的高级结构的形成是其携带和传递遗传信息的需要，也是为了有规律地压缩其体积，减少在细胞内所占的空间，长链不致过多围绕，且不影响复制和转录的顺利进行。总之，遗传功能的履行必须依赖于核酸的高级结构，所以 20 世纪 50 年代之后 DNA 的高级结构成为研究热点，正像任何重大科学发现不能是凭空诞生的空中楼阁一样，DNA 的二级结构、DNA 双螺旋结构模型这一具有划时代意义的发现，也是在多学科的科学家共同努力的基础上诞生的。首先是美国化学家 Chargaff 利用纸层析技术的发现 DNA 中嘧啶和嘌呤碱基的含量相等，腺嘌呤(A)和胸腺嘧啶(T)摩尔数相等，鸟嘌呤(G)和胞嘧啶(C)摩尔数相等。

1951 年，英国的物理学家 Wilkins 等对 DNA 钠盐纤维(当时只是平结晶状态)进行 X 射线衍射分析发现 DNA 是双股螺旋结构。后来通过单晶衍射数据分析了碱基之间形成的氢键键长和键角，为 A-T 配对及 G-C 配对找到了理论依据。在此基础上，一个美国生物学家 Watson 和一个英国物理学家 Crick，经过联合潜心研究论证，于 1953 年 4 月在 *Nature* 上发表了具有里程碑意义的论文，提出 DNA 双螺旋结构的模型(图 6-1)。其二级结构要点是：

(1) 严格的碱基对配对原则　DNA 分子的两条链通过有规律的碱基间氢键相互作用而结合，A 与 T 是双氢键配对，C 与 G 是三氢键配对，碱基互补原则是 DNA 复制、转录等重要遗传信息传递过程的基础。

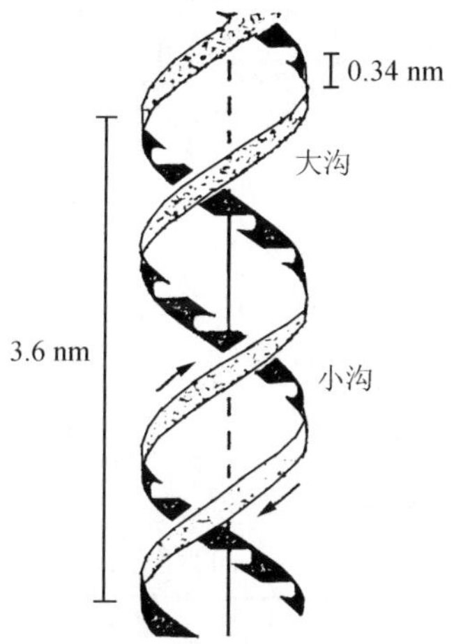

图 6-1　DNA 双螺旋结构模型

(2) 固定的碱基顺序　碱基顺序的固定是 DNA 储存大量的遗传信息，履行遗传功能的保证。

(3) 双螺旋的结构　DNA 分子由两条反平行多聚脱氧核糖核苷酸链组成，它们围绕一个中心轴形成右手双螺旋，每环绕一周升高 3.4nm(螺距)；每周含有 10 个碱基对(bp)。两个相邻的碱基对之间的轴向距离为 0.34nm，方向相距 36°，磷酸–核糖通过 3′，5′-磷酸二酯键相连接形成的亲水性骨架位于双螺旋的外侧，而疏水性的碱基处于内侧，稳定 DNA 双螺旋结构的因素主要有碱基堆积力(疏水性相互作用、范德华力)和氢键。由于碱基配对的方向性和排列不对称，在双螺旋表面形成了大沟(major groove)和小沟(minor groove)这对于与特异蛋白和药物分子的识别非常重要。

(4) 碱基上特定的功能团　碱基上存在的特定功能团在溶液中存在着酮式/烯醇式，氨式/亚氨式的互变异构，在嘧啶和嘌呤杂环中交替出现的双键具有高度的共轭性。这对于核酸的结构与功能的研究很有意义。

这个 DNA 双螺旋结构模型假说很快即被科学所证实。20 世纪 70 年代末，Dickerson 等人设计、合成了一个 12 个碱基对的寡聚核苷酸的互补的序列 d(CGCG AA TT CGCG)$_2$，对其单晶进行 X 射线衍射分析，精确地确定出了双螺旋分子中每个原子的空间位置、结构参数等。另外也发现了 DNA 的其他构象形式，发现 DNA 有 A、B、C、D、Z 几种不同构型，不同构型的 DNA 的螺距、每个螺旋中的碱基对数目等螺旋参数均有差异(表 6-1)。上下相邻的核苷酸碱基之间不存在氢键。

A 型和 B(含 C、D、E 等)型均为右手螺旋的 DNA。Z 型为左手螺旋。它是由 Rich 在用单晶 X 射线衍射研究脱氧核糖核酸六聚体 d(CGCGCG)$_2$ 的构象时发现其磷酸骨架排列呈独特的锯齿形(Zigzag)而命名。Z-DNA 结构更细长，由于螺旋半径小，以至于使两条链上带负电荷的磷酸基因有相互排斥作用而不如 B-DNA 稳定。荧光标记的 Z-DNA 抗体实验也显示染色体上确实存在 Z-DNA，而且 Z-DNA 的生物效应越来越引人关注。现已发现特异的 Z-DNA 结合蛋白可以促使 B-DNA 向 Z-DNA 转化并使之稳定。笔者在研究中也发现一些药物小分子物能够使 DNA 从右手螺旋的 B 构象转变为左手螺旋的 Z 构象。

表 6-1　DNA 的结构类型和螺旋参数

结构类型	螺距	螺旋对称性[1]	每个核苷酸残基轴升(h)和扭曲角(t)		沟的宽度[6]/nm		沟的深度[6]/nm	
			h/nm	*t*/(°)	小	大	小	大
A	28.2	11_1	0.256	32.7	1.10	0.27	0.28	1.35
B	33.8	10_1	0.338	36.0	0.57	1.17	0.75	0.85
C	31.0	9.33(28_3)[2]	0.332	38.6	0.48	1.05	0.79	0.75
D	24.3	8_1[3]	0.304	45.0	0.13	0.89	0.58	
E	24.35	7.5_1(15_2)[3]	0.325	48.0				
Z[5]	45	6_5[4]	0.37	-3.00[7]	0.88	0.37	1.38	

注：1) 第一转的残基数，括号中数字是精确重复的残基数。2) 螺旋转是 9.33 残基，以 9.33 三转重复，即 $9.33\times3\approx28$ 残基。3) 三核苷酸顺序，2 转重复，即 $7.5\times2=15$ 残基。4) 二核苷酸作为重复单元。5) 由 d(G-C)六核苷酸获得的数据。6) 引自 Conner B N, et al. 1982. Nature, 295: 294~299。7) 以二核苷酸重复的碱基对平均转动角给出的值。

DNA 的三级结构是在双螺旋结构基础上进一步折叠、扭曲以及压缩而成为更紧密之结构的。有几种形式：最常见的是 DNA 超螺旋(supercoil)，如质粒 pBR322 的结构。它的生物学功能特征是：超螺旋比松弛结构更为紧密，这有利于 DNA 分子的体内转运。另外负超螺旋(即两条链缠绕不足)DNA 比较容易解旋，这有利于参与需要解链的 DNA 复制、转录和重组等重要生理过程。另一种 DNA 三级结构是回文序列(palindromic sequence)，主要是通过 DNA 链内互补形成发卡环套(hairpin loop) 结构或十字架(cruciform)结构。回文结构的功能是为基因转录调控蛋白提供与 DNA 识别、结合位点。所以这种结构在基因调控区较为常见。除此之外，DNA 三级结构研究的新热点要数三螺旋 DNA 了。

三螺旋 DNA 是 DNA 双链在高嘌呤–高嘧啶序列处打开，其中一条链回折借助 Watson-Crick 氢键和 Hoogsteen 氢键碱基配对 T-A-T-或 G-C-G 形成三链。三链 DNA 的结构，功能及形成机理，我们将在下一章较详尽的介绍。最近的 DNA 特殊结构中的新秀则是 G-四链 DNA。它是由单链富 G 末端回折形成包含 G-G 碱基对的发卡结构，不同染色体上两个这种发卡结构二聚就可形成 G-四链结构。另外，单链末端回折也可以形成分子内的 G-四链结构。这种新颖、特殊的 DNA 结构类型具有重要的生物学功能，它既是药物靶点如它与小分子形成的复合物在体内、外都显示出抑制端粒酶的活性；本身又具有药物活性，如最近发现一些 G-四链 DNA 具有抗 HIV-1 的活性，可作为 HIV-1 整合酶抑制剂。总之 G-四链 DNA 的特殊结构和功能已引起了人们极大的关注，我们将在第九章给以专门的论述。

第三节　RNA 的高级结构与功能

RNA 一般以单链形式存在，分子中没有 DNA 两种互补碱基等摩尔比的关系；四种碱基组分中由尿嘧啶(U)取代胸腺嘧啶(T)，可通过 A-U、G-C 互补自身形成局部双链和双螺旋结构，其构象参数近似于 A-DNA。

RNA 在遗传信息的传递方面起着承上启下的作用。rRNA 是构成核糖体的骨架的二级结构中有 60 个螺旋，平均 25~30 个碱基即有一个螺旋(图 6-2)，rRNA 在二级结构的基础上进一步折叠形成特定的三维空间结构，从而决定了核糖体大小亚基的形态，而核糖体是蛋白质生物合成的场所。过去，人们一直认为仅是蛋白因子催化蛋白质的生物合成，自从发现 RNA 具有催化活性以后，人们认为 rRNA 除了在翻译过程中，与 mRNA 和 tRNA 相互作用外，很可能起着更重要的作用，终于在 1982 年发现肽转移酶的活性来自于核糖体大亚基 rRNA 的某一特定的功能区，这一发现使上述观念得到证实。

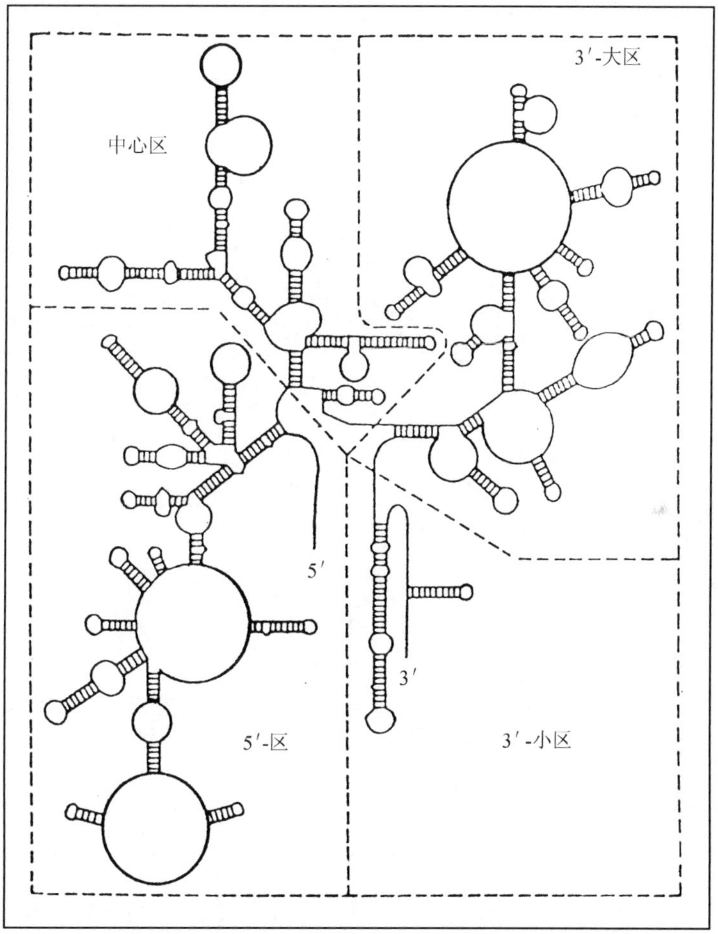

图 6-2　大肠杆菌 16S rRNA 的二级结构

tRNA 在蛋白质生物合成过程中有转运氨基酸的作用。tRNA 的二级结构呈“三叶草”形(图 6-3)。双螺旋区成了叶柄，突环区是三叶草的三片小叶。由于双螺旋比例较高，所以 tRNA 的二级结构很稳定。tRNA 的三级结构呈倒“L”型(图 6-4)，这是 1974 年 Kim 用 X 射线衍射方法研究酵母 tRNA 的两种晶型后所建立的 tRNA 三维结构模型。三级结构中所特有的氢键被命名为“三级氢键”，它们在二级结构中并不存在，是三级结构所特有的。

mRNA 是以 DNA 为模板合成的，而 mRNA 又是指导多肽合成的直接模板，每一种多肽都有一种特定的 mRNA 负责编码，所以 mRNA 在细胞中虽然只占 1%~2%，但种类很多，它们在分子结构上所具有的共同特征是：

真核 mRNA 的 5'端有帽子结构：5'端的鸟嘌呤 N7 被甲基化，整个帽子结构可写作 7mG-5' PPP5'-NpN-3'-P-(图 6-5)，为核糖体小亚基(40s)的识别与结合提供信号，是一种可抗核酸外切酶降解的结构。3'端有多聚腺苷酸(Poly(A))尾巴(约 200 个核苷酸)，可为判断 mRNA 能否作为翻译的模板提供信号，也有增加其在核内及细胞质中的稳定性的作用。这两种特殊结构都是真核的 mRNA 成熟的标志，且都与 mRNA 从细胞核到细胞质的转运有关。真核细胞含有内含子，核内的 RNA 要经过一系列加工、修饰及剪切以除去内含子序列，才能进入细胞质进一步“戴帽”和“加尾”而转变为成熟的 mRNA。

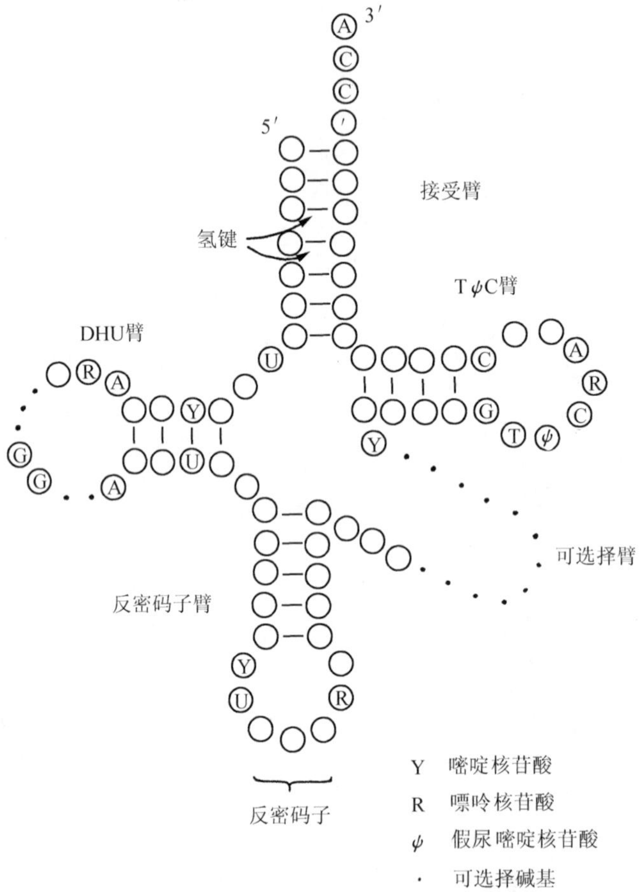

图 6-3 tRNA 的“三叶草”结构

原核 mRNA 没有 poly(A)尾巴及特殊的帽子结构，由于原核细胞没有细胞核，所以转录和翻译几乎同步发生于细胞的同一区域。而真核基因转录在细胞核内进行，蛋白质的翻译则在细胞质中进行，这两个过程并不同步发生。绝大多数原核 mRNA 不够稳定而真核 mRNA 相对稳定得多，mRNA 的稳定性是调节基因表达水平的重要环节之一。

RNA 的研究经历了三个黄金时代。

第一个黄金时代始于 19 世纪 80 年代，在此期间 Kossel 发现了组成核酸的 4 种碱基，为核苷酸的结构研究奠定了基础。他因为这个创造性的贡献，荣获 1910 年诺贝尔生理与医学奖。

第二个黄金时代始于 20 世纪 50 年代，在此期间，仅是关于 RNA 的研究就五次获诺贝尔生理与医学奖(表 6-2)

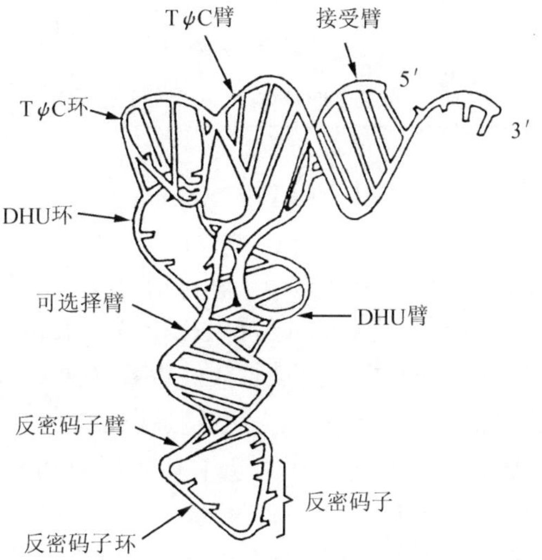

图 6-4　tRNA 的倒“L”型三级结构

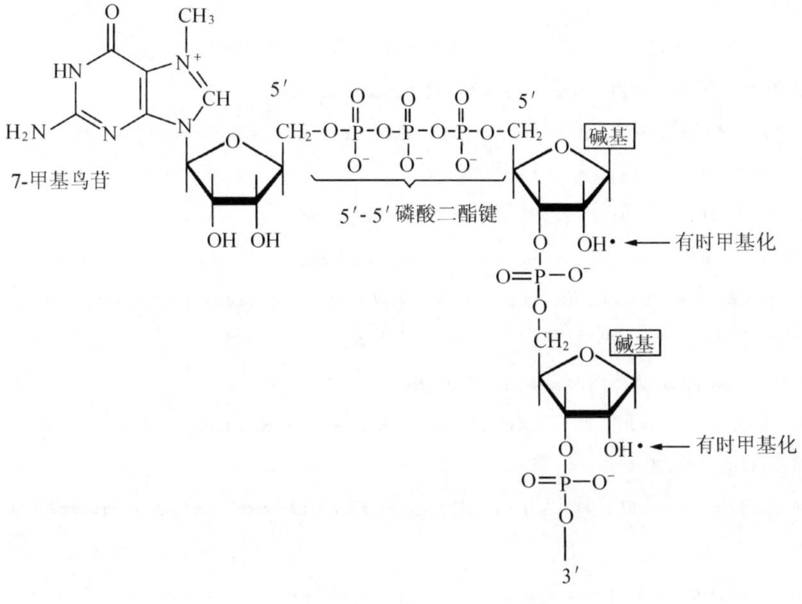

图 6-5　真核 mRNA 的 5'帽子结构

表 6-2 RNA 研究相关的诺贝尔奖

获奖人	获奖工作	获奖年份
Ocha	PNP 酶的纯化及以此为原料的高分子 RNA 的合成	1959 年
Holley	第一个核酸(酵母丙氨酸 tRNA)一级结构的测定	1968 年
Khorana 和 Nirenheng	破译核酸遗传密码	1968 年
Sutherland	发现作为信使的 cAMP	1971 年
Temin 和 Baltimore	发现逆转录酶以 RNA 为模板合成 DNA	1978 年

这些研究成果破译了遗传密码，基本搞清了 RNA 是如何将遗传信息从 DNA 传递至蛋白质的。

第三个黄金时代始于 20 世纪 80 年代，Altman 和 Cech 因发现酶性核酸，具有催化活性的 RNA(核酶)，从而获 1989 年诺贝尔化学奖。Robert 和 Sharp 因发现断裂基因及 RNA 的剪接功能而获 1993 年诺贝尔生理与医学奖。这时人们对 RNA 的遗传功能的认识更深刻了，RNA 传递遗传信息不仅是沿着简单的一维线性方向传递而是在三维空间结构方面进行信息传递。且发现了具有新的功能的 RNA 种类。有科学家称 20 世纪 90 年代为伟大的 RNA 时代。在第七章、第八章中我们将分别对具有调控功能的核酸——反义核酸及具有催化功能的核酸——酶性核酸的结构和功能进行论述。

主要参考文献

孙志贤，汲言山，王升启等. 1995. 现代生物化学理论与研究技术. 北京：军事医学科学出版社. 154~174

王琳芳，杨克恭. 2001. 医学分子生物学原理. 北京：高等教育出版社. 265~298

Blume S W, Gee J E, Shrestha K.1992. Triple helix formation by purinerich oligonucleotides targeted to the human dihy drofolate reductase promoter. Nucleic Acids Res. 20: 1777~1784

Brown T A.1989. Genetics (a molecular approach). London: VNR, 3~39, 86~95

Chida Y, Izai K, Orii T, Hashimoto. 1992. Novel fatty acid β oxidation enzymes in rat liver mitochondria. II. Purification and properties of enoylcoenzyme A (CoA) hydratease/3 hydroxyacyl CoA dehydrogenase/3 ketoacyl CoA thiolase trifunctional ptotein. J Biol Chem, 267: 1034~1041

Gellert M. 1962. Helix formation by guanylic acid. Proc Natl Acad Sci USA, 48: 2013~2018

Hanvey J C, Shimizu M and Wells RD. 1990. Sitespecific inhibition of Eco RI restriction/modification enzyme by a DNA triple helix. Nucleic Acids Res, 18:157~161

Karlin S, Mrazek J and Campbell A M.1997. Compositional biases of bacterial genomes and evolutionary implications. J Bacterial, 179: 3899~3913

Lobry J R. 1997. Influence of genomic C+G content on average amino acid composition of protein from 59 bacterial species. Gene, 205: 309~316

Sandguist W I and Klug A. 1989. Telomeric DNA dimerizes by formation of guanine tetrads between hairpin loops. Nature, 342: 825~829

Strobel SA and Dervan PB. 1991. Single site enzymatic cleavage of yeast genomic DNA mediated by triple helix formation. Nature, 350: 172~174

Wang Y and Patel D J. 1993. Solution structure of a parallel structure G quadruplex DNA. J Mol Biol, 234: 1171~1183

(杨　铭)

第七章　调控性核酸——反义核酸的结构与功能

近 30 年来核酸的研究有了惊人的突破，核酸研究领域的科学家先后 16 次获得诺贝尔奖，足以说明其近期发展之迅速。这些科学家所取得的巨大科研成果有力地推动了核酸三维结构在遗传信息方面的进展。纵观核酸在遗传信息中的研究进展，使我们有了一个最基本的认识，即：当前的分子生物学是在一个模型、一个法则和四个概念的基础上发展起来的。

一个模型是 Watson 和 Crick 于 1953 年建立的 DNA 双螺旋模型。这个模型从结构上为 DNA 作为遗传物质提供了强有力的基础。他们提出的固定碱基顺序及严格的碱基配对原则所体现的特异性和恒定性是 DNA 作为遗传信息储存和传递分子的基础。而由精确互补的双链结构所形成的双螺旋三维立体构象也正是遗传信息所必需的。该模型的建立奠定了现代分子生物学的坚实基础。

一个法则是基因表达的中心法则，即 DNA 转录成 RNA、RNA 翻译成蛋白质。后来发现，也存在着 mRNA 为模板进行的反向转录过程。总体可表示如下：

$$\text{DNA} \rightleftharpoons \text{RNA} \longrightarrow \text{蛋白质}$$

四个概念是复制、转录、翻译及密码子，即 DNA 的复制、RNA 的转录、蛋白质的翻译和 DNA 中 3 个邻近的核苷酸决定了能够编码特定氨基酸的密码子的概念。上述法则和概念不仅控制着一维遗传信息的储存和传递；也包含在三维信息的储存和传递之中。简要表示如下：

DNA 储存的一维信息

↓ 转录

RNA 储存的一维信息

↓ 信息加工

RNA 折叠结构(一维及三维信息)

↓ 翻译

蛋白质折叠结构(遗传的一维及三维信息)

这一个模型、一个法则及四个概念构成了现代分子生物学的核心，也是以核酸为靶的药物研究的生物学基础。近年来，基因转录调控蛋白与核酸的分子识别作用研究越来越多，如在基因转录过程中蛋白与核酸相互作用的序列特异性、转录因子的连接位点等都已有报道。以这些碱基序列特异性的寡聚核苷酸为靶点的抗癌抗病毒药物设计也已成为药物化学的重要研究领域。这是因为基因表达调控理论的研究进展，使人们对癌细胞在某种情况下表现出的无序性(如基因过度扩增、蛋白堆积和细胞无限增殖)有了更深的认识，即这种无序性是由它的基因及其在分子水平上的有序性所决定的。这种有序性说明癌基因的表达也遵守中心法则。因此，我们可以在 RNA 的转录、蛋白质的翻译等水平上对癌基因的表达进行阻断。所以药物设计除了以蛋白质为靶以外，以核酸为靶也是一个重要环节。另外，根据中心法则，所有蛋白酶及受体的生物合成都来源于 DNA、RNA 的编码和组织。以核酸为靶设计药物则有可能通过有效地抑制有害蛋白的合成而把疾病阻断在早期阶段。虽然各种控制环节相对复杂，但是以核酸为靶确实是关闭或调整这些不正常的酶或受体合成的有效途径，所以核酸的分子识别研究在药物设计方面有其特殊的意义。

而在药物作用的三种重要的生物大分子靶(酶、受体和核酸)中，以酶和受体为靶的药物研究开始较早。这主要是由于蛋白质结构生物学的飞速发展，使许多重要的酶和受体已经分离、纯化，有些已获得了晶体结构。蛋白质化学的飞速发展势必推动以蛋白质为靶的药物设计研究。相比之下，以核酸为靶的药物设计则起步较晚，这主要是由于核酸三维空间结构的复杂性及其与药物作用机理的多样性所决定的。当然从根本上主要是由于人们对这种复杂性与多样性认识的限制。自从人类基因组草图绘制完成以后，已经发现了数千个疾病基因。这对于合理的靶向药物设计是一个极大的推动。目前以 DNA、RNA 为靶的药物设计已经成为药物化学非常重要的研究领域之一，这主要涉及两个方面：一方面是反义核酸(antisense nucleic acid)和酶性核酸(ribozyme)的设计及其在医药领域中的应用；另一方面是小分子与核酸的相互作用。本书将在本章及第八、九章中分别加以阐述。

第一节　反义 RNA 和反义 DNA 与反基因策略

反义 RNA(asRNA)与反义 DNA(asDNA)都是反义核酸。它们是以选择性抑制特定基因表达为目的，根据基因调控机制、碱基配对原则、核酸杂交原理设计的一类新的核酸。研究反义核酸不仅对于从反向遗传学的角度研究特定基因的功能具有重要的理论意义，而且对于发展基因水平的治疗药物，特别是以核酸为靶，高特异性，强选择性的抗癌、抗病毒药物具有很大潜力，是核酸分子识别研究的一个重要方面。

按照基因表达的中心法则，一般是 DNA 转录成 RNA，RNA 再翻译成蛋白质。而这一中心法则却由于 1983 年在原核生物细胞中的发现一种通过与 mRNA 互补形成双链结构而调节基因表达的 RNA 分子而打破了。这个新发现的 RNA 分子就是 asRNA，这个发现也是对遗传信息传递的中心法则的修改和补充。asRNA 可在生物体内进行多个层次的调控。例如，抑制质粒的复制，调节细菌内质粒的拷贝数；在转录和翻译水平上调控细菌和噬菌体的基因表达，而且有迹象表明真核生物体内的 asRNA 主要是在翻译水平上调控基因表达，其分子基础是碱基配对与互补，是 asRNA 与靶基因的识别与结合。如果我们设计、合成一指定序列的寡聚核苷酸与病毒或癌基因的 mRNA(靶基因)互补，通过杂交与之形成双链后几乎可以完全阻断靶基因的表达。这样一段和 mRNA 互补的指定序列分子就是我们所期望的人工合成 asRNA。它主要靶向于基因表达的翻译水平，通过控制蛋白质的翻译环节调控特定的基因表达。这种干涉性的基因治疗也称反义 RNA 技术。反义技术为我们开辟了一条通过调节病毒或癌基因表达来治疗病毒感染或恶性肿瘤的可能途径。

但是，由于反义 RNA 技术的限制性，不能阻断所有致病的 mRNA 分子，也难以达到理想的抑制状态。这就使人们考虑如何能以转录水平进行抑制，于是想到 mRNA 的源头——DNA，由此产生了 asDNA，引出了反基因技术。asDNA 指的是一段人工合成的能与特定基因某一区域互补的正常或化学修饰的寡聚脱氧核苷酸(oligo deoxyribo nucleotides，ODN)，其长度一般在 20 个碱基左右，能抑制或封闭该基因的表达。这个通过互补的 ODN 序列来专一性地干扰 RNA 功能的设想最早是 Belikva 提出的，随后 Zamecnik 利用人工合成的 13 寡聚体 ODN 与劳斯病毒的 mRNA 互补来抑制该病毒的增殖，并推测了它的反义机理。以后的很多工作都证实了 ODN 能阻断很多病毒和基因的表达。反基因技术的引入是由于 ODN 能够专一性地与双螺旋 DNA 序列结合形成三螺旋结构，其结合位点正是 DNA 结合蛋白的识别位点，所以能够位点专一性地干扰 DNA 与蛋白的结合，干扰激活因子的转录起始或转录延伸，从而阻断基因的转录和复制。

反义核酸的作用机理虽然还不是十分清楚，但得到普遍公认的是位阻效应和核糖酸酶 H(RNase H)机制。反义核酸的位阻效应主要包括：①反义的 RNA 结合到 mRNA 上启动翻译，形成双螺旋，引起核糖体结合位点区域的二级结构发生改变，通过直接的立体效应阻碍核糖体和重要的启动因子与 mRNA 结合。在编码区的基因抑制作用也是相似的，均属于对翻译机制的抑制。②对转录机制的抑制是通过 RNA 聚合酶与 DNA 上的启动序列形成复合物在开环过程中其转录链受到与之互补的反义 RNA 的杂交作用而使其转录机制受到抑制。③对转录后加工过程的抑制可以体现在转录后加工过程中的任何一步。比如，反义 RNA 可在 mRNA 中富含聚腺苷酸的区域形成双链 RNA，通过位阻效应阻止 mRNA 向胞质的转运，抑制 pre-mRNA 的剪接或断裂。核糖核酸酶 H 机制的主要原理是使 RNase H 的敏感性增加。激活内源性的 RNase，使 RNA 分子迅速降解，以达到消除特定 mRNA 封闭某些基因表达的目的。利用反义寡核苷酸与 RNA 形成的双螺旋作为 RNase H 的底物及其在抑制翻译作用中表现出不同的底物活性而建立起有关反义技术的新方法非常引人注目。如硫代磷酸酯反义寡核苷酸与 RNA 杂交后通过 RNase H 引起预期的断裂，底物活性与不加修饰的寡核苷酸大不相同。

最后需提及的是，目前尚不十分清楚的反义 RNA 的非序列特异性作用机理。1970 年，DeClercq 和 Eckstein 发现硫代磷酸酯核酸寡聚体作为反义核酸体内外抗逆转录病毒 HSV 效应比正常的相应的磷酸二酯寡聚体高；另外，1978 年 Zamecnik 报道了 ODN 对逆转录病毒，劳斯病毒(RSV)也有明显的抑制作用，提示反义核酸以抑制 HIV 逆转录酶为基础的作用机制。诚然，作用于 HIV 逆转录酶的机制比作用于 mRNA 的机制更复杂，HIV 复杂的复制周期为外来物质(包括反义核酸)的干预提供了多种可能性，然而，反义 RNA 直接抑制 HIV 逆转录酶的作用机制已通过研究得到了证实。

第二节　三螺旋 DNA 的形成、结构及功能

在 DNA 双螺旋结构提出不久，1957 年 Dauies 和 Felsenfeld 在实验中发现有 $MgCl_2$ 存在时，两个 poly(C)与一个 poly(A)杂交能形成三螺旋 RNA，Lipsentt 和 Howaicl 分别在 1963 年和 1964 年报道了 poly(C)与 poly(G)双螺旋形成三链结构时，其中一个胞嘧啶明显被质子化；1969 年 Morgan 和 Wells 报道了双螺旋 DNA 和单链 RNA 能形成三链复

合物。在此后三链核酸的研究进展缓慢，直到1985年Lymecheiv提出了质子化三链DNA结构模型，并经许多化学探针实验证实才又引起人们的重视。1987年Mirkin等进一步证实三螺旋DNA可存在于一种质粒的酸性溶液中，这为三螺旋在体内的形成提供了证据。

一、三螺旋DNA的结构及形成的分子机理

两条互补的DNA链在溶液中形成双螺旋后，大沟中仍存在多余的氢键供体和受体，可与特异性的分子(如蛋白质)结合，形成专一性的复合物，也可以特异性地与单链DNA分子结合形成三螺旋DNA。双螺旋中的大沟区是第三股DNA能缠绕到双螺旋上形成三螺旋 DNA 的结构基础。它的组成结构基元是碱基三联体。根据组成不同，三链 DNA可分为嘧啶–嘌呤–嘧啶型(Py型)和嘌呤–嘌呤–嘧啶型(Pu型)。Py型是以T•AT和C•GC为结构基元的；Pu型是以G•GC和A•AT为结构基元的。根据结合在三螺旋DNA上的第三条链的序列组成、碱基堆积方式及各条链的相对方向性，三螺旋DNA又可以划分为分子内三螺旋(H-DNA)、分子间三螺旋及平行三螺旋 DNA。尽管类型不同，但碱基三联体的形成是有共同特征的。NMR的研究证实在碱基三联体中不仅有Watson-Crick氢键还有Hoogsteen氢键，T(A)和C(G)分别与AT和GC中的嘌呤碱基通过足够维持其稳定存在的Hoogsteen氢键结合形成碱基三联体。其中的Hoogsteen氢键有两种形式，一种是Hoogsteen在A和T共结晶中发现的Hoogsteen氢键；还有一种是由第三条链的碱基转动180°出现的Hoogsteen氢键。另外，由于C上少一个氢键供给者，为了与GC碱基中的G形成两个Hoogsteen氢键，胞嘧啶必须质子化。这个三螺旋形成机制在我们前面提到的Mirkin等的研究中得到验证。他们将含有Pu•Py序列的双螺旋片段插入到质粒 DNA 中，扩增后发现这段 DNA 在酸性条件下，受超螺旋负扭转应力的诱导，多聚嘧啶的部分链发生自身回折，并缠绕到双螺旋的大沟区中，这个回折链与双螺旋中的嘌呤链通过Hoogsteen氢链形成分子内三螺旋。

二、三螺旋DNA结构、构象的表征

研究表明，大多数三螺旋DNA糖环构象类似于“S”形。Arnott和Selsing对dT·dAdT三股螺旋和 dAdT 双股螺旋的 X 衍射分析表明，dAdT 双螺旋保持着 B 型结构，而dT·dAdT三螺旋是A型结构，从而推测双螺旋与第三条链的结合诱导了B构象向A构象的转变。A-DNA的大沟深，更易容纳第三条链。然而，至今还没有X衍射的晶体结构数据来详细描述三链DNA构象的变化及第三链是否确已进入DNA链。这是可以通过化学试剂探针的反应活性进行表征的。因为DNA局部变异结构中的碱基可能对一些化学试剂的反应敏感性要比正常B-DNA碱基的敏感性高一些，所以化学试剂探针广泛用于三链DNA结构的研究。

例如，Francois 等用能在 DNA 小沟区结合的邻氮杂菲酮切割三链 DNA(poly dT•dAdT)发现在第三条链的3′端，三螺旋与双螺旋的结合交界处断裂作用较强。Collier等用能结合在DNA鸟嘌呤N7上的DEPC与DMS作为探针，发现在三股螺旋的形成过程中，鸟嘌呤N7参与形成了Hoogsteen氢键，占据了探针的进攻点，使双螺旋的富嘌

呤链免受化学进攻。Kohwi 等通过化学探针的保护和切割特性发现 Pu 型三螺旋中的嘌呤链处于反平行方面。Dervan 小组将能产生羟自由基断裂 DNA 的 Fe(II)-EDTA 与 Py 型和 Pu 型的三链 DNA 相连，发现富嘧啶的第三条链与双螺旋的富嘌呤链是平行相连的，这一点也被 Helene 等用一系列可断裂 DNA 的配体如 azidophenacyl、ellipticine 的衍生物等作为探针的研究所证实。而寡聚嘌呤作为第三链则采取反平行方式。Hogan 小组把曙红(eosin)联结到 Pu 型三链 DNA，用氩照射，产生的单线态氧断裂 DNA 的研究也证实了这一点。

另外三螺旋中的碱基堆积方式远比双螺旋 DNA 复杂。由于它含有多种稳定的三碱基体，不像双螺旋只含有 A-T 或 G-C，所以导致了邻近碱基堆积的多样化。

我们知道核酸的稳定性是决定生物活性的关键因素之一。热力学的研究表明，三链 DNA 转变为双链及单链的解链温度(T_m)均在 35℃左右，这说明三链没有双链稳定。动力学研究表明三链的形成过程比双链慢。三螺旋结构的稳定性并不仅仅取决于单个三碱基的稳定性，而是依赖于序列结构、构象及环境条件。

三、三螺旋 DNA 的功能

1. 三螺旋 DNA 对双螺旋 DNA 的特异切割

序列特异性的 DNA 切割技术是分子生物学研究中不可缺的。核酸内切酶仅能识别 4~8 个碱基，所以在一个大的 DNA 分子中可能有多个切点，而由 DNA 结合蛋白介导的蛋白因子结合部位引起的特异性切割又往往受一些条件的限制。合成的 ODN 上的碱基可与双螺旋 DNA 的互补碱基通过 Hoogsteen 氢键识别并结合形成三链 DNA。一般把这类能识别双链结构的 ODN 称为形成三链的寡核苷酸(tripex-forming-oligo，TFO)。TFO 与靶 DNA 结合的高度序列特异性是三链 DNA 应用的基础。

1) 位点专一性断裂 DNA

EDTA-Fe(II)通过所产生的自由基能切割 DNA，但无特异性。Dervan 及 Strobel 利用 TFO 定位点螺旋，发展了识别内源性 DNA 序列的方法。将经过 EDTA-Fe(II)修饰的能定位形成三螺旋的 TFO 引入酵母染色体 III(约 34 000bp)上，能特异性地在其特定位点切割染色体，产生了两个预期大小的 DNA 片段。

2) AC 切割技术

Achilles 是希腊一个威力无比的神，但惟一不足的是他的脚跟有弱点，Achilles heel 这个英语成语的意思就是从要害处入手解决问题，所以 Achilles cleavage (AC)切割技术可以解释成一种极其有效的定点切割技术。它是利用限制性内切酶的切割特性和 DNA 分子的识别专一性来实现对基因组 DNA 的定点切割的。其原理就是在重叠的靶位点处保护 DNA 可以免受转甲基化酶的甲基化作用，从而免于被切割但不能影响转甲基化酶识别其他位点。这种反基因的策略包括三螺旋的形成、全部甲基化和三螺旋解旋三个步骤，除了 TFO 结合位点外，其他位点被甲基化而不能被限制性内切酶降解，从而实现了单一位点水平上对大基因组的切割。

迄今为止，AC 技术得到了广泛的应用，可在表达蛋白、真核转录因子及重组酶(如 Rec A 蛋白)介导的三链复合物所保护的限制性酶切位点处，对质粒和整个基因组 DNA

进行高度专一性的有效切割。

2. 三螺旋 DNA 在基因表达调控中的作用

TFO 与双链 DNA 结合形成三链结构后所引起的结合部位 DNA 结构的改变及 TFO 本身所引起的位阻效应将干扰聚合酶、真核转录因子等与 DNA 结合位点的识别，从而抑制靶基因的表达，为肿瘤及病毒性疾病的治疗开辟了新途径。由于许多真核生物基因的启动子内都含有起重要作用的同聚嘌呤、同聚嘧啶序列，而它们是 TFO 很好的靶点。它们的结合会产生很重要的生物学效应。疾病治疗的一个可行性策略是控制相关基因的过度表达。TFO 阻断基因表达的研究已经取得了很多有益的结果。

Coony 等发现能与人 *c-myc* 基因转录起始位点 115bp 处结合形成三链 DNA 的 TFO 也可以在体外转录系统抑制 *c-myc* 的转录。Pastel 等以证明 TFO 可在 HeLa 细胞内抑制 *c-myc* 的转录，而且在核内的作用靶点可以抵抗 DNase I，这可能是由于 DNA 碱基三联体的形成所致。在三联体存在下 *c-myc* 基因的 mRNA 水平均有下降。Hogan 小组发现 TFO 可通过阻遏与蛋白质的结合来抑制 *c-myc* 基因的转录。

利用 DNA 三螺旋的形成也可以阻遏转录活化子与真核激活子的结合。重组 SP1 蛋白是通过与启动子基因的结合来提高转录因子的转录水平，使用 DNase I 足迹分析法监测到了这个过程中三螺旋的形成与 SP1 结合间的竞争反应。进而，研究者在胞外的转录系统中证实了嘧啶型三螺旋能阻断 SP1 结合 DNA 的能力。Maeshan 的研究发现以人类免疫缺陷性病毒(HIV)基因中转录起始位点及 SP1 蛋白的结合位点作为靶序列而合成的两条 TFO 均能抑制急性 HIV 感染。

1994 年，Noonbero 等用富含 G、T 的特定寡核苷酸通过竞争性结合阻碍了乳腺癌基因 HER2 转录因子与邻近位点的互补，抑制了 HER2 癌基因的过度表达。提示这很可能是治疗乳腺癌的有效途径之一。

以往药物的合理设计需要在对生物大分子靶的结构与功能及药物与靶分子相互作用的机理的较深入了解的基础上进行。而三链 DNA 技术用于药物设计中只需要知道靶基因的一部分或全部核酸序列即可。所以，它在治疗病毒感染、癌症或免疫疾病中都有着广泛的应用前景。

四、提高三链 DNA 的稳定性与多肽核酸

在三螺旋 DNA 的应用中除了存在细胞对 TFO 的摄取、降解和 TFO 的毒性之外，需要考虑的问题还有三链 DNA 固定化的碱基配对模式给它的应用带来的限制。有人曾考虑用碱基类似物来识别靶序列或在 TFO 内加入连接结构(linker)，以进行“交替链”识别。这样可在一定程度上扩大 TFO 的靶序列范围。另外，三链 DNA 的稳定性的提高也是当前最具挑战性的问题。解决的关键是 TFO 的设计及化学修饰，如将特异性或非特异性的 DNA 嵌插剂与 TFO 共价偶联都能使其 T_m 增加；用肽核酸(PNA)作为 TFO 不仅能抗核酸酶和蛋白酶的降解而且具有良好的水溶性和稳定性。

1991 年，Egholm 等以 *N*-(2-氨基乙基)甘氨酸为单元，将 4 个碱基连接在多肽链上，合成了一个结构全新的寡核苷酸，由于这类结构是以肽链取代磷酸二酯键和糖环境部

分，所以被称之为多肽核酸(PNA)。Nelson 等人对这类新型的核苷酸类似物进行了计算机分子图形学的理论计算，发现 PNA 结构中相邻碱基间、碱基与主链骨架间键数目与天然核酸中的相似，相邻碱基间间隔 6 个键，碱基与骨架间为 2~3 个键。因此 PNA 与 DNA 有着几乎一致的构象，能与 DNA 或 RNA 以 Watson-Crick 碱基配对原则形成双螺旋。PNA 以酰胺基团为骨架，这不像 DNA 或 RNA，也没有与带负电的靶 DNA 发生相斥作用，它们与碱基互补的 DNA、RNA 杂交的亲和性比相应的寡核苷酸高得多，其结合强度是正常核苷酸的 50~100 倍。RNA 的构型、构象及电性特征还决定了它们与 DNA、RNA 杂交的高度专一性，能像正常的核苷酸一样区分错配碱基，而且能抗核酸酶的降解，具有在细胞中稳定性高的优点。加之合成费用较低、合成效率高，利于大量制备，所以 PNA 很快就引起了人们极大的研究兴趣，已经成为反义核酸特别是三链核酸中 ODN、TFO 修饰改造的重要途径之一。现在，Egholm 等已经申请了 PNA 的专利，并将市场销售权转给了 Millipore 等三家公司。

由于 PNA 杂交的高亲和性和特异性，它作为基因治疗药物和体外诊断试剂的潜力是不言而喻的。虽然目前还只是实验室研究阶段，但已发现 PNA 不仅能对序列专一性的基因转录进行正向和负向的调节，而且能与病毒 mRNA 中的互补序列结合，从而产生序列专一性的翻译抑制作用。

PNA 与 DNA 的结合能导致限制性内切核酸酶所需要的特征结构发生变化，从而序列特异性地抑制内切酶(如 *Bam*HI、*Hin*dIII)对 DNA 双链的切割。而且 PNA 与 RNA 结合后还可以抑制 RNaseH 的作用，这说明 PNA 能作为特异性的核酸识别蛋白的抑制剂，有望发展成为分子生物学研究的一个新工具。

主要参考文献

白春礼, 方晔, 唐有祺. 1996. 三链核酸的结构与生物化学. 北京: 科学出版社

刘定双, 王昌才. 1996. 分子间三链 DNA 应用.国外医学分子生物学分册, 18(4): 173~177

钱江潮, 魏东芝, 张嗣良. 2002. 反义核酸的修饰及其类似物的研究进展.国外医学药学分册, 24(4): 223~227

吴蒙, 林志红, 贾淑珍. 1996. 寡核苷酸的化学修饰及其在分子生物学中的应用.国外医学分子生物学分册, 18(5): 208~213

Bielinska A, Shivdasani R A, Zhang L Q, et al. 1990. Regulation of gene expression with doublestranded phosphorothioate oligonucleotides. Science, 250(4983): 997~1000

Dempcy R O, Almarsson O, Bruice T C. 1994. Design and synthesis of deoxynucleic guanidine:a polycation analogue of DNA. Proc Natl Acad Sci USA, 91(17): 7864~7868

Dreyer G B, Dervan P B. 1985. Sequence-specific cleavage of single-stranded DNA:oligodeoxynucleotide-EDTA-Fe(II). Proc Natl Acad Sci USA, 82(4): 968~972

Egholm M, Buchardt O, Christensen L, et al. 1993. DNA hybridizes to complementary oligonucleotides obeying the Watson-Crick hydrogenbinding rules. Nature,365(6446): 566~568

Lisziewicz J, Sun N, Eeichold F F, et al. 1994. Antisense oligodeoxynucleotide phosphorothioate complementary to Gag mRNA blocks replication of human immunodeficiency virus type1 in human peripheral blood cells. Proc Natl Acal Sci USA, 91(17): 7942~7946

Milligan J F, Matteucci M D, Martin J C. 1993. Current concepts in antisense drug design.J Med Chem, 36(14): 1923~1937

Nielsen P, Kirpekar F, Wengel J. 1994. Incorporation of (R)and(S)-3, 4-seco-thymidine into oligodeoxynucleotides:hybridization properties and enzymatic stbility, Nucleic Acids Res, 22(5): 703~710

Zamecnik P C, Stephenson M L. 1978. Inhibition of Rous sarcoma virus replication and cell transformation by a specific oligodeoxynucleotied. Proc Natl Acad Sci USA, 75(1): 280~284

(杨　铭)

第八章　酶性核酸的结构及其生物学意义

美国科罗拉多大学的 T. Cech 等在研究四膜虫 rRNA 的加工过程时发现，在没有任何蛋白质存在下，该 rRNA 可以自身剪接加工，并最终产生一段具有催化活性的内含子(IGS)。它具有转磷酸、转核苷酸和水解等多种催化功能。几乎是同时，美国耶鲁大学的 Altman 也发现参与 tRNA 转录后加工的核糖核酸酶 P(RNase P)是由 M1 RNA 和 C5 蛋白质两部分组成的。起催化作用的是 RNA 部分，而蛋白质只是起调节作用的辅基。这两位科学家从不同的研究中发现的同一类具有酶催化功能的 RNA 就是酶性核酸(ribozyme)。它具有核酸结构但可发挥酶的功效；既能储存和转运遗传信息又能发挥蛋白质的催化功能。Cech 和 Altman 因这个重大发现而获得 1989 年诺贝尔化学奖。获奖的主要原因是：首先，这一重大发现打破了酶都是蛋白质的经典观念。第一次发现 RNA 有酶的催化功能，从根本上改变我们对于 RNA 在化学上和生物学上功能的传统看法。过去一直认为 RNA 是一个仅携带遗传信息和提供结构框架的被动分子，而这一发现已经说明 RNA 分子能催化它们自己和其他 RNA 分子的分子转化，对有机体的许多生化功能十分重要。它充分表明酶性核酸是一种既能携带遗传信息又有生物催化功能的生物大分子。其次，这一重大发现对生命的起源提出的挑战，传统观念认为生命起源于蛋白质。蛋白质是功能分子，核酸仅是信息分子，是生命中的遗传物质。酶性核酸的发现形成了 RNA 既是信息分子又是功能分子的概念，而且提示很可能 RNA 是生命起源中首先出现的生物大分子，而一些有酶活性的内含子可能是生物进化过程中残存的“分子化石”，酶性核酸的发现促进了分子水平上的生命起源的研究。

第一节　天然酶性核酸的类型、结构及生物功能

酶性核酸是以植物类病毒和病毒类似物的 RNA 演变而来，由两个结构域组成。一个是与靶 RNA 互补结合的功能区域；一个是能切割靶 RNA 的酶催化区域。近几年来，已相继发现几十种酶性核酸。按其作用底物可分为自体催化和异体催化两类。区分标准就是看所结合和切割的底物是其分子本身的一部分还是另一个 RNA 分子。按酶性核酸的作用方式可分为剪切型 (cleavage)和剪接型(splicing)。表 8-1 列出了迄今为止，在原核生物和真核生物中发现的最常见的天然酶性核酸种类。上述酶性核酸多数具有复杂的结构而且缺乏识别特异性，因而使其研究及应用受到了很大的限制。然而在 Symons 等提出锤头结构型酶性核酸(hammer head ribozyme，HH ribozyme)之后，大大推动了酶性核酸研究应用的发展。HH 型酶性核酸分子较小，结构简单(图 8-1)。而且，它是酶性核酸催化中心的保守序列已经明确，人工设计相对容易，易于用化学方法合成，所以研究也较多。我们将主要介绍 HH 型酶性核酸催化作用的分子机理及人工设计、化学改造及药用修饰等方面的研究。

表 8-1 天然存在的酶性核酸汇总表

类型	存在	分子大小/bp	底物及作用方式
第 I 型内含子	四膜虫大核 26SrRNA 前体、叶绿体、噬菌体 T4、蓝绿藻线粒体第一组 RNA 内含子	200~1000	自体剪接 自体催化
第 II 型内含子	真菌和植物线粒体及叶绿体线粒体第二组内含子	>1000	自体剪接
RNase P RNA(M1RNA)	原核生物和真核生物中核糖核酸蛋白酶的 RNA 部分	290~400	异体催化 异体剪切
链孢霉属病毒 VS RNA	脉胞菌属病毒		自体剪切
斧头型 RNA	丁型肝炎病毒的基因链及反基因链中	60	自体催化 自体剪切
发卡型 RNA	植物病原体中烟草环斑病毒卫星 RNA 负链	50	自体剪切
锤头型	植物类病毒	13~40	自体剪切

图 8-1 是较常见的 HH 型酶性核酸的二级结构图。它通常由三个功能区所组成箭头所指处是切割位点，紧靠分割位点处称 GUC 区域。第二个功能区包含高度保守序列的二级结构区，这个区域是维持其生物功能所必需的，用方框围起来的 13 个碱基为保守碱基。第三个区域为两侧 RNA 双螺旋识别区域，也是与底物特异结合的区域，一般要求紧靠切割位点 5′侧翼必须是“NUX”或“UX”(N 是 A、G、C 或 U，X 是 A、U 或 C)，但以 GUC 作为靶点，切割效率最高。

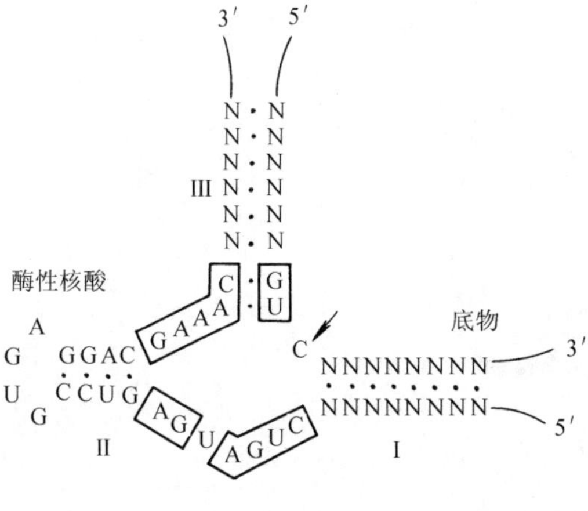

图 8-1 常见的 HH 型酶性核酸的二级结构

第二节 酶性核酸催化作用的分子机理

HH 型酶性核酸由两臂和中间催化部分组成。两臂单链 RNA 分子特异性地与底物通过严格的碱基互补形成杂交双链而结合，促使中间极端保守的酶催化活性区与底物结合，通过酯化作用或水解反应使磷酸二酯键断裂而实现酶的催化切割作用。剪切后的mRNA表达水平下降，造成靶基因的功能被抑制。而酶性核酸在切割靶RNA分子以后又可以从杂交链上解脱下来再和新的靶序列结合发挥切割作用。酶性核酸活性中心（环区)的核苷酸序列极为保守，任一碱基的错配都可使之丧失活性，经DNA变换后，活性也几乎完全丧失。另外，通过X射线衍射，已经在HH型酶性核酸晶体结构中发现一潜在的功能性金属离子的存在，说明酶性核酸是一种新的金属依赖性的酶。由于RNA分子是多价阴离子，在酶性核酸的相互作用链之间没有电荷中和作用则不易折叠成具有催化活性的构象，因此它们利用自身多种功能团与特定的金属离子配位。

研究还发现，许多二价金属阳离子如Mg^{2+}、Ca^{2+}、Pb^{2+}、Zn^{2+}等存在不仅对酶性核酸结构的稳定起重要作用而且还参与核酶的催化作用。其中一些金属离子可使HH酶性核酸结构折叠成特定的三级结构，诱导产生酶活性构象。图8-2为酶性核酸催化机理示意图。

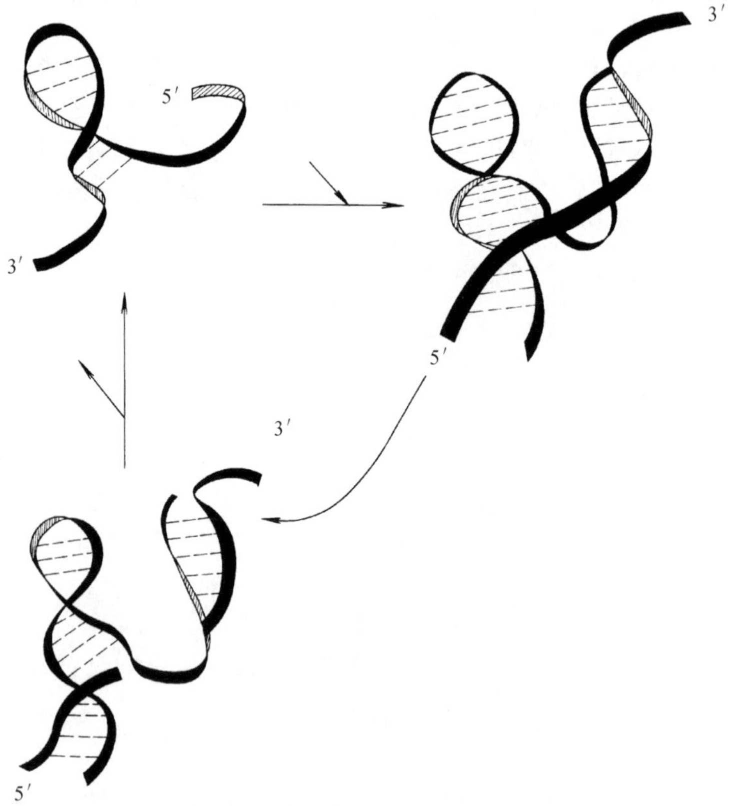

图8-2　酶性核酸催化机理示意图

第三节　HH型酶性核酸的设计

根据HH型酶性核酸的分子识别特征，针对病毒或肿瘤的mRNA序列可以设计并合成自然界不存在的、结构稳定具有高催化活性的酶性核酸。Homann曾在一段反义的

RNA 中插入一个 HH 型酶性核酸，结果它对 HIV 复制的抑制提高了 4~7 倍。由于 HH 酶性核酸结构简单，体外设计 30~40 个核苷酸长度即可切割底物，人工设计相对容易，所以除了少数发卡型酶性核酸，一般都是按锤头型结构模型设计。它的中间部分是酶活性必须结构，两端是引导序列，要求与底物互补，可随靶序列碱基组成而变，但两臂的长度及核苷酸的组成对酶性核酸与底物的杂交率，从底物上解脱下来的难易及避免与切割产物的再结合等都有影响，所以引导序列必须选择合适的长度。当然设计时更要特别注意典型的锤头型二级结构的许多保守碱基的特点，严格按照必需碱基的种类和位置设计。总的说来，HH 型酶性核酸的设计一般要注意三个区域：①被切 RNA 的切割位点 GUC 及附近序列。②维持特定锤头型二级结构的保守序列。③能够稳定结构并与合适的碱基配对的引导序列。还要注意选择合适的 RNA 为靶，以设计酶性核酸底物结合区。根据以上原则，针对 *C-ras* 癌基因第 12 位密码子点突变(GGC-GUC)而设计的酶性核酸能选择性地切割突变癌基因，抑制其表达而对正常 *ras* 基因不起任何破坏作用，显示了人工设计酶性核酸的高度特异性及识别作用。同样，在以上三个原则的基础上，Haseloft 等设计合成了专一切割氯霉素乙酰转移酶 mRNA 的三个 HH 型酶性核酸。体外活性测定显示了高度精确切割底物的能力。这不仅证实了上述设计原则的可行性；也为 HH 型酶性核酸的进一步研究奠定了基础；同时更为研究酶性核酸的作用机制、结构与功能的关系打开了方便之门。

第四节　HH 型酶性核酸的化学修饰

未经改造的酶性核酸不能直接作为药用。因为 RNA 在生物体系中不稳定，能迅速被核酸酶降解。为克服这些缺点必须对其进行化学改造，分两个方面进行。

(1) 糖环上 2′-位羟基的修饰　主要有 2′-脱氧，2′-氟，2′-氨基，2′-甲氧基及 2′-丙烯基取代。对其构效关系的研究结果表明当 2′-羟基被上述各基因取代后，酶性核酸对核酸酶的稳定性明显增加。

(2) 磷酸酯键的修饰　主要包括在底物结合部位用 DNA 代替 RNA 和在保守碱基以外引入硫代磷酸酯。经过如此修饰的酶性核酸的稳定性都有不同程度的提高，但有些修饰后，其催化活性往往低于相应的 RNA。人们又进行了改进，Taira 首选报道了他们通过硫化及 DNA 嵌合化的合理修饰使酶活性上升了 3~5 倍。并认为经硫化修饰及 DNA 嵌合化使 Mg^{2+}形成更稳定的过渡状态，使酶性核酸的稳定性及催化活性都有所提高。因为酶性核酸是金属依赖性酶，Mg^{2+}是酶性核酸剪切活性的真正催化剂。

第五节　非经典的化学键修饰酶性核酸研究新进展

一、微型酶性核酸的合成

为了能快速、便宜及大量地用传统固相方法合成酶性核酸，希望其分子越小越好，于是开始合成微型酶性核酸。目前，人工合成的最小的酶性核酸 RNA 是十三聚核糖核苷酸。它与一般的酶性核酸在性质上有很多相似之处，差别仅在于断裂底物的速率常数有所不同。

二、多位点酶性核酸的研究

为了增加切割效率，最近又设计了多位点酶性核酸。主要是使用多个酶性核酸分子或制备串状酶性核酸切割 RNA 不同部位，使其在保持特异性切割特性同时又使酶性核酸切割效率大大提高。Leopoed 等针对能够诱发慢性骨髓细胞白血病的 *bcr-abl* 融合基因 mRNA 设计的 HH 型酶性核酸，三个切割位点位于 *bcr-abl* 结合区附近的三个 GUX 序列 (X = C、U 或 A)，该酶性核酸同时作用于这三个切割位点。通过 ^{32}P 标记的 *bcr-abl* mRNA 放射自显影分析显示三个切割位点酶性核酸与单位点、双位点酶性核酸相比，切割效率明显提高，所以被称为第二代酶性核酸分子。

三、酶性核酸转导研究

由于酶性核酸分子大，不能穿过细胞膜，所以如何将酶性核酸有效地转运到靶细胞内就是其作为药用的重要问题之一。目前的转运方式有两种，一是外部转运，主要针对化学合成的酶性核酸。将其与各种微型载体形成复合物进行转运，用脂质体、电穿孔、显微注射等方法将酶性核酸导入细胞。这种方式不仅大大提高了转运效率，还可使包含在复合物中的酶性核酸免被核糖核酸酶降解，而且当酶性核酸与适当的抗体或底物结合时，则有可能将它定向地导入某一特定的组织和器官，可谓“一举多得”。但由于未修饰的脂质体容易被巨噬细胞及网状内皮系统清除而不能长期存在，酶性核酸单独也不能特异定位，现在多采用受体介导方法。而另一种方式为内部转运。是利用病毒将酶性核酸转运至特定的细胞，甚至到特定细胞隔室。酶性核酸在体内随着细胞的分裂而进行复制，利用细胞内 RNA 聚合酶使酶性核酸得以在体内高水平表达，达到足够的浓度发挥剪切效果，从而阻断目的基因的表达。常用的表达载体有逆转录病毒、腺病毒、单纯疱疹病毒、疫苗病毒等，其中以逆转录病毒作为载体最为普遍。

综上所述，由于酶性核酸对靶序列的高度专一性识别的特殊优势，其在药物设计、基因治疗方面都存在极大的潜力。其在抑制突变基因、原癌基因被激活后的过度表达，抑制病毒的复制及在肿瘤治疗上的应用，都说明这种高效、特异性的分子识别能力在药物设计和分子生物学研究中的重要意义。

酶性核酸本身是具有催化功能的 RNA 分子，在本质上与反义核酸一样是抗基因表达的。二者都是利用碱基互补原则与靶序列杂交，从而在抑制 mRNA 杂交，RNA 可以被活性 RNase H 切割、清除。这一过程需要反义核酸、靶 RNA 和 RNase H 三个分子共同作用来实现有效的切割。反义核酸同归于尽。而酶性核酸与靶序列反应是一个自身催化反应，它切割 mRNA，阻断遗传信息的传递，而本身并不在此过程中被消耗掉，这是酶性核酸催化效率高的重要分子基础。

由于酶性核酸作用机制的高度专一性，作为抗癌抗病毒药物比起普通的小分子药物有更大的优越性。与依赖 RNase H 作用且不稳定的反义核酸相比具有较稳定的空间结构，不易被酶降解，从而在抑制突变基因表达方面具有高效性、低副作用、高特异性的优势，展示出诱人的前景。但迄今为止，所有酶性核酸的表达都是在体外培养的细胞水平，还没有动物整体水平的报道。目前，仍需要在不影响杂交专一性和酶性核酸催化活性的前提下，进行大量的结构改造工作，以提高它们对核酸酶的稳定性及对细胞膜的通透性，使其最终作为治疗药物造福人类。

主要参考文献

张亮仁，于宏武，张礼和. 1996. 核酸药物化学. 北京：北京医科大学中国协和医科大学联合出版社, 261~271

Chistofferson R E and Maro F J. 1995. Ribozymes as human therapeutic agents.J Med chem, 38: 2023~2029

Hendry P. 1995. A comparion of the *in vitro* activity of DNA and all RNA hammerhead ribozymes. Nucleic Acids Res, 21(9): 3928~3936

Newman A. 1997. RNA splicing: out of the loop. Curr Biol, 7: 418~420

Pley H W, Flaherty and Mchay D B. 1994. Three dimensional structure of a hammer head ribozyme. Nature, 372: 68~69

Pyle A　M. 1993. Ribozymes: a distinct class of metaloenzymes. Science, 261: 709~710

Scott W G, Finch J T and klug A.1995. The crystal structure of an all RNA hammer head ribozyme: a proposed mechanism for RNA catalytic cleavage. Cell, 81: 991~994

Tanner N K. 1999. Ribozymes: the charecteristics and properters of catelytic RNAs. FEMS Microbiology Review, 23: 257~275

Usman N and Mc Swiggen J A. 1995. Catalytic RNA (ribozymes) as drugs. Ann Rep Med chem, 30: 285~295

(杨　铭)

第九章　G-四链体核酸的结构及其生物学功能

第一节　G-四链体的结构

一、四　分　体

G-四链体 DNA 结构最早报道是在 1962 年，但一直没有引起人们的注意。直到 20 世纪 90 年代，人们陆续发现基因组中许多具有重要生物学功能的区域如端粒、免疫球蛋白开关区、一些重要基因如人的肾抑癌基因和 *c-myc* 基因启动区以及与人类某些疾病有密切关系的序列，都富含鸟嘌呤碱基(G)，并且在体外能形成特殊的 G-四链结构。其新颖的结构类型和重要的生物学功能才引起了人们极大的兴趣并成为研究热点。

G-四链体 DNA 是由富含 G 的 DNA 单链在特定的离子强度和 pH 条件下，通过单链之间或单链内对应的 G 碱基之间形成 Hoogsteen 碱基配对，从而使四条或四段富含 G 的 DNA 片段聚集形成的。其基本结构单元是 G-四分体(G-quartet)，它由四个鸟嘌呤在一平面内以氢键环形连接而成，每一个 G 既是氢键的受体同时也为配体(图 9-1)。由于富 G 碱基的 DNA 片段中的 G 碱基成串排列，因此 G-四分体平面通过纵向的疏水键相互作用，层层堆积，形成的 G-四链体结构就非常稳定。同时四分体之间是可以相互扭转的，形成螺旋结构。而且四分体的中心有一个由 4 个带负电的羰基氧原子围成的“口袋”，被认为是和 K^+、Na^+等阳离子作用的位点，从而使 G-四链体 DNA 的结构更稳定(图 9-2)。

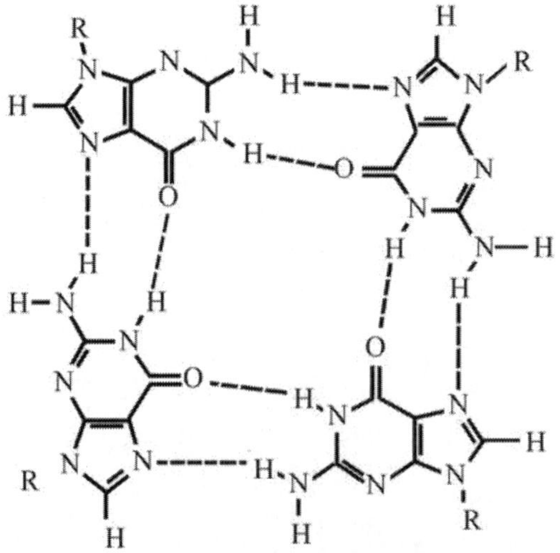

图 9-1　G-四分体的示意图

4 个 G 碱基通过 Hoogsteen 氢键相连，引自(Han H et al. 2000)

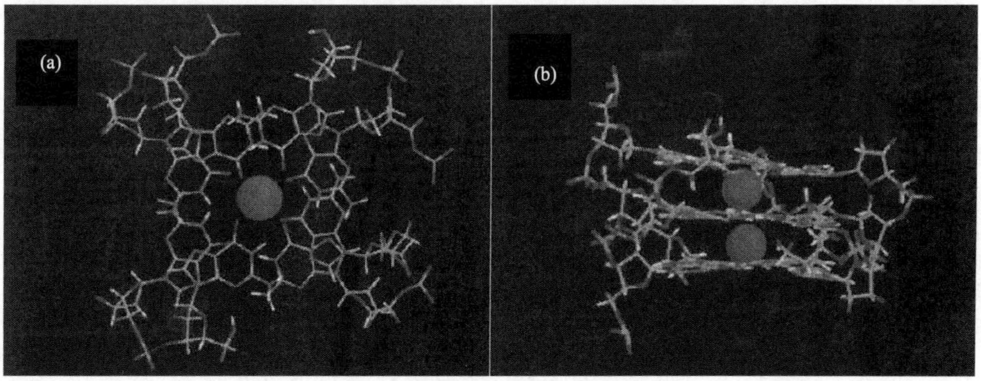

图 9-2　K^+在$[d(G_3T_4G_3)]_2$四链体中

(a)俯视图；(b)侧面图。K^+位于两层 G-四分体之间，引自(Kehiry M A 2001)

二、G-四链体结构的多形性

含有两个或更多的四分体就可以堆积形成 G-四链体，其最显著的特点就是具有多形性(polymorphism)，可以从以下几个方面来具体说明：

(1) 链的数量(strand stoichiometry)　G-四链结构可以由四条单链的富 G 寡核苷酸形成(tetrameric)，即四分子 G-四链体；也可由两条含有两段富 G 区域的寡核苷酸折叠形成(dimeric)，即双分子 G-四链体；同时一条单链的含多个富 G 区域的寡核苷酸可以进行分子内折叠形成单分子 G-四链体(monomeric)，所以形成 G-四链体 DNA 的单链寡核苷酸的数目是可以不同的(图 9-3)。

图 9-3　G-四链体可分别由一条(a)，两条(b)和三条(c)单链核苷酸构成

引自(Simonsson T　2001)

(2) 链的方向(strand polarity)　无论 G-四链体由几条单链寡核苷酸形成，根据核酸骨架的 5′端至 3′端的延伸方式，总的可以分为平行式(parallel)和反平行式(antiparallel)式两种形式，平行式中四条骨架的延伸方向都相同，而反平行式结构中至少有一条链的骨架方向和其余 3 条不同，多数情况下反平行结构中则是其中两条和另外两条的方向相反，方向相反的两条链可以是临位也可以是对位(图 9-4)。

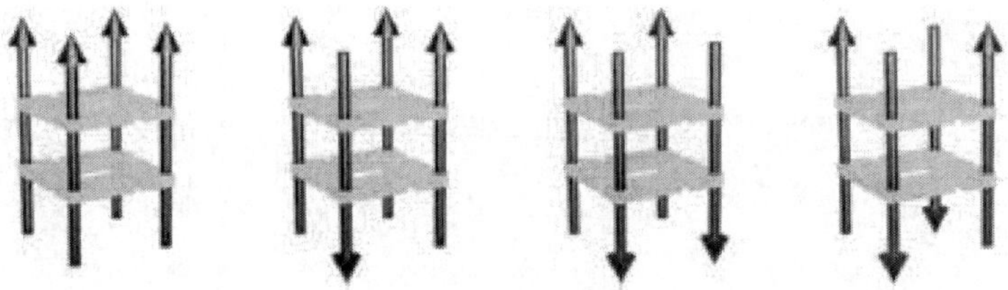

(a) (b) (c) (d)

图 9-4　G-四链体结构中链的不同伸展方向

(a)所有链是平行的；(b)有 3 条平行链和一条反平行链；(c)相邻两条链平行；

(d)对角的两条链平行。箭头所指方向为 5′→3′，引自(Simonsson T 2001)

(3) 糖苷键构型(glycosidic conformation)和沟区宽度(groove widths)　对于常见的 B-DNA 中，糖苷键构型是绝对的反式(*anti*)。G-四链体内的 G 则可采取许多苷键的组合，但目前观察到的多为全反或交替的顺–反构型(S/A/S/A)，也存在其他的苷键构型，如 S/S/A/A 等。可见同一 G-四链体内平行链上的苷键构型必须相同，而反平行链的苷键构型必须相反。正是由于不同的糖苷键类型，使鸟核苷上的糖环和嘌呤基团的连接有不同的扭转角，使糖环的空间伸展方向不同，导致了不同的沟区宽度(图 9-5)。

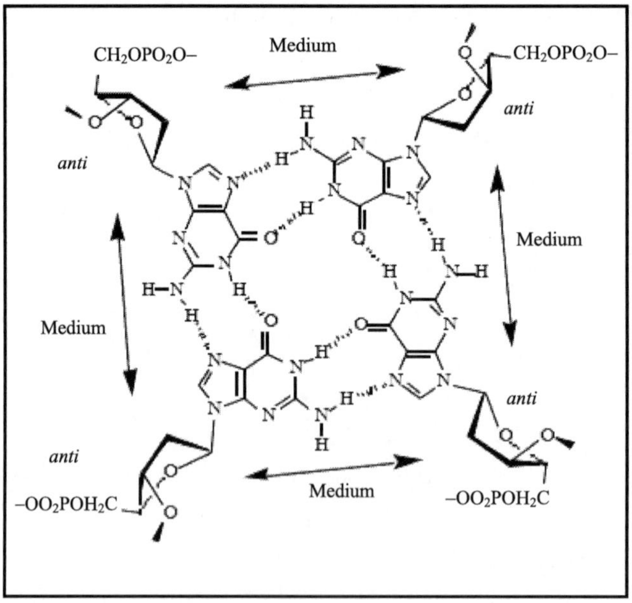

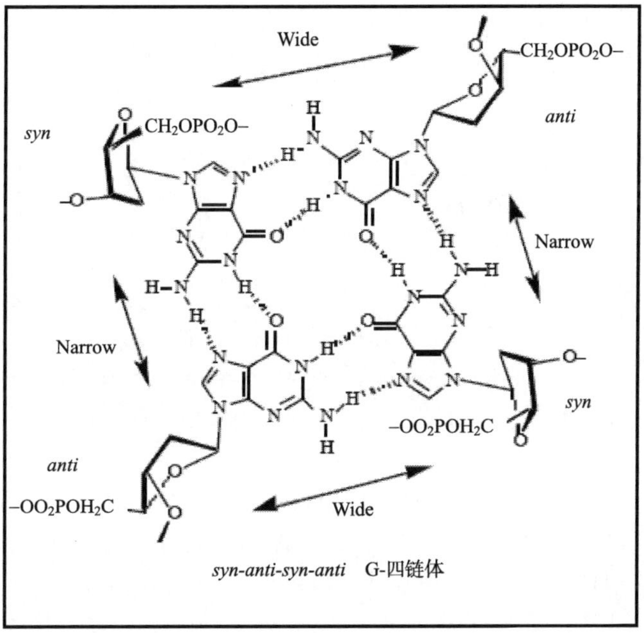

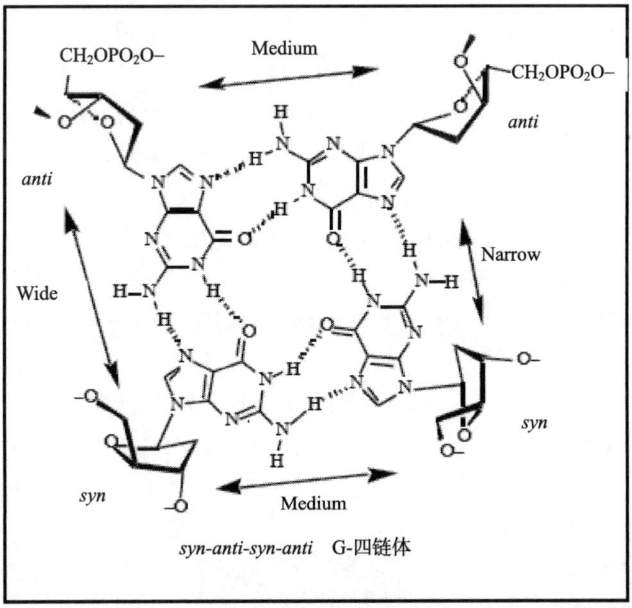

图 9-5 G-四链体结构中不同糖苷键的构型及其对沟区宽度的影响

引自(Kerwin S M 2000)

(4) 环连接的几何构型(connecting loop) 当 G-四链体为分子内和双分子结构时，环(loop)的不同跨域可连接不同的 G-链(G-strings)。对于双分子 G-四链，环可以是对位跨越连接，也可以是邻位连接，前者环在 G-四链中的空间位置由于其空间位阻的原因，两个环往往是一上一下，而邻位连接不存在空间位阻的问题，所以两个环的上下位置可以同侧，此时链的伸展方向也有两种，平行或反平行；两环也可异侧，具有两种不同的伸展方向，所以双分子的G-四链环的连接具有明显的多形性(图 9-6)。

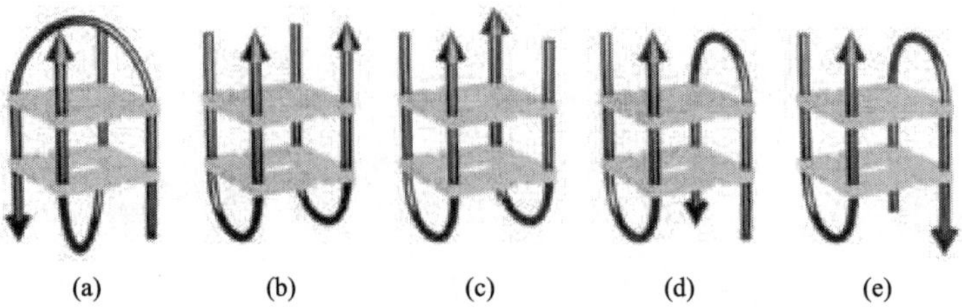

图 9-6　双分子的 G-四链体环连接的多形性

(a)两环对角交叉；(b)两条平行链形成的环在同侧；(c)两条反平行链形成的环在同侧；

(d)邻近的两条平行链形成的环在异侧；(e)邻近的两条反平行链形成的环在异侧

单分子 G-四链结构，又叫分子内 G-四链结构也有几种环的连接方式，主要有邻位–邻位–邻位(椅式，chair)和邻位–对位–邻位(篮式，basket)，另外也有较为罕见的邻位–外侧–邻位的结构(狗耳式，dog-eared)。这些结构中链的伸展方向都是反平行的(图 9-7)。

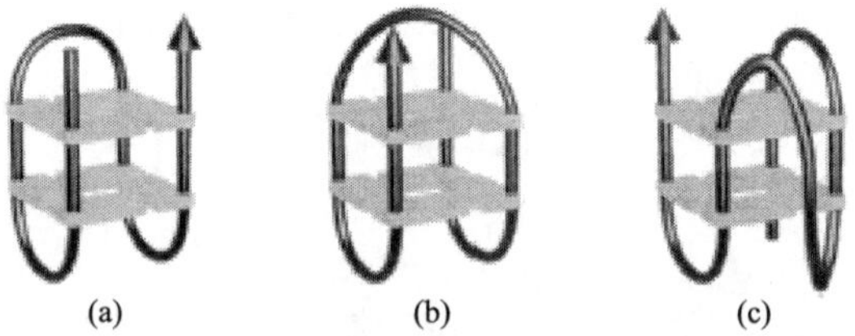

图 9-7　单分子的 G-四链体环连接的多样性

(a)三环均从邻位在侧面形成椅式结构；(b)有两个环邻位相连在侧面，一个环对位相接，

整个结构成篮式；(c)有一个环突出于四分体的外部，形成狗耳式结构

对于单分子 G-四链的结构研究近两年已取得突飞猛进的成果，Gary 等于 2002 年首次测定了人端粒重复序列 d(TAGGGTTAGGGT)和 d[AGGG(TTAGGG)$_3$]的晶体结构，证

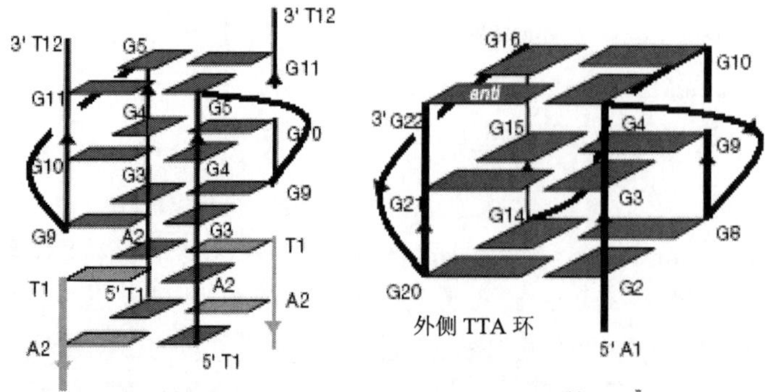

图 9-8　人端粒重复序列的折叠示意图

(a)，(b)分别为单分子和双分子的 G-四链体结构，所有糖苷键均为反式扭曲，所有环均在外侧形成“螺旋桨”结构，引自(Parkinson G N　2002)

明在 K^+存在下所形成的结构中所有环都是外侧连接，形成所谓螺旋桨形(propeller)的独特结构，很有趣的是形成的四条链的伸展方向相同，为平行型，同样的情形也在由序列d(TAGGGTTAGGGT)所组成的双分子 G-四链结构中(图 9-8)。Patel 等用 NMR 方法也得到人的 *c-myc* 基因的启动子上的 TGAGGGTGGGGAGGGTGGGGAA 等序列也有类似的平行结构。

以上所述的环的组成多为 T、A 等碱基，Plavec 等又报道由序列 $d(G_3T_4G_4)$构建的更为奇特的 G-四链体结构(图 9-9)。这种结构的独特性表现在以下几个方面：①其环上的组成没有规则，对位连接的环由 5 个碱基组成，还包括 G 碱基，此时 G 碱基并未形成四分体；另一方面，G19 和 G20 之间的环上却没有碱基，直接由两个 G 碱基的磷酸骨架连接。这种环的连接在G-四链的构成中非常罕见。②环的连接方式有邻位、对位和外侧等多种方式。③四分体上糖苷键构型为 *syn-anti-anti-anti*，同时链的伸展方向为三条平行和一条反平行。④在 K^+、Na^+和 NH_4^+溶液中均只形成一种结构，而没有其他异构体。

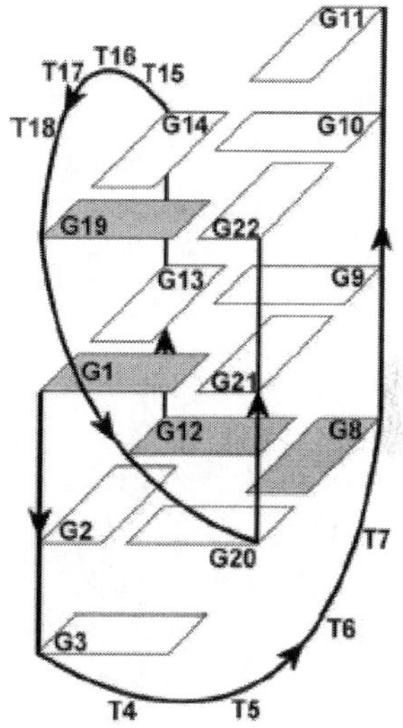

图 9-9　$d(G_3T_4G_4)_2$ G-四链体的折叠示意图

引自(Sket P 2004)

(5) 盖帽结构(capping base)　对于多数由四条较短的单链(如 TG_4T、TG_2TG_2C、TG_3CG_2T、AG_3T 等)形成的 G-四链体 DNA，NMR 和晶体结构都证明了它的单一结构，即形成四条单链形成了平行式 G-四链结构[图 9-4(a)]。

直到 1997 年 Kettani 等发现 *Bombyx mori* 端粒的重复序列 d(TTAGG) 所形成的 G-四链结构并非常规的平行式 G-四链结构，而是“三明治”式的反平行 G-四链结构(图 9-10)。其特点是四条单链的伸展方向两两相同，与另外两条则相反，方向相同的单链的TTA 碱基则在两层四分体的上下两端通过 Watson-Crick 碱基配对形成盖帽结构。

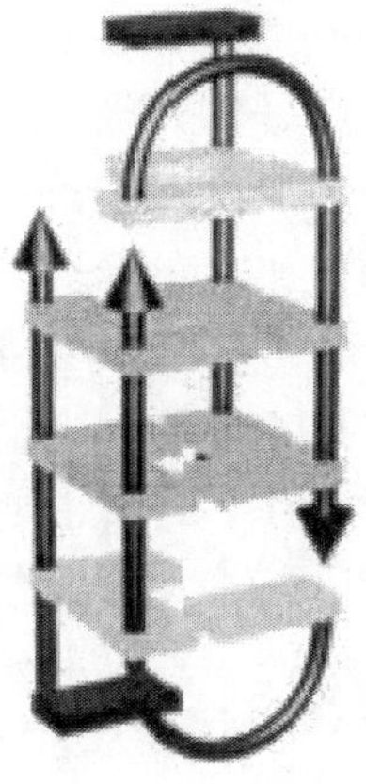

图 9-10　盖帽结构示意图

两个 T-A-A 三联体(浅灰)盖在两个四分体(深灰)的外面，引自(Simonson T 2001)

此外，单分子的 G-四链的盖帽结构自 20 世纪 90 年代以来也陆续有所报道，尤其是 *c-myc* 基因上启动子的重要区域，即掌管85%~90%该基因转录的NHE III 部位的富 G 链(Pu27)，可以形成篮式的盖帽结构，它一共有三层 G-四分体，中间夹有 2 个

K^+。2002 年，Hurly 等发现在 K^+存在条件下，Pu27 除了可以形成篮式结构外，并且能够形成椅式构型，两者在溶液中能达到平衡，从动力学和生物相关性来看，椅式构型更为优越。因为它只有两层 G-四分体平面，(图 9-11)，其结合力小于三层 G-四分体，所以其热力学稳定性不如篮式构型，但却更容易形成，使 *c-myc* 基因启动子的转录活性增加 3 倍。此外，凝血酶结合因子(TBA)和 HIV 整合酶抑制剂 T30695 都和 Pu27 一样，更趋于形成椅式的盖帽结构，三者的比较见图 9-12。

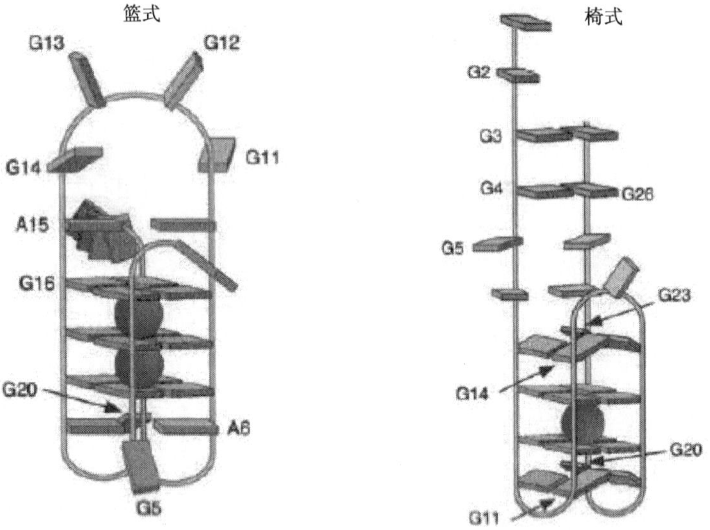

图 9-11 Pu27 在 100m mol/L KCl 中，37℃下温浴 48h 后形成单分子 G-四链体结构

左为篮式结构，右为椅式结构，引自(Siddiqui-Jain A 2002)

(6) 阳离子的的结合异构(precise coordination of cations) G-四链体 DNA 对阳离子的类型有强烈的依赖性，不同的阳离子可以不同的数量及不同的作用方式与 G-四链体 DNA 相互作用。比如人端粒重复序列 d[AGGG(TTAGGG)$_3$]在 K^+中形成全平行的螺旋桨结构的四链体，而同样的序列在 Na^+溶液中则为反平行的篮式结构［N1］，另一方面 d($G_4T_4G_4$)、d($G_3T_4G_4$)和 d($G_4T_4G_3$)在 K^+、Na^+和 NH_4^+溶液中形成 G-四链体的构型却相差无几。这些单价阳离子和 G-四链作用的方式与其离子半径和水化能有关。Na^+的半径较小，它就存在于四分体平面的中心，K^+和 NH_4^+的离子半径稍大，故存在于两层四分体中间的口袋里。离子大小、电荷密度及配位性质都极大地影响离子交换的速度。

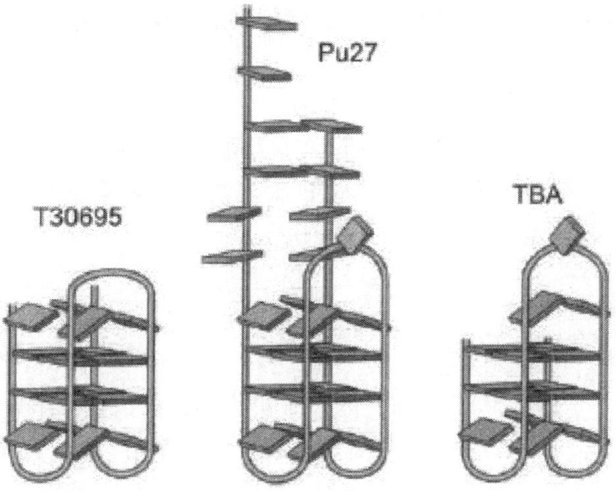

图 9-12 T30695、Pu27、TBA 三者结构的示意图

引自(Siddiqui-Jain A 2002)

与 DNA 双螺旋结构相比，G-四链体结构具有两个不寻常的特点。一是它的稳定性对离子的类型具有强烈的依赖性。单价离子稳定 G-四链体的作用大小为：K^+>Na^+>Cs^+>Li^+。这些离子的半径不同，因此似乎只有与G-四链体中心“口袋”内径相匹配的离子才能较好地与 G-四链体作用，离子的稳定作用可能只是简单的静电效应，因为与 K^+半径相似的 Sr^{2+}对 G-四链体的稳定效果好于单价离子。G-四链体的另一特点是它在热力学和动力学上都很稳定。如在含 K^+溶液中，d(TTGGGG)$_4$ 在 85℃仍可稳定存在。对 d(TTTTGGGG)形成的平行四链体螺旋的热力学计算显示，它在 K^+存在下 25℃时的 ΔG^0 为–47kcal/mol。另一方面，G-四链体 DNA 的折叠及解链速度又非常慢。纤毛原生动物端粒结合蛋白的结合实验显示，d(TTTTGGGG)$_4$ 在 K^+溶液中的解链速度为 $10^{-5}s^{-1}$，折叠速度为 $0.02s^{-1}$。在 Na^+溶液中，d(TTGGGGTT)四链体的解链速度估计为 $0.01s^{-1}$。因此在测定端粒 DNA 热力学参数尤其是温度变性实验中，研究者必须有足够的时间使反应达到平衡，这样才可能获得较准确的结果。

综上所述，G-四链体 DNA 从多个层面上都有多型性，由于生物体内很多重要的基因都具有能形成 G-四链体的序列，这些序列的立体结构和生物功能之间存在什么样的关系已经引起人们极大的关注并成为研究热点，因此研究 G-四链体 DNA 结构的多样性具有非常重要的意义。

第二节 G-四链体可能的生物学功能

最常见的 DNA 是由两条互补链通过碱基配对的方式所形成的 B 型双螺旋结构。然而当人们研究不同的重组质粒、人工合成寡核苷酸链及 DNA 的限制酶酶切片段时，发现在不同条件下，这些 DNA 片段可能在不同条件下形成不同的非 B-DNA 结构：单链、Z 型、十字型、三链螺旋及四链体 DNA 等。看来通常的 DNA 双螺旋似乎只是一种保存遗传信息的“静态”结构，而打破双链 DNA 形成非 B-DNA 似乎才是执行功能的“动态”构型，而且 DNA 行使功能时的这种动态变化是在 DNA-RNA-蛋白质–金属离子等共同作用下完成的。

过去十多年中，随着端粒/端粒酶分子生物学及 DNA 合成和生物物理学的迅速发展，提高了人们对 G-四链体的分子结构和动力学的了解。尽管还没有 G-四链体在体内存在的直接证据，但已经发现一些强有力的间接证据表明这种结构在细胞内存在并起着非常重要的作用。我们可以从以下几个方面进行说明。

一、G-四链体与端粒

端粒(telomere)是真核生物线性染色体末端的特化结构，是由端粒 DNA 和端粒相关蛋白组成的复合物。近年来的实验证明端粒 DNA 末端与端粒结合蛋白形成的是环套结构而不是单纯的线性结构。端粒 DNA 末端 3′端富 G 序列插入端粒重复序列的双链之间置换形成环状结构称为 T 环。端粒结合蛋白如 TRF1、TRF2 等可能参与 T 环的形成与保持该结构的稳定，(图 9-13)。

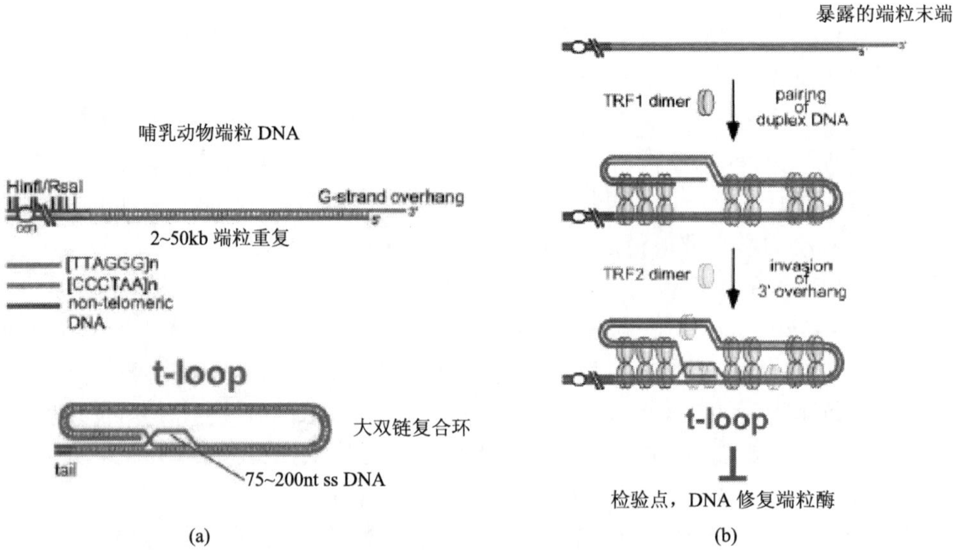

图 9-13　T 环可能的结构、形成及功能

(a) 哺乳动物端粒末端 DNA 结构及 T 环可能形成的构型；(b)T 环形成的可能机制以及 TRF1，TRF2 对 T 环的稳定，引自(Griffith J D 1999)

端粒 DNA 由许多随机重复序列组成，富含 GC 碱基对，其中双链 DNA 的 3′端伸出一段富 G 单链，成为“端粒尾”。第一个被发现的端粒末端序列是原生动物四膜虫 *tetrahymena*，其重复序列为 C_2A_2/T_2G_4，很多原生动物、真菌、植物、脊椎动物和无脊椎动物的末端序列可以总结为：$C_{2\text{-}4}T_{0\text{-}1}A_{2\text{-}4}/T_{2\text{-}4}A_{0\text{-}1}G_{2\text{-}4}$，大多数末端重复序列有 6~8 个碱基组成，不同生物的“端粒尾”重复序列如下见表9-1。它们的长短由于种类不同而差别很大，比如纤毛虫其重复序列数为 2~3，总共碱基数为 20~30 个，在鼠类中则重复数多

达 10 000，共有 60~100kb。而人的端粒有长达 15kb 的 2000 个重复序列。相同细胞的不同染色体的重复序列数也不相同，在细胞生长期，在一定范围内呈现逐渐的或随机的变化。端粒的实际长度是其增长和缩短活性相互作用的结果。

表 9-1　端粒末端的重复序列

生物体	重复序列
原生动物(Protozoa)	
Tetrahymena	T_2G_4
Oxytricha	T_4G_4
Euplotes	T_4G_4
黏菌类(Slime moulds)	
Dictyostelium	$AG_{1\text{-}8}$
Didymium	T_2AG_3
真菌(Fungi)	
Candida albicans	$ACG_2ATGTCTA_2CT_2CT_2G_2TTGT$
Saccharomyces	$(TG)_{1\text{-}6}TG_{2\text{-}3}$
植物(Plants)	
Chlorella	T_3AG_3
Chlamydomonas	T_4AG_3
无脊椎动物(Invertebrates)	
Ascaris	T_2AG_2C
Parascaris	T_2GCA
脊椎动物(Vertebrates)	T_2AG_3

端粒相关蛋白是直接或间接与端粒相结合的蛋白。Raplp 蛋白和 Ku 蛋白是 2 类具有重要意义的酵母端粒结合蛋白。端粒结合蛋白 Raplp 与端粒 DNA 形成非核小体结构。Ku 蛋白是由 Ku70/Ku80 形成的二聚体蛋白，缺失 Ku 蛋白的酵母在 37℃ 培养时会使端粒异常变短，并出现衰老表型等现象。迄今为止已经克隆的人类端粒相关蛋白主要有 TRF1、TRF2、Tankyrase 和 UP1 等。

端粒的功能主要在于维持染色体的稳定，抑制染色体之间的融合和降解，(如果没有端粒，染色体末端就会被误认为有双链缺口而进行“修复”，导致染色体融合及基因的不稳定)并参与核中的一系列与细胞增殖有关的活动，此外，端粒结合蛋白在维持端粒稳定和抑制细胞凋亡方面有着重要的作用。

在大多数正常人的体细胞中，端粒 DNA 会随着每次细胞有丝分裂而缩短，而当其缩短到一定程度以后，编码区基因被破坏就丧失了对染色体末端的保护能力。与此相反，在永生化细胞包括癌细胞中端粒的长度是相对稳定的。这可以用 Harley 等于 1991 年提出的较为完备的端粒–端粒酶假说来解释。该假说认为正常细胞的端粒缩短到一定程度时会启动中止细胞分裂的信号，使细胞进入第一死亡期 M_1 并退出细胞周期而老化，而极少数细胞(包括癌细胞)却激活了端粒酶，从而使端粒不再缩短，获得无限增殖能力而成为永生细胞。

端粒的长度和细胞衰老密切相关，最有力的证据是年轻人成纤维细胞内端粒的平均长度为 18~25kb，而老年人成纤维细胞内端粒的平均长度为 8~10kb，估计细胞每分裂一次，端粒缩短 50~100bp。端粒的长度一方面由于 DNA 的末端复制、端粒的加工和端粒的重组等原因而缩短，另一方面端粒酶的催化作用、端粒的特异性扩增等因素有使其延长，两者处在一种精确的平衡当中。

端粒酶由端粒酶 RNA(TR)、端粒相关蛋白和端粒酶催化亚基(TERT)三部分组成。其主要功能在于合成染色体末端的重复序列，以维持端粒的长度和稳定性。端粒酶以 RNA 为模版，在 TERT 的作用下催化合成端粒 DNA，其结构和催化机制都与逆转录酶相似，因此人们把它归属于逆转录酶家族。

大多数正常的人体细胞缺乏 hTERT 而没有端粒酶活性，使得细胞的端粒逐渐缩短而最终衰老。另一方面在约 84%~95%恶性肿瘤细胞中可以检测到端粒酶活性，而良性肿瘤及正常组织的检出率只有 4%左右，越来越多的研究表明抑制端粒酶的活性可以导致肿瘤细胞的凋亡和衰老，因此端粒酶抑制剂的研究也日益成为抗癌药领域的研究热点。

端粒 3′端突出的单链 DNA 可以形成各种折叠结构，以维持单链突出的完整性，来避免端粒的降解、端短融合、重排和丢失而引起基因不稳定和细胞衰老。其中形成 G-四链体结构是最为稳定的折叠构型，这种结构在生理条件的离子浓度就可以形成，所以起到保护端粒末端结构的功能。有以下三种模型可以说明：①富含 G 的 3′单链重复序列(TTAGGG)可自身折叠，通过 G-G 碱基对，形成发卡型结构，而来自不同染色体的发卡型结构相互结合形成 G-四链体。②3′端突出通过几次折叠形成分子内的自身折叠型 G-四链体，这种结构很可能出现在 DNA 复制阶段中一段较长的单链重复末端短暂存在时。③双链重复序列折叠成 T 环，其末端单链和双链富 G 区形成分子间的 G-四链体结构。

G-四链体与端粒酶引起的端粒延长有一定关系。端粒酶往往以其 RNA 组分的 43~51 序列为模板，以端粒 3′端末端为引物，合成端粒重复序列。令人感兴趣的是端粒酶仅用 9 个碱基片段的 RNA 为模板就可增加数以百计的端粒重复序列。一种可能的模型是端粒酶的延长作用涉及一易位步骤，在此步骤中，延长了的端粒 DNA 被从 RNA 上置换出来。其可能的机制是：端粒 DNA 短暂地形成自身折叠型 G-四链体结构，从而提供牵引力以置换及帮助 DNA 底物和 RNA 模板所形成的碱基对向后移动一个重复序列；其后在端粒 DNA 和 RNA 重新配对进行下一个延长循环前，G-四链又解聚为一单链。人们发现 G-四链体不能作为端粒酶的引物，其结构稳定剂(如 K^+)在每延长 4 个重复序列后可引起周期性短暂停顿，而抑制端粒酶的活性，该试验结果支持了上述端粒延长的模型设想。因此，由端粒 DNA 所形成的 G-四链体已成为开发端粒酶抑制剂的新靶点。二酰胺蒽醌类化合物、阳离子卟啉类化合物、苝类化合物都被证明他们能与 G-四链体有较强的结合作用，起到稳定 G-四链体的结构，从而具有端粒酶抑制剂的活性，我们将在后面进行详细讨论。

此外，至少有三方面的试验结果表明 G-四链体可能参与端粒 DNA 的复制：酵母端粒 3′突出单链末端的长短与细胞周期相关；纤毛原生动物端粒结合蛋白的β亚基能催化

G-四链体螺旋结构的形成；存在 G-四链体结构的特异性核酸内切酶，他们是从某些原生动物、动物肝细胞、酵母的染色质中提取的一类具有脱氧核酸酶(DNase)活力的端粒结合蛋白，这类蛋白在 Mg^{2+}存在的条件下，其活力是依赖 G-四链体结构的，它不结合也不切割富 G 单链 DNA，可是一旦形成 G-四链后，它们便能和 G-四链体结合并切割四链体 5′端的单链 DNA。既然生物细胞中有能够特异性结合并切割 G-四链体的酶，这就说明 G-四链体是基因组中执行功能时的一种存在形式。

二、G-四链体的其他生物学功能

G-四链体在基因重组中可能有极其重要的作用。研究发现酵母的 SEP1 基因编码蛋白是一种 DNA 链交换蛋白，该蛋白能够促进单链 DNA 与同源染色体中双链 DNA 的配对和转移，并具有 G-四链体依赖型 DNase 活力。如果该基因完全缺失，那么它在接合生殖过程中，两个细胞核就不能融合(核配)，子囊孢子也无法形成，基因重组频率会急剧下降。酵母的减数分裂过程就会停滞在 4N 期。由上可推测 G-四链体可能参与染色体的重组。

富 G 重复序列不仅提供了重组过程中染色体排列的机制，同时也会促使 DNA 发生异常重组。最近，两类重组因子——人 BLM 解旋酶和酵母 Sgs1 解旋酶已被证实具有解旋 G-四链体的作用，在缺乏这些解旋酶的细胞中，显示同源染色体之间相互交换水平的升高和染色体的不稳定。这些发现说明细胞内解旋酶可能被用来分解不需要的 G-四链体，以防止异常重组和其他基因的不稳定性。

某些重要基因的启动区，例如人或鸡β-珠蛋白基因、鼠前胰岛素原 II 基因、腺病毒学清型 2、视网膜神经蚀质瘤敏感性基因、人肾癌基因和 *c-myc* 基因中，皆发现富含 G 的重复序列，因此它们都具有形成 G-四链体结构的可能性，这些发现促使研究人员推测 G-四链体在基因转录过程中起一定作用。

另外，G-四链体能阻断 RNA 聚合酶。当基因密码区的富 G 重复序列形成 G-四链体而又不易解聚时，可能会起到抑制 RNA 聚合酶的作用，从而引起早期转录的停止。比如 *c-myc* 基因是与人和动物的多种恶性肿瘤，如乳腺癌、直肠癌、宫颈癌、小细胞肺癌等密切相关的致癌基因，该基因启动区的上游部分就是由富 G 碱基序列组成，实验证明该基因在一定条件下能形成分子内的 G-四链结构，并且其椅式构型比篮式构型更有动力学优先性和生物学相关性，实验发现 *c-myc* 基因启动区上特定的 G-四链结构就是基因转录的负向调节剂，该部位的单链结构可使 *c-myc* 基因的表达增加 3 倍；同时能够稳定 G-四链结构的阳离子金属卟啉化合物 TMPyP4 可以抑制该基因的转录活性而降低了基因表达。

三、G-四链体结合蛋白

的确，G-四链体的结构参与了细胞内的多种生物学事件，但越来越多的研究结果证明生物体内 G-四链体结构的形成和稳定及其生物学功能都离不开与之相关的结合蛋白。酵母阻遏物–活化剂蛋白 1(PAP1)被证明不仅具有与端粒末端双螺旋 DNA 结合的功能，而且能够在极低的 DNA 浓度条件下，促进端粒末端的 G-四链体的形成并与之结合。*Oxytricha* 端粒结合蛋白β亚单位也能促进 G-四链体的形成，Tetrahymena thermophila G-四链体结合蛋白却选择性地结合平行型的 G-四链体结构。小鼠肝核蛋白 uqTBP25 则表现最优先结合分子内 G-四链体结构，其次是双分子 G-四链体，而完全不与四分子的平行型 G-四链体结合。

人的拓扑异构酶 I(Top1)在 DNA 的复制、转录和染色体的缩合方面起着非常关键的作用。已经发现 Top1 能够结合已形成的分子内和分子间的 G-四链体结构，并且使 69bp 的双螺旋 DNA 的螺旋打开形成稳定的分子内 G-四链体结构，Pommier 等发现 Top1 同样也能和富 G 的单链 DNA 和 RNA 有较强的结合，并发现富 G 的单链寡核苷酸和 G-四链体结构都能抑制 Top1 对特定序列位点的断裂。

巨噬细胞清除剂受体(MSR)是一个在动脉粥样硬化中起关键作用的膜蛋白，MSR 结合氧化的或乙酰化的低密度脂蛋白，同时也结合 G-四链体 DNA。虽然该蛋白在膜上的位置说明它与 G-四链体的结合对它的正常功能无关紧要，但 MSR 却似乎涉及了用于治疗作用的反义核酸的清除。

两类重组因子——人 BLM 基因(与人的 Bloom's syndrome 有关)解旋酶和酵母 Sgs1 解旋酶已被证实具有解旋 G-四链体的作用，在缺乏这些解旋酶的细胞中，显示同源染色体之间相互交换水平的升高和染色体的不稳定。这些发现说明细胞内解旋酶可能被用来分解不需要的 G-四链体，以防止异常重组和其他基因的不稳定性。

老鼠的微卫星(minisatellite)的 *pc-1* 基因包含 d(GGCAG)的重复序列，体外实验证明在生理条件下可以形成分子内的 G-四链体结构，而且从 NIH 3T3 的细胞核中提取的一种 DNA 结合蛋白(UP1)对该 G-四链体有解螺旋作用，它也可以和单链 DNA 结合，同时对 $d(TAGGG)_4$ 也有解螺旋作用，消除了 DNA 合成时在 $d(GGG)_n$ 位点时的停滞效应。UP1 的这种功能预示了 DNA 生物合成过程中 G-四链体的解螺旋过程是必需的。

以上这些例子都说明相关蛋白对 G-四链体的形成或解旋是密不可分的，它们之间“精确”的相互作用，即在什么情况下形成 G-四链体结构，什么情况下又适宜的打开正是许多生物学事件得以发生的前提，研究 G-四链体与相关蛋白的相互作用过程将对进一步了解生命现象的本质有重大意义。

第三节　G-四链体在药物设计方面的应用

一、以 G-四链体为靶点的端粒酶抑制剂

如前所述，端粒末端的重复序列富含 G 碱基，可以通过 Hoogsteen 氢键形成 G-四链体，由于端粒酶引物不需要任何折叠，因此形成 G-四链体可以抑制端粒酶的活性，在体内可能是端粒酶的反向调节因子。同时由于端粒酶大多存在于肿瘤细胞中，因此可以以 G-四链结构为靶点进行药物设计，凡是有利于 G-四链体的形成和稳定的小分子化合物都有可能因为抑制端粒酶的活性而成为抗癌药。有三种途径可以影响小分子药物对 G-四链体结构的干预：①药物分子模拟伴侣蛋白来加速 G-四链体的形成；②药物分子能结合到 G-四链体上并改变它的分子识别特性和阻断其信号通路；③药物分子阻止解

旋酶对形成的 G-四链体结构解螺旋。已经发现一些小分子能催化 G-四链体的形成，并选择性地结合在 G-四链体上，并抑制解旋酶的解螺旋作用。

涉及 G-四链体为靶分子的药物设计，首先应考虑一个典型的 G-四链体的结构以及与之进行特异性识别的方式，简言之就是考虑药物是嵌插在内部 G-四分体平面之间，或是外部或末端的堆积，或是沟区结合，或是两种或多种作用方式的结合。也要考虑阳离子配体和 G-四链体阴离子骨架之间的离子相互作用，以及两个或更多个离子相互作用的适宜空间距离，下面对已经研究的以 G-四链体为靶点的药物小分子进行总结。

1. 二酰胺蒽醌类化合物

酰胺蒽醌(-AQ)及芴酮类(-FO)化合物可以以线形方式与 G-四链体结合。1997 年 Sun 等第一个报道了以 G-四链体为靶点的小分子端粒酶抑制剂-2，6-二酰胺蒽醌(diaminoanthraquinones)衍生物 BSU-1051(图 9-14)。用 NMR 氢谱研究了其结合模型，发现该化合物可使分子间 G-四链体 $d[T_2AG_3T]_4$ 的解链温度升高约 20℃，即可以稳定 G-四链体的结构而抑制端粒酶活性，其 IC_{50} 为 23μmol/L。Hurley 实验室应用非 Taq 聚合酶阻滞实验(Taq polymerase arrest assay)也证实该化合物可以与 $d[(TTGGGG)_4]$ 和 $d[(TTAGGGG)_4]$ 形成的 G-四链体相互结合并稳定其结构。

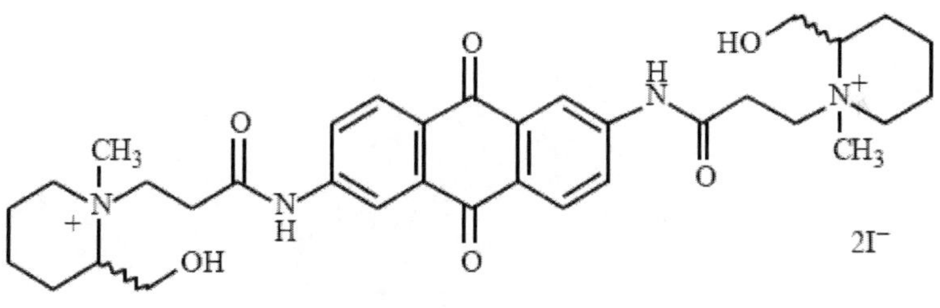

图 9-14　BSU-1051 结构

引自(Hurley L H　2001)

随后人们对多种蒽醌衍生物进行了端粒酶活性实验。Perry 等合成了近百个 1，4-、1，5-、1，8-、2，6-及 2，7-取代的酰胺蒽醌化合物(图 9-15)，采用改进的 TRAP(Telomeric Repeat Amplification Protocol)分析方法测定了这些化合物对端粒酶的抑制活性，其中一些化合物的 IC_{50} 为 1~5μmol/L，是到目前为止所报道的活性较强的化合物(表 9-2)。虽然酰胺蒽醌类化合物具有较高的端粒酶抑制活性，但由于它也能与双链 DNA 作用，表中可见活性最高的几种酰胺蒽醌化合物的 IC_{50} 与 EC_{50} 同在微摩尔级，因此细胞毒性较大，限制了这类化合物的进一步发展。为了降低其毒性，Perry 等对芴酮类化合物进行了研究(图 9-17，7-FO)。芴酮与蒽醌结构类似，但少了一个氧原子，不能进行氧化还原循环，因此细胞毒性较类似的蒽醌类衍生物小 2~10 倍，但其端粒酶抑制活性最高的化合物的 IC_{50} 也为 8~12μmol/L，即药物活性相应降低了 3 倍左右。分子模拟研究表明，其原因是芴酮中心为五元环，分子结构接近弯月形，两条侧链与 G-四链体沟槽结合时，引起了四链体结构的扭曲。

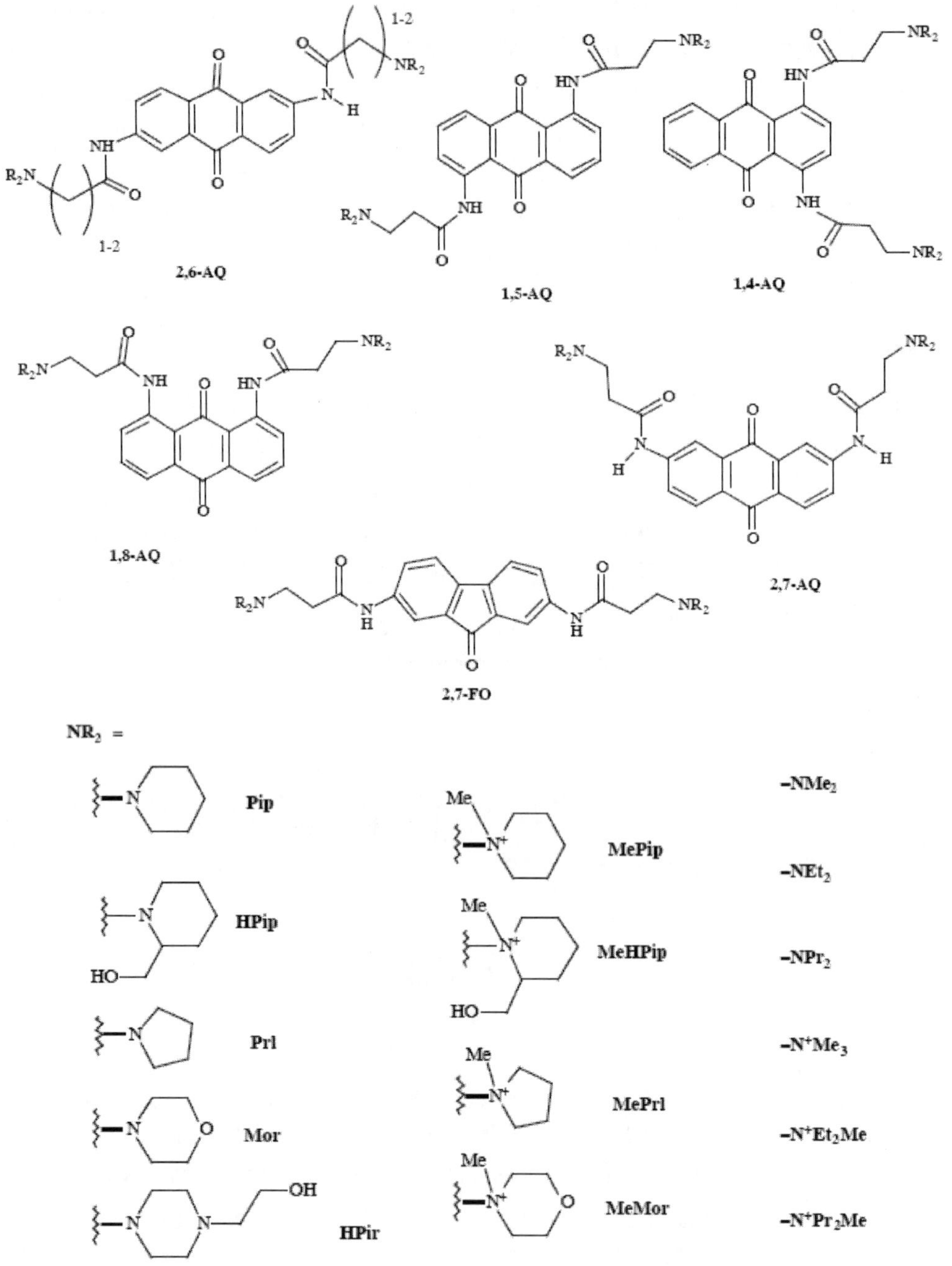

图 9-15　二酰胺蒽醌类及芴酮类化合物的结构

引自(Hurley L H　2001)

在以上研究基础上，研究人员总结了蒽醌类化合物作为端粒酶抑制剂的构效关系：①化合物应至少带有两条侧链，侧链中氨基与带正电荷的氮原子通过—$(CH_2)_2$—相连时，化合物的活性较高；②侧链中引入的两个酰胺基团使蒽醌稠环的长度由0.75nm增至1.2nm，更接近G-四分体的大小，对活性的提高有一定作用；③侧链末端所带的正电荷对化合物的活性起着重要作用；④侧链的取代位置对活性影响较小；⑤末端基团的大小和性质具有重要作用，哌啶或四氢吡咯作为末端基团时活性较高；⑥化合物对端粒酶的抑制活性与其细胞毒性之间没有明显的相关关系(表9-2)。

表 9-2　二酰胺蒽醌类化合物的端粒酶抑制活性及其细胞毒性

化合物	端粒酶 IC_{50}/(μmol/L)	Cytotoxicity/(μmol/L)
2,6-AQ-MeHPip	23	1.2~2.3
2,6-AQ-Pip	4.5	1.3~5.9
2,6-AQ-HPip	16.5	7~11
1,4-AQ-NMe_2	1.8	0.01~0.3
1,4-AQ-Mor	33.5	1.9~21
2,7-AQ-NMe_2	4.7	2.1~4.4
1,5-AQ-NMe_2	1.3	0.3~0.6
1,5-AQ-Mor	>50	>25
1,8-AQ-Pip	3.7	0.5~2.3

2. 苝类化合物

苝类化合物(perylene diimides)是应用计算机辅助药物设计软件 DOCK 而得到的一类与 G-四链体有较强相互作用的化合物。在分子模拟的基础上，Fedoroff 等合成了 N，N′-双[2-(1-哌啶基)乙基]-3，4，9，10-苝四甲酰二亚胺(PIPER)及衍生物 TEL01，随后 Grootenhuis 等又合成了 PIPER 的类似物 TEL03、RILL 等合成了 DAPER，结构见图 9-16。

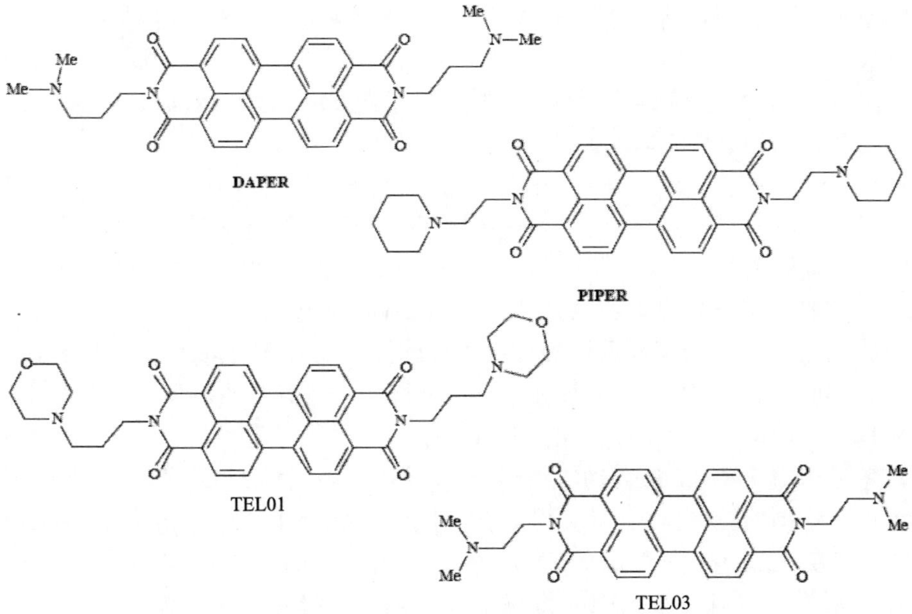

图 9-16　苝类化合物结构
引自(Hurley L H 2001)

在苝类化合物当中，研究最深入的就是 PIPER 了。Han 等的研究发现它可使发卡型双分子 G-四链体的形成速度提高了约 100 倍，这说明除了被动的结合和稳定 G-四链体，其还可能在细胞内诱导 G-四链体的形成，同时 PIPER 还能够抑制 Sgs1 解旋酶对 G-四链体的解旋。PIPER 可以以 1∶2，1∶1 和 1∶2 的比例与不同的 G-四链体结合，结合方式依赖于 G-四链体的 DNA 序列，NMR 的结果显示低浓度的 PIPER 和$[d(TTAGGGG)]_4$或$[d(TTAGGGTTA)]_4$以 1∶1 的模式结合，但是在配体浓度还未到达 1∶1 的化学计量时，就已存在 G-四链体与 PIPER 以 2∶1 的方式结合了。PIPER 与 G-四链体的结合模型与卟啉类化合物相似，即外向堆积在四分体上。此外，溶液的 pH 对 PIPER 的选择性也存在一定影响，在 pH 较低的条件下，它与双链 DNA 及 G-四链体的结合情况大致相同，选择性不高；但在 pH 较高的条件下，则对 G-四链体的选择性明显提高。

实验证实这类化合物能选择性地与 G-四链体结构有强特异性的相互作用，而与单、双链 DNA 之间的作用甚微，并具有良好的端粒酶抑制活性。其中 PIPER 和 TEL01 的 G-四链体选择作用最强，细胞毒性最低；TEL03 的选择性差一些，具有中等细胞毒性。另一方面，此类化合物的侧链对其诱导 G-四链体形成的能力有一定影响。侧链与四链体沟槽间的静电作用不仅影响到 G-四链体形成的数量，还影响到所形成的 G-四链体的构型。如 PIPER、DAPER 和 TEL03 均能诱导 G-四链体的形成，但 DAPER 和 TEL03 专一性地诱导双分子四链体的形成，而 PIPER 不仅能诱导双分子 G-四链体的形成，还能诱导平行型四链体的形成。

3. 阳离子型卟啉类化合物

卟啉类(porphyrins)化合物已知是双螺旋 DNA 结合试剂，已有实验证明它们能够和某些双链 DNA 有较强的嵌插作用，这类化合物在肿瘤组织中能蓄积达到较高的浓度，而在正常组织中却代谢很快，长期以来它们在肿瘤治疗方面备受关注。这类化合物含有芳香环平面结构，其大小和 G-四分体大小接近，根据推测它们可以通过与 G-四分体堆积作用而结合到 G-四链体结构上。

Sen 及合作者报道了 *N*-甲基–中卟啉 IX(NMM，图 9-17)和一系列 DNA 适体的亲和作用，发现它能与 G-四链体的亲和作用要远远大于和双链 DNA 的作用。Hurley 等及 Sheardy 等分别独立报道了用 NMR、UV 滴定、CD、荧光共振能量转移及 Taq 聚合酶终止实验方法研究四(N-甲基吡啶-2-基)卟啉(TMPyP4)与各种类型 DNA 作用的结果。实验表明 TMPyP4 能通过外部堆积而非插入的方式与 G-四链体结合，并稳定该结构。同时，TMPyP4 对 G-四链体有一定选择性，其对四链体的亲和性是对双链 DNA 的 2 倍，而且对不同类型的 G-四链体也有不同的选择性，其亲和性强弱的顺序是：单分子椅式 G-四链体>单分子篮式 G-四链体>双分子 G-四链体>四分子 G-四链体，而且不同的缓冲体系中结合作用也有很大的差异。TMPyP4 与各种 G-四链体的热力学常数见表 9-3。正是由于 TMPyP4 与 G-四链体的结合，使其具有抑制 MCF7 细胞端粒酶活性，而对正常细胞的影响不大，采用引物延伸技术得到的 IC_{50} 值为 6.5μmol/L。

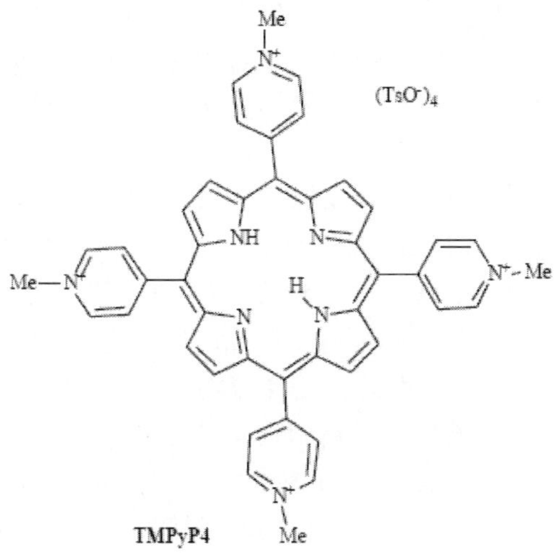

TMPyP4

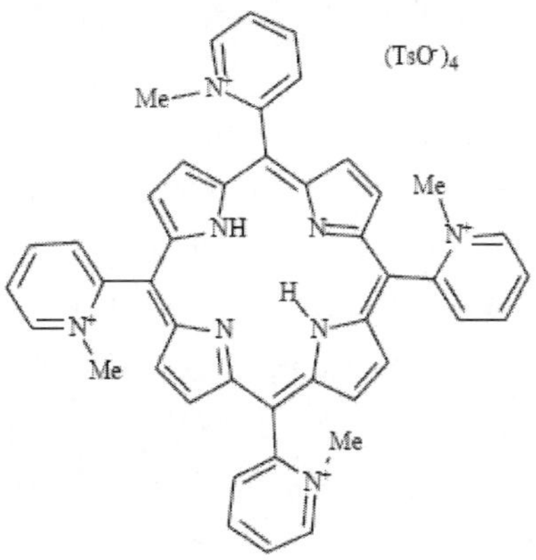

TMPyP2

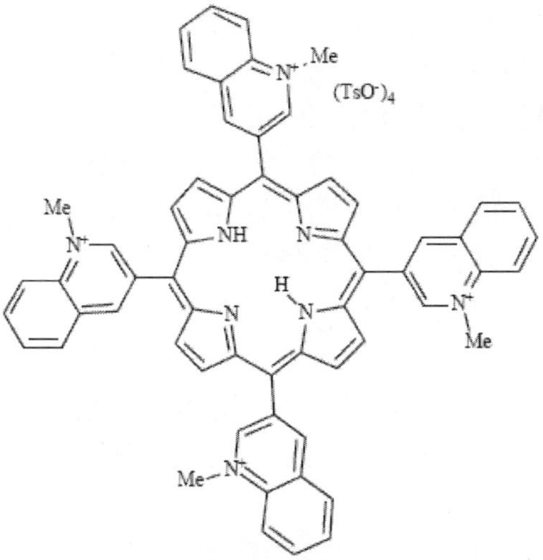

QP3

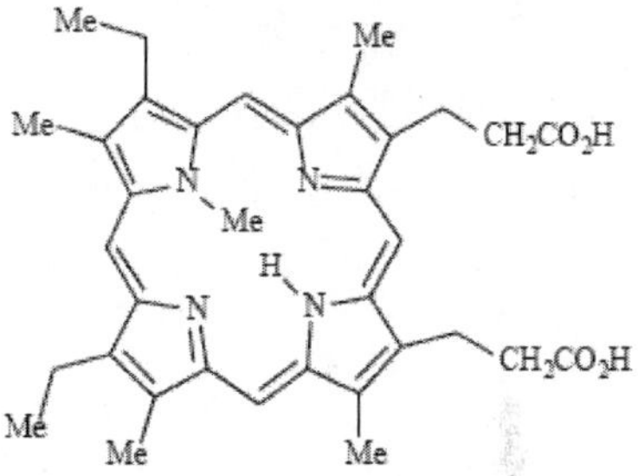

NMM

图 9-17　阳离子型卟啉类化合物结构

引自(Hurley L H　2001)

表 9-3　TMPyP4 与各种 G-四链体的热力学数据

G-四链体	缓冲液	Ka /×10^4 M^{-1}	ΔG /(kcal/mol)	ΔH /(kcal/mol)	$T\Delta S$ /(kcal/mol)
$AG3(T_2AG_3)_3$	K-BPES	2.8	−6.1	−4.2	+1.9
$[d(T_4G_4)]_4$	K-BPES	7.7	−6.7	−9.1	−2.4
$[d(T_4G_4)]_4$	Na-BPES	162	−8.5	−6.7	+1.8
$d(G_2T_2G_2TGTG_2T_2G_2)$	K-BPES	17.8	−7.2	−9.6	−2.4
$d[(GC)_2ATAT(CG)_2]_2$	Tris-K-Mg	1300	–	–	–

Hurley 等又研究了 TMPyP4 的异构体 TMPyP2 与 G-四链体 $d[AG_3(T_2AG_3)_3]$的相互

作用，发现虽然两者结构很相似，都能稳定 G-四链体结构，但结合部位却存在差异。TMPyP4 通过外部堆积的方式与 G-四分体发生作用，而 TMPyP2 是与 TTA 环相结合的，这可能是两者活性差异的主要原因。根据理论推测，由于 2-位异构体存在较大的空间位阻，使得整个结构在与 G-四链体相互作用时难以形成平面而嵌入其中，需要较高的能量。此外，Izbicka 等研究了 TMPyP4 及其类似物 QP3 以及它们的金属络合物对癌细胞及端粒酶的影响，发现对端粒酶活性的抑制从强到弱的顺序为：TMPyP4>QP3~TMPyP4-Cu(II) > TMPyP4-In(II) ~ QP3-Cu(II) >> TMPyP2，TMPyP2 几乎没有端粒酶的抑制活性，而 TMPyP4 具有较强的抑制细胞生长作用，并且可以诱发后期染色体桥，而 TMPyP2 无此作用。这些结果一方面说明与 G-四链体相互作用的化合物在细胞内可能直接作用于端粒，另一方面也说明卟啉衍生物的结构与活性有着密切关系，这类化合物的构效关系如下：①卟啉芳香平面与 G-四分体之间的堆积对其活性起着非常关键的作用，平面型结构有利于插入 G-四链体结构中；②带有正电荷的侧链取代基是必需的，且电荷数目影响其相互作用的活性：$4^+>3^+>2^+$；③侧链取代应该位于卟啉环的中位，而且取代基的大小要与四链体沟槽相匹配；④氢键的引入以及边链的长度影响其活性；⑤某些不对称基团的引入可增强与反平行或自身折叠型 G-四链体的相互作用。

以上三类化合物是最主要的三类以 G-四链体为靶点设计的小分子药物，Hurley 分别称酰胺蒽醌类化合物、苝类化合物及卟啉类化合物为第一代、第二代、第三代与 G-四链体相作用的化合物，并用简图来表示了分子的大小和电荷的分布，(图 9-18)，从药物的毒性及细胞内的浓度等因素考虑，他们认为阳离子卟啉类化合物比其他两类更适于成为药物用于体内。

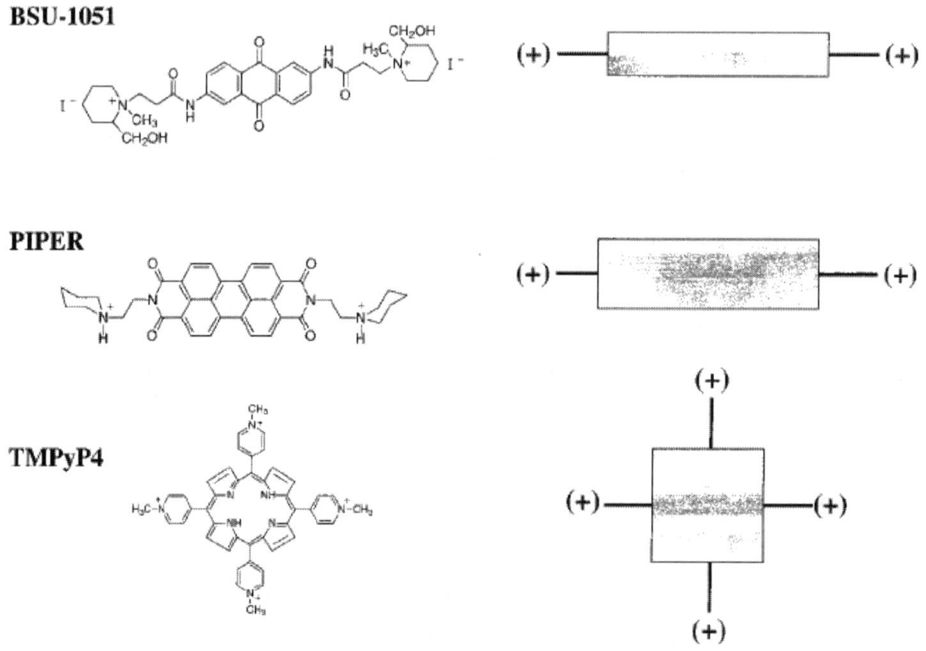

图 9-18　G-四链体相互作用的三类化合物的举例以及分子大小和电荷分布示意图

引自(Hurley　L H　2001)

4. 溴乙啶衍生物

溴乙啶(ethidium bromide，EtBr)(图 9-19)是较强的双链 DNA 嵌插剂，它也能嵌入 G-四分体之间并稳定 G-四链体结构。Kallenbach 等的热力学方面实验数据表明溴乙啶与 $[d(T_4G_4)]_4$ 结合，其亲和性略高于双链 DNA。荧光光谱显示了溴乙啶是嵌插在 $[d(T_4G_4)]_4$ G-四链体中，而不是末端堆积，在与由 $d[T_4G_4(T_7G_4)_3]$ 组成的单分子 G-四链体的作用中也呈现相同的作用模式。同时 PAGE 的电泳结果显示 EtBr 还能促使单链的 $d[T_4G_4]$ 形成四分子 G-四链体 $[d(T_4G_4)]_4$。Borisova 等报道了 EtBr 和 d(GT)n 重复序列的相互作用，发现 EtBr 嵌插在 d(GT)n 形成的具有间歇 T 碱基突出的四分子 G-四链体的 G-四分体平面之间。一系列溴乙啶衍生物对 G-四链体结构却有较高的亲和性和选择性，它们不仅能提高分子内四链体的解链温度，而且能够促进分子间四链体的形成。这些化合物与四链体结合后荧光增强，可以作为 G-四链体结构的荧光探针。

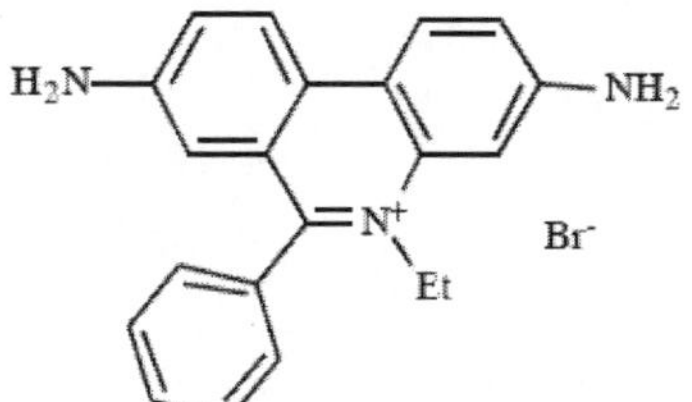

EtBr

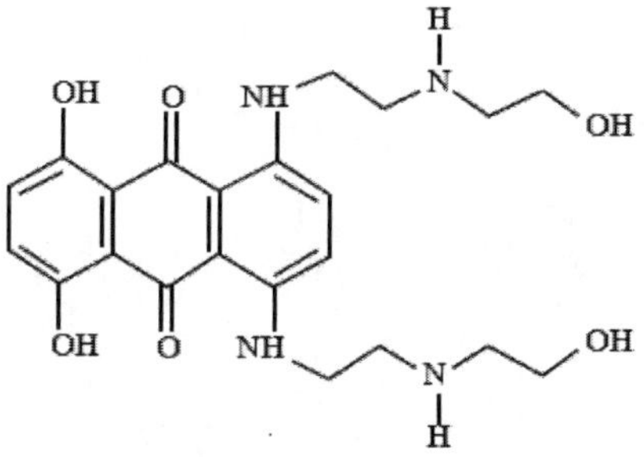

Mitoxantrone

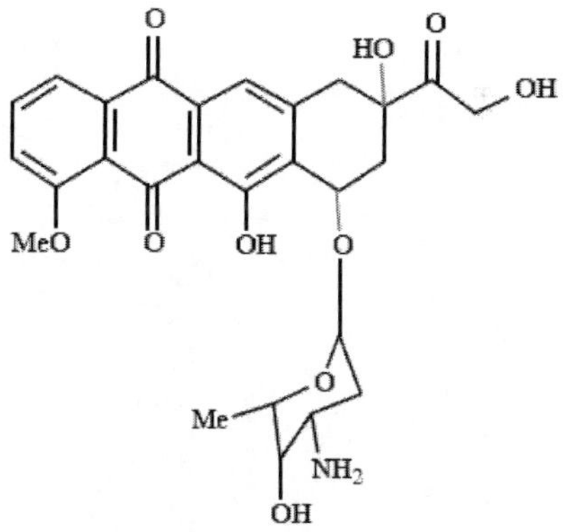

Doxorubicin

图 9-19　溴乙啶与其他双链 DNA 嵌插剂的结构

引自(Hurley L H 2001)

5. 花青染料类化合物

Shafer 等应用计算机辅助设计软件 DOCK 来寻找 G-四链体沟区结合剂，利用双分子 G-四链体 $[d(G_4T_4G_4)]_2$ 的晶体结构，他们建立了一套有机小分子的数据库，这些分子和双链 DNA 的相互作用小，而与 G-四链体结构的小沟区能很好地匹配。其中化合物花青染料类化合物(carbocyanines)DOTC 就是其中之一，(图 9-20)，由于其溶解度的限制，

Shafer 等研究了结构更小的类似物 DODC(3,3′-二乙基氧杂花青)，发现 DODC 与双分子发卡型 G-四链体结合时，能够显示出独特的光谱特征，而与单链、双链或平行型 G-四链体结合时则无此特征，因此可以作为发卡型 G-四链体的特殊探针。实验还发现在浓度较低时(50μmol/L)，DODC 并没有端粒酶的抑制作用，随着浓度升高，展现出较弱的抑制活性。Naasani 等报道了另一个类似物 MKT-077 对端粒酶具有抑制作用，这可能与它和 G-四链体的相互作用有关。MKT-077 已作为抗癌药应用于临床实验阶段，它能选择性地作用于肿瘤细胞，可能是因为它能选择性地聚集在癌细胞的线粒体中。

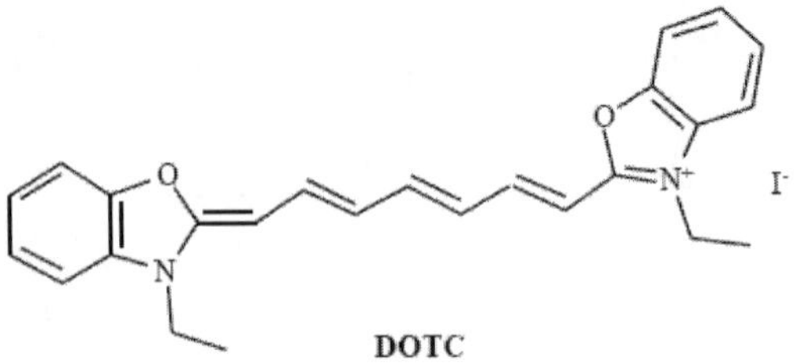

DOTC

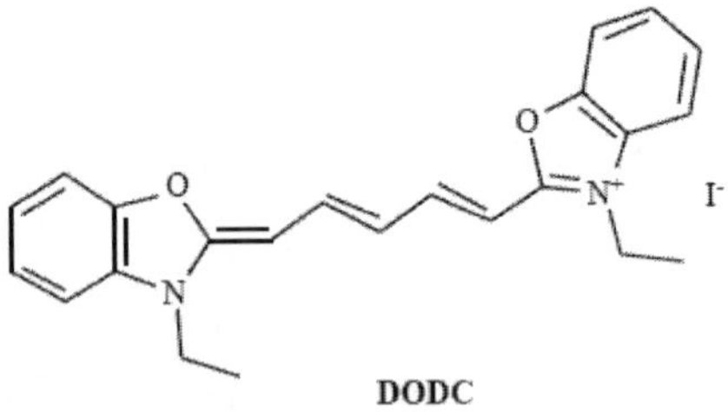

DODC

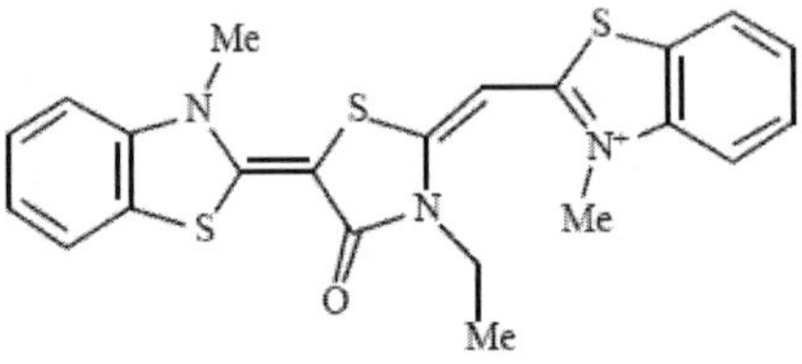

MKT-077

图 9-20　花青染料类化合物与端粒酶抑制剂 MKT-077 的化学结构

引自(Hurley L H 2001)

6. 丫啶类化合物

Harrison 等合成了一系列 3，6-二取代丫啶类衍生物(acridine derivatives)，结构与蒽醌类相似，母核皆为三元环平面刚性结构，但其对端粒酶的抑制作用比蒽醌类化合物强，IC_{50} 在 1.3~8.0μmol/L，这可能是由于丫啶稠环中的 N 原子质子化所带的正电荷使其更准确地堆积在 G-四分体的中心位置，而与四分体平面的负电荷产生静电相互作用所致。

之后又用计算机模拟设计了一系列 3，6，9-三取代丫啶，它们能与 G-四链体有更好的选择性作用，其中化合物 a 对 G-四链体的亲和性比对双链 DNA 的亲和性高 30 倍，对端粒酶的抑制作用显著，IC_{50} 达 0.06μmol/L。

Heald 等合成的一系列甲基化五环喹诺丫啶盐中，化合物 b 和 c 的端粒酶抑制活性较高，IC_{50} 分别为 0.25μmol/L 和 0.33μmol/L(图 9-21)。其中化合物 c 由于在丫啶稠环的 3 位和 11 位上的取代基是吸电子的 F 原子，使其对三链和四链 DAN 结构的选择性更高，并且该化合物具有良好的水溶性和稳定性，活性强而细胞毒性小，是非常具有潜力的端粒酶抑制剂，具有很好的应用前景。

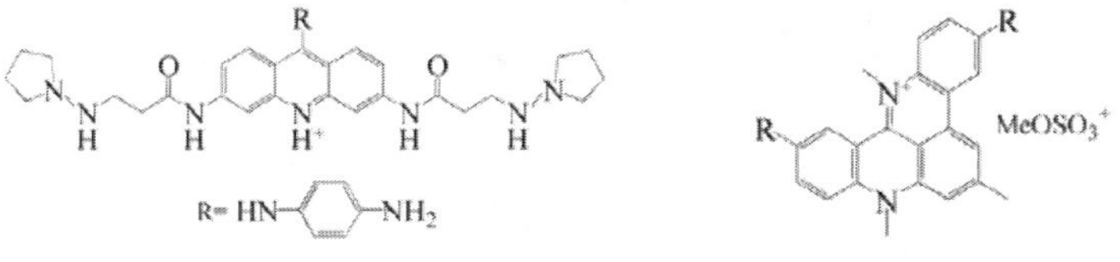

a　　　　b　R = Me; c R = F

图 9-21　丫啶类化合物的化学结构

引自(Hurley L H 2001)

7. 其他化合物

除了以上几类主要的作用于 G-四链体的小分子化合物外，二苯邻二氮杂菲衍生物、三丫嗪衍生物、氟代喹诺吩噁嗪及 ATP(三磷酸腺苷)等都对 G-四链体有较高的选择性，显示了不同程度的端粒酶抑制活性。此外，传统的抗癌药博莱霉素的 Ni(III)络合物，即 BLM- Ni(III)能选择性地断裂单分子 G-四链体而对双分子的 G-四链体没有作用。

综上所述，DNA 二级结构 G-四链体可能是药物设计，尤其是端粒酶抑制剂设计的新的合适的靶点，与其他以端粒酶本身为靶点的抑制剂相比，以 G-四链体为靶点的小分子化合物直接破坏了端粒酶的催化位点，因而能更为迅速地减缓细胞增殖。但目前人们对小分子化合物与 G-四链体以及端粒酶之间的作用机制尚未完全清楚，从现有的 G-四链体结构信息和生物学结果来看，有可能所设计的药物最终仍可能是作用于 G-四链体–蛋白质的复合物，同时小分子化合物的选择性、特异性还有待进一步提高。

二、作为 HIV 整合酶抑制剂

如前所述，用一些小分子化合物来稳定 G-四链体的结构可以抑制癌细胞中端粒酶的活性或通过阻止 RNA 聚合酶的功能来抑制 *c-myc* 癌基因的转录，这样这些小分子药物就可以作为抗癌药来使用。然而，G-四链体本身也可以作为一些功能蛋白如 HIV1-整合酶或凝血酶的抑制剂，特别是对于艾滋病，由于 G-四链体所具有的药物潜力，其结构和活性关系的研究成为许多实验室的研究课题。

Jing. N.等发现只含有 G 和 T 碱基的寡核苷酸序列 T30695($G_3TG_3TG_3TG_3T$)、T30177($GTG_2TG_3TG_3TG_3T$)(图 9-22)对艾滋病的 HIV-1 的整合酶有抑制作用，在纳摩尔

水平上就具有很强的活性，并且抑制作用的强弱和寡核苷酸形成的结构有密切关系(表9-4)。研究结果表明：在 K^+存在时形成的结构对 HIV 整合酶有强烈抑制，反之在 Li^+存在时却只有较弱的抑制，这是因为在不同金属离子中寡核苷酸序列形成的 G-四链体的具体结构不一样，Li^+存在时线形的寡核苷酸只能形成末端打开的 G-四链体结构，只有两层 G-四分体；而在 K^+存在时，末端的 T 碱基也参与了 G-四分体的形成，使整个 G-四链体为末端封闭的结构，具有近似四层的 G-四分体(图 9-23)。这种结构和活性的关系说明 G-四链体的形成及其四分体的数量在抑制 HIV 方面起了非常重要的作用。

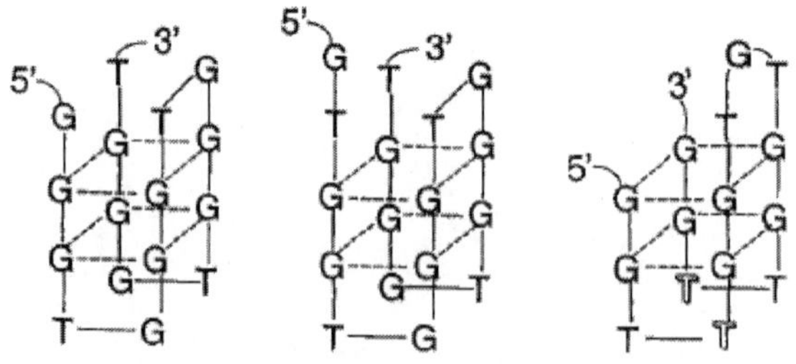

图 9-22　T30695、T30177 以及 TBA 的折叠模式

引自(Jing N J 1998)

表 9-4　几个寡核苷酸对 HIV-1 整合酶的抑制活性比较

寡聚体	5′→3′	IC_{50}/(nmol/L) 10mol/L KCl	IC_{50} /(nmol/L) H_2O (Li^+)
T30695	GGGTGGGTGGGTGGGT	31	530
T30177	GTGGTGGGTGGGTGGGT	26	480
TBA	GGTTGGTGTGGTTGG	470	790

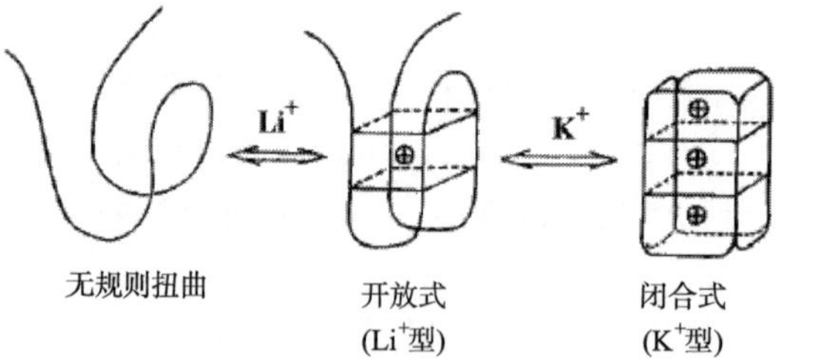

图 9-23　T30695 在 K^+ 和 Li^+ 条件下的不同折叠模式

引自(Jing N J 1998)

迄今为止，绝大多数已报到的 G-四链体结构都由一条、两条或四条富 G 碱基的 DNA 链形成的四分体构成。这些 DNA 链的伸展方向可以是全–平行型，全–反平行型，平行与反平行交错的混合型，并且结构中可以没有环(loop)，或者环以对角或同侧的方式存在。最近证明由 Patel 团队命名为 93del 的 DNA 适体(aptamer)结构上是一种新的在 K^+

条件下形成的双分子 G-四链体，93del 在体外浓度在纳摩尔的水平上就具有抗 HIV1 整合酶的活性，显示了很强的抑制 HIV1 整合酶的活性。同时 93del 具有非常独特的拓扑学结构，具体表现在以下几个方面：①该结构由两个相同的单分子 G-四链的第一个 G-碱基伸入到对方的结构中与其他三个 G-碱基形成四分体 G′-G6-G2-G13，形成互锁的二聚体，因此结构异常稳定。这种结构特征很少在其他 G-四链结构中出现，但确实是由几个内部–亚单元(inter-subunit)的 NOEs 结果所支持。②该结构中每跨越一个 G-四分体堆积层，就有三个逆转环，并且每个环上只有一个碱基。三个逆转环使分子内的 G-四链结构均采取全–平行型的 DNA 链的伸展方向。③在二聚体结构四分体核心的外面有四个残基的结构特征对药物设计非常重要，因为环上的残基的改变不会影响中心的核心结构。

虽然 93del 和 T30695 在结构上都是 G-四链体结构，但两者的拓扑学却差异很大。低分辨的 T30695 结构在 K^+溶液中，包括四个像 G-四分体一样的堆积层，并有四条平行伸展的 DNA 链和三个邻位的环，环上没有任何碱基使环高度扭曲，因此 G-T-G-T 的四分体并不是平面的。这个 T30695 的结构可能需要更精确的测定因为其亚氨基的质子峰很宽并有交叠现象，就说明又有两个或更多个拓扑结构同时存在。然而，基于广泛的来自环上碱基替换以及 G-四分体躯体长度变化的生物学数据的分析，Jing 等提出了 T30695-HIV-整合酶复合物模型，这个模型提示了 T30696 的 T-G-T-G 环的区域和 HIV-1 整合酶催化部位的 Asp64-Asp116 和 Glu152 的重要的氨基酸残基以“面对面”的方式相互作用。

与之相比，Phan 等却对 93del 进行了对接实验的研究，把圆筒状的 93delG-四链体对接在了由 HIV-IN 整合酶四聚体所形成的腔道中，其机理在于 93del 和四分子的 HIV-1 整合酶结构上相互匹配，93del 刚好位于四分子的 HIV-1 整合酶形成的内部空隙中，阻止了对整合酶功能非常重要的几个催化氨基酸残基，从而具有抗 HIV-1 的活性。然而这样一个模型和许多实验结果不相符。如果这一假设是正确的话，结构中外围环上的碱基就是和 HIV-1 整合酶接触的主要部位，因此也是决定其抗 HIV-1 整合酶活性的主要部位。然而，情况看来并非如此，因为替换环上的碱基或进行结构改造，其活性并无太大的改变。

意识到 G-四链体结构的柔性是非常重要的，DNA 序列或溶剂系统的轻微改变都可使其拓扑结构有巨大的改变。因此即使 93del 和 T30695 有相似的序列特征，它们可能采取不同的结构。而且模型中 HIV-1 整合酶亚单位的数目也有待确定。重要的是，G-四链体在与 HIV-1 整合酶结合后的结构有可能由于“诱导–契合(induced-fit)”机制而与非结合的游离态的结构不一样，因此，为解决这个复杂问题，更精细的实验方法，无论是 NMR 或者 X 射线衍射，对此都有必要进行研究。

虽然具有 G-四链体结构的 DNA 适体比较容易制得，而且在体外展示了极好的抗 HIV-1 整合酶的活性，但作为药物人们所关注的是如何有效地把这种高电荷的大分子输送到感染的细胞中。Jing 等已经开始探索这个问题，他们把 G-四链体变性后形成了 lipofectin-DNA 复合物后就可以把 DNA 分子运送到细胞内，然后被输送的 DNA 分子由于体内高浓度的 K^+而自动形成具有抑制 HIV-1 整合酶功能的 G-四链体结构。通过这种方法，另一个 DNA 适体 T40214，也是高效的 HIV-1 整合酶抑制剂，被成功地输送到几种细胞株的核内并有效地抑制了 HIV-1 的复制。不过，这种细胞内输送系统的有效性依赖于富 G 碱基的寡核苷酸的序列。因此，93del 通过该系统能否成功地运送到感染细胞还有待于进一步的研究。

总之，抗 HIV-1 整合酶的 DNA 适体的 G-四链体结构已经成功地被高分辨的 NMR 确证了，对接研究提出了其高效的抑制 HIV-1 整合酶活性的可能机理。利用细胞内输送系统，DNA 适体因此可能成为有效的抗艾滋病药物。然而，由多次静脉给药后造成的耐药性还是一个有待解决的问题。利用 DNA 作为抗艾滋病的最大优势可能在于：当艾滋病毒整合酶一旦发生变异，用 SELEX 的方法就能立即筛选出有效的序列来对抗，人们将从中看到治疗艾滋病的新希望！

主要参考文献

Ambrus A, Chen D, Dai J X, et al. 2005. Solution structure of the biologically relevant G-quadruplex element in the human c-MYC promoter. Implications for G-Quadruplex Stabilization. Biochemistry, 44: 2048~2058

Asensio J L, Brown T and Lane A N. 1999. Solution conformation of a parallel DNA triple helix with 5′ and 3′ triplex–duplex junctions. Structure, 7: 1~11

Belmont P, Constant J F, Demeunynck M. 2001. Nucleic acid conformation diversity: from structure to function and regulation. Chemical Society Reviews, 30: 70~81

Chou S H, Chin K H and Wang A. 2005. DNA aptamers as potential anti-HIV agents. Trends in Biochemical Sciences, 30: 231~234

Ghosal G, Muniyappa K. 2006. Hoogsteen base-pairing revisited: Resolving a role in normal biological processes and human diseases. Biochemical and Biophysical Research Communications, 343: 1~7

Griffith J D, Comeau L, Rosenfield S, et al. 1999. Mammalian telomeres end in a large duplex loop. Cell, 97: 503~514

Haider S M, Parkinson G N and Neidle S. 2003. Structure of a G-quadruplex-Ligand Complex. J Mol Bio. 326: 117~125

Han H, Hurley L H, Salazar M A. 1999. DNA polymerase stop assay for G-quadruplex-interactive compounds. Nucleic Acids Res, 27: 537~542

Han H, Hurley L H. 2000. G-quadruplex DNA: a potential target for anti-cancer drug design. Trends in pharmacological sciences, 21: 136~42

Kettani A, Bouaziz S, Wang W, et al. 1997. *Bombyx mori* single repeat telomeric DNA sequence forms a G-quadruplex capped by base triads. Nature structural biology, 4: 382~9

Keniry M A. 2001. Quadruplex Structure in Nucleic Acids. Biopolymers Nucleic Acid Sciences, 56: 123~146

Kerwin S M. 2000. G-quadruplex DNA as a target for drug design. Current Pharmaceutical Design, 6: 441~471

Lyonnais S, Gorelick R J, Mergny J L, et al. 2003. G-quartets direct assembly of HIV-1 nucleocapsid protein along single-stranded DNA. Nucleic Acids Res. 31: 5754~63

Mergny J L, Helene C. 1998. G-quadruplex DNA: a target for drug design. Nature Medicine, 4: 1366~1367

Mills M, Lacroix L, Arimondo, P B, et al. 2002. Unusual DNA conformations: implications for telomeres. Curr Ded Chem, 2: 627~644

Parkinson G N, Lee M P H, Neidle S. 2002. Crystal structure of parallel quadruplexes from human telomeric DNA. Nature, 417: 876~880

Phan A T, Modi Y S and Patel D J. 2004. Propeller-Type Parallel-Stranded G-Quadruplexes in the Human *c-myc* Promoter. J Am

Chem Soc, 126: 8710~8718

Siddiqui-Jain A, Grand C L, Bearss D J, et al. 2002. Direct evidence for a G-quadruplex in a promoter region and its targeting with a small molecule to repress *c-myc* transcription. PNAS, 99: 11593~11598

Simonsson T. 2001. G-quadruplex DNA structures-Variations on a Theme. Biol Chem, 382: 621~628

Sket P, Crnugelj M, Plavec J. 2004. d($G_3T_4G_4$) forms unusual dimeric G-quadruplex structure with the same general fold in the presence of K^+, Na^+ or NH_4^+. Bioorganic and Medicinal Chemistry, 12: 5735~5744

Wellinger R J, Sen D. 1997. The DNA structures at the ends of eukaryotic chromosomes. European Journal of Cancer, 33: 735~749

(周田彦)

第十章　核酸与蛋白质的相互作用

几乎所有的核酸在其生活史中都需要同蛋白质发生相互作用，许多核酸以核酸–蛋白质复合体的形式存在。核酸与蛋白质的相互作用十分重要，一些基本的生命过程，例如DNA复制、转录、修饰，基因调控，RNA的加工及蛋白质的合成等都与核酸与蛋白质的相互作用密切相关。

在细胞中，核酸与蛋白质的相互作用包括非特异性作用和特异性作用两类，与核酸结合的蛋白质可分为四种功能。①结构和包装作用：包括真核生物核小体的组成，原核生物中细菌拟核HU蛋白与核酸的作用以及病毒的组装等。②运输和定位作用：如质粒的转移。③代谢和重排作用：包括聚合酶、核酸酶、解旋酶和拓扑异构酶等的作用。④基因表达：如RNA聚合酶、转录因子、起始因子等的作用。这些功能许多是可以重叠的。

第一节　核酸与蛋白质间的作用力

核酸和蛋白质的相互作用非常复杂，许多不同类型的非共价键在核酸与蛋白质的分子识别中起到重要作用，因为核酸是大的聚合阴离子体。我们不仅需要考虑两个分离的分子间的力，而且必须考虑溶剂和溶液中离子的作用，以及分子大小和吸引力物质的排列，这种排列使得核酸与蛋白质以一种独特的方式相互作用。蛋白质和核酸的特异性作用明显与分子结构相关。

一、静电作用

静电作用是指荷电基团、偶极以及诱导偶极间的各种静电吸引力。在蛋白质核酸复合物中，核酸的多核糖磷酸主链的离子化磷酸残基带负电荷，蛋白质中赖氨酸的ε氨基，精氨酸的胍基或组氨酸的咪唑基团带正电荷，它们之间存在静电作用。这种作用的键能大约为40kJ/mol。

与其他的蛋白质核酸间作用力相比，静电作用较为持久。其强度与两种相反电荷间的距离成反比，不受方向影响，而且碱基组成的改变并不能完全改变磷酸基团在DNA中的构型，所以在蛋白质核酸相互作用中静电作用不产生特异性。静电作用受到溶液中盐浓度的影响，盐浓度增高则其强度减弱。由于水具有高介电常数，因而在两个离子化基团间无水分子的情况下静电强度增强。

二、氢　　键

氢键是由两个负电性原子对氢原子的静电引力而形成，是偶极–偶极间相互作用。

$$\overset{-}{X}—\overset{+}{H} \cdots\cdots\cdots \overset{-}{Y}—\overset{+}{R}$$

(供体)　　　氢键　　　(受体)

氢键存在于蛋白质的氨基酸侧链和核酸碱基之间，G-C 碱基对比 A-T 碱基对更易形成氢键，可能因为 G-C 碱基对是较强的偶极，空间立体位阻较小，并且在每一个侧面都可以形成氢键。另外，蛋白质氨基酸侧链和核酸碱基与水之间也形成氢键。氢键的键能比共价键弱，比范德华力强，在生物体系中通常为 8.4~33.4kJ/mol。键长为 0.25~0.32nm，比共价键键长短。其键角一般为 180°~125°。氢键具有一定的适应性和灵活性，其键能不大，但对物质性质的影响很大。一方面由于物质内部趋于尽可能多地生成氢键而降低体系的能量，即形成氢键最多原理。另一方面因为氢键的形成和破坏所需的活化能小，形成氢键的空间条件比较灵活，在物质内部分子间和分子内不断运动变化的条件下，氢键能不断地断裂和形成。所以，保持一定数量的氢键结合，对物质的理化性质非常重要，氢键是产生蛋白质核酸相互作用序列特异性的最重要的因素。

近年来，又提出了一种芳香氢键-π平面氢键(π-facial H-bond)，即芳环的电子云作为质子受体与一个氢键的质子给体形成的氢键， 通常是酰胺和芳环的氢键(图 10-1)，实验证明这种氢键在序列特异的蛋白质-DNA 相互作用中能代替普通氢键的功能，其能量有 2.09~4.18kJ/mol 用于蛋白质与 DNA 的结合，4.18~8.36kJ/mol 用于特异性识别过程。

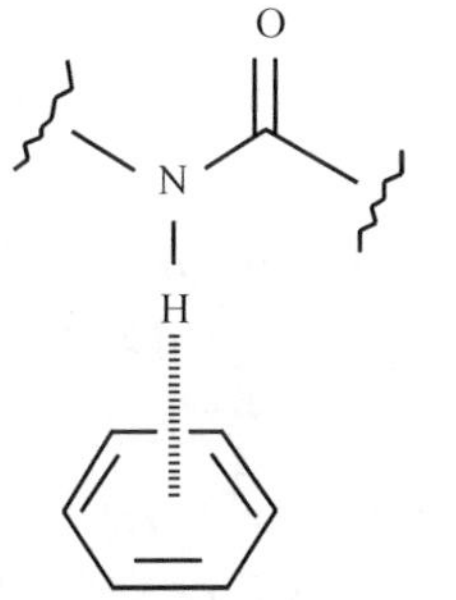

图 10-1　苯环π-电子云与酰胺间形成的氢键示意图

三、疏 水 作 用

疏水作用是指极性基团间的静电力和氢键力使极性基团倾向于聚集在一起，因而排斥疏水基团，使疏水基团相互聚集所产生的能量效应和熵效应。这是由于水的界面行为而形成的。一个非极性分子在水中形成一个急剧弯曲的界面，界面区域存在着一层有序的水分子。当非极性分子聚集时，界面的有序水分子被释放，成为部分无序的分散的水分子，这种无序的增加，使总系统内熵值增大，自由能降低，因而稳定了非极性分子的聚集。

四、色 散 力

碱基堆积由两种相互作用而产生：疏水作用和色散力。分子中两个未成键的原子相互靠近引起的极化作用，形成瞬间偶极矩，瞬间偶极矩将在邻近分子中诱导出新的偶极矩。瞬间偶极矩与诱导偶极矩的相互作用力即色散力。这种作用力与两个偶极间距离的六次方成反比，对于分子的热运动非常敏感。

尽管色散力具有距离依赖性，但由于它对碱基堆积起到了作用，从而对于维持双链核酸结构非常重要。而且，碱基堆积有利于单链核酸与蛋白质的结合，因为芳香族蛋白质侧链能够以嵌入模式插入单链核酸碱基之间。

第二节　核酸与蛋白质相互作用的分子基础

一、核酸与蛋白质的识别

核酸与蛋白质直接作用有四种途径：①蛋白质侧链同碱基的作用，是序列特异性结合的主要形式；②蛋白质主链(氨基基团)与碱基的作用；③蛋白质侧链与磷酸骨架的作用；④蛋白质主链与磷酸骨架的作用。蛋白质和核酸磷酸骨架的相互作用涉及带负电荷的磷酸残基与带正电荷的氨基酸残基之间的静电作用，此外，在核酸骨架和蛋白质侧链或主链氨基之间可形成氢键。

当核酸与蛋白质作用时，通过熔解碱基对，减小或增大弯折或螺旋使得核酸的构象发生变化，这种变化不仅对蛋白质、核酸的最初接触面进行调整，而且还可以控制序列特异性结合蛋白质的活性。

1. 蛋白质与 DNA 识别的方式

与双链 DNA 结合的蛋白质可分为三类：①同 DNA 末端相互作用的蛋白质，例如 DNA 连接酶、外切酶；②围绕 DNA 或以狭缝结合 DNA 的蛋白质，如 DNA 聚合酶，拓扑异构酶；③同 DNA 双螺旋表面作用的蛋白质。

与 DNA 双螺旋表面作用的蛋白质具有一种十分符合大沟的模体，通常模体中包含一个侵入大沟的α螺旋，这种结合通过形成稳定结合的埋藏接触面使接触区最大化。侵入大沟对于序列特异性的蛋白质结合非常重要，这样有助于通过直接结合碱基进行序列识别。

2. 蛋白质与 RNA 识别的方式

单链核酸比双链核酸更具柔性，RNA 总是折叠成发夹、茎环等各种二级结构以及更为复杂的三级结构，它的构象多样性使得 RNA-蛋白质相互作用的机理非常复杂。β折叠经常用于相互识别的表面，可能是由于这种结构使暴露的 RNA 碱基利于伸展而更适于化学结合。

二、水在核酸蛋白质相互作用中的作用

在非特异性的核酸蛋白质结合过程中，水分子是存在于接触面上的填充物，并不参与键的形成，这样使得蛋白质可以滑动并促进非特异性的相互作用。

水在特异性的核酸蛋白质结合过程中，参与核酸与蛋白质主链或碱基的氢键形成。当 *Bam*H I 同核酸作用时，四个有序的水分子介导蛋白质侧链和碱基的接触，水分子也可能伸入核酸和蛋白质组成的氢键网络，增强识别的特异性。

三、二聚化和协同性

许多序列特异性的核酸结合蛋白以二聚体的形式存在，通过结合蛋白的增大，增加了接触面和碱基识别的数量；接触面的增大又使结合的稳定性得以提高；通过可循环的蛋白与蛋白作用，增强了蛋白–核酸结合的亲和力，总之增加了核酸–蛋白相互作用的灵敏度、特异性、识别的多样性和可调控程度，并且产生协同效应。

第三节　蛋白质中的核酸结合基序

一、螺旋–转角–螺旋

调控蛋白识别 DNA 的螺旋–转角–螺旋(helix-turn-helix, HTH)[图 10-2(a)]结构是具有代表性的。这种基序包括两个α螺旋，螺旋之间有一个β转角，使两个螺旋可以通过疏水作用装配起来。其中位于大沟中的α螺旋对于识别 DNA 具有决定性意义，即为识别螺旋。而识别螺旋的外侧面是与 DNA 结合专一性的主要决定因素。典型的细菌螺旋–转角–螺旋结构的转角高度保守，包含 4 个氨基酸残基，其中第二个一般是甘氨酸。Trp 阻遏蛋白和分解代谢激活蛋白(CAP)是经典的实例。

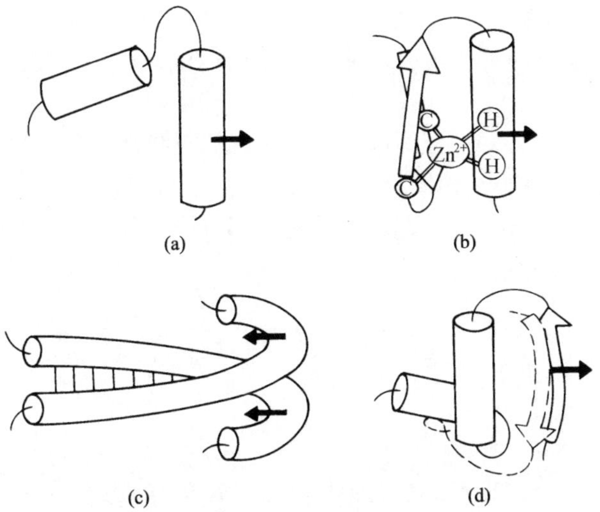

图 10-2　蛋白质中的 4 种 DNA 结合基序

(a) 螺旋–转角–螺旋；(b) Cys_2-His_2 锌指；(c) 碱性亮氨酸拉链；(d) 带–螺旋–螺旋

箭头代表识别结构，侵入大沟与碱基形成氢键在真核生物的转录调控蛋白中同样存在螺旋–转角–螺旋结构。同源结构域首先从果蝇的触角足(antennapedia，Antp)蛋白中发现。从酵母到人，大多数真核生物基因组中都存在同源结构域，而且其序列在进化过程中高度保守。所有的同源盒都通过与 DNA 序列特异结合而控制基因表达。这种结构在许多控制内环境稳定的转录调控因子中，以及在发育过程中决定区域特异性的蛋白中都占有主导地位。同源结构域包括 4 个α螺旋，螺旋 2 和螺旋 3 之间由β 转角相连并成直角，其左右形成了 HTH 基序，螺旋 3 是识别螺旋、结合于双螺旋 DNA 的大沟中(表 10-1)。

表 10-1 DNA 结合基序的氨基酸顺序

	螺旋 2	转角	螺旋 3
	36	40 41 42	47 50 51 52
λ阻遏物	-Val-X-X-X-Met-Gly-Met-X-X-X-X-Val-X-X Leu-Phe-Asn-		
果蝇同源结构域	-Leu-X-X-X-Leu-Gly-Leu-X-X-X-X-Ile-X-X-Trp-Phe-Gln-		
Prl 癌基因	-Let-X-X-X-Cys-Gly-Ile-X-X-X-X-Val-X-X-Trp-Phe-Gly-		
	34	38 39 40	45 48 49 50

最近发现，人类同源盒参与了一种急性淋巴细胞白血病的发病机理。细胞遗传学研究表明，大约半数的这种白血病的恶性淋巴细胞中有染色体移位现象，这种现象导致了与生长和分化有关的原癌基因向癌基因的转化。有研究发现，在几种人类白血病中，染色体 19 在 *E2A* 基因处断裂，*E2A* 编码两个增强免疫球蛋白基因转录的因子。由于染色体的移位，E2A 蛋白丧失了 HTH 基序和二聚体形成的基序，并被 Prl 蛋白代替，Prl 蛋白有一个 64 个残基的序列明显与果蝇同源结构域同源，它与前 B 细胞白血病有关。Prl 同源结构域中存在特征序列 Trp-Phe-X-Asp-X-Arg，其 N 端附近包括 4 个精氨酸和 1 个赖氨酸的序列与 DNA 双螺旋小沟中的磷酸基结合。Prl 是具有调节发育功能的序列特异性 DNA 结合蛋白新家族的首个成员。对 Prl 蛋白结构和功能的研究将为治疗白血病开辟新的领域。

在动物的转录因子中，同源结构域也可与其他基序结合。例如，在 POU 转录因子中，同源结构域与 POU 特异结构域相互连接。两个 HTH 基序，一个存在于同源结构域中，另一个形成 POU 特异结构域，两个结构域都可以单独结合 DNA，它们同时结合 DNA 则增加了特异性和稳定性。

二、锌指结构

1. Cys_2/His_2 锌指

在转录因子 TFⅢA 与 DNA 结合的结构域中，有 9 个相似的重复单位，每个单位约有 30 个氨基酸残基。在每个单位中，锌离子与两个半胱氨酸残基和两个组氨酸残基形成配位键，以及苯丙氨酸和亮氨酸形成疏水核心，即构成了锌指区。单个锌指的保守区序列如下：

$$\text{Cys-X}_{2\sim4}\text{-Cys-X}_3\text{-Phe-X}_5\text{-Leu-X}_2\text{-His-X}_3\text{-His}$$

锌指结构中包括一个β折叠和一个相邻的α螺旋(图 10-3)。每个锌指的侧链都与 DNA 的磷酸基和碱基形成氢键。α螺旋中的精氨酸同 DNA 的鸟嘌呤形成的氢键连接构成序列特异性识别，并使螺旋结构维持在大沟处。

TFⅢA 的 9 个锌指区与 5SrRNA 基因内源启动子区的 50bp DNA 结合，平均每个手指结合 5.5bp(图 10-4)。Klug 等对结合位点分析发现 G(或 GG，GGG)周期性出现，相隔约 5.5bp，而这些手指并非平均分配，可能成簇与启动子的三个重要区域(CCTGG)结合。

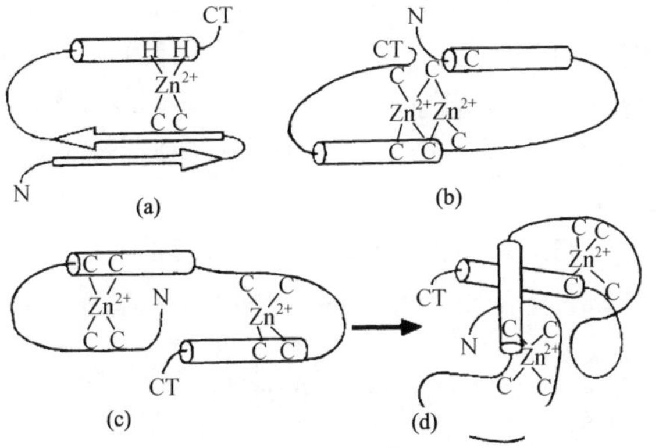

图 10-3　三种锌指结构类型

(a) 经典锌指；(b) 双核基因簇锌指；(c) 核受体(未折叠)；(d) 核受体(已折叠)

α 螺旋以圆柱表示，β 链以箭头表示；C = 半胱氨酸，H = 组氨酸，N = N 端，CT = C 端

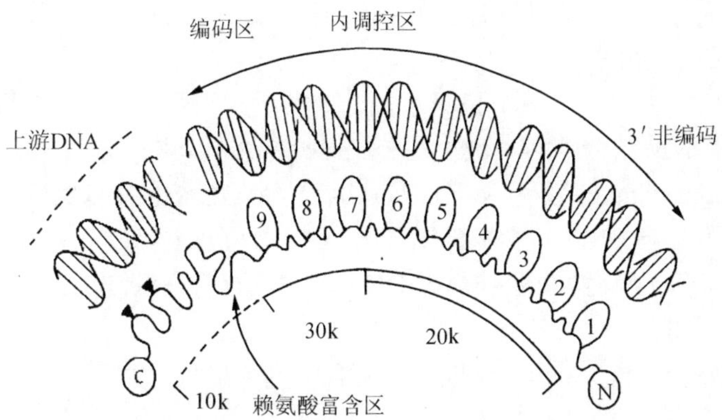

图 10-4　TFⅢA 结构域及其与 5SrRNA 基因 DNA 内调控区的结合

实验证明，第一个锌指的结合会降低其余锌指结合所需的旋转熵和翻译熵损失。锌指的结合具有协同性。

对于一些锌指蛋白，虽然同 DNA 作用的整个几何形状是保守的，但不是每一个锌指都参与同 DNA 的特异识别。锌指区数目，锌指区间隔距离及用强度使其对 DNA 的识别达到高度的专一性。

2. Cys_2/Cys_2 锌指

最大的多半胱氨酸锌指蛋白家族是类固醇胸腺激素核受体家族，每个锌指的结构为锌离子与四个半胱氨酸残基形成配位键：

$$Cys\text{-}X_2\text{-}Cys\text{-}X_{13}\text{-}Cys\text{-}X_2\text{-}Cys$$

这些蛋白质一般不具有大量重复的锌指，与 DNA 的结合区域短且呈回文结构。锌指结构是这些蛋白质与 DNA 结合所必需的。此结构域包括两个相互垂直的α螺旋，每个α螺旋与延伸链相连。两个α螺旋间是一个疏水残基构成的核心。每一个锌离子与α螺旋上的两个 Cys 和延伸环上的两个 Cys 结合，形成两个相似的锌指结构，再折叠形成一个大的球形结构域。N 端的α螺旋是识别螺旋，另一个α螺旋与二聚化有关。类固醇受体以同二聚体形式与 DNA 结合，而胸腺激素、维生素 D 和视黄酸的受体主要与视黄醛 X 受体形成异二聚体再与 DNA 结合。

酵母的转录调节因子 GAL4 的相关蛋白结构是独特的，称为锌双核簇(zinc binuclear cluster)，是 6 个半胱氨酸与 2 个锌离子配位，中间的半胱氨酸参与 2 个锌离子的配位。

三、亮氨酸拉链

在许多调控蛋白中都有一段富含亮氨酸的序列，每两个亮氨酸精确地相距 6 个氨基酸残基，这个区域易形成α螺旋或卷曲螺旋构象，具有“拉链”的两个蛋白能够形成稳定的二聚体。在α螺旋中，所有疏水氨基酸残基及亮氨酸排列在螺旋一侧，所有带电荷的残基排列于螺旋的另一侧，两个蛋白分子的两个α螺旋平行排列，依赖亮氨酸残基间的疏水作用力形成拉链产生卷曲螺旋并互相缠绕。每圈含 3.5 个氨基酸残基，每 7 个残基构成一个完整的重复单位。

在亮氨酸拉链式蛋白中，两个亮氨酸拉链作用形成一个“Y”形结构，其中，拉链构成茎，并不与 DNA 结合，两个碱性区分叉对称形成臂，与 DNA 结合。这种结构即为 bZIP (basic leucine zipper)基序。c-Fos 是从 AP1 分离出来的具有原癌发生基因特性的蛋白质，其本身不能与 DNA 结合，但它能与 AP1 的另一主要成分 *c-Jun* 形成异源二聚体，构成 bZIP 基序，从而两个亚基都对 DNA 靶位点具有高亲和力。

四、SPXX 序列

Suzuki 发现 Ser(Thr)-Pro-X-X-在 DNA 结合蛋白中的出现频率很高。这种 SPXX 或 TPXX 序列往往存在于 HTH 基序或锌指结构域的侧面。甾体激素受体包含 4~21 个这样的基序，DNA 聚合酶含 26~52 个，组蛋白 H1 也包含许多个 SPXX，其 X 是碱性残基。Suzuki 认为若干 SPXX 基序排列起来以同一种方式与 DNA 双螺旋的小沟结合。在原癌基因 *c-Jun* 和 *c-Fos* 中含有亮氨酸拉链和 SPXX 基序，它们与 DNA 的结合受到一个复杂机理的调节：包括通过亮氨酸拉链形成异源二聚体，SPXX 基序中丝氨酸的磷酸化和脱磷酸化，以及半胱氨酸的氧化和还原。实验证明，异源二聚体的形成和脱磷酸化以及半胱氨酸的还原态能增强与 DNA 的结合，而解聚成单体、磷酸化和半胱氨酸被氧化能够减弱结合作用。SPXX 中丝氨酸的磷酸化断裂了稳定β转角的氢键，并产生了对 DNA 的静电斥力，因而，丝氨酸和苏氨酸的磷酸化可能导致组蛋白 H_1、DNA 聚合酶 II 和其他蛋白与 DNA 分离，脱磷酸化则能增强其结合。

组蛋白 H_1 和 H_2B 的 N 端和 C 端都含有 SPKK 基序。SPKK 基序与 DNA 双螺旋小沟中的富含 AT 的序列结合。其结合强度与基序之间的间隔和基序侧面的序列有关。

五、螺旋–环–螺旋结构

螺旋–环–螺旋(helix-loop-helix, HLH)结构通常含有 40~50 个氨基酸残基，其中有两个既亲水又亲脂的α螺旋，α螺旋被 10~24 个氨基酸残基构成的连接环分开。此类蛋白依赖两个螺旋对应面上疏水基团相互作用形成同源或异源二聚体。与 HLH 基序相邻的强碱性区域是与 DNA 结合所必需的，含有此区的 HLH 即为 bHLH。

六、带–螺旋–螺旋基序

带–螺旋–螺旋(ribbon-helix-helix)结构是从三种细菌阻遏物(MetJ，Are 和 Mnt)中发现的。这类蛋白与 DNA 的识别由一个β折叠介导。其以二聚体的形式作用，每个单体提供一个由两个α螺旋稳定的β链，通过四级结构的相互作用，β链呈带状排列，顺大沟放置，通过形成多个氢键与 DNA 相互识别。

七、核糖核蛋白结构域

核糖核蛋白(RNP)结构域最初在酵母的多聚腺苷结合蛋白(polyadenylate-binding protein)中发现。此类结构具有两种保守模体——RNP1 和 RNP2，它们对于 RNA 特异性结合非常重要。它们包含在一个更大的结构中，这个大结构由 4 个β链和 2 个α螺旋以β-α-β-β-α-β的拓扑结构组成。

第四节　研究蛋白质核酸相互作用的技术

一、鉴定与蛋白质结合的核酸序列的技术

1. 凝胶阻滞分析

由于蛋白质–核酸复合物比裸露核酸的电泳迁移速度慢，所以我们可以利用凝胶阻滞分析(gel retardation assay)方法了解蛋白质–核酸结合位点的特点。将标记的核酸与蛋白质抽提物混合保温，未保温的标记核酸作为对照，一起进行凝胶电泳。由于凝胶阻滞作用，保温和未保温的样品将出现不同的迁移带。结合位点的精确定位可以通过加入过量的竞争性寡聚核苷酸研究，如果竞争结合位点适合，竞争性寡聚核苷酸将从标记核酸处俘获蛋白质，原来的蛋白质-核酸复合物迁移带将消失。

2. 超级凝胶电泳

超级凝胶电泳(super gel shift)是将免疫学与凝胶阻滞分析相结合用以鉴定核酸结合蛋白特异性。

蛋白质可以与相应抗体结合为复合物再与核酸探针结合，形成抗体–蛋白–探针三联复合物。由于抗体分子的加入使复合物在凝胶中的分子质量增大，因而迁移带更加滞后，从而证明蛋白质结合的特异性。此方法也可用于未知蛋白质的鉴定。

3. DNase I 足迹法

与蛋白质结合的DNA片段不能被DNase I 降解，所以通过电泳的条带就会产生间隔，同时对未与蛋白质结合的DNA酶解电泳片段测序，就能够确定被蛋白质保护的正确的核苷酸序列。DNase I 足迹法(DNase I footprinting)可以同时鉴定同一DNA片段上的几个结合位点。

4. 修饰保护

硫酸二甲酯(dimethylsulfate, DMS)可以特异性地甲基化鸟嘌呤碱基，作用后可用哌啶在修饰位点处剪切。蛋白质与鸟嘌呤碱基结合可以防止其甲基化，避免被哌啶剪切。所以将核酸与蛋白质抽提物混合保温后，用DMS处理，再用哌啶剪切，进行电泳，用未与蛋白质结合的核酸剪切产物作为对照，即可以鉴定同蛋白质作用的鸟嘌呤碱基。DMS是细胞通透性的，因而DMS保护可以用于研究细胞内蛋白与DNA的相互作用。DMS可以直接甲基化胞内基因组的鸟嘌呤，然后将DNA分离，用哌啶剪切，再用PCR扩增鉴定被保护和未被保护的产物。

5. 修饰干扰

在甲基干扰分析(methylation interference assay)中，将DNA用限量的DMS处理，使甲基随机引入，然后与蛋白抽提物混合保温，通过凝胶电泳分离。如果某个特殊的鸟嘌呤碱基对于蛋白结合是必需的，则修饰甲基阻止其与蛋白的结合。所有包含修饰碱基的片段都在未受阻滞的裸DNA带中出现。将受阻滞与未受阻滞的条带分别用哌啶处理，再进一步电泳，则未受阻滞的条带中含有惟一的片段，其大小可以反映可结合蛋白的碱基位置。

6. 尿嘧啶干扰实验

与硫酸二甲酯修饰相似，尿嘧啶干扰实验(uracil interference assay)也可检测到蛋白结合位点中的胸腺嘧啶。其中DNA探针是在TTP和dUTP混合物存在的条件下，用PCR扩增方式得到。探针中的T可被U替代，经尿嘧啶N-糖基化酶(uracil-N-glycosylase)作用可产生脱嘧啶核酸位点(apyrimidine site)，可以被哌啶特异性剪切。

7. 随机 PCR

随机 PCR(random PCR)是一种鉴定序列特异性蛋白结合位点的新方法，又称为：

CAST(cyclic amplification and selection of targets)，SELEE(systematic evolution of ligand by exponential enrichment)，SABS(selected and amplified binding site)，TDA(target detection assay)，RAPDA(random amplified polymorphic DNA analysis) 等。

甲基干涉分析和 DNase I 足迹法等实验都是使用固定序列的 DNA 来检测蛋白质结合与否，而不能反映核酸与蛋白质的动态结合，以及该蛋白质的最佳结合位点。随机 PCR 解决了这一问题。我们首先合成随机寡核苷酸，再将这些随机寡核苷酸克隆到一质粒中，利用欲研究的转录因子来驱动具有选择性的标记基因的表达，只有那些含有功能性结合位点的序列才能增加标记基因的表达而被选择出来，因而通过对选择存活的克隆中的序列进行分析即可得到一个共有序列。随着 PCR 技术的创立和发展，再将此技术与凝胶阻滞电泳、分子克隆及核酸序列分析等方法相结合，用于研究转录因子在核酸序列上的最佳结合位点。此反应在液相中进行，提供了一个模拟体内核酸–蛋白质相互作用的内环境，并且结合了随机选择的非偏差性，因而为选择最佳结合位点提供了最大的可能。

8. DNA-蛋白质杂交实验

DNA-蛋白质杂交实验(southwestern hybridization)可以用于鉴定蛋白质与 DNA 的特异结合，并确定结合蛋白质的分子质量。首先是蛋白质杂交，将待测蛋白经电泳分离并转移到膜上，再加入标记的 DNA 探针进行 DNA 与蛋白杂交。最后得到的杂交带型为蛋白与 DNA 探针特异结合产物，将此杂交带与蛋白标准参照物比较，可以得到 DNA 结合蛋白的分子质量。如果探针是 RNA，则为 northwestern 杂交。

二、核酸结合蛋白的纯化方法

核酸结合蛋白的丰度一般较低，然而，我们利用核酸与蛋白质相互结合的特点可以制备少量高纯度的核酸结合蛋白。首先，用蛋白抽提物与总基因组 DNA 或非特异性的 RNA 混合，去除非特异性结合蛋白，然后，利用根据共有 DNA 结合序列或特殊 RNA 序列设计的寡聚核苷酸提取目标蛋白。亲和层析是一个高效且应用广泛的方法，可用生物素/链亲和素亲和系统纯化核酸结合蛋白。

我们可以将得到的蛋白质用 Edman 降解进行微量测序，然后据此设计出简并的核苷酸探针或引物，通过筛选 cDNA 文库分离对应于 DNA 结合蛋白的克隆。我们还可以用含有核酸识别序列的寡聚核苷酸探针筛选 cDNA 文库获取基因，将其克隆于表达载体中，再在大肠杆菌中大量表达重组蛋白，进行更深入的研究。

第五节　非特异性相互作用

一、真核生物的核小体

核小体是真核生物染色质的基本结构单位(图 10-5)。当中期染色体在低盐浓度的介质中混悬时，它伸展成单一的染色质丝，在电镜下观察像成串的念珠。念珠即核小体：

蛋白质DNA的复合物，可用微球菌核酸酶破坏连接DNA，将其分离。核小体由组蛋白八聚体和DNA组成，四种高度碱性的组蛋白(H_2A，H_2B，H_3，H_4)各2拷贝组成八聚体结构，146bp的DNA以B型构象存在，并以1.75圈左手负超螺旋环绕组蛋白八聚体。核小体核心颗粒上DNA的进端和出端与组蛋白H_1结合，在此处H_1将DNA两端封闭在一起。当盐浓度提高时，H_1与核小体核心颗粒结合，核小体首先形成zigzag结构，然后进一步压缩成螺线管结构。

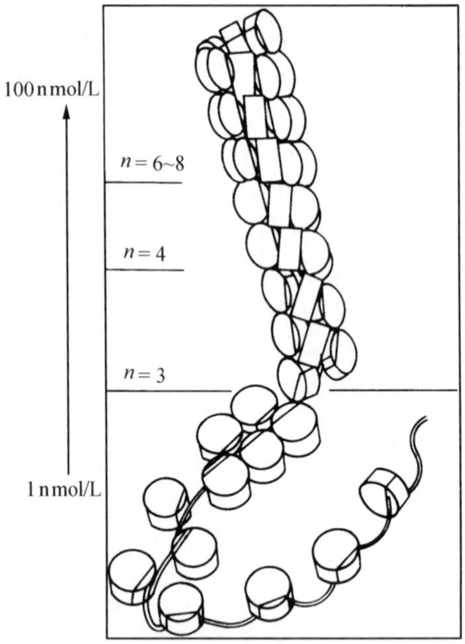

图 10-5　核小体形成高度有序的结构

组蛋白是高度碱性的蛋白质，富含带正电荷的赖氨酸和精氨酸残基，这些带有正电荷的残基与带负电荷的DNA主链发生静电作用。组蛋白折叠形成一个带有凸出N端尾巴的致密核心。其游离的尾部是翻译后修饰的靶，并能促进核小体间相互作用及与其他染色质蛋白间的相互作用。

组蛋白的定位、取向及序列结合能力不依赖特异的序列识别，而与核小体内紧密结合的DNA在某个方向的弯曲能力有关。当DNA分子紧密弯曲时，分子的外圆周比内圆周大，这时DNA-蛋白复合物外表面的双螺旋的DNA的大、小沟扩展，而双螺旋内侧沟被挤压变窄，所以，被结合的DNA必须随结合反应进行而适当调整、变形。

二、非序列特异性核酸酶

在生命过程中，所有的有机体都必须降解核酸，没有单一的酶专司此职，但是许多酶具有各种不同的特异性，它们已成为生物学研究中的有用的工具。

RNase A为牛胰腺核酸内切酶，仅切割3′端侧为嘧啶残基的单链RNA分子，对DNA、双链 RNA 及 RNA 与 DNA 形成的杂交双螺旋均无切割活性。

RNase 和 DNase 的作用机理不同。RNase 利用核糖 2′羟基替换 5′磷酸酯键，而 DNA 缺乏 2′羟基。RNase A 与 RNA 的结合位点覆盖 12 个碱基，以带电荷的蛋白质侧链与 RNA 的磷酸主链发生作用，所以 RNase A 不具有序列特异性。不同的 RNase 具有不同的肽链结构。DNase I 是双链 DNase，它的肽链环插入 B-DNA 的小沟与其相互作用。由于鸟嘌呤 2 位的氨基酸基团与酪氨酸形成空间位阻，所以 DNase I 更易降解 A-T 碱基对区域。

三、DNA 聚合酶 I

DNA 复制是一个非常复杂的过程，其中，DNA 聚合酶是关键酶，它是多亚基酶，不同的亚基有不同的催化活性。

DNA 聚合酶 I(Pol I)(图 10-6)是从 *E. coli* 得到的，它的主要功能是修复损伤的 DNA。它是单链分子，分子质量为 109kDa。它有 3 种酶活性：DNA 聚合酶活性，3′→5′外切核酸酶活性和 5′→3′外切核酸酶活性。将 Pol I 温和地水解，得到两个片段，小片段具有 5′→3′外切核酸酶活性，大片段(Klenow 片段)的分子质量为 68kDa，具有 DNA 聚合酶活性和 3′→5′外切核酸酶活性，它包括两个结构域，分别含有 200 个氨基酸残基和 400 个残基。Klenow 酶的主要用途有：①随机引物标记核酸探针；②补平 5′黏端 DNA 或对其进行 3′端标记；③合成 cDNA 的第二链；④双脱氧法 DNA 序列分析。小的 N 端结构域具有典型的核苷酸结合结构，外部是α螺旋，内部有 6 条互相平行的β折叠片。由于它与外切核酸酶的产物核苷单磷酸结合，且定点突变实验表明，小结构域中单个氨基酸的改变即能完全破坏外切核酸酶活性，所以小结构域具有 3′→5′外切核酸酶活性。

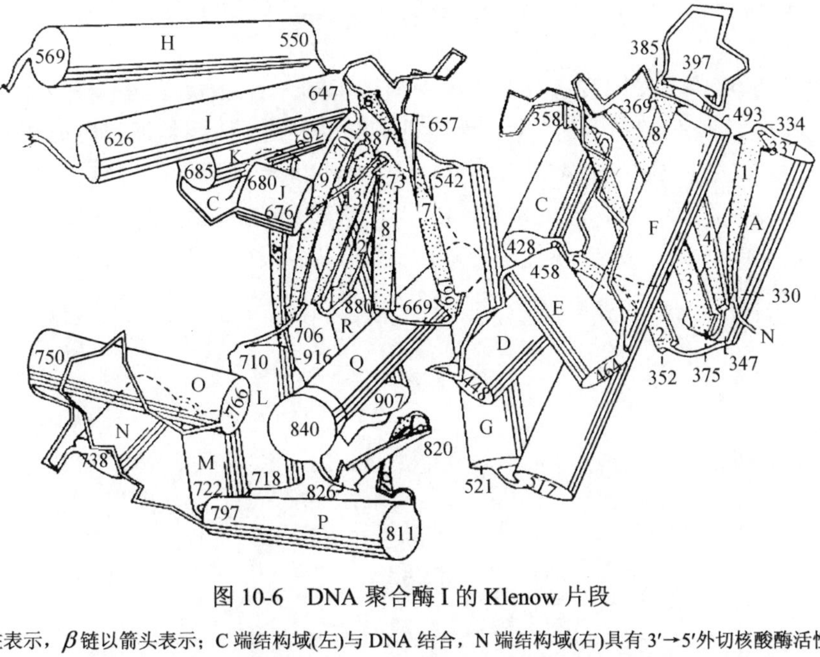

图 10-6 DNA 聚合酶 I 的 Klenow 片段

α螺旋以圆柱表示，β链以箭头表示；C 端结构域(左)与 DNA 结合，N 端结构域(右)具有 3′→5′外切核酸酶活性，C 端结构域中的裂口是 DNA 结合处，两个螺旋 J 和 K 突入 DNA 的大沟中

Klenow 片段的大结构域中心有一个与双链 DNA 结合的裂口，在模型中两个螺旋突入 DNA 的大沟中，帮助 Pol I 跟随 DNA 引物的末端。如果聚合酶加入了错误的碱基，DNA 的两条链将与聚合酶位点解离，阻止碱基的继续加入。DNA 子链与具有校对功能的外切核酸酶位点结合，切除加入的错误碱基。

第六节　特异性相互作用

一、阻 遏 蛋 白

在原核生物的基因表达调控中，如果在没有调节蛋白存在时基因是表达的，加入这种调节蛋白后基因表达活性便被关闭，这样的控制系统称为负调控系统，负调控系统中的调节蛋白质称为阻遏蛋白。操纵基因是阻遏蛋白的靶位点，当阻遏蛋白与操纵基因结合时，则阻止 RNA 聚合酶启动转录，基因表达被关闭。

当用胰蛋白酶对阻遏蛋白进行切割时，可将其分为两部分，“头段”(headpiece)由 1~59 残基组成，是 DNA 结合结构域。另一部分称为核心段，它保留了形成四聚体与诱导物结合的能力，但不能与操作子结合。阻遏蛋白单亚基的 N 端是一个螺旋–转角–螺旋 (HTH)的 DNA 结合基序，两个α螺旋恰好插入 DNA 的大沟中，与特异的 DNA 碱基接触。该 HTH 基序经一铰链区与蛋白质主体相连。当蛋白质与 DNA 结合时，铰链区形成α螺旋，蛋白质与 DNA 解离时其结构则杂乱无章。HTH 和铰链区共同组成头段。核心段由结构相似的两个区组成，每一区都有两个α螺旋夹着一个六链平行的β折叠。诱导物结合在两区的裂缝中。四个亚基的螺旋连在一起，维持阻遏蛋白的四聚体结构。

二、分解代谢物激活蛋白(CAP)

在原核细胞中许多基因表达存在一种正调控机制。当 *E.coli* 的培养基中同时含有葡萄糖和乳糖时，它仅分解利用葡萄糖，而阻抑乳糖的利用。原因是细胞内缺少葡萄糖时，腺苷酸环化酶将 ATP 转变成 cAMP，cAMP 与分解代谢物激活蛋白(CAP)结合成复合物，复合物再与启动子上的 CAP 位点结合，RNA 聚合酶开始启动转录。相反，有葡萄糖存在时，不能形成 cAMP，CAP 不能与控制区结合，*lac* 操纵子不能被表达。

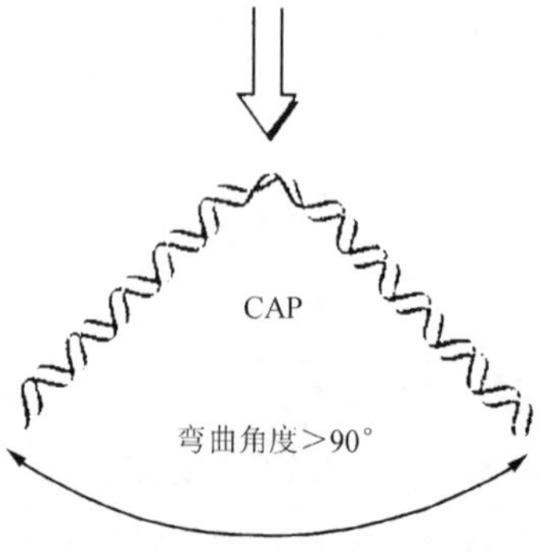

图 10-7　CAP 使 DNA 从对称轴弯曲

CAP 是由两个相同的亚基构成的二聚体，每个亚基都含有 HTH 基序，分子质量为 22.5 kDa，能被单个 cAMP 分子激活。每一个 CAP 亚基 C 端含有一个 DNA 结合区，N 端含有一个转录激活区。CAP 与 *lac* 启动子相互作用，弯曲点位于二重对称的中心，弯曲度大于 90°(图 10-7)。所以，CAP 与 DNA 的结合引起 DNA 双螺旋结构发生弯曲。弯曲的机制是：TGTGA 保守序列内产生一个尖扭结，每个拷贝中的两个扭结呈回文结构，引起超过 90°的弯曲。弯曲对转录可能有直接作用，也可能弯曲使 CAP 能与启动子上的 RNA 接触。

第七节 蛋白质工程与药物分子设计

蛋白质工程是以蛋白质的空间结构及其与生物功能的关系为基础，通过分子设计和基因修饰，对天然蛋白质进行定向改造，得到更符合人类要求的非天然蛋白质(图 10-8)。近年来随着药物设计的发展，基于生物大分子结构的药物设计(structure based drug design，SBDD) 已经成为药物发展中的重要领域，它与蛋白质工程密切相关。SBDD 可定义为应用靶分子在原子水平上的三维结构信息，指导和辅助药物的设计，是 X 射线晶体学、多维核磁共振技术、电子晶体学、药物化学、分子模型、生物学、酶学和生物化学等许多科学概念的结合。当前的分子设计是以计算机为工具，采用基于物理学原理的模拟方法和蛋白质分子结构的模型构建进行药物设计。由此可见，蛋白质工程是一个多学科交叉的复杂领域。

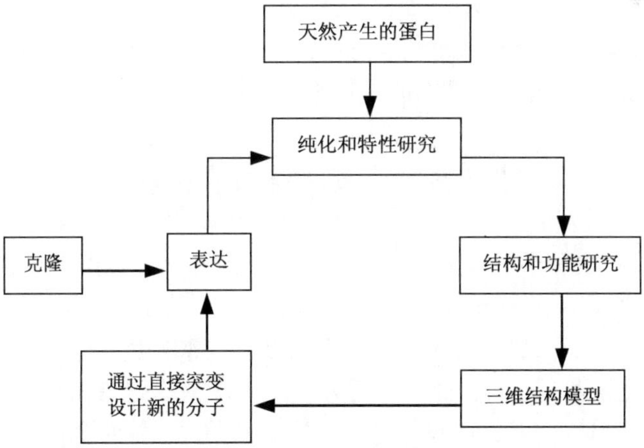

图 10-8 蛋白质工程原理

一、蛋白质的改性与分子设计

蛋白质的改性与分子设计是当前蛋白质工程的研究热点之一。我们可以通过蛋白质变异和蛋白质嵌合物的方法产生新型蛋白质。

1. 蛋白质变异

蛋白质变异可以采用定点突变的方式，在编码的基因中改变或缺失一个或几个核苷酸而造成突变，进而影响蛋白质的表达。胰岛素的蛋白质工程即是如此。将胰岛素分子中若干谷氨酸残基的一个或几个改为谷氨酰胺，可使其等电点升高，在生理 pH 下的溶解度降低，实现长效的目的。但有些变异物会改变与胰岛素受体结合的亲和力，或产生胰岛素样生长因子的作用。因而，另一设计思路是维持活性部位结构不变的同时，增加其他部位的结合强度，使之更难被酶破坏。例如，增加胰岛素多聚体间的结合强度，以达到长效目的。

2. 嵌合蛋白质

嵌合蛋白质是将两个不同的蛋白质基因融合起来，再表达此融合基因。重组蛋白质技术已被用于抗体人源化的研究。目前已经成功生产出鼠源性单克隆抗体，为了消除宿主过敏反应，对 T 淋巴细胞膜抗原 (CD3)的鼠抗体 OKT3 的可变区(V 区)进行了人源化设计，研究结果表明，人源化过程并没有使决定抗原特异性的 V 区的互补决定区(complementary determined region，CDR)的构象发生较大改变，抗体也保持了原有的活力。

此外值得一提的是与新一代计算机发展相关的细菌视紫红质(BR)的研究。它由一条 248 个氨基酸残基的单肽链和一个生色团(视黄醛)组成，能够通过一个称为光循环的构象转变将光能转化为化学能。我们可以将 BR 稳定在一些构象态，使之相互转化。如果把其中的两个态作为计算机的 0、1 单元，它就是一个二进制存储器。实验测得最快的两个态 L570 和 K610 间的转化速度为 0.75ps，比任何半导体材料都快得多。所以在计算机发展过程中，BR 将成为生物芯片研究的重要的材料。

二、基于生物大分子结构的药物设计

近年来随着结构生物学的发展，许多蛋白质及核酸、糖类的三维结构已被精确测定。到 2003 年 7 月 22 日，PDB(protein data bank)中收集的生物大分子空间结构数据已达 21 838 套，其中，蛋白质结构 20 613 套、核酸结构 1 207 套、糖类结构 18 套。由于药物都是作用于相应受体，而这些受体或靶分子绝大多数都是蛋白质或核酸，所以 PDB 中的结构数据为药物筛选和设计提供了科学依据，避免了药物随机筛选的盲目性。目前，已有很多生物大分子作为药物设计的靶标，例如酶、抗体、致癌和抑癌基因表达产物、细胞表面受体、转录因子等。SBDD 过程包括起始阶段和延续阶段(图 10-9)。

在蛋白质和药物的分子设计中，凝聚态物理、量子力学、计算化学、量子化学等理论方法起到了重要作用。为了计算的可行，我们将体系的总相互作用近似为组成该体系原子的两两间相互作用的总和，原子间的相互作用又进一步简化为各种简单的相互作用，如键伸缩能、键角扭曲能、二面角扭曲能、范德华力、静电力等的累加。基于这样的模型常用的理论方法有：分子动力学方法(MD)、蒙特卡洛方法(MC)、自由能微扰方法(FEP)、模拟复性(simulated annealing)技术，以及最近发展起来的量子力学与分子动力学相结合的方法(QM/MD)等。

药物设计通常使用的方法有模板定位法、原子生长法、晶体结构数据库搜寻法、化学数据库搜寻法以及原子填充法等。

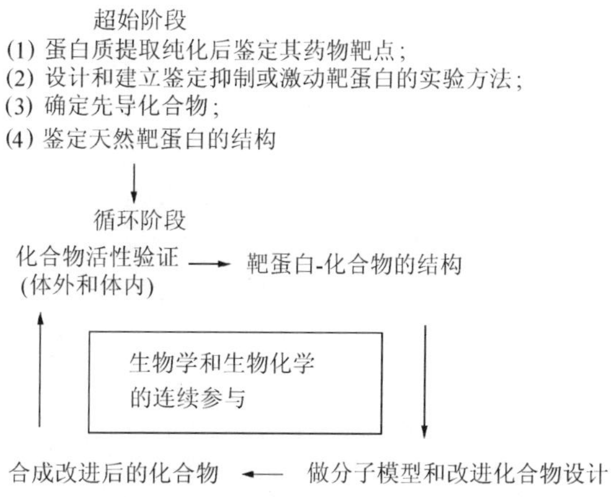

图 10-9　基于结构的药物设计图示

三、蛋白质结构预测与药物分子设计

蛋白质结构预测是药物分子设计的关键问题，目前有 3 种预测方法。

(1) 同源预测　即将待测结构的蛋白质分子序列与已知蛋白质相比较，根据序列相似性找出同源蛋白，作为模板构建待测蛋白质的分子结构。

(2) 从头预测　即从序列出发，基于对蛋白质分子折叠过程和机制的理解预测其结构。

(3) 结构类型识别　即首先建立一个已知的蛋白质结构类型数据库 (fold library)，将待测序列与这些结构类型相比较，并用一个函数判断序列与结构类型的符合程度(sequence-structure fitness function)，选择最相符的结构类型作为模板构建待测蛋白质的分子结构。

四、利用体外核酸筛选方法进行药物设计

我们知道病毒基因组中特殊的 RNA 或 DNA 序列一般与疾病的发生和发展有关，因而这些 RNA 和 DNA 是药物作用的最佳作用靶点。体外核酸筛选(*in vitro* nucleic acid selection)是从头识别潜在的药物作用靶的一种非常有效的方法，而且这种方法可以考察已知蛋白所识别的序列范围，探察新的或共识序列结合位点。此外，体外核酸筛选有助于建立核酸结合位点的三维结构模型，以指导药物分子设计。这种方法还可以用于筛选已有的工业化学库或新的化学组合库，对核酸序列和结构以及相应配体的结构和药效进行扫描，有助于找到已知化合物潜在的生物靶，此即反向药物开发。因此，利用体外核酸筛选方法具有相当大的应用潜力。其过程如图 10-10 所示。

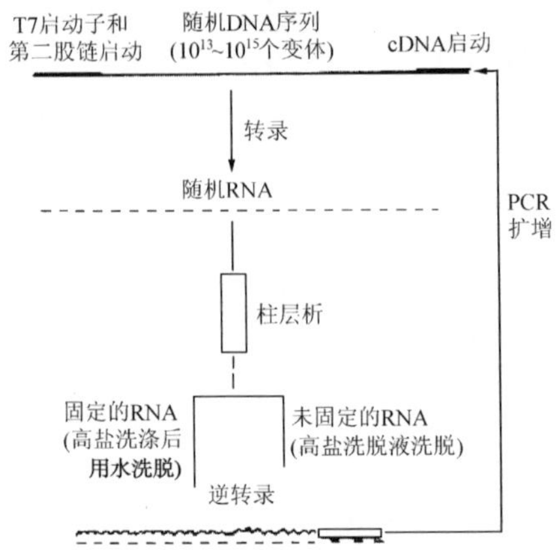

图 10-10　体外筛选示意图

主要参考文献

郝勇. 1994. 基于结构的药物设计: 在免疫药理和免疫抑制方面的应用. 国外医学药学分册, 21(2): 73~76

来鲁华等编. 1993. 蛋白质的结构预测与分子设计. 北京: 北京大学出版社

李明义, 贾弘褆. 1995. 蛋白质-DNA 相互作用与真核基因转录. 生物化学与生物物理进展, 22(1): 13~18

刘刚. 1995. 利用体外核酸筛选方法进行常规药物设计. 国外医学药学分册, 22(4): 210~215

孙乃恩, 孙东旭, 朱德煦. 1990. 分子遗传学. 南京: 南京大学出版社. 386~395

Blackburn G M, Gait M S, Gddman A, et al. 1990. Nucleic acids in chemistry and biology. New York: IRL Press, Oxford University Press. 339~381

Blancafort P, Steinberg S V, Paquin B, et al. 1999. The recognition of a noncanonical RNA base pair by a zinc finger protein. Chemistry & Biology, 6(8): 585~597

Brennan R G, Matthews B W. 1989. Structural basis of DNA-protein recognition. Trends Biochem Sci, 14: 286~290

Frank V，Murphy I V, Mair E A C. 2000. Nonsequence-specific DNA recognition: a structural perspective. Structure, 8: R83~R89

Hanas J S, Koelsch G, Moreland R, et al. 1998. Differential requirements for basic amino acids in transcription factor IIIA-5S gene interaction. Biochimica et Biophysica Acta, 1398: 256~264

Harrison S C. 1991. A structural classification of taxonomy of DNA-binding domains. Nature, 353: 714~719

Najai K. 1992. RNA-protein interactions. Curr Opinion Biol, 2: 131~138

Raumann B E, Brown B M, Sauer R T. 1994. Major groove DNA recognition by β-sheets: the ribbon-helix-helix family of gene reculatory proteins. Curr Opin Struct. Biol, 4: 36~43

Rhodes D, et al. 1996. Towards an understanding of protein-DNA recognition. Phil Trans R Soc, 351: 501~509

Schwabe J W R. 1997. The role of water in protein-DNA interactions. Curr Opin Struct Biol, 7: 126~134

Travers A A. 1989. DNA conformation and protein binding. Ann Rev Biochem, 58: 427~452

Turner R, Tjian R. 1989. Leucine repeats and an adjacent DNA binding domain mediate the formation of functional cFos-cJun heterodimers. Science, 243: 1688

(于晓琳)

第十一章　基于HIV结构生物学的药物研究之一

——Tat蛋白与TAR RNA相互作用的抑制剂

获得性免疫缺陷综合征，又称艾滋病(acquired immune deficiency syndrome，AIDS)是由人类免疫缺陷病毒(human immunodeficiency virus, HIV)引起的致死性传染病。HIV的不断变异和遗传异质性是抗艾滋病药物和疫苗研究的最大挑战。解决这一难题的重要途径之一是从HIV复制周期：O分子生物学基础研究中发现新机制、寻找新靶点，特别是寻找那些在遗传上相对稳定的环节作为抗HIV药物的新靶标。在下面的两章里，我们将介绍基于结构研究的抗HIV药物的设计原理、研究进展。

第一节　HIV的基本结构和生命周期

一、HIV基本结构

HIV属于逆转录病毒科(Retroviridae)的慢病毒亚科(Lentiviruses)。它具有所有逆转录病毒的共有特征，包括核糖核酸(RNA)组成的基因组、由三个蛋白基因(*gag*、*pol*和*env*)分别编码的核心蛋白、病毒的聚合酶类与被膜蛋白所共同组成的结构。成熟的HIV病毒颗粒呈球形，类似20面体结构，直径约110nm。毒粒外层是由脂双层膜构成的被膜，其表面有由gp120和gp41构成的突起。gp120是外膜糖蛋白，gp41插入被膜中，称跨膜糖蛋白。被膜上还有宿主细胞的各种成分，如Ⅰ类及Ⅱ类主要组织相容性抗原(MHC-I和MHC-II)等。被膜内面为p18/p17蛋白构成的核壳，其内为p24蛋白构成的衣壳，衣壳包裹着核心蛋白、酶类(逆转录酶、RNaseH、整合酶和蛋白酶)以及两条基因组RNA(图11-1)。

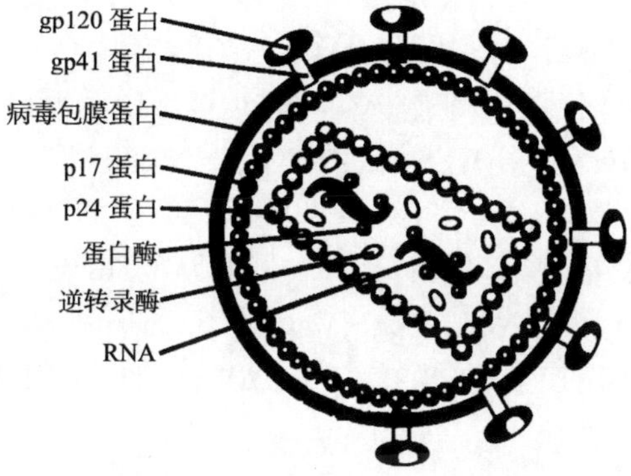

图11-1　HIV的基本结构

HIV 基因组由两条相同的单链正向 RNA 组成，每条含 9213 个碱基。其前病毒(provirus)长 9749 个碱基。基因组两端各含一个结构相同的长末端重复序列(LTR)，属非编码区，包含激活、增强和调节病毒复制及表达的重要序列。整个 LTR 共分 5 个功能区：负调控区(NRE)、增强子区、SP1 区、TATA 区和 TAR 区。各区都有独特的结构和功能，它们之间也相互作用并需要细胞因子的介入，共同构成了 HIV 基因表达的调控系统。HIV 基因组编码区至少含有 9 个基因，结构蛋白基因 *gag*、*pol* 和 *env* 为逆转录病毒共有，分别编码核心蛋白、病毒酶类和被膜蛋白。其中，*env* 的变异性较大，对于研制开发抗 HIV 药物造成了极大的困难。除了结构蛋白以外，HIV-1 还含有许多调控基因，这些基因编码相应的调控蛋白 Tat、Rev、Nef、Vpr、Vpt、Vpx 和 Vif，它们在 RNA 转录、转录后加工、蛋白质翻译直到病毒颗粒从细胞膜释放的过程中发挥调节作用。特别是病毒基因组的长末端重复序列(long terminal repeat, LTR)位于 HIV 基因组两端，其序列高度保守。在 LTR 5′端中含有 HIV 基因调控所必需的多个调控区，是一组真核增强子和启动子单位。在 HIV 基因组+1~+60 的一段核苷酸序列是与 HIV-1 反式激活因子(transactivator, Tat)结合并激活病毒转录的必需区，称为反式激活应答元件(transactivating responsive element, TAR),它位于病毒 LTR 转录起始位点的下游。HIV-1 的 TAR RNA 在+1~+59 位间形成一个由四段颈区、三个突起区和一个六核苷酸环区构成的稳定二级结构，其中的 UCU 三核苷酸突起区及其上下的两对碱基对是 Tat 蛋白的特异结合位点，Tat 的结合激活了转录，使病毒的复制得以正常进行，因此，Tat 蛋白和 HIV-1 TAR RNA 的结合在病毒的生命周期中扮演了重要的角色。HIV-1 的 *rev* 基因由两个外显子组成，分别编码由 25 个和 91 个氨基酸残基组成的肽段，这两个肽段最终组成一个 116 个氨基酸、分子质量为 19kDa 的调节病毒颗粒蛋白表达的蛋白质(regulator of expression of virion protein)，即 Rev 蛋白。Rev 蛋白是一个调节 HIV 基因复制的重要的反式激活因子，具有调节各种病毒蛋白模板相对水平的作用。对 HIV 调节蛋白有负调控作用，对病毒颗粒蛋白有正调控作用，其主要功能是促进 HIV 基因表达由早期(转录调节蛋白 mRNA)向晚期(转录 HIV 结构蛋白 mRNA)的转化，并促进晚期转录的进行。没有 Rev 的参与，结构蛋白和酶就不能表达，其作用机制与 Tat 蛋白类似，即 Rev 在细胞质中合成之后，进入细胞核与 HIV RNA 的 Rev 响应单元 RRE RNA 结合从而促进其表达，而且 Rev 被发现是以多聚体的形式与 RRE 结合的。Rev 不直接影响 HIV mRNA 的合成，但能促进较长 mRNA 由细胞核的输出和细胞质内的稳定性。Rev 蛋白的直接作用是使 Gag、Pol 和 Env 蛋白在细胞质内与全长的 HIV mRNA 同时积累和合成。与 Tat 相似，Rev 也是 HIV 的重要调节蛋白。当 HIV mRNA 转录之后，由细胞核内被转运至细胞质中翻译为蛋白时，病毒蛋白 Rev 通过其富亮氨酸核转运信号(NES)来完成对这一转运过程的调节，无论 Rev 蛋白基因还是 RRE RNA 结构的突变都会使 HIV 丧失感染性，因此 Rev 蛋白及 RRE RNA 也是抗 HIV 的重要靶点。除了这些基因及其专一性的结合蛋白外，HIV 还存在着许多在其生命中起作用的蛋白质，包括 Nef、Vpr、Vpu 及 Vif。Vif、Vpr、Vpu、Tat、Rev 和 Nef 这六个非结构基因编码调控蛋白大多参与了 HIV 生命周期的调节作用，是 HIV 致病的分子基础。

二、HIV 的生命周期

HIV 的生命周期主要包括下面几个关键环节：吸附、融合和进入；逆转录和整合；HIV 基因的合成和表达；以及组装和芽生、释放和成熟(图 11-2)。

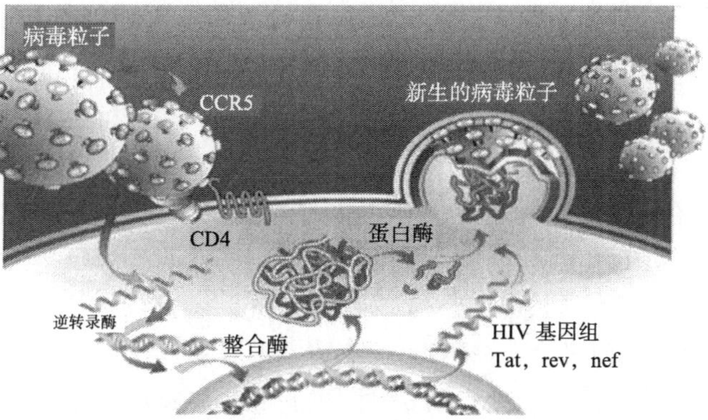

图 11-2　HIV 的生命周期

在病毒吸附、融合和进入环节有以下 3 个步骤：病毒的表面糖蛋白 gp120 与细胞表面受体蛋白 CD4 以高亲和力结合，吸附到宿主细胞上; gp120 再与宿主细胞表面辅助受体(CCR5 或 CXCR4) 相互作用，使病毒与宿主细胞膜更接近;而后 gp41 产生一系列构象变化，其 N 端的融合肽片段插入宿主细胞膜，导致病毒包膜与细胞膜的最终融合，将病毒基因组 RNA 释放入细胞质中。然后病毒逆转录酶以其本身 RNA 为模板，合成与其互补的第一条 DNA 链，继而 RNase H 清除 RNA，再以新合成的 DNA 为模板合成另一条互补的 DNA，形成双链 DNA。双链 DNA 进入细胞核，在整合酶的作用下整合入宿主细胞的染色体，形成前病毒。前病毒 DNA 随宿主细胞 DNA 的复制而复制，因而造成长期潜伏感染。一旦被激活，前病毒 DNA 在宿主细胞转录因子的作用下，由宿主细胞 RNA 聚合酶Ⅱ低水平转录形成病毒 mRNA，这种初始阶段的转录物经多次剪切，被转运到细胞质内翻译成调节蛋白 Tat 和 Rev。Tat 能够反式激活 LTR 的表达，Rev 能够抑制早期调节性 mRNA 的表达并激活晚期结构 mRNA 的表达，在它们共同作用下，全长的 HIV mRNA 进入细胞质翻译合成相应的病毒蛋白和酶类，再经过 HIV 蛋白酶的剪切过程，病毒的核心蛋白、酶类以及 HIV 全长 mRNA 一起装配形成病毒的核心结构，然后穿过细胞质膜，以芽生的方式获取宿主细胞的脂质双层膜及附在其上的病毒被膜糖蛋白 gp41 和 gp120，再经过成熟阶段，释放到细胞外，形成新的具有感染性的病毒颗粒。

HIV 复杂的复制周期为抗病毒药物的干预提供了多种可能性。由于 HIV 是逆转录病毒，所以最初用于临床的抗 HIV 药物多是逆转录酶(reverse transcriptase, RT)抑制剂，包括核苷类和非核苷类。通过 HAART(高活性 anti-RT)治疗的确减少了死亡率。但由于 HIV RT 系非特异性的酶，催化过程中极易发生错误，所以一般 RT 抑制剂均有较大的毒性，而且易产生抗药性。后来人们选择了以 HIV 蛋白酶(protease, PR)为靶标研制抗 HIV 药物。自 1996 年以来，已有八种 HIV PR 抑制剂(PRI)通过了美国 FDA 认证。这使 AIDS 患者的死亡率大大减少，但仍然存在着严重抗药性问题。据统计，目前其抗药性产生的速度甚至已经超过了细菌对抗生素产生耐药性的速度。所以治疗 AIDS 药物研制中一个十分棘手的问题是 HIV 的快速变异及高度的遗传异质性，使 HIV 病毒株迅速产生耐药性，这就迫使科学家认识到必须再回到 HIV 的基础研究中去，从 HIV 生命周期的关键环节，特别是从病毒自身携带基因的表达调控的机制中去寻找新的靶点，寻找那些在遗传上相对稳定的环节作为抗 HIV 药物的新靶点。

第二节　Tat 蛋白和 TAR RNA 相互作用作为抗 HIV 药物的结构基础

如前所述 HIV 基因表达是由病毒编码的蛋白调控的，随着对 AIDS 基础研究的不断深入，人们发现由 HIV-1 编码的两个基因调节蛋白——Tat 和 Rev，能分别特异地结合相应的病毒 RNA TAR 序列和 RRE 序列，从而控制病毒的基因表达，所以能作用在 RNA 的特异部位、影响这些调控蛋白与 RNA 结合的抑制剂可以有效地干扰病毒生命周期。反式激活蛋白 Tat，在病毒的复制中起到决定性的作用。反式激活机理目前尚未得知，但是关键点是依赖 Tat 蛋白和一个 RNA 序列特异区 TAR RNA 的相互作用。

Tat 是 HIV 编码的病毒调节蛋白之一，主要通过结合反式激活应答序列(TAR RNA)而促进 HIV 基因转录的延伸。在离体实验体系中，Tat 的有无可使 HIV 转录活性相差数百倍。Tat 的作用类似原核抗终止因子，它是第一个已知与 RNA 作用而不与 DNA 作用的真核转录因子。据推测，Tat 的作用环节可能是有效打破 RNA 聚合酶 II 移动时的限速步骤。

Tat 是一个由两个外显子编码，含有 86 个氨基酸的碱性蛋白。分为 5 个功能区域：①N 端区域：富含脯氨酸及许多酸性氨基酸残基。②半胱氨酸丰富区域：第 22~37 位氨基酸残基，含有 7 个高度保守的半胱氨酸，它们可与锌结合而介导 Tat 的聚合作用。③ 核心区域：第 37~48 位氨基酸残基，含有几个疏水残基。④碱性区域：第 48~59 位氨基酸残基，含有 6 个精氨酸和 2 个赖氨酸，是这类 RNA 结合蛋白的标志。⑤谷氨酰胺丰富区域：位于第一个外显子编码的 C 端，含有几个规则间隔的谷氨酰胺。Tat 蛋白的碱性区域和核心区域对于 Tat 蛋白与 TAR RNA 的特异识别是必不可少的(图 11-3)。

				5					10
Met	Glu	Pro	Val	Asp	Pro	Arg	Leu	Glu	Pro
				15					20
Trp	Lys	His	Pro	Gly	Ser	Gln	Pro	Lys	Thr
				25					30
Ala	Cys	Thr	Asn	Cys	Tyr	Cys	Lys	Lys	Cys
				35					40
Cys	Phe	His	Cys	Gln	Val	Cys	Phe	Ile	Thr
				45					50
Lys	Ala	Leu	Gly	Ile	Ser	**Tyr**	**Gly**	**Arg**	**Lys**
				55					60
Lys	**Arg**	**Arg**	**Gln**	**Arg**	**Arg**	**Arg**	**Pr**o	Pro	Gln
				65					70
Gly	Ser	Gln	Thr	His	Gln	Val	Ser	Leu	Ser
				75					80
Lys	Gln	Pro	Thr	Ser	Gln	Ser	Arg	Gly	Asp
				85					
Pro	Thr	Gly	Pro	Lys	Glu				

图 11-3　Tat 蛋白(精氨酸富集区)的结构

TAR RNA 是位于 HIV 转录物的 5′-LTR 中的一个含有 59 个碱基的稳定茎环(hairpin or stem-loop)结构，含有一个六核苷酸的环区和一个三核苷酸的嘧啶骨架突起(U23-C24-U25)，这个三核苷酸的骨架突起把双螺旋颈区分成两部分(图 11-4)。Tat 蛋白主要识别 RNA 的三碱基突起，Tat 对 TAR 识别的分子基础已通过广泛的基因突变研究、化学探针和肽键研究确定。它主要和碱基的 U23、C24 和 U25 作用，C24 和 U25 提供了容纳空间，它们也可以用其他核苷酸或链连物代替。除了碱基突起，在三碱基突起的上面和下面两个碱基对对于 Tat 蛋白的贡献也很大。识别机理包括两步：首先，Tat 蛋白碱性区中精氨酸残基的胍基与 TAR RNA 的三碱基突起结合，这种分子内识别诱导了 TAR RNA 的构象变化，进而诱导了 Tat 蛋白的其他功能基团在 TAR RNA 的三碱基突起大沟区的识别。TAR RNA 序列的高度保守和相对不易变异的特性，加之其与 Tat 蛋白作用机理的揭示，使 Tat-TAR 成为近年来抗 AIDS 药物设计的非常具有吸引力的新靶点。

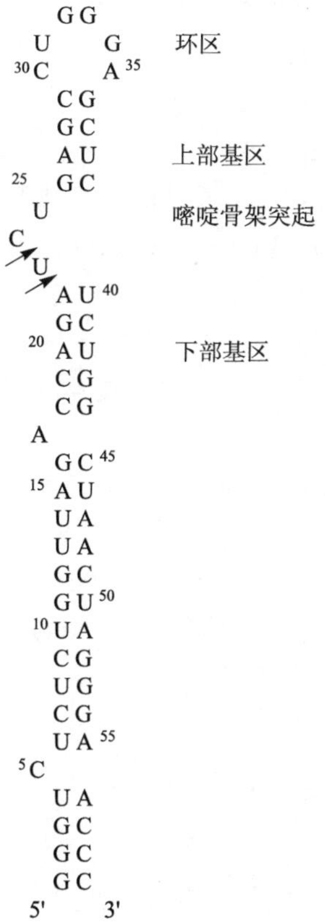

图 11-4　TAR RNA 的结构

Tat-TAR 结合的重要特征是蛋白诱导的 TAR 的构象变化，该变化能重新调整与 TAR RNA 骨架中特异分子识别相关的功能基团位置。TAR RNA 的三碱基突起对 Tat 的识别和特异结合具有关键作用，三碱基突起加宽了 TAR RNA 主沟区以利于 Tat 结合，根据 NMR 方法的结构测定，在结合 TAR RNA 中，所有三个碱基都处于螺旋之外，U23 被位于其与 G26 间的精氨酸而拉近二者距离。TAR RNA 由开放的和可接近的大沟区结构转变为堆积在 Tat 碱性侧链周围的结构。5′端的 U23 残基与大沟区中 G26 和 A27 接近，

U23 和 G26 与精氨酸残基的胍基和氨基接触。体现 TAR RNA 与 Tat 的碱性核心区域为多点相互作用，说明 HIV Tat 蛋白 RNA 结合区域的一个精氨酸残基对 Tat 与 TAR RNA 的顺序特异识别具有关键作用。精氨酰胺诱导了相似的 TAR RNA 构象改变。对胍和精氨酸分别与 TAR RNA 相互作用的 CD 谱研究得出了同样的结论，它们都诱导了 TAR RNA 构象的改变，这与 Tat 蛋白诱导的 TAR RNA 的构象改变类似。NMR 的研究还证明了精氨酸能给 TAR RNA 大沟区 G26 的两个磷酸分子提供氢键，加上它与三碱基突起的相互作用使形成的复合物稳定化。这些结构分析是寻找小分子和拟肽类 Tat-TAR 相互作用抑制剂的分子基础。

第三节　以 Tat-TAR RNA 相互作用为基础的 HIV-1 抑制剂

由于 Tat 与 TAR RNA 的结合在反义激活转录过程中具有关键作用，该过程又具有高度特异性的特点，加之 TAR RNA 序列的高度保守性，使抑制 Tat 与 TAR RNA 的结合过程成为阻止 HIV-1 病毒复制的重要靶点之一。而且，这个新靶点的发现有可能在克服 HIV-1 抑制剂耐药性方面有新的优势。20 世纪 90 年代以来，人们针对这新一靶点，设计、合成并发现了一些具有抗 HIV-1 活性的新型化合物结构。

根据 TAR RNA 的结构特点及 Tat 与 TAR 相互作用的分子基础，通过这个环节抑制 HIV-1 的小分子设计按作用靶标可分为四种：①以 TAR RNA 的三核苷酸突起区为靶；②同时以三核苷酸突起区和环区为靶；③以 TAR RNA 的环区为靶；④以 Tat 蛋白为靶。另外，按抑制剂结构特征又可分为反义核酸和肽类及拟肽类抑制剂。

一、以 TAR RNA 的三核苷酸突起区为靶

吖啶 (acridine) 衍生物及乙酰吩噻嗪(acetylpromazine)衍生物都是典型的以 TAR RNA 的三核苷酸突起区为靶的 HIV-1 抑制剂(图 11-5)。

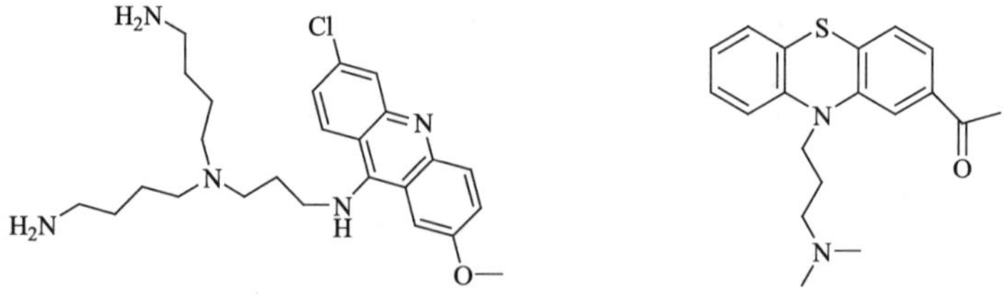

图 11-5　吖啶及乙酰吩噻嗪衍生物结构

这类化合物的结构特点主要为含有多个氨基功能团，分子中含有与 DNA 可形成嵌插作用的含杂原子或不含杂原子的平面芳稠环结构。它们能与 TAR RNA 三核苷酸突起区通过静电、氢键以及与突起部位的大沟区以嵌插的形式作用。这些作用较强，常常能阻断 Tat 与 TAR RNA 的结合，因此它们的 IC_{50} 都较小。例如，新霉素类衍生物 PRN 抑制 Tat-TAR RNA 结合的 IC_{50} 仅为 2.8×10^{-8}mol/L，显示了较强的竞争结合，相当于 Tat 蛋白和 TAR RNA 的结合。这些化合物具有一些共同的特点：①含有平面芳稠环的结构；

②具备特定长度的柔性连接侧链；③在侧链末端具有活性基团。由于 Tat 蛋白中精氨酸富集区域是与 TAR 结合的关键部位，而精氨酸上的胍基是关键的活性基团，且基于研究 Tat/TAR 识别抑制剂时所发现的一类能够抑制 Tat/ TAR 相互作用的化合物具备的结构特点，杨铭教授研究组设计并合成了一系列具有如下结构模式的化合物：

Ancho------------------Linker————Activator

(核酸结合部位)　(柔性连接侧链)　(胍基等)

通过体外抗 HIV-1 的筛选，发现两类化合物(图 11-6 和图 11-7)在低于细胞毒性的浓度下显示了较好的活性，并通过分子水平验证了其对 HIV-1Tat 与 TAR 结合的抑制。

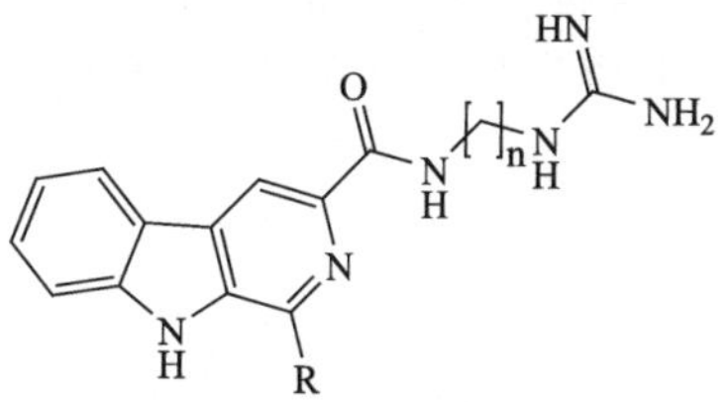

图 11-6　咔啉衍生物 CB(1)、CB(2) 和 CB(3)的结构

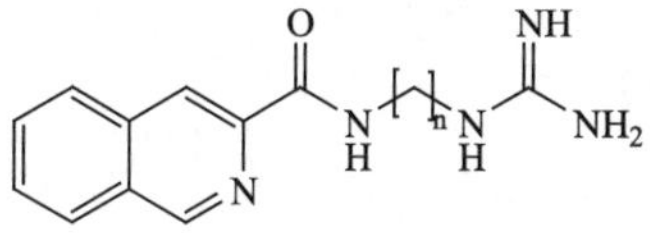

图 11-7　异喹啉衍生物 IG(1) 和 IG(2) 的结构

最近证明能特异作用在 TAR RNA 的三核苷酸突起的化合物是一个 6 氨基喹诺酮衍生物(WM5)(图 11-8)。作用机制研究表明它能够抑制病毒的复制，但对逆转录酶、整合酶和蛋白酶都没有抑制活性，而在浓度为 5μmol/L 时对 Tat 介导的 LTR 转录活性抑制率为 80%以上。分子机制研究表明它对 TAR RNA 的三核苷酸突起部位有很高的亲和力而对其环区和茎区没有作用。

目前所发现的以 TAR RNA 的三核苷酸突起为靶的化合物类型还有喹唑啉-2，3-二酮，结构见图 11-9。

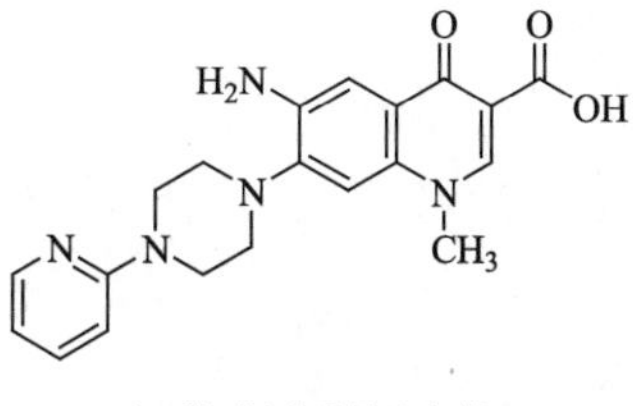

图 11-8　6 氨基喹诺酮衍生物(WM5)的结构

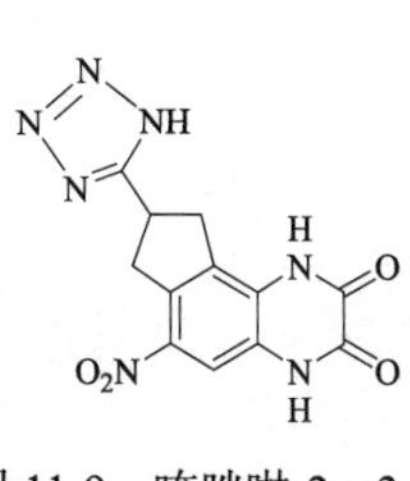

图 11-9　喹唑啉-2，3-二酮

基于以上研究，人们又设计合成了吡啶氧化物类的衍生物如 JPL-32(图 11-10)及吖啶类的衍生物如 CGP-40336A(图 11-11)。它们都结合在 TAR RNA 三核苷酸突起的部位并显示了很强的抑制 Tat-TAR 结合的活性。

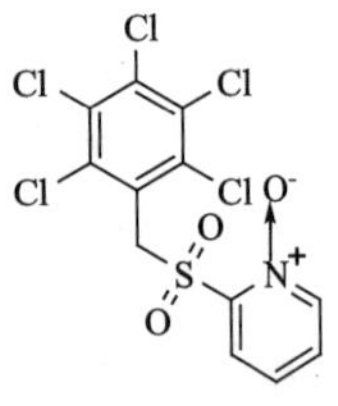

图 11-10　JPL-32 的结构

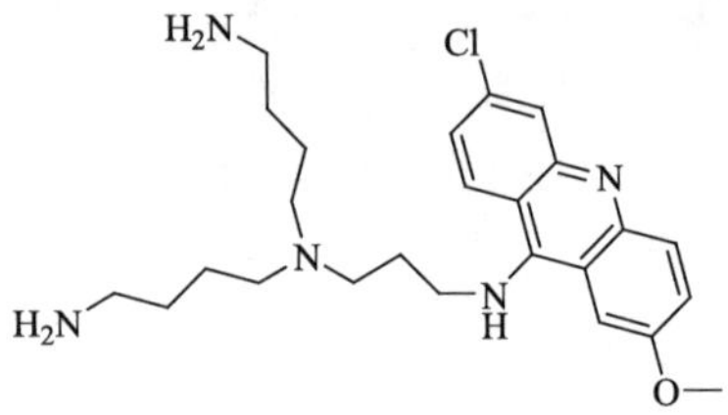

图 11-11　CGP-40336A 的结构

人们发现很多能够与 DNA 作用的化合物也能与 RNA 作用，它们通过与 TAR RNA 三碱基突起部位的高亲和性作用，特异地阻断了 TAR RNA 与病毒 Tat 蛋白的结合。如化合物 WO 0200614 (图 11-12)。

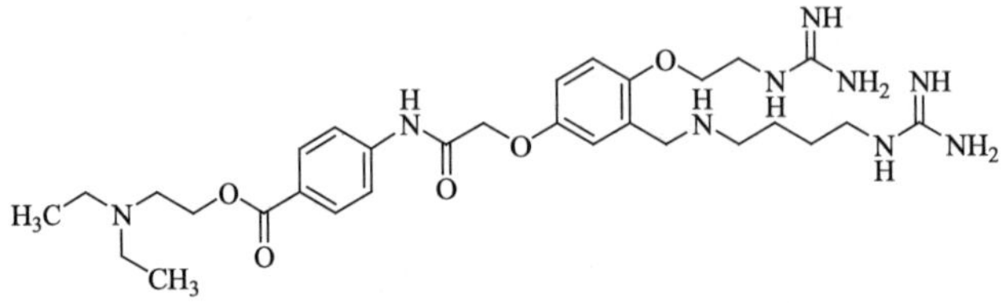

图 11-12　WO 0200614 的结构

二、同时以三核苷酸突起区和环区为靶

目前已经研究的具有抗 HIV-1 活性的乙啶衍生物(图 11-13)就属于这类化合物。Peytou 等把具有平面芳稠环的乙啶和精氨酸结合起来，并用分子模拟的手段研究了该类化合物与 TAR RNA 的结合作用，发现芳稠环部分插入 TAR RNA 下部颈区的双螺旋中，侧链臂精氨酸部分与三核苷酸突起区以氢键形式作用，两种作用大大增强了化合物与靶 TAR RNA 的亲和力，双功能区的结合抑制了 Tat-TAR 的结合，体外也显示了较好的抗 HIV-1 活性。

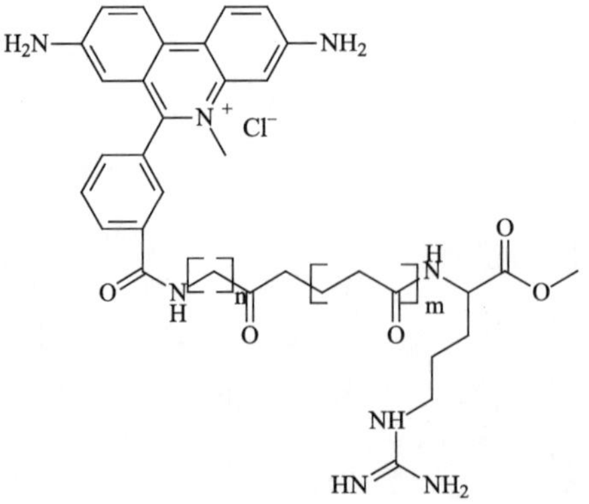

图 11-13　乙啶类衍生物的结构

能与核酸特异识别的氨基糖苷类化合物与 TAR RNA 的作用也属于这种类型。它们主要与 TAR RNA 颈环部的碱基形成氢键。主要结构特点是分子中有多个糖及多个氧原子(羟基)和氮原子(氨基)。Hamasaki 等研究的新霉胺衍生物(PRN)就是一个明显的例子，(图 11-14)。他们发现 PRN 能够通过与 TAR RNA 的强结合，有力地抑制 Tat-TAR 的相互作用。

新霉素和链霉素也是能与 RNA 分子特异结合的化合物。Litovchick 根据 Tat-TAR 结合的模型将一个新霉素 B 与六个精氨酸连接，偶联物的结构如图 11-15 所示。活性研究表明它在细胞外和细胞内对于 Tat 功能都显示有抑制作用，但是它也能通过与 CXCR4 作用阻断病毒的进入。

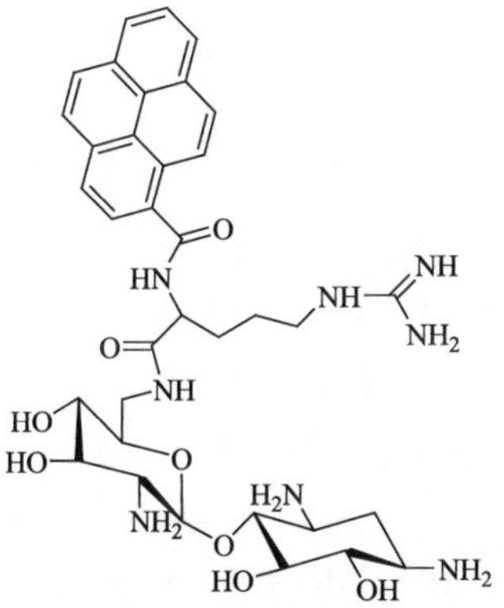

图 11-14　新霉胺衍生物(PRN)的结构

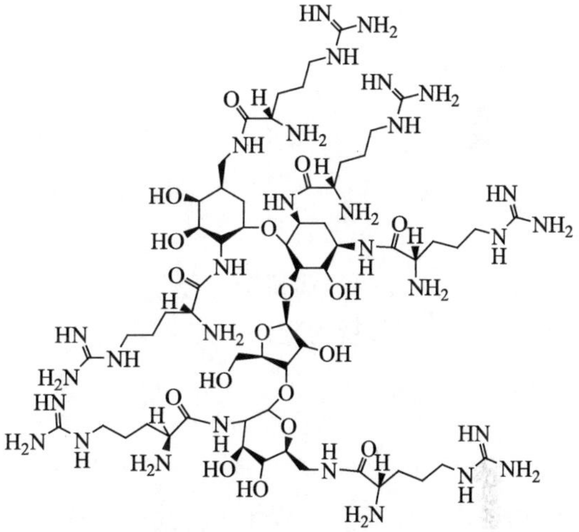

图 11-15　新霉素 B 与六个精氨酸偶联物的结构

在以上工作的启发下，王敏、杨铭等又以 TAR RNA 为靶，设计合成了一系列胍基缀合的海藻糖衍生物(图 11-16)。抗 Tat-TAR RNA 结合实验表明，这些带胍基的海藻糖新衍生物具有抑制其结合的活性。在海藻糖连接精氨酸或带有胍基的侧链后可以增强活性，并且随着胍基连接链延长而活性增强。

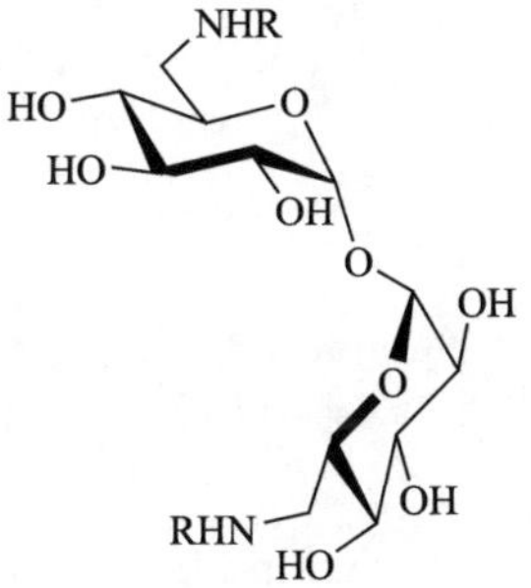

	R
T(1)	$C(NH)NH_2$
T(2)	$COCH_2NHC(NH)NH_2$
T(3)	$COCH_2CH_2CH_2NHC(NH)NH_2$

图 11-16　胍基缀合的海藻糖衍生物结构

三、仅以 TAR RNA 的环区为靶

这些药物主要有喹唑啉类衍生物和大环多胺衍生物(图 11-17)。它们主要通过分子内的氨基与 TAR RNA 环区的碱基及磷酸中的氧原子以氢键形式作用，改变 TAR RNA 的空间构象，抑制 Tat 蛋白与 TAR RNA 的识别作用，从而抑制 Tat 蛋白反式激活作用，使转录失活，达到抑制病毒复制的效果。

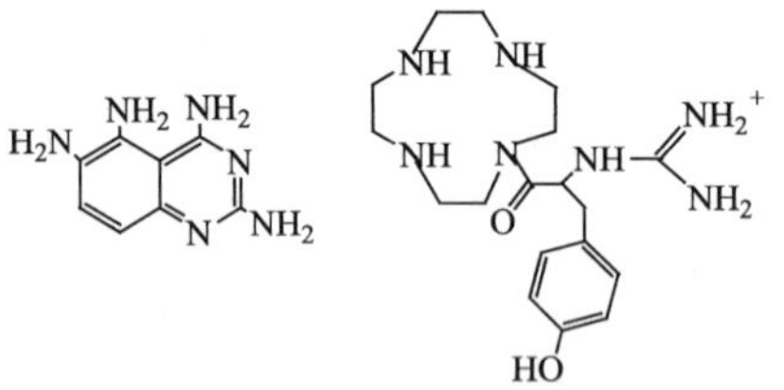

图 11-17　2，4-二氨基喹唑啉和大环多胺衍生物的结构

四、以 Tat 蛋白为靶

Tat 是 HIV 编码的病毒调节蛋白之一，主要通过结合反式激活应答序列(TAR RNA)而促进 HIV 基因转录的延伸。HIV-1 LTR 被 Tat 激活可有效打破 RNA 聚合酶 II 移动的的限速步骤。在离体实验体系中，Tat 的有无可使 HIV 转录活性相差数百倍。Tat 的作用类似原核抗终止因子,它是第一个已知与 RNA 作用而不与 DNA 作用的真核转录因子。以上所提到的化合物多数是通过结合在核酸上来干扰 Tat-TAR 复合物的形成。实际上，Tat 蛋白也成为了药物直接作用的另一个靶点。在 2000 年 7 月在德班召开的艾滋病会议上第一个被发现的以 Tat 蛋白为靶向的新化合物 CGA137053 首次面世(图 11-18)。后续的研究进一步证实 CGA137053 对 TAR RNA 没有亲和力，但能够通过直接与 Tat 蛋白结合，特异性地干扰 Tat-TAR 的相互作用。而且，在细胞水平上对 HIV-1、HIV-2 及 SIV 均呈现明显的抑制活性。它作为抗艾滋病的新型治疗剂的先导化合物具有明显的发展前景。

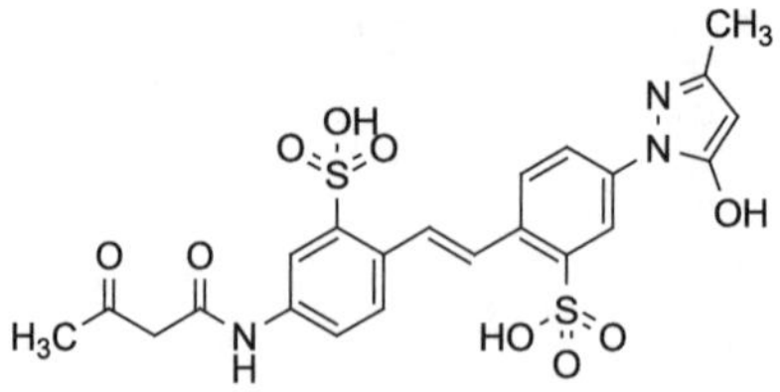

图 11-18　CGA137053 的结构

五、反义核酸类及拟肽类抑制剂

Beatrice 及 Kaushik 等基于 Tat-TAR 的结合特点及 TAR RNA 的结构,设计并合成了几个不同的聚反义寡核苷酸序列，发现了一些对核酶稳定的能够抑制 HIV-1 Tat-TAR 结合的反义寡核苷酸，它们均能够以高亲和力与 TAR RNA 结合通过阻断 Tat 介导的反式

激活作用干扰病毒的复制。随后 Mayhood 等将肽核酸(PNA)引入 Tat-TAR 结合抑制剂的设计中，基于 PNA 的结构特点设计了一些化合物。这些抑制剂主要以 TAR RNA 发夹部位为靶，(图 11-19)。这些抑制剂的结构特点主要在于分子中含有碱基、氨基酸等结构，一方面增加了分子对酶的稳定性，另一方面又加强了分子本身对靶分子 TAR RNA 的结合，从而起到抑制 Tat 与 TAR RNA 的结合，显示了良好的抗 HIV-1 的作用。

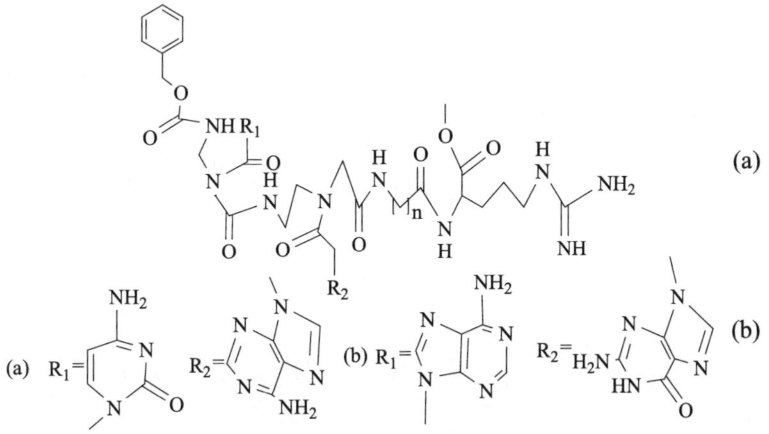

图 11-19　PNA 的结构

除此之外，Tat 的类似物，包括其核心区或碱性区都曾被报道能够抑制 HIV 复制，而且能够有效阻断反式激活过程。Talmilarasu 基于 Tat 蛋白功能区——精氨酸富集区的结构，设计并合成了一些含有 Tat 功能片段的肽类及拟肽类衍生物(图 11-20)。活性研究表明这类化合物能有效抑制用 HIV Bu-L 病毒株感染的单细胞内由 Tat 诱导的病毒激活。最近，Hwang 等运用组合化学和高通量筛选的方法合成了一些能够竞争性地抑制 Tat-TAR 结合的仿肽类化合物 TR-87(图 11-21)，它在无细胞毒情况下显示出的有效抗病毒浓度为 5μmol/L。

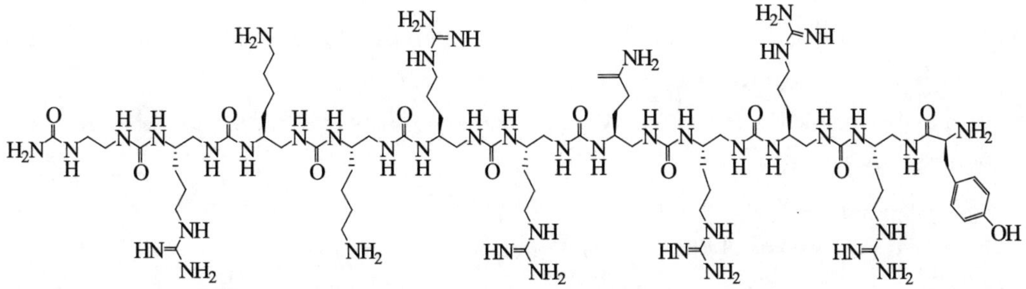

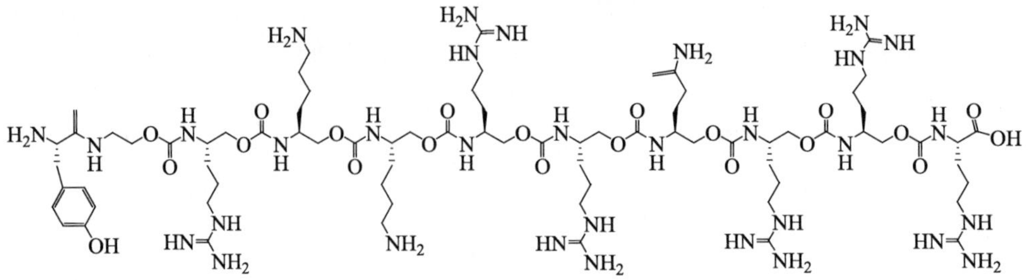

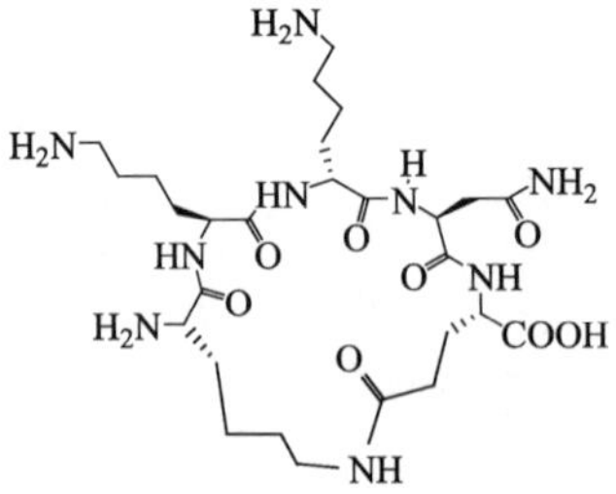

图 11-20　含有 Tat 功能片段的肽类及仿肽类衍生物的结构

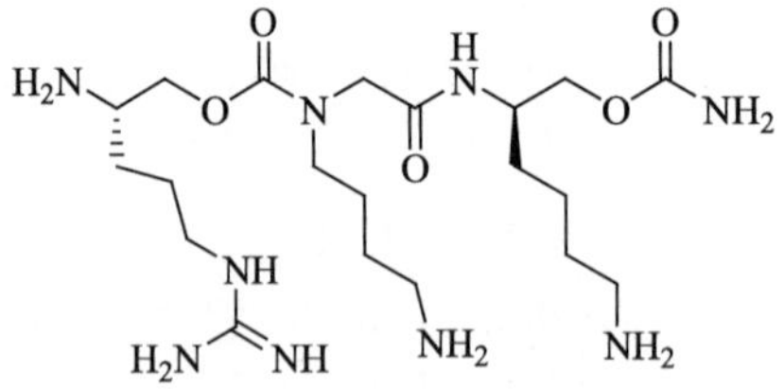

图 11-21　TR87 的结构

主要参考文献

Aboul-ela F, Karn J, Varani G. 1996. Structure of HIV-1 TAR RNA in the absence of ligands reveals a novel conformation of the trinucleotide bulge. Nucl. Acids Res., 24: 3974~3981

Brodsky A S, Erlacher H, Williamson J R. 1998. NMR evidence for a base triple in the HIV-2 TAR C–G p C mutant–argininamide complex. Nucl.Acids Res. 26, 1991~1995

Cujec T, Okamoto H, Fujinaga K , et al. 1997. The HIV trans-activator Tat binds to the CDK-activating kinase (CAK) and activates the phosphorylation of the C-terminal domain of RNA polymerase II. Genes Dev., 11: 2645~2657

Daelemans D S, Dominique W, Myriam P, et al. 2002. A second target for the peptide Tat/transactivation response element inhibitor CGP64222: inhibition of human immunodeficiency virus replication by blocking CXC-chemokine receptor 4-mediated virus entry. Molecular pharmacology, 57 (1): 116~124

De Clercq E. 2002. Strategies in the design of antiviral drugs, Nat. Rev. Drug Discov., 1(1): 13~25

Depecker G, Patino N, Giorgio C , et al.2004. Cyclic PNA-based compound directed against HIV-1 TAR RNA: modelling, liquid-phase synthesis and TAR binding Org. Biomol. Chem., 2: 74 ~79

Ding L, Zhang X, Chang W, et al. 2005.Studies of binding constants and interaction of drugs to trans-activation response RNA by capillary electrophoresis. Analytica Chimica Acta, 543: 249~253

Garcia-Martinez L F, Mavankal G, Neveu J, et al. 1997. Purification of a Tat-associatede kinase reveals a TFIIH complex that modulates HIV-1 transcription. EMBO J., 16: 2836~2850

Gelus N, Bailly C, Hamy F, et al. 1999. Inhibition of HIV-1 Tat-TAR interaction by diphenylfuran derivative: effects of the terminal basic side chain. Bioorg., Med. Chem., 7: 1089~1096

Hamma T, Saleh A, Huq I, et al. 2003. Inhibition of HIV tat–TAR interactions by an antisense oligo-2′-O-methylribonucleoside methylphosphonate. Bioorg., Med. Chem. Lett., 13(11): 1845~1848

Hamy F, Gelus N, Zeller M, et al. 2000. Blocking HIV replication by targeting Tat protein. Chem.Biol. 7: 669~676

He M, Yuan D, Lin W, et al. 2005. Synthesis and assay of Isoquinoline derivatives as HIV-1 Tat-TAR interaction inhibitors, Bioorg., Med. Chem. Lett., 15(17): 3978~3981

Kaushik N, Basu A, Pandey V N, et al. 2002. Inhibition of HIV-1 replication by anti-trans-activation responsive polyamide nucleotide analog. Antivir. Res., 56 (1): 13~27

Long K S, Crothers D M. 1999. Characterization of the solution conformations of unbound and Tat peptide-bound forms of HIV-1 TAR RNA.Biochemistry, 38: 10059~10069

Pantano S, Tyagi M, Giacca M, et al. 2002. Amino Acid Modification in the HIV-1 Tat Basic Domain: Insights from Molecular Dynamics and in vivo Functional Studies. J. Mol. Biol., 318: 1331~1339

Peytou V, Condom R, Patino N, et al. 1999. Synthesis and Antiviral Activity of Ethidium-Arginine Conjugates Directed Against the TAR RNA of HIV-1. J. Med. Chem., 42 (20): 4042~4053

Tamilarasu N, Huq I, Rana TM, et al. 2000. Design, Synthesis, and Biological Activity of a Cyclic Peptide: An Inhibitor of HIV-1 Tat-TAR Interactions in Human Cells. Bioorg., Med.Chem.Lett., 10: 971~976

Wang M, Xu Z, Tu P, et al. 2004. α,α-Trehalose derivatives bearing guanidine groups as inhibitors to HIV-1 Tat-TAR RNA interaction in human cells. Bioorg., Med. Chem. Lett., 14(10): 2585~2588

Yuan D, He M, Pang R, et al. 2007.The design, synthesis and biological evaluation of novel substituted purines as HIV-1 Tat－TAR inhibitors. Bioorg., Med. Chem., 15: 265~272

Yu X, Lin W, Pang R, et al. 2005. Design, Synthesis and Bioactivities of TAR RNA Targeting β-carboline derivatives Based on Tat-TAR Interaction.Euro.J.Med. Chem., 40: 831~839

Yang M. 2005. Discoveries of Tat-TAR Interaction Inhibitors for HIV-1, Current Drug Targets-Infectious Disorders, 5: 433~ 444

Yu X, Lin W, Li J, et al. 2004.Synthesis and biological evaluation of novel β-carboline derivatives as Tat–TAR interaction inhibitors. Bioorg., Med. Chem. Lett., 14(12): 3127~3130

Zhao H, Li J, Jiang L. 2004. Inhibition of HIV-1 TAR RNA–Tat peptide complexation using poly acrylic acid. Biochem.Bioph.Res., 320: 95~99

(杨　铭)

第十二章　基于 HIV 结构生物学的药物研究之二

——HIV-1 衣壳蛋白及人亲环蛋白 A

当前，用于临床的抗 HIV 药物主要是针对跨膜糖蛋白、逆转录酶和蛋白酶的研究所获得的抑制剂，而病毒的不断变异和遗传异质性使得这些药物容易诱导耐药性，并且具有副作用。

在 HIV-1 结构中，衣壳蛋白(capsid protein，CA，p24)是构成一个形态成熟的有感染性的病毒颗粒所必需的蛋白质壳体结构，其内包裹着对病毒感染性极其重要的病毒 RNA、病毒基因和酶。病毒进入细胞后，在人亲环蛋白 A(cyclophilin A，CYPA)等分子伴侣的帮助下，衣壳蛋白解体，释放出的 RNA 在脱壳后完成逆转录；随后，新组装的衣壳蛋白重新包裹 RNA 使病毒达到成熟，从而完成复制周期。衣壳蛋白作为病毒的结构蛋白，在此复制周期中起着至关重要的作用，而 CYPA 和 TRIM5α 作为生物体内的重要功能蛋白，也参与到病毒复制周期中。因此，认识 HIV-1 衣壳蛋白及其分子伴侣的结构，阐明其在病毒复制周期中的分子机理，总结相关的抑制剂发现过程，进而阻断或抑制 HIV-1 组装与去组装的生命过程，对确认新的药物靶点并发现新药物无疑具有非常重要的作用。近期研究表明，HIV-1 衣壳蛋白突变可导致病毒衣壳稳定性变化，而削弱病毒复制，从而使得 HIV-1 衣壳蛋白成为潜在的药物靶点。本章将对 HIV-1 衣壳蛋白及其分子伴侣之一人 CYPA 的结构、生物学功能及相关抑制剂研究进展逐一介绍。

第一节　HIV-1 衣壳蛋白的结构、组装机理及抑制剂

在病毒生命周期中，*gag* 基因在翻译时先合成一个分子质量 5.5×10^4 kDa 的前体蛋白 Gag(也称 p55), 然后裂解为 p17、p24、p7 和 p6 四种蛋白以及 p2(也称 SP1)和 p1(也称 SP2)两个小肽，这一系列加工过程均由 HIV 蛋白酶催化。上述蛋白质的编码序列在 *gag* 基因中按(5′)p17(MA)-p24(CA)-p2-p7(NC)-p1-p6(3′)的顺序排列[图 12-1(a)]。

大约 4000 个 Gag 的复制物装配在细胞膜上，出芽成为一个未成熟的病毒颗粒。随着出芽，蛋白水解酶切开 Gag 前体蛋白，释放出 p24。病毒基因组的两个复制片段和感染所需的关键酶被包裹到衣壳中心，形成成熟病毒体的圆锥状衣壳[图 12-1(b)]。

HIV-1 衣壳蛋白含有 231 个氨基酸，分子质量为 2.4×10^4kDa，是一个高度疏水性的磷酸化蛋白质(图 12-2)。在被蛋白酶切割后，Pro1 折向螺旋 3,并在 Pro1 和 Asp51 之间形成盐桥，起到稳定蛋白的作用。许多迹象表明，β 发卡结构是在 MA-CA 结合部位水解后才形成的,说明水解过程引起了 CA 局部结构的变化。重新折叠后的两个 N 端结合从而构建一个新的衣壳蛋白二聚化结合部位，这对于成功组装成一个锥形核心也是必需的。

衣壳蛋白重折叠所形成的具有功能的变化就是形成了一个新的 CA-CA 结合部位。两个衣壳蛋白的螺旋 1 和 2 在分子间相互作用成为一个四螺旋束,这个四螺旋束形成一个疏水的核心从而形成了 CA-CA 接头的主要部位。

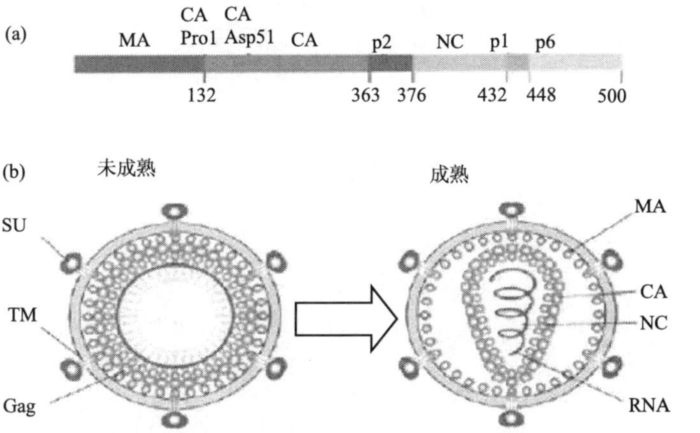

图 12-1　衣壳蛋白的形成示意图

(a) Gag 前体蛋白的结构示意图；(b) 病毒粒子的形态成熟结构图

衣壳蛋白分为 N 端结构域和 C 端结构域，共有 11 个 α 螺旋，2 个 β 发卡及一个亲环蛋白环。N 端结构域包括 7 个 α 螺旋结构、2 个 β 发卡结构和 1 个部分暴露的亲环蛋白连接环，折叠后构象呈楔形，底部狭窄，顶端宽大。7 个螺旋结构分别为螺旋 1(Ser16~Lys30)，螺旋 2(Ser33~Ser44)，螺旋 3(Thr48~Val59)，螺旋 4(His62~His84)，螺旋 5(Arg100~Ala105)，螺旋 6(Thr110~Thr119)以及螺旋 7(Val126~Ser146)。除了螺旋 7 最后的三个氨基酸残基属于 β 发卡结构，这些螺旋结构都属于 α 螺旋。衣壳蛋白 C 端结构域的第 151~231 位氨基酸残基对于衣壳二聚体的形成和病毒的组装都是必需的。此结构域包含一个含有 20 个氨基酸残基的主要同源区(major homology region，MHR)，它在逆转录病毒中非常保守，对于病毒的组装、成熟以至传染都至关重要。C 端结构域由 4 个螺旋和一个 N 端的延伸链组成，呈球形折叠。其中，MHR 区形成一个错综复杂的氢键网状物，从而使得 N 端的延伸链与螺旋 1 和螺旋 2 相互连接起来。

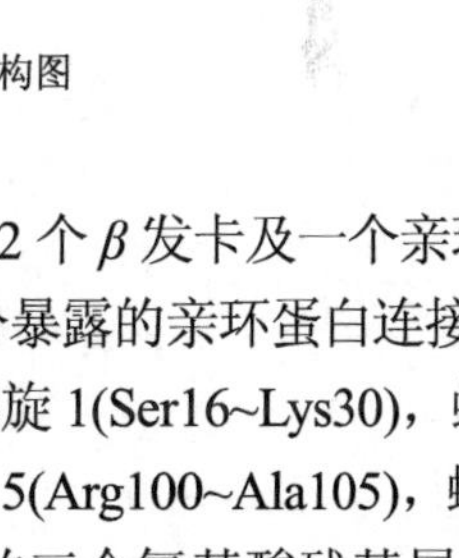

图 12-2　HIV-1 衣壳蛋白结构

CA(146~231)蛋白二聚化的亲和力基本与全长的衣壳蛋白二聚化的亲和力一致。其二聚体分界面是通过两个单体的螺旋 9 相互作用形成的(Ser178~Val191)，二聚体中心在 Trp184 和 Met185。

人亲环蛋白 A 是肽脯氨酰顺反异构酶(PPIase)，由 165 个氨基酸组成，分子质量为 18 000kDa，包含 8 股反平行 β 片层。这些 β 片层组成一个桶状结构，在桶的上下口各有一段 α 螺旋将桶的两端封闭，在体内能结合蛋白质并加速它们的折叠、装配和转运，起分子伴侣的作用。在 HIV 病毒复制周期中，亲环蛋白 A 结合于衣壳蛋白 N 端结构域中富含脯氨酸的亲环蛋白环上(图 12-3)，从而改变衣壳蛋白构象，在病毒成熟过程中促进衣壳的正确组装，并且可能在病毒进入和脱壳过程中对衣壳起去稳定化作用。

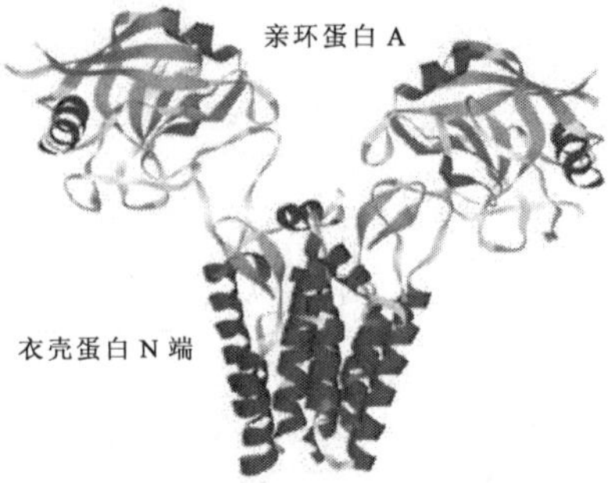

图 12-3　HIV-1 衣壳蛋白N端与亲环蛋白A的结合作用图

为了确定衣壳蛋白表面在病毒生命周期不同阶段的功能，研究人员利用定点突变及丙氨酸扫描测定发现：N 端中的螺旋 4~6，C 端中的二聚体界面及底部的螺旋 8 前方的环状区氨基酸的变化会带来病毒的致死性变化。另外研究表明，N 端的脯氨酸盐桥上的天冬氨酸突变或替换，不仅阻碍病毒粒子形态上的成熟，也能在体外逆转录酶含量及活性正常的情况下，阻碍被感染细胞中病毒 DNA 的合成。

Li等利用电镜技术构建了病毒组装成熟过程中HIV-1衣壳蛋白的形态学模型——富勒烯(Fullerene)圆球。在病毒出芽和 Gag 前体蛋白分裂之后，HIV-1 衣壳蛋白的 N 端与邻近衣壳蛋白分子的 N 端形成新的连接。这种连接依次进行，构成成熟衣壳蛋白的六聚体结构(图 12-4)，从而形成一个六元环，这个六元环通过与衣壳蛋白 C 端二聚结构进行连接。进一步研究表明，富勒烯圆球由一个六角形排列成的六边形衣壳蛋白环和一个在蛋白底部互相接近的十二个五边环构成。重氢交换实验显示，HIV-1 衣壳蛋白 N 端和 C 端足够接近并容许螺旋 4 和螺旋 9 的赖氨酸残基相互连接从而促进衣壳蛋白装配的进行。

Ganser 等运用低温电镜技术得到了衣壳蛋白高分辨的二维六聚体结构。这个结构证明了衣壳蛋白 N 端六元环的稳定是由于螺旋 1~3 的分子内相互作用。新的结构同样展示出 C 端形成了同源二聚化作用，从而通过表面连接了相邻的两个六边形晶格(图 12-5)。这个新的结构展示了形成稳定六元晶格的第三界面(third interface)图像。这个界面的分子内包含一个 C 端及其相对的相邻单元的 N 端。N 端的螺旋 4 和 7 包装进入由 C 端螺旋 8，9 和 11 形成的沟中，对蛋白装配的稳定起了至关重要的作用。

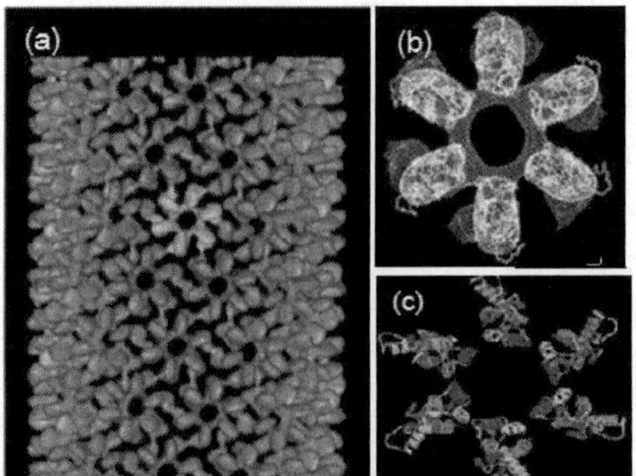

图 12-4　CA 管的分子模型示意图

(a) 从外部观察 CA 管；(b) 六聚体模型(管外观察)；(c) CA 的 N 端形成六聚体的分子模型

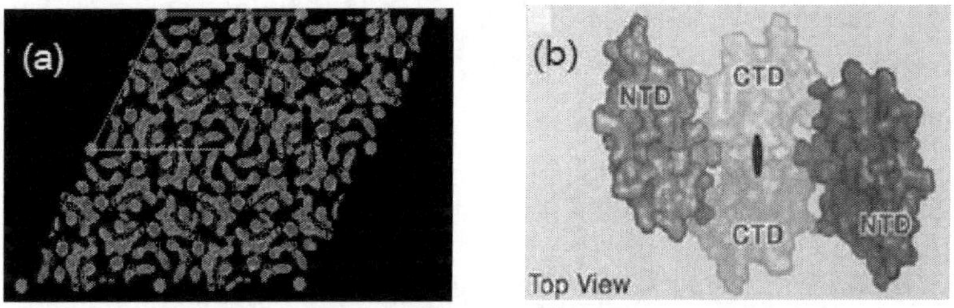

图 12-5　CA 多聚体示意图

(a) 二维模式图；(b) 六聚体二聚化结构示意图

衣壳蛋白在 HIV-1 的生命周期中起着重要的作用，以衣壳蛋白为靶点可以设计出新的药物来抑制 HIV 的感染和复制。由于衣壳蛋白具有较好的安全性(无感染性)并能刺激机体产生体液和细胞免疫，衣壳蛋白可以作为疫苗的抗原。目前衣壳蛋白的抑制剂主要有 TRIM5α、MAPK-ERK2、C-PKA 等天然大分子蛋白质及新近发现的 PA-457 和 CAP-1 等人工合成的小分子化合物。

TRIM5α 能特异性地抑制衣壳蛋白的 C 端 SPRY 特异性结构区域，阻断逆转录的感染过程，从而降低感染性。MAPK-ERK2 蛋白激酶与衣壳蛋白连接，可以选择性地磷酸化衣壳蛋白的 Ser109、Ser149 和 Ser178，阻碍逆转录的完成，影响病毒的传染性。C-PKA 可催化 HIV 病毒衣壳蛋白丝氨酸的磷酸化，导致蛋白质与蛋白质之间的相互作用力减弱、蛋白质进入细胞的能力降低，病毒颗粒无法脱壳，逆转录过程无法完成，从而降低病毒的感染能力。

人工合成的 HIV-1 衣壳蛋白抑制剂按作用方式的不同，可分为三类：直接阻断 HIV-1 衣壳蛋白生成的化合物，如桦木酸的衍生物 PA-457；作用于 HIV-1 衣壳蛋白 N 端的化合物，如 CAP-1 及其类似物；以及作用于 HIV-1 衣壳蛋白 C 端并影响蛋白二聚化的化合物，如 CAI 等肽类化合物。

第二节　TRIM5α 在 HIV-1 生命周期中的作用

作为新型的先天性抗病毒免疫分子，在恒河猴中发现的 TRIM5α 表现出较强的抗逆转录病毒功能。TRIM5α 分子的发现不仅为临床抗艾滋病药物和疫苗的研发策略展示新的前景,而且为建立 HIV 感染的动物模型以及研究艾滋病发病机制提供了重要的思路。本节将详述 TRIM5α 的结构及其在抗逆转录病毒中的作用。

一、TRIM5α 结构及功能

TRIM5α 及其他 TRIM5 分子(TRIM5β、γ、δ、ε 等)同属于三重基序蛋白(tri-partite motif protein，TRIM)大家族的成员。在哺乳动物中，TRIM 家族共包含有 37 个成员，分别命名为 TRIM1~37。TRIM 家族蛋白都具有 3 个不同的基序结构：1 个富含半胱氨酸并可以与锌指结合的 RING 基序、1~2 个可以与锌指结合的 B-Box 结构域和 1 个与蛋白质复合

体形成相关的 coiled coil 区域。因此，TRIM 家族蛋白也被称作 RBCC[Ring B-box(es) Coiled coil]蛋白。TRIM5α 具有 TRIM 家族蛋白的共性结构，除了包括 Ring, B-box,Coiled coil 三基序结构外，在 C 端还有一个 B30.2(SPRY)结构域，而其他形式的 TRIM5 蛋白并不具有 B30.2(SPRY)结构域(图 12-6)。

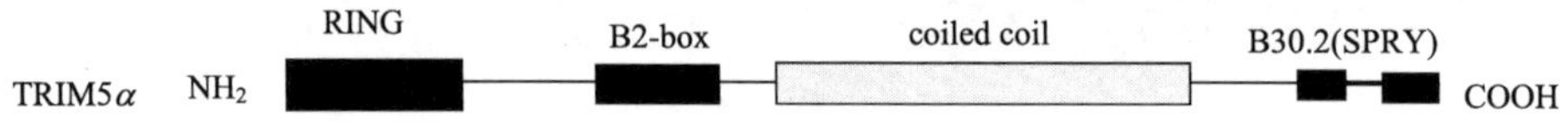

图 12-6 TRIM5α 的结构示意图

研究表明，TRIM5α 分子所属的 TRIM 家族蛋白具有泛素连接酶 E3 活性，它们的 RING 结构域可能具有将泛素结合酶 E2 补充给包含有 RING 结构域的泛素连接酶 E3 活性。一些 TRIM 家族蛋白具有形成多聚复合体的功能并表现出泛素连接酶活性，从而使得 TRIM 家族蛋白成员具有广泛的生物学功能，与多种疾病相关，如 TRIM20、18、32、37 的突变分别与家族性地中海热、X 性连锁的 OpitzG/BBB 综合征、四肢腰肌肉营养不良症及女性侏儒症有关。TRIM 家族的 TRIM19、RFP 和 TIF1 均可以表现出染色体转位后癌症基因的活化特征。其他的 TRIM 家族蛋白成员与多个细胞内加工程序相关，如细胞生长和分化等。TRIM5α 作为 TRIM 家族的成员，由于具备了与这些功能相关的各个结构域，也具有广泛的生物学功能。

对 TRIM5α 的各个功能结构域分析发现，22 个灵长类动物中有 15 个灵长类动物的 SPRY 结构域中异类与同类大于 1，并且在 SPRY 域 3 个氨基酸位点存在正选择作用。SPRY 结构域可能与 HIV-1 的衣壳蛋白结合并促使其泛素化，从而破坏衣壳的脱壳，最终抑制病毒的 RNA 逆转录。

二、TRIM5α 抗逆转录病毒的作用机理

2004 年 2 月，Sodroski 领导的研究小组在研究旧大陆猴对 HIV-1 的感染情况时发现了细胞质抗 HIV-1 蛋白 TRIM5α。他们发现，HIV-1 能够很有效地进入旧大陆猴的细胞，但是病毒颗粒在进行逆转录前会受到限制。这种限制效应作用于 HIV-1 病毒颗粒的衣壳蛋白上，并由一个主要的限制因子 TRIM5α 介导。研究还发现，尽管这些被 TRIM5α 限制的细胞能够抵抗 HIV-1 的感染，但对 SIV 感染却没有抑制作用。PCR 实验分析显示，表达恒河猴 TRIM5α 的细胞中病毒 cDNA 的合成被破坏。

TRIM5α 对 HIV-1 早期感染的限制功能与它的多个功能结构域密不可分。通过对恒河猴 TRIM5α 研究分析表明，恒河猴 TRIM5α 的 N 端的 Ring 区域和 C 端的 B30.2(SPRY) 区域与其抑制活性密切相关。TRIM5α 分子 C 端的 B30.2(SPRY)结构域具有特异识别并结合 HIV-1 衣壳蛋白的功能，而其指环结构域具有泛素连接酶功能。所以,在 TRIM5α 对 HIV-1 限制的过程中，可能是 B30.2 结构域首先特异识别并结合 HIV-1 衣壳蛋白，然后在指环结构域的作用下，由泛素连接酶将衣壳蛋白泛素化，从而破坏衣壳蛋白的脱壳、

抑制病毒 RNA 逆转录成 DNA 或者阻断逆转录合成的 DNA 整合进入宿主基因组内，最终阻断 HIV-1 的复制周期。人源的 TRIM5*α* 蛋白对 HIV-1 几乎不具有抑制作用。然而，当其第 332 位的精氨酸被脯氨酸取代时，人源的 TRIM5*α* 将具有和恒河猴 TRIM5*α* 相似水平的抗 HIV-1 功能。

对于 TRIM5*α* 参与抑制 HIV-1 复制周期的机理也存在不同的解释。TRIM5*α* 在与 HIV-1 的衣壳蛋白长期的相互作用过程中，TRIM5*α* 分子与衣壳蛋白作用的氨基酸发生快速的取代。HIV-1 选择性地将 CYPA 内化进入病毒颗粒中，对 HIV-1 感染新的宿主细胞具有促进作用。TRIM5*α* 也可能通过与 HIV-1 衣壳蛋白结合的 CYPA 的相互作用而促使 HIV-1 的蛋白的稳定，阻断 HIV-1 的脱壳，从而限制 HIV 的感染和复制。

在旧大陆猴中，由于 TRIM5*α* 分子的存在，大部分旧大陆猴具有抗 HIV-1 的感染和复制的能力。在新大陆猴中，鹰猴(Owl monkey)表现出在 HIV-1 病毒进入细胞后的复制抑制效应。研究人员通过克隆鹰猴的 *TRIM5α* 基因，发现在鹰猴 *TRIM5α* 基因的第七个外显子中插入了一个假基因 *CYPAP*，这样就形成了一个嵌合基因 *TRIMCYP*。在 HIV-1 生命周期中，CYPA 结合于一个富含脯氨酸的保守区域，同时，Gag 蛋白与 CYPA 的相互作用是形成感染性 HIV-1 病毒颗粒所必需的。TRIMCYP 在 HIV-1 病毒进入鹰猴体细胞后进行抑制，并阻止 HIV-1 传染给其他可感染性的人或大鼠细胞。也有研究通过 siRNA 技术敲除鹰猴细胞的 CYPA 而“沉默”TRIMCYP 的抗 HIV-1 活性。然而，将 CYPA 重新导入 RNAi 处理过的细胞却不能恢复它的抗病毒活性。CYPA 可以特异性地融入 HIV-1 病毒颗粒内，但不能整合入其他灵长类动物免疫缺陷病毒内。在鹰猴中，正是通过 TRIMCYP 融合蛋白而发挥着抑制 HIV-1 感染和复制的作用。

2006 年的研究发现，TRIM 融合蛋白可以通过结合衣壳蛋白形成三聚蛋白从而保持亲环蛋白域卷曲来阻断感染。另外，TRIM 融合蛋白的效应依赖于 B-Box 结构域。最近的研究还发现，CYPA 与衣壳蛋白的相互作用，可能是为 TRIM5*α* 结合衣壳蛋白提供结合位点，进而发挥抗病毒作用。

TRIM5*α* 蛋白发现之前，在哺乳动物细胞中也已发现了一些有抗逆转录病毒作用的蛋白质，如 Fv1(Friend virus susceptibility factor 1)、Ref1(restriction factor 1)和 Lv1(lentivirus susceptibility factor 1)等，它们与 TRIM5*α* 有相似的作用。

Fv1 是第 1 个在小鼠细胞内发现的病毒限制因子，两个等位基因分别编码了能对 B-MLV 和 N-MLV 病毒的 Fv1n 和 Fv1b 两种限制因子。尽管 Fv1 抗病毒机制不是十分清楚，但研究表明病毒衣壳蛋白的点突变决定着病毒对 Fv1 敏感性高低，提示衣壳蛋白可能就是 Fv1 的作用靶点。

Ref1 和 Lv1 都属于病毒限制因子，但存在于不同的细胞系。Ref1 来源于人类细胞，具有抗 N-MLV 病毒的活性； Hatziioannou 等的研究发现，如果在人类 HeLa 细胞中用 siRNA 抑制 *TRIM5αhu* 的表达，则细胞抗 N-MLV 病毒活性就会丧失，相反在易感的细胞中表达 TRIM5αhu 则会赋予细胞抗 N-MLV 病毒的能力。Fv1、Ref1 和 Lv1 三种病毒限制因子抗病毒差异的存在，完全符合 TRIM5*α* 在抗病毒活性方面表现出的宿主–病毒特异性的特点。也有研究证实，人和非洲绿猴(AGM)的 TRIM5*α* 在细胞内具有 Ref1 和 Lv1 的活性。而 Lv1 源于非人类的某些灵长类细胞，具有抗慢病毒(lentivirus)的活性。有学者认为，Ref1 和 Lv1 可能是 TRIM5*α* 蛋白在不同生物体中的特异性变异体，并且两者的抗病毒活性也都定位于病毒的衣壳蛋白。

TRIM5α 蛋白广泛的抗逆转录病毒活性，为抗病毒特别是抗逆转录病毒研究提供了新的思路。目前的研究表明，研究特定物种的 TRIM5α 蛋白与其所抗病毒的种类，不仅有助于我们从蛋白进化和特异性上认识 TRIM5α 可能的作用机制，而且可以帮助我们在其他物种中找到新的抗特异病毒的蛋白质。并且利用异种生物编码的 TRIM5α 蛋白可以达到抗病毒目的，这为临床上设计多肽药物和基因治疗方法，而且为建立 AIDS/HIV 感染的动物模型和研究艾滋病发病机制提供了重要的思路。

第三节　人工合成的 HIV 衣壳蛋白抑制剂

近些年，一个名叫 PA-457 的桦木酸衍生物成为抗病毒药物研究的热点。PA-457 结合与 HIV -1 衣壳蛋白前体(p25)的 N 端。分子印迹实验表明，PA-457 特异性阻断由 p25 裂解生成 p24 的过程，并呈现量效关系。体外细胞试验表明，PA-457 对于各类对逆转录酶和蛋白酶抑制剂有抗药性的病毒菌株均有抑制活性，也可抑制野生型病毒株的生长，抑制活性 IC_{50} 均在 5~20nmol/L，并且细胞毒性较低。作为新型成熟抑制剂，该化合物已经进入临床 II 期研究阶段。桦木酸的 3 位上如有 3，3′-二甲基琥珀酰基则有可作为成熟抑制剂，而 28 位如果有亮氨酸等修饰物则会起到融合抑制剂的作用(图 12-7，化合物 1 和 2)。

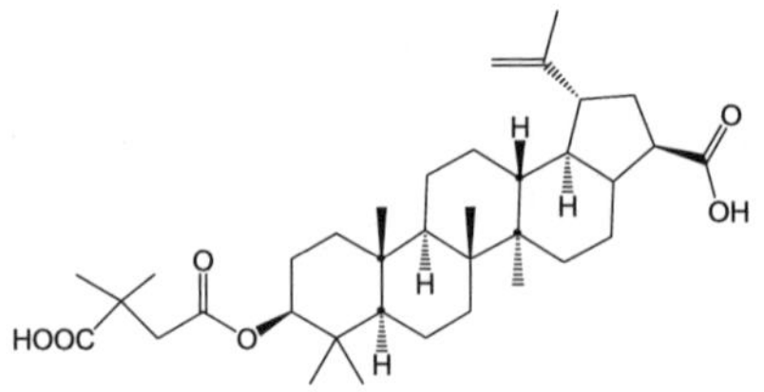

PA-457

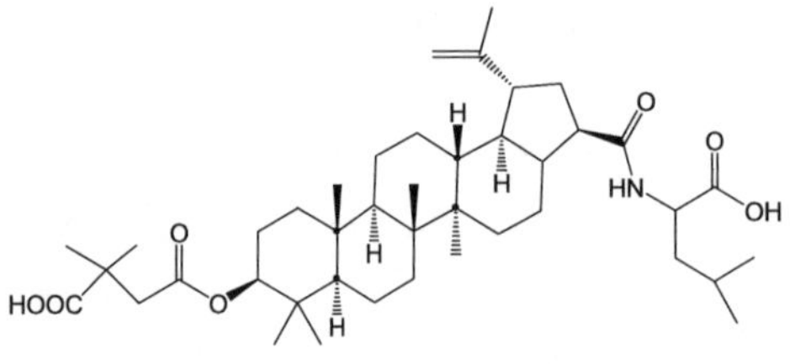

1

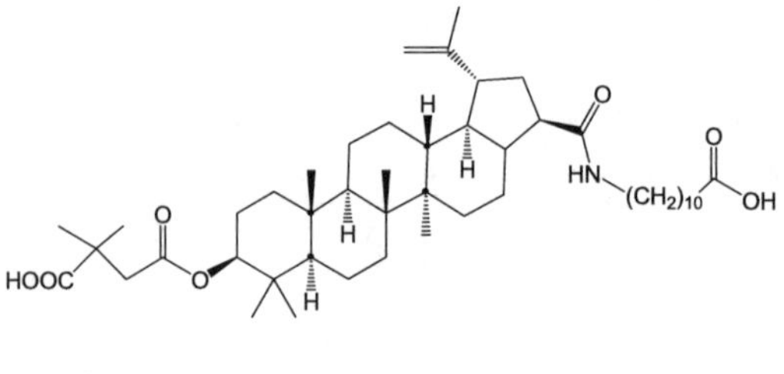

2

图 12-7　桦木酸衍生物示意图

2003 年，Tang 等发现了 CAP-1 等化合物结合于衣壳蛋白并且能在体外抑制衣壳蛋白装配(图 12-8)。CAP-1 在病毒成熟过程中抑制衣壳蛋白分子间连接从而抑制病毒衣壳的组装，并且影响了未成熟病毒粒子的组装中正常的 Gag-Gag 相互作用。实验表明，在未成熟的病毒颗粒中，每个病毒颗粒只要有 25 个 Gag 分子与 CAP-1 分子连接就足以抑制病毒成熟过程中核的组装。而 100μmol/L 的 CAP-1 可以使 U1 细胞全部存活，且病毒感染能力下降 95%。

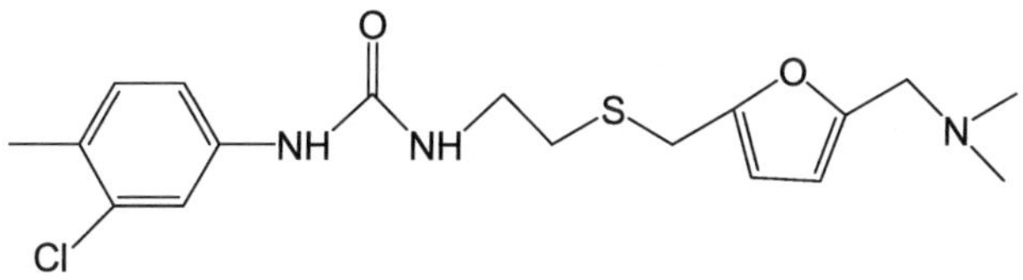

图 12-8　CAP-1 结构式示意图

为了进一步阐释 CAP-1 抑制活性的分子机理，Brain 和 Sampson 等利用 NMR 及 X 射线晶体衍射技术得到了 CAP-1 小分子与衣壳蛋白 N 端作用的复合物。在衣壳蛋白与 CAP-1 作用后，原来包埋在蛋白中心的 Phe32 侧链发生翻转，从蛋白中心移动到蛋白表面的位置，从而暴露出一个疏水口袋。CAP-1 脲基一侧的取代苯环插入到这个疏水口袋中，脲基上的氢与蛋白 Val59 的羰基形成氢键作用，而 CAP-1 脲基另一侧的二亚甲基与 Glu28 的侧链也有相互作用，共同构成 CAP-1 与蛋白的作用模式。然而，CAP-1 分子只占据了疏水口袋体积的 73%，从而导致了其与蛋白结合的亲和性较差(K_d=800μmol/L)。

Ganser 等得到衣壳蛋白高分辨二维六聚体结构的电镜图片也进一步阐释了 CAP-1 的作用机理(图 12-9)。CAP-1 结合于衣壳蛋白 N 端螺旋 1，2，4，7 的底部，靠近六聚体 N 端和 C 端界面的位置，改变了 N 端构象，从而干扰了界面的形成，因而阻断衣壳组装。

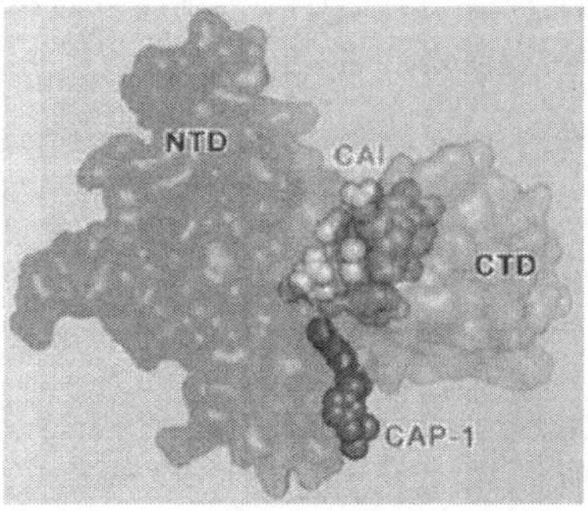

图 12-9　CAP-1 和 CAI 与衣壳蛋白 N 端和 C 端界面结合模式图

近几年的一些专利上也报道了与 CAP-1 结构和作用类似的化合物(图 12-10)。化合物 3，4 均为芳基脲结构。紫外试验表明，化合物 3 与衣壳蛋白的亲和能力要好于 CAP-1，但细胞毒性较大。2007 年，Prevelige 等报道了更多的具有衣壳蛋白装配的抑制活性的化合物，化合物 5 的 IC_{50} 为 9μmol/L，化合物 6 的活性 IC_{50} 为 10μmol/L，而化合物 7 的 IC_{50} 最好，可达到 4μmol/L。

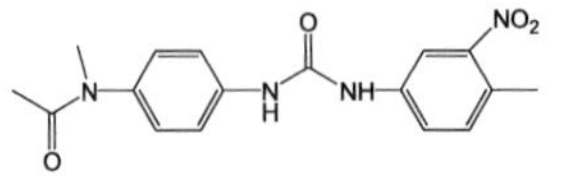

3

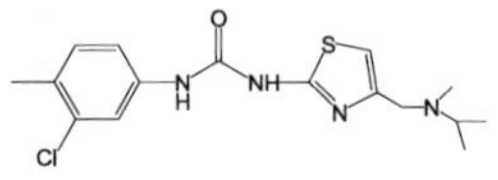

4

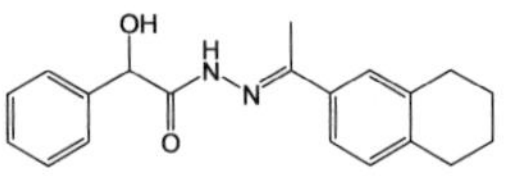

5

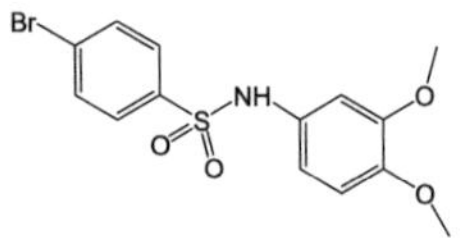

6

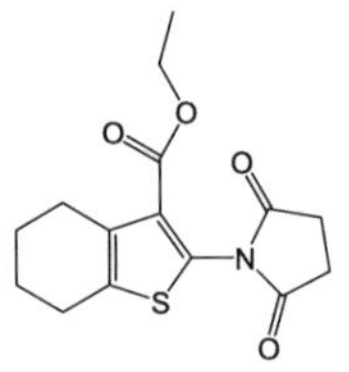

7

图 12-10　具有 HIV-1 衣壳蛋白装配抑制活性的化合物结构示意图

HIV-1 衣壳蛋白 C 端是未成熟和成熟病毒颗粒装配的中心。C 端二聚界面信息的解读可以被用于设计 C 端二聚化抑制剂。另一方面，抑制剂的发现也可以进一步深入研究衣壳蛋白 C 端相互作用的分子机理，从而为 HIV-1 治疗药物的发现提供新颖的先导化合物。

2004 年，Carzon 等首先利用模拟 HIV-1 的衣壳蛋白 C 端的二聚界面开启了 C 端抑制剂的研究。他们选取了 C 端二聚化作用的 20 个氨基酸残基序列(第 175~194 位氨基酸)，人工合成了这个 20 肽，并命名为 CAC1。研究表明，CAC1 可以识别并结合于衣壳蛋白的 C 端(K_d为 50μmol/L)，并抑制 C 端的多聚化，从而为衣壳蛋白 C 端二聚化界面抑制剂提供了理性药物设计的研究依据。

Jana Sticht 等利用噬菌体衍射技术得到一系列可以紧密结合于衣壳蛋白，并抑制其组装的肽类化合物，其中的一个 12 肽(CAI)可以在体外抑制病毒成熟和未成熟颗粒的装配。Francois 等进一步得到了 CAI 结合衣壳蛋白 C 端的晶体结构，从而阐释了 CAI 的作用机理。CAI 插入了衣壳蛋白 C 端结构域螺旋 8 和螺旋 11(氨基酸残基 169~191)组成的高度保守的疏水沟中(K_d=15.0±7.2μmol/L)，CAI 的 Ile1 和 Leu6 的侧链进入衣壳蛋白 Val165, Phe168, Leu190 和 Leu211 组成的疏水口袋，CAI 的 Phe3 侧链被衣壳蛋白 Leu172 和 Lys182 的脂肪链所包裹，CAI 的 Tyr9 被衣壳蛋白的 Leu211 和 Met215 所包裹，CAI 的 Tyr10 与 Tyr169 相互作用。由于衣壳蛋白二聚化的作用位点(以 Trp184 和 Met185 为中心)均在这个疏水沟中，CAI 可能干扰了界面的形成，从而起到抑制病毒组装的作用。

对于衣壳蛋白抑制剂的研究尚处于起始阶段,前期的研究提供了很好的化合物设计模型。随着对衣壳蛋白的结构和相关分子之间作用了解的深入，使合理设计和开发更好的衣壳蛋白抑制剂成为可能。

第四节　人亲环蛋白 A 结构、生物学功能及其抑制剂

人亲环蛋白 A(cyclophilinA, CYPA)在人体内参与很多的生命过程，因而与诸多疾病密切相关。CYPA 在体内最重要的是其肽脯氨酰顺反异构酶(PPIase)活性——通过催化寡肽中脯氨酸肽键的顺反异构来加速体内蛋白质的折叠或改变蛋白质的构象。作为分子伴侣，它结合带有脯氨酸的肽序列，其 PPIase 酶的活性使 CYPA 在各种细胞过程中辅助蛋白质折叠而发挥作用。

1993 年，Luban 等发现 CYPA 可以与 HIV-1 的 Gag 蛋白特异性地结合。1994 年，Franke 等发现 CYPA 特异性地掺入 HIV-1 到病毒颗粒中，阻断 CYPA 的掺入可以抑制 HIV-1 的复制。1996 年，Gamble 等发现 CYPA 与 Gag 蛋白中的衣壳蛋白 N 端区域相结合，可被特异性地包裹进 HIV-1 病毒颗粒中(图 12-11)，但 CYPA 的缺失并不影响病毒的组装、出芽和成熟。它在 HIV-1 生命周期的早期是必需的，可能在病毒进入宿主细胞后的脱衣壳过程中发挥作用，帮助病毒核心发生解装配。进一步研究发现，它可以同 N 端结构域的第 85~93 位氨基酸残基特异性结合(图 12-11)，有效地催化 Gly89 和 Pro90 的顺反异构，从而使衣壳蛋白构象发生改变，彼此亲和力减弱，导致病毒在进入宿主细胞后解体，完成脱衣壳的过程。

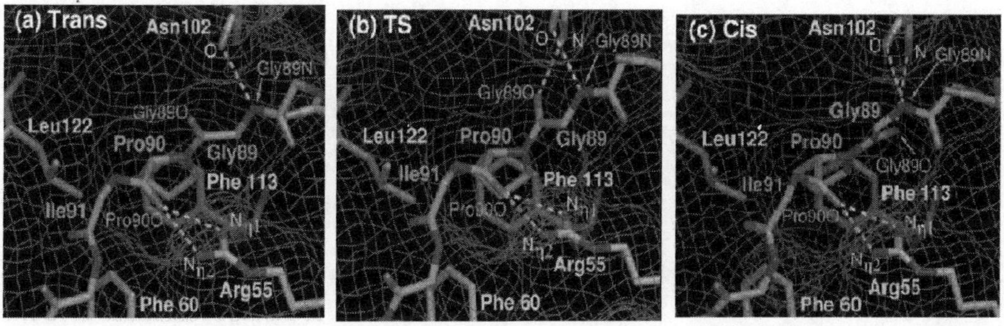

图 12-11　不同构象的 CYPA 与衣壳蛋白 N 端结合复合物示意图

衣壳蛋白的 N 端 His87~Ala92 骨架中，Pro90 与 CYPA 的 Arg55 形成氢键，Gly89 与 CYPA 的 Asn102 形成氢键。

(a) 反式构象；(b) TS 构象；(c) 顺式构象

CYPA 是人体内重要的分子伴侣，在蛋白折叠中起到关键作用，除了参与到 HIV-1 生命周期中，CYPA 还在神经、免疫及心血管方面发挥重要作用。CYPA 关于免疫抑制作用的研究最为深入。目前公认的免疫抑制作用机制是：CYPA 与细胞质内的配体结合形成复合物，然后与神经钙调磷酸酶(Calcineurin，CaN)结合并抑制 CaN 的磷酸化活性。CaN 在淋巴细胞的活化过程中具有非常重要的作用，它通过脱磷酸化活化 T 细胞核因子，使之活化而移位进入核内，然后参与 IL2 和其他一些因子的转录过程。CYPA 抑制 CaN 的磷酸化活性就会抑制具有免疫作用细胞因子的释放，从而发挥免疫抑制作用。

除了具有上述生理效应，CYPA 与配体形成的复合物对多重神经元具有保护作用，

对于损伤后的轴突、髓鞘均有显著的促再生作用。CYPA 也是一种氧化应激诱导分泌的生长因子，介导活性氧介质对细胞外信号，调节激酶(ERK)的激活和血管平滑肌细胞增殖，这表明 CYPA 在血管疾病发病机制中发挥重要作用。

对于 CYPA 抑制剂的研究，从天然来源的环孢菌素 A 到基于计算机药物设计的小分子化合物，经历了较长时间的探索过程，目前上市用于临床的 CYPA 抑制剂均为多肽类天然产物。抑制剂按结构类型可分为三类化合物：环孢菌素及其类似物等多肽类天然产物抑制剂；分析衣壳蛋白与 CYPA 作用而人工合成的小肽类及拟态类抑制剂；以及基于计算机辅助药物设计的小分子抑制剂。下文将对各类抑制剂的结构和生物活性逐一详述。

一、人亲环蛋白 A 多肽类天然产物抑制剂

针对 CYPA 抑制剂的研究，多集中到其免疫抑制作用上，最早发现的抑制剂来源于丝状真菌培养液中提取的由 11 个氨基酸组成的环状多肽——环孢菌素 A(Cyclosporin A，CsA)(图 12-12)，目前在临床上用于器官移植时的免疫治疗。

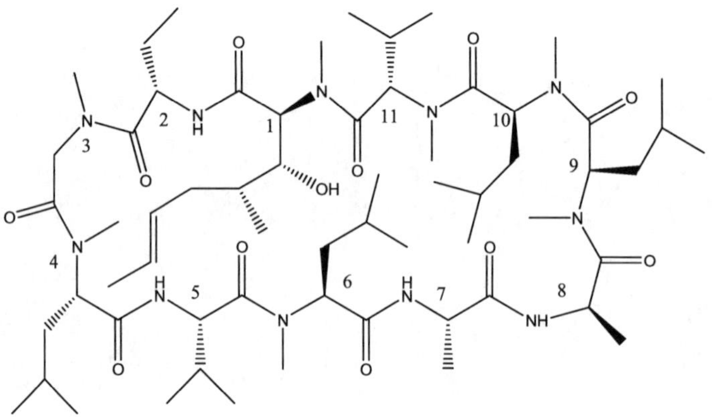

图 12-12　环孢菌素 A 结构示意图

Hubler 等针对 CsA 的 Leu4 进行改造，将 Leu4 残基的侧链分别替换成 Val、Ile 和 Thr 残基侧链。这样合成的几个类似物虽然丧失了免疫抑制的活性，但具有较强的抗 HIV 活性。Wei 等针对 CsA 的 1、4 和 8 位氨基酸残基进行改造，合成了几个类似物。活性结果表明，当 1 位氨基酸侧链双键饱和后，免疫抑制和神经营养作用都减弱；当 8 位氨基酸侧链甲基脱氢成甲叉基后，免疫抑制作用丧失，神经营养作用减弱；当 4 位氨基酸侧链结果改变后，可以有效地保留神经营养作用，去除免疫抑制作用。Patiny 等针对 CsA 的 5 位氨基酸残基进行改造，引入一个伪脯氨酸残基，药理测试结果表明仅仅在 5 位进行结构修饰，并不能影响衍生物与 CYPA 的结合活性，而且免疫抑制作用基本保留。

除了 CsA 及其类似物，Sanglier 等从链霉菌培养液中提取出一种新的大环结构，命

名为 sanglifehrins。在近 20 种不同的 sanglifehrins 中，sanglifehrins A (SFA)是含量最丰富的。SFA 具有独特新颖的结构，其中一个 23 元大环和一个螺二环通过九碳长链连接。SFA 与 CYPA 的解离常数 K_d 为 69nmol/L，比 CsA 强 60 倍。进一步研究发现，SFA 的大环状结构是维持 CYPA 结合活性必需的(图 12-13)。

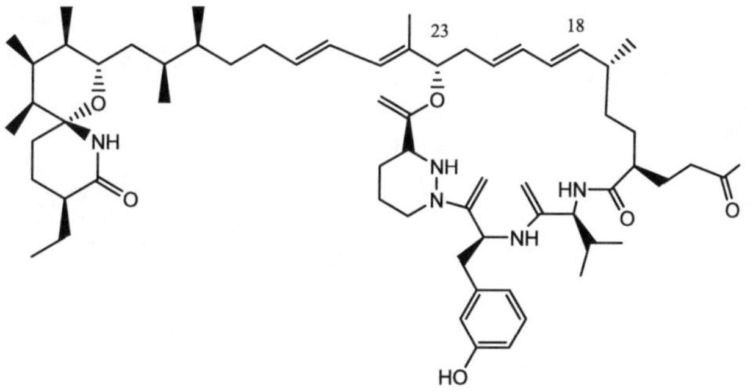

图 12-13　sanglifehirions A (SFA)结构示意图

二、人亲环蛋白 A 小肽类及拟肽类抑制剂

CYPA 与衣壳蛋白作用模式研究的深入，为小肽类抑制剂的发展提供了理论基础。Li 等通过分析衣壳蛋白的 N 端与 CYPA 的结合片段，发现结合域七元肽环的直链七肽(化合物 8 与 CYPA 有较低的结合活性(PPIase 的 IC_{50}=850±220μmol/L)(图 12-14)。根据 CYPA 的顺反异构酶性质，保留中间的二肽片段 Gly-Pro 不变，分别考察了其他五个氨基酸片段对结合活性的贡献。他们合成了一系列的七肽类似物，找到了一个与衣壳蛋白竞争结合 CYPA 的抑制剂——化合物 9(IC_{50}=6±2μmol/L)(图 12-15)，其与 CYPA 的解离速率常数 K_d 为 3μmol/L (衣壳蛋白与 CYPA 的解离速率常数 K_d 为 16μmol/L)。Cui 等专门对这一类型的七肽与 CYPA 相互作用进行了计算机辅助药物设计及构效关系研究。Demange 等将脯氨酸的碳酰胺换成磷酰胺，合成了一个假肽(化合物 10)，其 CYPA 的解离速率常数 K_d 为 20μmol/L，并具有选择性抑制 CYPA 的 PPIase 活性(IC_{50}=15μmol/L)。

由于天然产物结构中包含了大量的酰胺键，结构复杂，并且受资源的限制，而肽类化合物又缺乏生物稳定性，推动了拟肽类化合物的研究。基于 CYPA 具有 PPIase 活性特征，其天然配体是具有脯氨酸残基的肽，因此拟肽类 CYPA 配体多数是一些脯氨酸类似物。Hart 等通过将脯氨酸的酰胺键改造成碳碳双键，合成了 *cis*-Pro 类似物(化合物 11)，其抑制 CYPA 的 PPIase 活性的 IC_{50} 为 65μmol/L。Wang 等合成了一些脯氨酸基态和过渡态类似物，发现过渡态类似物与 CYPA 的结合活性不如基态类似物，如化合物 12(K_d=15μmol/L)。

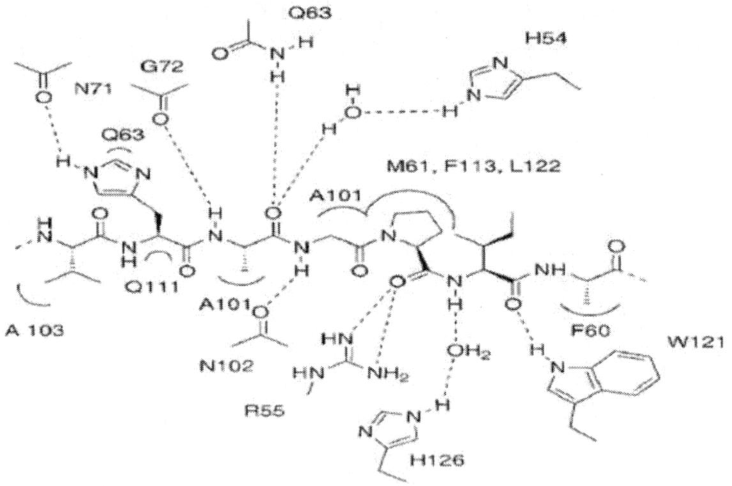

图 12-14　化合物 8 与 CYPA 蛋白作用模式图

三、人亲环蛋白 A 非肽类小分子抑制剂

近几年，随着 CsA 与 CYPA 相互结合的蛋白结构被分析确立，CYPA 的活性口袋也随之清楚。CYPA 的活性口袋呈马鞍状,主要由两个大的亚口袋组成：亚口袋 A 和亚口袋 B。亚口袋 A 主要由 Thr73、Gly74、Asn102、Ala103、Thr107、Gly109、Ser110 和 Gln111 等残基组成,它们大部分为亲水性残基；亚口袋 B 为一深的疏水性凹槽,主要由 Phe60、Met61、Phe113 和 Leu122 等残基组成。在两个亚口袋的连接区域有 3 个亲水性残基 Arg55、Gln63 和 His126，参与了大部分配体的氢键相互作用。

通过明确了 CYPA 的活性口袋，计算机辅助药物设计逐渐运用到针对其活性口袋的药物设计中来，并在最近几年使得 CYPA 小分子抑制剂研究取得了很大的进展。2002 年，Wu 等率先利用虚拟筛选方法，挑选 Trp121、Arg55、Asn102、Gln63 作为活性位点，发现了作为亲环蛋白旋转异构酶(rotamase)抑制剂的先导化合物 13，并对其进行了结构改造，得到一系列 1，3-苯/环己基二脲类非肽类的小分子配体。通常脲基一侧为烷基取代，甚至是一些体积较大的基团，如叔丁基等，酶水平抑制活性较差；而芳香基取代时，则增强抑制活性。化合物 14 与化合物 15 的活性较好，IC_{50} 可分别达到 0.59μmol/L 和 0.69μmol/L。如果将脲基改造为硫脲基化合物 16，活性还会增强，IC_{50} 可达到 0.48μmol/L。体外细胞实验表明，这些小分子配体多具有神经保护/神经营养的活性，并可以刺激感觉神经中轴突的生长。

2006 年，Guichou 等利用计算机虚拟筛选(FlexX 和 LEAD3D 等程序)得到一系列可以与 CYPA 结合的 1，3-二芳基脲类化合物，并利用 PBMC 细胞系检测有抗 HIV-1 活性。Guichou 等首先对 CsA 进行药效团分析(图 12-16)，筛选出化合物 17 和化合物 18，实验测得作为 CYPA 抑制剂的 IC_{50} 分别为 316nmol/L 和 303nmol/L。进一步做结构修饰发现，脲基对于形成分子间氢键是必需的，3-苄基吡啶可以契合于由 Arg55、Phe60、Ala101、Ala103、Phe113、Leu122 和 His126 组成的疏水口袋中，而单取代苯基插入到了 Gly72、Thr73、Gly74、Thr107、Asn108、Gly109、Ser110、Gln111 和 Lys82 组成的亲水性口袋里。当单取代苯基对位有硝基取代(化合物 19)和乙酯基取代(化合物 20)时，其活性最好，IC_{50} 分别可以达到 14nmol/L 和 20nmol/L。

Dav—His—Ala—Gly—Pro—Ile—NHBn

9

Suc—Ala—Glyφ(PO_2Et-N)Pro—Phe—pNA

10

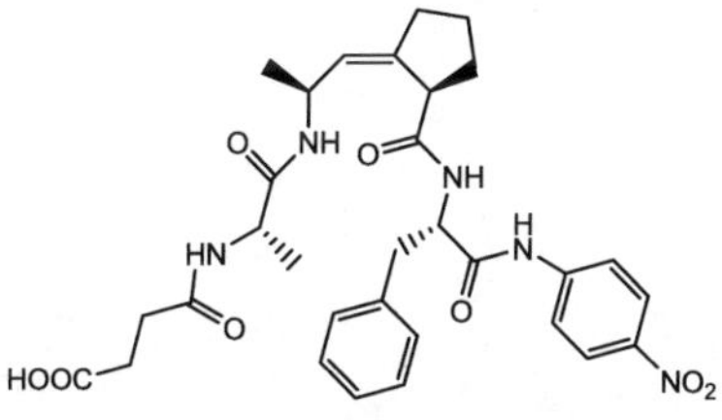

11

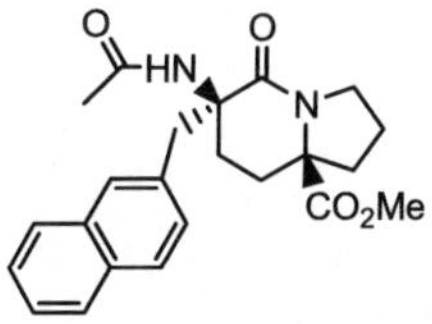

12

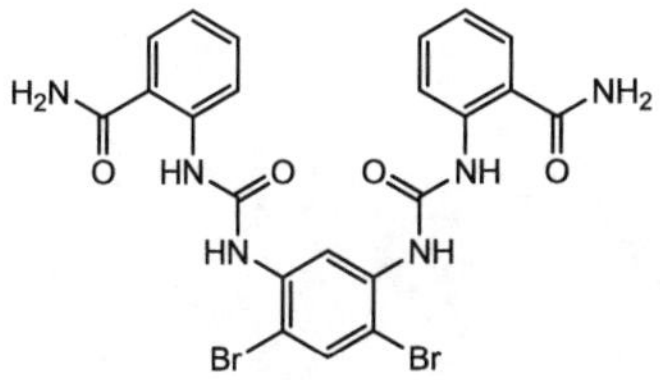

13

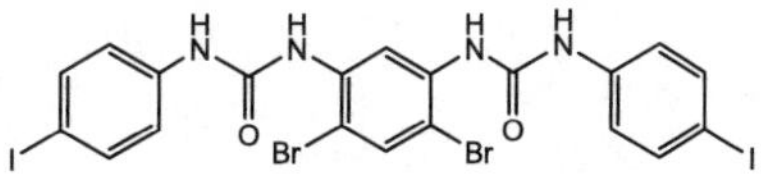

14

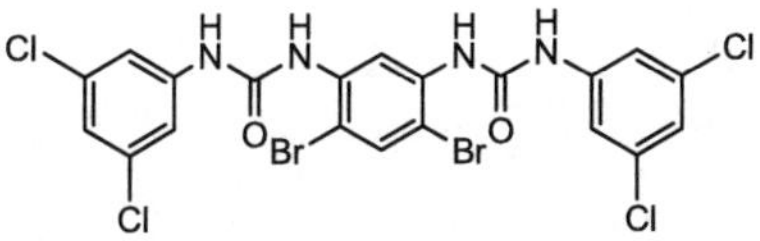

15

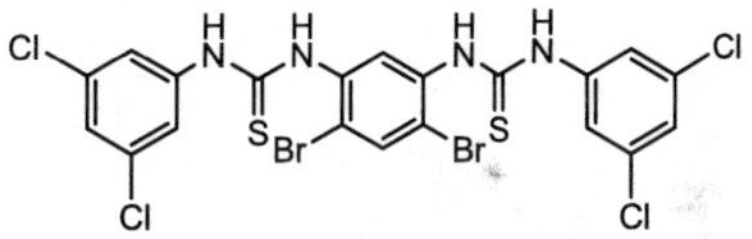

16

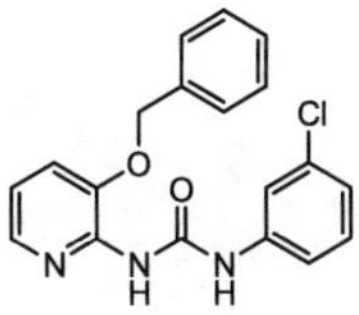

17

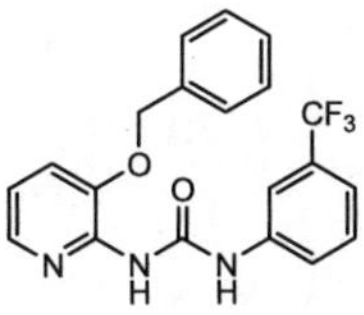

18

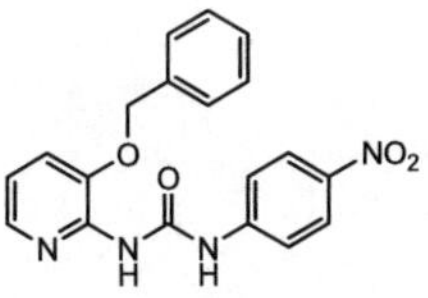

19

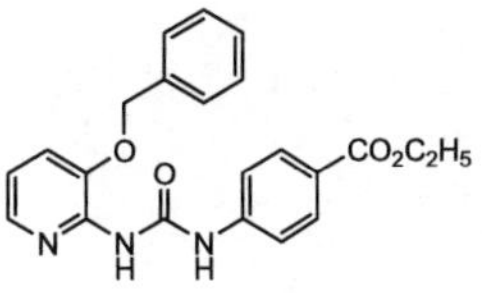

20

图 12-15　化合物 11~20 结构示意图

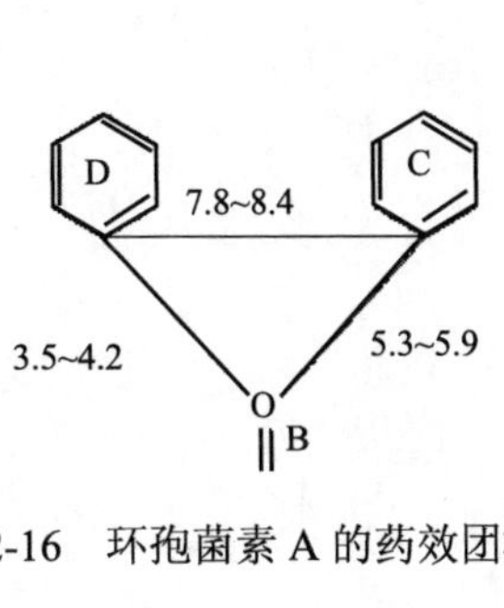

图 12-16　环孢菌素 A 的药效团模型

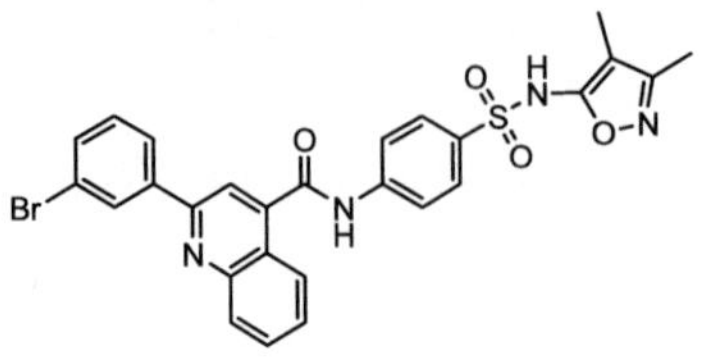

21

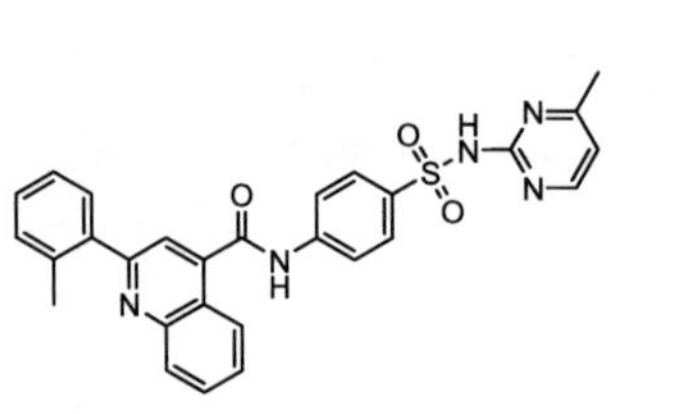

22

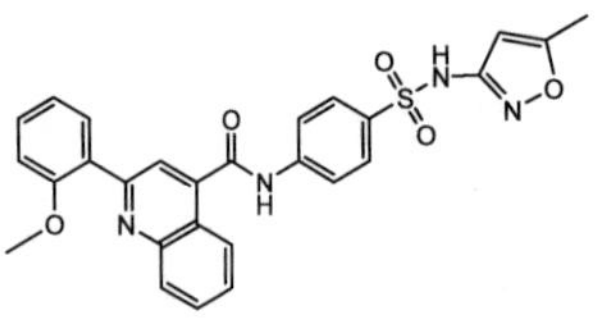

23

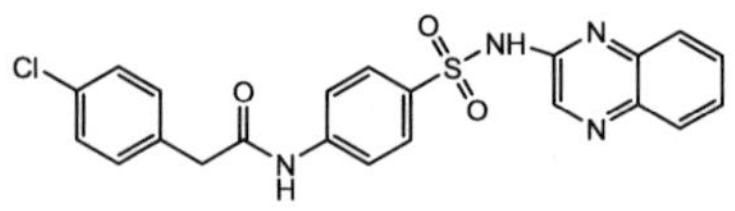

24

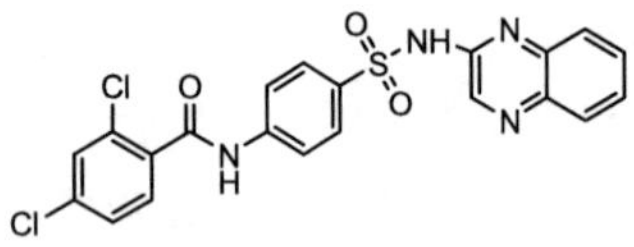

25

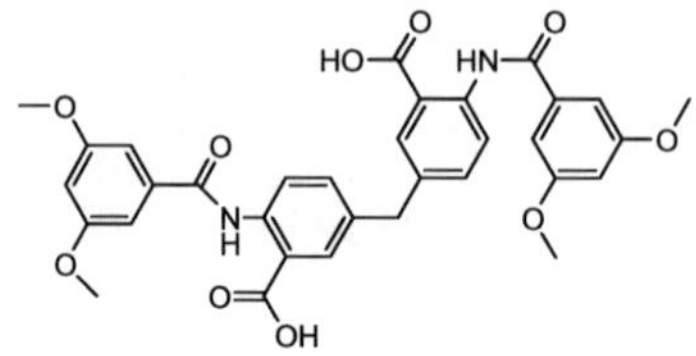

26

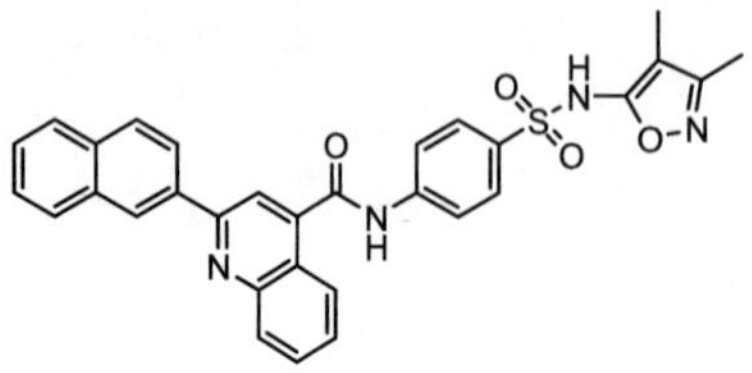

27

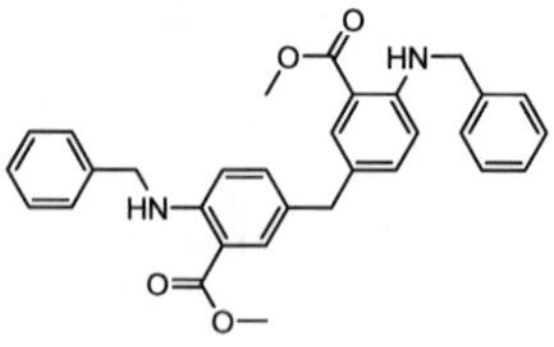

28

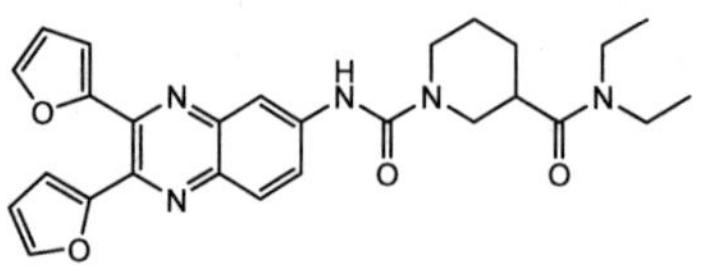

29

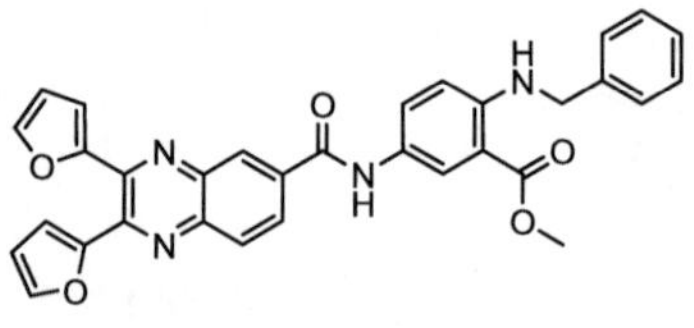

30

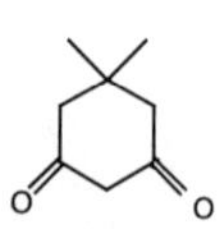

31

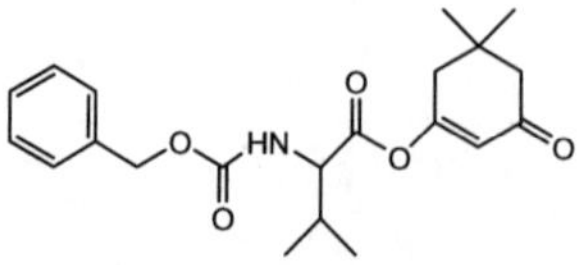

32

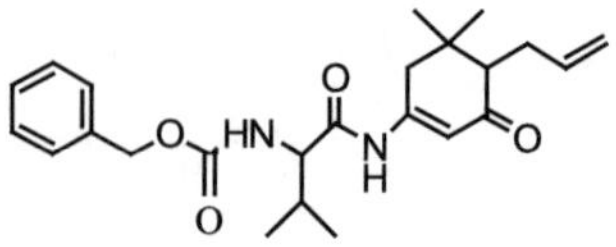

33

图 12-17　化合物 21~ 33 结构示意图

近几年，中国科学院上海药物研究所对 CYPA 抑制剂做了深入的研究。Li 等利用蛋白晶体结构构建了 CYPA 的虚拟筛选模型，并对含有约 8 万个小分子的 Specs 化合物库进行了 Dock 程序虚拟筛选，然后结合 CScore 和 FlexX 对接打分，并结合经验分析，获得了多种结构类型的化合物(图 12-17)，均与 CYPA 的结合活性可达到微摩尔级。化合物 21~26 结构中都包含磺胺单元，Li 等保留磺胺结构，对两端结构片段进行了修饰,合成了多个衍生物。其中，化合物 27 的磺胺片段与 CYPA 的 3 个氢键作用，而喹啉环 2 位的萘环也很好地占据了 CYPA 活性位点的疏水性口袋，形成了很强的疏水相互作用，该化合物抑制 CYPA 的 PPIase 活性的 IC_{50} 达到 28μmol/L。化合物 26 的结构高度对称，有研究分别对两端氮原子上的取代基和中间连接部分链长进行变换，合成了 12 个衍生物，活性分析结果表明，受 CYPA 活性位点空间大小的限制，大体积的取代基和较长的连接链将大大降低抑制活性。化合物 28 表现出较强的抑制活性，IC_{50} 达到 62μmol/L。

Li 等对国家新药筛选中心数据库中的化合物库也进行了虚拟筛选，结合经验判断，选择了一批化合物进行生物活性测试，其中有 6 个化合物与 CYPA 有微摩尔级的结合活性，例如化合物 29，抑制 CYPA 的 PPIase 活性的 IC_{50} 为 0.41μmol/L。在已经得到的小分子抑制剂的基础上，Li 等依据 CYPA 活性位点与抑制剂结构特征，利用组合拆分的方法，选取已经发现的 CYPA 抑制剂，建立了基于 CYPA 的包含 255 个小分子的组合集中库，对库中所包含的化合物重新进行虚拟筛选并参考结合能与合成难易共合成 16 个化合物，其中化合物 30 抑制 CYPA 的 PPIase 活性的 IC_{50} 为 0.26μmol/L。在生物学检测方面，运用表面离子共振技术及荧光猝灭技术测定了化合物 29 与 CYPA 蛋白的结合能力，并在细胞水平测定出该类化合物的免疫抑制活性。

2007 年，Yang 等利用虚拟筛选，模拟 CsA 与 CYPA 的作用方式，发现了一类二酮结构的化合物及其衍生物具有抑制 CYPA 的 PPIase 活性，并可以抑制 *Caenorhabditis elegans* 的感染。化合物 31 与 CYPA 的解离常数 K_d 仅为 31mmol/L，经过结构改造，化合物 32 和 33 的结合活性有明显的提高，K_d 分别达到了 27.3μmol/L 和 22μmol/L，另外化合物 33 对线虫的抑制活性 IC_{50} 也达到了 190μmol/L。进一步研究表明，化合物 31 仅能进入马鞍状活性口袋中的疏水性凹槽亚口袋 B，而化合物 32 和 33 的衍生侧链进入了亚口袋 A，形成了更多的氢键及疏水作用，所以活性较化合物 31 显著提高。

目前，在抗 HIV-1 领域，随着衣壳蛋白及其分子伴侣结构生物学信息的阐明，在病毒复制周期中装配与解装配的关键作用也逐渐被人们所认识，研究的深入将带动以衣壳蛋白及其分子伴侣为靶点的小分子抑制剂成为热点。方法上，逐渐从天然分子向计算机辅助方法发现小分子发展，从而引领抗病毒药物向更高的水平发展。

主要参考文献

程寿玲, 刘立, 陈中雷. 2006. 抗艾滋病作用新靶点-HIV 衣壳蛋白及其抑制剂研究概况. 中国药学杂志, 41(23): 1761~1763

崔建美, 王宇, 王燕等. 2006. Cyclophilin A 的功能研究进展. 免疫学杂志, 22(3): 47~50

胡巍, 凌世淦. 2005. 新发现的抗 HIV-1 蛋白质 TRIM5α 研究进展. 军事医学科学院院刊, 29(3): 287~290

况铁群, 刘红亮, 郑永唐. 2006. 天然免疫分子 TRIM5α 限制 HIV-1 感染作用机制的研究进展. 细胞与分子免疫学杂志, 22(5): 683~685

Alessandral B, Åsa O, Heinrich G. 1998. The C-Terminal Half of the Human Immunodeficiency Virus Type 1 Gag Precursor Is Sufficient for Efficient Particle Assembly. J virol, 72: 9313~9317

Catherine S A and Ian M J, 2004. The molecular basis of HIV capsid assembly—five years of progress. Rev Med Virol, 14: 107~121

Christopher A and Chen C H. 2005. Betulinic acid derivatives as HIV-1 antivirals. Trends in Molecular Medicine, 11: 31~36

Cui M, Huang X Q, Luo X M. 2002. Molecular Docking and 3D-QSAR Studies on Gag Peptide Analogue Inhibitors Interacting with Human Cyclophilin A. J Med Chem, 45: 5249~5259

Ehrlich S L, Liu T, Scarlata S, et al. 2001. HIV-1 Capsid Protein Forms Spherical (Immature-Like) and Tubular (Mature-Like) Particles in Vitro: Structure Switching by pH-induced Conformational Changes. Biophysical Journal, 81: 586~594

Ganser-Pornillos K B, Cheng A, Yeager M, 2007. Structure of Full-Length HIV-1 CA:A Model for the Mature Capsid Lattice. Cell, 131: 70~79

Gitti R K, Lee B M, Walker J. et al. 1996. Structure of the amino-terminal core domain of the HIV-1 capsid protein. Science, 273: 231~235

Guichou J, Viaud J, Mettling C, et al. 2006. Structure-Based Design, Synthesis, and Biological Evaluation of Novel Inhibitors of Human Cyclophilin A. J Med Chem, 49: 900~910

Hatziioannou T, Cowan S, Schwedler U K, et al. 2004,Species-Specific Tropism Determinants in the Human Immunodeficiency Virus Type 1 Capsid. J Virol, 78: 6005~6012

Hubler F, Rückle T, Patiny L, et al. 2000. Synthetic routes to NEtXaa4-cyclosporin A derivatives as potential anti-HIV I drugs. Tetrahedron Letters, 41: 7193~7196

Isabel S, Brian A, Doug H, et al. 2005. Virus particle core defects caused by mutations in the human immunodeficiency virus capsid N-terminal domain. J Virology, 79: 1470~1479

Isole S, Stoye J P, Saib A, 2005. TRIM family proteins: retroviral restriction and antiviral defence. Nat rev Microbiol, 3(10): 799~808

Jason L, TuKiet T L, Mark R E, et al, 2004. Key interactions in HIV-1 maturation identified by hydrogen-deuterium exchange. Nature Structural & Molecular Biology, 11: 676~677

John B, Martha N S, Ingolf G, et al. 2004, The stoichiometry of Gag protein in HIV-1 nature structural & molecular biology, 11(7): 672~675

Keith M, Doug H, Jason M, et al. 2003. Retrovirus capsid protein assembly arrangements. J Mol Biol, 325: 225~237

Kelly N B, Kyere S, Kinde I, et al. 2007. Structure of the antiviral assembly inhibitor CAP-1 complex with the HIV-1 CA protein. J Mol Biol, 373: 355~366

Li F, Goila-Gaur R, Salzwede K et al. 2003. PA-457: a potent HIV inhibitor that disrupts core condensation by targeting a late step in Gag processing. Proc Nat Acad Sci, 100: 13555~13560

Li J, Chen J, Gui C S, et al. 2006. Discovering novel chemical inhibitors of human cyclophilin A: Virtual screening, synthesis, and bioassay. Bioorg Med Chem, 14: 2209~2224

Li J, Zhang J, Chen J, et al. 2006. Discovering novel chemical inhibitors of human cyclophilin A:focused combinatorial library, virtual screening, synthesis and bioassay. J Comb Chem, 8(3): 326~337

Li Q, Moutiez M, Charbonnier J B, et al. 2000. Design of a Gag Pentapeptide Analogue that Binds Human Cyclophilin A More Efficiently than the Entire Capsid Protein: New Insights for the Development of Novel Anti-HIV-1 Drugs. J Med Chem, 43: 1770~1779

Li S, Hill C P, Sundquist W I, et al. 2000. Image reconstructions of helical assemblies of the HIV-1 CA protein. Nature, 407: 409~413

Liu Y Y, Jiang J J, Richardson L P, et al. 2006. A fluorescence polarization-based assay for peptidyl prolyl *cis/trans* isomerase cyclophilin A. Anal Biochem, 3 56: 100~107

Maria T G, Maria L, Francisco N, et al. 2004. The dimerization domain of the HIV-1 capsid protein binds a capsid protein-derived peptide: A biophysical characterization. Protein Science, 13: 1512~1523

Marta del A′ lamo and Mauricio G M. 2005. Electrostatic Repulsion, Compensatory Mutations, and Long-range Non-additive Effects at the Dimerization Interface of the HIV Capsid Protein. J Mol Biol, 345: 893~906

Patiny L, Guichou JF, Keller M, 2003, Synthesis and characterization of constrained cyclosporin A derivatives containing a pseudo-proline group. Tetrahedron, 59: 5241~5249

Schwedler U K , Stray K M, Garrus J E, et al. 2003. Functional Surfaces of the Human Immunodeficiency Virus Type 1 Capsid Protein J. Virol, 77: 5439~5450

Sticht J, Humbert M, Findlow S, et al. 2005. A peptide inhibitor of HIV-1 assembly in vitro. Nat Struct Mol Biol, 12: 671~677

Summers F M, Agarwal A, Chen X, et al. 2006. Inhibitors of HIV-1 capsid formation: substituted aryl aminomethyl thiazole ureas and analogues thereof US 20060100232A1

Sundquist I W, Hill P C. 2007. How to Assemble a Capsid. Cell, 131: 17~19

Tang C, Loeliger E, Kinde I, et al. 2003. Antiviral Inhibition of the HIV-1 Capsid Protein. J Mol Biol, 327: 1013~1020

Ternois F, Sticht J, Duquerroy S, et al. 2005 The HIV-1 capsid protein C-terminal domain in complex with a virus assembly inhibitor. Nat Struct Mol Biol, 12: 678~682

Volker M Vogt. 2005. Blocking HIV-1 virus assembly. Nat Struct Mol Biol, 12: 638~639

Wang H C, Kim K, Bakhtiar R, et al. 2001. Structure activity studies of ground and transition state analogue inhibitors of cyclophilin. J Med chem., 44: 2593~2600

Wei L, Steiner P J, Hamilton S G, et al. 2004. Synthesis and neurotrophic activity of nonimmunosuppressant cyclosporin A derivatives. Bioorg Med Chem Lett, 14: 4549~4551

Wu Y Q, Sergei B, Chi C, et al. 2003. Synthesis and Biological Evaluation of Non-Peptidic Cyclophilin Ligands. J Med Chem, 46: 1112~1115

Yang Y D, Moir E, Kontopidis G, et al. 2007. Structure-based discovery of a family of synthetic cyclophilin inhibitors showing a cyclosporin-A phenotype in Caenorhabditis elegans. Biochemical and Biophysical Research Communications, 363: 1013~1019

Yuko M, 2003. HIV Capsid Assembly, Curr HIV Res, 1: 1~14

(李介博)

第十三章　小分子药物对核酸三维结构的识别

药物分子对生物大分子靶之间的选择性作用源于药物对生物靶的分子识别。这种作用不仅是对整个生物靶分子的识别，还包括对生物靶分子某一部分特定结构的识别；不仅有一级结构的识别，还有二级、三级结构的识别；不仅包括选择过程也包括键合过程。决定分子识别过程的一个关键原则是互补性原则(complementarity)。互补性包括空间结构的互补性及电性特征的互补性。空间结构的互补既含静态也含动态和诱导契合过程，这也被称为构象的重组织。在电性特征的互补是指在氢键的形成、静电作用、π键的堆积及疏水作用中键合位点上电荷分布的最佳匹配。为了达到更好的识别效果，生命体系中的分子识别应该具备如下特点。

首先，识别的双方接触面积要大。作为靶的生物大分子在识别位点附近应该有足够的包容大小的空间，有机会产生较多的非共价相互作用，增加可结合位点，以提高选择性。

其次，生命过程中的分子识别绝大部分是弱作用键的相互作用。在很多情况下，只有分子间或原子间的相互作用而不形成新的共价键。所以小分子与生物大分子必须在空间结构和电性特征上有很强的互补性才能产生有效的作用。所谓弱的相互作用是指范德华作用、静电势作用、氢键作用、疏水或亲水作用，这些次级键的作用在分子识别的过程中是非常重要的。因为从分子水平看生命现象，上述弱作用键是一种决定性的因素，形成了各种生物大分子发挥生物功能所要求的空间结构，因而决定了基因转录、表达调控的主要分子机制。

最后，必须照顾到刚性与柔性的平衡。生物大分子结构的稳定性需要刚性的分子结构，但是识别过程中构象的转换、变构过程及调控、协同作用都需要具备一定的柔性，特别是在生物体系中靶分子的柔性是非常重要的。柔性也是一个动态性质的表征，有柔性才会发生构象重组织。照顾到刚性与柔性的平衡，也是兼顾了动态及静态两方面的性质。

在以生物大分子(酶、受体及核酸)为分子靶的药物设计研究中，小分子对DNA的分子识别研究发展特别迅速。因为小分子与DNA的相互作用是以DNA为靶分子的各种物质生物效应的分子基础，其键合状态可能是导致癌变、突变及细胞死亡的重要环节；另一方面能够与DNA结合的小分子很多又是临床上广泛应用的抗癌药物。特别是小分子与DNA特异性的定位结合，在基因表达的调控过程及很多抗癌药物的体内作用方式的研究中非常重要，越来越多的工作证实了很多药物的抗癌活性及毒性与DNA的选择性作用有关，它们对DNA的分子识别作用及其与DNA所形成的复合物的结构、构象分析，尤其是在三维空间结构上互补性的研究，已经成为评价抗癌药物的重要组成部分，所以DNA的分子识别研究在抗癌药物设计方面有其特殊的意义，也是当前的研究热点。

第一节　小分子药物与 DNA 的识别与作用方式

小分子与 DNA 的结合常常诱发很多生物效应。这种结合作用按化学键来划分主要有共价键结合及非共价键结合。共价结合中既包括与亲核试剂(如 NH_2-NH_2，NH_2OH)的作用也包括与亲电试剂作用，主要表现为 DNA 烷基化及 DNA 的链内交联、链间交联等。非共价结合则以 3 种不同的方式进行，包括外部静电作用、嵌插结合、沟区(大沟区、小沟区)结合等。下面将 DNA 与小分子药物的几种作用方式分别进行介绍。

一、共 价 结 合

早期使用的绝大多数抗癌药仅具有简单的使 DNA 烷基化功能(如氮芥)，它们对细胞的作用基本上没有选择性，所以临床使用有严重的毒副作用。以后发展的是一些天然抗癌抗生素，它们的作用特点是首先与 DNA 形成非共价复合物，然后再与之共价结合。这些杂环化合物最初的作用是干扰 DNA、RNA 的合成来达到杀菌的目的，但很多这类化合物却也表现了明显的抗癌活性，而且具有选择性毒性。下面逐一进行介绍。

1. 氯丙啶类抗生素

丝裂霉素 C 是此类物质中研究最多的一种抗癌抗生素。它需要酶的还原，而还原活化会引起结构中某些碳位甲醇组成的脱去，继而进行一元或双元 DNA 的烷基化(图 13-1)。由于还原作用在丝裂霉素结构中产生两个活性部位，使得化合物与位于 DNA 邻近链的鸟嘌碱基形成交叉联结，发生亲核性共价反应。

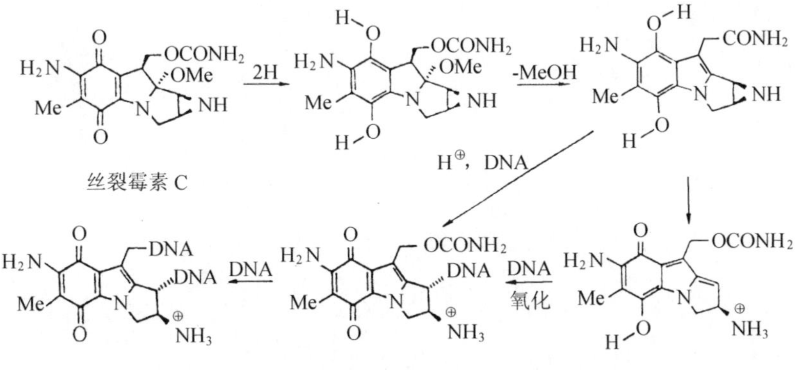

图 13-1　丝裂霉素 C 通过代谢还原的活化及与 DNA 的双功能烷基化作用

2. 吡咯并［1，4］苯二杂䓬类(P［1，4］Bs)抗生素

氨茴霉素、茅屋霉素(图 13-2)、西伯利亚霉素(sibiromycin)及新霉素 (neothramycin)A 和 B 都属于这个家族的抗癌抗生素，它们与 DNA 作用有两个过程，首先迅速地非共价地结合在 DNA 的小沟区，再通过失水或醇与鸟嘌呤碱基上 N2 形成共价键，这个结构无论从立体因素还是静电因素分析都是稳定的，且表现出对 DNA 的 5′-PuGPu 序列明显

的结合特异性。

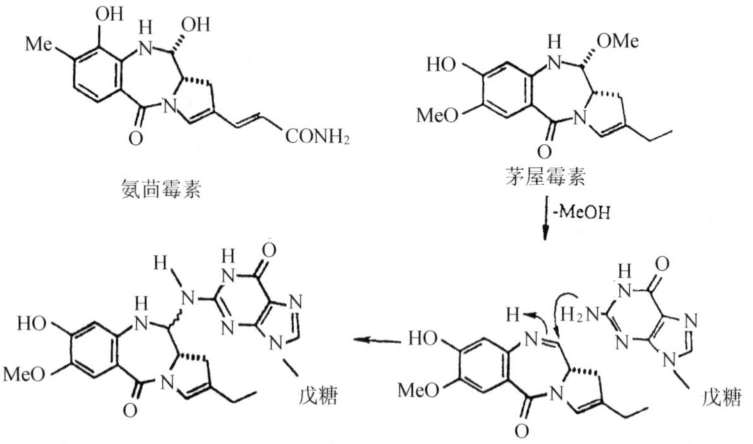

图 13-2　P［1，4］B 类抗生素与 DNA 鸟嘌呤上氨基 N2 的结合

氨茴霉素与寡核苷酸 d $(ATGCAT)_2$ 结合的产物已经通过 NMR 技术进行过表征分析，在分子力学方面也进行过一些研究，结果表明鸟嘌呤的 N2 共价结合到 C11 上，在复合物所呈现的构象中抗生素恰好位于 DNA 小沟区中。

3. 螺旋丙烷类抗生素

CC-1065 是此类中较新的抗生素，有较强的细胞毒作用，它首先序列特异性地作用在 DNA 小沟区，图 13-3 为 CC-1065 共价结合到腺嘌呤碱基的模式图。可以看出由于它攻击腺嘌呤 N3 位，脱嘌呤作用的发生会产生一个活性部位，序列分析表明 CC-1065 对 DNA 的 AT 富集区有选择性，并会引起 DNA 的单链断裂。

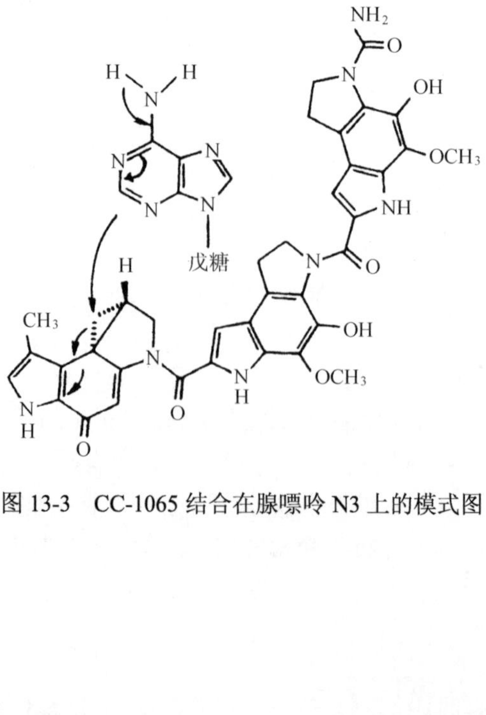

图 13-3　CC-1065 结合在腺嘌呤 N3 上的模式图

4. 顺铂

顺铂(*cis*-Pt)是临床上比较成功的化学治疗药物。它的铂化定位于 DNA 大沟区的鸟嘌呤的 N7 位，紧接着与第二个嘌呤作用，选择性地结合到 d(pGpG)和 d(pApG)序列，形成了 DNA 的链间交联。X 射线衍射已经阐明了它与 d(pGpG)和 d (CpGpGp)的络合物结构，这个结果与 NMR 的研究结果相一致，最近，*cis*-Pt 与含有 *C-Ha-Ras* 基因编码区的特异序列片段选择性结合的报道，更说明了抗癌药物的选择性与 DNA 序列特异性结合的关系。

二、非共价结合

大多数药物与 DNA 的作用都是非共价结合，它主导着药物分子与 DNA 结合的特异性。下面对 DNA 与小分子的几种非共价结合方式及对 DNA 的断裂作用分述如下。

1. 外部静电作用

核酸是一个高度带电的聚合电解质，它的阴离子磷酸根部分强烈地影响 DNA 的构象及其反应。这种带电荷的高聚物的构象需要在小分子作为抗衡离子的协同作用中达到完全稳定，这种沿着螺旋外部静电相互作用多是非特异性的。

2. 沟区结合

很多蛋白质与 DNA 的特异性结合是发生在 DNA 大沟区，而药物小分子一般是在小沟区作用。大、小沟区在电势能、氢键特征、立体效应、水合作用上都有很大的不同。典型的小沟区结合药物分子多含有几种简单的芳香杂环结构如呋喃、吡咯或苯环，这些芳环由扭转自由的键来连接，由此产生合适的扭转力来配合小沟区内的螺旋曲线，取代沟区中的水分子并与 DNA 双螺旋链中沟区的碱基对边缘通过范德华力形成接触，药物在小沟区结合的特异性则源于此，小沟区是 AT 富集区，不像 GC 富集区比较宽，在很宽的区域,小分子需要拒绝明显的结合部位，比较松散，特异性不明显，而在 AT 富集区，药物小分子通过与胸腺嘧啶碱基 C2 上的羰基氧或腺嘌呤碱基 N3 上的氮形成氢键与 AT 碱基结合，虽然同样的碱基在 GC 碱基对上也存在，但是鸟嘌呤上的氮在氢键形成时有立体障碍，对于药物进入 GC 富集区有一定的抑制。同时 Pullman 等已经说明了 DNA 的 AT 小沟区的负的静电势要大于 GC 富集区，这是形成 DNA 沟区特异性作用的一个静电因素。总之，沟区结合的药物分子就这样选择性地作用于 DNA 双螺旋结构中 AT 较为丰富的片段，通过氢键、范德华力等作用，非嵌入性地捆缚住 DNA，从而阻止 DNA 的模板复制，起到抗病毒、抗肿瘤的作用。举例说明如下。

1) 纺锤霉素

纺锤霉素(netropsin)是一种抗病毒物质(图 13-4)，Dickerson 及合作者已经得到了纺锤霉素结合到 DNA 双螺旋结构 $d(CGCCAATTCGCG)_2$ 的结晶，通过 X 射线衍射得到了在小沟区形成的复合物的晶体结构，netropsin 结合到 DNA 双螺旋的 AATT 中心，并取代了该区域中的寡核苷酸水合骨架部分。它的特异性与指向中心的酰胺 NH 和 DNA 小沟处的腺嘌呤碱基的N3及胸腺嘧啶碱基的O2形成氢键有关，通过范德华力与DNA沟区边缘的原子接触而保持在沟区中心。另外，由于该药物为二价阳离子物质，故其与DNA之间的静电作用也会增加其AT结合的特异性。

2) 偏端霉素

偏端霉素(distamycin)的结构及其与DNA结合的特异性与纺锤霉素类似(图13-4)，也是结合在DNA的AT富集的小沟区部位。Rich和Wang研究了DNA的指定序列$d(CGCAAATTTGCG)_2$和偏端霉素络合物的晶体结构，发现化合物弯月形状非常接近小沟区的曲线形状，在单晶的X射线衍射中发现偏端霉素是以一种特定的方式扭曲到小沟区中，5个氨基在其弯月形的里面，并且能够与腺嘌呤碱基的N3位及胸腺嘧啶碱基O2位形成氢键。并不是偏端霉素所有的NH基都同时有利地占据形成氢键的位置，偏端霉素与DNA之间是否真正形成氢键，依赖于结合位点处DNA的序列及螺旋的几何方位。偏端霉素有3个吡咯环覆盖5个AT碱基对，纺锤霉素有2个吡咯环覆盖4个AT碱基对。鸟嘌呤的氨基也锁住了偏端霉素在小沟区的氢键，虽然在GC区也能看到与药物的弱的结合，但因为AT富集区是小沟区，更窄一些，范德华接触对于这两个药物来说在DNA的AT富集区优于GC富集区。

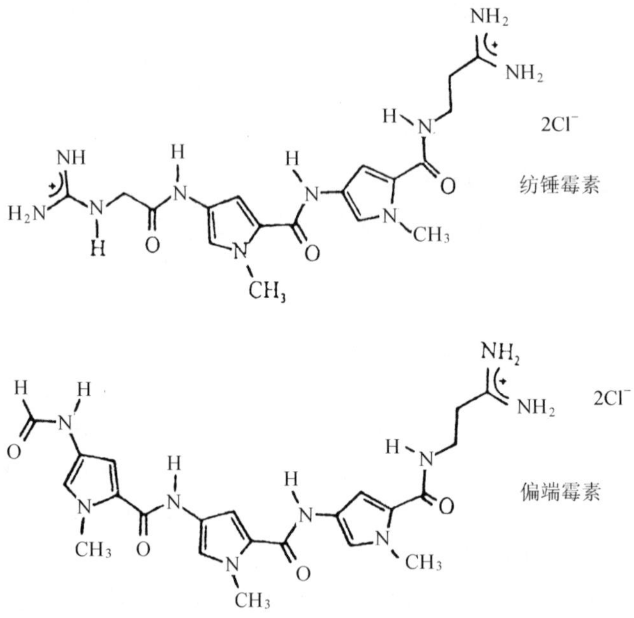

图13-4 纺锤霉素的结构与偏端霉素的结构

3) hoechst 33258

hoechst 33258是一种抗癌抗生素染料。对于在研究纺锤霉素中用过的同样序列的12聚体寡核苷酸和hoechst 33258的络合物结晶的X射线衍射分析有两种结果。络合物的两种结构是类似的。在一种结构中，hoechst 33258分子结合在双螺旋系列的中心附近。但是实际上的结合位点应该是AATC，而不是在纺锤霉素中所观察到AATT。在这个结构中hoechst 33258的酚羟基是靠氢键结合到AT区域原先水合骨架的左边。苯咪唑环同样是固定在 AT 区域的小沟区中，但在哌嗪环和苯咪唑环的连接键中有一个明显的扭曲。由于这种分子的构象使得哌嗪环难以进入狭窄的 AT 富集的小沟区，所以 hoechst 33258 只覆盖了 4 个 AT 碱基中的 3 个，并使其哌嗪环延伸至临近于交替 AT 部分的第一个 GC 碱基对处，结合在 ATTC 序列的 CG 部分的末端。hoechst 33258 分子弯曲形状在另一种结构中与 DNA 小沟区的曲线很相符，药物分子与 DNA 小沟区的边缘形成了多种多样有利的接触，这些反应明显地形成了使络合物稳定的自由能。当药物分子与小沟区的边缘进行范德华接触的时候，位于小沟区的脱氧核糖的 O4 原子在一个最有利的位置与药物小分子的π电子系统相互作用，这种作用类型可以说代表了芳环在 DNA 小沟区内结合的一般原则。

除了 X 射线衍射研究之外，DNA 足迹法分析及 2D-NMR 技术也用在此项研究中，研究结果表明该分子的甲基哌嗪部分结合于双链的中央，而酚羟基则位于序列的 3′一端。

4) berenil

berenil(图 13-5)是一种在 DNA 小沟区结合的抗锥虫病药。DNase I 足迹法表明 berenil 优先结合在至少 4 个碱基对长度的 AT 富集区，但利用染色体蛋白质 HMG-1 (与 DNA AT 富集区结合的探针)所进行的竞争性反应表明，berenil 是比纺锤霉素和偏端霉素更弱的结合配基。对 berenil 与 $d(CGC\text{-}GAATTCGCG)_2$ 复合物的 X 衍射研究表明，该物质结合在寡核苷酸的 5′-AAT-3′区域。药物的一个脒基与互补于 AAT 的腺嘌呤碱基的 N3 位形成氢键，另一脒基不与 DNA 直接接触，而是与结合在腺嘌呤碱基和脱氧核糖环氧原子上的一个水分子形成氢键桥。

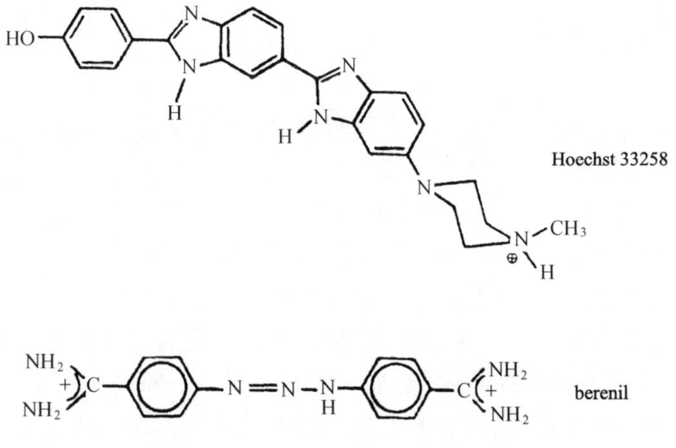

图 13-5　hoechst 33258 与 berenil 的结构

5) SN 6999

关于药物 SN 6999 的一系列研究说明它是具有高 AT 碱基对选择性，结合在 DNA 小沟区的化合物。十分有趣的是它本身具有抗疟药氯喹及其他类似的化合物所具有的能够与 DNA 嵌插的喹啉环(图 13-6)。Leupin 等已经通过 2D-NMR 的方法研究了 SN 6999 与寡聚序列 d(GCATTAATGC)所形成的 1∶1 的络合物在溶液中的细微结构。NOE 的结果表明化合物的结合在小沟区，而且确证了它不仅像喹啉那样与 DNA 发生嵌插结合，药物的弯月形曲线正好适合双螺旋的小沟区，像其他沟区结合分子一样与 AT 碱基对形成氢键。

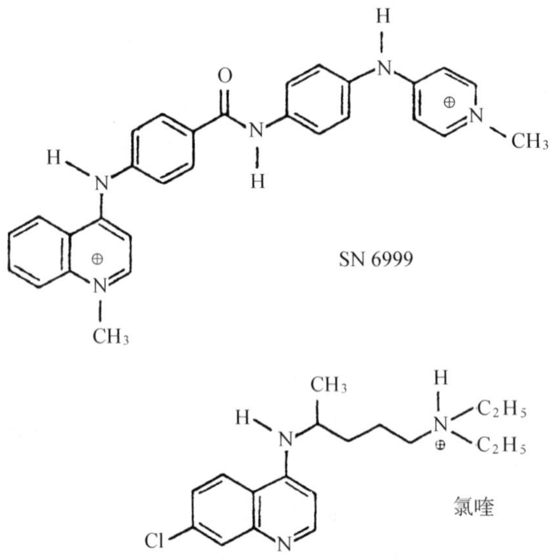

图 13-6　沟区结合的 SN6999 与嵌插剂氯喹的结构

3. 嵌插结合

1) 经典的嵌插结合

早在 1960 年，Lerman 对于平面芳香化合物的作用进行了大量的研究，提出了一个平面芳香稠环结构的分子能以嵌插方式与 DNA 相结合的模式。这个结合模式已经被大量的多环芳香分子所证实。在经典的嵌插模型中，由于嵌插部位的形成引起了碱基对的分开，螺旋伸长 0.34nm，这正是典型的芳香系统的厚度。实际上这是一个最大值，一般观察到的螺旋伸长均小于 0.34nm。碱基对之间正常的旋转角为 36°，由于嵌插、螺旋解链，造成螺旋扭转角的减小，不同的嵌插剂结构及不同的 DNA 序列造成的解链程度是不同的，乙锭及丙基哌啶与 DNA 嵌插时解链角为 26°，吖啶及吖啶橙与 DNA 嵌插时的解链角是 17°，而柔红霉素及阿霉素则是每个结合分子令 DNA 解链 11°。一些药物分子正是通过嵌入 DNA 令 DNA 构象发生改变，使其不能或不易复制，而显现出抗肿瘤、抗病毒的活性的。将沟区结合的分子和嵌插剂比较，则沟区结合分子有更明显的结合特异性，就平面芳香环系统来说，在 AT、GC 产生的嵌插作用差异都是很小的，静电、范德华力、氢键、疏水键等对结合所做出的贡献，就两种部位而言是相同的。但是，当沟区结合的分子伸向 DNA 的沟区中时能够接触更多的碱基对，这就决定了它内在的较强的识别倾向。而且正如前面章节所论述的那样，DNA 沟区在 AT 区域及 GC 区域中无论是电势能、氢键特征，还是立体效应、水合作用上都有很大的不同，这就更增加了沟区结合试剂反应专一性的倾向。而对那些带有与非邻近碱基接触的取代基的嵌插剂或者能够引起邻近结合部位 DNA 链扭曲的嵌插剂，特异结合的可能性更大一些。对照沟区结合分子的 AT 碱基对的倾向性，DNA 嵌插剂或许有轻度的 GC 碱基对的倾向性。有人认为这是由于 GC 相对于 AT 来说有较大的内在的偶极矩，从而更容易使嵌插剂环系统产生极化。然而，对 AT 极化有倾向性的嵌插剂的偶极反应，也与氢键特征、立体效应、水合程度及沟区的静电势等一系列因素有关。

临床上广泛应用的抗癌药阿霉素(adrimycin)及与之结构很近似的柔红霉素(daunomycin)，二者均为典型的 DNA 嵌插剂(图 13-7)。

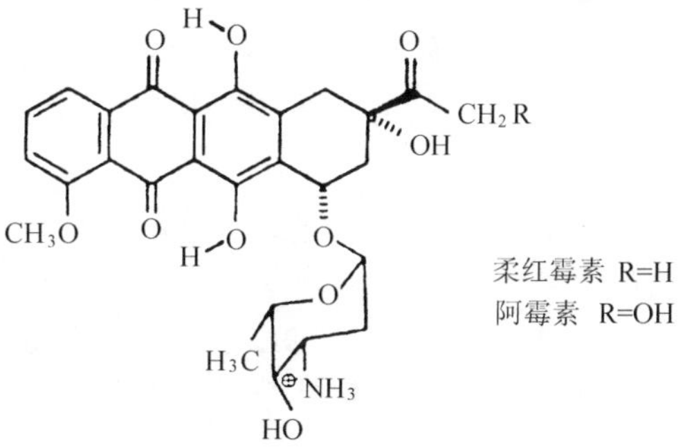

图 13-7 柔红霉素和阿霉素的结构

Wang、Rich 及合作者已得到了柔红霉素和寡核苷酸 $d(CGATCG)_2$ 第一个单嵌体结晶的 X 射线衍射的结果，分析表明柔红霉素能嵌插在 DNA 小沟区，它与 GC 部位结合，随之氨基糖伸向内部且向上填充了小沟区。柔红霉素特别容易与 B-DNA 结合，表现出对 DNA 不同构象的识别特异性。这个复合物的晶体结构有力地支持了经典的嵌插模型的概念。然而，不是在任何时候都能轻易获得供 X 射线衍射分析的单嵌体结晶的。在无法获得 X 射线衍射的结果的情况下，只有通过研究嵌插时溶液中 DNA 及嵌插剂所发生的变化，并总结出这些变化的规律，以此作为我们判断小分子与 DNA 嵌插结合的判别标准。

首先，由于嵌插造成了 DNA 双螺旋的解链和伸长，这是嵌插结合方式的一个重要特征。这种变化可以通过 DNA 溶液的黏度在加入药物后逐渐增大来测量。同时，DNA^{32}PNMR 谱化学位移向低场方向移动也显示了伴随着嵌插，DNA 的螺旋骨架所受到的干扰，而且还可运用二向色性技术。通过 CD 光谱来评价嵌插络合物键的刚性及方向性的改变。

其次，由嵌插引起的小分子药物方面的变化特征也很明显，这是由于嵌插剂与 DNA 双螺旋内碱基对之间的电性相互反应造成的。嵌插入 DNA 的小分子与碱基对形成有序的堆积，嵌插化合物的表面紧紧地挨着 DNA 碱基的芳香杂环，在双螺旋中以 π-π 共轭，偶极–偶极相互反应从电性上达到稳定，这些变化可以通过光谱来测量。在紫外、可见光的测定中发现，嵌插结合常常引起减色效应，使最大吸收波长向长波长方向移动，出现等吸光点。在荧光测定中可观察到由于嵌插作用所产生的荧光猝灭现象。根据得到的光谱滴定数据，可以测定络合物表观稳定常数，结合位点数等。嵌插剂分子芳香环上电性环境的改变也造成了嵌插部位芳环原子的 ^{1}H NMR 谱的化学位移向高场方向移动，同时由于弛豫时间的改变，谱峰明显拓宽。

20 世纪 80 年代以来，用微量热技术对药物小分子与 DNA 的结合进行的研究越来越多。在与 DNA 嵌插中，药物分子与 DNA 碱基对发生作用，或是破坏原有的氢键使极性药物分子的两极分别与碱基对相结合；或是旧有的氢键不被破坏，极性药物分子直接与碱基对作用。其中，破坏氢键要吸热，药物分子与碱基对结合为放热，在中性水溶液中，DNA 分子以水分子包围的双螺旋形式存在，应该指出微量量热实验测定的是体系中所有热效应的总和。作用的一系列复杂过程都伴随着热效应的变化。其中对吸热有贡献的过程主要有：原有键(这里主要是氢键等)的断裂；两个相邻碱基的平面由于药物嵌插作用而发生扭曲，完全破坏了原有两个核苷酸间的疏水作用及与之相邻的碱基之间的堆积作用；同时，由于这两个碱基平面的扭曲破坏了它们与另一条链中与之配对的碱基之间的氢键；另外，在中性水溶液中，核酸分子以水分子包围的双螺旋形式存在，水分子脱离磷酸根也要吸热。对放热效应有贡献的过程主要有：药物与核酸之间新键(这里主要指氢键)的形成，与碱基、糖环和磷酸根之间生成新的氢键，而形成新的相对稳定的聚集体。药物分子与 DNA 结合的热效应就是吸热过程与放热过程的热效应的总和。由于嵌插作用仅是极性分子的取代，其作用力属弱键力。焓变数值在 50kJ/mol 之内。

2) 双嵌插结合

双嵌插剂是两个嵌插环被不同长度的链共价连接起来。这些化合物相对于一元嵌插剂来说，作为药物的生物活性往往由于与 DNA 的强结合而加强，分解速率也低。合成的双嵌插剂的代表是一些吖啶类的双嵌插剂(图 13-8)，连接链的长度对嵌插的影响如图 13-9 所示。

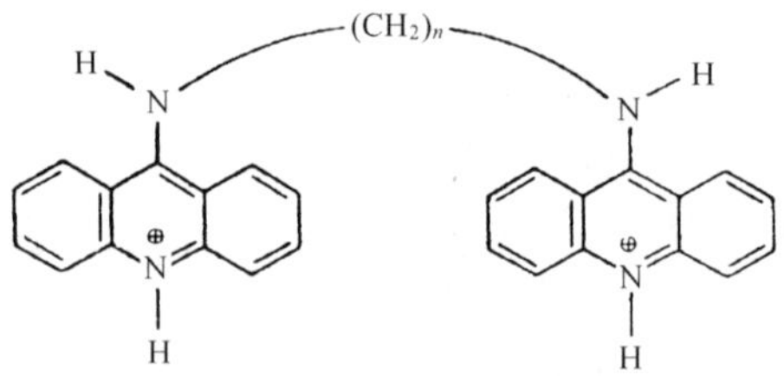

(a)

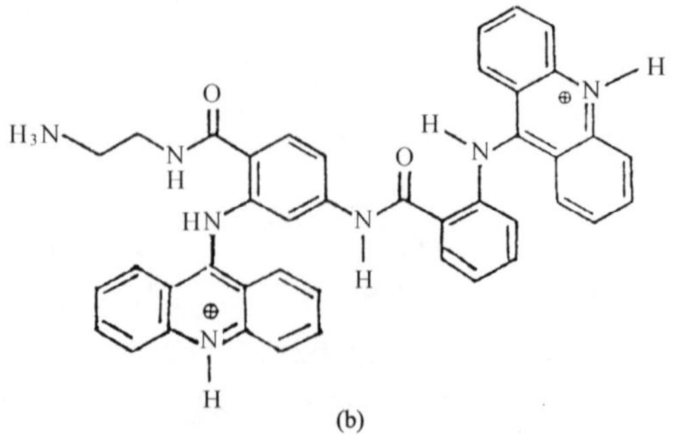

(b)

图 13-8　吖啶双嵌插剂

(a) 简单的，柔韧的；(b)简单的，刚性的

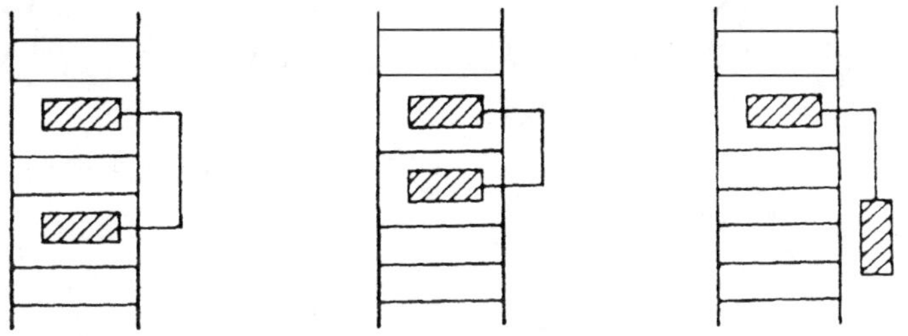

图 13-9　双嵌插剂链的长度对可能的结合方式的影响

天然的双嵌插剂是以三骨菌素 A(triostin A)和棘霉素(echinomycin)为代表，如图 13-10 所示。单晶 X 射线衍射及 DNA 足迹法分析都说明三骨菌素 A 和棘霉素均优先 DNA 的 CpG 位点，覆盖 6 个碱基对，以 NNCGNN 这种类型的序列比较有利，双嵌插剂上所有的喹喔啉环都是双嵌插到 CG 序列中，形成“三明治”结构。三骨菌素 A、棘霉素与 DNA 之间的特异性识别的分子基础显然是与药物的丙氨酸羟基与 G 碱基的 NH_2 之间的氢键形成有关。

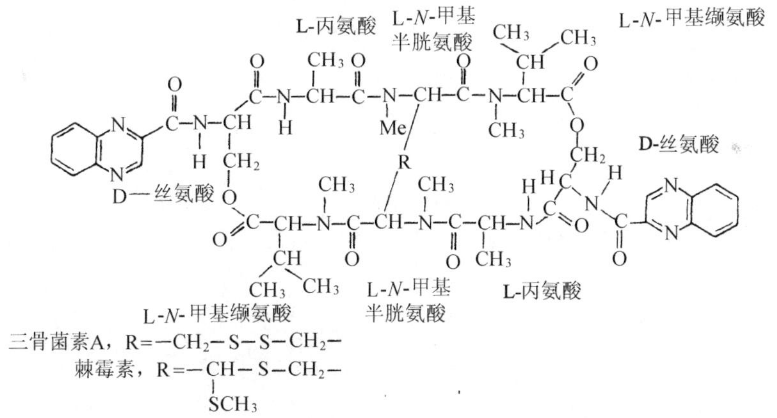

图 13-10　三骨菌素 A 和棘霉素的结构

3) 带有大取代基的嵌插剂

如果嵌插剂带的取代基太大，或有极性，或带电荷，则对嵌插结合及分解的动力学都会有影响。抗癌药放线菌素 D (actinomycin, Act D)与诺加霉素(nogalamycin)就属于这一类。

Act D 主环部分苯骈噁嗪酮环在 DNA GC 序列碱基对之间嵌入。单晶 X 衍射分析说明，药物的 GC 序列结合特异性与之能与鸟嘌呤的氨基形成氢键有关。足迹法研究指出有些不含 GC 的序列如 TGGG 的中央 GG 双联体也是 Act D 的强结合位点。利用量热法和其他技术证实双链 $d(CGTCAACG)_2$ 能以一种强的协同方式与两个 Act D 分子结合，结合后的异常光谱和热力学测量提示药物与这种双链的作用还不属于在 DNA 小沟区的经典嵌入方式。对 pBR 322 的 139bp 片段进行的定量足迹法研究中，也显示序列 CGTC

是一种 Act D 的强结合位点。由于 Act D 是一种 DNA 嵌插药物，它与 DNA 结合后可能引起 DNA 扭曲。在足迹法研究中，在结合位点以外常观察到由于药物诱导的 DNA 结构变化所造成的 DNase I 切割速率的增强。

诺加霉素是一种能与 DNA 结合的蒽环抗生素 (图 13-11)，加在药物糖苷配基上的是一种诺加糖和一个大的双环氨基糖。

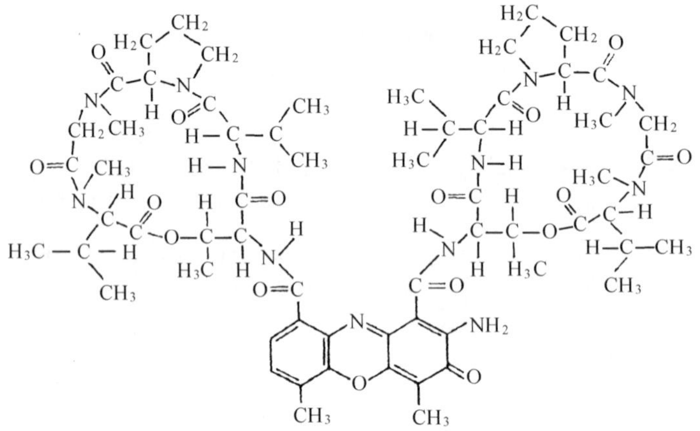

放线菌素D的结构

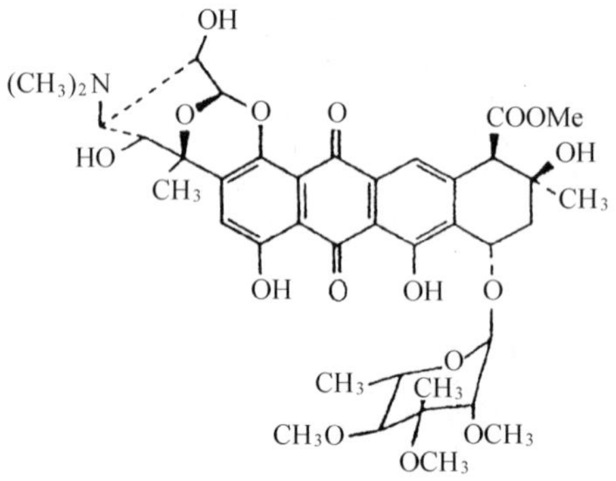

诺加霉素的结构

图 13-11　带有大取代基的嵌插剂

这种分子形状不利于嵌入，但对于诺加霉素与寡聚序列 d(CG-TACG)$_2$ 的复合物的 X 射线衍射分析表明，药物交连于双链磷酸二酯键骨架之间。糖苷配基的三个芳环嵌入 DNA 中，诺加糖位于 DNA 的小沟区，而双环氨基糖位于 DNA 的大沟区。诺加霉素通过与甲基边缘的 G 特异性作用选择地抑制某些含鸟嘌呤序列的 DNA 断裂，同时还抑制硫酸二甲酯对 DNA 的烷基化作用。这些结果提示诺加霉素嵌入 DNA 可能有两种方式：一种是以占据小沟区的诺加糖部分嵌入，而另一种是以处在大沟区的糖环部分嵌入。嵌插发生时，由于分子有较大的侧链，需要碱基对有更宽的开口，双螺旋更明显的扭曲或是在形成嵌插络合物前碱基氢键的断裂，所以嵌插的动力学要慢得多。但是这类分子有很高的 DNA 结合常数，一旦分子有大侧链部分在碱基对之间，DNA 分子则具有使络合物形成的非常有利的自由能的构象。这说明大的侧链对与 DNA 结合是有一些动力学障碍的，但当它们跨越这些障碍之后最终形成的 DNA 络合物中会有非常有利的相互反应。这个结合的动力学障碍取决于侧链的大小、取向和它的极性。

4. 断裂 DNA 作用

DNA 的断裂在 DNA 修复、转录及突变中是很重要的生物学过程。DNA 断裂剂的研究是小分子与 DNA 分子识别研究中不可缺少的一部分。DNA 断裂剂分为“合成的”和“天然的”两大类。

(1) 合成的 DNA 断裂剂有三类　第一类为 EDTA-Fe(II)类衍生物，包括 EDTA-Fe(II)连接到 DNA 嵌插剂乙锭及其类似物上，会产生特异的断裂功能；EDTA-Fe(II)连接到偏端霉素及其他有 AT 选择性的沟区结合分子上，可引起 DNA 特异性的 AT 富集区的断裂；EDTA-Fe (II)连接到富含嘧啶碱的寡聚核苷酸上，与 DNA 的双螺旋结构形成三螺旋，继而引起 DNA 的特异性定点切割。第二类为 1，10-二氮杂菲(OP)Cu(I)螯合物，研究证实 OP-Cu(I)结合在 DNA 的小沟内对 AT 富集区有特异性的切割作用。第三类是以邻菲罗啉为配体的软酸性金属配合物，它可以和 DNA 发生一定程度的嵌插结合，在光照下对 DNA 有特异性断裂功能。

(2) 天然的 DNA 断裂剂也分为三类　博莱霉素(bleomycin,BLM)是轮枝链球菌发酵液中提取的氨基糖肽类抗癌抗生素。有一系列类似物，国外临床上用的是 $BLMA_2$，国内临床上用的是 $BLMA_5$。从结构上说 BLM 可以分为三个部分 (图 13-12)：能够与金属发生络合的嘧啶、β-氨基丙氨酸、β-羧基咪唑区；利于细胞转运的古罗糖和氨基甲酰甘露糖部分；与 DNA 识别并嵌插结合的双噻唑末端区。同源物的差别仅在末端区的胺基上。BLM 中金属离子配位的部分是这种断裂试剂的核心。在有能与嘧啶–咪唑部分结合的铁离子和还原剂存在的情况下，博莱霉素能以一种氧依赖方式引起 DNA 链的断裂。从对 BLM 断裂 DNA 的序列特异性研究可以看出：在 DNA 分子中被 BLM 断裂频率最高的是 GpPy 的序列，选择性为 GpC=GpT>GpA>>GpG，这是由于 BLM 易于与这些部位形成氢键而增加了结合的选择性。当用偏端霉素代替 BLM 时，上述选择性发生改变，主要断裂位点为 AT 碱基对，原因是偏端霉素与 DNA 结合的部分 N-甲基吡咯易于在 DNA 小沟区内与 AT 碱基对结合。这表明 BLM 断裂 DNA 的位点是由其与 DNA 结合的选择性决定的。对于 BLM 的抗癌机理虽仍有争议，但目前普遍为人们所接受的是：BLM 通过分子中的双噻唑基与 DNA 结合后同体内的微量 Fe(II)达到络合平衡，生成氧活性的 Fe(II)络合物，该络合物随着 Fe (II)的氧化而释放出某些氧的自由基，正是这自由基产生了对 DNA 的断裂作用。

第二类天然断裂剂是针棘霉素(esoeramicine,EPM)和生硝霉素(calicheamicine, CLM)，结构如图 13-13，它们都是作用很强的一类新型抗癌剂。它们是具有一个特殊的被称为“弹头”的 1，5-二炔-3-烯系统，一个芳环部分和四个糖基的天然产物。对各种小鼠的肿瘤都显示出很高的疗效。在巯基存在的情况下，连在药物弹头位置的三硫化合物部分会转变成一种硫醇阴离子。该阴离子通过一种内部 Michael 加成反应，最终将 1，5-二炔-3-烯部分转变成能切割 DNA 的亚苯基双自由基。由于两种自由基同时经由单一活化过程所形成，因此活化后的药物分子能同时与相反的 DNA 链作用，产生双链断裂。

用 DNA 测序方法进行的研究显示 CLM 系列化合物的断裂特异性要强于 EPM。

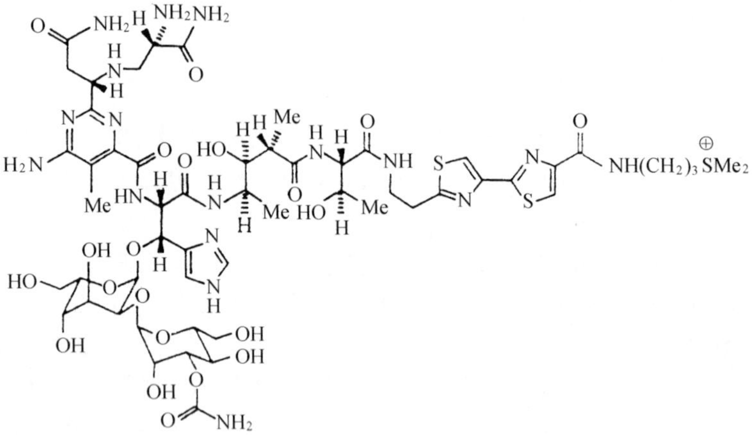

图 13-12 博莱霉素的结构

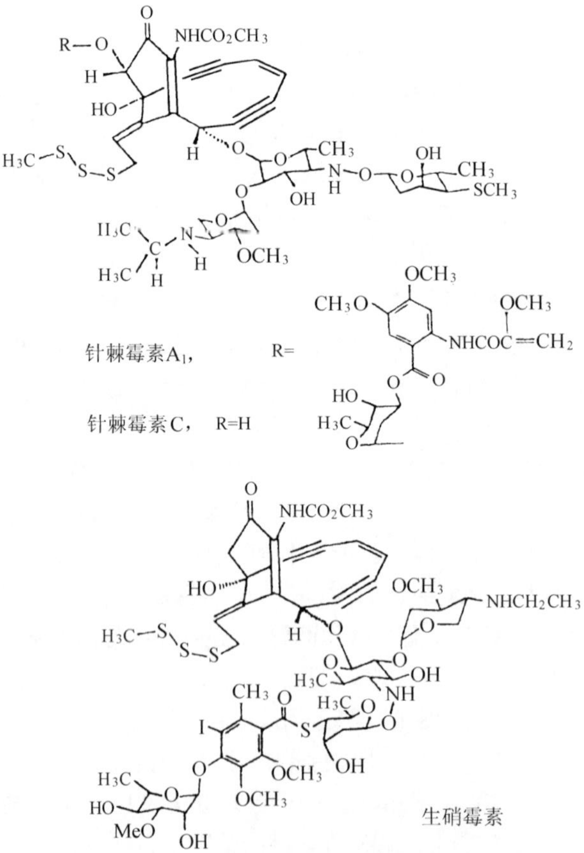

图 13-13 针棘霉素和生硝霉素的结构

第三类天然的 DNA 断裂剂的代表是新制癌菌素(neocarzinostatin,NCS)，结构见图

13-14。NCS 是一个含二炔–烯生色团的抗肿瘤抗生素，是由链霉菌属的培养液中分离得到的。含有一个具有生物活性的生色团和一个作为载体的，保护生色团在体内不受破坏的脱辅基蛋白。药物的原正电氨基通过静电引力与 DNA 磷酸骨架接近，随后是弹头嵌入到 DNA 碱基对之间。加入一种巯基辅助因子如二硫苏糖醇会使生色团的环氧基开环。然后再通过重排产生一种具有自由基中心的中间物，此双自由基产物被认为是药物的活性中心。虽然与 BLM 的结构完全不同，但同样是引起 DNA 的单链断裂。用六个碱基对寡聚核苷酸进行的研究表明 GN_1，N_2 是一种优先结合位点(N=T 或 A)。当对 DNA 指定序列片段进行标记后，用 NCS 进行切割时，碱基攻击反应顺序为 T>A>C>G。已证实有两类 NCS-DNA 加成物，一类不稳定的加成物可能涉及与药物相连的去氧核糖部分。另一类对强酸处理分解仍保持稳定的共价加成物则是由于 NCS 某一个亚单位上的一个自由基和去氧核糖 C5′位的自由基的偶联。在共价加成物形成中也观察到了碱基选择性与在断裂机理研究中发现的选择性相同，说明两种作用机理都可能源于相类似的 DNA 部分。

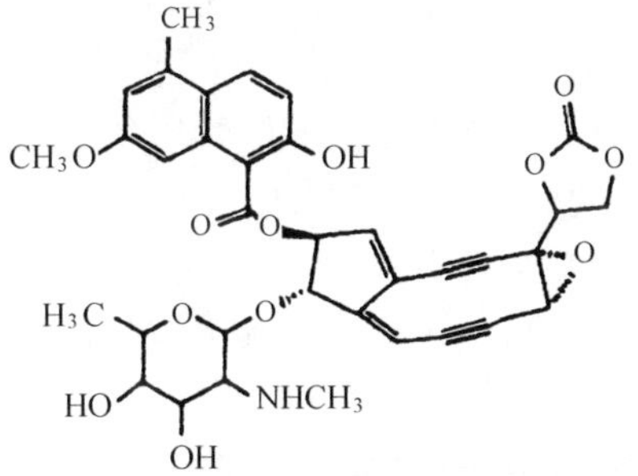

新制癌菌素(生色团)

图 13-14　新制癌菌素发色团的结构

第二节　小分子药物与 DNA 作用的特异性研究

以前，人们一般认为具有高反应活性和相对简单的小分子细胞毒试剂与 DNA 的反应缺乏特异性。固然有些早期使用的抗癌药仅具有简单的使 DNA 烷基化的功能,如氮芥，对细胞的作用就基本没有选择性，但这也与 DNA 特异性反应检测技术不发达有关。随着更敏感和更精确的方法学的发展，如分子生物学技术的突破使得测定这些小分子药物对 DNA 碱基的选择性及碱基序列选择性成为可能。这为发展以 DNA 为靶，选择性强的抗癌新药提供了依据。

一、小分子药物与 DNA 作用的碱基特异性

很多方法都已经用来分离和鉴定药物小分子与 DNA 碱基的结合物。特别是运用 HPLC 技术对 DNA 水解产物核苷中碱基结合物的分离，再综合运用电泳及 MS 鉴定是非常有用的。杨铭等运用 HPLC 技术对新合成的抗癌环方铂络合物与 DNA 作用的碱基

特异性进行了深入的研究，发现环方铂的手性特征在与 DNA 作用的碱基特异性方面很有影响。

二、小分子药物与 DNA 作用的序列特异性

DNA 测序方法的诞生给药物与 DNA 相互作用的序列特异性研究带来了飞跃。药物与 DNA 的作用方式不同，它们与 DNA 作用的序列特异性的研究方法也不同。

对于共价结合的药物如顺铂，当用蛇毒磷酸二酯酶消化已经铂化的 DNA 时，由于该酶从 5′端开始降解 DNA，酶能识别的特异位点是固定的，如果 DNA 在酶的识别位点结合了 Pt，酶就不能再识别出这个位点，那么降解(酶解)过程的终止点一定是铂的结合位点。另外一种研究方法是引物延伸法。用已知序列的标记引物，以铂化的 DNA 为模板，在有 DNA 聚合酶的情况下加入有放射性标记的寡核苷酸，DNA 链将会沿着 3′方向被延伸。遇到模板上连有顺铂的位点时，DNA 的合成就被阻断了，这样，再利用高分辨的序列胶进行分离，通过放射自显影就可以证实准确的药物结合位点。

对于非共价键结合的药物，由于是可逆的平衡方式的相互作用，它们并不与 DNA 发生持久的结合，所以研究这类药物的结合位点必须用 DNA 足迹法(footprinting)来进行。先将药物与一种单末端标记的 DNA 限制性片段作用，达到平衡后再用 DNA 非限制性内切酶或 DNA 切割剂对药物-DNA 复合物作用，通过聚丙烯酰胺凝胶电泳分析，确定药物的结合位点。如果药物结合在某一区域，那么该区域的位点切割程度就会弱于无药物结合的位点切割程度，出现缺失区域，利用放射自显影可以找出缺失区域，缺失区域就是药物结合区域。

对于能断裂 DNA 的药物，要先对 DNA 的限制性片段进行同位素标记，将标记片段与药物一起作用。利用高分辨聚丙烯酰胺凝胶电泳对药物所切割的寡聚核苷酸片段进行分离，通过放射自显影观察，用化学测序法(Maxam-Gilbert)读出标准序列(对照序列)就能确定药物的切割位点。

三、提高药物与 DNA 作用的序列特异性的方法——药物–寡核苷酸偶合物的设计

由于药物与寡核苷酸结合物能在三维结构上与病毒 mRNA 互补，亦能与靶 DNA 形成三链而应用在反基因技术中，所以被认为是除了酶性核酸和反义核酸以外的选择性抑制基因表达的抗肿瘤、抗病毒的又一类化疗新药物。它们一般具有强抗肿瘤、抗病毒活性及较好的生物体内分布，并在一定程度上能抵抗核酸酶对寡核苷酸的降解。

这类偶合物的设计要考虑三个方面：被结合的分子，如嵌插剂、生物碱嵌入物、烷化剂、过渡金属络合物等及其最佳的结合位点的设计；偶合的寡核苷酸碱基顺序及链长的设计；连接臂长度及刚性的设计。现分述如下:

1. 功能性小分子的设计

主要目的在于利用寡核苷酸的分子识别优势，克服其缺陷，引入可产生新功能的小分子。已经有 50 余种药物分子和寡核苷酸进行了连接实验。按引入的功能来划分则包

括以下几方面。

(1) 可阻断基因表达的小分子　这种偶合物一方面可以与靶基因结合抑制基因表达，同时可以利用其小分子特异性地切断 DNA 或 RNA，起核酸内切酶的作用，更彻底地阻断基因表达。Vlassov 等研究了烷基化试剂与寡核苷酸的结合，由于烷基化试剂作用于碱基的亲核中心，而烷基化的碱基很容易从 DNA 或 RNA 上清除，就可造成 DNA 或 RNA 在这些位点上的断裂。除此之外，可切断核酸的基团还包括修饰的寡核苷酸衍生物与酶性核酸的偶合物以及能够产生自由基的小分子与寡核苷酸的偶联，如 Dervan 将药物与 EDTA 结合于同一寡核苷酸的两侧，形成一种多功能性的反义核酸。Zarytova 研究了 $BLMA_5$ 与寡核苷酸的结合，这类偶联物是通过氧化降解核糖以切断核酸的。并且它能特异性地断裂 DNA 或 RNA 的链。另一类可阻断基因表达的小分子是光敏活性化合物。如 Truay 研究了叠氮原黄素和卟啉与寡核苷的偶合物；Byrn 也研究了叠氮吖啶与寡核苷酸的结合。Smith 则报道了补骨脂素与寡核苷酸的偶联。这些光敏物质的引入，可使偶合物在一定条件控制下发挥核酸内切酶的作用，不仅可以成为基因调控研究的重要工具之一，而且提供了通过光谱分析药物–寡核苷酸偶联物结构的方法。

(2) 可辅助寡核苷酸片段进入细胞的活性分子　引入这类特殊结构可通过增强核苷酸在细胞表面的吸附，利用受体介导的内吞(endocytosis)作用和细胞膜蛋白的融合作用等提高细胞透过率。Letsinger 等研究了胆固醇与寡核苷酸的结合，发现由于胆固醇的亲脂作用所产生的膜效应导致寡核苷酸活性增强。利用融合多肽–寡核苷酸的偶合物也可以大大增强其细胞的透过率，其活性可以是未修饰寡核苷酸的 5~10 倍。而且利用包裹蛋白衍生多肽寡核苷酸偶合物在生物相容性方面可能更有发展前途。

(3) 可增强杂交稳定性的分子结构　寡核苷酸与靶 mRNA 和 DNA 的杂交稳定性是由寡核苷酸的长度和 GC 含量所决定的。短的寡核苷酸杂交的稳定性往往稍差，但如果把 DNA 嵌插剂如吖啶和寡核苷酸偶合，解链温度明显升高(升高 50%)，说明亲和性加强。另一方面由于偶联的寡核苷酸与靶 DNA 或 mRNA 的互补性又大大提高了作用的特异性，这对于增大药物的选择性是很有意义的。

2. 寡核苷酸部分的设计——碱基序列、链长度及其修饰

偶合物中寡核苷酸部分是识别特异靶基因的关键。它的碱基顺序和链长度是由靶基因的顺序和长度所决定的。Zamecnik 对一系列寡核苷酸进行研究后发现，片段过短的寡核苷酸识别活性低，含 11~12 个碱基的寡核苷酸最合适。Matsukura 最近合成了核苷酸硫代磷酸酯，这类经过链修饰后的寡核苷酸不仅本身显示出抗 AIDS 的作用，而且与药物结合后可使其效应提高 10 倍。

3. 连接臂的选择

连接臂(link)的长度、刚性及生物降解性对偶合物的功效有很大的影响，所谓连接基团的刚性和柔性是指连接基团的空间结构的运动性而言。比如连接臂是由亚甲基类似的结构组成，可以有多种不同的空间排布，则为柔性连接臂。由于药物与寡核苷酸偶合物要求活性基团更接近靶基因，而柔性连接臂对这点有利。所以柔性连接的偶合物其生物活性大多高于刚性连接的偶合物，因而在偶合分子设计中多选择柔性连接臂。连接臂的

长度也会影响偶合物的活性，Helene 提出，—$(CH_2)_6$—是吖啶与寡核苷酸偶合的最佳连接臂。Byrn 发现连接臂的长度能决定嵌插剂结合于寡核苷酸的哪个碱基对。补骨脂素以较短的 link，—$(CH_2)_2$—，交叉结合最合适。而生物素和荧光标记物以含 11 或 12 个碳的长连接臂在与寡核苷酸偶合时可以减少杂化作用的位阻。Byrn 对形成结合物的自由能用分子模拟技术进行了计算，结果表明，小分子与寡核苷酸第 4、5 个碱基结合能较小。另外为了药理方面的需要，有时也将连接臂设计成可生物降解的基团，如含有二硫键、酯键和多个肽键。这样进入细胞后容易降解而使寡核苷酸与水分子易于分离。

总之，药物小分子与寡核苷酸偶联，由于核苷酸本身的序列识别特点，极大地增强了与靶基因作用的特异性，增强了药物作用的选择性，能使结合的药物有效地运送至靶细胞，而且能减少核酸酶对寡核苷酸的降解。这类偶合物有着广泛的应用前景，是发展抗肿瘤、抗病毒新药物的有效途径，是基因治疗剂的新发展，也是研究基因表达调控和基因功能的有力工具。

主要参考文献

徐筱杰, 陈丽蓉. 1996. 化学及生物体的分子识别. 化学进展, 8(3): 189~201

Blackburn G M, Gait M S and Wilson W D. 1990. Nucleic acids in chemistry and biology.New York: Oxford University press

Coll M, Aymami J and van der Marel G A. 1989. Molecular structure of the Netropsin-d(CGCCATATCGCG)complex; DNA conformation in an alternating segment. Biochemistry, 28: 310~319

Dbrowiak J C. 1983. Sequence specificity of drug-DNA interaction. Life Sci, 32: 2915~2918

Gzarny A, Boykin D W and Wood A A. 1995. Analysis of van der Waals and electrostatic contributions in the interactions of minor groove binding benzimidazoles with DNA.J Am Chem Soc, 117: 4716~4718

Hertzberg R P, Hecht S M and Reynolds V. 1986. DNA sequence specificty of the pyrrolo ［1,4］ benzodiazepine antitumor antibiotics. Methidiumpropyl-EDTA Iron(II)footprinting analysis of DNA bindingsites for anthramycin and related Drugs. Biochemistry, 25: 1249~1258

Kopka M L, Yoon C and Goodsell D. 1985. The molecular origin of DNA-drug specificity in Netropsin. Proc Nat Acad Sci USA, 82: 1376~1379

Lin C H, Beale J M and Hurley L H. 1991. Structure of the (+)-CC-1065-DNA adduct: critical role of ordered water molecules and implications for involvement of phosphate catalysis in the covalent reaction. Biochemistry, 30: 2597~2605

Neidle S and Waring M J. 1983. Molecular aspects of anticancer drug action. Germany:Verlag-Chemie,Weinheim

Pelton J G, and Wemmer D E. 1989. Structural characterization of a 2 2:1 Distamycin A-d(CGCAAATTGGC)complex by two-dimensional NMR. Proc NatlACAD Sci USA, 86: 5723~5728

Uesugi M, Villanl G and Hoffmann J S. 1993. New insights into sequence recognition process of esperamicin A,and calicheamicin R. Biochmistry, 32: 4622~4633

（杨　铭）

第十四章 模拟DNA结构与复制的分子自组装

储存于DNA分子内的信息除了在细胞内表达一定功能外还要自我复制以构成子代细胞。遗传信息的表达是指合成由DNA决定的氨基酸序列的蛋白质。DNA自我复制成完全相同的子代DNA分子，才能确保遗传信息忠实传代。由Watson和Crick提出DNA的双螺旋结构模型，其中关于碱基配对及自我复制的机理正确回答了基因遗传的问题。DNA的双螺旋链作为模板，每条链都可以复制成新的互补链，因而产生两个子代DNA分子与复制前的DNA分子的序列完全相同。DNA的互补性则是DNA自我复制的核心。

自我复制是生物学的一种化学过程。各种生物结构形成的基础是源于分子的自组装。自组装就是借助于比较弱的、可逆的、非共价键相互作用，形成超分子结构体系。这种过程也是一种分子的识别过程，即利用分子之间体积、形状及分子间氢键、π-π作用等非共价键的作用达到的相互匹配。

人工自组装体系的研究目的在于探索生物分子结构形成过程和机理。它是生物学及化学之间的交叉学科领域。分子自组装技术在生物大分子定向识别及形成特殊功能的高分子体系方面已有很大发展。本章介绍以复制过程为模型的自组装研究，即利用核酸组分，如腺嘌呤中碱基对互补原理探索具有自我催化功能结构的设计、合成。

第一节 分子自组装与DNA复制

分子自组装(self-assembling)是指分子间通过非共价键相互作用如氢键、范德华力及静电引力等自发地形成稳定的、有固定结构的、有特定功能的聚集体和超分子结构体系。它是复杂的生物结构形成的基础。分子自组装的基础是分子识别，即相互结合分子在几何形状、非共价键间作用等的互补。

DNA分子的复制过程是这种自组装的例证之一。Watson和Crick关于DNA双螺旋互补性是它复制的基本方式。即复制中首先双股螺旋拉开，暴露出核苷酸链上的碱基。按A与T、C与G碱基配对要求，各自吸收带有互补碱基的核苷酸，经DNA合成酶催化，以原有DNA为模板形成两个新DNA分子。

第二节 DNA碱基间作用力的模拟

在DNA双螺旋分子中一方面借助于氢键将碱基配对以传送信息，在相应的碱基之间芳基的堆积也起到稳定作用。为了研究这种分子间力用了一个1，3，5-三甲基–环己-1，3，5-三羧酸(kemp 三酸)分子模型。以这个三酸为底部，用酰胺键引入带有可形成氢键的作用面并与胸腺嘧啶相似。另外一个垂直于底的芳香环平面，两个面之间可形成堆积作用力。在这样一个底上形成“U”形分子用以设计对于腺嘌呤衍生物的合成受体。(图14-1)。

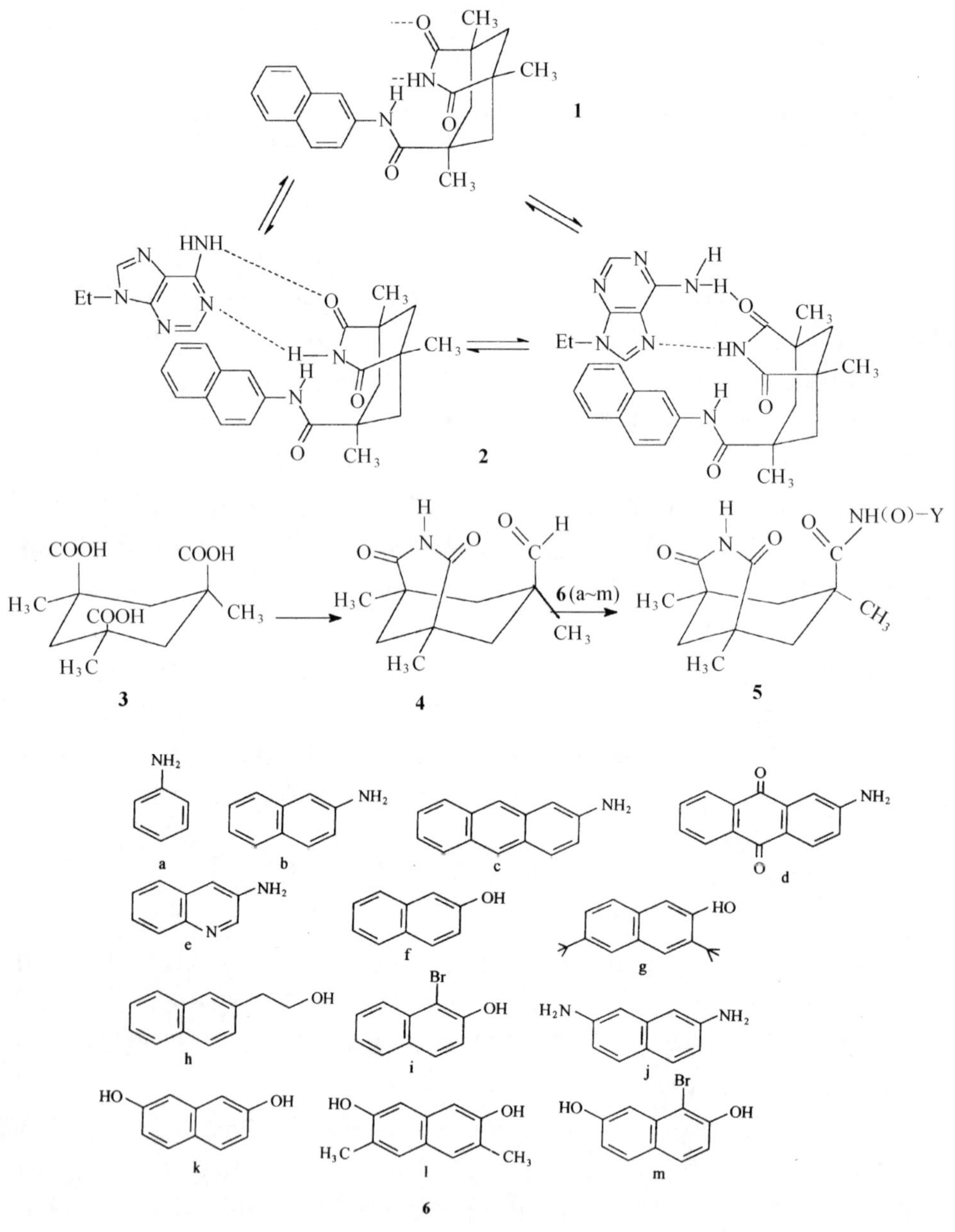

图 14-1　以 kemp 三酸为底的合成受体

在考察了一系列刚性或柔性的附加结构之后得到的结论是：表面积增加时堆积作用也增加。作用力的增加不是由于疏水作用，因为实验在有机溶剂中进行。因此它表现了极性芳烃与有相近极性的腺嘌呤间的作用。热力学研究证明在这个系列中由萘至蒽之间有 1674.7J/mol 的亲和力增加，这个数据可用于衡量不同芳香表面极性的改变。

表 14-1 合成受体与 9-乙基腺嘌呤结合的结合常数及饱和度 $CDCl_3$(4℃)

受体	K_a/(L/mol)	饱和度/%
6a	101	79
6b	220	86
6c	440	96
6d	210	96
6e	120	98
6f	90	79
6g	125	76
6h	79	78
6i	64	77
6j	11 000	96
6k	2 500	约 100
6l	2300	约 100
6m	206	74

如果改变氢键的模式，例如将上述酰胺还原成羟内酰胺 **7**，则与胞嘧啶有互补关系；在含有萘环结构中，这个合成受体对胞嘧啶的结合力是对腺嘌呤的结合力的 200 倍(表 14-1)。由此可以看到在位于分子内的短距离间自然作用力的发挥与生化现象中高选择度紧密相关。

第三节 DNA 复制模板的结构因素

Tae Key Park 等合成了关于胸腺嘧啶衍生物的“模板”化合物。采用了呫吨-1，8-二羧酸(xanthene-1，8-dicarboxylicacid)衍生物，利用它的芳香表面提供了一个堆积的部位。这个合成受体分子 **8** 中的二氨基三嗪则提供了氢键的信号。值得注意的是使用这个系统不仅能结合胸腺嘧啶，它还可以结合在核酸受到辐射时形成的胸腺嘧啶光二聚体上。分子中相连的芳香环如色氨衍生物可以提供光敏剂对胸腺嘧啶的二聚体进行解聚。由此得到一个光裂解系统。

在上述复杂分子间的作用可用简单 NMR 实验勾画出分子亲近程度得到它们的结合常数。利用 NMR 实验研究受体与客体分子的作用力。异核 NOE 说明双叉(bifurated)氢键是伴随着一般碱基对。同核 NOE 证明在各种平衡中不仅有 Watson-Crick 碱基对，也同时存在 Hoogsteen 氢键碱基对。使用这样一些原始模型实验不仅可显示使核酸之间相互扭结的各种力，同时可借此探寻在这些分子中沟槽间作用于药物的亲和度。表 14-2 列举了合成受体与腺苷衍生物的分子 H_8、H_2 中对受体中 NH 的 NOE 数据。

表 14-2 观察 NOE 及在结合反应中碱基对的优先选择

受体	腺苷衍生物		对 N-HNOE 的增加 H_8/H_2		Hoogsteen/Watson-Crick	
5b	9-乙基腺苷	9-乙基-N_6-甲基腺苷	5.3/4.2	1.7/0.3	44/45	85/10
5f	9-乙基腺苷	9-乙基-N_6-甲基腺苷	2.1/1.9	3.3/0.6	55/45	85/15
5g	9-乙基腺苷	9-乙基-N_6-甲基腺苷	2.9/1.8	3.4/<0.5	70/30	85/15
5c	9-乙基腺苷	9-乙基-N_6-甲基腺苷	5.1/8.5	3.7/1.1	35/65	75/25

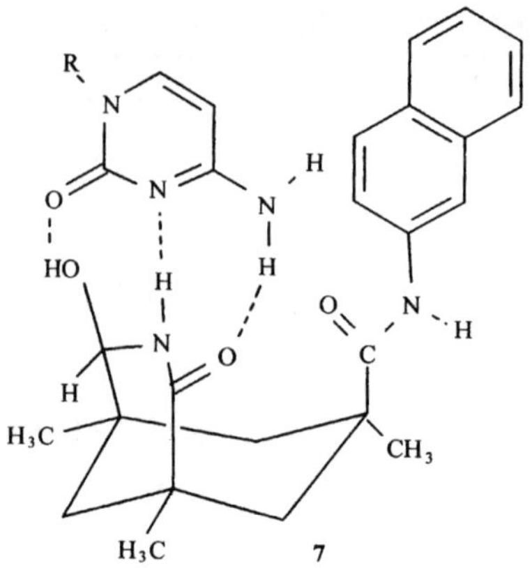

7

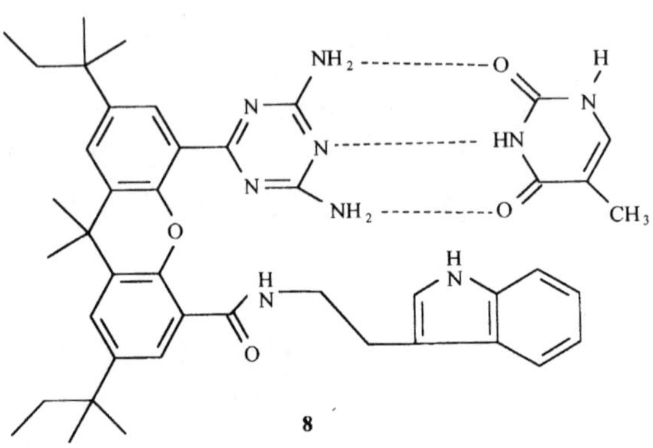

8

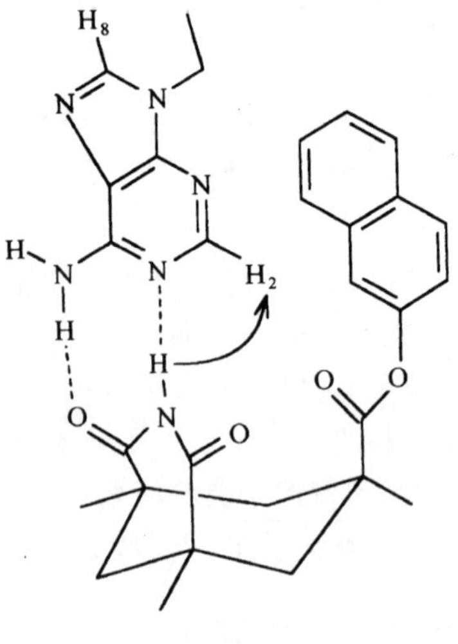

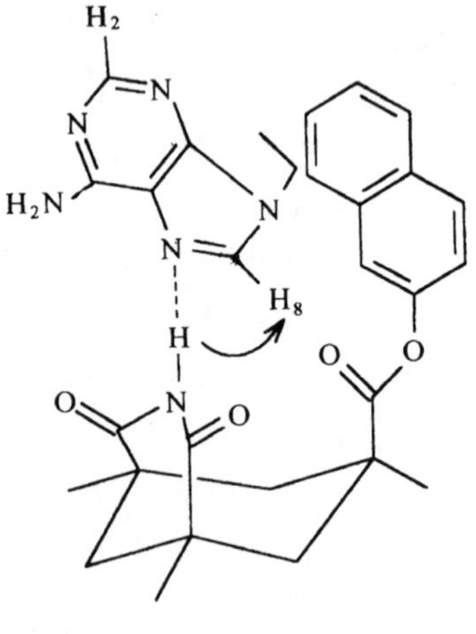

Watson-Crick 模型　**9**　　　　Hoogsteen 模型　**10**

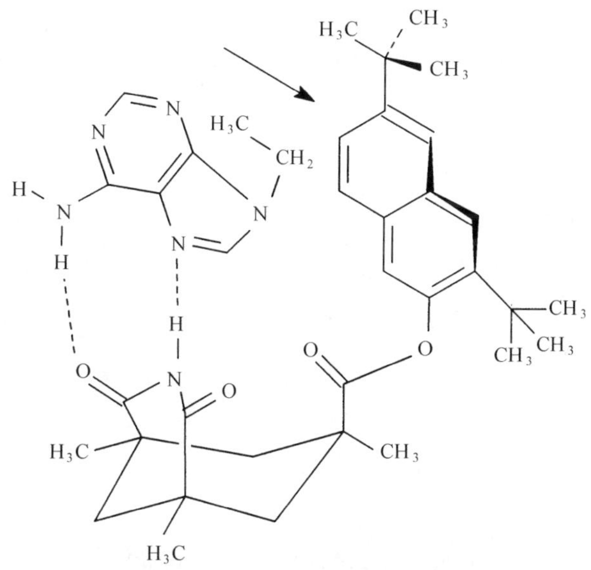

图 14-2　位阻效应对 Watson-Crick 与 Hoogsteen 模型中的碱基对的影响

使用变换模型的各个取代部位的办法，进一步研究对各种类型碱基对比例的影响。已知N-取代的腺嘌呤倾向于Hoogsteen碱基对方式。例如使用一个带有萘环平面受体时，腺苷未被取代，Hoogsteen 和 Watson-Crick 碱基对比量粗略相当；*N*-甲基衍生物主要是 Hoogsteen 碱基对。当受体周围引入位阻较大基团迫使构象受到另外的约束方式。如萘被二叔丁基取代时，分子的堆积导致氢键只能以 Hoogsteen 模型 **10** 存在。Watson-Crick 模型 **9** 使烃基进入同一侧，位阻效应影响两种碱基对的比例(图 14-2)。

第四节　DNA 模板的模拟设计

在对相互识别分子间几何学和亲和度有关知识的了解后，有可能进行对上述复杂分子中的化学活度补充，从而形成催化和自动催化体系。了解互相组合在一起的组分就可能估计出它们在相互不同时空下的识别及反应，现在可进一步建立将识别作用扩大的实验模型。如果将两个结构单位会聚在一个适当芳香面上，可导致对腺嘌呤衍生物的特有的亲和度。利用另一个芳香面分子间亲和性形成 Watson-Crick 和 Hoogsteen 碱基对，在短距离内，螯合作用发生。这个分子不仅对腺嘌呤，而且对腺苷和脱氧腺苷均可以从它们的水溶液中萃取至氯仿等有机溶剂中。使用这种方法可将核苷跨过简单液膜。Mandoza 设计了一个由卡巴唑骨架的受体，用以提供理想的弯曲分子，以表现最大的亲和力螯合腺苷衍生物(图 14-3)。它的亲和力如此之高，以至在有较大竞争力的溶剂如甲醇和水中，结和力尚均可存在。

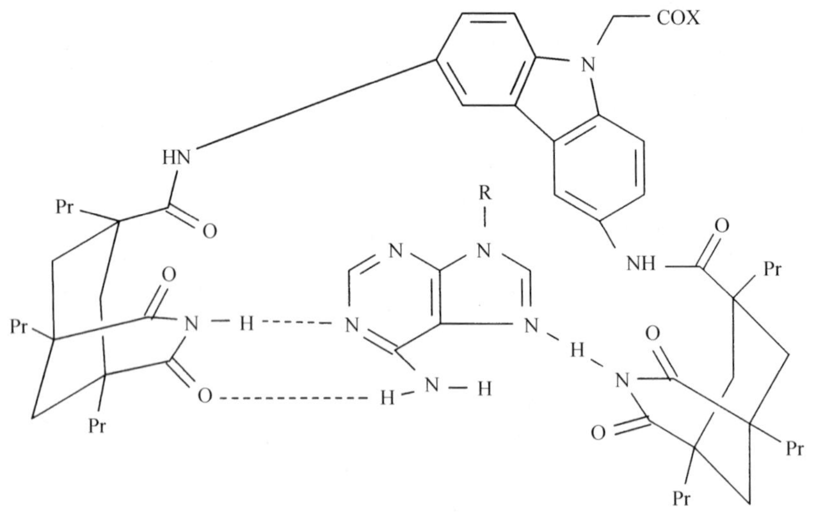

图 14-3 卡巴唑受体与腺嘌呤的螯合

卡巴唑在 N 原子上可提供一个化学“把手”，用以添加额外识别核酸中磷酸根的功能。在腺苷受体分子中增加一个阴离子结合部位——胍盐基(图 14-4)，这就提供了磷酸根极好的互补关系。因此利用这一受体可定量地将环 AMP 由水溶液中提取至有机溶剂中。这个受体还可进一步调节，一系列不同的结合面、部位和识别模式被组装在一个相对短的距离。二核苷酸也可被高亲和力地提取。可使用它们驱动寡核苷酸与相当的 APA 信号跨膜。这有可能促进用反义核酸治疗时的疗效。

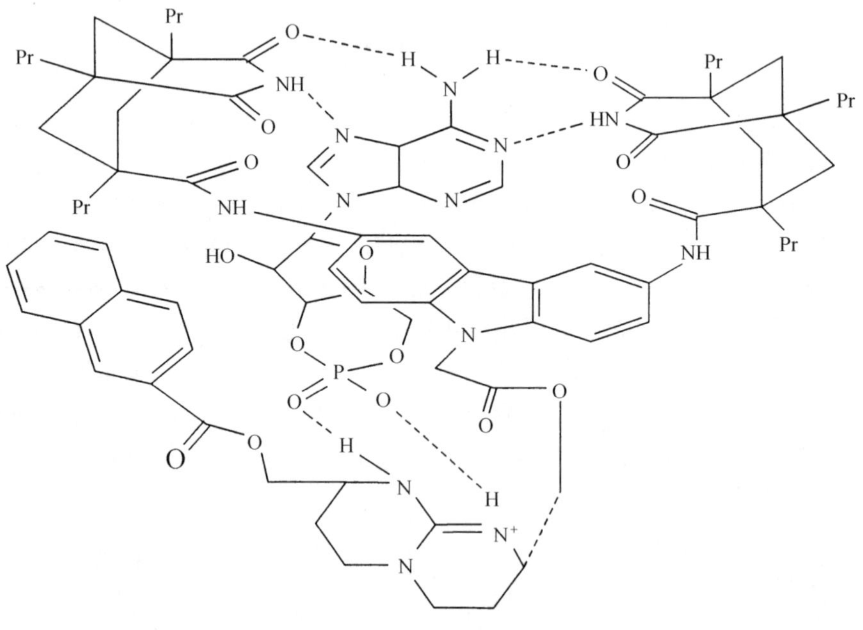

图 14-4 带有胍盐基团的合成受体与 cAMP 键合模式

下面一个问题是当受体与靶信息如果形成共价键时，情况会怎样？由于这种分子可以自我互补，因此可二聚。事实确如此，当连接两个组分的臂够长，而且有适当长度时，折叠引入一个分子内的模板是可能的。在合成这种结构中，发现了一个非常特殊的性质即自催化行为。这是生命过程的自我复制体系原理。因为这个分子是被迫成为非原始的分子，它们的反应过程可如图 14-5 所示。

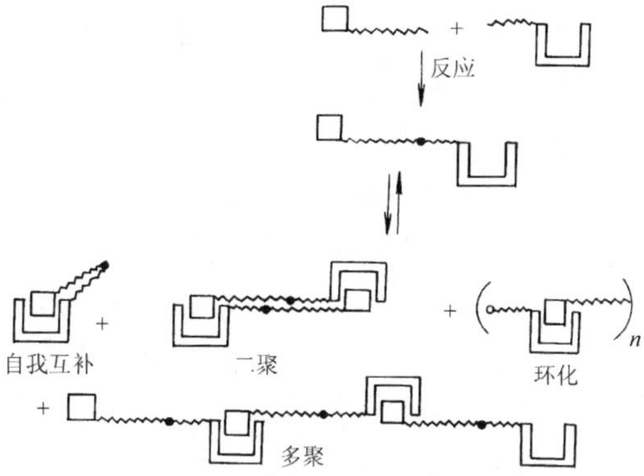

图 14-5　自我互补结构的形成

注意到在两个互补结构中一个是凹进去的，一个是凸出来的，结果两者可互相闭合在一起形成一个互补单元。这种结构可以自我满足形成一个封闭的状态；它也可二聚或形成环状排列，如果从能量上是允许的话还可多聚。在这种聚合体中分离的识别因素导致分子间成键。共价键形成是一种双分子反应。由识别导致反应的结果是非常可能的。互补导致络合物形成，用独特方式进行另一种双分子反应。这种反应是促成单一分子的形成，它是一种催化过程，产物是由特殊的途径被偶联起来。由图 14-6 可知，第三个反应产物尤其特殊，即始产物将别两个组分归在一起，利用它作一个模板。这个三分子聚合体比较稳定，与分子内反应相一致，结果导致原有模板的复制。这里是一种自动催化反应，表现出三级动力学过程。

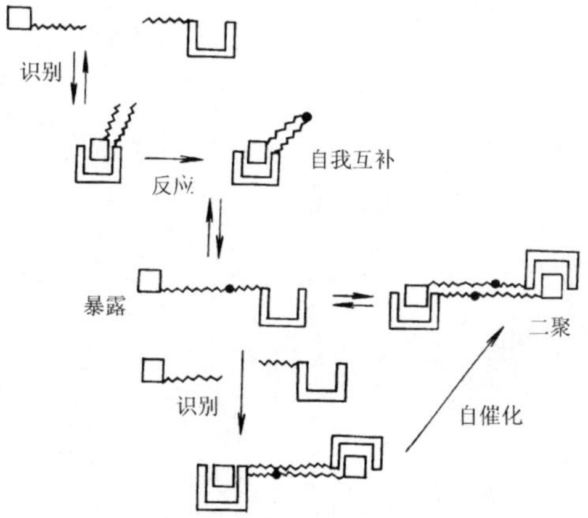

图 14-6　复制结构中的识别和自催化

具体的过程如图 14-7 表现了通过酰基转移反应形成酰胺键。用这个模型说明碱基对中的信息可用来驱动酰基转移，实验目的是显示出核酸识别与类肽键形成的原始关系。腺苷衍生物中亲核的氨基和亚胺中酰化剂反应。当使用一个小的苯基平面时，这个体系令人失望；它不能导致分子内的酰基转移，而分子形成一个稳定的 *trans* 酰胺键。结果分子被封闭在自己形成的构象中，这种结构不能作为模板，而是形成一种死点，体系没有自催化反应。

上述缺点当结合面因子稍加变化就可以克服。在识别和反应中心插入一个萘基后(图 14-8)，碱基配对仍可形成，同时一个分子内反应也可发生；因为这时的分子提供了合适的距离，此时形成的酰胺键只有 *cis* 构型的。这样就提供了化学反应动力，因为把识别部位表面暴露出来。由于 *cis* 和 *trans* 之间可以互相快速转化。因此这个分子提供了自动催化的可能；自我识别、自我互补，结果导致一个新的酰胺键被复制。这个新的结构以氢键识别而形成的，把嘌呤和亚胺–活泼酯这两个组分从相对位置来说被结合在一起，使它们能向反应过渡态发展起到了模板的作用。产物是模板正确的复制，用氢键结合成二聚体。

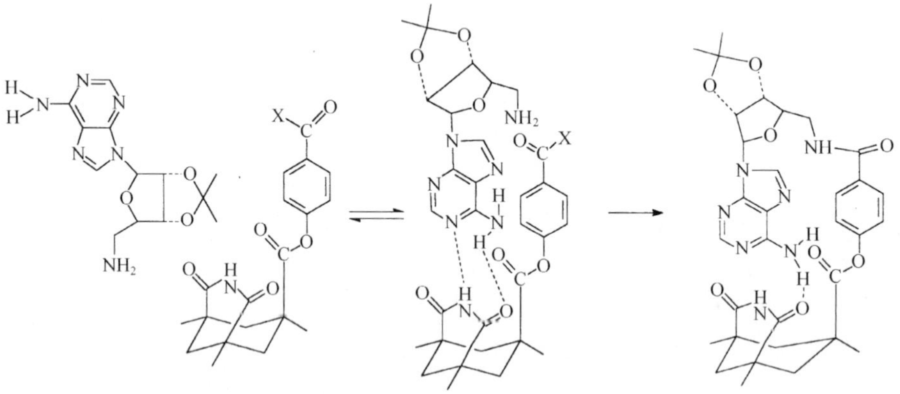

图 14-7　碱基对促使酰基转移形成稳定的酰胺键

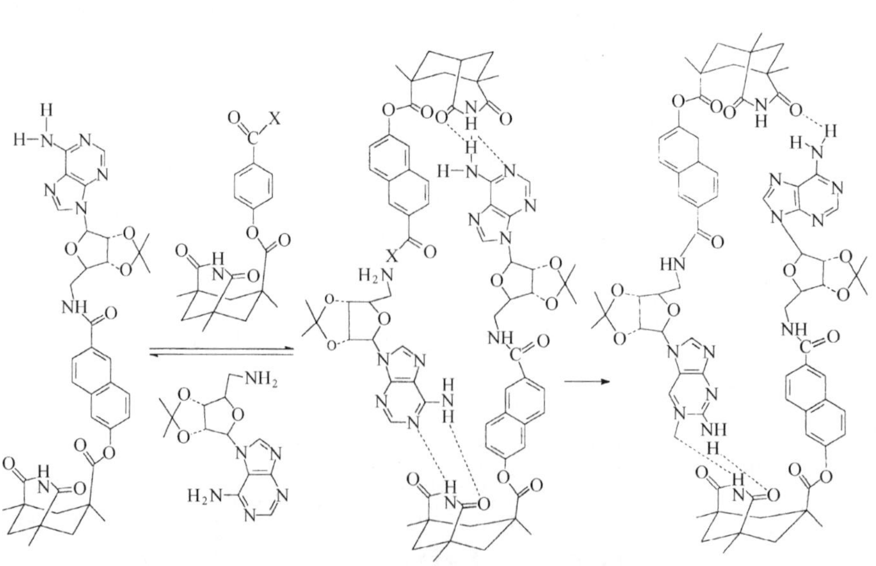

图 14-8　自我复制过程中的模板效应

第五节　分子自组装与DNA复制机理探究

进一步在腺嘌呤的氨基上引入取代基考察核酸的Hoogsteen与Watson-Crick构象方式。在Hoogsteen模式中结合的比较多，扩大结合面可以观察到弯曲状产物的增长。这是由于两个组分分子间反应比例减少的结果。是一种起到了模板作用的三分子过程。这种过程在核酸衍生物中也看到过。

如果将氨基取代基换上苄氧羰基，复制过程也可按我们描述过的路线来进行，但另外的可能也增大。在前生物化学中的一个现象是进化。复制的能力如果形成了错误，就导致新的境况，它可以比原来更有效(或无效)。我们采用苄氧羰基及光敏的邻硝基苄氧羰基引入腺嘌呤的6-氨基上，苄氧羰基和邻硝基苄氧羰基的直接竞争提示下列事实：它们都是复制系统，即催化自身形成，但也确可造成错误。例如硝基苄氧羰基衍生物可以作为苄氧羰基衍生物的模板，反过来也如此。互换度相当有效。芳香环间和碱基对作用不为远端NO_2所干扰。因此带NO_2的化合物也可提供复制原。

在直接的竞争实验中带NO_2的衍生物稍微顺利些，有可能是电子效应使碱基对形成能力增强。当使用过量的两个腺苷衍生物进行与小量活性酯竞争反应时，两者均达到复制。当活泼酯消耗尽之后，进行光辐射，它起到裂解邻位硝基苄氧羰基作用，结果出现了另一个复制体系，可以Hoogsteen方式或Warton-Crick方式偶联合成产物。辐射之后无论模板或胺均转化成未取代的腺嘌呤。加入过量原料活泼酯，被突变的未取代的反应原，也可迅速转化。不仅错误可以进入模型体系，也可将环境外力施加的影响形成遗传变异(图14-9)。

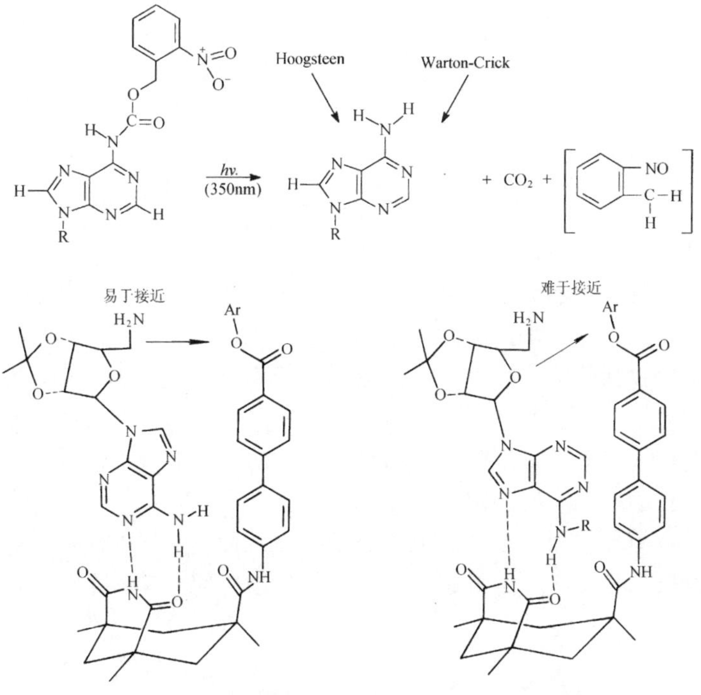

图14-9　辐射形成新的复制源，伴有碱基成对能力及反应度的增加

由于辐射形成一个新的复制原，碱基对和反应活度扩大，如这种进化的模式可描写如下，苄氧羰基腺嘌呤进行自我复制，直至内部有些化学变化，如在周围形成硝鎓离子并与复制原反应形成了邻硝基取代的衍生物，它也可自我复制，并在前体复制过程中进行交换。随之，辐射发生腺嘌呤取代基光裂解，形成一个新的复制原，结果动力学可能度也扩大。

复制究竟是偶然的，还是不可能避免的？图 14-10 可用以说明复制是源于识别。凹表面可作为凸出分子的模型的一部分可装配在一起。在反应及解离中，有可逆过程发生。产物中凸出部又可作为模板组装入凹结构的前体。净结果形成复制循环。这种复制表现在核酸中一个(+)股作为(–)股的模板，或者反应过来(–)股作为一个模板复制(+)股。

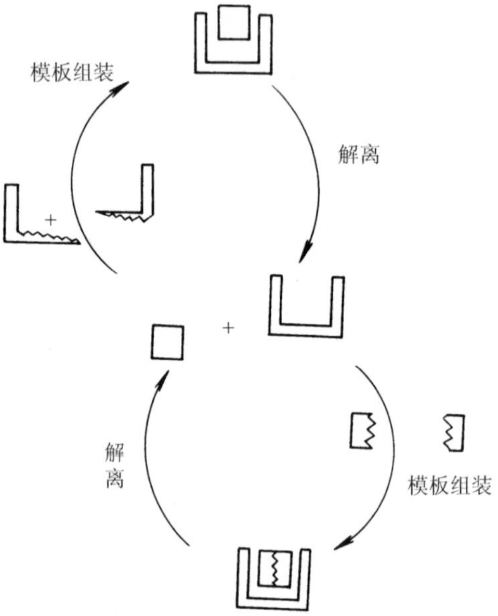

图 14-10 复制循环中的分子识别

总之，任何识别的成分均可转译成复制的成分。两个组分间共价键的微小变故可形成一个派生的复制原。但识别表面必须定位于特定空间部位上。在这种体系中才能将识别变成复制，将自我互补单元转换成它自身形成的模板。图 14-11 说明胸腺嘧啶的识别如何能换成复制体系。

其他体系的识别与自我复制都是生物有机化学的一个研究前沿。任何携带自我互补的结构都会携带自动催化部位。例如图 14-12 表示一个存在的 16 单位的肽可作为自身形成的模板。它可使其表面存在的两个成分排列成一种反平行的β链，并催化成键。这种肽的自我复制启示我们第一个复制原存在于前生物时代。它是首先跨越化学与生物学的分子。

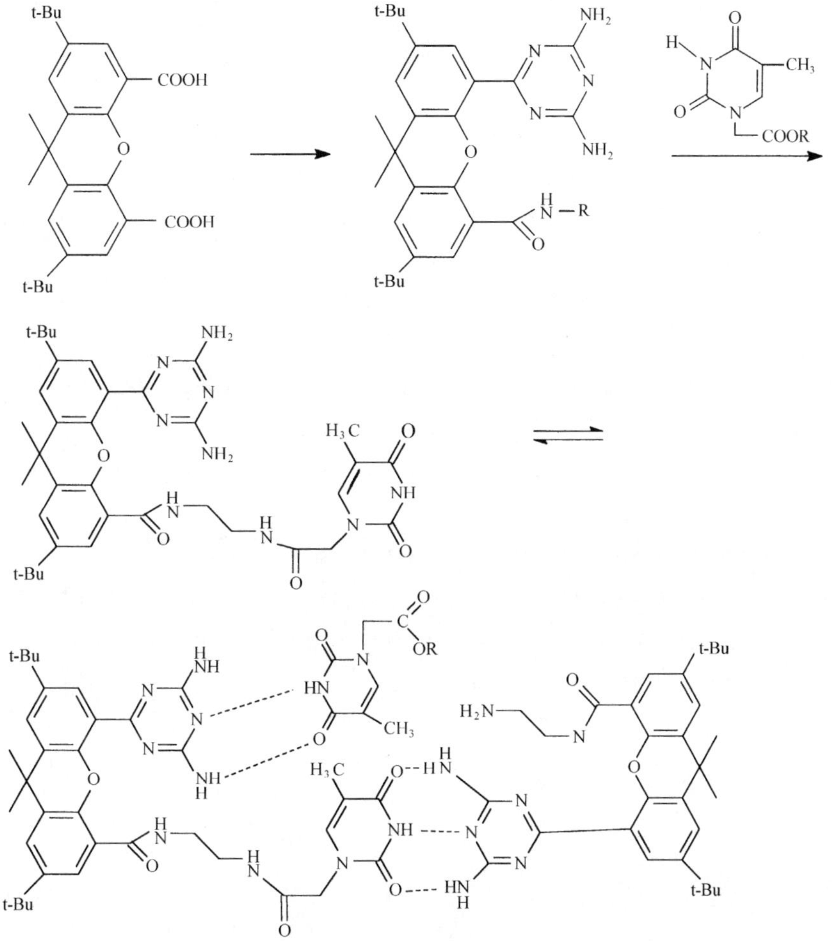

图 14-11　利用胸腺嘧啶的识别形成复制

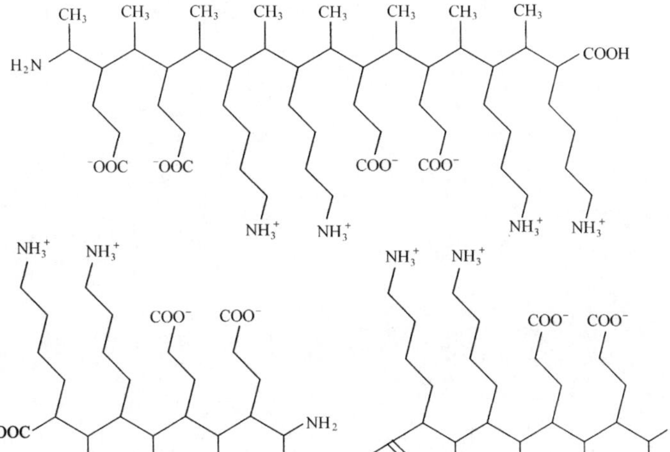

图 14-12　一个自我复制的肽键

主要参考文献

Askew B, Ballester P, Bahr C, et al. 1989. Molecullar recognition with convergent functional groups.6.synthetic and structural studies with a model receptor for nucleic acid components. J Am Chem Soc, 111: 1082~1090

Hamilton A D. 1991. Synthetic studies on molecular recognition. In: Dugas H. Bioorganic Chemistry Frontiers Berlin Heidelberg, Germany: Springer-Verlag. 117~174

Nowick J S，Feng Q, Jivikua T, et al. 1991. Kinetic studies and modeling of a self-replicating system.J Am Chem Soc, 113: 8831~8839

Park T Y, Schroeder J, Rebek J J. 1991. Convergent functional groups X1. Selective binding of guanosine derivatives. Tetrahydron, 47: 2507~2518

Park T Y, Schroeder J, Rebek J J. 1991. New molecular complements to imides. Complexation of thymine derivatives.J Am Chem Soc, 113: 5125~5127

Rebek J J. 1992. Molecular ecognition and self-replication. J Molecular Recognition, 5: 83~88

Rotello V, Hong J I, Rebek J J. 1991. Sigmoidal growth in a self-replicating system. J Am Chem Soc, 113: 9422~9423

Williams K, Askew B, Ballester P, et al. 1989. Molecular recognition with convergent functional groups. 7. Energetics of adenine binding with model receptors. J Am Chem Soc, 111: 1090~1094

(岳保珍)

第十五章　生物膜的结构生物学

生物膜结构的研究起始于19世纪末，到20世纪中期由于电子显微镜技术的发展才初步看到了“膜”，肯定了细胞的界面膜是一个结构实体，整个细胞充满膜包被着的和许多膜隔离开的超微结构，并且细胞内所有膜的结构都非常相似。

近代细胞结构的研究已经从整体层次、亚微结构层次深入到分子层次，生物膜在细胞结构和功能上的重要性也越来越被人们所重视。1972年美科学家Singer和Micolson提出了“流动镶嵌”模型，对细胞膜的分子结构作了较好的阐述，但仍存在不少问题。以后又相继地出现了更多的生物膜结构的推测和模型。蛋白质、核酸、糖和脂质体是生物大分子，而细胞膜则是主要由蛋白质、脂质构筑的生物高级有序结构，从这个意义上讲可以认为细胞膜是生物大分子的聚集体。结构是功能的基础，对生物大分子和生物大分子聚集体精细结构和功能的深入研究有助于在分子层次上探索细胞生命活动更加本质的规律。而且细胞膜是外源性物质(含药物)与细胞相互作用的前沿靶分子。膜结构和功能的研究对于了解和发现药物作用靶点、药物吸收和跨膜转运、信号传导、药理、毒理及最终实现新药开发等都是极有价值的。

第一节　生物膜的概念和结构

一、生物膜的定义

1. 细胞外膜

细胞与外界相连之处有一层很薄的膜包裹着，这层膜被称为质膜或细胞外膜(extramembrane)。这种膜系不仅仅使得细胞具有封闭有效的边界，而且也是一个可选择通透的壁叠，决定物质在细胞内、外的交换。质膜的各组分之间主要靠非共价力支撑在一起，构成一个非刚性的结构。膜的厚度约70Å。通常所说的细胞膜(cell membrane)就是质膜。细胞膜是最基本、最重要的一种生物膜，对细胞的功能有重要的影响。

2. 细胞内膜

在原核细胞中只有细胞外膜，但在结构复杂的真核细胞中还有细胞内膜(endomembrane)，它们是核膜和各种细胞器(例如线粒体、内质网、高尔基复合体和溶酶体等)的膜。这些膜各自具有特定的生物学功能。它们又互相关联形成一个完整的细胞内膜体系。

3. 生物膜

细胞内膜和细胞外膜统称生物膜。广义的生物膜定义，除细胞内膜和细胞外膜外，还包括高等动物体内的复合膜，如胸膜，腹膜和角膜等。本文所述的生物膜仅指细胞内膜和细胞外膜。生物膜的结构不是刚性的和静止的，而是流动的和非定型的。

二、细胞膜的化学组成

几乎所有的细胞膜都是由类脂、蛋白质、糖(糖蛋白、糖脂)和水组成，此外还含有少量的核酸和无机离子。类脂和蛋白质是细胞膜的主要成分，占膜总重量 80%左右，水占膜总重量的15%~20%。在不同的细胞中，或在同一细胞的不同细胞器中以及不同的细胞膜层之中，膜中类脂和蛋白质的比例相差很大。一般来说，功能愈复杂多样的膜，其中蛋白质的种类愈多，所占重量的比例也愈大。例如线粒体膜中，蛋白质的种类达 40 多种，所占重量达 70%以上。

1. 类脂

质膜中的类脂(lipid)包括磷脂、胆固醇和糖脂，磷脂占主要地位。它们的相对比例在不同的细胞中不相同。一般情况下磷脂与胆固醇的相对比例为 6∶4。构成脂双层的结构物质是磷脂和糖脂，胆固醇则分布于磷脂分子之中。

(1) 磷脂　磷脂是其极性头部含有磷酸和胆碱的类脂，通用的分子结构如图 15-1 所示。

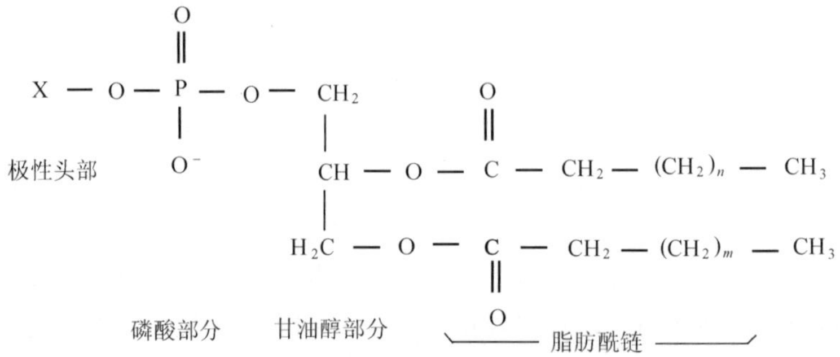

图 15-1　通用的磷脂分子的结构图

兔磷脂分子是一双极性分子，由亲水的极性头部和疏水的非极性尾部组成，非极性部分包括两条近于平行的脂肪酰长链。亲水和疏水两部分之间由甘油醇或神经醇相连接。各个脂质分子疏水端之间靠疏水作用和范德华力相互吸引而聚集在一起，而亲水端与水则主要由氢键和静电作用相互吸引。在溶液环境中，脂分子的亲水端指向膜外，而疏水端则朝向膜中央，导致脂双层的形成。由类脂分子形成的脂双层是细胞膜最基本的结构。

因极性头部 X 基团(图 15-1)的结构不同，磷脂有多种多样，主要的几种结构列于表 15-1。

表 15-1　极性头部 X 基团结构不同的几种磷脂

名称	X	缩写
磷脂酸(phosphatidic acid)	—H	PA
磷脂酰胆碱，卵磷脂(phosphatidylcholine)	$—CH_2—CH_2—N^+(CH_3)_3$	PC
磷脂酰乙醇胺，脑磷脂(phosphatidylethanolamine)	$—CH_2—CH_2—NH_3^+$	PE
磷脂酰甘油(phosphatidylglycerd)	$—CH_2—OH—CH_2OH$	PG
磷脂酰肌醇(phosphatidylinositol)	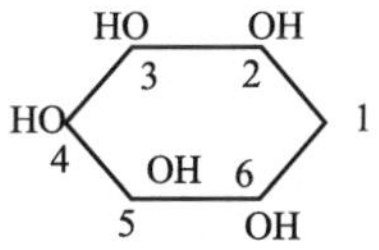	PI
磷脂酰丝氨酸(phosphatidylserine)	$—CH_2—CH(NH_2)—COOH$	PS

上述各磷脂中仅含有一个磷酸。在线粒体膜中发现含有两个磷酸分子，通过一个甘油分子连接而成的二磷脂酰甘油(DPG)，又称心肌磷脂，是惟一具有抗原性的脂质体。磷脂极性头部的结构决定磷脂的电荷特性。例如在生理 pH 时，PE 和 PC 磷脂呈电中性，PS 磷脂呈负电性，带有负电荷基团的磷脂还有 PG 和 PI。

细胞膜类脂结构的复杂性不仅仅在于极性头部结构的差异，也在于复杂的脂肪酰链。总的看来，脂肪酰链由 12~26 个碳原子组成，其中 80%为 16~20 个碳原子。含一个或多个双链的(最多为 6 个双键)称为不饱和链，不含双键的称为饱和链。即使是同一类磷脂中脂肪酰链的组成也是多种多样的，例如在磷脂酰胆碱 PC 中，一条是 16 个碳原子长的饱和链；而另一条则为带 1~2 个双键的 18 个碳原子长的非饱和链。酰链的长度，饱和程度及构型对细胞膜的相跃迁温度 T_c 有很大的影响，并进而影响细胞膜的流动。双键存在会引起 T_c 下降，而且顺式(*cis-*)双键比之反式(*trans-*)双键影响更大。

上述磷脂中磷酸与脂肪酰链之间经甘油醇相连接的称为甘油醇磷脂。甘油醇被神经醇取代的磷脂称为神经醇磷脂，这里神经醇和氨基之间仅有一条脂肪酸链相接，神经鞘磷脂(sphingomyelin,SM)就是这种结构(图 15-2)。

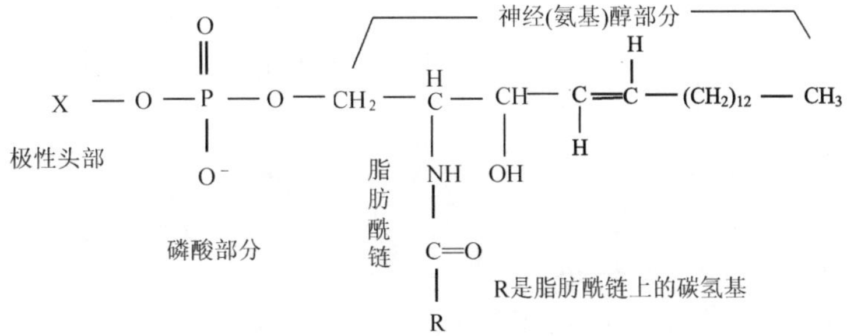

图 15-2　神经鞘磷脂的分子结构图

(2) 胆固醇　胆固醇(cholesterol)是细胞膜中另一类重要的类脂，结构如图 15-3 所示。分子结构中 C17 位上连接一条 8 个碳的柔性支链，环上的 C5—C6 间是双链，C3 位接有羟基并且易被氧化而生成一系列的衍生物。

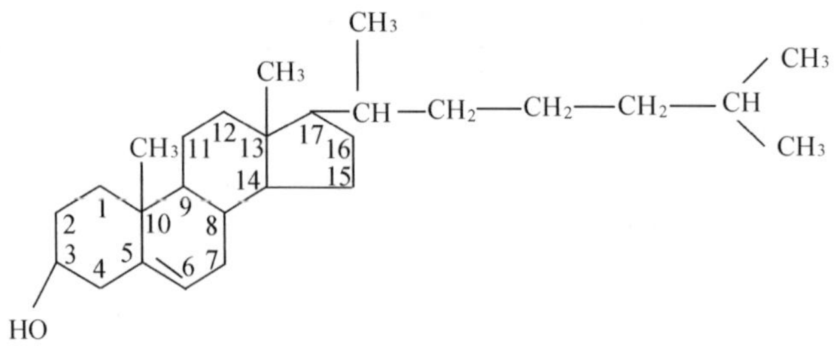

图 15-3　胆固醇的分子结构图

胆固醇分子的取向垂直于或接近于膜的表面，其平面环形的结构有利它对膜黏度的调节。它像一个“隔离器”，降低羟链之间的黏合力，防止磷脂凝集成晶体结构；它还可以减弱膜中类脂和蛋白质之间的连接，增加脂双层的流动性。胆固醇不易与蛋白质结合，但容易通过其极性羟基与磷脂的极性头部基团相互作用而实现与磷脂的结合。各种磷脂亲和力的大小顺序排列如下：神经鞘磷脂 (SM)>磷脂酰丝氨酸 (PS)、磷脂酰甘油(PG)>磷脂酰胆碱(PC)>磷脂酰乙醇胺(PE)。但对已混合的各种脂并不表现出亲和力的强弱差异。

(3) 糖脂　糖脂(glycolipid)是含一个或一个以上糖分子的类脂。糖脂主要分为 *N*-酰基神经醇糖脂(glycosyl eramide)和甘油醇糖脂(glycosyl glyceride)两大类。而脑糖脂是最简单的神经醇糖脂，主要存在于动物细胞中，其结构式如图 15-4 所示，由神经醇、脂肪酰链和 D-半乳糖组成，由于脂肪酰链结构不同而有四种衍生物。甘油醇糖脂则是由甘油二脂与己糖(半乳糖或甘露糖)或脱氧葡萄糖结合而成的化合物。后者存在于绿色植物中，又称植物糖脂。

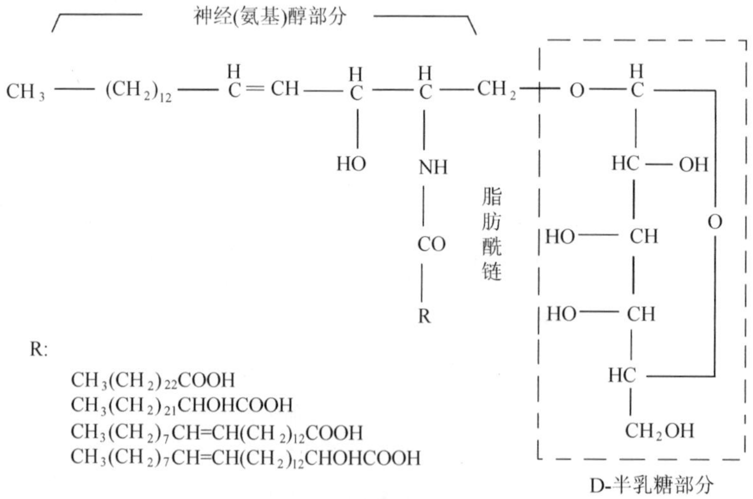

图 15-4　脑糖脂的分子结构图

虽然至今对糖脂生理功能认识仍旧不很清楚，但是已有研究证实，它们不仅仅是生物膜脂双层的组成成分，而且与生物膜的功能有关。例如膜表面的糖脂，特别是神经醇糖脂具有受体的功能。

(4) 缩醛磷脂　缩醛磷脂(plasmalogen)的结构与磷脂的结构相似。因其中一条脂肪酰链经酸处理成为长链脂性醛 (—O—CH＝CH—P_1)，故称为缩醛磷脂。其中缩醛磷脂酰乙醇胺是最常见的一种，存在于脑组织及动脉血管中，由于它具有特有的保护血管的功能而引起人们的重视，被称为血小板活化因子(PAF)。

2. 膜蛋白的化学组成和构象

蛋白质是细胞膜的重要组成成分之一，是实现膜的多种多样功能不可缺少的。细胞膜不仅可以按其中脂的含量来区分，而且也可以按其所含蛋白质成分来区别。已发现生物膜中有数千种不同的蛋白质。膜蛋白也是由多种氨基酸，有序地通过肽链结合在一起的高分子有机物质，就这种结构而言，膜蛋白与非膜蛋白没有什么区别。其区别主要在于膜蛋白能和脂双层相连接，并形成功能性的细胞膜，这种连接可松可紧。

1) 膜蛋白分类

根据膜蛋白与膜脂相互作用方式，以及在膜中的定位情况，可分成两大类：即外周蛋白(pcripheral)和内在蛋白(intrinsic)。

外周蛋白主要分布在膜的内、外表面，以弱键(静电的、离子的)方式疏松地与膜脂结合。改变环境中离子强度或 pH 时，外周蛋白很容易从膜上分离下来，呈水溶性。在多数细胞中这类蛋白占膜蛋白总量 20%~30%，在红细胞膜中高达 40%。它又可以进一步被划分成两类蛋白：联接蛋白和骨架蛋白。

内在蛋白是通过疏水力，非键合力与脂双层紧密结合而插入脂双层的结构之中，不溶于水，只有用表面活性剂或有机溶剂处理后才能从膜上分离。一般内在蛋白占膜蛋白总量的 70%~80%，是膜的功能蛋白，也是膜的结构物质。构建这类蛋白质的氨基酸有疏水性或亲水性之分，因此在形成蛋白质分子的立体结构时，亲水性氨基酸被膜表面的水分子所吸引而暴露于脂双层分子的表面；疏水性氨基酸构成的部分则深入到脂双层的疏水内部而形成脂蛋白型的复合物。根据它们在脂双层的定位分布又可分成两类：即跨膜蛋白和锚状蛋白(表 15-2)。

表 15-2　膜蛋白的分类及举例

<table>
<tr><th></th><th colspan="2">分　类</th><th>举　例</th></tr>
<tr><td rowspan="4">膜蛋白</td><td rowspan="2">外周蛋白</td><td>联结蛋白</td><td>细胞色素 C(cytochrome C)，定位于线粒体内膜表面，也可与内在蛋白的暴露部分相结合。分子质量约 12 000Da</td></tr>
<tr><td>骨架蛋白</td><td>血影蛋白(spectrin)，定位于质膜内表面与 G3PD 相连接，维持红细胞的形状。至少有两种形式，分子质量分别为 240 000Da 和 220 000Da</td></tr>
<tr><td rowspan="2">内在蛋白</td><td>跨膜蛋白</td><td>血型糖蛋白(glyeophorin)，位于人红细胞膜中，由 131 个氨基酸和 16 个低聚糖链构成单链结构，贯穿脂双层，分子质量约 30 000 Da</td></tr>
<tr><td>锚状蛋白</td><td>乙酰胆碱酯酶(acetylcholines-terase)，该蛋白部分埋藏在脂双层的疏水区与磷脂共价结合，水溶性蛋白。分子质量为 62 000 Da</td></tr>
</table>

此外，带 3 蛋白、Na^+-ATPase、K^+-ATPase、视紫红质和细胞色素 b_5 等也都是已知的内在蛋白。膜中为数不多的糖蛋白是由蛋白质和糖类结合而成的，亲水的、极性的氨基酸伸向膜外；非极性的氨基酸分布在脂双层疏水区，所以糖蛋白也是内在蛋白。

2) 膜蛋白的构象

蛋白质的性质和功能是以其化学组成和空间构象为基础的。膜蛋白在膜中的定位，即它们的初级结构，二级和三级等高级结构很重要。由于膜蛋白结构的复杂性，不能用常规的序列分析技术来处理，因此难以获得详细的结构信息。近代基因克隆、结构预测等新技术的出现，推动了膜蛋白的结构的研究取得了新的进展。

(1) 初级结构的预测　逐点计算单个氨基酸从水相转运进入脂相所需的自由能 G，并绘制相对的疏水性曲线，可以预测这个序列进入膜疏水区的可能性，进而确定膜蛋白的初级结构。例如视紫红质(rhodopsin)，计算结果表明，在氨基酸序列的疏水特性曲线上，有 7 个谷点出现，每个谷点对应一个疏水序列，因此视紫红质的初级结构中含有 7 个分离的疏水序列，圆二色技术(CD)测量证实上述推测的正确性。

这种自由能计算和初级结构预测的方法，也成功地预测了带 3 蛋白(红细胞阴离子通道蛋白)、Na^+-ATPase、K^+-ATPase 和 Ca^{2+}-ATPase 的初级结构，而且后两种酶的初级结构极为相似。

(2) 二级和三级结构　内在蛋白的疏水氨基酸侧链和脂双层的疏水区相兼容。从热力学考虑这些序列易于插入脂双层内。但是连接这些氨基酸的肽链是极性的。蛋白质分子中多肽链按α螺旋(α helix)的空间构象折叠就可以中和肽链的极性，依靠氢键维持其构象的稳定性。因此α螺旋是跨膜蛋白疏水序列二级结构的最好选择。对人红细胞血型糖蛋白结构的研究证实了结构预测结果的正确性。血型糖蛋白是最早被测定其氨基酸序列的膜蛋白之一。它有一段非常适合跨膜蛋白要求的初级序列，即含 23 个疏水性氨基酸组成的线性序列。从 73 位的异亮氨酸起至 95 位的异亮氨酸止形成α螺旋构象。螺旋的一端到另一端的距离足够长，刚好满足穿过典型的脂双层疏水区长度的要求。而这段疏水序列的氨基端连接一个极性、带电荷的谷氨酸，羧基端连接两个高极性带电荷的精氨酸。这是一个单链的糖蛋白，蛋白质占总重量的 40%，而糖占总重量的 60%(图 15-5)。

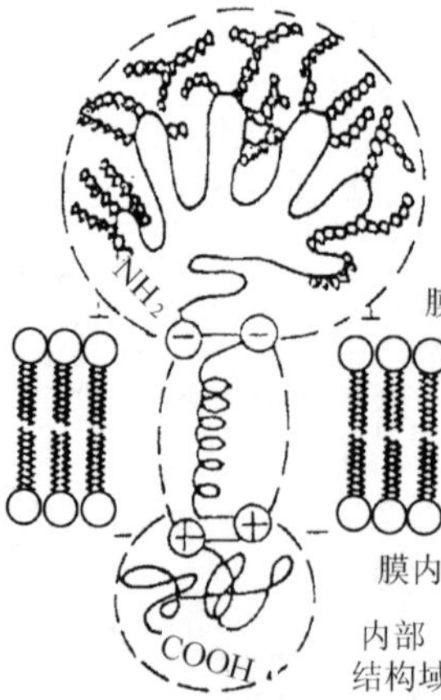

图 15-5　红细胞血型糖蛋白的结构示意图

虽然内在蛋白中α螺旋构象是主要的，但这并不是膜蛋白疏水区仅有的二级结构，此外，还有β折叠。膜内β折叠的最小域尺寸要比α螺旋组成的最小域尺寸大得多，甚至形成一个β桶以实现传输物质的目的。例如*E. coli*外膜蛋白，形成三聚体。每个单体提供一个被动传输的通道。

(3) 域结构　内在蛋白膜外部分和膜内部分具有不同的结构特性，因此，在不同的区域内将产生不同的物理行为。这就是导致蛋白水解时，内在蛋白中出现结构有区别的“域”。膜外的域组装成水溶性蛋白，它们易于从膜上分离；而留在膜内的域则含有穿越膜的疏水部分所需要的α螺旋结构。例如，细胞色素b_5(cytochrome b_5)，是相对分子质量为17 000存在于内质网膜上的小蛋白质分子。借助于结合在蛋白质疏水口袋内的血红素(heme)基团的帮助完成电子传递。蛋白质被胰蛋白酶处理后分成两个域。该蛋白质中相对分子质量约为10 000的水溶性的肽被释放，血红素分子存在于此肽中，该肽能够完成电子传递反应；而蛋白中剩余的部分留在膜内，不能从膜上分离，它们是高度疏水的肽。

膜蛋白常常在生物膜中以二聚体或其他多聚体的形式出现。但是相对于它们在膜中的取向而言，他们在膜中的分布绝对是不对称的。膜蛋白并不是单一的某种蛋白质，而是多种与膜脂相连的蛋白质的总称。许多不同的蛋白质存在于同一膜中并在发挥膜的功能时起到相互协助的作用。

三、膜脂和膜蛋白的相互作用

类脂和蛋白质是生物膜的主要组成成分。两者之间存在着三种彼此相互关联的相互作用：蛋白–蛋白的相互作用；脂–蛋白的相互作用和脂–脂的相互作用。它们对生物膜的结构和功能都有重要影响。由于这些相互作用的复杂性，至今人们对它们的认识还不十分清楚。脂和蛋白界面的相互作用，以及蛋白和蛋白界面的相互作用都发生在相互接触的蛋白质表面，直接控制着膜蛋白形成多聚体。脂和脂的相互作用比之脂和蛋白的相互作用更容易发生。一般说来，脂与脂之间发生的交换作用受到膜内蛋白质存在的影响。

就结构方面来考虑，脂和蛋白的相互作用分为两类：一类是界面脂。这些脂附着于蛋白质的表面并且已经完全成为内在蛋白质表面组成的一部分。可以采用自旋标记脂的ESR技术来检测界面脂的存在。界面脂的结构不仅限止了脂肪酰链的活动，也成为激活和保持某些酶的活性所必需的成分。另一类是牢固的和特殊地结合在蛋白质界面的某些部位的脂，它们形成了脂–蛋白质复合体，如低密度脂蛋白 LDL。这些部位不能用任何一种引入探针的技术所检测。在某些情况下可以引用^{31}P-NMR技术检测结合的磷脂。界面脂通过容积增大特性来影响蛋白质的功能，即所谓自由容积的调节机制；而结合的脂则通过改变构象的机制来影响膜蛋白的功能，即由于脂的结合而改变了原有膜蛋白的构象。

四、疏 水 效 应

有人认为水对决定生物膜的结构是最重要的，因为实质上膜结构的稳定性是靠疏水效应来维持的。所谓疏水效应不是指一种相互吸引的力，而是表示水进入非极性区域内相对的不可能性。

1. 氢键

按化学结构分析，水分子中含有极性的 O—H 键，并通过氢键与其他分子相连接，包括溶液态的水分子彼此以氢键相连，在结构上形成一个氢键网。氨基酸分子与水分子相互作用时，带负电荷的 COO^-基团是水氢键的受体，而 NH_4^+则是水氢键的供体。而碳氢化合物(烃)分子既不能供给也不能接受水氢键，也不能溶入到水的结构之中。因此碳氢化合物和水分子两者相互作用时，在烃分子周围形成一个水分子的“笼”结构并重组水的氢键网使之不再随机分布，这时在烃分子占据的容积内不能形成氢键。

2. 影响因素

影响疏水效应的三个结构因素是：分子疏水表面积、分子中亚甲基的数目和不饱和性。

从自由能的计算表明一个分子的疏水性与该分子的疏水面积相关，即疏水分子表面面积愈大，则该分子的水笼面积也愈大，这时不利于该分子进入液相的熵值愈大。分子通过自身的折叠或聚集，以减小其疏水表面积，这是它进入水相所必要的条件。例如胆固醇形成二聚体后有效地减小每个分子的疏水表面积使其容易进入液相。对于长形的分子，人们观察到亚甲基的数目与进入水相的自由能线性相关。此外，分子的不饱和性对其疏水性也有影响，磷脂分子中的双键数目愈多，疏水性就愈差。

3. 膜中的疏水效应

正如在膜脂的化学组成中所说的，疏水效应使得磷脂分子的非极性端聚集，并远离极性的水环境而形成脂双分子层的结构，这是细胞膜结构的基础。膜内在蛋白含有亲水和疏水氨基酸。在很大程度上，膜蛋白质分子本身的空间构象也是按疏水效应建立的。一个蛋白质分子要插入膜内，主要由疏水氨基酸序列组成的α螺旋形式镶嵌在脂双层之间，而亲水氨基酸序列组成的部分则暴露在脂双层的表面。膜的很多功能正是通过这些蛋白质得以表达。膜蛋白(多肽)通过疏水效应与膜脂发生强烈的相互作用。糖蛋白的疏水侧链总是在螺旋的外侧，其分子中的糖基链与内在蛋白分子亲水性氨基酸枝链相连而暴露在细胞膜脂双层的表面。

第二节　细胞膜的模型

人们一直在研究类脂和蛋白质是如何组装构成细胞膜的？并设想过多种有关细胞膜结构的模型。其中 1972 年 Simger 和 Nicolson 提出的细胞膜结构的流动镶嵌模型(图 15-6)，至今仍普遍地为大家所采用。

一、流动镶嵌模型

该模型强调了细胞膜的动态结构，特别是流动性和不对称性。其主要特征有五点：①类脂分子特别是磷脂分子是构成细胞膜的基本物质；②类脂分子排列成双分子层，其极性亲水端朝向膜外，而非极性的疏水端指向双分子层内部；③蛋白质分子镶嵌在脂双

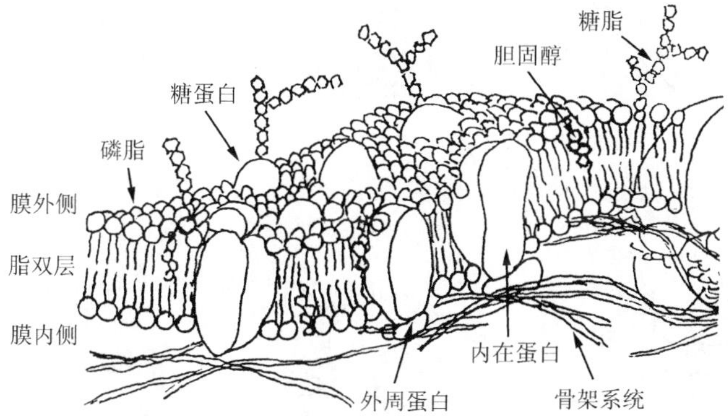

图 15-6　细胞膜结构的流动镶嵌模型的示意图

层中，或是附着在脂双层表面，或者是部分埋入脂双层中，或是穿过脂双层；④类脂的各种成分在膜内外两侧的分布是不对称的，膜蛋白的分布也表现高度不对称性；⑤细胞膜不是静止的，而是流动的。类脂和蛋白分子可以在脂双层不停地进行多种形式的运动。

二、晶格镶嵌模型和板块镶嵌模型

1975 年 Wallash 进一步提出细胞膜结构的“晶格镶嵌模型”。他用液晶相变理论阐述了细胞膜中的类脂分子可逆地进行着无序(溶液态)和有序(结晶态)的相变过程。因此细胞膜的流动性可以是局部的而不是整个类脂层都在进行的行为。所以细胞膜既具有流动性，又能保持其结构相对的稳定性和完整性。在 Wallash 设想的基础上，1977 年 Jain 和 White 又补充提出“板块镶嵌模型”。他们认为流动的脂双层是由不同组织结构、不同性质的许多类脂板块组成。这些板块的刚性较大，不对称地分布在膜内两半层中，某些板块也可能延伸到全部双分子层。板块之间彼此相对独立地运动，板块内的各组成成分之间通过疏水的相互作用，形成类脂和蛋白质的有序结构。当板块组成成分的构象发生改变或彼此之间存在相互作用时，不仅会引起膜功能的多样性，也可能是造成细胞内功能“区域化”表现的重要原因。

三、脂的构象和多形性

在人工膜上的研究表明，脂的构象基本上如流动镶嵌模型所述。平均看来，类脂分子以双分子层的形式存在于细胞膜中，彼此平行且垂直于膜表面，但又处于不停的运动状态之中。这些运动包括：①在垂直于膜表面的方向绕自身的轴作旋转相关运动；②在垂直和平行于膜平面的方向摆动；③沿着脂双层平面作侧向扩散；④在脂双层之间作翻滚运动。

近年来人们注意到在过量的水环境中，类脂分子不再形成典型的流动镶嵌的脂双层构象，而会形成其他的、非脂双层的结构，这一种现象称之为脂的多形性(polymarphism)，如图 15-7 所示。由于环境中水含量的改变，类脂分子可以形成结晶态、凝胶相、液晶匀相、六角形、立方体、柱形等结构。用 ^{31}P 的 NMR 波谱可以很方便地区别双层或非

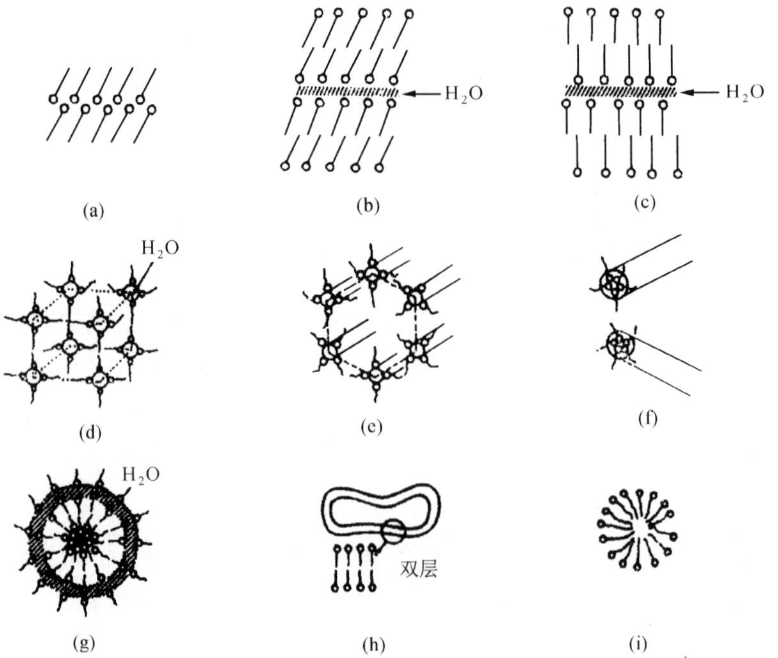

图 15-7 脂结构的多形性示意图

(a) 无水的结晶态，为有序的双折射不通透的固体；(b) 凝胶相，$T<T_c$，低水含量<5%；(c) 液晶匀相，$T>T_c$，水含量 5%~22%，中等黏度和流动相；(d) 面向中心的液晶立方体，水含量 23%~40%，又称黏滞的各向同性相；(e) 液晶态柱状六角形截面的中间相，水含量 34%~80%；(f) 胶束溶液，具有亲水表面的柱形胶束，水含量>30%，各向同性流动相；(g) 髓磷脂(myelin)图，双层结构形成压缩的圆筒，水含量>50%；(h) 超声液晶相，具有双层结构的脂质体，高的水含量；(i) 胶束溶液，球形或椭圆球形的胶束，各向同性溶液，水含量很高

双层的构象。因为不同构型的磷脂在 NMR 波谱上显示出化学位移不相同的各向异性波谱。例如细胞膜双分子层结构的 ^{31}P NMR 波谱由一个低场的“肩”和一个高场的“峰”组成；而细胞膜六角形结构的 ^{31}P NMR 波谱则由一个低场的“峰”和一个高场的“肩”组成，如图 15-8 所示。除去水的含量外，温度及二价金属离子等因素也影响脂分子的构象。

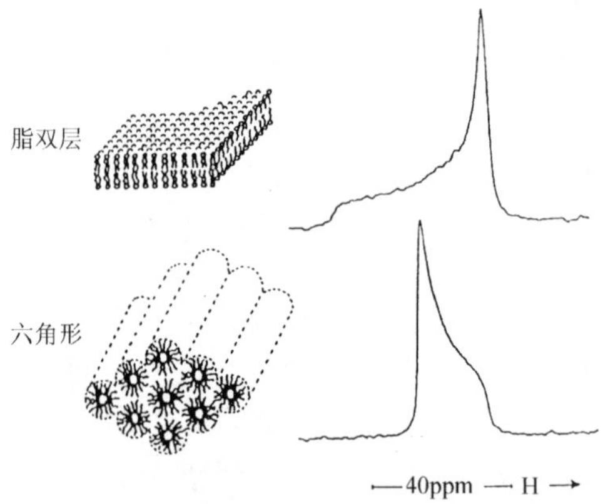

图 15-8 脂双分子层和脂六角形结构的 ^{31}P NMR 谱

左边是细胞膜脂分子结构图，右边是对应的 ^{31}P NMR 谱

第三节　细胞膜的功能

细胞膜既是细胞结构的重要组成部分，又是细胞功能的执行者。细胞膜的功能是多种多样的，但对某一局部而言又是专一的。不同的细胞膜具有不完全相同的功能，这里讲述 5 个基本的功能：①细胞膜的屏障作用；②细胞膜的物质运输作用；③细胞膜的受体作用；④融合作用；⑤细胞膜的信息传递作用。显然除上述功能外，细胞膜还有许多其他功能，如免疫调节、细胞识别等，它们都与前五者有密切的关系。

一、细胞膜的屏障作用

细胞膜是细胞外层封闭的膜。它将细胞的内部与外部环境分隔开来，像是一层屏障但又不是一个简单的屏障。细胞膜的屏障作用主要表现有下列三个方面：①细胞膜能维持细胞的完整性、细胞的形状、控制细胞体积和与外界隔离，以保证细胞内部在特定的环境中进行代谢；②造成膜内、外的电化学梯度和浓度梯度，以维持细胞正常的生理状态，不受或少受外环境变化的影响。如维持胞内高 K^+，低 Na^+，低 Ca^{2+}和胞外低 K^+，高 Na^+和高 Ca^{2+}的跨膜梯度；③这是一种半通透的膜，选择性地通透物质和传递信息进入膜内。此外像鞘神经的细胞膜还有电绝缘的作用。

二、细胞膜的物质运输作用

细胞膜不对称的结构特点决定了它与外界交换物质时的特殊的选择性。摄取必要的维持细胞生存的物质或是排出胞内多余的代谢的物质，都要通过膜来实现。物质的跨膜运输主要通过 3 种机制进行：①被动运输；②主动运输；③囊泡转运。

1. 被动运输

被动运输是指物质按浓度梯度或电化学梯度所进行的自身的扩散作用，从膜外向膜内渗透，这时不需要外加能量，也不消耗细胞代谢能。被动传输又分为“自由扩散”和“协助扩散”两种方式，前者的物质运输速度完全是靠膜两边的浓度差，溶质分子的大小，所带电荷的性质及脂溶性所决定。在这种情况下，非极性的小分子、无电荷的极性小分子和脂溶性的物质，都比较容易通过脂双层。水分子是按其特殊的疏水效应而进入脂双层。

另一种借助于蛋白质载体帮助扩散的方式称为协助扩散。这类蛋白质被称为载体蛋白和通道蛋白。虽然他们都是跨膜蛋白，但是这两类蛋白的作用机理不完全相同。载体蛋白介入的物质转运包括识别—转运—释放等三个步骤。载体蛋白携带被识别的物质形成复合物，并因为该物质的存在而引起蛋白构象的改变造成物质跨膜转运的条件，最后转运物质从载体上分离，留在膜内侧。例如，缬氨霉素(valinomycin)是 K^+离子载体，它由 12 个氨基形成一个圆环形的多肽(图 15-9)。该分子中所有的面向圆环内侧的羧基都是极性结构，可以结合阳离子。并且环的大小与 K^+的离子半径几乎完全吻合。而缬氨霉素分子的外部链具有疏水性，可与脂双层疏水区相互作用。缬氨霉素离子载体首先是在膜表面特异性的识别 K^+，并与之结合，而后启动离子载体构象的改变实现 K^+的跨膜转运。缬氨霉素-K^+复合体比之 K^+本身更容易溶入膜的疏水内层，复合物移位后导致它们最后在膜的界面处分解，将 K^+送入膜内表面。缬氨霉素能协助 K^+跨膜传输，但对 Na^+则不行。这种载体高度的选择性与结构有关。因 Na^+的离子半径约比 K^+的离子半径小 30%，上述的阳离子结合部位不能与 Na^+有效地吻合。

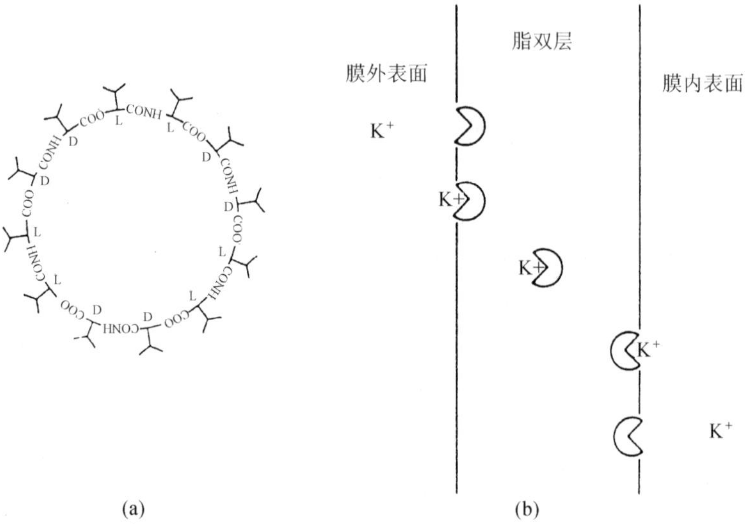

图 15-9　缬氨霉素的分子结构(a)及其协助 K^+跨膜转运(b)的示意图

而通道蛋白形成的通道，有的持续开放，有的间断开放，后者受闸门控制。通过下列三种方式中的任何一种，就可以启动闸门：①胞外配体的刺激；②膜去极化而使膜电位降低；③特异性离子浓度的变化。如胞内游离子 Ca^{2+}浓度增加时，K^+闸门通道被打开。这些闸门本身能自动关闭。

通道与载体有很多特性是共同的，但也有不同的地方。通道与载体功能的主要差别有两点：①通道必须形成一个穿越膜的孔，该孔适合被传送物质的大小和极性的要求；而载体则依靠复合物的形成携带物质通过膜。因此通道介入的传输对膜的状态没有载体复合物敏感。②通道能承受比载体大得多的传输物的流量，其结构常为蛋白质二聚体。例如短杆菌肽 (gramicidin A)具有α螺旋构象。其二聚体形成长 25~30Å 的通道，足够穿越典型的磷脂脂双层的疏水区。α螺旋构象形成一个直径约 4Å 的孔，其侧链都是疏水的(图 15-10)，任何浓度梯度的离子都能进入通道孔中。该通道对离子的选择性顺序如下：$H^+ > NH_4^+ > Cs^+ > Rb^+ > K^+ > Na^+ > Li^+$。

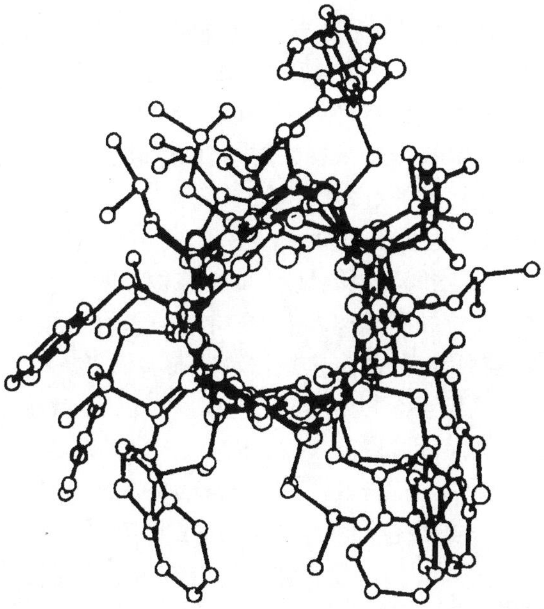

图 15-10　短杆菌肽(gramicidin A)的晶体结构图

带3 蛋白是另一种离子载体，也是由细胞膜内在蛋白协助扩散的一个例子(图 15-11)。通过带 3 蛋白可以实现带负电的 HCO_3^-和 Cl^-在红细胞膜内、外交换。所以该蛋白又称为红细胞阴离子通道。它具有两个可转换的构象，像“乒乓”开关一样使得闸门分别对不同的离子通透。除了携带离子进入细胞膜的载体而外，还有另一种分子载体，它们携带亲水性的小分子物质如氨基酸、葡萄糖进入膜内。

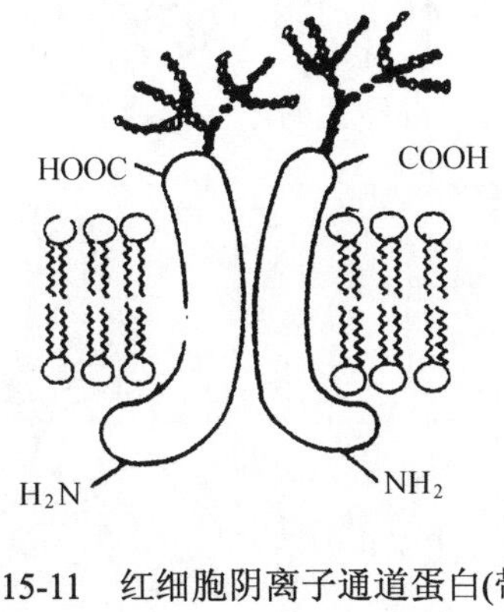

图 15-11　红细胞阴离子通道蛋白(带 3)的结构示意图

2. 主动运输

主动传输是与被动运输相对应的另一种物质跨膜的运输方式。人们把物质逆浓度梯度或逆电化学梯度在细胞膜上的转运称为主动运输。主动运输是细胞内最主要的运送物质的形式，其特点是：①逆浓度梯度；②要消耗能量。

主动运输可分为：酶协助的离子运输和离子协助糖运输两大类型，前者又有离子单一的运输和离子交换运输两种。如肌浆网膜中 Ca^{2+}-ATPase 协助 Ca^{2+}的运输属于离子单一的运输，而 Na^+、K^+离子由 Na^+-ATPase、K^+-ATPase 协助的向相反方向的交换运输则属于离子交换运输。对主动运输的过程讲述如下：

(1) 酶协助的离子运输　这是依靠膜泵(ATP 酶)的主动运输。细胞膜内存在 ATP 和专一性的 ATP 酶。ATP 分子水解释放能量和 ATP 酶构象的改变以及离子跨膜传输是同时发生的相辅相成的过程。例如图 15-12 中 Na^+-ATPase、K^+-ATP 酶协助的 Na^+，K^+离子在细胞内、外的运输是酶协助的离子交换传输的典型例子。酶协助胞外的 K^+转运到胞内，同时又将胞内的 Na^+排至胞外以维持胞外低 K^+，高 Na^+和胞内高 K^+，低 Na^+的离子梯度。这一过程的实现是因为 Na^+-ATPase、K^+-ATP 酶可以形成两种不同的构象 E_1 和 E_2。虽然每种构象体的表面都含有与 Na^+、K^+结合的位点，但是不同的构象对不同离子的亲和力不相同。构象 E_1 的结合位向着膜内，与 Na^+的亲和力高，而与 K^+的亲和力低。E_1 构象的 ATP 酶结合膜内的 Na^+形成复合体 E_1Na^+(E_1 被 Na^+激活)。ATP 水解为 ADP 的同时放出高能量的磷酸键，使 E_1 磷酸化而改变构象为 E_2。在 E_2 构象时，Na^+被排出胞外，E_2 与胞外的 K^+结合形成新的复合体 E_2K^+(E_2 被 K^+激活)。继而引起 E_2 去磷酸化和变构象为 E_1。这时磷酸根从 E_2 上解离，K^+被留在胞内。然后 E_1 构象可与胞内 Na^+结合，重复上述磷酸化和脱磷酸化过程，相应发生 E_1、E_2 间构象的改变，不停地向细胞泵进 K^+和泵出 Na^+。每个 ATP 分子水解提供的能量可以使得 3 个 Na^+泵出和 2 个 K^+泵入红细胞膜。显然 ATP 酶的活性是由离子 Na^+和 K^+激活，而 Na^+-ATPase、K^+-ATP 酶又协助了离子的跨膜交换转运。

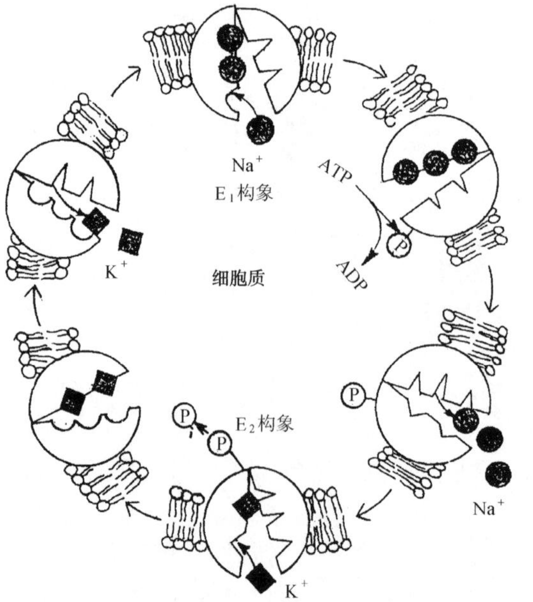

图 15-12　Na^+-ATP、K^+-ATP 酶协助 Na^+、K^+离子在细胞膜内、外运输的示意图

(2) 离子梯度协助的糖的主动运输　糖借助于 Na^+-ATPase、K^+-ATPase 所建立的 Na^+ 浓度梯度的协助糖的转运是主动运输的又一类型。这里，糖分子和 Na^+同时进入一个共同的载体，在载体上有各自的结合位点。Na^+按其电化学梯度流动，而糖则逆浓度梯度传输，这两个反应相关联地同时发生，糖被 Na^+伴随着进入胞内。而后糖和 Na^+从载体上分离留在胞内。但是 Na^+、K^+泵依靠 ATP 水解提供能量会将胞内多余的 Na^+送出以维持胞内低 Na^+、胞外高 Na^+的状态。糖就这样被送入胞内。

3. 囊泡转运

无论是被动运输还是主动运输，都不能实现对蛋白质、多糖等大分子的跨膜转运。大分子的跨膜转运是靠部分细胞膜与大分子形成的膜囊泡转运的，即细胞膜的内吞(endocytosis)或外吐(exocytosis)作用，这一过程需要消耗能量。

(1) 内吞作用　部分细胞膜逐渐包裹外来物、内陷并形成独立封闭的小囊泡，从膜上分离进入细胞内，这称为内吞作用。依照内吞的物质的种类不同，它又分为吞噬和胞饮两种形式。前者多为固体物质，形成的囊泡比较大，称为吞噬泡。例如巨噬细胞在清除入侵的细菌时发生的吞噬过程就属于这一种。而胞饮的对象是液体和溶质。形成的囊泡比较小，称之为吞饮泡。典型的例子是细胞对胆固醇的吸取。胞饮的胆固醇与蛋白质结合形成低密度脂蛋白(LDL)复合物。受体介导的 LDL 内吞作用可以调节细胞内胆固醇的水平。

(2) 外吐作用　这是促使细胞向外排泄大分子的过程。由分泌囊泡或分泌细胞完成。内质网膜上核糖体所合成的新的脂质或蛋白质分子正是通过外吐作用送到膜外去组装新的细胞膜。

三、细胞膜的受体作用

随着分子生物学的发展，如今对受体的认识已深入到分子水平。受体是细胞膜上或细胞膜内能识别、结合生物活性分子，而且能引起生物效应的生物大分子，常常为细胞膜上的一种特殊的跨膜蛋白。或者说受体的结构保证其外表的结合部位能选择性与胞外物质相结合，并引起胞内发生相应的生物效应。

1. 受体与配体

一般说来，受体蛋白应包括三部分：①暴露于膜外表面的调节部位，又称变构部位；②处于脂双层中决定受体蛋白构象的部分；③伸入膜内表面，面向细胞质的潜在活性部位，又称催化部位(图 15-13)。例如 G(GPT)蛋白是信号传递功能的受体；胰岛素受体和乙酰胆碱是控制阳离子通道的受体。LDL 是受体介入内吞作用的典型例子。受体具有特定的选择性、饱和性、可逆性和高亲和力等特征。与受体选择性结合并产生物效应的外界物质称为配体。配体可能是药物，抗原、神经递质和激素等。

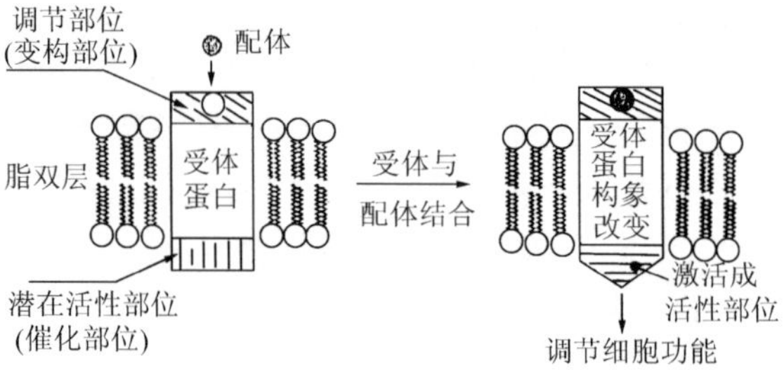

图 15-13　受体蛋白的结构及受体与配体结合后相继发生生物效应的示意图

2. 靶酶

靶酶(靶细胞)是被受体蛋白调节的酶。现已知磷脂酶(phospholipase)、腺苷酸环化酶(adenylate cyclase)、鸟苷酸环化酶 (quanylate cyclase)和磷酸二酯酶是一些重要的靶酶。它们调节第二信使的水平。除了 cAMP、cGMP 以外，Ca^{2+}也是第二信使。

磷脂酶有三种，即为磷脂酶 A_2，磷脂酶 C 和磷脂酶 D，它们在不同的位置上催化磷脂水解。近年来人们对磷脂酶 C 很感兴趣，因为发现它能使磷脂的磷酸部分与甘油醇3′位断开。例如，肌醇磷脂(PI)在磷脂酶 C 的作用下被水解成二部分：磷脂酰胆碱头部(PIP)和二酰基甘油(PIP_2)，后者激活蛋白激酶 C。另一方面 PIP_2 被磷脂酶 C 进一步水解成三磷酸肌醇(inositol trisphcsphate，IP_3)，继而激活内质网上 Ca^{2+}离子通道，使胞内 Ca^{2+}增加。从而表现明显的生理效应。按照被激活的靶酶分类，受体可分为 I 和 II 两大类型。受体的作用是相互拮抗的，cAMP 和 cGMP 调节细胞代谢的过程就是这样。cAMP 的浓度增加时，cGMP 的浓度下降，或发生相反的变化。显然采用 cAMP/cGMP 的比值能够更为准确地反映细胞的代谢状态。但是从信息传递的角度来看，cAMP 与 cGMP 相似，它们都为第二信使。

四、细胞膜的融合作用

细胞膜是一个相对稳定的边界，但又处于动态变化之中。细胞膜的融合作用会使得细胞膜的边界发生改变。

融合是细胞活动中的重要现象。从生物学考虑，有时要求两组膜成分混合，两个细胞膜变成一个膜或者一个膜变成两个膜。如在病毒感染及物质运输的内吞过程中细胞内传输小囊泡的形成，以及物质外输时的外吐过程，都存在细胞膜的融合作用。细胞融合过程不仅存在于细胞膜和外界物质之间的融合，也包括细胞内膜间的融合。细胞融合的过程也是细胞膜表面的识别过程。蛋白质，核酸等物质在内质网的核糖体上合成后进入内质网(ER)腔，继而在内质网和高尔基复合体之间形成囊泡传输，以及其后的囊泡与质膜之间的传输都包含细胞膜融合的过程。再者，在信号传输过程中，神经递质分泌物从囊泡中释放是另一类型的融合过程(图 15-14)。

实质上，融合的过程就是两个细胞膜或两个脂双层的融合。从有关融合机制的研究结果可以得到如下的看法：①当适合的受体存在时，通过随机碰撞发生细胞膜之间的聚集(aggregation)，而后才有细胞融合的可能，此过程具有专一性，例如内吞囊泡不可能进入内质网；②细胞膜的脂双层必须互相靠近才能发生融合，要排除造成膜层分离的水即去水化；③在融合处膜脂双层结构去稳定化，重新安排脂双层的结构；④两个膜脂双层的物质发生混合之后又能够重新从融合之处分开，形成新的膜结构；⑤融合过程对时间的要求是严格的，以保证信息准确和安全的传递，如神经递质释放之后，融合事件会根据其时间顺序在信号的受体上发生。

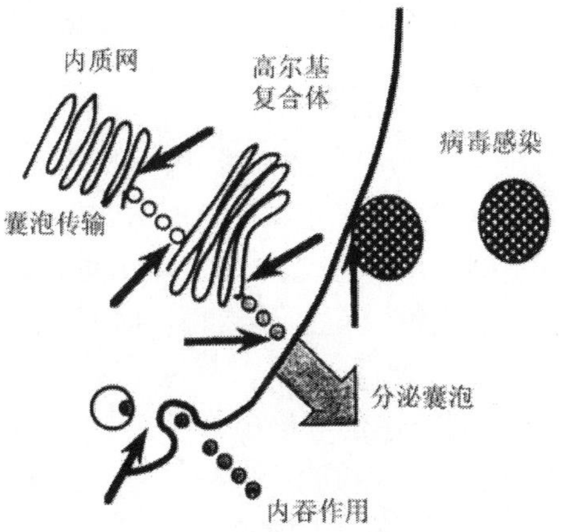

图 15-14　可能发生生物膜融合的生物学事件示意图

黑色箭头处存在膜融合作用

细胞融合作用的研究有助于了解膜脂、膜蛋白质的生物合成的机理，因此值得重视。目前融合机制的研究主要在相当简单的模型膜上进行，例如在负电荷的 PS 脂模型中加入 Ca^{2+}时融合可以发生，而加入 Mg^{2+} 时则不能发生融合的现象。这可能是由于前者形成了反式-PS-Ca^{2+}复合物，该复合物能脱去包围在两个膜之间的水壁垒层，改变了膜表面的结构，使之有利于膜融合。

五、细胞膜的信息传递作用

1. 细胞信号转导

著名物理学家薛定谔在讲述什么是生命时指出：生命的基本问题是信息问题。现代研究证实，细胞外的刺激(含药物)转换成为细胞内的应答(生物效应)，中间经过一系列膜上的信号转导和调控过程。实现信息传递功能的化学物质，称为信使物质或信息分子，分为三大类：

(1) 第一信使　如激素、多肽生长因子、神经递质，也包括药物等膜外物质。它们通常与细胞膜的表面或胞内特异的受体(糖蛋白质，跨膜蛋白)相结合，或是直接引起细胞某些生物学特征发生改变；或是诱导生成胞内第二信使。属于第一种情况的是一些脂溶性的小分子，很容易透过细胞膜直接进入细胞，如类固醇激素。

(2) 第二信使　外来物质不能直接通透细胞膜，它们与膜上特异受体结合后跨膜转导，生成胞内的信使分子如 cGMP、cAMP 等第二信使，并激活靶酶，诱导发生的后续的生物效应。NO 作为气体分子的第二信使是近来才被认识的，它受 Ca^{2+}、CaM 诱导，并以 cGMP 酶为靶酶。

(3) 第三信使　发生在核内受第二信使诱导和调节的一类核蛋白，与靶基因特异结合，调控后者的转录过程。

在刺激—反应偶联的信号通路中，受体处于最前沿。环境刺激作用于细胞表面受体后，跨膜转运形成胞内第二信使，并进一步级联传递引起细胞的生理反应和诱导基因表达，这一过程是细胞信号转导的主要内容。

2. 膜磷脂的胞内信使作用

传统的看法认为膜脂仅仅是细胞膜的结构成分。现发现质膜磷脂在细胞信号传递中也起重要的作用，特别是肌醇磷脂(PI)，外界刺激加速其环上 5 个自由羟基磷酸化，水解后形成多种代谢产物，如三磷酸肌醇(IP_3)、二酰甘油(DG)等，它们具有胞内信使功能。IP_3 促使 Ca^{2+} 从胞内钙库——内质网中释放，启动胞内 IP_3/Ca^{2+} 信号系统。另一方面蛋白激酶 C 的活性依赖于 Ca^{2+} 和磷脂，而且 DG 也参与其活性调节，建立 DG/PKC 信号传递途径。由细胞表面受体激活的上述信号传递途径证实了肌醇磷脂第二信使系统的存在，这是继 cAMP 第二信使系统和钙调素发现以来，胞内信号研究史上第三个新的里程碑。除肌醇磷脂外其他的质膜磷脂，在不同磷脂酶作用下也会生成许多小分子物质起信号传递作用。

3. 信号传递过程举例

细胞间的信息传递是细胞膜的重要功能之一。对该作用的分析可以参考细胞膜的受体作用。例如高等动物的神经冲动(信息)的传导和遗传信息(遗传)的传递都要通过细胞膜来实现。对此细胞膜上有专一的识别和传递的受体，能将不同的信息传递给相关的蛋白。下面将就光信号传输和神经冲动的传输为例加以详细说明。

(1) 光信号的传输　视网膜杆状细胞上的视紫红质(受体蛋白) 被光激活后能激活 G_t 蛋白(transducin，传导素)，并依次激活靶酶–磷酸二酯酶(PDF)，调节细胞内 cAMP 的水平。相继调节质膜上 Na^+ 通道。这里 G_t 蛋白协同视紫红质受体及其后面的 PDE 酶，将光信号变成电信号而传递。G_t 蛋白是 α、β 和 γ 三亚基组成的三聚体，它有两种构象：其一是 G_t 蛋白被激活时，α 亚基从 G_t 蛋白上脱离形成 $G_{\alpha t}$，然后 $G_{\alpha t}$ 在膜平面扩散与 PDE 酶结合。PDE 酶被激活和细胞内 cAMP 的水平降低，使得 Na^+ 通道关闭。这样 Na^+ 在通道流动所形成的电流将被抑制，其结果导致质膜超极化(hyperpolarization)，并将一个电信号传递到杆细胞另一端的轴突上，实现光信号的传输。其二，G_t 蛋白构象循环改变的另一状态是在 GTP 酶催化下，GTP 变成 GDP，使得 α 亚基重新与 β、γ 二聚体结合形成三聚体 G_t 蛋白，这种构象的 G_t 蛋白就不能再激活 PDE 酶。

(2) 神经冲动的传输　神经冲动(如兴奋剂)的传输过程与光信号的传输过程不完全相同。首先是外来信号刺激神经纤维细胞膜释放神经递质(乙酰胆碱)；其次，与神经细胞突轴膜上的胆碱 M 受体结合，并改变受体蛋白的构象，称之为化学兴奋。最后，因为构象改变了细胞膜的离子通透性，并进而引起膜电位改变(电兴奋)，再作用于靶细胞上。

无论是光信号传输(电兴奋)，还是神经冲动的传输(化学兴奋→电兴奋)，其生理效应的本质，最终都是通过膜上离子通透率的变化，继而影响膜电位的改变，产生一个可以传输的电信号到达靶细胞上。

第四节　细胞内膜系统的结构与功能

不仅细胞的外周有膜，而且细胞内部也有丰富的内膜系统形成亚细胞结构，这是一个动态、协调的内环境，维持细胞的正常生理活动。细胞内膜与细胞(外)膜有基本相同的组成、结构和性质，但是细胞内膜系统具有各自专一的功能，分别简述如下。

一、线 粒 体 膜

线粒体(mitochondria)由内膜、外膜及亚基组成。内膜上载有多个棒状小颗粒, 每个小颗粒就是一个 ATP 酶复合体。线粒体的囊状结构是外膜包裹着内膜，外膜与内膜之间形成外腔，内膜向外突起折叠形成板状嵴，嵴之间形成内腔(含亚基)。线粒体由成堆的膜相互联结而构成，每一层膜都是生物膜。外膜厚 50~60Å，类脂与蛋白质比约为 1∶1，表面光滑；内膜厚 60~80 Å，类脂与蛋白质比约为 1∶4。嵴结构的出现大大增加了线粒体内膜的表面积，让酶附着在上面。嵴的密度随细胞而异。现在研究发现有少量的 DNA(mtDNA)结合在线粒体内膜上，可自我复制。在遗传特性上，线粒体有其独立性。

线粒体内膜上的 Ca^{2+}运输蛋白依赖电化学梯度的存在，维持细胞对 Ca^{2+}的摄取和排放。外膜上有小孔，通透性较大；内膜上无小孔，通透性较小，具有高度的选择性。在线粒体的内膜呼吸链上发生电子转移所介入的氧化磷酸化作用，即一方面氧分子经呼吸链生成水并释放能量的氧化过程；与此偶联的另一方面是 ADP 磷酸化合成为 ATP 的过程，这就是氧化磷酸化作用。偶联的机理还不十分清楚，有人用化学渗透学说对此加以解释，但还未成定论。

线粒体上含有多种酶，特异地分布在内膜、外膜和基质上，供核酸和蛋白质合成之用。线粒体是细胞内的氧化中心和能量供给基地，形成三磷酸腺苷(ATP)的主要场所。氧主要在线粒体中被利用。

二、内 质 网 膜

内质网是高度分化和结构十分复杂的内膜管道系统，呈管网状、泡状或囊网状，交织分布。内质网膜(endoplasmic reticulum)又分为粗面内质网膜和滑面内质网膜。粗面内质网膜外表面附有核糖体颗粒，含大量 RNA。每个核糖体由大小不同的两个亚基组成，主要功能是实现蛋白质的合成，在这里合成的蛋白质直接被运往高尔基复合体。内质网膜同样由膜脂、膜蛋白组成，粗面内质网的膜脂的成分主要是磷脂，其含量占脂总量的70%，胆固醇含量少，膜蛋白的成分主要是酶和结构蛋白，脂和蛋白的比例较低，而在滑面网膜中比例较高。粗面网膜与滑面网膜在空间是连续的，但是所含酶系不同，功能也不同。它们不仅是生化物质合成的场所，也可以实现细胞内物质的运输作用。

粗面内质网膜的重要功能是合成和输送外排性蛋白质，如分泌蛋白，膜受体蛋白，膜抗源蛋白，溶酶体蛋白和糖蛋白等。自身合成和组装膜脂和膜蛋白。而滑面内质网膜主要是合成脂类，如膜磷脂和甾体激素、分解糖原、解毒、储存 Ca^{2+}、运输脂和蛋白质。内质网的数量和形状与内吞物的物种、细胞的类型及细胞的状态均有很大关系。已经知道粗面内质网的发达程度可以用来判断细胞的分化程度。未成熟和未分化的细胞如干细胞，其粗面内质网不发达。比较分化程度不同的肿瘤细胞，从中也可以看到细胞粗面内质网的数量与肿瘤生长速度及恶化程度成反比。

三、高尔基复合体

虽然不同类型细胞的高尔基复合体(Golgi body)在形状上有很大差别，但是在电镜下看到的高尔基复合体是内膜系统的一部分，它是由多种囊泡如扁平囊泡、大小囊泡形成的一组膜结构。其膜中脂类和蛋白质的化学组成的含量介于细胞膜和内质网膜之间，是它们之间的一种过渡性的细胞器膜。同时也反映了细胞膜、内质网膜和高尔基复合体这三者在形成上有一定的顺序相关性。通常扁平囊泡(cistornae)由 3~8 个平行重叠排列成一组，而且略为弯曲成弓形。凸面称为形成面或未成熟面，其膜厚度与内质网膜相似，50~60Å；而凹面称为分泌面，或成熟面，朝向细胞核或内质网，该膜的厚度类似细胞膜，达 70~80Å。大囊泡直径较大达 1000~5000Å，处于扁平囊泡的末端或分泌面，又称为分泌泡，分泌泡内含分泌颗粒。小囊泡直径较小(400~800Å)，数量较多。似乎它们是从粗面内质网上脱离下来，其上载有新合成的蛋白质。小囊泡将这些蛋白质或其他物质运往扁平囊泡处进一步加工。所以小囊泡又称为运输小泡。

不仅仅从化学组成上分析高尔基复合体介于内质网和质膜之间，而且在功能上它也是联系内质网和质膜的纽带。例如粗内质网合成的分泌蛋白，经高尔基复合体加工形成分泌泡，而后脱离高尔基体，进一步与细胞膜融合将内含物排到细胞外。高尔基复合体的主要功能在于参与细胞的分泌过程。对于不同的蛋白质包括糖蛋白进行准确的分门别类的加工，然后运送到特定的场所；它和内质网都参与生物膜的自组装过程。

四、溶　酶　体

溶酶体膜包在含酶囊泡外边，厚约 60Å。在电镜下观察含酶囊泡的形状是类似于圆球形的糖粒。溶酶体(lysosome)含有多种酸性水解酶(pH 5.0)，如酸性磷酸酶、酸性 DNA 酶、组织蛋白酶、磷脂酶等。它们能够催化分解所有的生物大分子，如将蛋白质分解为二肽或游离氨基酸、碳水化合物分解为寡糖或单糖、核酸分解为核苷和磷酸、使中性脂肪或磷脂分解为游离的脂肪酸等。溶酶体是细胞内精细的消化器。它也可像处理垃圾一样处理掉死亡细胞。细胞器本身如线粒体或内质网也可以被溶酶体吞噬消化。一旦溶酶体膜破裂，胞内的酶被释放出来将整个细胞器及细胞消化、溶解、直至死亡。这种现象称之为自溶作用(autolysis)。它与细胞凋亡有关。

溶酶体的基本组成成分来自内质网并经过高尔基复合体加工后聚集在高尔基复合体的外围。红细胞中没有溶酶体，吞噬细胞中富含溶酶体。溶酶体的形态多种多样，大体上分为初级溶酶体，次级溶酶体和残余体三种。初级溶酶体是新生的溶酶体，是从高尔基复合体的边缘脱落下来的分泌泡，内含水解酶。初级溶酶体与被消化的底物结合之后形成次级溶酶体，开始发挥消化功能。消化作用进行到最后仅留下未消化的残渣，称为残余体。通过细胞膜的外排作用，残余体被排出到细胞外。

溶酶体在机体的防御体系之中起重要的作用。如吞噬异物、分解外来物质如病毒、细菌等。它也能吞噬内源性物质如残缺破坏的细胞器。后者被称为自体吞噬作用。吞噬小泡可以把自身的细胞器或储存的糖原消化掉，以获取营养维持细胞生存。

人们对溶酶体的认识比较迟，到 1955 年才发现它。但是由于它特殊的功能，特别是近年来发现它与疾病的发生和发展有着密切的关系，所以引起人们的特别关注。它不仅仅是一个消化器，而且在溶酶体中代谢的部分产物可成为肿瘤细胞增生的物质基础，也有人设想释放溶酶体中的水解酶去诱导癌细胞自己“消化”。

五、核　　膜

覆盖在细胞核外面的生物膜称为核膜(nuclear membrane)，人们认为它由内质网衍生而来。因为核膜外层的组成成分、酶的种类与内质网无明显差别，而且核膜外层常附着核糖体。实验观察到在细胞有丝分裂的末期，许多内质网小泡聚集体在染色质周围，而后进一步形成双层单位膜，成为核膜。

1. 核膜的结构

核膜的组成包括下列 4 个部分：核膜外层，核膜内层，核间隙腔和核孔合体。核膜外层厚 50~80Å，常常附有核糖体，它与粗面内质网相连，也与胞内的微丝、微管垂直连接，起到固定核在细胞内位置作用。与核膜外层平行的核膜内层比较厚但没有核糖体附在其上，它除了具有类脂双分子层的结构外，在向着核内的一侧附有纤维层，用以维持核膜的强度和核的形态。在核膜外层和内层之间存在称为核周隙腔的空腔结构，其宽度随细胞的功能状态和细胞的种类而异，在 150~300Å 范围之间，这是细胞核与细胞质之间交换物质的重要通道。核膜内层与核膜外层通过通道连接，后者又可实现细胞核与细胞质之间的物质交换。在核膜上分布有孔径 300~1000Å 的核孔，平均 35~65 个/mm^2。对于不同种类的细胞核或不同代谢状态的细胞核，其核孔的数目差异较大。例如肿瘤细胞比正常细胞的核孔要多，而代谢旺盛的细胞比机能低下的细胞的核孔要多。应该注意到在核孔中间有一层不定型的物质，主要由蛋白质组成，其中央有一个填塞核孔约 30nm 的颗粒，称为中央颗粒。除此而外，还有一一对应的 8 对环孔颗粒分布在核孔的核膜外层与内层边缘。环孔颗粒与中心颗粒之间有细丝连接。而这些细丝由核糖核蛋白组成。核孔、中心颗粒和环孔颗粒构成核孔复合体。

2. 核膜的功能

核膜是细胞内膜膜系的一部分，发挥其区域化的作用。主要的作用是：①保证遗传物质稳定的存在于细胞内的特殊位置上及复制后的 DNA 分配到核中。②保证核与物质之间的交换。主要是通过核孔和核周间隙作为通道，也可以依靠核膜本身的通透性和核孔的运输实现物质交换。

第五节　细胞膜的组装

细胞膜各组成成分的生物合成和组装是细胞生长，以至生命起源所关心的基本问题。它涉及细胞遗传学范畴，是一个非常复杂又有待解决的问题(有关合成的问题在这儿不讨论)。细胞膜的组装至少包括两大方面：新合成的膜脂插入膜和新合成的膜蛋白插入膜。至今采用的X衍射和冰冻蚀刻电子显微镜技术直接观察到的仅仅是在固态下的膜结构，对溶液态结构的直接观察相当困难。已经推测出的细胞膜的结构模型为深入研究细胞膜的组装提供了一定的方便条件。

一、膜脂插入膜的组装

1. 基本问题和组装过程

膜脂组装到质膜上至少包括三个问题要解决：①新合成的类脂分子插入一个适合的受体膜；②形成类脂分子适当的跨膜分布，类脂分子在脂双层的不对称分布正是细胞膜的一个基本特征；③在不同的靶膜中保持相应必需的脂的组成成分。

根据现在对生物膜结构的了解可以认为在真核细胞中含有核糖体 (ribosome)和多种合成酶的内质网细胞器是膜脂(也是膜蛋白)的合成场所。合成物的转运是通过“囊泡传输”来实现的。具体的讲，新合成的磷脂分子在内质网的相应部位进行装配，形成小囊泡，后经高尔基复合体加工，小囊泡与细胞膜融合、分泌、释放并转移到质膜的内单层上(图 12-14)。然后经一定时间扩散到质膜的外单层。内质网上的传送元件控制囊泡传输的进程。已经知道在模型膜中新合成的磷脂传输到质膜上的速度相当快，其半寿命约 1min，而胆固醇传输到质膜上的半寿命达 10~60min。但是新合成的磷脂传输到线粒体上的速度却比较慢。

2. 影响不对称分布的因素

在膜脂组装到膜的过程中如何保持膜脂跨膜及在膜内的不对称分布的机理至今仍不清楚。仅了解到一些影响膜脂不对称分布的因素：①膜蛋白的嵌入产生脂—蛋白相互作用；②膜脂的甲基化，例如 PE 磷脂甲基化而导致 PC 磷脂移位于膜的另一面；③ 膜的几何曲率(curvature)影响磷脂分布的不对称性；④关键的问题还是内质网上一系列的指导脂合成和传送的酶，其中终端酶(terminal enzyme)决定膜的定位；⑤膜脂的运动状态。

二、膜蛋白插入膜的组装

膜蛋白也是两极性的分子。它们暴露于膜外的那部分是水溶性蛋白并且含有亲水性氨基酸，而膜蛋白的内层是疏水性氨基酸，常常按α螺旋的构象包埋在膜脂脂双层之中且不溶于水。由于膜蛋白结构的复杂性使得人们对它们在膜上组装过程的认识比之对膜脂组装的认识更加困难。膜蛋白的组装也面临膜脂组装中存在的问题。至今仅仅在下述的三个模型中获得一些关于膜蛋白组装的信息。这三个模型是：病毒糖蛋白(viral glycoprotein)、口膜炎囊泡 G 蛋白(VSV)和外被蛋白 M_{13}(coat protein)。它们都是病毒蛋白，由病毒基因指导其合成。根据从三个模型中得到的认识，有人提出了指导膜蛋白组装的假说。

1. 信号假说

该学说于 1975 年由 G. Blobel 和 B. Dobberstein 提出。正像对膜脂合成和组装过程的分析一样，膜蛋白的最初合成和组装也是在结合有核糖体的内质网上完成。合成的蛋白质是如何跨过疏水区，定向而准确地达到细胞膜上发挥其功能的？现在认为信号肽(SP)、信号识别蛋白(SRP)及其受体停靠蛋白(DP)在蛋白质跨越内质网膜的转运过程中起决定性的作用。而导肽则索引合成的蛋白质至具有膜结构的多种细胞器如线粒体、叶绿体或核中。信号假说认为：合成的肽在穿越内质网膜时，需要由“信号”控制其传输方向而不至于被某些可溶性的蛋白酶所吞食掉。这段“信号”序列包含在蛋白质合成提供遗传信息的结构基因内。信号序列转译成信号肽之后，它与内质网上的受体相结合形成一个小孔而穿越膜。它一旦过膜后，被多肽酶水解，而蛋白质的合成仍在延伸，“边合成边过膜”同时进行，即在全部完成合成之前，新生的多肽链已经有序地跨入膜内。信号序列对膜蛋白的插入装配和分泌蛋白质的输出起到重要的调控作用。用“信号序列–小孔”学说解释膜糖蛋白(G 蛋白)插入细胞膜的机理就是一个成功的例子。而线粒体的蛋白质是在合成之后才转运的，运送之前多数以前体形式存在，即由成熟型的蛋白质和 N 端引申出的一段导肽组成，导肽含有 20~80 个氨基酸残基。前体进入线粒体基质时被水解酶水解，从而形成成熟型蛋白质。这一过程被称为“翻译后插入”的模式。有的蛋白质本身 N 端的氨基酸序列就具有导肽功能。导肽不具有严格专一的受体。

2. 膜触发器假说

信号假说在另一些情况却不能适用，即不存在前导的信号序列也不存在可以穿透膜的微小孔的结构时，例如细胞色素 b_5、大肠杆菌及其他一些细菌质膜上膜内在蛋白的合成。1979 年 W. Wickner 提出另一种膜蛋白组装的假说，即“膜触发器假说”。他认为一些膜蛋白在非膜结合的自由的核糖体内合成之后，在水溶液中形成一种比较稳定的构象。这些新合成的蛋白质遇到膜时，由于膜的疏水环境的触发，它的构象发生变化并通过疏水效应使得蛋白质分子插入质膜的脂双层。在蛋白质装配完成后，构象又恢复到原初状态。

3. 膜脂和膜蛋白的组装

细胞膜中膜结构成分的合成和装配维持在一个动态过程之中。实验证明，膜脂和某些膜蛋白是在细胞本身的膜上合成的。确切地讲是在含有核糖体的内质网膜上合成的。也有人认为，内在蛋白的合成和装配入膜的速度不一定要协调，而且也不一定要与膜脂协同进行。在组装的过程中会出现脂质/蛋白质的比值有明显的变化。

另一方面，在脂的合成与组装时，蛋白质的合成和掺入很重要。它们影响膜脂的合成的速度和不对称性。这并不意味着膜脂的合成不能相对独立地进行，例如磷脂的合成是由磷脂合成酶的激活来催化的，而该酶的活性又受脂质/蛋白质的比例调节，以维持在膜内有一个适合的脂质/蛋白质的比例。脂和蛋白质各自具有其合成的速度和装配速度，总的看来，膜脂比膜蛋白具有更短的半衰期。

总之，细胞膜的合成和装配必须按其要求有规律、又有顺序地进行。新合成的膜脂和膜蛋白必须在维持细胞膜半通透功能的前提下，又不破坏脂双层结构连续性的情况下插入脂双层。

第六节　药物与细胞膜

从细胞膜的基本结构和主要功能的介绍可以看出，细胞膜不仅仅是细胞与外界环境之间的屏障，也是细胞与外界进行物质、能量及信息交流的保证。药物(广泛地讲包含所有外源性物质)与细胞的相互作用，首先发生在细胞膜外表面或膜上。它们或是直接在膜上产生药理效应；或是引起膜表面结构的改变，药物透过细胞膜到达胞内靶分子部位；或是通过分子识别，特异地与膜上受体相结合，受体本身并不跨膜进入细胞内，但是通过某种信号转导机制，后续地在胞内形成第二信使、第三信使，产生特定的生物效应。

1. 药物与受体

从分子水平考虑药物通过膜的转运主要分两步，一是药物分子通过共价键、离子键、氢键或疏水键等与膜上特异性的受体物质相互作用形成一种复合物；二是该复合物从膜的一边转移至另一边将药物载入细胞内，即跨膜转运。一般说来，药物可以通过下列方式中的一种跨膜转运方式通过细胞膜：被动扩散，主动转运或者吞噬和胞饮。通过膜微孔沪过或离子通道的传递属于特殊的被动扩散。

2. 药物对膜功能的影响

细胞膜与药物的相互作用至关重要。不仅仅因为细胞膜是药物进入多种胞内生物靶分子的必经之路，而且因为在某些情况下通过改变膜功能实现其药理效应。

(1) 药物改变膜的流动性　膜具有高度有序的动态结构，膜的流动性的改变是某些药物的作用机理。例如各种全身麻醉药的结构相差很大，但却能产生相同的药理效应，因为它们对中枢神经系统的作用不在于结构，不要求结构吻合的受体与之结合，而是一种发生在神经细胞膜脂双层的物理过程，即药物进入细胞膜后使膜膨胀，脂质分子排列紊乱，流动性增加，破坏了膜上蛋白质完成正常功能时所需要的环境条件，影响神经冲动的传递，并因此抑制神经纤维传导，导致中枢神经系统产生广泛的抑制。

(2) 药物对膜的另一异常作用是使膜功能性紊乱　例如多烯类抗菌素–菲律宾霉素有一个羟基化的亲水性表面和一个不饱和共轭的亲脂表面。该分子与霉菌细胞相接触结合在细胞膜上引起膜完整的功能性紊乱，使得离子和一些水溶性小分子从细胞内逸出，造成细胞死亡，实现抗菌功能。这种药物有细胞选择性，一旦除掉细胞内的胆固醇则会破坏药物与细胞膜的结合能力及抗菌敏感性。

(3) 改变膜的通透性　药物通过与膜外层蛋白质非特异地结合，从而改变了突触膜对离子的通透性而起到安眠作用，这就是戊二胺安眠药的作用机理。有时一种药物可以增加另一种药物对膜的通透性。例如抗真菌药物利福平，能与细菌 RNA 聚合酶结合，通过抑制 RNA 合成从而抑制真菌细胞生长。但是它的抑制率不高，在两性霉素 B 存在时，细胞膜会改变其对利福平的通透性，使药物的杀菌能力大大提高。

3. 药物跨膜转运

药物跨膜转运对发挥其药理作用是极其重要的，前面已经介绍过细胞膜的物质运输作用和药物跨膜转运的基本方式。许多非脂溶性物质可借助被动扩散过程而渗入细胞膜。被动扩散取决于细胞膜上存在的膜孔和管道的大小、药物溶于水中的分子体积以及细胞膜两边药物浓度差。一般细胞膜孔达 0.8nm，毛细管血壁和肾小球膜孔达 6~12nm。药物的脂溶性，或脂/水分配系数影响它们通过细胞膜的速率，脂溶性好的药物和水溶性的小分子药物能迅速通过细胞膜屏障。被动扩散中借助载体转运的称为易化扩散，但不要求消耗能量。

某些药物通过引起膜结构的改变而利于跨膜扩散转运。如胰岛素能使细胞交感神经节脂蛋白从片状转化成胶囊状，从而造成裂缝隙使其得以通过。而全属离子及其配合物则可能与细胞膜相互作用，改变膜上孔或管道的形式，大小，甚至膜的构型，改善通透性。一个典型的例子是稀土离子通过改变红细胞膜双凹园盘的结构而跨膜转运。原子力显微镜观察形象地证明在红细胞中加入稀土离子后，膜外周蛋白发生聚集和交联，增大膜脂区的间隙形成“畴”结构。随着稀土离子浓度的增加，畴结构有所发展，在细胞膜表面呈现“孔洞”结构，稀土离子通过这种结构扩散进入细胞，称之为“自助扩散”或“打孔跨膜”。 但是过高浓度的稀土离子则可能破坏细胞膜整体结构的完整性，出现细胞融合和破碎现象，细胞膜内的物质逸出发生“溶血”。不同的稀土物种跨膜转运的机制不完全相同：稀土阴离子合物通过阴离子通道吞噬作用进入具有吞噬功能的细胞，稀土–转铁蛋白络合物通过转铁蛋白受体介导进入细胞。总之，稀土离子通过自助扩散进入无吞噬功能的细胞，通透速率与本身的浓度及物种有关。随着稀土离子摄入红细胞的同时，胞内其他元素的含量也发生改变，表明膜的通透性改变了。

4. 多靶分子模型

顺铂是临床成功应用的抗癌药物之一。其有效的靶分子是 DNA，通过配位相互作用药物直接抑制 DNA 复制，使得癌细胞死亡；而紫杉醇抗癌药的作用机理是破坏细胞的骨架系统，使癌细胞不能生长。长春新碱类药物在受体部位与微小管蛋白结合，阻止微小管装配，使细胞有丝分裂停止在中期，导致癌细胞死亡。虽然这些抗癌药物作用的靶点不同，但是在它们接触靶分子之前都必须首先与细胞膜发生相互作用。

长期以来，人们一直认为 DNA 是顺铂在细胞内作用的靶分子。近代应用先进的分析手段对细胞上和细胞内发生的化学事件深入研究的结果表明 DNA 确实是重要的靶分子，但并不是顺铂在细胞内惟一的靶分子并提出金属配合物–细胞相互作用的多靶模型。抗癌铂配合物与细胞相互作用的实验研究证实：①铂配合物摄入和通透细胞膜主要是被动扩散的过程并存在与膜磷脂作用的手性选择性。②膜结合分子是前沿靶分子，如脂质体，蛋白和糖均能与铂配合物发生直接的静电或配位相互作用，引起膜磷脂和膜蛋白构象改变，影响膜结构。导致膜通透性增加和膜流动性下降。由于铂配合物促进膜脂质过氧化而进一步造成膜损伤。虽然它能优先与膜蛋白结合，但膜上发生的事件都会相互影响、传递、放大和扩展到膜下。③进入胞内的铂配合物与膜下及细胞骨架蛋白作用引起构象改变并影响膜骨架和微丝、微管自组装过程。

总之，金属离子与细胞的作用是一个复杂过程。铂配合物从接近细胞表面到跨膜直至进入细胞核的全部过程与多种生物分子发生的相互作用在时间上是有序的，在空间是定位的。细胞对铂配合物的应答是一系列化学事件的总体表现。其结果构成生物学事件，即顺铂对癌细胞的杀伤和对正常细胞的毒副作用。这些研究为寻找高活性低毒性的铂抗癌配合物提出了新的设计思路。

主要参考文献

程传煊. 1998. 生物物理化学. 北京: 科技文献出版社. 210

倪嘉缵. 2002. 稀土生物无机化学. 北京: 科学出版社. 187

孙大业, 郭艳林, 马大耕, 崔素娟. 2001. 细胞信号转导(第三版). 北京: 科学出版社. 28

王焕斗, 夏炳南, 张子昭, 赵更生. 1984. 应用药理学. 贵州: 贵州人民出版社. 16

王兰田, 刘应伯, 刘宇. 1992. 医用细胞生物学. 沈阳: 辽宁科技出版社. 43

Eldra P S, Linda R B, Diana W M. 1999. Biology (5th ed.). New York: Saunders College Publishing. 105~131

Gennis R B. 1989. Biomembranes: molecular structure and function. New York: Spring-Verlag. 166~193

Morean P, Rodriquez, M. Cassagne C. 1991. Trafficking of lipid from ER to Golgi apparatus in a cell-free system from rat liver.J Biol Chem, 266: 4322~4328

Philip L, Yeagle. 1993. The membranes of cells. 2nd ed. New York: Academic Press, Inc. 326~341

Wang K, Lu J F, Li R C. 1996. The events that occur when cisplatin encounters cells. Coordination Chemistry Reviews, 151:53~88

(卢景雰)

第十六章　糖的结构、功能与糖及其模拟物的组合合成

在蛋白质、核酸和糖类这三大类生物分子中，糖类是研究得最少的一类生物分子。与蛋白质和核酸相比，糖类就像可怜的灰姑娘一样，过去长期不为人们所重视。随着研究工作的深入，糖类的各种生理功能和用于药物治疗的巨大潜在性正被人们逐步认识，国际上糖研究的热潮正在兴起。现在人们知道，糖类介导了许多重要的生物过程，如细胞内和细胞间的通讯、激素和细胞的识别以及病毒或细菌对宿主细胞的入侵等过程，皆与糖分子之间或糖与蛋白质分子之间的相互作用有关；细胞表面的寡聚糖控制着细胞黏合、受精作用、炎症反应、免疫反应和肿瘤转移等过程。糖蛋白中的寡糖链不但能影响蛋白质的构象、聚合、溶解及降解，还参与糖蛋白的分拣(sorting)和投递(trafficking)等细胞过程，寡糖链还与糖蛋白的生物功能密切相关。作为信息分子，寡糖链所携带的生物信息量远远超过了蛋白质和核酸。因此，认识糖链的结构、阐明糖链的生物学功能，进而干预或调控糖链参与的生理或病理过程，对于我们深入理解生命现象的本质、发现新的药物无疑具有非常重要的意义。本章将对寡糖的结构、生物学功能以及寡糖和糖模拟物的组合合成方面的研究进展做一介绍。

第一节　糖 的 结 构

一、糖复合物中单糖的结构

糖复合物(glycoconjugate)是糖类和蛋白质(多肽)或脂类形成的共价结合物。在自然界中，糖类多是以糖复合物(糖蛋白、糖肽或糖脂)的形式存在的。存在于哺乳动物糖复合物中的最常见的单糖主要是 D-葡萄糖、D-半乳糖、D-甘露糖、D-木糖、L-岩藻糖、*N*-乙酰基 D-葡萄糖胺、*N*-乙酰基-D-半乳糖胺、L-艾杜糖醛酸、D-葡萄糖醛酸和唾液酸等 10 种，它们的结构如图 16-1 所示。

二、寡糖链的结构

糖链和肽链中的氨基酸残基通过共价键相连，其方式主要可分为两类：一类是β构型的 *N*-乙酰基 D-葡萄糖胺(β-GlcNAc)与天冬酰胺(Asn)的酰胺基形成的糖苷键，称为 *N*-糖苷键；另一类是某一种单糖与含羟基的氨基酸，主要是丝氨酸(Ser)和苏氨酸(Thr)形成的糖苷键，称为 *O*-糖苷键。糖蛋白含有几乎所有的氨基酸，但能参与糖肽共价连接的氨基酸种类不多，常见的是 Asn、Ser、Thr 及羟赖氨酸(Hyl)和羟脯氨酸(Hyp)。到目前为止，已发现的 *N*-糖苷键几乎都是 *N*-乙酰基-D-葡萄糖胺–天冬酰胺连接(GlcNAc β_1 →Asn)，而 *O*-糖苷键却存在多种连接形式。

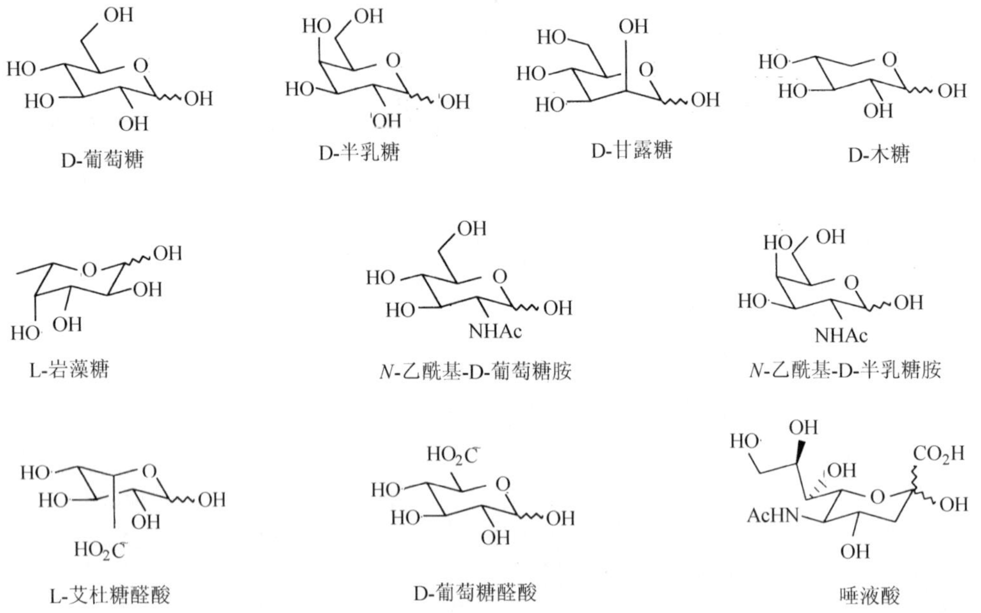

图 16-1　哺乳动物糖复合物中最常见的十种单糖组分

1. 与天冬酰胺连接的糖链

N-连接糖肽是指 GlcNAc 的异头碳与 Asn 的 γ 位酰胺上的 N 原子共价连接，称 N-糖肽键，如图 16-2 所示。它广泛分布于血浆蛋白中，如免疫球蛋白、凝血酶及膜糖蛋白，其中 Asn 经常处于 Asn-X-Thr/Ser 的序列子(sequon,称天冬酰胺序列子)中，X 为除 Pro 以外的任意氨基酸。

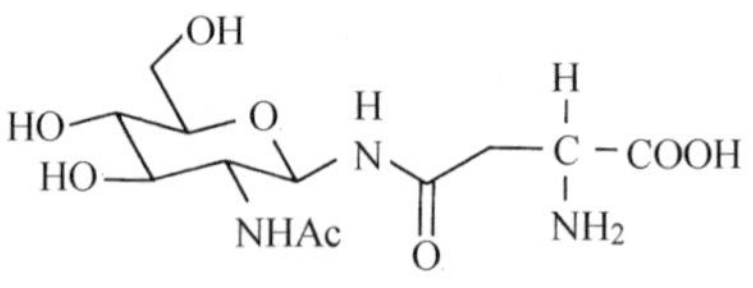

图 16-2　N-连接糖肽链

只有处于序列子中的 Asn 才会发生糖基化，这可能是因为 Ser 或 Thr 的羟基与 Asn 侧链的羰基形成氢键，降低酰胺基的离解常数，从而有利于糖基化的缘故。过去曾认为这种连接方式是 N-糖肽键的惟一存在方式，但后来在嗜盐菌(halobacteria)的细胞表面膜糖蛋白中也发现有 GalNAc-Asn 和 Glc-Asn 新的 N-连接方式。

2. 与丝氨酸或苏氨酸连接的糖链

这是另一种重要类型的糖肽键，它主要是由 GalNAc 的异头碳与 Ser 或 Thr 中的羟基缩水而成，如图 16-3 所示。该类型糖肽键由于最初是从颌下腺、消化道、呼吸道等黏液糖蛋白中发现的，故又称为黏蛋白型糖肽键。研究表明 Thr 和 Ser 残基附近的氨基酸顺序无规律可循，但具有比较伸展的结构。除 GalNAc 外，其他一些糖，如 GlcNAc、Gal、Xyl、Ara 和 Man，也可与 Ser 或 Thr 相连。

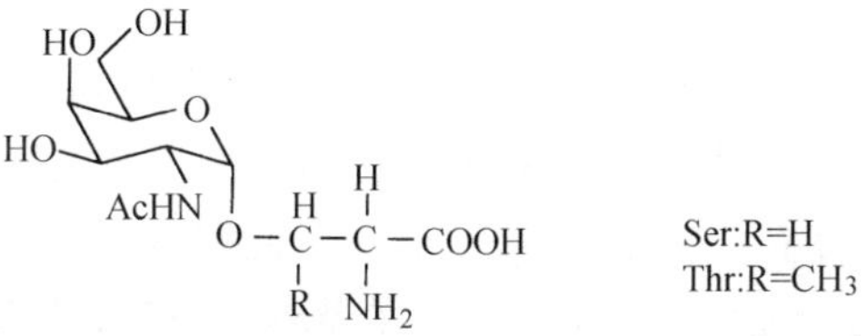

图 16-3　与丝氨酸或苏氨酸连接的一种 O-糖肽链

3. 与羟脯氨酸或羟赖氨酸连接的糖链

L-阿拉伯糖(L-Ara)的异头碳可与羟脯氨酸上羟基缩水，形成β-糖苷键。它们存在于植物细胞壁和藻类蛋白中，而在动物中尚未发现。另外，半乳糖的异头碳也可与 5-羟基赖氨酸上的羟基缩水而成(Gal β1→Hyl)，它们几乎仅存在于胶原蛋白中。糖基化的羟赖氨酸通常处于 Gly-X-Hyl-Gly 的序列子中，其中 X 可代表多种氨基酸，该四肽可能是糖基化受体的特征结构。

4. N-糖链的五糖核心区

N-连接的糖链通常包含一个五糖核心保守区(图 16-4)，称为三甘露糖五糖核心。其他的单糖以该五糖核心外端的两个甘露糖为触角继续向外延伸或分支化，即构成各种复杂的寡糖链。根据寡糖链分支化程度的不同，又可将其分为二天线型(biantennary)、三天线型(triantennary)和四天线型(tetraantennary)等。

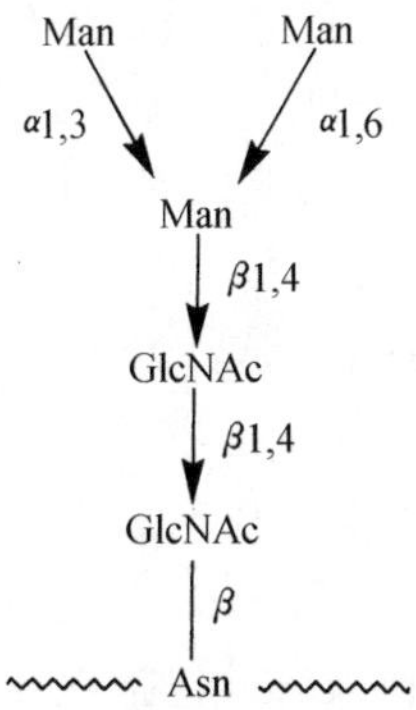

图 16-4　N-糖链中的五糖核心区

5. O-连接的糖链

O-连接的糖链存在着多种形式，已发现的有 GalNAc-Ser/Thr、GlcNAc-Ser/Thr、

Gal-Ser、Xyl-Ser、Ara-Ser/Thr、Man-Ser/Thr 以及 Gal-Hyl、Ara-Hyp 和 Fuc-Ser 等。这类糖链结构的共同点是由一种或少数几种单糖与某些含羟基氨基酸连接，不存在共有的核心结构区。

6. 糖链的微不均一性

在生物合成过程中，糖蛋白中的糖链是通过糖基转移酶从核苷酸糖将单糖顺次地装配到已形成的糖链受体上，糖链的合成场所是在粗面内质网和高尔基体中。影响糖链生物合成的因素很多，糖基受体、糖基供体和糖基转移酶量的多寡，其活性的高低和彼此的可接近程度都对糖链的合成产生影响。尤其是糖基转移酶，一则它们在糖链的合成中处于主导地位，再者众多的糖基转移酶之间还存在着复杂的制约。所以糖链的合成过程不同于核酸和蛋白质的合成过程，它不是模板化的，它可以终止于不同阶段，因而糖链结构普遍存在微不均一性。

三、寡糖链结构测定的一些新进展

寡糖链结构测定的内容一般包括：糖链的释放和分离、糖链的组成、糖环的构型(吡喃型或呋喃型)、糖苷键的异头碳的构型(α或β)、糖基的绝对立体化学(D-或 L-)、取代基在每个单糖上的位置、取代类型和分支点，最后得出糖基的序列。结构分析方法有化学法、酶法及仪器法。常用而有效的仪器分析法主要有质谱(MS)、核磁共振(NMR)和毛细管电泳(CE)方法。这里仅对近年来发展迅速的质谱分析法作一简介。

质谱在糖链结构分析中由于其方法快速、灵敏、样品用量极少而得到越来越广泛的应用。常用的质谱技术有三种：快原子轰击质谱(FAB-MS)、电喷雾质谱(ES-MS)和基质辅助的激光解吸电离质谱(MALDI-MS)。快原子轰击质谱对全甲基化的寡糖衍生物的分析特别有用。当原子或离子束碰撞到基质时，样品分子就从基质上飞溅到高真空离子源中，在此过程中许多分子被离子化，产生带正电荷的准分子离子$[M+H]^+$和$[M+Na]^+$，而且在离子化过程中，分子获得了内能，导致了某些不太稳定的键的断裂而碎片化。所以快原子轰击质谱不仅可以给出寡糖分子质量的信息(通过分子离子峰)，而且可以提供寡糖序列的信息(通过碎片离子峰，特别是非还原端糖苷键断裂而产生的离子峰)。电喷雾质谱的离子化过程非常温和，使得它很少碎片化。为了克服这个困难，许多电喷雾质谱仪与串联质谱(MS-MS)联用，采用碰撞诱导裂解(collision-induced dissociation, CID)技术，对分子离子进行碰撞活化产生碎片离子，在这个装置中，前面的质谱仪选定母体离子，后面的质谱仪对碎片离子进行扫描分析。目前最强有力的低能量串联质谱技术是所谓的四极杆正交促进飞行时间(quadrupole orthogonal acceleration time of flight, Q-TOF)质谱技术。该质谱仪还可与不同的电离源相兼容，包括电喷雾和基质辅助激光解析电离。这种质谱仪还具有高灵敏度的在线分析的能力，比如说，对液相色谱系统洗出的峰进行实时在线的串联质谱分析。基质辅助激光解析电离质谱与电喷雾质谱一样也采用一种“软电离”方式，产生的分子离子稳定，不易裂解，适用于测定大分子质量的生物样品。所测分子质量最大可达 350kDa；此外，它不受样品中所含添加剂、缓冲液或盐类的影响，其灵敏度也是三种电离方式中最高的。基质辅助激光解析电离技术对分子量的测定非常有用，特别适用于高通量筛选以及对灵敏度的要求很高时的测定。新近发展的MALDI-Q-TOF类型的质谱仪无疑将得到更为广泛的使用。最近，MIT的R. Sasisekharan教授所领导的研究小组在寡糖链的序列分析这一领域取得了重要的进展。他们使用一种新的被称作性质编码命名(property-encoded nomenclature)基质辅助激光解析电离质谱的技术，快速方便地测定了一种重要的肝素十聚糖AT-10(图16-5)的序列，纠正了早期测定的该糖的错误结构。这一方法不仅对肝素类多糖的序列测定适用，而且对其他类型的线性多糖也同样适用。

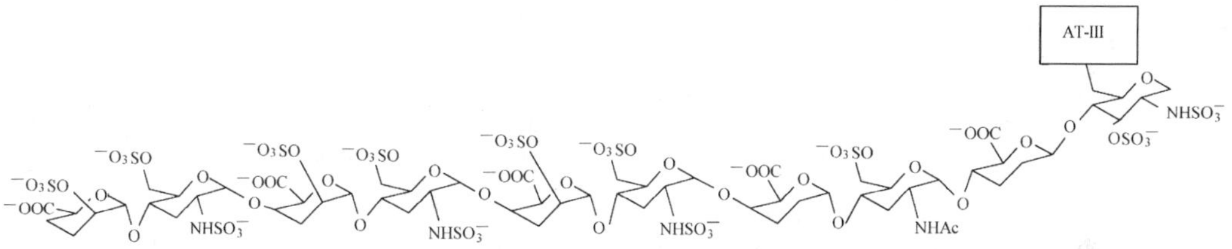

图16-5　肝素十聚糖AT-10的结构

第二节　糖的生物学功能简介

糖类参与了生命现象的几乎全部过程，无论是在基本的生命过程中，如受精、发生、发育、分化、神经系统、免疫系统恒态的维持方面，还是在疾病的发生和发展中，如炎症及自身免疫疾病、老化、癌细胞异常增殖及转移、病原体感染、植物与病原菌相互作用等过程中都涉及糖链的参与，糖链在这些生命和疾病过程中起特异性的识别和调控的作用。本节对糖的生物学功能择其几点予以简介。

1. N-糖链帮助蛋白质折叠

糖蛋白的N-糖链帮助蛋白质折叠已为不少事实证明。当蛋白质上的糖基化过程被阻断时，常常观察到蛋白质不能正确折叠和蛋白质发生凝聚的现象，使蛋白质不能发挥正常的功能。蛋白质上糖链的重要性因蛋白质而异，并且依赖于周围的生理环境。有些蛋白质的功能完全依赖于糖链，而有些蛋白质与糖链无关；有些蛋白质部分依赖于糖链，有些蛋白质的折叠因为糖基化而变得对温度敏感；有些蛋白质在一种类型的细胞中依赖于糖链，而在另一种细胞中则不依赖于糖链。在对蛋白质上单个的糖基化位点的重要性进行评价时，经常会发现某些糖基化位点比另一些更重要，这提示寡糖链对蛋白质的折叠有"区域性"效应。然而，另一些实验证据表明寡糖链似乎对蛋白质的折叠过程也有"全球性"效应。

糖链对蛋白质折叠过程有着直接的影响。在肽链上作的研究表明尽管N-糖链不能诱导永久性二级结构，它可以变更肽链的构象使其取向靠近糖基化位点，导致更密集的构象。例如，一个截短的N-糖链(二糖 GlcNAcβ1-4GlcNAc)连在天冬酰胺残基上，趋向于诱导出一个密集的β回转(β-turn)。糖蛋白中三分之一的 N-糖链都会出现这种情形。用同一蛋白质的糖基化形式和非糖基化形式作体外再折叠研究实验，结果证实寡糖结构对折叠过程有正效应，它维持蛋白质在溶液中的构象，这样也模拟了许多分子伴侣(molecular chaperone)所起的作用。

但是也必须指出，一旦糖蛋白已经发生了折叠，通常情况下糖链就不是维持蛋白质结构的必需因素。虽然此时糖链的存在依然会影响多肽链的性质(比如增加其稳定性)，但这种影响通常相当小。因此，从一个折叠好了的糖蛋白中移去糖链部分，应该对蛋白质的构象没有显著影响。

2. 糖基化和抗病毒策略

信封式的病毒，比如人类免疫缺陷性病毒(HIV，艾滋病病毒)，能够利用宿主的糖基化进行免疫屏蔽，达到逃避人体免疫系统监视的目的。信封式病毒也利用宿主隐蔽途径来折叠和组装它们的外被蛋白，这种外被蛋白通常是高度糖基化的。一种可能的抗病毒策略就是利用糖基化的抑制剂来干扰病毒的信封蛋白的折叠。

乙肝病毒有三种信封糖蛋白(L、M 和 S)。所有三种表面抗原都含有一个共同的 N-连接糖基化位点，即第 146 位天冬酰胺残基(约有 50%被糖基化)；但 M 蛋白还有第二个糖基化位点，即第 4 位天冬酰胺残基(100%被糖基化)，该位点负责 M 蛋白和一种膜结合蛋白 Clx 的作用。当葡萄糖苷酶 I 和 II 被正丁基去氧野尻霉素(*n*-butyl deoxynojirimycin, *n*-BuDNJ)所抑制时，M 蛋白不仅仍然是高度葡萄糖基化的，而且还发生错误折叠。此时病毒遂无能力与错误折叠的 M 蛋白结合形成病毒外套，产生去稳定化效应，病毒的隐蔽性也就被破坏了。然而，亚病毒微粒(它们不含 DNA)却被隐蔽住；在抑制剂存在下，亚病毒微粒的外套仅由 S 糖蛋白所组成，而不是 M 和 S 蛋白。

艾滋病病毒 HIV-1 信封的主要组分是一种被称作 gp160 的蛋白，它是由 gp120 和 gp41 两种蛋白所组成的一个非共价连接的复合物。在抑制剂 *n*-BuDNJ 的存在下 gp120 蛋白进行表达时，V1/V2 线圈(第 128 位残基到 199 位残基段)发生错误折叠。如前所述，乙肝病毒 M 蛋白的错误折叠影响病毒外套的组装；与此相对照，gp120 蛋白 V1 和 V2 线圈的错误折叠却不影响 HIV 病毒信封的组装，因为这些线圈并不构成在 gp120 三聚体复合物中可相互接触的表面部分。在培养介质中 gp160 和 CD4 蛋白之间的结合也不受 *n*-BuDNJ 的影响；然而，随着结合事件的发生，其构象发生改变，引起了 V1、V2 线圈的重排，结果导致 gp120 从 gp160 中释放出来。如果这个重排不能发生，那么 gp41 也就不能介导融合事件，从而也就不能阻止病毒进入细胞。

3. O-连接的 *N*-乙酰氨基葡萄糖和信号传导

细胞对周围环境的应答是通过对蛋白质的后翻译修饰来实现的。发生在真核蛋白上的后翻译修饰有 20 余种。其中有几种修饰作用，比如磷酸化过程，参与了信号传导。通常认为糖基化作用不直接参与信号传导。复杂的 N-和 O-连接的糖基化过程发生在内质网和高尔基体中，这些糖链在胞内或胞外的定域化限制了它们对信号的动力学应答的潜能。与此对照，O-连接的 *N*-乙酰氨基葡萄糖(O-GlcNAc)是一个简单的单糖，它的糖基化修饰在核质蛋白的丝氨酸或苏氨酸残基上非常普遍。虽然 O-GlcNAc 连接位点的结构序列子还未鉴定出来，但很多连接位点都和丝氨酸/苏氨酸激酶所使用的位点相同，现已有一个神经网络程序可以预测 O-GlcNAc 连接位点。跟磷酸化不一样，酪氨酸残基的 O-GlcNAc 修饰还有待于观察。许多带有这种修饰的蛋白质已被鉴定出来，包括转录因子、细胞支架蛋白、核孔蛋白、致癌基因产物和肿瘤抑制剂。O-GlcNAc 似乎能修饰大量的核质蛋白。O-GlcNAc 的属性与那些复杂糖类的属性不同，预期它在信号传导中扮演着重要的角色。

O-GlcNAc 的糖基化修饰具有动力学的特征，它的半衰期要比修饰的多肽链短得多。另外，特定蛋白的 O-GlcNAc 修饰与 T 细胞的活化、胰岛素信号传导、葡萄糖代谢和细胞循环加速等过程密切相联。例如，普遍存在的转录因子 Sp1 广泛地被 O-GlcNAc 修饰，Sp1 以高糖基化的形式来应答高血糖或高氨基葡萄糖；Sp1 上 O-GlcNAc 修饰的增加可以防止由蛋白酶引起的降解。还有，O-GlcNAc 修饰能抑制 Sp1 肽链与一种结合蛋白相关因子(称为 TAF110)的相互作用。最后，Sp1 蛋白的糖基化状态与糖尿病重要基因的活化能力高度相关。

有几个研究小组已经证明 O-GlcNAc 糖基化和 O-磷酸化之间存在着明显的互补性，这种所谓的“阴阳”关系在整体细胞蛋白水平和特定蛋白的特定位点上都有所显现。举例来说，用一种酸(称作 okadaic acid，一种广谱的磷酸酯酶抑制剂)、佛波醇酯(蛋白激酶 C 激活剂)或者腺苷-3′,5′-单磷酸酯(一种蛋白激酶 A 激活剂)分别处理细胞，结果导致 O-GlcNAc 修饰蛋白的总体水平下降；相反地，激酶抑制剂，比如星形孢菌素 staurosporine，却会增加 O-GlcNAc 修饰蛋白的总体水平。这个例子很好地说明了 O-GlcNAc 糖基化和 O-磷酸化的“阴阳”互补性。也有实验证据表明，糖基化和磷酸化的位点也是相同的，像雌激素受体β，其糖基化和磷酸化的位点都是 16 位的丝氨酸的残基。这样，丝氨酸、苏氨酸残基可以以三种状态存在：糖基化的、磷酸化的和未修饰的。因此，除了磷酸化开/关信号传导模式外，还很有可能存在另外的信号控制模式——O-GlcNAc 糖基化开/关模式。有关蛋白质上 O-GlcNAc 糖基化修饰及其功能方面的研究目前还在深入进行中。

第三节　糖的组合合成

随着组合化学概念和技术的引入，有机化学和药物化学现在正经历着一场新药发现的革新。因为组合化学打破了药物合成的费时和一次只能对一个化合物进行筛选的传统，能在较短时间内快速地产生大量化合物的集合(化合物库)，而这些化合物库的活性可以用高通量筛选(high-throughput screening)的方法进行快速评估。

尽管在小分子和其他生物高分子领域的组合合成发展相当迅速，糖类组合合成的发展却相对缓慢。这主要是由于这类多功能基化合物在合成方面有着固有的困难：首先，糖类的合成涉及许多保护和去保护步骤，使得这类化合物的合成步骤繁多，非常费时费钱；其次，偶联反应(即糖基化过程)在异头碳上建立了一个新的立体中心(新生成的糖苷键既可以是α也可以是β构型)，而迄今为止还没有一种像形成肽键和磷酸二酯键那样的非常高效和立体专一的糖基化方法可以满足各种寡糖合成的需要。此外，糖链的分支化和羟基的功能化比如硫酸化和磷酸化更使得这类化合物的合成变得复杂。尽管如此，由于糖类在生物学上的日益增长的重要性以及基于糖的药物的巨大发展潜力，在过去的五六年里有关寡聚糖及其模拟物的组合合成的策略已经开始出现了。

一、糖的液相组合合成

使用未保护的糖基受体(glycosyl acceptor)与糖基供体(glycosyl donor)在液相中进行完全随机化的糖基化反应，不仅避免了繁杂的带保护基的结构模块(building block)的合成，而且可一步合成多个寡糖，这不能不说是一种有益的尝试。Hindsgaul 研究小组首次用未保护的单糖或二糖作为糖基受体进行随机糖基化反应(random glycosylation)来构造二糖或三糖库。在这个液相反应策略中，一个未保护的二糖受体(含六个自由羟基)与一个全保护的单糖供体亚胺代三氯乙酰酯反应生成一个含有所有可能的六种三糖的混合物。这些三糖混合物中的各种异构体可以在保护和去保护这两个阶段反复用色谱法进行分离(图 16-6)。最近，Ichikawa 等也用类似的策略利用未保护的 L-岩藻糖为糖基受体制备了一个小的 2，6-二脱氧-2-L-岩藻糖苷衍生物的糖库。到目前为止，随机糖基化的策略还没有被应用到固相合成上，即使在液相中，该方法亦有它的缺点，如糖基化水平的不易控制和产物分离的困难等。

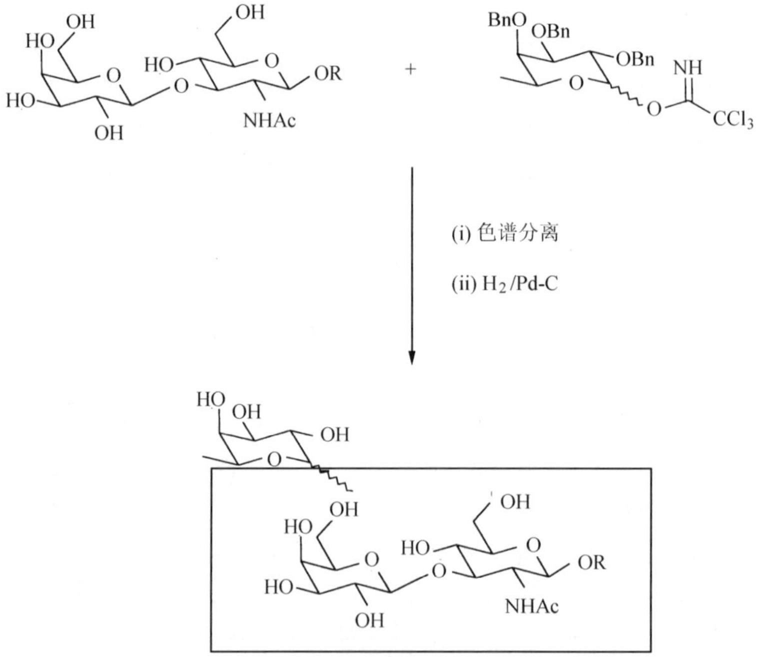

R=$(CH_2)_8OC_6H_4OMe$-*p*(为了便于分离和增强紫外吸收)

图 16-6　随机糖基化策略

为了克服随机糖基化过程中使用未保护的糖基结构模块的某些不足，人们又发展了把糖基供体和受体都保护起来以组装糖库的途径。该途径可使糖基化反应进行完全而不用担心多糖基化的问题。例如，有人用一种烯基潜在活化的方法制备了一个含有20种三糖的小寡糖库。作为共同的起始原料，3个苄基保护和一个乙酰基保护的3-甲基烯丙基糖苷既可以通过异构化转变为乙烯基糖苷作为糖基供体，也可以将乙酰基脱保护得到糖基受体；然后三氟甲磺酸三甲基硅醇酯催化的糖基化反应产生二糖中间体；再经过上述去保护和糖基化的过程即可得到三糖(图 16-7)。这一方法事实上是把平行合成和裂分混合的策略结合了起来。由于它的结构模块中只使用了两种不同的保护基团，所以通过裂分混合步骤所导入的分子多样性(diversity)十分有限。

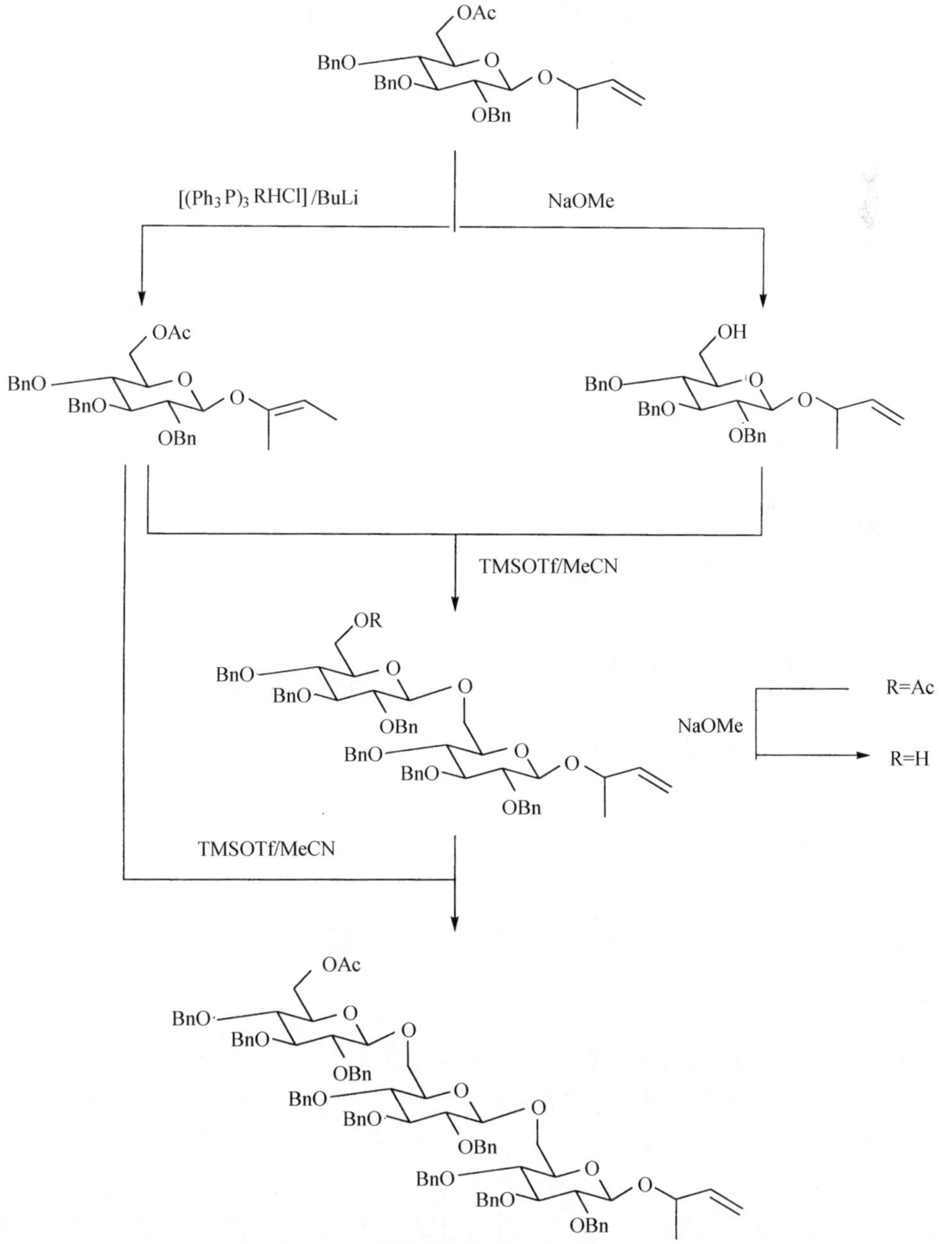

图 16-7　烯基潜在活化的方法构造寡糖库

Wong 等设计了一条液相合成途径，组装了一个含有 45 个结构得到完全表征的、具有高度分支结构的寡聚糖库(图 16-8)。这一途径的关键在于中心糖基受体结构模块的巧妙设计——4 个正交性的羟基保护基(对甲氧基苄基、氯代乙酰基、乙酰丙酰基和叔丁基二苯基硅基)被导入中心结构模块之中，几个硫代糖苷糖基供体与部分去保护的中心糖基受体进行偶联。所得偶联产物的第二个保护基又可以被选择性地脱掉产生新的糖基受体，该糖基受体再进行糖基化，然后重复上述步骤就可以产生具有高度分支结构的寡聚糖库。如果用七种不同的糖基化供体来进行偶联，那么利用这一策略从理论上来讲可以构造一个含有 38 416 个寡聚糖的糖库，这大大增加了糖库的分子多样性，而且该合成策略可望在固相合成上得到应用。

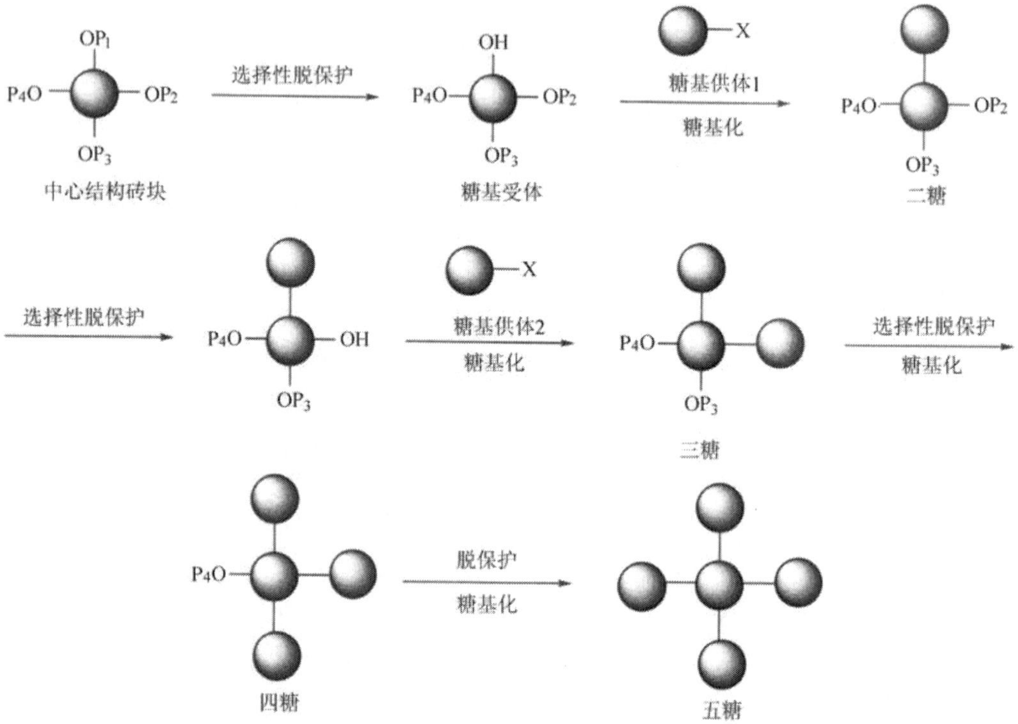

图 16-8　正交性保护和去保护策略构造寡糖库

二、糖的固相组合合成

糖的组合合成也可以在固相上来实现。通常固相合成途径是更好的选择，因为它通过使用过量的试剂使反应趋于完全，而且固相合成技术使目标分子的分离过程得以简化。一个著名的例子就是 Kahne 等将裂分混合法应用于糖库的合成，在固相树脂珠上组装了一个大约含 1300 个二糖和三糖结构的“一珠一化合物”糖库(图 16-9)。六个适当保护的含叠氮基单糖被连接到 TentaGel 胺基树脂上。然后与 12 个不同的单糖或双糖异头碳亚砜化物供体进行糖基化反应，产生 72 个不同的寡糖。把寡糖中的叠氮基还原成氨基，再用 20 种不同的羧酸对氨基进行酰化，这样又增加了化合物库的分子多样性。最后，化合物库用三氟乙酸和氢氧化锂连续处理可以把保护基除去。该方法在合成中使用了由 Still 设计的卤代芳烃标记方法，对连在树脂珠上的化合物进行鉴定，并且对连在树脂珠上的化合物用从 *Bauthinia purpurea* 中分离出的植物凝集素直接进行筛选，发现了有活性的植物凝集素蛋白的寡糖配体。

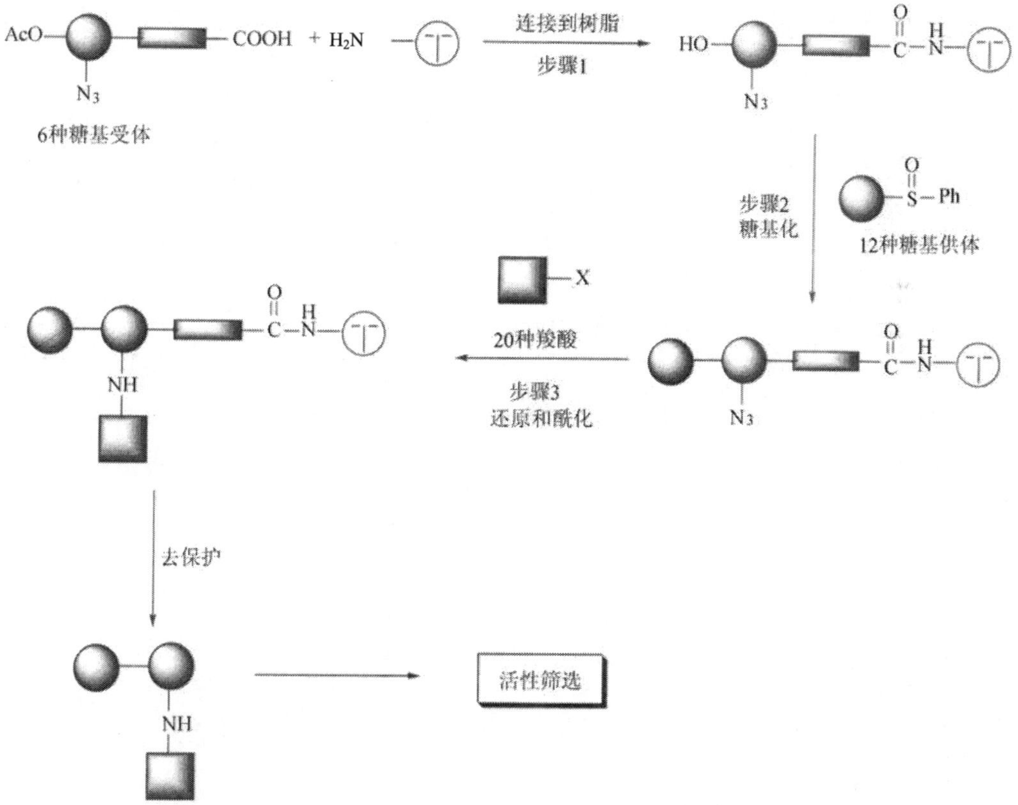

图 16-9 Kahne 的固相合成策略组装寡糖库

另一个固相合成糖库的例子是所谓的“二方向糖基化”途径合成糖库(图 16-10)。首先，一个苄基和四氢吡喃基保护的硫代糖苷糖基供体经琥珀酰亚胺连接分子被固定在由甘氨酸衍生的 TentaGel 羟基树脂上，然后糖基供体与三个不同的糖基受体进行偶联产生一个含有六个不同的二糖(包括α/β异头体)的混合物。把其中的四氢吡喃保护基除掉后，连接在固定相上的二糖受体又可以与全苄基保护的硫代糖苷糖基供体发生糖基化反应形成三糖。将所得三糖从树脂上切下和去保护可得到一个含 12 个三糖的糖库。该法的特点是连接在固相上的硫代糖苷既可以作为糖基供体又可以作为糖基受体参与糖基化反应。但这个糖库的分子多样性十分有限，因为它只有一个羟基可被用作糖基受体。

有关寡糖的固相合成方面的报道还有不少，比如 Nicolaou 组、Danishefsky 组、Schmidt 组、Kobayashi 组和 Wong 组的工作，这些工作都将对将来寡糖库的设计产生重要影响。在这一领域最令人瞩目的进展是最近麻省理工大学的 Seeberger 研究小组把一台旧的多肽合成仪改装成了寡糖自动合成仪(图 16-11)。该小组把糖基磷酸酯糖基化供体的化学和一种新的烯烃固相连接分子的化学结合在一起。他们首先把连接分子挂接到聚

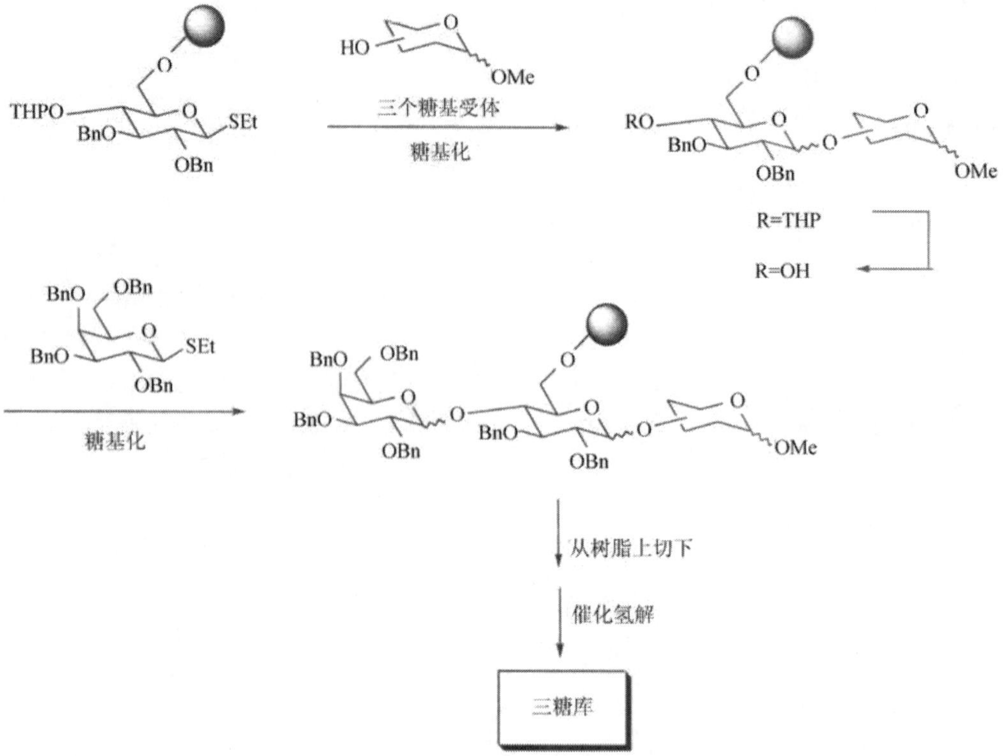

图 16-10 “二方向糖基化”途径合成寡糖库

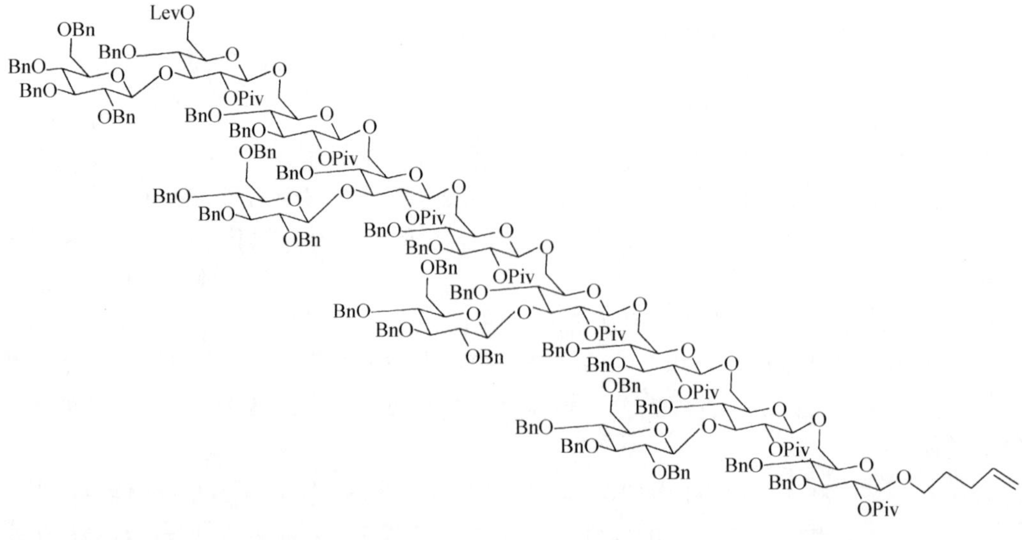

图 16-11 自动合成仪制备出的寡聚糖结构

苯乙烯树脂珠上，再让第一个糖基结构模块与连接分子相联结，经溶剂洗涤洗去不想要的副产物，然后再加试剂脱去糖上的某个保护基团，裸露的羟基再进行下一轮的糖基化。这样的过程重复进行直至所需要的寡糖被合成出来。这个合成仪使复杂寡糖链的合成效率大为提高。例如，合成一个由 12 个单糖组成的寡糖，只需要 18 个小时就完成了，而常规的合成方法却需要几个月的时间。自动合成仪的研制成功在寡糖合成领域迈出了重要的一步。但目前该仪器所制备的寡糖似乎多限于对一级醇的糖基化而得到β-(1→6)连接产物，真正具有挑战性的是对二级醇进行糖基化，作者自己也承认不是所有寡糖的合成都可以通过该合成仪来实现。

三、程序化的“一釜合成法”组装寡糖库

近年来，“一釜合成法”在寡糖合成中的应用相当普遍。所谓“一釜合成法”就是将反应原料按顺序加入反应容器中，待前一步反应结束后再加入新的原料与前一步反应所得产物进行下一步反应，重复此过程，让多步骤的反应在同一反应容器中进行，最终把所需要的产物分离出来(图 16-12)。此方法的特点是不需要对中间产物进行分离，省去了中间体分离纯化的步骤，从而使合成效率大为提高。

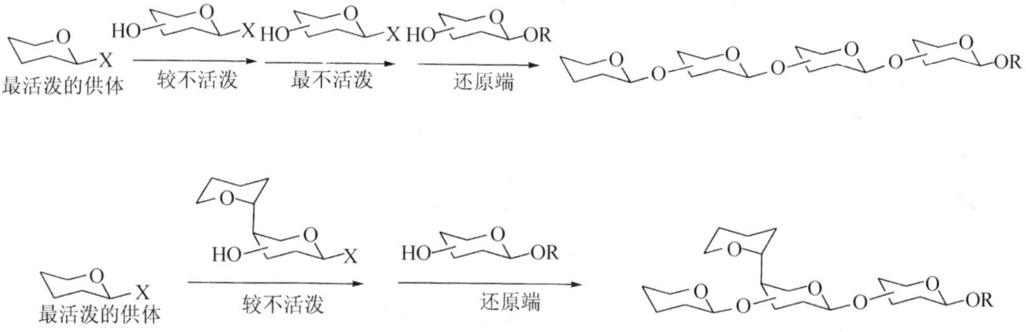

图 16-12　线性和分支的寡糖的“一釜合成法”

“一釜合成法”的原理非常简单，具体应用在寡糖的合成上一个突出的问题就是如何选择合适的、构造寡糖的组分——糖基结构模块？结构模块的糖基化活泼性顺序应该按从大到小的顺序排列，而且相邻结构模块之间的活泼性应该有足够大的差别才能进行有效的糖基化偶联反应。Wong 研究小组对许许多多带有不同保护基团的单糖或双糖硫代糖苷结构模块，用高压液相色谱法定量地测量了它们的相对反应活泼性，从而建立了一个硫代糖苷糖基供体的数据库。他们并且首次设计了一个名为“OptiMer”的计算机软件，作为数据库检索工具，用来指导选择“一釜合成法”组装特定的寡糖分子或特定的寡糖库所需要的各种糖基结构模块。例如，若要合成一个四糖，先把该四糖结构输入计算机中，经计算机分析，在数据库中分别找出 4 种合适的糖基结构模块。根据计算机所提供的信息，把这四种糖基结构模块按活泼性从大到小顺序加入反应容器中实施“一釜”反应，经过分离纯化可得到目标分子四糖(总收率 40%)(图 16-13)。利用这个程序化的一

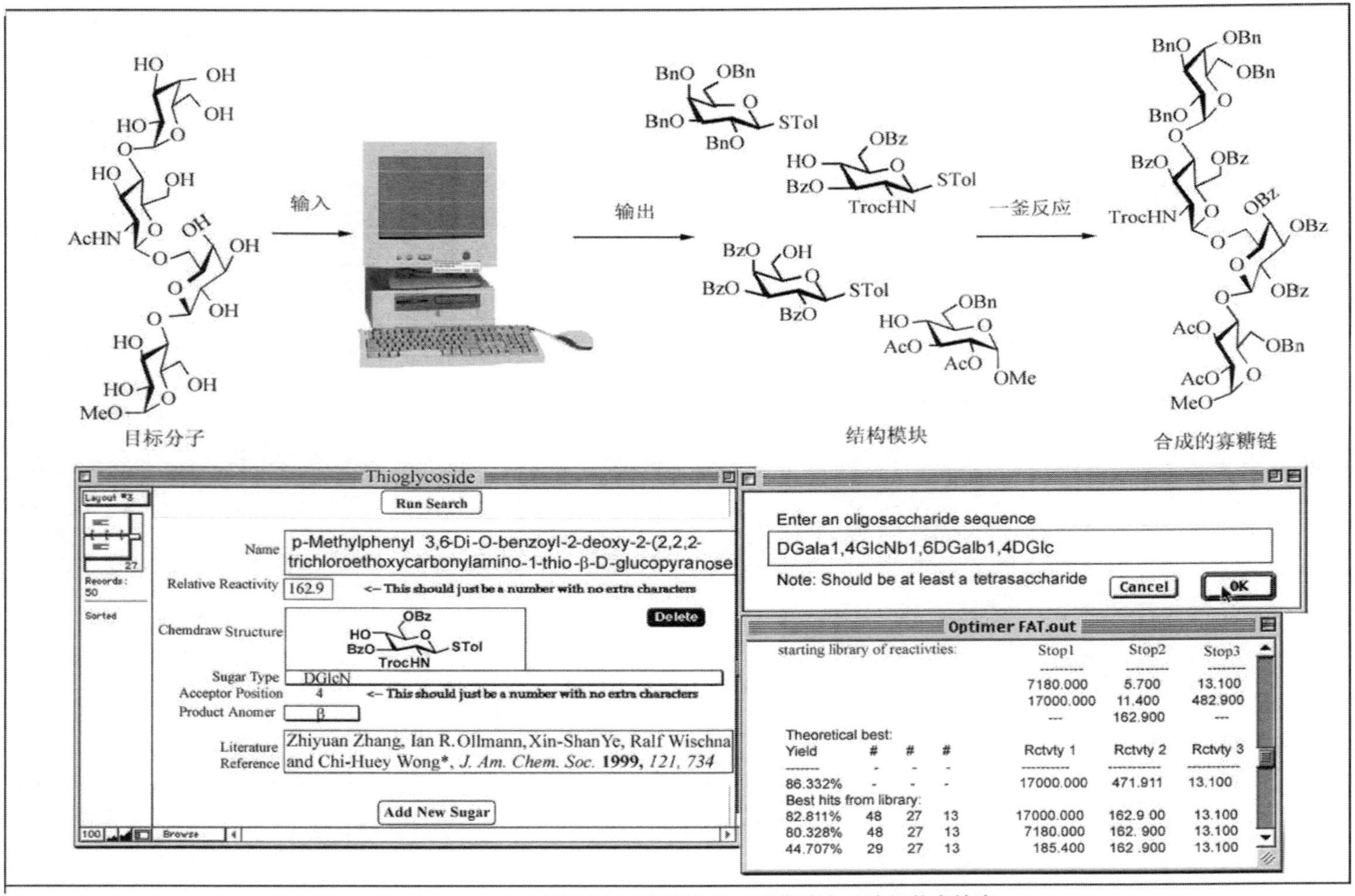

图 16-13　程序化的一釜寡糖合成法组装寡糖库

釜合成法，他们快速和高产率地组装了一个含有 33 个线性或分支状的全保护的三糖或四糖的糖库，糖库中的寡糖保护基既可以被部分脱保护又可以被完全脱保护而作活性筛选，从而使糖库的分子多样性进一步增加。程序化的一釜寡聚糖合成法，使寡糖的合成朝着最终完全实现机器化和计算机化的目标迈进了一大步，从而有希望为糖生物学和糖药物的研究提供强大的技术平台。

第四节　糖模拟物的组合合成

寡糖类化合物由于其生物利用度低(对体内糖苷水解酶敏感)和对其目标受体分子蛋白质或抗体的亲和力低，往往不能成为好的候选药物。为此，人们又设计和合成了一类被称作“糖模拟物”(carbohydrate mimetic)的化合物，期望能克服寡糖类化合物存在的某些弱点。糖模拟物主要包括有碳苷(C-glycoside)、硫苷(S-glycoside)、氮苷(N-glycoside)、氮杂糖(aza sugar)和糖氨基酸(sugar amino acid)(糖分子中同时带有羧基和氨基)等。近年来这一领域的组合合成发展得相当迅速，是糖药物与化学糖生物学研究的重要内容。

一、糖模拟物的液相组合合成

Ugi 四组分缩合反应(醛、胺、异氰酸酯和羧酸)广泛用于糖模拟物的组合合成。例如，利用 Ugi 反应来构造四糖 sialyl Lewis^X 的模拟物库。最近，利用由葡萄糖衍生的醛、胺、羧酸和异氰酸酯在溶液中进行 Ugi 反应来产生糖复合物库也见报道。

Wong 等开辟了一条旨在模拟氨基糖苷类抗生素的液相组合合成途径。氨基糖苷类抗生素比如新霉素 B、卡那霉素和庆大霉素等同细菌的核糖体翻译区结合，因而干扰了蛋白质的生物合成。模型研究表明存在于氨基糖苷类抗生素中的 1,3-羟基和氨基与磷酸二酯键的结合(binding)可能是个关键性的结构因素。为了评价这一设想，一个氨基糖苷类化合物库被合成了(图 16-14)。起始物烯丙基糖苷中的自由氨基，首先被四种不同的活化的氨基酸酰化。经纯化后的每一个化合物再进行三步连续反应(臭氧解、用 6 种不同

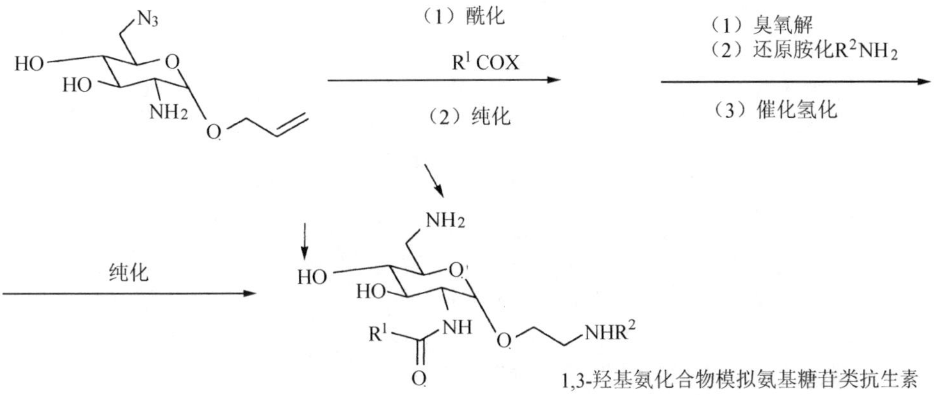

图 16-14　Wong 的 1,3-羟基氨小分子化合物库

的胺还原胺化和催化氢化)，而不用对中间产物进行纯化。最后，24 个含 1,3-羟基和氨基结构的化合物被制备出来，并对它们与 RNA 的结合能力作了评估。有趣的是化合物库显示了近两个数量级的较宽的结合能力范围，活性最高的化合物与原抗生素的结合能力相当。遗憾的是与模型 RNA 系列的结合不具有选择性。

半乳糖也被作为"关键糖"用来在液相中组装了一个含有 120 个成员的 1-硫代半乳糖苷的化合物库(图 16-15)。第一步，被连上疏水附缀物的 1-硫代半乳糖苷衍生物，同 5 种不同的环状迈克尔受体进行迈克尔加成反应，生成非对映加合物酮类；第二步，所形成的酮既可以被还原成相应的醇，也可以用 6 种羧基端保护的氨基酸进行还原胺化反应。经过去保护，获得了 30 个(5×6)未保护的 1-硫代-β-D-半乳糖苷，而其中每一个都是 4

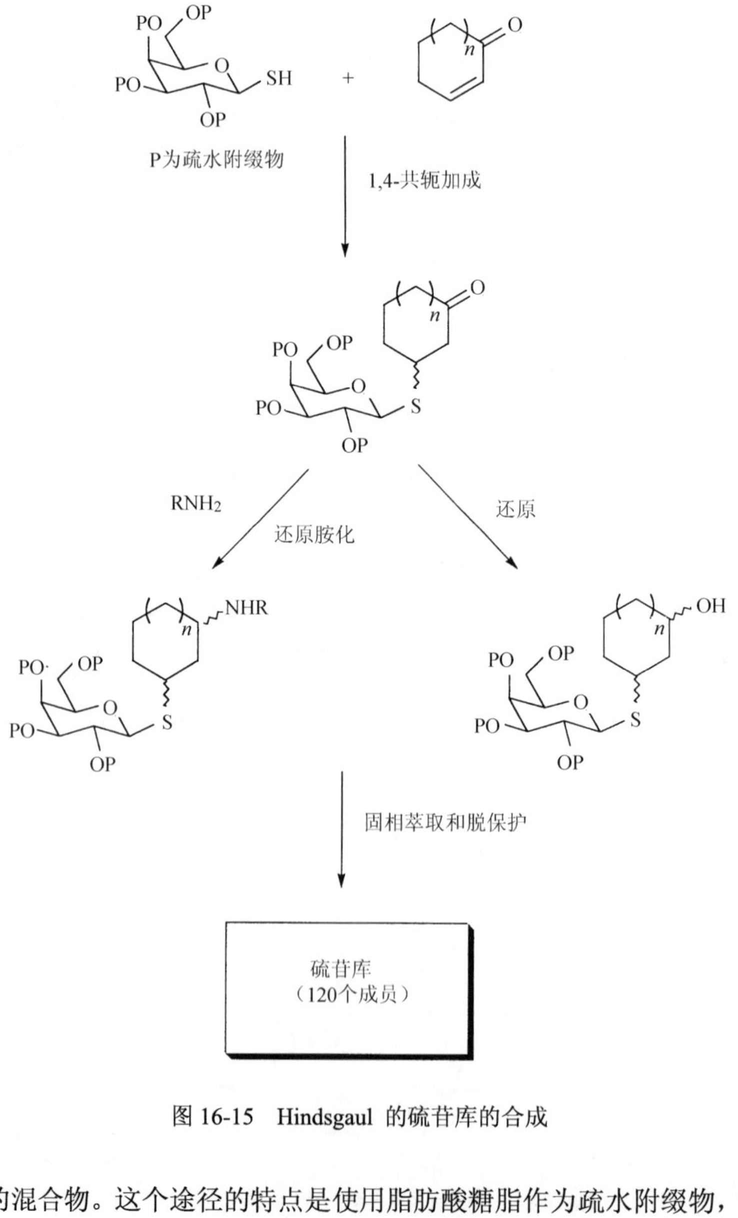

图 16-15　Hindsgaul 的硫苷库的合成

种非对映体的混合物。这个途径的特点是使用脂肪酸糖脂作为疏水附缀物，这使得反应产物可定量吸收在反相碳-18 树脂上。过量的反应试剂和副产物可以用甲醇完全洗脱，而最终产物可以用己烷洗脱得以纯化。而且，由于反应是在溶液中发生的，反应的进程可以很方便地用薄层层析法来监控。该化合物库的一个成员被发现是一个竞争性β-半乳糖苷水解酶的抑制剂，其抑制速率常数值为 1.7μmol/L。

二、糖模拟物的固相组合合成

前面所讲到的 Ugi 反应，也被广泛应用于固相或聚合物为载体的组合合成上，因为该缩合反应在分子多样性的产生方面有着很大的潜力。最近，Kunz 及其合作者报道了一个立体选择性的 Ugi 多组分组合合成的例子(图 16-16)。被固定在 Wang 树脂上的半乳糖基叠氮化物经过还原得到半乳糖基胺衍生物，还原过程是定量化的并且没有异头化现象发生。然后，该固定化的糖基胺、相应的醛组分、异腈和甲酸以及路易斯酸氯化锌的乙醚溶液按先后顺序混合在一起进行缩合反应。最后连在产物上的 Wang 树脂锚链被三氟乙酸切断，得到小分子的糖衍生物库。这个例子的特点是反应中所形成的氨基酸衍生物是立体选择性的，而不是通常所见的消旋化混合物。

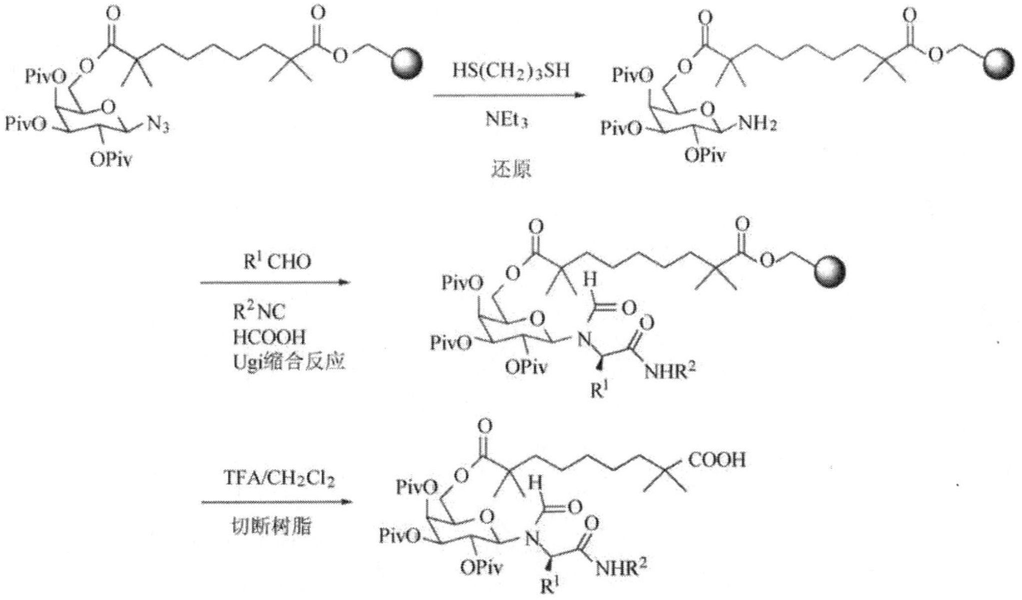

图 16-16 立体选择性的 Ugi 缩合反应构造手性化合物库

一个由 sialyl Lewis^X(四糖)模拟物所组成的化合物库也见有文献报道(图 16-17)。岩藻糖是 sialyl Lewis^X 四糖组分中的一个组分，由于它结构中的三个羟基是 sialyl Lewis^X 被 E-选择素识别所必需的，所以它作为惟一的糖组分而被保留；而其他三个糖则被 L-苏氨酸及其衍生物所代替。带有苏氨酸残基的岩藻糖，通过对酸敏感的顺式 1,2-二醇保护基中的伯羟基被连接到含有羧基功能团的树脂上。然后，烯丙基被切下，产生的羧酸被衍生为酯或酰胺，接着进行常规的肽偶联循环。最后把混合物从树脂上切下，经脱保护和纯化过程得到一系列化合物。对所得化合物进行了对 E-和 P-选择素的亲和能力的评价，发现它们只有中等程度的亲和能力。

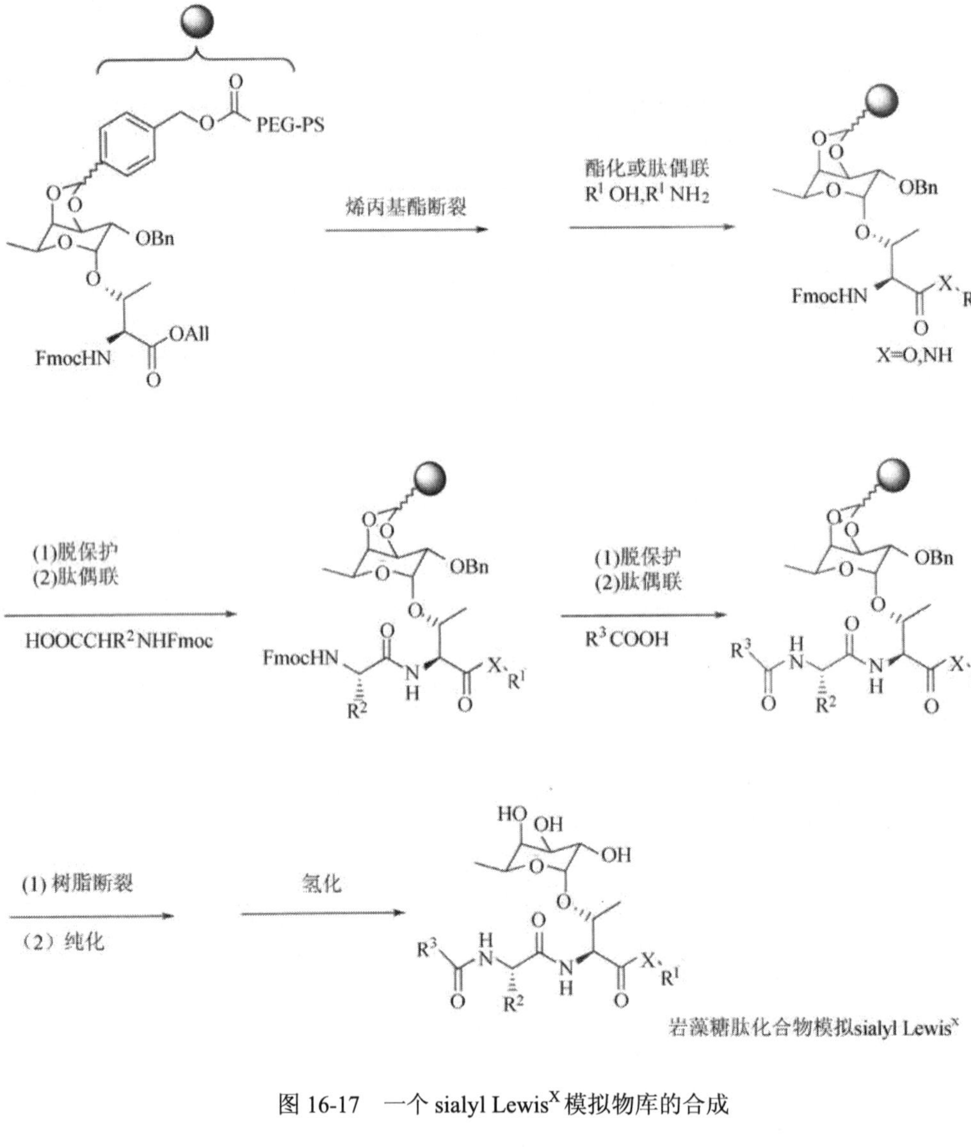

图 16-17 一个 sialyl $Lewis^X$ 模拟物库的合成

Sofia 等报道了一个在糖基骨架(scaffold)上进行三功能基化修饰的组合合成法(图 16-18)。库的组装采用两个糖基结构模块(A 和 B)。每个结构模块带有由一个羧酸结构、一个自由羟基和一个保护的氨基所组成的三个连接位点(图中箭头所示)。糖中的羧酸首先与 8 种固定在 TentaGel 树脂上的氨基酸反应，接着糖上的自由羟基位点与 6 种异氰酸酯进行反应形成氨基甲酸酯；最后，糖上脱保护后的氨基位点被 8 种不同的羧酸所酰化，去乙酰化(当必要时)和从树脂上断裂给出含有 6×48 个糖衍生物的库。

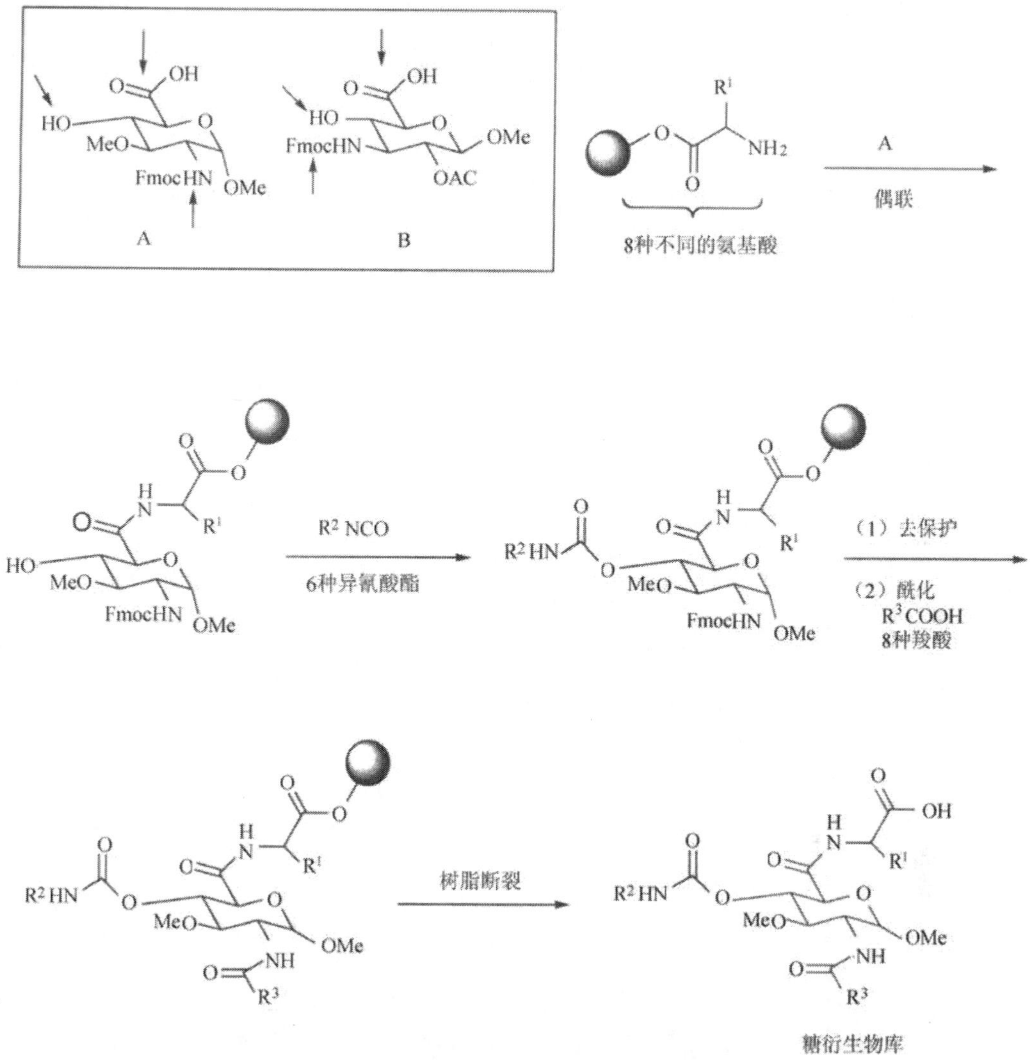

图 16-18　一个糖基三位点修饰的化合物库的合成

Kunz 及其合作者还发展了一个正交保护策略。该策略使用叔丁基二苯基硅基、乙酰基、乙氧基乙基保护基和一个特别的硫代糖苷连接分子，使得单糖分子中的所有羟基都分别被保护了(图 16-19)。硫代糖苷连接分子起两个作用：第一，便于起始物固定到固定相(氨甲基聚苯乙烯)上；第二，可以作为糖基化供体在糖的 1 位进一步功能化。开始的时候，乙酰基被选择性地脱掉，所暴露出的羟基用各种一级卤代烃进行烷基化反应，接着再脱掉硅保护基和进行第二次烷基化反应。在大大过量的一级醇和二级醇存在下对树脂进行断裂就可以得到糖基骨架上的三取代衍生物(以异头体混合物形式存在)(途径 1，图 16-19)。另一方面，糖分子中的乙氧基乙基保护基也能被脱掉，所产生的羟基也能够与卤代烷或异氰酸酯起反应，在醇的存在下树脂的断裂伴随着糖基化反应产生变化多端的糖核多醚系统结构(途径 2，图 16-19)。这类糖衍生物有可能作为非肽类肽模拟物而发现其用途。

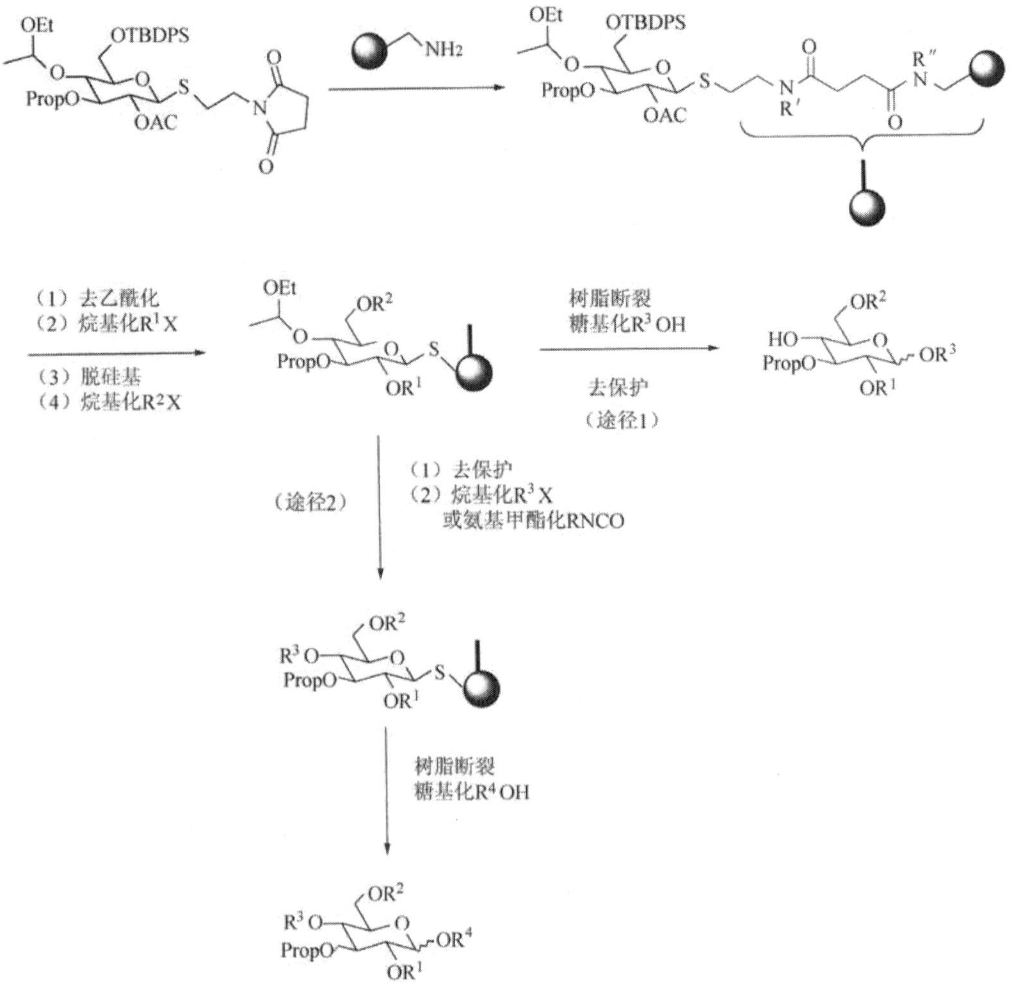

图 16-19　一条糖骨架多醚的组合合成途径

其他的糖模拟物的组合合成途径包括糖基氨基酸的寡聚化和糖肽库的合成。最近，一个有 30 万成员的糖肽库由 St Hilaire 等在固相上合成了，而且库中化合物被直接用来在固相(树脂珠)上对荧光标记的香豌豆(*Lathyrus odoratus*)的凝集素结合能力进行了筛选。

第五节　糖或糖模拟物库的分析和筛选

一、分析方法简介

对于经过液相合成制得的由混合物所组成的化合物库，其分析的困难程度随着化合物数量的增加而增加。通常对于大的混合物库，是采用不分析而直接筛选的方法，而小的混合物库则可用质谱、高压液相色谱、核磁共振或这些仪器的联用技术来进行分析。从混合物中鉴定出活性化合物是项很艰巨的任务。活性化合物的完全表征往往需要重新合成来验证。对于固相化合物库，目前常见的分析方法主要有以下几种。

1. 标签技术

非肽类化合物库的分析方法成日益增长之势，总体来说可分为两类：以质谱和核磁共振为基础的直接法，或者是利用编码技术——化学的、化学发光的和其他编码技术的间接法。许多化学编码法虽然受到需要正交反应条件和额外的合成步骤的限制，但是到目前为止化学编码却是惟一被成功应用于在寡糖库中鉴定组分的方法。该方法利用卡宾插入反应把多卤代芳香烃标签物质连接到组分上，而该标签物可用光化学方法切除进而对组分进行色质联用(GC-MS)分析。

2. 质谱技术

用质谱技术分析糖的结构在如何区分糖链连接的分支点、同分子质量的单糖和糖苷键的立体构型方面都是特别的挑战。几种利用基质帮助的激光去吸收离子化–飞行时间质谱技术(MALDI-TOF-MS)的方法已经出现。其中的一个策略是用一些糖苷水解酶顺次对寡糖进行处理，记录水解碎片的质谱，然后推导出原先寡糖的结构。另一种策略是采用不同方式的电离过程，让寡糖进行碎片化。在所有这些情形中，寡糖中涉及糖苷链断裂所造成的碎片离子类型部分地依赖于糖链连接类型如(1→6 或 1→3 连接)、异头碳构型以及单糖的本性。对复杂糖的质谱碎片的解析是有些困难和挑战性的，但是对于三糖或四糖所组成的寡糖库应该要简单得多。

3. 核磁技术

在缺乏高效实用的标签技术的条件下，纳米探针魔角旋转(magic-angle spinning, MAS)核磁共振可作为最有希望的分析技术用于连在聚合物颗粒上的单个化合物的直接鉴定。而且，该技术还可以对每个合成步骤是否进行完全实施无损伤监控。胶相(gel-phase)核磁共振技术对许多连在树脂上的化合物能给出相当好的 C-13 核磁共振谱；但是在单珠(single bead)情况下这样的分析就不可能，氢谱也不能呈现有用的分辨信号。核磁共振图谱的质量主要受聚合物性能的影响；一般来说，聚合物骨架链越具有流动性，则氢核磁共振谱的分辨率越好。这种情况也适用于魔角旋转核磁共振。在 2000~4000Hz 的中间旋转速度下，连在聚乙二醇(PEG)树脂上的化合物比连在聚苯乙烯甚至 TantaGel 树脂上的化合物要具有好得多的分辨率。二维魔角旋转核磁共振分析则常常在聚苯乙烯树脂珠上进行。魔角旋转核磁共振已经被用于检测肽模板上的固相糖基化反应。

二、活性筛选方法简介

活性筛选是药物发现过程中重要的环节，糖及其模拟物库的高通量筛选依赖于所合成的化合物库的型式。根据不同的型式，可以对液相中的混合物进行筛选，也可以对液相中的单个化合物进行筛选，或者对连在树脂上的单个化合物进行筛选。一种用于寡糖库筛选的方法是所谓的核磁共振转移 NOE 技术；一个实例是在 5 个或 14 个其他非键合糖存在下，橙黄色网孢盘菌(*Aleuria aurantia*)凝集素与一个双糖 α-L-Fuc(1 →

6)-β-D-GlcNAc-OMe 发生了键合。该方法受限于混合物中化合物的数目，另外在对低亲和性或非常高亲和性配体的检测方面存在困难，而且图谱的解析也是件花时间的事。

在另外一个途径中，一个由液相随机糖基化策略而产生的 12 个三糖的混合物，被用于岩藻糖转移酶活性的筛选，所采用的方法是同位素标记法。最近，一个由 640 个糖基三嗪衍生物所组成的化合物库也被用来快速筛选蛋白酶因子 Xa 和纤维蛋白溶酶(plasmin)的抑制剂。该化合物库由平行合成法所得的单个化合物所组成，其筛选过程是在 96 孔板上进行的，测量由酶的底物水解所释放的对硝基苯胺衍生物的光谱。

传统上，由固相合成所得的化合物在被用于筛选之前要把它们从固相载体上切下来。近来随着在有机相和水相都相容的固相载体的发展，已使化合物库的筛选可直接在固相载体本身上进行。活性配体的检测可使用免疫染色或比色法，或者更直接地用荧光标记受体法。例如，利用地高辛配基(digoxigenin)标记的 Maackiaamurensis 凝集素(一种唾液酸专一的植物凝集素)，可以对连在 TentaGel 树脂上的糖配体进行平行阵列筛选；使用流式细胞计，可以对与荧光标记的凝集素发生键合作用的小珠(bead)实施检测；含有 1300 个化合物的寡糖库的固相筛选则是用比色法来评估的。

主要参考文献

Baldus M, Iuliucci R J, Meier B H. 1997. Probing through-bond connectivities and through-space distances in solids by magic-angle-spinning nuclear magnetic resonance. J Am Chem Soc, 119: 1121~1124

Boons G J, Heskamp B, Hout F. 1996. Vinyl glycosides in oligosaccharide synthesis: a strategy for the preparation of trisaccharide libraries based on catent-active glycosylation. Angew Chem Int Ed Engl, 35: 2845~2847

Dell A, Morris H R. 2001. Glycoprotein structure datermination by mass spectrometry. Science, 291: 2351~2356

Gustafson G R, Baldino C M, O'Donnell M M E, et al.1998. Incorporation of carbohydrates and peptides into large triazine-based screening libraries using automated parallel synthesis. Tetrahedron, 54: 4051~4065

Henrichsen D, Ernst B, Magnani J L,et al. 1999. Bioaffinity NMR spectroscopy: identification of an E-Selectin antagonist in a substance mixture by trausfer NOE. Angew Chem Int Ed, 38: 98~102

Kanie O, Barresi F, Ding Y, et al. 1995. A strategy of“random glycosylation”for the production of oligosaccharide libraries. Angew Chem Int Ed Engl, 34: 2720~2722

Lampe T F J, Weitz-Schmidt G, Wong C H. 1998. Parallel synthesis of sialyl Lewis^X mimetics on a solid phase: access to a library of fucopeptides. Angew Chem Int Ed Engl, 37: 1707~1711

Liang R, Yan L, Loebach J, et al. 1996. Parallel synthesis and screening of a solid phase carbohydrate library. Science, 274: 1520~1522

Lockhoff O. 1998. An access to glycoconjugate libraries through multicomponent reactions. Angew Chem Int Ed Engl, 37: 3436~3439

Nilsson U J, Fournier E J L, Hindsgaul O. 1998. Solid phase extraction on C18 silica as a purification strategy in the solution synthesis of a 1-thio- β-D-galactopyranoside library. Bioorg Med Chem, 6: 1563~1575

Oertel K, Zech G, Kunz H. 2000. Stereoselective combinatorial Ugi-multicomponent synthesis on salid phase. Angew Chem Int Ed, 39: 1431~1433

Plante O J, Palmacci E R, Seeberger P H. 2001. Automated solid-phase synthesis of oligosaccharides. Science, 291: 1523~1527

Schleyer A, Meldal M, Renil M, et al.1997. Direct solid-phase glycosylation of peptide templates on a novel PEG-based resin. Angew Chem Int Ed Engl, 36: 1976~1978

Shriver Z, Raman R, Venkataraman G, et al. 2000. From the cover: sequencing of 3-O sulfate containing heparin decasaccharides with a partial antithrombin III binding site. Proc Natl Acad Sci USA, 97: 10359~10364

Shriver Z, Sundaram M, Venkataraman G, et al. 2000. Cleavage of the antithrombin III binding site in heparin by heparinases and its implication in the generation of low molecular weight heparin. Proc Natl Acad Sci USA, 97: 10365~10370

Sofia M J, Hunter R, Chan T Y, et al. 1998. Carbohydrate-based small-molecule scaffolds for the construction of universal pharmacophore mapping libraries. J Org Chem, 63: 2802~2803

St Hilaire P M, Lowary T L, Meldal M, et al. 1998. Oligosaccharide mimetics obtained by novel, rapid screening of carboxylic acid encoded glycopeptide libraries. J Am Chem Soc, 120: 13312~13320

Wong C H, Hendrix M, Manning D D, et al. 1998. A library approach to the discovery of small molecules that recognize RNA: use of a 1,3-hydroxyamine motif as core. J Am Chem Soc, 120: 8319~8327

Wong C H, Ye X S, Zhang Z. 1998. Assembly of oligosaccharide libraries with a designed building block and an efficient orthogonal protection-deprotection strategy. J Am Chem Soc, 120: 7137~7138

Wunberg T, Kallus C, Opatz T, et al. 1998. Carbohydrates as multifunctional chiral scaffolds in combinatorial synthesis. Angew Chem Int Ed Engl, 37: 2503~2505

Ye X S, Wong C H. 2000. Anomeric reactivity-based one-pot oligosaccharide synthesis: a rapid route to oligosaccharide libraries. J Org Chem, 65: 2410~2431

Zhang Z, Ollmann I R, Ye X S, et al. 1999. Programmable one-pot oligosaccharide synthesis. J Am Chem Soc, 121: 734~753

Zhao Y, Kent S B H, Chait B T. 1997. Rapid, sensitive structure analysis of oligosaccharides. Proc Natl Acad Sci USA, 94: 1629~1633

Zhu T, Boons G J. 1998. A two-directional approach for the solid phase synthesis of trisaccharide libraries. Angw Chem Int Ed Engl, 37: 1898~1900

Ziegler T, Gerling S, Lang M. 2000. Preparation of bioconjugates through an Ugi reaction. Angew Chem Int Ed, 39: 2109~2112

(叶新山)

方法与技术篇

◆第十七章　核磁三共振技术在研究蛋白质结构中的应用

◆第十八章　NMR 测定溶液中蛋白质结构的计算方法

◆第十九章　多维核磁共振技术在研究核酸分子结构中的应用

◆第二十章　晶体学方法之一——X 射线晶体学

◆第二十一章　晶体学方法之二——电子晶体学和电镜三维重构

◆第二十二章　显微学方法之一——激光扫描共聚焦显微术

◆第二十三章　显微学方法之二——原子力显微镜技术

◆第二十四章　波谱学在结构生物学中的应用

◆第二十五章　生物传感技术——表面等离子共振技术

◆第二十六章　双向电泳在蛋白质研究中的应用

◆第二十七章　高内涵筛选与高内涵分析技术

◆第二十八章　计算机辅助技术在生物大分子结构模拟与功能研究中的应用

第十七章 核磁三共振技术在研究蛋白质结构中的应用

早在20世纪60年代晚期，美国麻省理工学院的一位蛋白质化学家 Cyrus Levinthal 提出了这样一个问题：由300或更多的氨基酸线性连接成的多肽是如何通过自身内部折叠而构成具有三维构象结构和生物活性的蛋白质？在当时，研究蛋白质的科学家对此只能搔一搔自己的头。以后，随着核磁共振(NMR)谱仪的发展，结构生物学家开始利用不断改进的 NMR 技术研究蛋白质折叠的动力学和蛋白质的结构，做出了一系列开拓性的工作。1971 年南斯拉夫的 J. Jeener 博士第一个提出了二维氢–氢偶合相关核磁共振(2D-NMR)脉冲序列的概念，且三年后，成功实现了 2D-NMR 傅立叶变换实验，这为后来多维–核磁共振技术用于生物大分子的结构测定铺设了道路。1991 年，由于对高磁场核磁共振理论的开拓性贡献瑞士苏黎世联邦高等工业大学的 Richard R. Ernst 博士获得了诺贝尔化学奖，为脉冲傅立叶变换核磁共振波谱学技术的引入和发展奠定了基础。2002 年的诺贝尔化学奖之一半授予了 Kurt Wüthtich 博士，以表彰他在应用核磁共振技术获得生物大分子三维结构方面所做出的卓越贡献。更值得一提的是 Wüthtich 博士始终活跃在该领域的最前沿。在他的指导下，他的研究组通过 NMR 技术先后获得了 50 多个生物大分子在溶液中的结构。其研究成果对了解蛋白质分子如何完成它们的生物学功能具有深远的影响。

NMR 可以用来研究溶液中蛋白质的分子结构，这是 X 衍射研究晶体结构无法比拟的。本章将对研究溶液中蛋白质分子结构的三共振实验进行介绍。

早期，研究溶液中蛋白质的结构主要是利用 COSY、TOCSY、NOESY 和 ROESY 等二维氢谱。随着 ^{13}C 和 ^{15}N 标定技术在蛋白质领域的发展，人们开始利用 ^{13}C 或 ^{15}N 标定的蛋白质进行结构研究，发展了 NOESY-HMQC 和 HMQC-NOESY-HMQC 等多维实验。三共振实验用来研究 ^{13}C 和 ^{15}N 标定的蛋白质，它与偶合常数 ^{1}J 或 ^{2}J 关系密切，由于 ^{1}J 或 ^{2}J 的数值较大，核之间磁化矢量的转移很快，减少了核自旋弛豫造成的磁化矢量损失。三共振实验的重要性随着蛋白质分子质量的增加而增加。对蛋白质进行氘标定，可以增加蛋白质分子的弛豫时间，使研究 ^{13}C 和 ^{15}N 标定的蛋白质的分子质量增加到 30kDa。近年来，NMR 新技术的发展(TROSY 和 CRINEPT)使得研究蛋白质的分子质量增加到 50~200kDa。

第一节 三共振实验

如果所研究的蛋白质的分子质量较小，无须对蛋白质进行标定，质子化学位移的归属可用同核相关谱来分辨。利用 COSY 和 TOCSY 可以对每一氨基酸的自旋体系进行归属；利用 NOESY 或 ROESY 可以对蛋白质的氨基酸序列进行归属。但对于多于 80 个氨基酸组成的蛋白质，二维同核相关谱的相关峰重叠严重，几乎不可能对所有的质子进行归属，在这种情况下我们可以用三维同核相关谱，如 NOESY-NOESY 和 TOCSY NOESY 等技术，我们也可以用 ^{13}C 或 ^{15}N 标定的 NOESY，如 NOESY-HMQC 等技术。所有这些 NMR 技术，主要依靠质子化学位移之间的相关关系和质子之间的 NOE 关系。三共振实验是对分子质量较大的蛋白质进行化学位移归属的核磁共振方法，它由多种实验技术组成，之所以称为三共振实验，是由于这些实验过程中利用了三个密切相关的核(^{1}H，^{13}C 和 ^{15}N)。三共振实验对 ^{13}C 或 ^{15}N 标定的蛋白质进行采样，其灵敏度高，图谱简单。

一、三共振实验的命名

每一个三共振实验的脉冲执行过程是用于磁化转移的所有核按照它们的先后顺序列出的，括号内的核只标明磁化转移的途径，它的频率并不被检测。例如 HNCO 和 HN(CA)CO 的命名如下：

HNCO 相关峰

$^{1}H^{N}_{i}$—$^{15}N_{i}$—$^{13}C'_{i-1}$

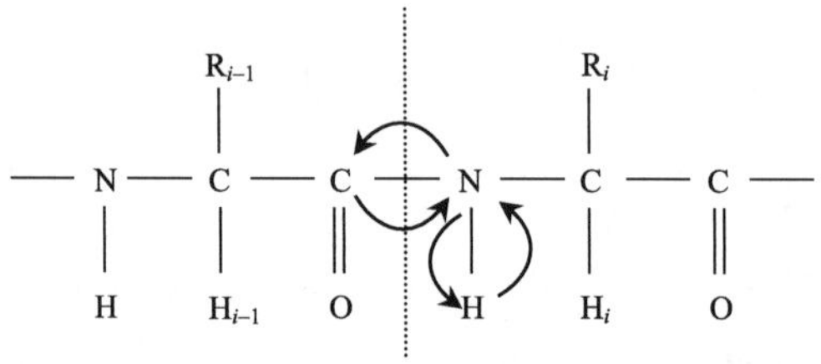

HNCO 实验的磁化矢量转移过程是从 $^{1}H^{N}_{i}$ 开始，经过 $^{15}N_i$ 核直接到相连的 $^{13}C'_{i-1}$ 核，最后再沿原路返回到 $^{1}H^{N}_{i}$ 核。^{1}H、^{15}N 和 $^{13}C'_{i-1}$ 三个核的频率都被检测到。

HN(CA)CO 相关峰

$^{1}H^{N}_{i}$—$^{15}N_{i}$—$^{13}C'_{i-1}$

$^{1}H^{N}_{i}$—$^{15}N_{i}$—$^{13}C'_{i}$

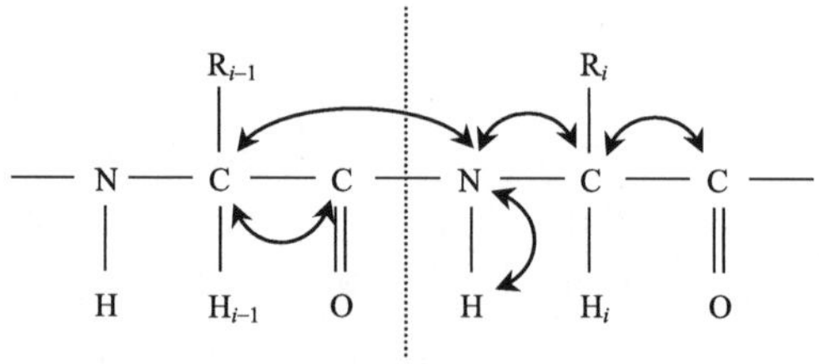

HN(CA)CO 实验的磁化矢量转移从 $^{1}H^{N}_{i}$ 开始，$^{15}N_i$ 获得的磁化矢量同时转移给 $^{13}C^{\alpha}_{i-1}$ 和 $^{13}C^{\alpha}_{i}$ ($J^{\alpha}_{C,N} = 7Hz$, $^{1}J^{\alpha}_{C,N} = 11Hz$), $^{13}C^{\alpha}$获得的磁化矢量再分别转给自己的 C'_{i-1} 和 C'_i，然后再沿原路返回。在整个实验过程中，$^{13}C^{\alpha}$核只是充当接力的作用，它的频率不被检测，只检测到 ^{1}H、^{13}C′和 ^{15}N 三个核。

二、三共振实验分类

三共振实验的种类很多，按照磁化矢量转移的起始核可分为两类：第一类磁化矢量转移从酰胺质子开始，称为 HN 三共振实验，包括 HNCA、HN(CO)CA、HNCO 和 HN(CA)CO 等；第二类磁化矢量转移从α碳的原子开始，称为 CA 三共振实验，包括 HCA(CO)N、CBCA(CO)NH 和 CBCANH 等。按照三共振实验的功能可分为：归属蛋白质骨架的实验包括 HNCO、HNCA、HN(CO)CA 和 HN(CA)CO 等；归属蛋白质侧链的实验包括 CBCA(CO)NH、CBCANH、(H)CC(CO)NH-TOCSY 和 H(CC)(CO)NH-TOCSY 等。按照维数可分为：三维三共振实验包括 HNCO、HNCA 和 HN(CO)CA 等；四维三共振实验 HN(CO)CAHA、HNCAHA 和 HCANNH 等。

三、三共振实验图谱的解析

三共振实验利用偶合常数 ^{1}J 和 ^{2}J 建立起两个相邻氨基酸之间的连接关系。三共振实验图谱可以根据它们左邻的氨基酸的羰基碳相关联，而在 HN(CA)CO 实验中，酰胺质子分别与它左邻和右邻的两个羰基碳相关联。三共振实验图谱的解析可以用一个 HNCO 图(图 17-1)来阐明。

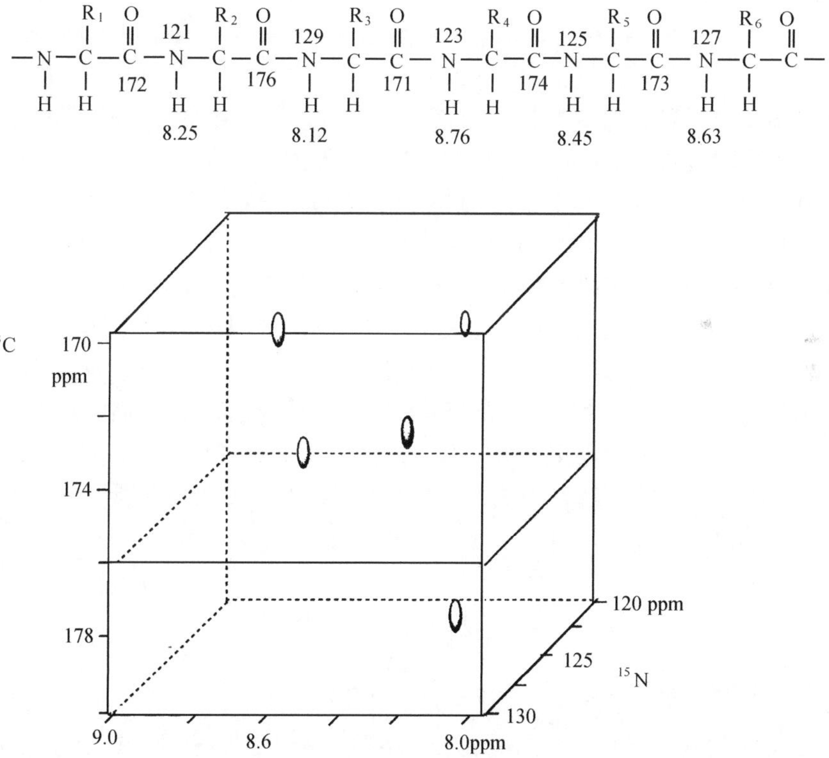

图 17-1　五肽的三维 HNCO 示意图

由图 17-1 可知有 3 个频率轴：^{1}H、^{13}C 和 ^{15}N。HNCO 给出酰胺的质子、酰胺的氮和它在邻羰基碳的相关峰，每一峰对应不同的肽键并用不用的颜色标出。用一平面沿着垂直于 ^{13}C 的频率轴进行切割，得到 HNCO 的一个二维平面图，称为 ^{1}H-^{15}N 截面图。每一个 ^{1}H-^{15}N 截面图是一个二维 ^{1}H-^{15}N 的 HSQC 或 HMQC 图。同理，沿垂直于 ^{15}N 的频率轴进行切割，得到一个 ^{1}H-^{13}C 的 HMBC 图，每一相关峰代表肽键的 $^{1}H^{N}_{i}$ 和 $^{13}C'_{i-1}$

相关，因此可以对它们的化学位移分别进行归属。

四、实用的三共振实验对

如前所述，HNCO实验给出蛋白质某一残基的酰胺$^1H^N{}_i$和$^{15}N_i$与它左邻残基的$^{13}C'_{i-1}$相关峰，而HN(CA)CO实验既给出某一残基的酰胺$^1H^N{}_i$和$^{15}N_i$与它左邻残基的$^{13}C'_{i-1}$相关峰，又给出残基内的$^{13}C'_i$相关峰。因此，结合HNCO和HN(CA)CO实验可以对蛋白质骨架的羰基碳$^{13}C'$、酰胺氮^{15}N和酰胺质子$^1H^N$的化学位移进行归属。

HN(CO)CA实验给出某一残基的酰胺$^1H^N$和^{15}N在它左邻残基的$^{13}C^\alpha$相关峰，HNCA既给出它左邻残基的$^{13}C^\alpha$相关峰，又给出残基内的$^{13}C^\alpha$相关峰，因此，结合HN(CO)CA和HNCA可对蛋白质骨架的C^α进行归属。这一对实验与HNCO和HN(CA)CO实验对相平行。

HCACO实验给出某一残基内的$^1H^\alpha$、$^{13}C^\alpha$和$^{13}C'$相关峰，它与HNCO和HN(CA)CO实验相结合，可以对蛋白质骨架的序列进行归属，同样也可以和H(CA)NH等三共振实验相结合。

HCA(CO)N实验给出某一残基的$^1H^\alpha$和$^{13}C^\alpha$与它右邻酰胺的^{15}N的相关峰，它与HNCO等三共振实验结合，可以对蛋白质骨架的序列进行归属。

CBCA(CO)NH给出某一残基侧链的$^{13}C^\beta$和$^{13}C^\alpha$与右邻残基酰胺的^{15}N和$^1H^N$的相关峰，CBCANH既给出与右邻残基的^{15}N和$^1H^N$的相关峰，又给出残基内的^{15}N和$^1H^N$相关峰，因此，CBCA(CO)NH和CBCANH相结合，可以对蛋白质的侧链$^{13}C^\alpha$和$^{13}C^\beta$的化学位移进行归属。$^{13}C^\beta$和$^{13}C^\alpha$的化学位移对确定氨基的类型和氨基酸的连接顺序提供了重要的信息。

HBHA(CBCA)NH实验给出某一残基的$^1H^\beta$和$^1H^\alpha$与残基内的酰胺^{15}N和$^1H^N$的相关峰，同时又给出右邻残基的酰胺^{15}N和$^1H^N$相关峰，HBHA(CBCACO)NH只给出与右邻残基酰胺^{15}N和$^1H^N$的相关峰，因此，这一对实验结合起来可以对蛋白质的侧链$^1H^\beta$和$^1H^\alpha$的化学位移进行归属。

五、三维三共振实验的脉冲序列

1. HNCA实验的脉冲序列

HNCA实验的基本脉冲序列见图17-2。酰胺质子$^1H^N$的磁化矢量通过INEPT脉冲转移给^{15}N，^{15}N获得的磁化矢量在t_1期间演化。在t_1期间演化的中心，加在^1H、$^{13}C^\alpha$和$^{13}C'$通道的180°脉冲可分别消除$^1H^N$、$^{13}C^\alpha$和$^{13}C'$对^{15}N的偶合，δ为22ms。在^1H和$^{13}C^\alpha$通道(c点)，同时发射两个90°脉冲，演化后的^{15}N磁化矢量转化为三自旋$^1H^N$—^{15}N—$^{13}C^\alpha$多量子相干。在演化期t_2，$^{13}C^\alpha$的化学位移进行演化，在t_2演化的中心，加在^1H、^{15}N和$^{13}C'$通道的180°脉冲可以消除有关的偶合。演化后的多量子相干经过两个90°脉冲转回^{15}N。经过等待时间δ以后，利用INEPT脉冲把^{15}N的磁化矢量转回到起始的$^1H^N$。

由于偶合常数$^1J^\alpha_{C_i,N_i}=11Hz$，$^2J^\alpha_{C_{i-1},N_i}=7Hz$很接近，HNCA实验给出两组相关峰，HNCA

实验磁化矢量转移途径如下：

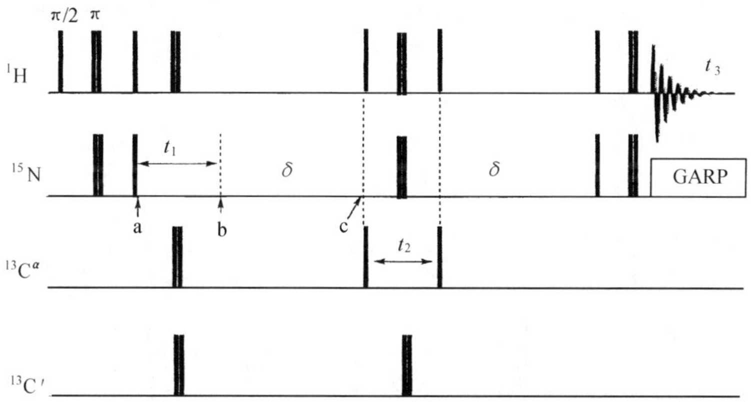

图 17-2　HNCA 实验的基本脉冲序列

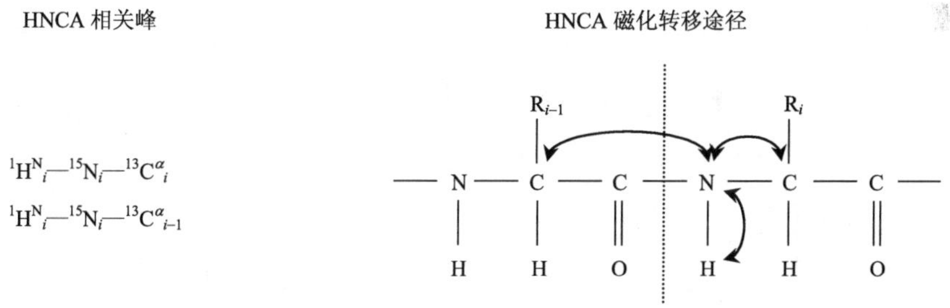

图 17-3 为垂直于 F_1(^{15}N)的 HNCA 截面示意图［F_2(^{13}C$^{\alpha}$)–F_3(^{1}H^{N})］。一般情况下，每一 ^{1}H^{N} 频率对应两个 ^{13}C$^{\alpha}$频率，其中一个较强，另一个较弱。较强的峰为 ^{1}H$^{N}_{i}$ 和 ^{13}C$^{\alpha}_{i}$ 相关峰，较弱的峰为 ^{1}H$^{N}_{i}$ 和 ^{13}C$^{\alpha}_{i-1}$ 相关峰。然而利用相关峰的强度确定 ^{13}C$^{\alpha}_{i}$ 和 ^{13}C$^{\alpha}_{i-1}$ 的化学位移并不完全可靠。

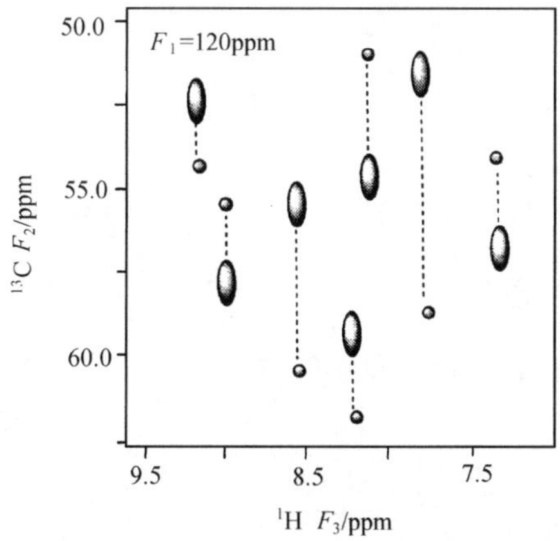

图 17-3　垂直于 F_1(^{15}N)的 HNCA 截面示意图[F_2(^{13}C$^{\alpha}$)–F_3(^{1}H^{N})]

利用图 17-2 给出的 HNCA 脉冲序列进行采样时，相关峰的强度随着 t_1 的增加而减少，为克服这一缺点，Bax 研究组设计出 CT-HNCA 脉冲序列(图 17-4)。利用 CT-HNCA

脉冲进行采样时，相关峰的强度并不随时间 t_1 的变化而变化。另外，CT-HNCA 实验的灵敏度也比 HNCA 要高。如果对氢进行宽带去偶(图 17-5)，CT-HNCA 的灵敏度可以进一步提高。随着 NMR 硬件的发展，在 CT-HNCA 脉冲序列的基础上，引入脉冲梯度场，可以对 HNCA 的相干进行选择，并消除假峰，还可以使灵敏度进一步提高，含有脉冲梯度场的 HNCA 脉冲序列见图 17-6。

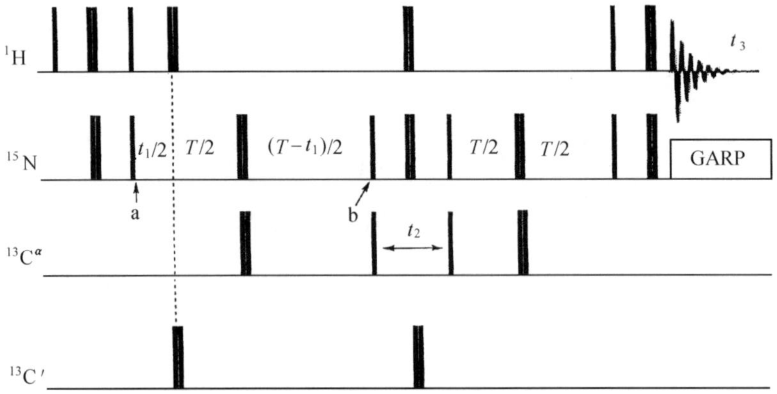

图 17-4 CT-HNCA 脉冲序列

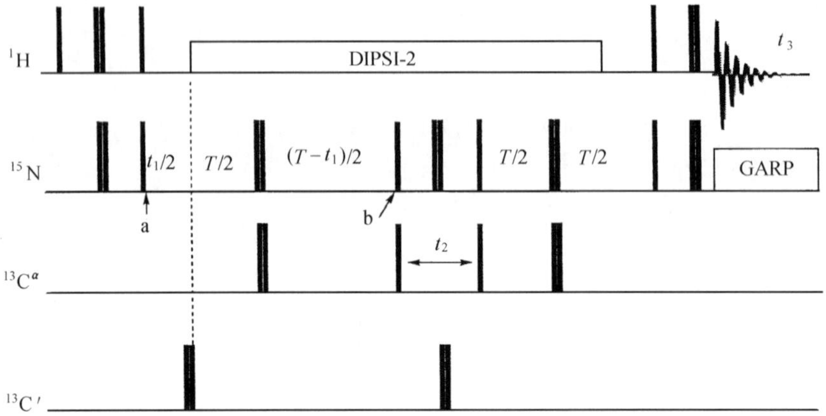

图 17-5 对氢进行去偶的 CT-HNCA 脉冲序列

2. HNCO 实验的脉冲序列

三维 HNCO 和三维 HNCA 的脉冲序列相近，可以把 $^{13}C^\alpha$和 $^{13}C'$通道交换一下。由于偶合常数 $^2J_{C'_i,N_i}$=0，$^1J_{C'_{i-1},N_i}$=15Hz，因此，HNCO 实验只给出 H^N_i，N_i和 C'_{i-1}一组相关峰，见图 17-1。

3. HN(CO)CA 实验的脉冲序列

三维 HN(CO)CA 实验的脉冲序列见图 17-7。经过两个 HSQC 式脉冲，$^1H^N$的磁化矢量先转移给 ^{15}N，然后再转移给 $^{13}C'$。对于 $^{13}C'$和 $^{13}C^\alpha$之间的磁化矢量的转移，HMQC 式脉冲证明最有效。$^{13}C^\alpha$化学位移在 t_1 期间演化后，磁化矢量沿相反方向途径转移给

$^1H^N$。由于偶合常数$^1J_{C'_{i-1},N_i}\approx 15Hz$，$^2J_{C'_i,N_i}=0$，所以 HN(CO)CA 实验只给出$^1H_i^N$、$15N_i$和$^{13}C_{i-1}^{\alpha}$相关峰。

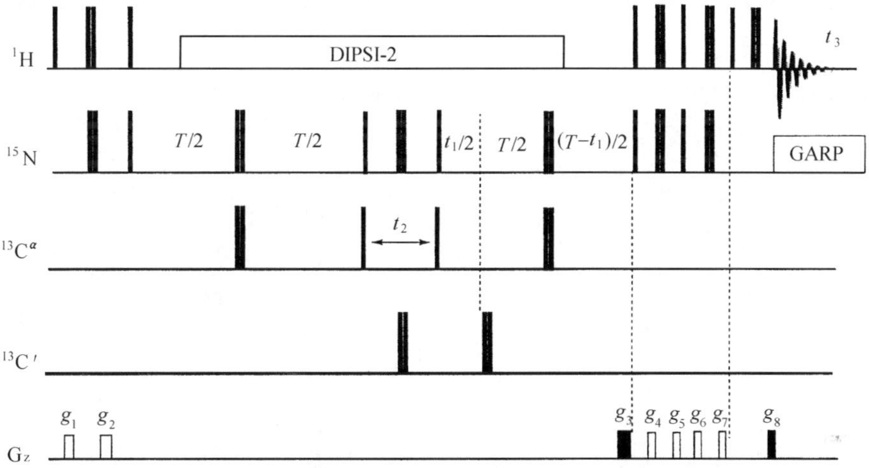

图 17-6　含有脉冲梯度场的 CT-HNCA 脉冲序列

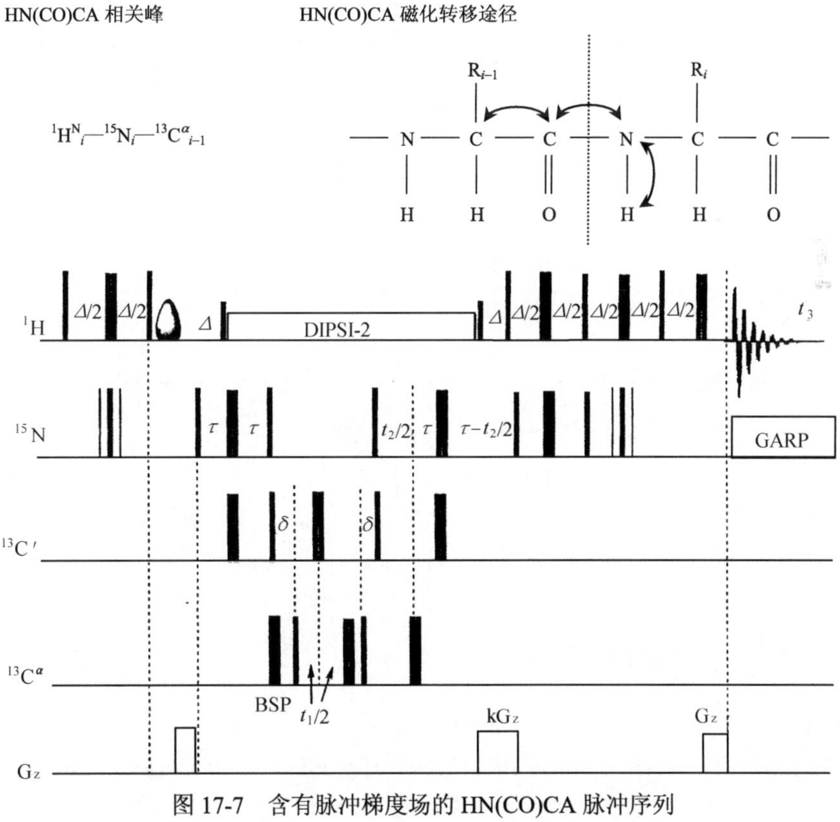

图 17-7　含有脉冲梯度场的 HN(CO)CA 脉冲序列

HN(CO) CA 与 HNCA 相比，HN(CO) CA 相关峰的数目最多只有 HNCA 相关峰的一半，不但图谱的分辨率提高了，而且灵敏度也提高了。HN(CO)CA、HNCA 和 HNCO 三个实验相结合,可以对蛋白质骨架的化学位移进行归属。

4. 三维 H(N)COCA 实验的脉冲序列

三维 H(N)COCA 实验的脉冲序列(图 17-8)与三维 HN(CO)CA 的脉冲序列相类似。H(N) COCA 实验给出 $^{1}H^{N}_{i}$、$^{13}C'_{i-1}$ 和 $^{13}C^{\alpha}_{i-1}$ 相关峰如下：

H(N)COCA 相关峰　　　　H(N)COCA 磁化转移途径

$^{1}H^{N}_{i}$—$^{13}C'_{i-1}$—$^{13}C^{\alpha}_{i-1}$

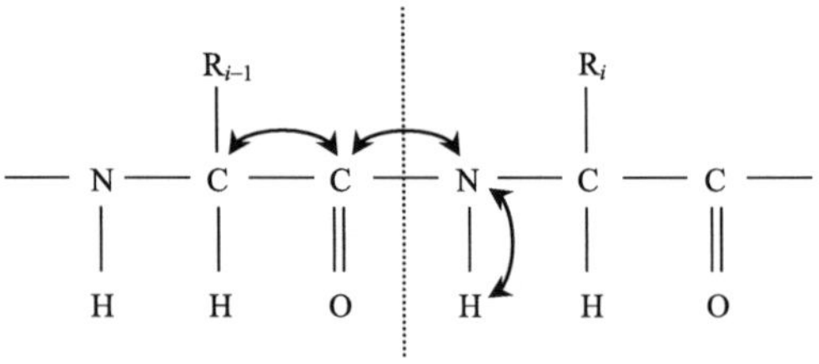

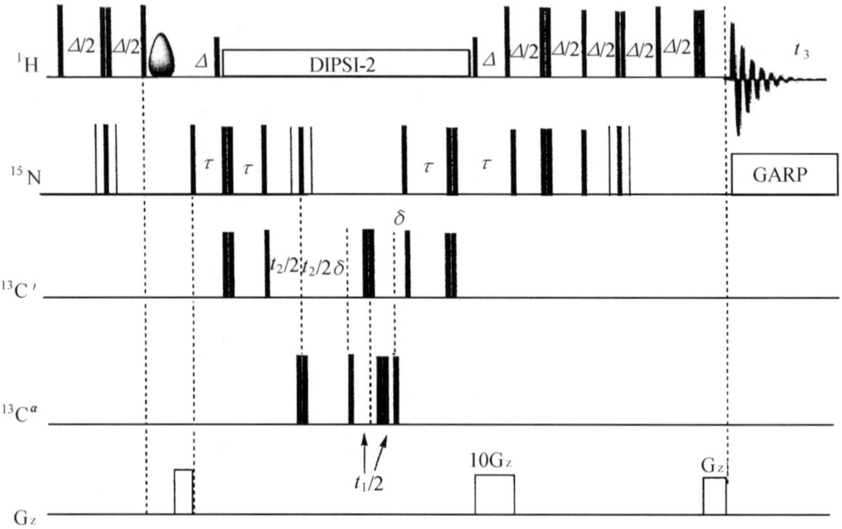

图 17-8　含有脉冲梯度场的 H(N)COCA 脉冲序列

与 HN(CO)CA 相比，H(N)COCA 在三维空间的分辨率也较高，然而 H (N)COCA 实验的灵敏度较低。H(N)COCA 和 HNCO 相结合，可以对蛋白质骨架的化学位移进行归属。

5. 三维 HN(CA)CO 实验的脉冲序列

三维 HN(CA)CO 实验的脉冲序列有两种形式，一种为 HMQC 式[图 17-9(a)]，另一种为 HSQC 式[图 17-9(b)]。从 $^{13}C^{\alpha}$到 $^{13}C'$磁化矢量的转移若是通过 HMQC 式脉冲实现称为 HMQC 式 HN(CA)CO，若是通过 HSQC 式脉冲实现称为 HSQC 式 HN(CA)CO。实验给出两种相关峰如下：

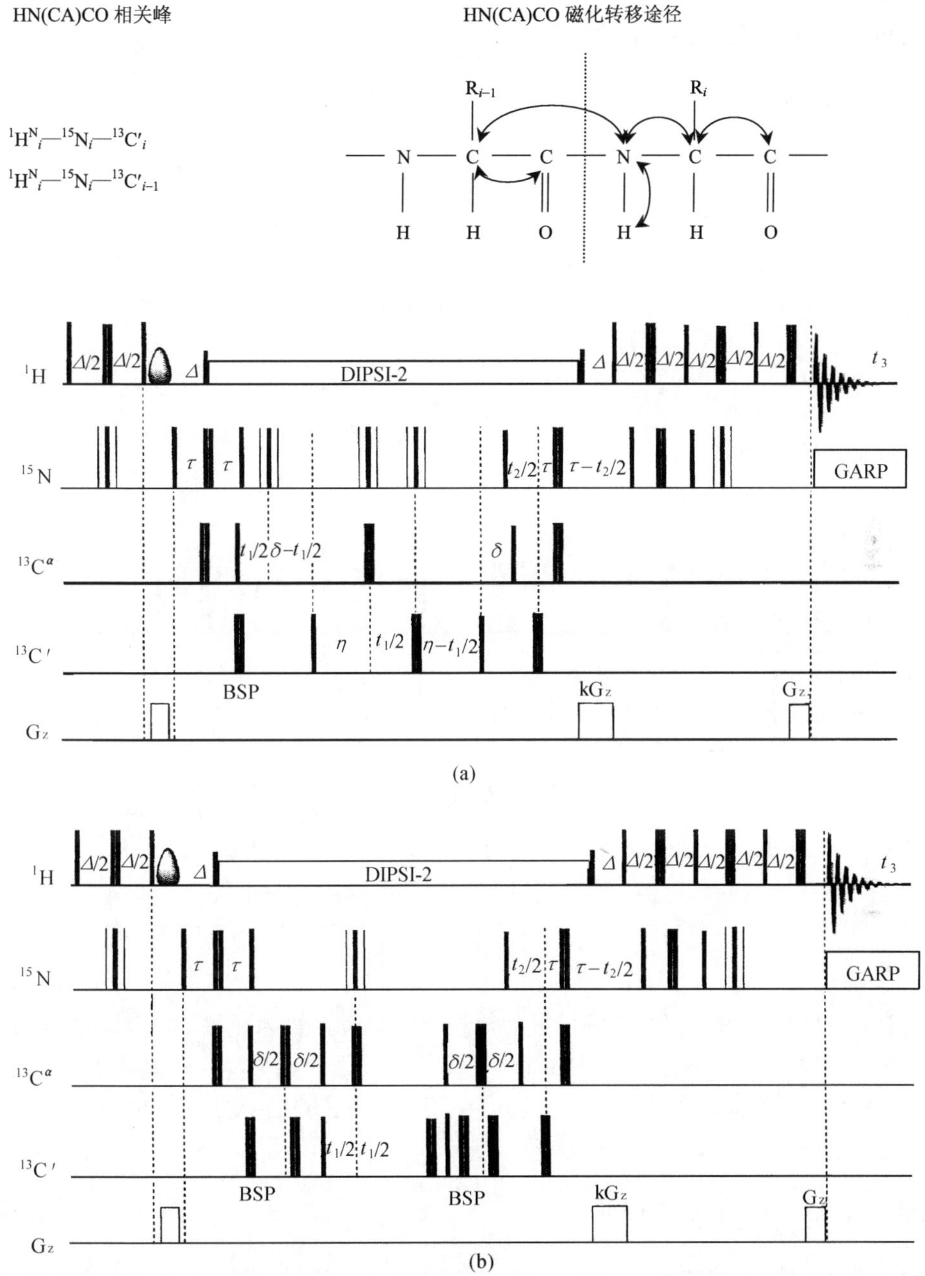

图 17-9　含有脉冲梯度场的 HMQC 或 HSQC 式 HN(CA)CO 脉冲序列

HMQC 式 HN(CA)CO 实验的灵敏度比 HSQC 式 HN(CA)CO 实验的灵敏度高。对于 t_2 较小的蛋白质来说，HN(CA)CO 实验的灵敏度很低，使 HN(CA) CO 实验没有实用价值。然而对于氘标定的蛋白质，在采样时对氘进行去偶，HN(CA)CO 实验成为对蛋白质骨架化学位移归属有用的方法之一。HN(CA)CO 实验的图谱与 HNCA 的图谱相似。

6. 三维 H(CA)NH 实验的脉冲序列

三维 H(CA)NH 实验的脉冲序列见图 17-10。H(CA)NH 实验磁化矢量的转移始于 $^1H^{\alpha}$ 而不是 $^1H^N$。由于偶合常数 $^1J_{N_{i-1},C'_{i-1}}\approx 7\sim 11Hz$，$^2J_{N_i,C'_{i-1}}\approx 4\sim 9Hz$，$^{13}C'_{i-1}$ 获得的磁化矢量可同时转移给 $^{15}N_{i-1}$ 和 $^{15}N_i$，这样 ^{15}N 获得的磁化矢量再转移给它自己的酰胺质子 $^1H^N{}_{i-1}$ 和 $^1H_i^N$。H(CA)NH 实验给出两组相关峰如下：

H(CA)NH 相关峰

$^1H^{\alpha}{}_{i-1}$—$^{15}N_{i-1}$—$^1H^N{}_{i-1}$

$^1H^{\alpha}{}_{i-1}$—$^{15}N_i$—$^1H^N{}_i$

H(CA)NH 磁化转移途径

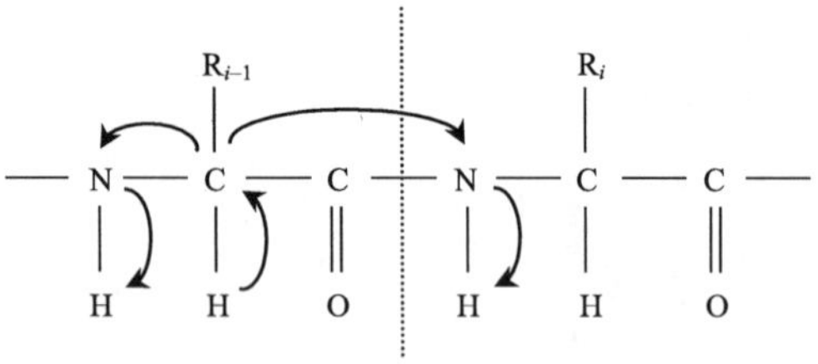

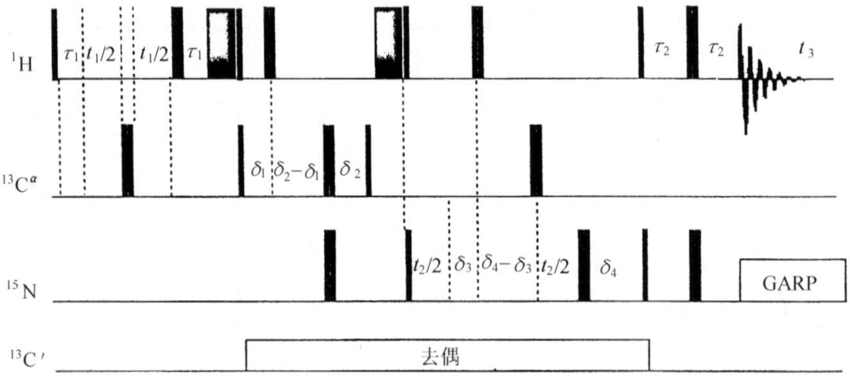

图 17-10　三维 H(CA)NH 脉冲序列

在 H (CA)NH 图中，有两个频率轴为氢核，一个频率轴为氮核。如果沿着垂直于氮的 H(CA)NH 做截面，得到二维 $^1H^{\alpha}$–$^1H^N$ 平面图，较强的相关峰为残基内的 $^1H^{\alpha}$和 $^1H^N$ 相关峰，较弱的相关峰为残基间的 $^1H^{\alpha}$和 $^1H^N$ 相关峰，H(CA) NH 和 HNCO、HNCA 相结合，可以对蛋白质骨架的化学位移进行归属。

7. 三维 HCACO 实验的脉冲序列

CT-HCACO 实验的脉冲序列见图 17-11。HCACO 实验的磁化矢量始于 $^1H^{\alpha}$，终止于 $^1H^{\alpha}$。由于偶合常数 $^1J_{C'_i,C^{\alpha}_i}\approx$55Hz，HCACO 实验给出 $^1H^{\alpha}{}_i$、$^{13}C^{\alpha}{}_i$ 和 $^{13}C'_i$ 相关峰如下：

HCACO 相关峰

$^1H^{\alpha}{}_i$—$^{13}C^{\alpha}{}_i$—$^{13}C'_i$

HCACO 磁化转移途径

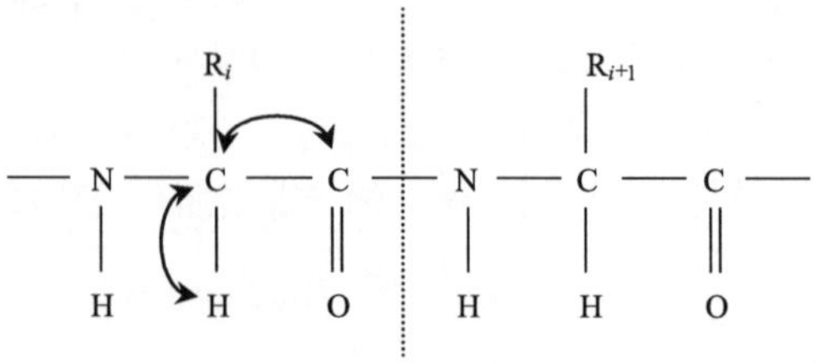

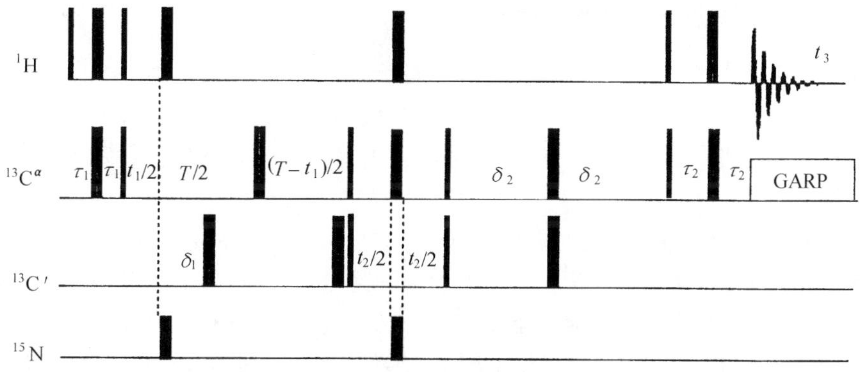

图 17-11　三维 CT-HCACO 脉冲序列

由于 HCACO 实验与酰胺质子 $^1H^N$ 没有任何联系，因此实验可以在 D_2O 中进行。HCACO 实验与 HCNO 实验相结合，可以对蛋白质骨架的化学位移进行归属。

8. 三维 HCA(CO)N 实验的脉冲序列

三维 CT-HCA(CO)N 实验的脉冲序列见图 17-12。HCA(CO)N 的磁化矢量始于 $^1H^\alpha$，终止于 $^1H^\alpha$。它给出 $^1H^\alpha_{i-1}$、$^{13}C^\alpha_{i-1}$ 和 $^{15}N_i$ 相关峰如下：

HCA(CO)N 相关峰

$^1H^\alpha_{i-1}$—$^{13}C^\alpha_{i-1}$—$^{15}N_i$

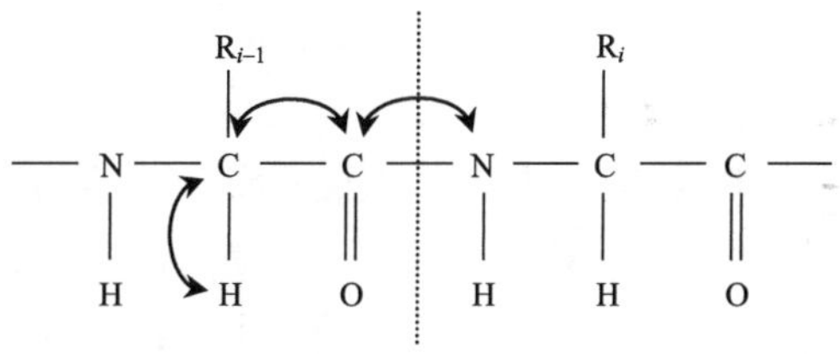

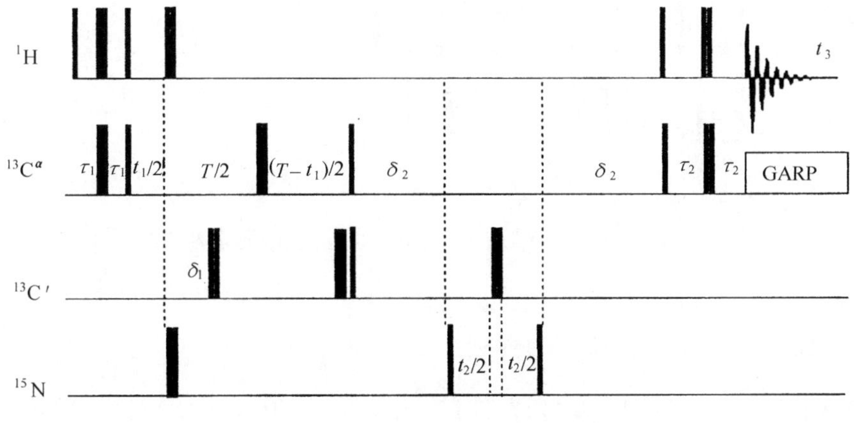

图 17-12　三维 HCA(CO)N 脉冲序列

HCA (CO)N 与 HCACO 类似，由于酰胺质子的频率不被检测，实验可以在水中进行。HCA(CO) N 实验与 HNCO 实验相结合可以对蛋白质骨架的化学位移进行归属。

9. 三维 CBCA(CO)NH 实验的脉冲序列

从理论上讲，上述三维三共振实验可以对蛋白质骨架的化学位移进行完全归属，并建立各个氨基酸之间的连接顺序。而建立蛋白质侧链($^{13}C^{\alpha,\beta}$和 $^{1}H^{\alpha,\beta}$)与骨架核的相关关系也是非常重要的。蛋白质侧链碳的化学位移可以用来确定氨基酸的类型和蛋白质侧链中氨基酸的位置。

三维 CBCA (CO)NH 实验的脉冲序列(图 17-13)。磁化矢量始于 $^{1}H^{\alpha,\beta}$，然而通过 INEPT 脉冲直接转给 $^{13}C^{\alpha,\beta}$。在恒常数 t_1 期间，$^{13}C^{\alpha,\beta}$的化学位移进行演化。$^{13}C^{\alpha,\beta}$获得的磁化矢量经过两个 INEPT 脉冲转移给酰胺的 ^{15}N，^{15}N 的化学位移在恒常数 t_2 期间进行演化。最后，^{15}N 的磁化矢量经过 INEPT 脉冲转给 $^{1}H^{N}$，CBCA(CO)NH 实验给出 $^{13}C_i^{\beta}$，$^{13}C^{\alpha}_{i}$、$^{15}N_{i+1}$ 和 $^{1}H^{N}_{i+1}$ 两组相关峰如下：

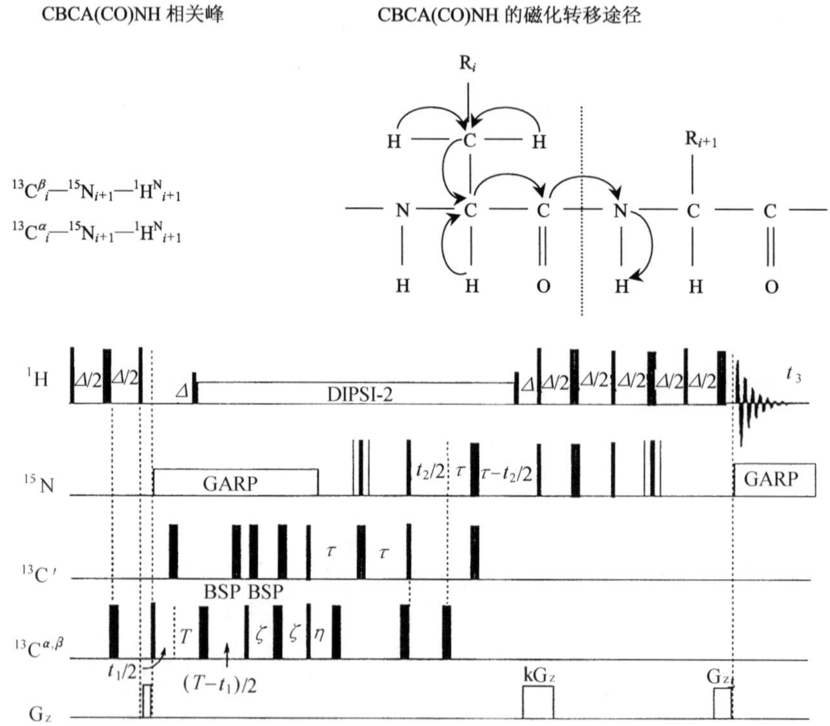

图 17-13　含有脉冲梯度场的三维 CBCA(CO)NH 脉冲序列

10. 三维 HBHA(CO)NH 实验的脉冲序列

HBHA(CO)NH 实验的脉冲序列见图 17-14，它是对 CBCA(CO)NH 实验的简单修饰。所不同的是在 CBCA(CO)NH 实验中 $^{13}C^{\alpha,\beta}$在 t_1 期间的演化期，在 HBHA (CO)NH 实验中变为 $^{1}H^{\alpha,\beta}$在 t_1 期间演化。HBHA(CO)NH 实验给出 $^{1}H^{\alpha}_{i}$、$^{1}H^{\beta}_{i}$、$^{15}N_{i+1}$ 和 $^{1}H^{N}_{i+1}$ 两组相关峰如下：

HBHA(CO)NH 相关峰

$^{1}H^{\alpha}_{i}$—$^{15}N_{i+1}$—$^{1}H^{N}_{i+1}$

$^{1}H^{\beta}_{i}$—$^{15}N_{i+1}$—$^{1}H^{N}_{i+1}$

HBHA(CO)NH 的磁化转移途径

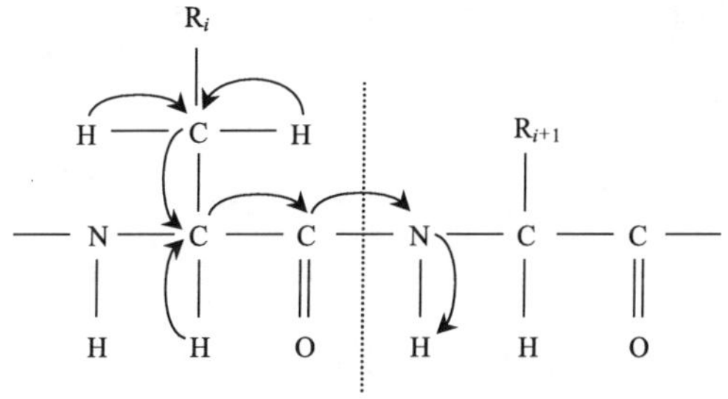

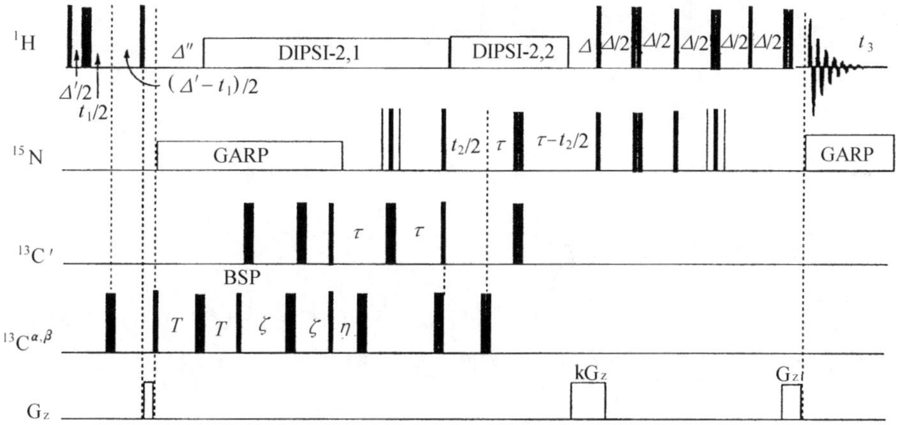

图 17-14　含有脉冲梯度场的三维 HBHA(CO)NH 脉冲序列

在 HBHA(CO) NH 实验的 t_1 期间，$^{1}H^{\alpha,\beta}$的化学位移进行演化，由于质子的弛豫速率比碳要快，因此 HBHA(CO)NH 实验的灵敏度要比 CBCA(CO)NH 实验低。

11. 三维 CBCANH 实验的脉冲序列

三维 CBCANH 实验的脉冲序列见图 17-15。磁化矢量从 $^{1}H^{\alpha}$和 $^{1}H^{\beta}$开始，通过 INEPT 脉冲，转移到 $^{13}C^{\alpha}$和 $^{13}C^{\beta}$。由于偶合常数 $^{1}J_{N_i,C^i_\alpha}=11Hz$，$^{2}J_{N_{i+1},C^i_\alpha}=7Hz$，$^{13}C^{\alpha}_{i}$ 获得的磁化矢量先转移给 $^{15}N_i$ 和 $^{15}N_{i+1}$，然后 ^{15}N 的磁化矢量分别转给自己的 $^{1}H_i^{N}$ 和 H^{N}_{i+1}。^{13}C 的化学位移在 t_1 期间演化，^{15}N 的化学位移在 t_2 期间演化，$^{1}H^{N}$ 的化学位移在 t_3 期间演化。CBCANH 实验给出的 $^{13}C^{\beta}_{i}$、$^{13}C^{\alpha}_{i}$、$^{15}N_i$、$^{15}N_{i+1}$、$^{1}H_i^{N}$ 和 $^{1}H^{N}_{i+1}$ 四组相关峰如下：

CBCANH 实验相关峰

$^{13}C^{\alpha}_{i}$—$^{15}N_i$—$^{1}H^{N}_{i}$

$^{13}C^{\beta}_{i}$—$^{15}N_i$—$^{1}H^{N}_{i}$

$^{13}C^{\alpha}_{i}$—$^{15}N_{i+1}$—$^{1}H^{N}_{i+1}$

$^{13}C^{\beta}_{i}$—$^{15}N_{i+1}$—$^{1}H^{N}_{i+1}$

CBCANH 实验磁化转移途径

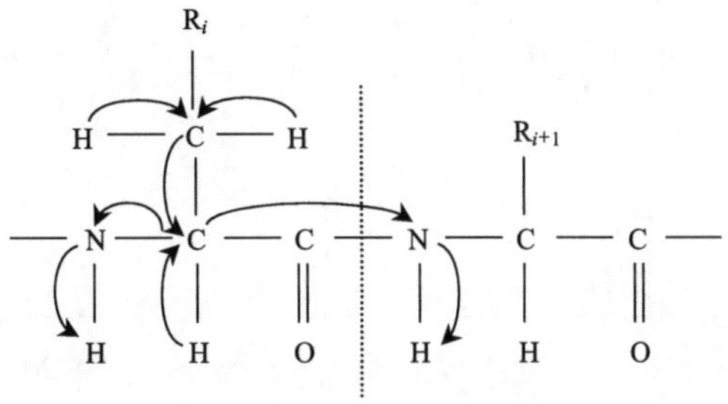

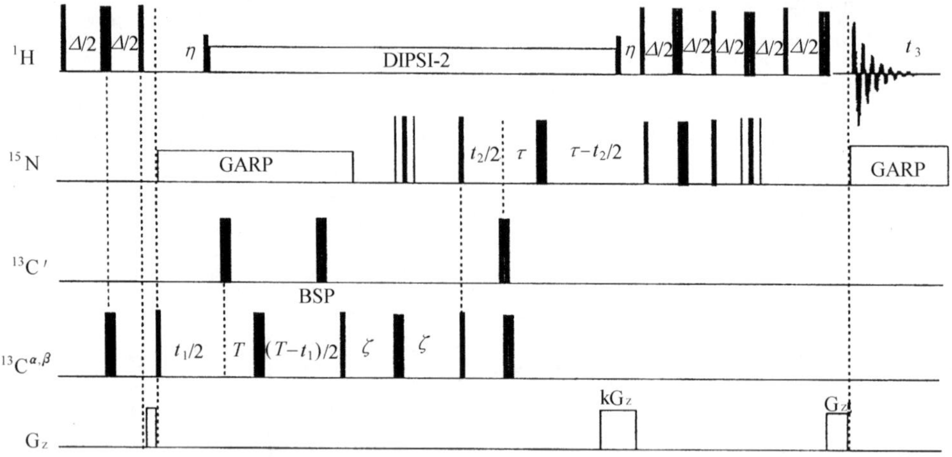

图 17-15　含有脉冲梯度场的三维 CBCANH 脉冲序列

12. 三维 HNCACB 实验的脉冲序列

三维 HNCACB 实验的脉冲序列见图 17-16。HNCACB 是 CBCANH 的简单修饰，磁化转移的方向与 CBCANH 的方向正好相反，它给出 CBCANH 同样的信息。HNCACB 实验磁化转移的途径如下：

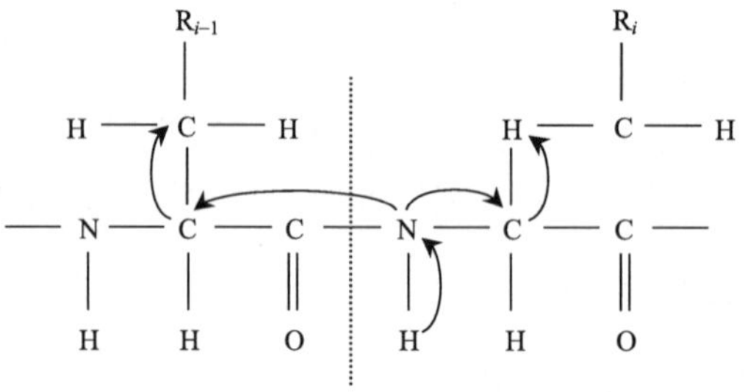

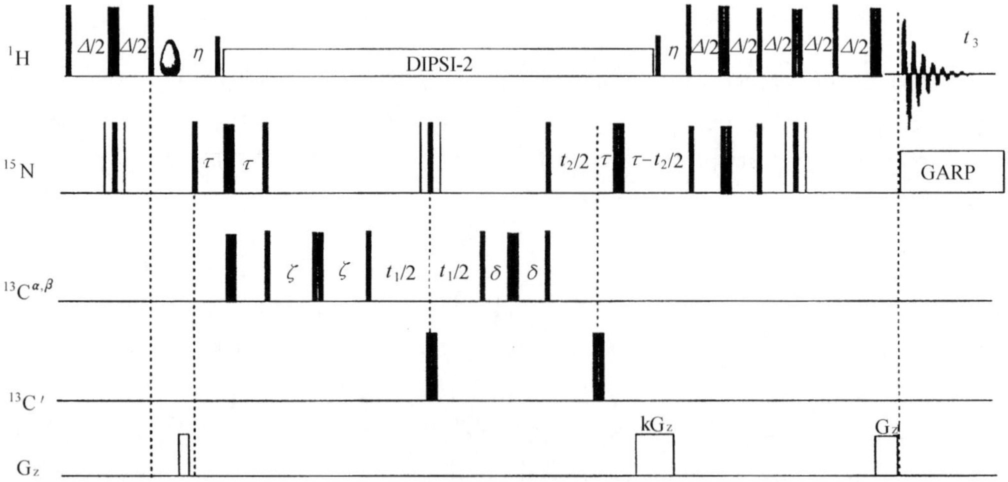

图 17-16　含有脉冲梯度场的三维 HNCACB 脉冲序列

如果蛋白质没有进行氘标定，CBCANH 实验与 HNCACB 相比给出较高的信噪比，如果蛋白质进行氘标定，HNCACB 给出较高信噪比。

13. 三维(H)CC(CO)NH-TOCSY 实验的脉冲序列

三维(H)CC(CO)NH-TOCSY 实验的脉冲序列见图 17-17。磁化矢量的转移首先沿着 $^{1}H—^{13}C—^{13}C—^{13}C^{\alpha}$，$^{13}C^{\alpha}$获得的磁化矢量通过 INEPT 脉冲转向 $^{13}C'$，然而再以同样的方式转给 ^{15}N，最后到达 $^{1}H^{N}$。

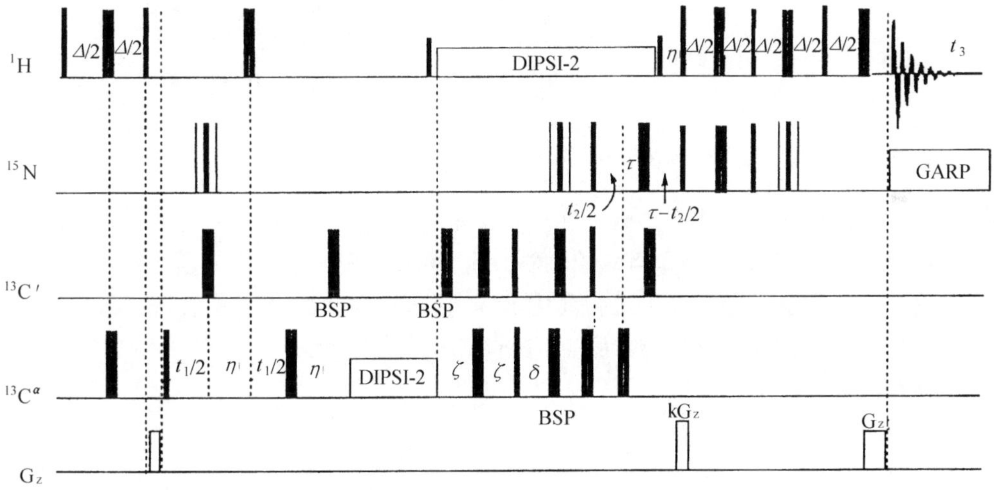

图 17-17　含有脉冲梯度场的三维(H)CC(CO)NH-TOCSY 脉冲序列

14. 三维 H(CC)(CO)NH-TOCSY 实验的脉冲序列

三维 H(CC)(CO)NH-TOCSY 实验的脉冲序列见图 17-18。它与三维(H)CC(CO)NH-

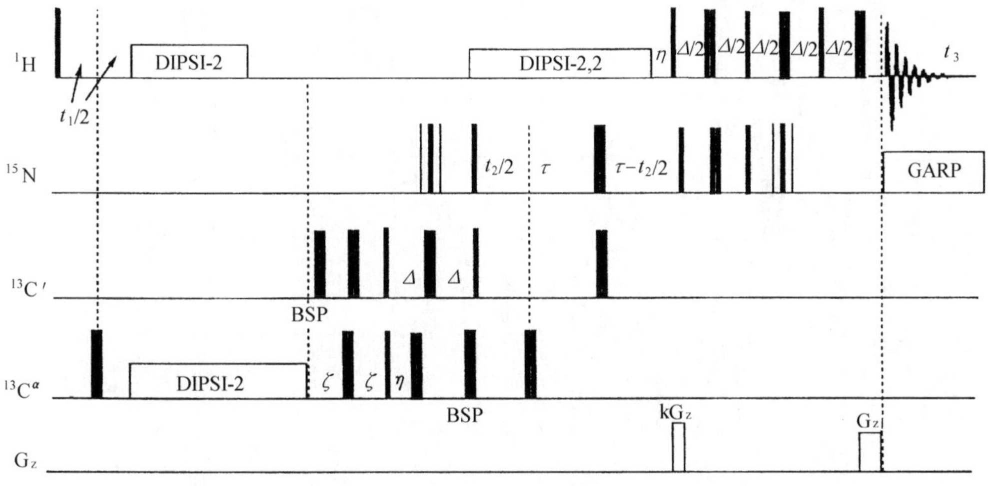

图 17-18　含有脉冲梯度场的三维 H(CC)(CO)NH-TOCSY 脉冲序列

TOCSY 实验密切关联，它给出 $^1H^{\alpha}_i$(脂肪氢)、$^{15}N_{i+1}$ 和 $^1H^N_{i+1}$ 多组相关峰如下：

H(CC)(CO)NH-TOCSY 相关峰

$^1H^{\alpha}_i$—$^{15}N_{i+1}$—$^1H^N_{i+1}$

(H)CC(CO)NH-TOCSY 磁化转移途径

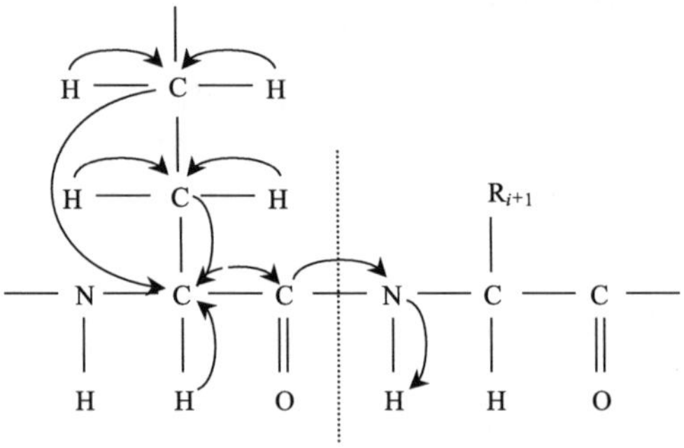

15. 三维 CO-H(N)CACB 实验的脉冲序列

三维 CO-H(N)CACB 实验的脉冲序列见图 17-19。$^1H^N$ 的磁化矢量通过 ^{15}N 同时转移给 $^{13}C'$ 和 $^{13}C^{\alpha}$，$^{13}C^{\alpha}$ 的磁化矢量再转给 $^{13}C^{\beta}$。$^{13}C^{\alpha}$ 和 $^{13}C'$ 获得的磁化矢量再经过 ^{15}N 转回 $^1H^N$。在 t_1 期间 ^{13}C 的磁化矢量进行演化，在 t_2 期间 $^{13}C^{\alpha,\beta}$ 的化学位移进行演化，在 t_3 期间对 $^1H^N$ 的化学位移进行检测。CO-H(N)CACB 实验给出 $^{13}C'$、$^1H^N$ 和 $^{13}C^{\alpha,\beta}$ 三组核之间的相关峰如下：

CO-H(N)CACB 相关峰

$^1H^N_i$—$^{13}C'_{i-1}$—$^{13}C^{\alpha/\beta}_{i-1}$

$^1H^N_i$—$^{13}C'_i$—$^{13}C^{\alpha/\beta}_i$

CO-H(N)CACB 磁化转移途径

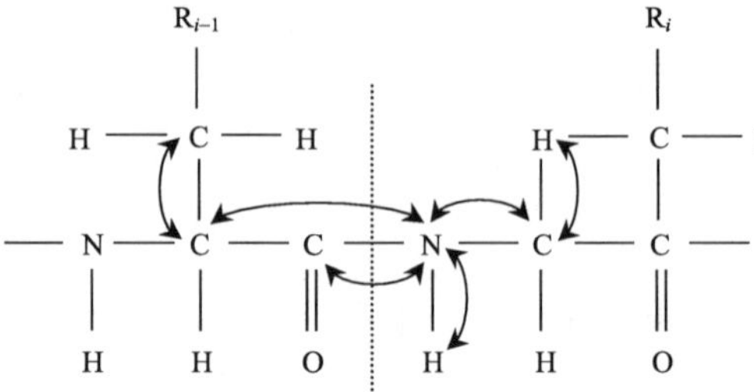

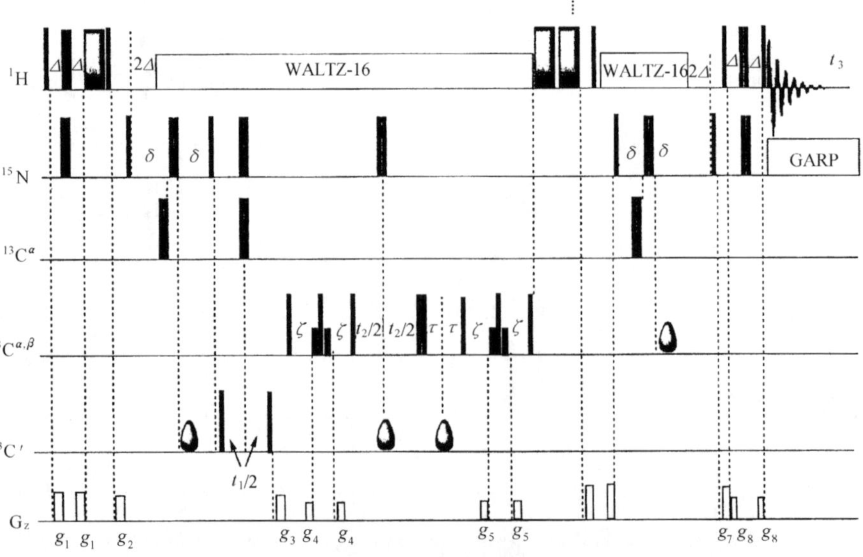

图 17-19　含有脉冲梯度场的三维 CO-H(N)CACB 脉冲序列

如果某些三共振实验的 $^1H^N$-^{15}N 截面的相关峰有重叠，$^1H^N$ 和 ^{15}N 的化学位移归属就不能确定，在这种情况下，我们可以做一个 CO-H(N)CACB 实验，先归属 $^1H^N$ 的化学位移，再归属 ^{15}N 的化学位移。

六、四维三共振实验

我们所提到的许多三维三共振实验可用来归属蛋白质骨架和侧链的化学位移，然而没有一个三维三共振实验可以同时给出 $^1H^N$、^{15}N、$^{13}C^{\alpha}$和 $^1H^{\alpha}$四组核化学位移相关关系，下面我们介绍几个简单的四维三共振实验。

1. 四维 HNCAHA 实验的脉冲序列

四维 HNCAHA 实验的基本脉冲序列见图 17-20。四维 HNCAHA 磁化矢量的转移与三维 HNCA 相类似。四维 HNCAHA 实验给出残基内的 $^1H^N{}_i$、$^{15}N_i$、$^{13}C^{\alpha}{}_i$和 $^1H^{\alpha}{}_i$四组核化学位移相关关系。$^{13}C^{\alpha}$、$^1H^{\alpha}$和 ^{15}N 分别在 t_1、t_2 和 t_3 期间演化和记录，$^1H^N$ 的化学位移在 t_4 期间检测，如果偶合常数 $^2J_{N_i,C^{\alpha}_{i-1}}$ 和 ^{15}N 的 t_2 足够大，残基间的 $^1H^N{}_i$、$^{15}N_i$、$^{13}C^{\alpha}{}_{i-1}$ 和 $^1H^{\alpha}{}_{i-1}$ 四组核化学位移的相关关系也可以观察到，四维 HNCAHA 实验的相关峰和磁化转移途径如下：

HNCAHA 实验相关峰

$^1H^N{}_i$—$^{15}N_i$—$^{13}C^{\alpha}{}_i$—$^1H^{\alpha}{}_i$

$^1H^N{}_i$—$^{15}N_i$—$^{13}C^{\alpha}{}_{i-1}$—$^1H^{\alpha}{}_{i-1}$

HNCAHA 实验磁化转移途径

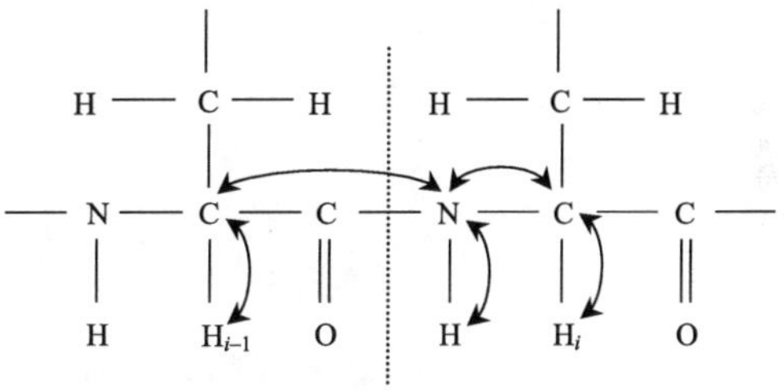

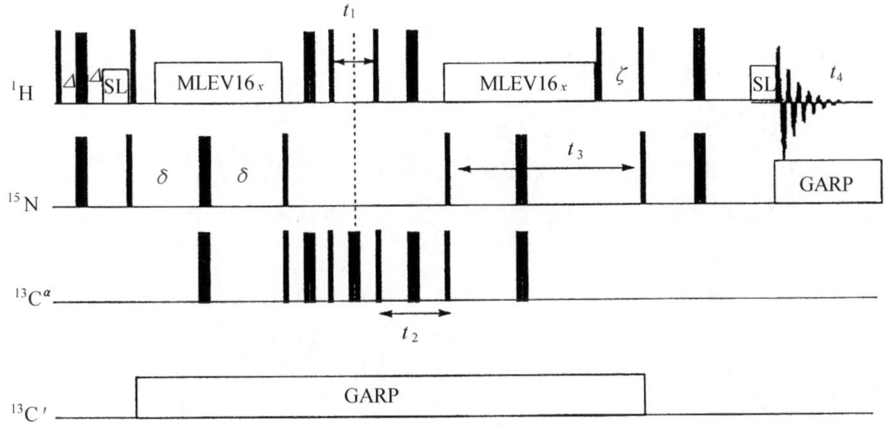

图 17-20　四维 HNCAHA 的脉冲序列

如前所述，三维实验可以看成由许多二维实验堆积而成，并可以通过二维截面对其化学位移进行归属。与之相类似，四维实验也可以简化为二维截面图。

2. 四维 HN(CO)CAHA 实验的脉冲序列

四维 HN(CO)CAHA 实验的脉冲序列见图 17-21。四维 HN(CO)CAHA 磁化矢量的转移与三维 HN(CO)CA 相类似，它给出残基间的 $^1H^N_i$、$^{15}N_i$、$^{13}C^\alpha_{i-1}$ 和 $^1H^\alpha_{i-1}$ 的化学位移。四维 HN(CO)CAHA 的相关峰和磁化转移途径如下：

HN(CO)CAHA 的相关峰

$^1H^N_i$—$^{15}N_i$—$^{13}C^\alpha_{i-1}$—$^1H^\alpha_{i-1}$

HN(CO)CAHA 的磁化转移途径

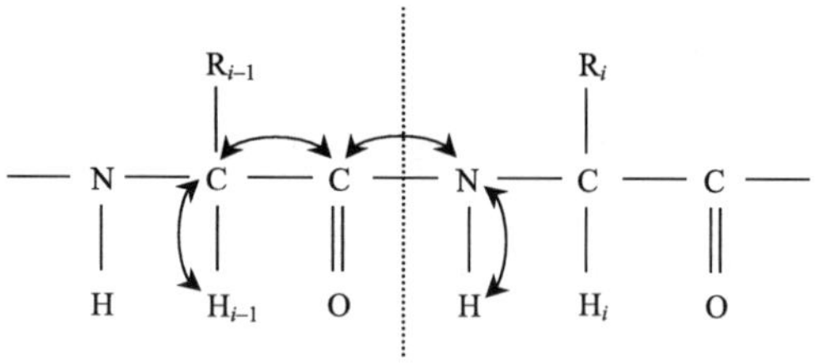

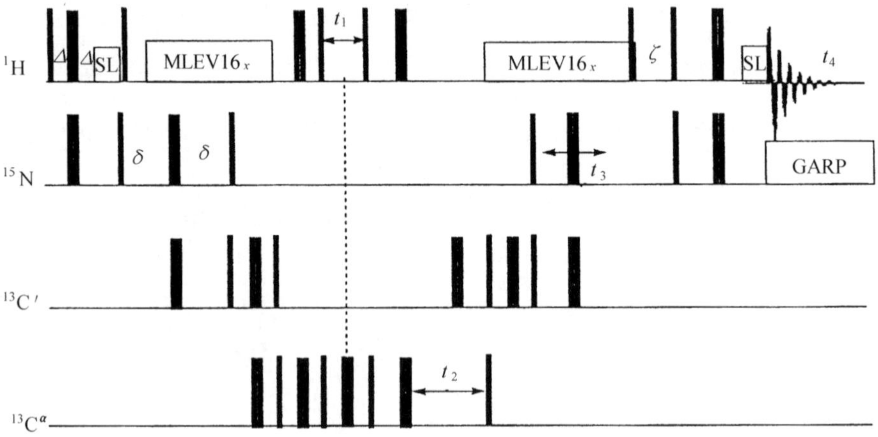

图 17-21　四维 HN(CO)CAHA 的脉冲序列

3. 四维 HCANNH 实验的脉冲序列

四维 HCANNH 实验的脉冲序列见图 17-22。四维 HCANNH 实验是三维 H(CA)NH 的延续，与 H (CA) NH 相类似，它既给出残基间又给出残基内的 $^1H^\alpha$、$^{13}C^\alpha$、^{15}N 和 $^1H^N$ 四组核之间的相关峰，四维 HCANNH 实验的相关峰和磁化转移途径如下：

HCANNH 的相关峰

$^1H^N_{i-1}$—$^{15}N_{i-1}$—$^{13}C^\alpha_{i-1}$—$^1H^\alpha_{i-1}$

$^1H^N_i$—$^{15}N_i$—$^{13}C^\alpha_{i-1}$—$^1H^\alpha_{i-1}$

HCANNH 的磁化转移途径

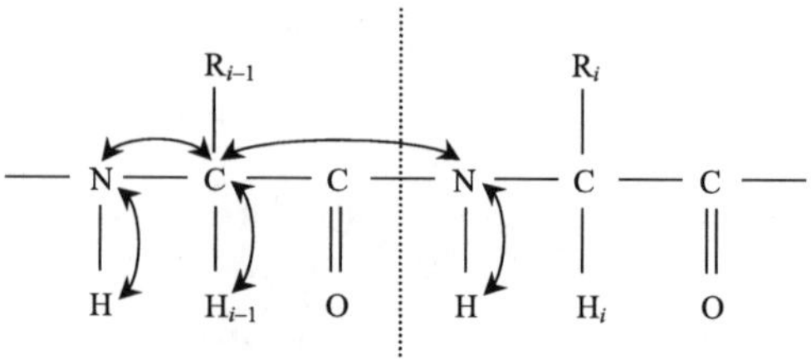

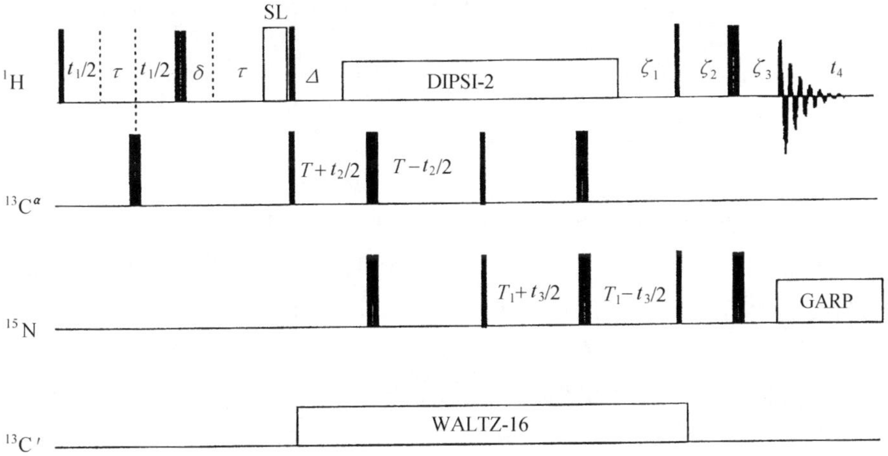

图 17-22 四维 HCANNH 脉冲序列

4. 四维 HCA(CO)NNH 实验的脉冲序列

四维 HCA(CO)NNH 实验的脉冲序列见图 17-23。四维 HCA(CO)NNH 实验是三维 HCA(CO)N 的延续，与 HCA(CO)N 相类似，它给出残基间的 $^1H^\alpha$、$^{13}C^\alpha$、^{15}N 和 $^1H^N$ 四组核之间的相关峰，四维 HCA(CO)NNH 与四维 HCANNH 相结合可以给出 $^1H^N$、$^{13}C^\alpha$、^{15}N 和 $^1H^N$ 四组核之间的相关峰，四维 HCA(CO)NNH 的相关峰和磁化转移途径如下：

HCA(CO)NNH 的相关峰

$^1H^N_i—^{15}N_i—^{13}C^\alpha_{i-1}—^1H^\alpha_{i-1}$

HCA(CO)NNH 的磁化转移途径

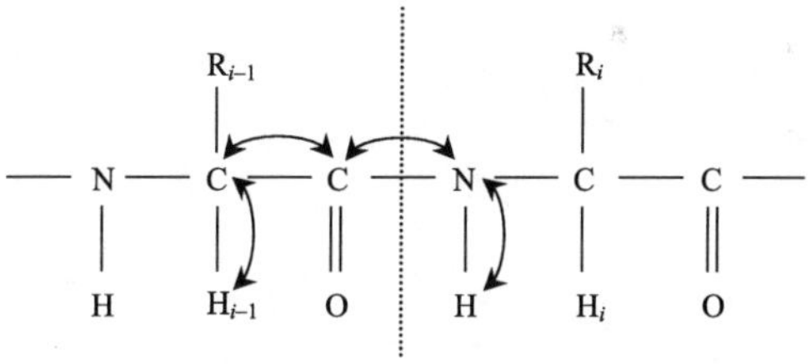

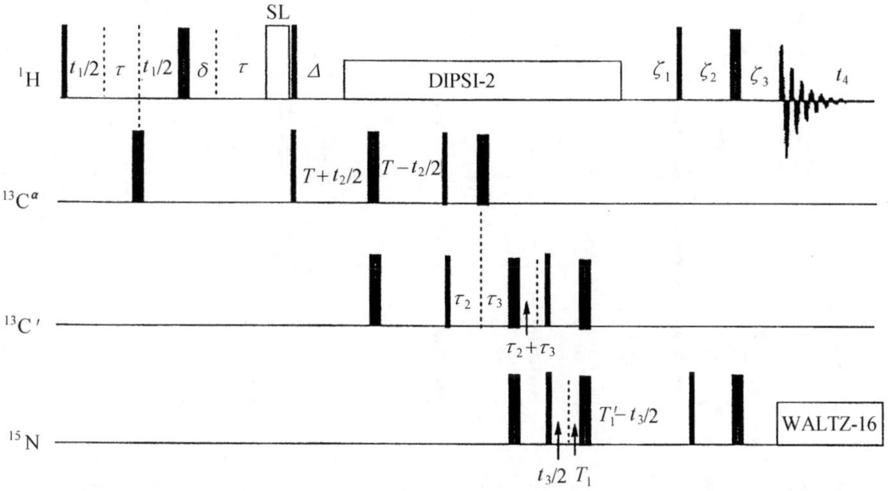

图 17-23 四维 HCA(CO)NNH 脉冲序列

与三维三共振实验相比，四维三共振实验的分辨率提高了，然而四维实验的信噪比降低了许多。

七、维数减少的三共振实验

上述三共振实验，不管是三维还是四维都分别与三个或四个不同类型核的化学位移相关联。维数减少的三共振实验是 n 个不同类型核的化学位移在 n–1 维的空间演化得到 n–1 维的图谱。维数减少的三共振实验需要同时记录两类或多类不同类型核的化学位移，这可以通过零量子和双量子相干的演化，或同时增加两个单量子相干的演化时间来实现，同时记录的两类不同核的化学位移会在该频率范围内产生一个双重峰，由于相关峰一分为二，相关峰的强度减少一半。然而，维数减少一维，使得实验的最后结果是信号强度增加 $2^{1/2}$ 倍。三维 HNCOCA 实验的脉冲序列见图 17-24，COCA 下面的横线表明 $^{13}C'$ 和 $^{13}C^{\alpha}$两类核的化学位移在同一个频率维数进行演化。这样 $^{1}H^{N}$ 的磁化矢量先转给 ^{15}N，通过 HMQC 脉冲，^{15}N 的磁化矢量同时转给 $^{13}C^{\alpha}$和 $^{13}C'$，$^{13}C^{\alpha}$和 ^{13}C 的化学位移在 t_2 期间同时演化。由于 $^{13}C^{\alpha}$的弛豫时间远比 $^{13}C'$的要短，再加上碳碳的同核偶合，故 $^{13}C^{\alpha}$的化学位移演化时间减少为 $^{13}C'$的一半。HNCOCA 实验的相关峰和磁化转移途径如下：

HNCOCA 相关峰

$^{1}H^{N}_{i}$—$^{15}N_{i}$—$^{13}C^{\alpha}_{i}$

$^{1}H^{N}_{i}$—$^{15}N_{i}$—$^{13}C'_{i-1}$—$^{13}C^{\alpha}_{i-1}$

HNCOCA 实验的磁化转移途径

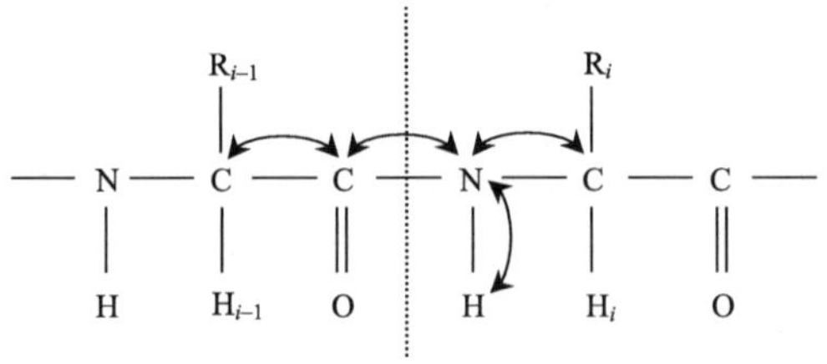

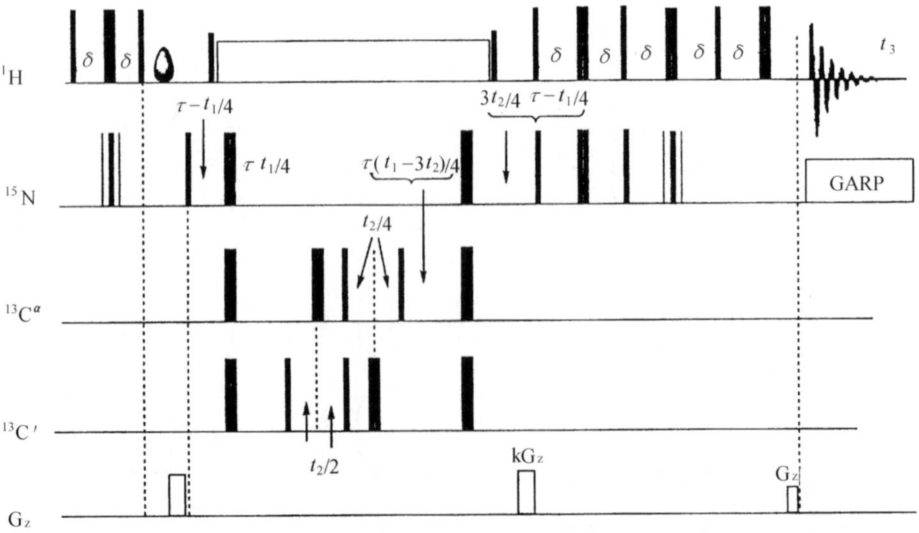

图 17-24　含有脉冲梯度场的三维 HNCOCA 脉冲序列

与三维三共振实验 HNCO 和 HNCA 实验相比，HNCOCA 实验的灵敏度分别降低 34%和 40%。

第二节　NMR 技术的发展和应用前景

三共振实验一般用来研究分子质量小于 20kDa 的蛋白质，如果对蛋白质进行氘标定，所研究的蛋白质的分子质量可以高达 30kDa。利用 NMR 研究蛋白质分子结构是以具有一定灵敏度和分辨率的 NMR 图谱为基础，然而随着分子质量的增加，这些基本的要求很难满足。对于分子质量很大的蛋白质来说，由于横向弛豫速率很快，使得所研究的蛋白质的灵敏度降低，谱线增宽，与小分子的 NMR 图谱相比，信号严重重叠。随着 NMR 技术和蛋白质标定技术的发展，利用 TROSY(transverse relaxation-optimized spectroscopy) 和 CRINEPT(cross-correlated relaxation increased enhanced polarization transfer)新方法，可以研究分子质量为 100kDa 以上的蛋白质。

除了偶极–偶极弛豫外，在高磁场下，^{1}H、^{15}N 和 ^{13}C 的化学位移各向异性成为横向弛豫的重要来源。TROSY 利用偶极–偶极和化学位移各向异性的协力作用，即利用高磁场下，化学位移各向异性弛豫来抵消不受磁场影响的偶极–偶极弛豫(图 17-25)。在异核二自旋体系中，比如蛋白质酰胺的 ^{15}N-^{1}H，由于自旋—自旋偶合作用，每一个核的 NMR 信号一分为二，在传统的二维相关谱中，我们应该观察到四个相关峰[图 17-25(b)]，利用去偶技术，四个相关峰缩为一个相关峰[图 17-25(a)]，这样我们获得灵敏度提高的简化图谱。[图 17-25(b)]的四个峰具有不同的线宽，而线宽是由横向弛豫时间决定的。在高磁场下，蛋白质分子每个核的四重峰对横向弛豫时间很敏感。利用 TROSY 方法，只有最窄的峰可以观察到[图 17-25(c)]，而灵敏度只有原来信号的 25%。利用 CRINEPT 方法，灵敏度可以达到原来信号的 50%。二维 ^{1}H-^{15}N-TROSY 的脉冲序列见图 17-26。对于分子质量很大的蛋白质来说，二维 ^{1}H-^{15}N-TROSY 与二维 ^{1}H-^{15}N COSY 相比，灵敏度高、谱线窄，二维 ^{1}H-^{15}N-TROSY 图构成蛋白质的“指纹图”，根据“指纹图”的变化，可以研究蛋白质分子间的相互作用，发现与大分子受体相结合的配合等。这样，TROSY 方法大大地开拓了 NMR 研究蛋白质结构的应用范围。

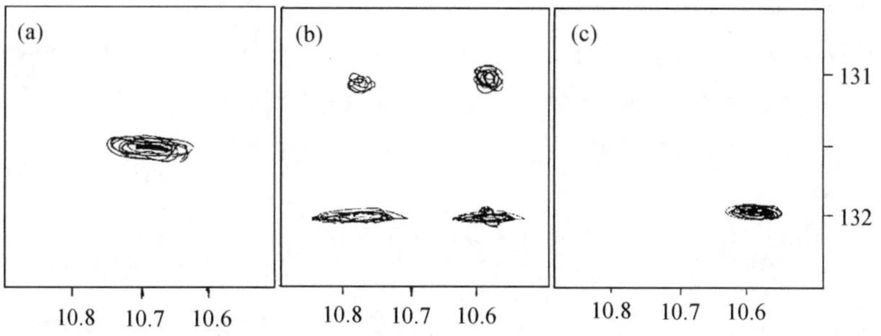

图 17-25　二维 N-H 异核相关示意图

(a) 去偶的二维 N-H 异核相关图；(b) 非去偶的二维 N-H 异核相关图；

(c) 二维 N-H TROSY 图

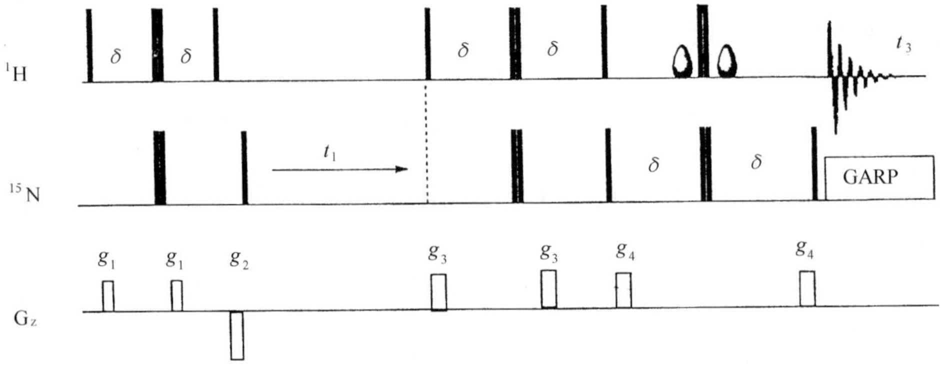

图 17-26　含有脉冲梯度场的二维 ^1H-^{15}N TROSY 脉冲序列

在异核 NMR 实验中，两个不同类型的核和磁化矢量的转移是通过 INEPT 来实现的，INEPT 磁化转移的时间与多维 NMR 实验的演化时间相当。由于 TROSY 只用在多维 NMR 的演化和检测期，在 INEPT 期间的横向弛豫限制了所研究的蛋白质的分子质量不得大于 100kDa，新的 CRINEPT 方法通过把 INEPT 和 CRIPT(cross-correlated relaxation induced polarization transfer)相结合，使得研究蛋白质的分子质量可以超过 200kDa，CRIPT 效率与分子的大小成正比。利用 CRINEPT，实验的灵敏度在 TROSY 的基础上还可以提高 2~3 倍。我们已目睹了 TROSY 和三共振实验相结合的工作，相信随着 900MHz 或更高磁场的 NMR 谱仪的出现，新的 NMR 技术会不断涌现，利用 NMR 研究生物大分子结构的新世纪已经到来。

主要参考文献

Boelens R, Vuister G W, Koning T M G. 1989. Observation of spin diffusion in biomolecules by three-dimensional NOENOE spectroscopy. J Am Chem Soc, 111: 8525~8528

Boucher W, Laue E D. 1992. Four-dimensional heteronuclear triple resonance NMRmethods for the assignment of backbone nuclei in ptoteins. J Am Chem Soc, 114: 2262~2264

Cavanagh J, Fairbrother W J, Palmer A G. 1996. Protein NMR spectroscopy. Academic Press. 485

Grzesick S, Anglister J, Ren H. 1993. ^{13}C line narrowing by decoupling in $^2H/^{13}C/^{15}N$-enrich protein. Application to triple-resonance 4D J connectivity of sequential amides. J Am Chem Soc, 116: 4369~4371

Grzesiek S, Bax A. 1992. Correlating backbone amide and side chain resonance in large proteins by multiple relayed triple resonance NMR. J Am Chem Soc, 114: 6291~6293

Marion D, Kay L E, Sparks S W. 1989. Three-dimensional heteronuclear NMR of ^{15}N-labeled protein. J Am Chem Soc, 111: 1515~1517

Montelione G T, Lyons B A, Emerson S D. 1992. An efficient triple resonance experiment using carbon-13 isotropic mixing for determining sequence-specific resonance assignments of isotopically-enriched ptoteins. J Am Chem Soc, 114: 10974~10975

Olejniczak E T, Fesik S W. 1994. Two-dimensional nuclear magnetic resonance method for identifying the H_2/C_2 signals of amino acid residues preceding proline. J Am Chem Soc, 116: 2215~2216

Pervushin K, Riek R, Wider G. 1997. Attenuated T_2 relaxation by mutual cancellation of dipole-dipole coupling and chemical shift anisotropy indicates an avenue NMR structures of very large biological macromolecules in solution. Proc Natl Acad Sci USA, 94: 4918~4922

Riek R, Wider G, Pervushin K. 1999. Polarization transfer by cross-correlated relaxation in solution NMR with very large molecules. Proc Natl Acad Sci USA, 96: 4918~4923

Szyperski T, Wider G, Bushweller J H. 1993. Reduced dimensionality in triple-resonance NMR experiments. J Am Chem Soc, 115: 9307~9308

Yamazaki T, Lee W, Revington M. 1994. An HNCA pulse scheme for the backbone assignment of ^{15}N, ^{13}C, ^{2}H-labeled ptoteins: An application to a 37kDa trp repressor-DNA complex. J Am Chem Soc, 116: 6464~6465

(杨宪斌　肖苏龙)

第十八章　NMR 测定溶液中蛋白质结构的计算方法

20 世纪 40 年代中期，Bloch 及 Purchell 等发现了氢原子核的磁共振现象，并成功地测到了氢核的核磁共振吸收光谱。应用半经验经典磁场理论，Block 等描述并解释了非相互作用的具有 1/2 自旋的原子核在磁场中的物理现象。Solomon 等进一步发展两个具有 1/2 自旋的原子核在磁场中的松弛理论，并且从理论上推出了计算两个氢原子核之间距离的公式。Jeener 及 Ernst 等进一步发展了 NMR(nuclear magnetic resonance)的理论，从理论上用量子力学方法推算出一维及二维傅里叶变换 NMR 光谱(2D NMR spectroscopy)，并且给出了计算二维 NOESY 谱(nuclear overhaurer effect spectroscopy)的一般方法。通过研究氢核在磁场中的交叉弛豫现象(cross relaxation)，我们可以估算液态生物分子内氢核之间的距离，即从实验上我们能够通过测定 NOE 的强度来估算两个氢核之间的距离及分子的其他物理性质。

从 20 世纪 80 年代开始二维 NMR 技术取得了飞跃性的发展。多维同核 NMR 技术已成为研究现代生物分子的分子结构及动力学的基石，特别是对于研究溶液状态的中小分子质量蛋白质的结构及动力学，NMR 技术已成为不可取代的手段。进入 90 年代以后，随着 600MHz、800MHz NMR 仪及高速计算机的不断问世，特别是分子生物学技术的不断发展，如蛋白质分子中 ^{15}N 及 ^{13}C 的标定，NMR 技术已普遍地用于测定分子质量在 0.5~30 kDa 之间的溶液状态蛋白质的结构。

用 NMR 技术测定蛋白质的结构涉及 NMR 实验的设计、各类核磁谱的收集、处理及谱峰的归属等。从原则上讲，NOESY 谱每一个非对角线上的上三角或下三角区的谱峰都来自蛋白质中一对氢核在磁场中通过空间的相互作用，为了测定蛋白质的结构我们必须找到 NOESY 中每一个谱峰所对应的一对氢核。如果所有谱峰的归属已被确认，从峰的强度我们就能估算出两个氢核之间的距离。如果我们能得到足够多的氢核间距离及另外一些同结构有关的实验数据，我们就能够计算蛋白质的结构。为了计算结构，我们还必须找到能有效地优化具有成百上千个自变量的目标函数的算法，并通过优化目标函数得到蛋白质结构。同时我们还要求此结构必须满足这成百上千氢核间距离以及其他实验数据的约束。最近，人们已经开始用 NMR 技术来测定膜蛋白质的结构，并且蛋白质结构的测定也朝着半自动化及自动化方向发展。

在本章中我们将着重介绍一些非常基本的应用 NMR 实验数据来计算蛋白质结构的方法，同时也介绍一些蛋白质结构计算方面的最新进展，如半自动化 NOESY 谱峰归属及结构测定的同时计算方法等。我们列举了一些对蛋白质结构计算非常有用的国际互联网网站的域名，如读者希望作一些具体的结构计算，可从这些网站找到非常有用的、可免费下载的处理 NMR 谱及进行结构计算的软件。

在 20 世纪 80 年代，由于缺少有效的 NMR 实验手段及计算机运算速度的限制，通常要历经一年或更长的时间才能算出一个有几十个氨基酸的蛋白质结构。今天用半自动化的计算方法，从 NOESY 谱峰归属的确定到完成同样大小的分子的计算，我们只需要一半或更短的时间。对于更大的分子，我们需要对蛋白质进行 ^{15}N 和 ^{13}C 标记并进行异核 NMR 实验才能计算其结构。

第一节　计算蛋白质结构所需的 NMR 实验数据

1. NOE 数据

所谓计算蛋白质的结构就是要确定蛋白质中每一个原子在三维坐标系(X，Y，Z)中的相对位置。由于重原子间的共价键的键长及键角等数据都能从有机分子的结构测定中得到，只要我们能得到足够多的氢原子间的距离，我们就能计算出蛋白质的结构。NOESY 实验能提供氢原子与氢原子间的距离，NOE 谱峰值是计算蛋白质结构的最重要的实验数据。NOESY 谱峰来自蛋白质中的两氢原子核由于偶极–偶极的相互作用而产生的磁转移。

2. ^{1}H、^{15}N 和 ^{13}C 化学位移数据

蛋白质分子的 ^{1}H、^{15}N 及 ^{13}C 的化学位移对于计算蛋白质的结构起着非常重要的作用，因为化学位移包含了大量的结构信息。一般而言蛋白质结构可分为初级结构(primary structure)、二级结构(secondary structure)及三级结构(tertiary structure)，初级结构是指氨基酸的排列顺序，初级结构一般用纯化学的方法测定。

二级结构指在蛋白质中出现的一些重复性的有规律的结构，最典型的二级结构是α螺旋及β折叠。尽管人们能够通过圆二色散光谱(circular dichroism spectroscopy)和红外光谱(FT-infrared spectroscopy)等来测定蛋白质中的二级结构的百分比，但并不能给出某种二级结构在氨基酸序列中具体所在的位置。而通过 NMR 实验数据，如化学位移和 NOE 谱峰的序列归属，人们可定量地测定蛋白质分子中各种二级结构的具体位置。随着用 NMR 方法所测定的蛋白质结构的不断增加及通过对 ^{1}H、^{15}N 及 ^{13}C 化学位移在已知蛋白质结构的二级结构中统计分布的分析，我们现已能比较待测蛋白质中各氨基酸的 ^{1}H、^{15}N 及 ^{13}C 化学位移同已测定的蛋白质结构中相对应的氨基酸在二级结构中的化学位移，来预测未知蛋白结构中的二级结构。如果已知一个蛋白质的二级结构，对测定它的三级结构将有极大的帮助。

化学位移起源于在外磁场下电子对原子核的屏蔽。尽管从原则上可用量子力学的方法计算蛋白质分子中原子的化学位移，但一般都从 NMR 实验中得到。蛋白质分子的二级结构同 H^{α}、C^{α}、C^{β}的化学位移有着非常重要的相关性。例如对球蛋白分子而言，如果其任一氨基酸中的H^{α}的化学位移比其相对应的处于杂乱态的化学位移向高场(upfield)平均位移约 0.3ppm，则此球蛋白具有α螺旋结构；如果是向低场(down-field)平均位移 0.3ppm，则此球蛋白具有β折叠结构。最近对 C^{α}及 C^{β}的化学位移的统计研究中也证明了这一点。蛋白质的化学位移指标(chemical shift index)现已被广泛用来估测蛋白质分子的二级结构。用 CSI 来确定蛋白质分子二级结构的原则非常简单，对球状的蛋白质分子而言，如果任一氨基酸的 H^{α}的化学位移比其对应的 CSI 的化学位移至少大 0.1ppm，那么我们可对其 H^{α}指定整数值为 1；如果其 H^{α}的化学位移比对应的 CSI 的化学位移至少

小 0.1ppm，我们可指定整数值–1；如果其 H^{α}的化学位移是在 CSI 的化学位移的±0.1ppm 之内，则指定其具有整数 0。在所测的蛋白质分子中，如果我们有一组至少 4 个以上连续的整数–1(中间不夹带+1)，那么这组氨基酸在其所在的蛋白质分子中具有α螺旋结构，反过来如果任一组相连的具有至少 3 个或更多的正整数值 1(其间不夹带–1)，则这组氨基酸具有β折叠结构。当然由于 CSI 方法是建立在已知结构的蛋白质分子的化学位移的统计基础上，例外情况也可能发生。若结合 ^{1}H、^{15}N 及 ^{13}C 的 CSI 能使二级结构的估测更准确些。

我们在表 18-1 中列出 20 种氨基酸 H^{α}的 CSI 化学位移。在大多数的情况下，蛋白质分子的化学位移只是用来确定其二级结构，但在某些条件下也可直接地用来计算其三级结构。

表 18-1　20 种氨基酸 H^{α}的 CSI 化学位移

氨基酸残基	H^{α}距离/ppm	氨基酸残基	H^{α}距离/ppm
Ala	4.35±0.10	Met	4.52±0.10
Cys	4.65±0.10	Asn	4.75±0.10
Asp	4.76±0.10	Pro	4.44±0.10
Glu	4.29±0.10	Gln	4.37±0.10
Phe	4.66±0.10	Arg	4.38±0.10
Gly	3.97±0.10	Ser	4.50±0.10
His	4.63±0.10	Thr	4.35±0.10
Ile	3.95±0.10	Val	3.95±0.10
Lys	4.36±0.10	Trp	4.70±0.10
Leu	4.17±0.10	Tyr	4.60±0.10

3. 氨基酸种类的核磁共振谱峰归属

对 NMR 谱峰的归属是一项非常沉重、繁难的任务，现在仍然主要依靠人工来识别和确认，尽管已有一些用计算机来识别 NMR 谱的软件，但并不完善，还是需要人来作最后的确认。确认 NMR 谱对三维蛋白质分子的计算至关重要。首先我们必须尽可能多地确认 COSY 和 TOCSY 谱中的非对角线上的谱峰，从这些谱峰归属中我们可以得到蛋白质分子序列中的每一个氨基酸中所有氢核的化学位移。对于氨基酸数目小于 80 的蛋白质分子可用同核 COSY、TOCOSY 及 NOESY 谱，具体归属方法可参照 Wüthrich 提供的一般方法。此方法早已被广泛采用，并且在教科书上被当作学习蛋白质分子 NMR 的基本教材。

4. 蛋白质分子氨基酸序列归属

从 COSY 及 TOCSY 光谱中我们能确定具有中小分子质量的蛋白质分子中的氨基酸种类，但是我们并不知道某种氨基酸在分子中的位置。例如，从 COSY 及 TOCSY 光谱的归属中，我们知道某种蛋白质分子中有 5 个脯氨酸，但我们不能确定这 5 个脯氨酸分别在蛋白质分子中具体的位置。为了确定氨基酸在分子中的排列，我们必须用到 NOESY 谱，因为 NOESY 谱能提供各相邻氨基酸质子之间通过空间的偶极–偶极相互作用而产生的谱峰。

一般说来，对于在二面角所允许的范围内，我们至少能从 NOESY 谱中找到一个由两个相邻氨基酸的氢原子所产生的谱峰，例如在大多数情况下，我们总能找到由 H^{α}_{i}-H^{N}_{i+1}，H^{N}_{i}-H^{N}_{i+1}，H^{β}_{i}-H^{N}_{i+1} 等氢原子对产生的 NOESY 谱峰，这里 i 和 i+1 分别指蛋白质序列中第 i 及第 i+1 个氨基酸。这些谱峰的强弱，取决于两个氢原子在空间的距离，这些距离一般在 1.8~5.0Å。我们还可以从这些谱峰的强度来确定蛋白质分子的二级结构。例如，对α螺旋而言，$d_{NN}(i，i+1)\approx 2.8$Å，$d_{\alpha N}(i，i+1)\approx 3.5$Å；对$\beta$折叠来说正好相反，$d_{NN}(i，i+1)\approx 4.3$Å，$d_{\alpha N}(i，i+1)\approx 2.2$Å。表 18-2 中列出二级结构各相邻氢原子之间的距离图 18-1 中列出对应于表 18-2 中的二级结构图解。

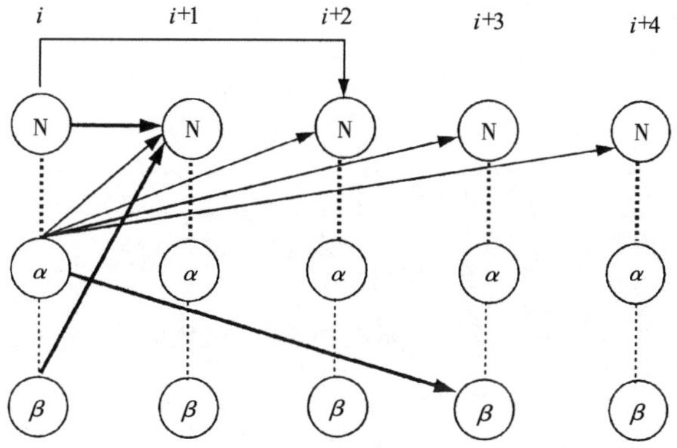

(a)

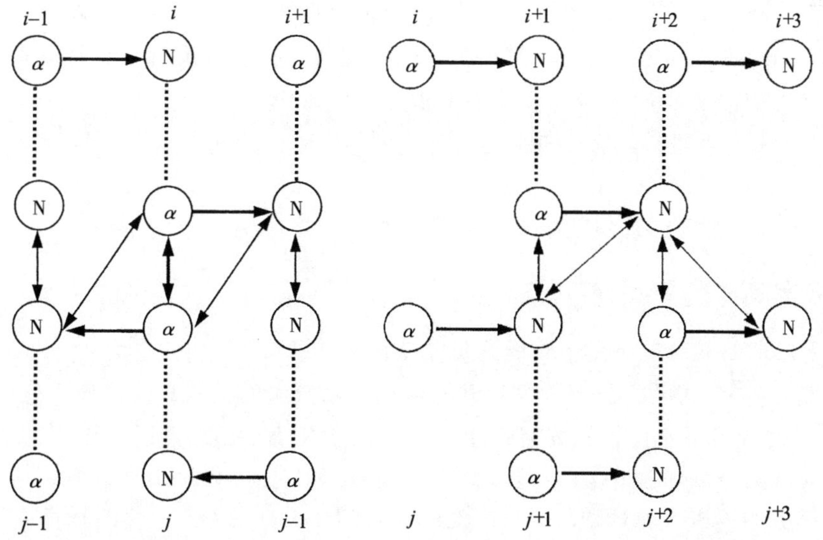

(b)　　(c)

图 18-1

(a) α螺旋结构：点线代表外部残基 NOE，实线代表内部残基 NOE，粗线代表短程 NOE(<3Å)，中等粗线代表中程 NOE(3~4Å)，细线代表长距离 NOE(>4Å)，箭头代表双螺旋的方向；(b) 反平行β折叠结构，双箭头代表链内 NOE，其余同(a)；(c) 平行与反平行 β 折叠结构：符号同(a)

表 18-2 由 NOE 实验获得的能够识别蛋白质二级结构的近距离数据[a] (单位：Å)

距离[b]	α螺旋	3_{10}螺旋	β折叠		I 型转折	II 型转折
			反平行	平行		
$d_{\alpha N}(i，i)$	2.7	2.7	2.8	2.8	2.8/2.8	2.7/22
$d_{\alpha\beta}(i，i)$	2.2~2.9	2.2~2.9	2.2~2.9	2.2~2.9	2.2~2.9	2.2~2.9
$d_{\beta N}(i，i)$	2.0~3.4	2.0~3.4	2.4~3.7	2.6~38	2.0~3.5	2.0~3.4/3.2~4.0
$d_{\alpha N}(i，i+1)$	3.5	3.4	2.2	2.2	3.4/3.2	2.2/3.2
$d_{NN}(i，i+1)$	2.8	2.6	4.3	4.2	2.6/2.4	4.5/2.4
$d_{\beta N}(i，i+1)$	2.5~3.8	2.9~3.0	3.2~4.2	3.7~4.4	2.9~4.1/3.6~4.4	3.6~4.4
$d_{\alpha N}(i，i+2)$	4.4	3.8		3.6	3.3	
$d_{NN}(i，i+2)$	4.2	4.1		3.8	4.3	
$d_{\alpha N}(i，i+3)$	3.4	3.3		3.1~4.2	3.8~4.7	
$d_{\alpha\beta}(i，i+3)$	2.5~4.4	3.1~5.1				
$d_{\alpha N}(i，i+4)$	4.2					
$d_{\alpha N}(i，j)$			3.2	3.0		
$d_{NN}(i，j)$			3.3	4.0		
$d_{\alpha\alpha N}(i，j)$			2.3	4.8		

[a] 数据来自 Wuthrich，Billeter，et al. 1984. J Mol Biol，180(3): 715~740.

[b] $d_{\alpha\beta}(i，j)$表示 i 残基中与原子α相连的氢原子和 j 残基中与原子β相连的氢原子。

当然，理想情况并不存在，序列归属不可能从 NOESY 谱中全部找到。序列在某些地方总有一些断裂，引起断裂的原因有下面几种。

(1) 两个或是两个以上的邻位氨基酸主骨架上的 H^N 或是 H^α的化学位移相当接近或是部分重叠。

(2) 由于水能产生非常强的 NMR 谱峰，并且其化学位移常常位于氨基酸中 H^α的化学位移附近而强烈地干扰 COSY 或 TOCSY 中各氨基酸 H^α化学位移归属的确认，我们可以用在不同温度下的 COSY 或 TOCSY 实验来确定 H^α的归属。因为水分子的化学位移受温度的影响很大，而 H^α的化学位移对温度并不敏感。

(3) 当蛋白质序列中有脯氨酸时也引起序列归属确认的断裂，因为脯氨酸中没有 H^N 原子。

(4) 随着蛋白质分子质量的增大，自旋扩散效应增加。

5. 用于 NMR 实验数据处理的软件

用计算机来处理多维 NMR 实验数据是 NMR 实验室日常工作的一部分。由于计算机处理速度的限制，早期 NMR 数据处理是一项非常繁杂而又冗长的工作，进入 20 世纪 90 年代后已有很多商业化和免费的软件可用来处理 NMR 数据。很多实验室使用商业化的软件，其原因是数据的处理已流程化，即处理后的数据可直接用来计算结构，并且可直接从计算机的屏幕上观测到，同时检测其计算的结果。另外商业化的软件有较好的人机界面，操作非常方便，同时软件公司还会给购买者提供免费的咨询服务。Felix 是一个被广泛使用的 NMR 数据处理的商业化软件，可完成从数据处理到结构的计算。Tripos 公司也提供类似 Felix 的从数据处理到结构计算的软件包。

许多大一些的 NMR 实验室也发展了不少自用软件，且免费提供，其中比较好的且已广泛地被其他的实验室使用的软件有：

NMRView (http://www.nmrview.com/)

NMRPipe (http://spin.niddk.nih.gov/bax/software/NMRPipe/)

SPARKY (http://www.cgl.ucsf.edu/home/sparky/)

XEASY (http://www.mol.biol.ethz.ch/wuthrich/software/)

GIFA (http://www.cbs.univ-montp1.fr/GIFA/)

PRONTO (http://mail.crc.dk/chem/pronto/)

按一般约定，如果使用了这些免费软件，在发表文章时，都应该在文章中引用。另外某些软件可能会要求使用者注册或许要收取少量的注册费用。

第二节　蛋白质三维结构计算的一般方法

当蛋白质分子的 NOESY 谱峰的归属确定之后，剩下的就是怎样用这些 NOESY 谱峰强度来计算三维结构，图 18-2 给出结构算法的流程图。

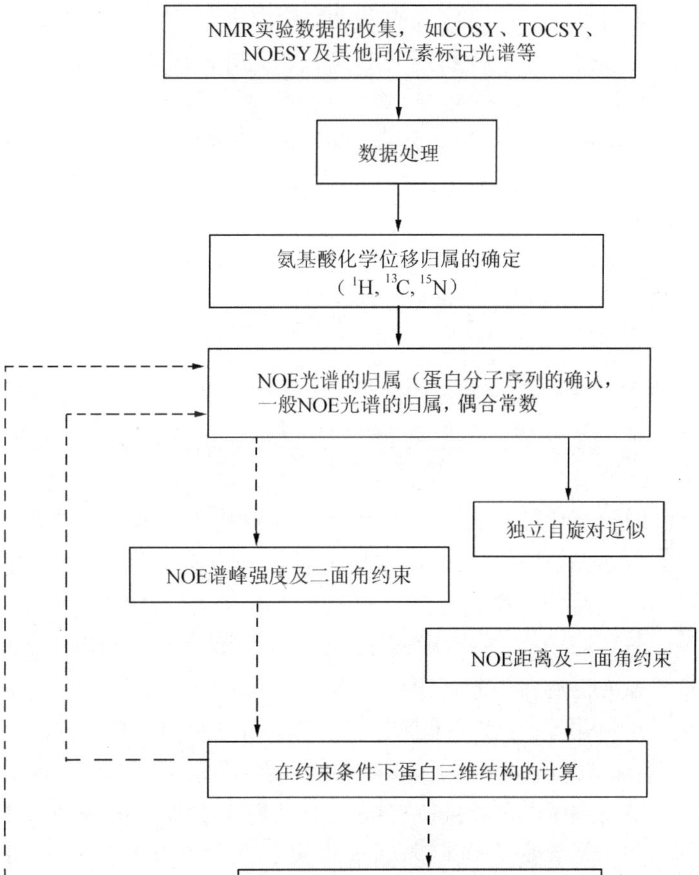

图 18-2　通过 NMR 技术测定蛋白结构的流程图

通过 NMR 技术测定蛋白质结构共含有以下几项工作：

(1) 完成一系列 NMR 实验；

(2) 数据处理；

(3) 确定各氨基酸氢原子核的化学位移，如有同位素标记的话还要确定 ^{15}N 及 ^{13}C 化学位移的归属；

(4) 从不同 COSY 实验中得到偶合常数，再用已知二面角同偶合常数的数学关系导出二面角的上下限值；

(5) 蛋白质分子中氨基酸序列的确认及 NOESY 谱峰的归属；

(6) NOE 约束(NOE constraint)的选择。

可用独立自旋对近似(isolated spin pair approximation，ISPA)来估算氢核之间的距离约束，或直接用 NOE 谱峰强度及二面角来作为约束找到满足距离和角度或者强度和角度的实验约束的蛋白质结构。通常，我们必须计算几十个或上百个结构，再从这些结构中找出最好的 10~20 个结构来代表可能的蛋白质结构。这个计算过程将会在 NOE 谱峰的归属及结构计算之间重复多次，因为有些 NOE 谱峰不可能在第一次就找到惟一的归属，我们只好从多次结构计算中找到惟一的归属。另外，这些选出来的最好的结构集合(ensamble of structure)还必须在距离及二面角的约束下通过能量最小化的计算(restrainted energy minimization)。如果是直接用 NOE 强度作约束的话，我们还可从得到的结构反过来计算 NOESY 谱，来比较计算的光谱同实验的光谱是否一致。下面我们将对每一个过程给出更详细的描述。

一、计算蛋白质结构 NOESY 法的理论基础

当观察蛋白质分子的多维 NOESY 谱(图 18-3)时，我们会对如此复杂的图形感到惊愕，同时也会对如何解释 NOESY 谱所提供的如此丰富的蛋白质分子结构及动力学信息感到困扰。

显然，只有借助于高速计算机，我们才能有效地从 NOESY 谱中挖掘出计算蛋白质结构不可缺少的信息。一般来说，人们通常用两种不同方法来分析蛋白质分子的 NOESY 谱，一种是几何的，而另一种是物理的。对几何方法而言，人们从 NOESY 的谱峰的强度上得到非常近似的氢原子核之间的距离约束，当然我们必须做出一些假设，例如蛋白质分子是刚性的和独立自旋对近似(ISPA)。

通过假设刚性分子我们可省去非常复杂的分子内部运动的计算，只需考虑整个分子的无方向的滚动(isotropical overall tumbling)，因此我们可以得到 NOESY 谱密度函数(spectra density function)同两个氢核之间距离的简单关系。另外通过 ISPA 假设我们就能从 NOE 强度直接估算两个氢核之间的距离。几何方法被广泛应用于蛋白质分子的计算，并且可得到相当一致的整体蛋白质结构，但是在一些由短距离氢核距离所定义的结构细节上会得到不正确的结果。在物理方法中，我们不假设 ISPA，而是用一些简化了的模型来描述分子的内部运动，并且直接用 NOESY 的谱峰强度作为结构计算的约束。

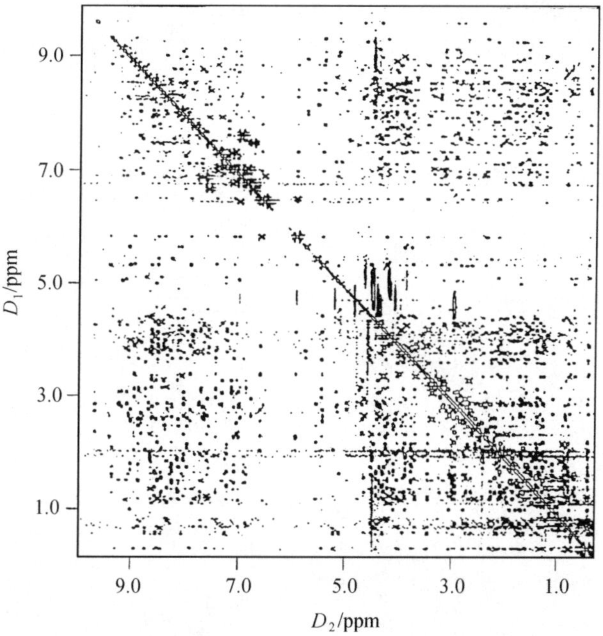

图 18-3 有 65 个氨基酸残基的蝎神经毒(CsE-v5)蛋白的 NOE 谱

1. NOESY 半经验理论

对一个具有 N 个氢核的体系而言，在只有偶极–偶极的相互作用时，这 N 个氢核在强磁场下所产生的交叉弛豫现象(cross relaxation)可用式(1)来描述

$$A=A_0\mathrm{e}^{-R\tau_m} \tag{1}$$

式中，A 是一个 $N\times N$ 的矩阵，其矩阵元 A_{ij} 是 NOESY 谱中来自于第 i 个及第 j 个质子基团分别位于共振的拉莫频率(Larmor frequency) ω_i 及 ω_j 时其相互作用所产生的谱峰的积分强度。并且

$$A_{ij}(\tau_m=0)=n_i\left(\frac{M_0}{N_\mathrm{p}}\right)\delta_{ij} \tag{2}$$

是矩阵的对角元素，是在 $\tau_m=0$，即混合时间为零时，第 i 个质子基团在 NOESY 谱中沿对角线的谱峰强度，所有对角线上谱峰的个数等于蛋白质分子中质子团的个数，并且对应于一维 NOESY 谱。n_i 是第 i 个质子基团中质子的个数，一般 n_i=1，2 或 3。对 CH_3 而言，由于其对称性，NOESY 中只有一个峰出现，而贡献却来自于 3 个质子，对应于 H^{α}质子，n_i=1。对 CH_2 而言，如果两个质子的化学位移不重合，一般有两个谱峰，否则在 NOESY 中只有一个谱峰出现。

$$\delta_{ij}=\begin{cases}1, & i=j\\ 0, & i\neq j\end{cases} \tag{3}$$

M_0 是平衡态时的磁化强度，N_p 是蛋白质分子中所有质子的个数。

R 是一个 $N\times N$ 的弛豫矩阵，其非对角矩阵元为

$$R_{ij}=n_i(W^{ij}{}_2-W^{ij}{}_0) \tag{4}$$

对角矩阵元为

$$R_{ij}=2(n_i-1)(W^{ij}{}_1+W^{ij}{}_2)+\sum_{j=1,j\neq i}^{Ns}n_j\,(W^{ij}{}_0+2W_{ij}{}^{ij}+W^{ij}{}_2) \tag{5}$$

式中，N_s 是总的质子基团的个数，即

$$N_p=\sum_{j=1}^{Ns}n_j \tag{6}$$

在式(4)及式(5)中，W_0，W_1 及 W_2 分别是零级、一级和二级量子跃迁的概率，其具体的公式为

$$\begin{cases} W_0^{kj}=QJ_{kj}^{00}(\omega_k-\omega_j) \\ W_{1k}^{kj}=\dfrac{3}{2}QJ_{kj}^{00}(\omega_j) \\ W_2^{kj}=6QJ_{kj}^{00}(\omega_k+\omega_j) \\ Q=\left(\dfrac{2\pi}{5}\right)\gamma_p^4\eta^2 \end{cases} \tag{7}$$

式中，γ 是质子的旋磁比(gyromagnetic ratio)，η是除以 2π的普郎克常数。假定蛋白质分子是刚性的，则光谱密度函数可简化为

$$J_{ij}^{00}(\omega)=\frac{1}{4\pi r_{ij}^6}\left(\frac{\tau_m}{1+\omega^2\tau_m^2}\right) \tag{8}$$

式中，τ_m 是刚性分子的无方向滚动轴重新定向时的相应时间，r_{ij} 是两个质子或质子团之间的距离。在一些文章及书中

$$Q\equiv\frac{1}{10}\gamma_p^4\eta^2r^{-6}\left(\frac{M_0}{4\pi}\right)^2 \tag{9}$$

从式(7)和式(8)可得到式(9)，这时公式(8)变成了 $\left[\dfrac{\tau_M}{1+\omega^2\tau_M^2}\right]$，为了方便计算，在这里我们给出 Q 中的各量的数值及其单位：

$\gamma_p=2.675\ 198\ 775\times10^8/(\mathrm{s\cdot T})$；

$\eta=1.054\ 588\ 757\times10^{-34}\mathrm{Js}$；

$M_0=4\pi\times10^{-7}\mathrm{N/A^2}$；

$\mathrm{J=m^2kg/s^2}$；

$\mathrm{N=mkg/s^2}$；

A=amper；

$\mathrm{T=kg/(s^2\cdot A)}$

r 是以 m 为单位的距离。

2. ISPA 方法

在式(1)中我们可以用泰勒级数来表示

$$A(\tau_m)=I-A(0)R\tau_m+\frac{A^2(0)\tau_m^2R^2}{2!}+\cdots \tag{10}$$

假定$\tau_m\to 0$，式(10)可简化为

$$A_{ij}(\tau_m)=(\delta_{ij}-R_{ij}\tau_m)n_j\frac{M_0}{N_p} \tag{11}$$

式中，$A_{ij}(\tau_m)$是 A 矩阵中的矩阵元，从式(11)中我们可以看出 $A_{ij}(\tau_m)$同蛋白质分子中所有的质子团之间的距离及其动力学有关，这就是所谓的自旋扩散效应(spin diffusion effect)。在式(11)中 $A_{ij}(\tau_m)$只同质子团 i 及 j 之间的距离及其动力学有关，如果蛋白质分子是刚性的，用式(4)、式(7)、式(8)和式(11)，我们可得到计算 i 及 j 质子团间的距离的近似公式

$$r_{ij}=r_{kl}\left(\frac{A_{kl}n_j}{A_{ij}n_l}\right)^{\frac{1}{6}} \tag{12}$$

式(12)就是 ISPA 的结果，即两质子之间的距离反比于其 NOESY 谱中谱峰强度的 1/6 次方，式(12)中的系数用 C 表示如下

$$C=r_{kl}\left(\frac{A_{kl}n_j}{n_l}\right)^{\frac{1}{6}}$$

比如说在 NOESY 的非对角线上，找一个 H^{β}_1–H^{β}_2 所产生的谱峰，测定其强度，因为 H^{β}_1–H^{β}_2 的距离是固定的(约 2.2Å)，因此我们可算得任意两个质子间的距离(假定每个质子团只有一个质子)，即

$$r_{ij}=\frac{C}{(A_{ij})^{\frac{1}{6}}} \tag{13}$$

二、二面角约束的计算

除了质子对之间的距离约束之外，为了得到高质量的蛋白质结构，我们还必须从 NMR 实验中得到非常重要的通过 3 个共价键相连的邻位偶合常数(vicinal coupling constant)。应用 Karplus 公式，我们从这些偶合常数中可得到蛋白质分子的二面角的数值，一般常用的偶合常数有

$$\begin{cases}{}^3J_{NH_\alpha}(\theta)=6.4\cos^2\theta-1.4\cos\theta+1.9\\ {}^3J_{\alpha\beta}(\theta)=9.5\cos^2\theta-1.6\cos\theta+1.8\\ {}^3J_{N\beta}(\theta)=-4.4\cos^2\theta+1.2\cos\theta+0.1\end{cases} \tag{14}$$

式中，$^{3}J_{NH_\alpha}(\theta)$ 指的是主骨上 NH 及 $C^{\alpha}H$ 之间的偶合常数。从 $^{3}J_{NH_\alpha}$ 的测定中，我们能得到沿主骨的 N_i-C^{α}_{i}之间的二面角φ_i，i 指第 i 个氨基酸。$^{3}J_{NH_\alpha}$ 及 $^{3}J_{\alpha\beta}$可从 DQF-COSY 实验中得到，从 $^{3}J_{\alpha\beta}$的测定中我们可得到侧链 C^{α}_{i}-C^{β}_{j}之间的转动角 χ_1。图 18-4 给出多链肽中各转动角的定义。

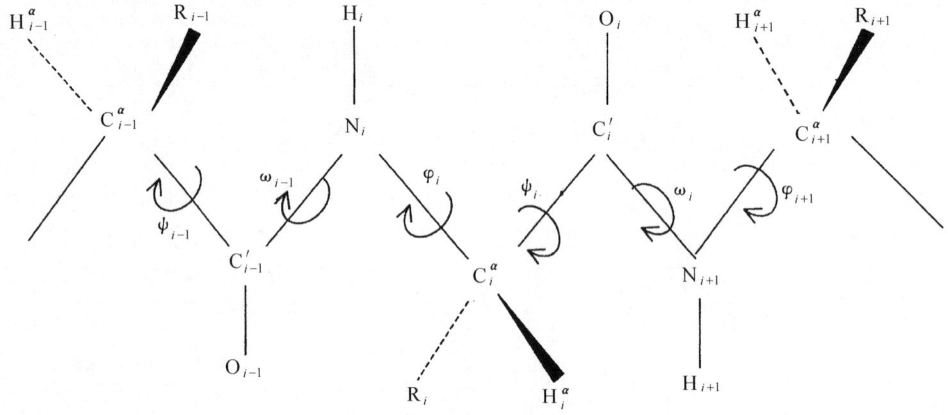

图 18-4　多肽骨架链二面角的确定

这些二面角可给我们提供非常重要的蛋白质分子的局部结构。除这些能从实验中得到的二面角的数值，我们还可以从已测定的蛋白质的晶体结构及 NMR 结构中各氨基酸的φ、ψ、χ_1、χ_2等角度的统计分布中得到这些角度的粗略上下限约束值。利用这些角度的约束值不但可减少结构的计算时间，而且能得到更高质量的蛋白质结构。从 $^{3}J_{\alpha\beta_{1,2}}$的测定及其对应的 H^{α}-H^{β}NOESY 峰的强度的测定，我们还可确定 CH_2 中两个 H 原子的立体结构(stereo specific assignment)。

三、估算 NOESY 距离约束的各种方法

应用 ISPA 方法我们可得到估算 NOESY 距离的一般公式［式(12)］，在此方法的基础上我们还可应用几种更简化的估算方法，其中之一是

$$r_{ij} = K\left(\frac{1}{A_{ij}}\right)^{\frac{1}{n}}$$

式中，n=4 或 n=5，K 是比例常数(scaling constant)，K 可从一些已知的质子对之间的距离来确定，例如从二级结构中的 H^{α}_{i}-H^{α}_{i+1} 及 H^{N}_{i}-H^{N}_{i+1} 之间的距离来确定。

另一种估算公式是把 NOESY 的谱峰按强度分为：强、中、弱三类，其对应的两氢核之间的距离上限约束大致分为 2.7Å、3.3Å 和 5.0Å，而下限则是两个氢原子相接触时的最小范德华(VDW)距离，其距离一般定在 1.8Å。

四、二级结构的约束

如果我们从 NOESY 谱峰的归属中已得到蛋白质分子的二级结构，则二级结构的约束也能用来作三维结构的计算。例如在 NOE 的测定中如果 H^N_i–H^N_{i+1} 的谱峰的强度是强或中(约 2.8Å)，H^{α}_i–H^N_{i+1} 的峰强度是中或弱(约 3.5Å)，H^{α}_i–H^N_{i+3} 是中或弱(约 3.5Å)，H^{α}_i–H^{β}_{i+3} 是中或弱(3~4Å)，H^N_i–H^N_{i+2} 是弱(4.0Å)，H^{α}_i–H^N_{i+4} 是弱(约 4.0Å)，并且发现至少 4 个以上这类不间断的氨基酸氢原子对的谱峰强度分布(例如 i=10~14)，则可肯定从第 10 个氨基酸到第 14 个氨基酸生成α螺旋结构，当然我们不可能找到上面所指的所有谱峰来证实螺旋结构的存在，只要能找到属于强、中强度的谱峰就够了。此时我们可以对生成α螺旋结构的这些距离约束作一些校正，使这些距离约束在更小一些的范围内变动。例如对 H^N_i–H^N_{i+1} 的距离限制在(2.8±0.3)Å 之间变化而对 H^{α}_i–H^N_{i+1} 限制在(3.5±0.3)Å 之间，其二面角φ_i可限制在(–60°±20°)之间。对β折叠结构而言，我们一般能找到非常强的 H^{α}_i–H^N_{i+1} 的谱峰(约 2.2Å)及弱的 H^N_i–H^N_{i+1} 的谱峰(约 4.2Å)，其他的如 H^N_i–H^{α}_{i+1}，H^N_i–H^N_{i+1} 则是很弱，不易找到。这时 H^{α}_i–H^N_{i+1} 之间的距离约束可限制在(2.2±0.3)Å 之间变化。如果已确定是反平行的β折叠二级结构，其相应的二面角φ_i可限制在(140°±20°)；若是平行的β折叠，其相应的二面角φ_i则可限制在(–120°±20°)。另外我们还可用 H—O 之间的氢键的距离约束来进一步强化二级结构的生成，一般 H—O 的氢键的距离约束可定在(2.1±0.3)Å 之间。

五、其他类型实验数据的约束

除了前面所讲的约束之外，我们还可把化学位移约束加到已知的实验约束中来，进一步优化蛋白质结构的计算，事实上化学位移早已被用来定性地探测多肽是否有α螺旋或β折叠之类的二级结构。最近几年化学位移的约束已被用到蛋白质结构计算当中，其方法是找到已测定三维结构的蛋白质分子的各类氨基酸中的 H^N、H^{α}、$^{13}C^{\alpha}$、$^{13}C^{\beta}$和 ^{15}N 的化学位移同二面角之间的经验相关性，并由这些相关性建立一个各原子二面角的统计分布图，比较待测分子中的各氨基酸的 H^N、H^{α}、$^{13}C^{\alpha}$、$^{13}C^{\beta}$和 ^{15}N(如果待测分子已被标记)的化学位移在相应的化学位移二面角相关图中的位置，我们就能得到待测分子中各氨基酸二面角的约束。另外一个重要的实验约束来自于蛋白质分子中由半胱氨酸对所生成的二硫键，由于二硫键约束可大大增加结构计算的收敛性，并增进蛋白质结构的整体叠合，二硫键的约束被广泛应用于结构计算中。其约束极限是两个硫原子之间的键长固定在(2.0±0.2)Å，C^{β}与 S 原子之间的键长固定在(3.0±0.2)Å。

第三节　蛋白质结构的计算

当我们收集到足够多的 NMR 实验数据并由此得到了许多分布于整个蛋白质分子中各氢原子之间的距离、各氨基酸主链及侧链的二面角、二硫键等实验约束后，我们能否找到一个满足所有这些实验约束的三维蛋白质结构？如果能找到的话，要用什么样的计算方法呢？抽象成数学问题就是，找到一个有 N 个自变量，M 个约束条件的函数的最小值，这是一个相当复杂的数学问题。因为这个函数有成百上千个自变量(如所有蛋白质分子的二面角或是所有氢原子的三维坐标)及几百或是几千个距离、二面角、二硫键等实验约束，要得到这个函数的最小值并非是一件容易的事。

用 NMR 实验数据来计算蛋白质的三维结构，需要建立一个目标函数，除了包括从实验中导出的约束函数之外，还可以包括一些蛋白质分子的能量函数。目标函数的一般形式可看为各类约束函数之和。

1. 度量矩阵几何法

度量矩阵几何(metric matrix distance geometry，MMDG)法被最早用于计算蛋白质的三维结构。在 MMDG 方法中并不考虑任何有关分子的物理量，而只考虑所有原子在三维空间满足实验距离约束的排列。抽象为数学语言后我们想解决的问题为：给出 N 个在三维空间中不重叠的点，并且给出这 N 个点之间的距离矩阵的上限及下限，能不能找到这 N 个点在空间的三维坐标(X_i，Y_i，Z_i)，这里 i=1，…，N，并且满足关系式(15)：

$$l_{ij} \leqslant |r_i - r_j| \leqslant u_{ij} \tag{15}$$

其中

$$|r_i - r_j| = [(x_i - x_j)^2 + (y_i - y_j)^2 + (z_i - z_j)^2]^{\frac{1}{2}}$$

式中，u_{ij} 及 l_{ij} 分别是点 i 及点 j 之间距离的上限及下限。显然，如果我们能解决上面的数学问题，我们也就能从蛋白质分子的 NMR 实验中得到蛋白质分子的结构。因为从 NOESY 实验中我们所能得到的正是各氢原子之间距离的上下限。我们对这个问题的答案是：可以。人们已经证明只要给出三维空间中 N 点之间的距离，我们可以得到这 N 点在三维空间的坐标，但并不能得到以这 N 个点为整体的转动、平移等。建立在 MMDG 理论上的算法有 DG-II、DISGEO 及 XPLOR/DG 等程序。由于有限的实验距离上下限的约束，其距离矩阵 $D_{ij}=|r_i-r_j|$及度量矩阵 $G_{ij}=|r_i-r_j|$中有许多零矩阵元。一般距离的上限约束来自 NOESY 实验，而下限就用原子的 VDW 半径。对没有实验上限约束的矩阵元，人们一般取较大的距离作为距离约束的上限初始值，而下限的初始值则定为零，而一些正确的距离约束可从已知的共价键的键长和键角中得到。通过不断应用 MMDG 理论中的三角不等性原则(triangle inequality)，即原子之间的距离必须满足：$u_{ij} \leqslant u_{ik} + u_{jk}$ 及 $l_{ij} \geqslant l_{ik} - l_{jk}$，其中 i、j、k 是空中的 3 点，u_{ij} 和 l_{ij} 是点 i 及点 j 之间的距离约束的上限及下限。

我们可以慢慢地使距离的上下限约束变得光滑起来(bond smoothing)，从而得到蛋白质的三维结构。一般用 MMDG 方法我们可得到蛋白质分子的正确折叠，但是整个结构离真实结构还差很远。这些具有正确折叠的结构通常在许多地方有很多的几何变形，一些原子间的距离小于 VDW 的接触距离及手征错误等，因此由 MMDG 所得到的结构必须通过能量最优化的计算来除去这些明显的错误。在通过能量最优化计算之后，这些结构还要通过在距离约束下分子动力学计算(如 X－PLOR/DG)来得到最终的蛋白质分子的三维结构。

2. 分子动力学模拟韧化算法

分子动力学模拟韧化算法中目标函数可写成分子的总势能的形式

$$E_{ed}=E_{covalent}+E_{repel}+E_{NOE}+E_{dih} \tag{16}$$

其中

$$E_{covalent}=\sum_{bond}K_b(r-r_0)^2+\sum_{angle}K_\theta(\theta-\theta_0)^2+\sum_{improper}K_\omega(\omega-\omega_0)^2 \tag{16-1}$$

$E_{covalent}$ 函数主要用于保持分子共价键的键长(bond length)、键角(bond angle)、手性(chirality)及其平面(planarity)的不变性，因为分子的这些物理量是不会随分子的三维结构变化。K_b、K_θ、K_ω分别是键长、键角及广义转动角(improper torsion)的力常数(force constant)，这些力常数一般都选用较大的数值，这样在整个结构计算过程中保证分子的基本物理量不变。r、r_0、θ、θ_0、ω、ω_0 分别为实际上的及理论上的键长、键角及广义转动角。

$$E_{repel}=\begin{cases}0 & r\geqslant sr_{min}\\ K_{vdw}(s^2r_{min}^2-r^2)^2 & r\leqslant sr_{min}\end{cases} \tag{16-2}$$

E_{repel} 用来保证两个非键原子对之间的标度距离必须大于两原子的最小 VDW 半径。其函数形式是用 Lennard-Jones 势能来表示的，s 是标度常数(scaling constant)，一般在 0.8~1.0 之间。

$$E_{NOE}=\begin{cases}K_{NOE}(r_{ij}-r_{ij}^u)^2 & r_{ij}>r_{ij}^u\\ 0 & r_{ij}^l\leqslant r_{ij}\leqslant r_{ij}^u\\ K_{NOE}(r_{ij}-r_{ij}^l)^2 & r_{ij}<r_{ij}^l\end{cases} \tag{16-3}$$

E_{NOE} 来自于 NMR 实验的距离约束。对于一给定的三维结构，r_{ij} 是 i 和 j 氢原子之间的距离，r_{ij}^u 来自于实验的 i 和 j 氢原子的距离约束的上限，r_{ij}^l 是其距离约束的下限。

当 i 和 j 氢原子的实际距离大于或等于约束距离的下限但小于或等于约束距离的上限时，我们说实际距离满足实验距离的约束，其 E_{NOE} 值为 0，否则 E_{NOE} 值将大于 0。

同样对来自实验的二面角的约束我们有

$$E_{dih}=\begin{cases}K_{tor}(\varphi_i-\varphi_i^u)^2, & \varphi_i>\varphi_i^u\\ 0 & \varphi_i^l\leqslant\varphi_i\leqslant\varphi_i^u\\ K_{tor}(\varphi_i-\varphi_i^l)^2, & \varphi_i<\varphi_i^l\end{cases} \tag{16-4}$$

这里 φ_i^u、φ_i^l 分别是二面角约束的上限和下限，K_{NOE} 及 K_{tor} 分别是距离和二面角约束的力常数。通常所有的力常数都要选择一个适当的比例，既要保持分子的键长、键角等非常接近于对应的理想值，但又要尽量使氢原子之间的非键合的距离不要违反实验距离的约束。对于 r^l，我们一般选其对应的两个氢原子硬球模型的 VDW 半径之和，大约在 1.8Å。在目标函数中，原子的 X、Y、Z 坐标及其二面角φ、ψ、χ 等是独立的自变量。分子动力学模拟韧化算法已被广泛应用于蛋白质结构的计算当中，其代表程序是 X-PLOR，该程序已商业化。当然对非营利性的大学或研究机构而言，旧一些的版本也可免费得到。

其算法是建立在用数学方法来解析蛋白质分子的牛顿运动方程式的基础上，从而得到分子运动轨迹。从牛顿运动方程式的数字解中我们希望找到能满足所有实验约束的蛋白质分子的所有可能构象。对有 n 个原子的分子，我们首先建立牛顿运动方程式(17)，即

$$\vec{F}_i = m_i \frac{\mathrm{d}^2 r_i}{\mathrm{d}t^2} \tag{17}$$

同时

$$\vec{\nabla}_i E = \vec{F}_i \tag{18}$$

式中，E 是分子的势能，即我们的目标函数。$\vec{\nabla}_i$ 是能量 E 对第 i 个原子沿坐标的导数。为了得到分子的轨迹，我们可以用数学积分法来求得 $\vec{r}_i$。在分子动力学的计算中，我们人为的加入一个温度参数，即把分子放在一个热浴中，然后在动力学的计算中慢慢地降低体系的温度，从 1000~2000K 降到室温的 300K。应用模拟韧化的目的是避免分子的势能被陷在一个非最小的势能位上。在应用 MDSA 方法计算分子结构时，为了加快计算速度，蛋白质分子的初始结构一般用 MMDG 方法来计算。首先由 MMDG 方法快速地算出几十个或上百个初始的次级结构，这些次级结构只能部分地满足实验数据的约束，并且原子间的键长、键角等物理量同正确的键长、键角相比还有较大的误差。用这些由 MMDG 方法得出的次级结构作为 MDSA 的初始输入结构，不但能加快计算的速度，并且还能得到较高的收敛性。

最近分子动力学算法又有了新的发展，在此新算法中，自变量从原子的笛卡儿坐标换成了以二面角作为自变量，从而大大减少了自变量的数量，使用时也有更好的收敛性。

3. 密度约束和可变目标函数密度约束下结构的计算

如前所述，通过各氢核偶极间的弛豫作用产生的 NOESY 谱非对角线上的谱峰是测定蛋白质结构的基础，由这些谱峰所能得到的各氢核之间的距离不会超过 5.0Å。通常这些距离约束通过 ISPA 近似获得，并且 ISPA 方法只能用在非常短的混合时间时所测到的 NOESY 谱，因此所得到的非对角谱峰的信噪比都很小。如果用较长的混合时间(约 200ms)将会大大增加信噪比，但不幸的是由于自旋扩散的作用，应用 ISPA 所估算的距离约束通常具有很大的误差，这是因为 ISPA 忽略了所谓的多重自旋效应。建立在分析谱峰密度上的结构计算方法能解决自旋扩散的问题，通过计算分子整个弛豫矩阵，我们能分析有较长混合时间的 NOESY 谱，并得到更多及更强密度的谱峰，从而可得到更准确的结构及其动力学特性。到目前为止，已有好几个建立在分析 NOESY 谱峰密度矩阵 A 或弛豫速度矩阵 R 上的结构计算方法。

当用可变目标函数方法来计算在 NOESY 谱峰约束下的分子结构时，其目标函数的数学公式为

$$T_k(\Omega) = \sum_{\tau_\mathrm{m}} \sum_{\{ij|k\}} \left[\frac{[A_{ij}^{k,\mathrm{cal}}(\tau_\mathrm{m} \mid \Omega|) - A_{ij}^{k,\exp}(\tau_\mathrm{m})]^2}{W_{ij}} \right] \tag{19}$$

式中，W_{ij}是权重函数，定义为

$$W_{ij}=\left(|A_{ij}^{\exp}|+|A_{ij}^{\mathrm{cal}}|\right)^2$$

A_{ij}是矩阵 A 的第 ij 个非对角矩阵元，上标 exp 表示其积分密度来自 NOESY 实验，cal 则表示根据分子结构计算得到的积分密度，其矩阵 A 则由式(1)给出，Ω表示结构计算中的独立变量，即分子的二面角及分子的总体滚动相关时间或弛豫速率矩阵 R。理论上如果所有的计算得来的 A_{ij} 等于实际得到的 A_{ij}，则目标函数值 $T=0$，因此 $T=0$ 将是整体的极小值。但因为实验误差及理论上的近似，分子的动力学特性及其他原因，目标函数将总是大于 0。应用可变目标函数方法的目的是希望能有效地、可靠地找到目标函数的整体极小值而非局部的极小值。当然我们并不能保证用任何整体优化方法将会在一适当的计算时间内就能找到函数的整体极值，即找到一个函数的整体极值的计算时间同其函数的独立变量的个数呈指数增长。

可变目标函数的基本概念为在极小化过程中，函数的独立变量约束值是逐步增加的，并非一步到位，因此极小化过程也是分次进行，而非只进行一次，这样就提高了找到整体极值的机会。因为在某一次的极小化过程中，如果目标函数被陷在一个局部极小，则在下一步的极小化过程中由于新增加的约束值，原来的极小就再也不是目前的极小，使得极小化过程又能继续下去。在蛋白质结构的近似中，由于蛋白质分子只是一个重叠在一起的线性分子，故而可容易地将实验约束分类。首先我们定义相互作用的氢原子的范围，如果一个来自第 k 个氨基酸的氢原子作用来自第 l 个氨基酸的氢原子，那么我们说其相互作用范围为$(l-k)$，$(k=1，\cdots，N；l=1，\cdots，N$，且 $l\geqslant k)$。如果用$\{ij\}$来标记从 NOESY 实验中得到的谱峰的集合，那么$\{ij|0\}$则表示在范围 $k-1=0$ 内的谱峰集合。

显然，$\{ij|0\}$表示来自氨基酸内部的谱峰集合，即 A_{ij}^0。$\{ij|1\}$则表示两个相邻，即序列间及其包括$\{ij|0\}$的谱峰之集合，即包括在 A_{ij}^1 中约束的个数是$\{ij|0\}+\{ij|1\}$。总之，$\{ij|k\}$所包括的谱峰密度为 A_{ij}^k，约束的个数是$\{ij|k-1\}+\{ij|k-2\}+\{ij|k-1\}+\cdots+\{ij|0\}$且 $1\leqslant k\leqslant N_r$。最大的集合$\{ij|N_r-1\}=\{ij\}$，则包括所有从实验中得到的谱峰密度 $A_{ij}^{N_r-1}$约束的个数，其中 N_r是蛋白质分子氨基酸的个数。

在 $k-1=0$ 时，变分目标函数 $T_0(\Omega)$将只会收集所有来自 N_r个氨基酸之内的实验积分密度 $A_{ij}^{0,\exp}$ 的约束，并且函数 $T_0(\Omega)$的优化将会只针对其对应的 $A_{ij}^{0,\mathrm{cal}}$。

一般来说，$A_{ij}^{k,\mathrm{cal}}$的计算分为两步，首先假定分子是刚性的，对一给定的分子结构计算其对应的弛豫矩阵 R［式(4)，(5)］，然后算出积分谱峰密度矩阵 A［式(1)］。由于假定分子是刚性的，R 矩阵中的矩阵元 R_{ij}将是第 i 个及第 j 个氢核的距离、分子滚动的相关时间及其拉摩频率的函数。由于 CH_3的快速转动，对于 CH_3中两个氢核的相互作用，我们必须用到更为特殊的光谱密度函数(spectra density function)，对于同 CH_3有关的两个氢核间的距离，则可用(r^{-3})平均方法来确定对芳香环的翻转运动。为了最小化 $T_k(\Omega)$，首先必须给出要测定蛋白质分子的初始结构，如非叠合的线性分子或是其他任意结构。如果分子含有 50 个以上的氨基酸，其相关时间一般可用 10ns，如果分子只有 10 多个或是更少的氨基酸，则取 1.0ns。由这些初始值我们首先对 $T_0(\Omega_0)$求极小值，当 $T_0(\Omega_0)$被最小化之后，我们得到一个新的蛋白结构Ω_1，然后Ω_1被当作初始值再求 $T_1(\Omega_1)$的最小极值，同样 $T_1(\Omega_1)$最小化后得到的结构Ω_2被用来作为求 $T_2(\Omega_2)$极小

值的初始值，如此迭代下去，直到T_{N_r-1}的最小化。在这种算法中用不着以实验的 A_{ij} 来反算 R_{ij}。相反从一给定的蛋白质结构，计算程序通过改变分子三维结构来计算对应的 $A_{ij}^{k,\text{cal}}$，即首先由一给定的结构对所有的混合时间算出 R 矩阵和 A 矩阵，然后通过计算($A_{ij}^{k,\exp} - A_{ij}^{k,\text{cal}}$)得到 $T_k(\Omega_k)$，通过不断地变化分子的结构来找到 $T_k(\Omega_k)$的最小值。显然变分目标函数方法能更有效地避开局部极小值，从而有更多的机会找到整体极小值。这种方法已被成功地用来测定一个有10个对称氨基酸的环状多肽Gramicidin-S的三维结构及其他一些小蛋白质分子的结构。

4. 用 NOESY 峰强度作为实验约束的其他优化方法

除了变分函数方法之外，人们还应用了其他优化方法来求得目标函数的整体最小值，这些方法较之变分目标方法具有更好的收敛性，但同时也需要更长的计算时间。方法一是应用模拟韧化算法，同样以分子的二面角作为优化过程中的独立变量，由于模拟韧化算法能更有效地寻找目标函数的整体最小值，故在结构计算中蛋白质分子的初始结构选择就显得不重要了，常常初始结构就用随机的方法来确定。在此法中被优化的目标函数可写成

$$T(\Omega) = \frac{\sum_{\tau_\text{m}}\sum_{i,j}[A_{ij}^{\exp}(\tau_\text{m}) - A_{ij}^{\text{cal}}(\tau_\text{m},\Omega)]}{W_{ij}(A_{ij})} + \sum_i \frac{[\theta_{ij}^{\exp} - \theta_{ij}^{\text{cal}}]^2}{W(\theta)_i} \tag{20}$$

式中，W_{ij} 是一权重因子，θ_{ij} 可直接是 J 偶合常数或是由 J 偶合常数所得到的二面角。加合$\sum_{\tau_\text{m}}$ 表示 NOESY 谱是在不同的混合时间下所测定的，故 $A_{ij}^{\exp}(\tau_\text{m})$ 是一增长函数(build-up function)。在多个不同混合时间测定分子的 NOESY 谱能有效地去除在谱峰的测量中产生的较大误差所引起的在最优化过程中的计算错误。尽管直接用 NOESY 的谱峰作为实验约束能更准确的反应分子的动力学性质及结构，但由于 NOESY 峰强度的计算要求解大型矩阵的本征值及本征函数，并且结构优化过程要进行成千上万甚至更多次的这类运算，计算机速度不能达到要求，到目前为止，这种方法只能用于较小蛋白质分子的结构测定。

动力学方法也被用来计算在 NOESY 谱峰强度约束下的蛋白质结构，具体的算法比前面所提到的方法更复杂些。首先 DG 方法被用来得到一组最初始的结构，然后用 REM(restrained energy minimitation) 方法对这组初始结构进行能量最小化的计算，接着又对结构进行 RMD(restrained molecular dynamics)计算，然后再进行一次 REM 的计算。在这些 DG→REM→RMD→REM 的计算步骤中，只用到了 H—H 之间的距离约束，当然这些距离约束并非来自 ISPA 方法，而是建立在所谓的弛豫矩阵迭代近似(iterative relaxation matrix approach) 或 IRMA 方法上的，用 IRMA 方法可得到比 ISPA 更准确的距离约束。在最后一次的优化计算中，初始结构来自 DG→REM→RMD→REM 之后的最好结构，并采用 RMD 方法及 NOESY 在不同混合时间时的峰强度作为约束进行结构的最后优化计算。直接用 NOESY 谱峰强度作为约束来进行蛋白质的结构计算的一个主要缺点是其优化过程所需要的时间太长，因此大多数情况下，用这种方法来作结构计算时其初始结构一般来自于通过距离约束所算出的三维结构。由于这些初始结构已很接近

蛋白质分子的真实结构，故在谱峰强度的约束下的优化所需的计算时间可大大缩短，同时也避免了在目标函数最小化过程中被陷在局部极小值的问题。另外 **R** 矩阵中的动力学参数也不好确定。由于是用直接的实验数据作为约束条件，故一般来讲用这些优化后的最后结构反算出的 NOESY 谱峰应该同来自实验的谱峰非常类似，如果有较大的差别，则其算出的结构很可能被陷在某个局部极小值或者是一些谱峰的归属可能有错，在这种情况下应该仔细地检查其计算过程和 NOESY 谱峰的归属。

5. 精确距离约束的计算

由于 ISPA 方法只能得到非常近似的距离约束，一些迭代算法被用来进行更精确的距离约束的计算。其方法是建立在通过迭代方法从 NOESY 的谱峰强度来反算分子的弛豫矩阵，即

$$R = -\ln\left(\frac{A(\tau_{\mathrm{m}})}{A(0)}\right)/\tau_{\mathrm{m}} \tag{21}$$

由于 R 的非对角矩阵元是氢原子对之间距离的函数，故取 NOESY 实验中得到的 $A(\tau_{\mathrm{m}})$ 矩阵的自然对数，从原则上就得到弛豫矩阵 R。对分子质量较小蛋白分子，此方法不失为一好的选择，因为 NOESY 谱的分辨率较高，故矩阵 $A(\tau_{\mathrm{m}})$的非对角元素基本上能从谱中得到。但是由于实验条件的限制，分子质量较大或是信噪比较小的 $A(\tau_{\mathrm{m}})$矩阵将会有很多的未知元素，因此直接反算 R 所得到的距离将不会真实地代表真正的蛋白质分子中各氢原子之间的距离。一些研究小组已发展了一些很有用的迭代方法来反算弛豫矩阵 R，从而得到精确的距离约束，较为有名的算法有 IRMA 及 MARDIGRAS 等。

6. 时间及集合平均的 NMR(time and ensemble-averaged NMR)约束下结构的计算

在 NMR 实验中所收集的数据都来自 NMR 时间及结构集合的平均值，这是由溶剂中蛋白质分子结构的动力学性质所造成的。NMR 数据的收集时间一般在 10^{-3}~0.2s，分子已经经历了很多不同的构象(由于分子结构改变的时间一般为 10^{-9}s)，故所收集的数据只能代表分子的一个平均结构。而在结构计算中，我们一般要求所算的每一个结构都必须满足所有的 NMR 数据，即实验约束，而在计算中所得到的任一个结构都不能完全满足所有的约束，因此只有一组结构才能满足其实验数据的约束。既然如此，我们也能用时间平均或 Boltzmann 的权重集合平均的 NOESY 谱峰强度或距离来满足实验数据的约束。因此理论上计算出的强度矩阵或距离并非来自单一结构的贡献，即在目标函数中 A_{ij}^{cal} 被一个时间集合平均所取代

$$\left\langle A_{ij}^{\mathrm{cal}}(t)\right\rangle = \left[1-\mathrm{e}^{-\Delta t/\tau}\right]A_{ij}^{\mathrm{cal}}(t) + \mathrm{e}^{-\Delta t/\tau}A_{ij}^{\mathrm{cal}}(t-\Delta t) \tag{22}$$

式中，Δt 是 MD 积分的时间步长，τ是衰减函数的特征时间。如果用 Boltzmann 集合平均，则为

$$\left\langle A_{ij}^{\mathrm{cal}}(t)\right\rangle = A_{ij}(0)\exp\left[-\tau_{\mathrm{m}}\sum_{k=1}^{N}P_{\mathrm{k}}R(k)\right]_{ij} \tag{23}$$

式中，P_k是相对于构象k的Boltzmann权重，总的构象数为N，τ_m是NOESY实验的混合时间，这样目标函数可写成

$$T=\left[A_{ij}^{\exp}-\left\langle A_{ij}^{\text{cal}}(t)\right\rangle\right]W_{ij} \tag{24}$$

或

$$T=\left[A_{ij}^{\exp}-\left\langle A_{ij}^{\text{cal}}\right\rangle\right]W_{ij} \tag{25}$$

或

$$T=\left[A_{ij}^{\exp}-A_{ij}^{\text{cal}}\right]W_{ij} \tag{26}$$

如果是用距离约束我们也可得到同样的结果。应用时间或集合平均约束一般可得到比非集合平均要好一些的计算结果，因为蛋白质分子具有多重构象是显而易见的，这还可从计算和实验的NOESY谱的分析中看出。

第四节　蛋白质分子NOESY谱归属及结构的自动化确认和计算

尽管在蛋白质分子的计算中各类氨基酸中氢原子的NMR谱的归属及其对应的NOESY谱峰归属的确认是非常重要的一步，但准确而又可靠的三维结构的计算最终依赖于来自NOESY谱中总的距离约束的多少及这些距离约束的正确性。人为确认成百上千的NOESY谱峰的归属是既费时又费力，而且还常常出错，世界上现在已有几个研究小组正在尝试用计算机来进行自动化的NOESY谱的归属及其三维结构的计算。现在已有一些计算机软件能自动地确定NOESY谱的归属，并提取其对应的距离约束来计算结构。在计算机自动化结构计算中，最主要的困难来自于许多NOESY谱峰归属的多重性及其同一氢核化学位移在各种NMR光谱中的可变性。例如在同样的实验条件下，氢原子的化学位移在TOCSY及NOESY谱中有0.01~0.03ppm的差别，由于氢原子的化学位移的变化在0~10ppm之间，而且各类氢原子(如H^N、H^α、H^β等)的化学位移又挤在一个更小的范围内，化学位移的可变性及其NOESY谱峰的重叠可造成光谱归属的多重性。

1. 带有多重性距离约束的分子动力学的结构计算

在德国的欧洲分子生物学实验室中，由Nilges领导的小组应用了带有多重性距离约束的MD方法来处理这个问题。其方法是如果一个NOESY谱峰有两个或更多的可能归属，那么在结构计算中把所有可能的归属都包括在内，同时由这些可能的归属算出其对应的具有权重的距离约束，然后在MD计算中渐渐排除那些显然错误的归属，最后得到NOESY谱峰的惟一归属。

2. 自我修正距离几何方法

在美国德州的Sealy 结构生物学中心，由Braun领导的小组最近已成功地应用自我修正距离几何方法(self-correcting DG method，SECODG)计算出了两个小分子质量蛋白

分子的结构。在 SECODG 算法中，NOESY 谱的归属及其三维结构同时计算，通过不断的迭代，最后得到 NOESY 谱的归属，由其归属算出的三维结构。由于整个过程都是由计算机来处理，从而大大提高了处理 NOESY 谱归属及其结构计算的过程。

用 SECODG 方法进行谱峰归属及结构计算，要求我们已经从 COSY、TOCSY 实验中得到大多数氢原子的化学位移的归属，并且如果可能的话，一小部分的 NOESY 谱峰的归属也已获得。SECODG 方法是建立在所谓的结构筛选基础上的，即 SECODG 能探测到同大多数三维结构不相容的距离约束，并且从其对应的 NOESY 谱峰的归属表中去除，或是给出其他不同的归属。在结构计算方面，SECODG 采用的是能忍受错误距离约束的 DG 目标函数，并采用二面角作为独立变量。

SECODG 源自程序 DISMAN 及其继承者 DIANA，并应用可变目标函数方法来进行结构优化的计算。由于应用二面角为独立变量，待优化蛋白质分子的键长、键角等所有立体化学性质都被固定在已知的标准上。SECODG 应用迭代方法进行结构计算，一般并不要求蛋白质分子要有一定的初始结构，所以一般都选用分子的随机结构作为初始结构，从而避免了人为的因素。SECODG 在迭代过程中检验所有 NOESY 谱峰的归属并同时用其归属所得到的距离约束进行结构计算。

SECODG 的目标函数的形式为

$$TF = \sum_i \left[(1 + v_i^2)^{\frac{1}{2}} - 1 \right]$$

$$v_i = \begin{cases} 0, & d_i \leqslant b_i \\ \dfrac{d_i^2 - b_i^2}{b_i^2}, & d_i > b_i \end{cases} \tag{27}$$

式中，d_i 是蛋白质分子中第 i 对氢原子间的距离，b_i 是对应的距离约束上限，对距离约束的下限也有同样的公式。这些距离约束是在结构优化过程中逐步地加在目标函数中的，因此随着结构的优化，目标函数 TF 将包括越来越多的约束，这种可变目标函数方法能够有效的克服局部极小值的问题。NOESY 谱峰归属及三维结构计算的程序包括两部分，结构计算部分的 DIAMOD 程序用来作三维结构的测定，NOAH 则用来作 NOESY 谱的归属，同时由归属计算出各氢原子对之间的距离约束的上限，而下限则采用的是氢原子的 VDW 半径。此外，NOAH 还根据由 DIAMOD 所计算的结构集合(structure ensemble)来过滤掉那些可能是错误的 NOESY 谱峰的归属，然后再提供新的可能归属，并提供距离约束给 DIAMOD 作新的结构计算，其迭代过程可用图 18-5 表示。

在图 18-5 中，最初的实验数据如蛋白质的序列、氢原子的化学位移、偶合常数及其 NOESY 谱峰等全部由 NOAH 读入并进行最初的 NOESY 谱峰的确认，同时输出距离约束的上下限、二面角约束的上下限等并送到程序 DIAMOD，DIAMOD 根据这些约束进行三维结构的计算，然后再把结果(结构的集合，通常有 50 个结构)送到 NOAH。NOAH 根据来自 DIAMOD 的结构集合给出新一轮的 NOESY 谱峰的归属，这样迭代过程就在 NOAH 及 DIAMOD 之间不断的进行。在 30~50 次这样的迭代之后就可得到 NOESY 谱峰最后的归属及满足由这些归属而得到的距离约束的蛋白质分子三维结构的集合。NOAH 除了能做出 NOESY 谱峰归属外，还能有效地去除 NOESY 中由噪音信号引起的谱峰。根据 NOAH/DIAMOD 程序所确定的已知归属的 NOESY 谱峰及其结构计算，我们能准确的得到 NOAH/DIAMOD 的工作能力。计算结果表明，NOAH 能给出 80%左右 NOESY 谱峰的归属，并且比较这些由 NOAH 和人工作出的归属时发现，95%的谱峰归属是一致的。

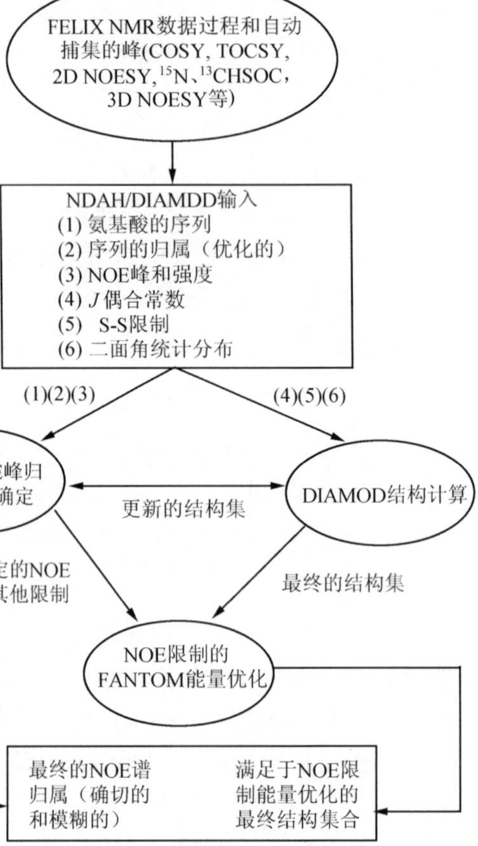

图 18-5　使用 NOAH/DIAMOD/FANTOM 程序自动进行蛋白质结构测定的一般程序

第五节　蛋白质 NMR 测定结果质量分析

在 NMR 结果测定的最后一步是进行在 NMR 实验约束下所得到的三维结果的质量分析。首先是分析所测定的结构是否满足 NMR 的实验数据，然后还要测定此结构是否具有很好的立体化学性质。如果所测定的结构是建立在谱峰强度的约束下，R 因子(R factor)被广泛用来判断所测定的结构同 NMR 实验数据之间的误差。R 因子越小则表明所得到的结构同实验数据越相符合。R 因子最早用在分析由 X 射线所测定的生物大分子的晶体结构，后来被用来估算实验同理论谱峰强度之间的误差，从这些误差可判断所测

定结构的好坏。在蛋白质结构计算中的 R 因子一般有如下定义

$$R_1 = \left[\frac{\sum_{i,j,\tau_m}^{N} \left[A_{ij}^{\exp}(\tau_m) - A_{ij}^{\mathrm{cal}}(\tau_m(\Omega)) \right]^2}{\sum_{i,j,\tau_m}^{N} \left[A_{ij}^{\exp}(\tau_m) \right]^2} \right]^{\frac{1}{2}} \tag{28}$$

$$R_2 = \frac{\sum_{i,j,\tau_m}^{N} \left| A_{ij}^{\exp}(\tau_m) - A_{ij}^{\mathrm{cal}}(\tau_m \mid \Omega) \right|}{\sum_{i,j,\tau_m}^{N} \left| A_{ij}^{\exp}(\tau_m) \right|} \tag{29}$$

$$R_m = \frac{1}{N} \sum \left| \frac{A_{ij}^{\exp}(\tau_m) - A_{ij}^{\mathrm{cal}}(\tau_m \mid \Omega)}{A_{ij}^{\exp}(\tau_m)} \right| \tag{30}$$

$$R_d = \frac{\sum_{i,j,\tau_m}^{N} \left| \mid A_{ij}^{\exp}(\tau_m) \mid^{-\frac{1}{6}} - \mid A_{ij}^{\mathrm{cal}}(\tau_m \mid \Omega) \mid^{-\frac{1}{6}} \right|}{\sum_{i,j,\tau_m}^{N} \left| A_{ij}^{\exp}(\tau_m) \right|^{-\frac{1}{6}}} \tag{31}$$

式中，R_1 因子最早被用来估算实验及理论计算之间的误差，R_2 则与在晶体结构测定中所用的 R 因子类似，R_m 是平均相对误差。因为 NOESY 峰强度反比于 r^6，这里 r 是两个氢原子之间的距离，故较短的距离对 R_1 及 R_2 的贡献最大，因此如果只用 R_1 或 R_2 来测量实验同理论之间的误差，则显得更偏重于高强度的谱峰。R_d 也被建议用来估算其误差，因为用了 $A^{-1/6}$ 的标度(scaling)，短距离及长距离误差的贡献就较为均衡，从而排除了在计算结构时其优化过程主要集中在满足较短距离约束。但是计算表明所有的 R 因子都很重要，最好都用来判断所计算的结构满足实验约束的程度。如果只用 R_1、R_2 或只用 R_d 都有可能造成不必要的人为偏差。考虑到测量谱峰强度中的实验误差，一般认为 R_1、R_2 因子应该至少小于 0.4，而 R_d 应小于 0.1。除了 R 因子之外，另外一个重要的因素是所得到的结构集合的紧凑性(compactness)，即这组结构中的任意一个结构同其任意一个结构到底有多少差别，或者是任意一结构同这组集合结构的平均结构的差别。如果这种差别越小，那么所得到的结构集合的精确性就越高，这里精确性并不等于正确性。正确性是指计算得到的结构同真实结构的差别，但是没有精确性也就谈不上正确性。分子结构集合的精确性一般定义为 RMSD(root mean sqare diviation)，数学公式为

$$\mathrm{RMSD} = \left[\frac{1}{N} \sum_{j=1}^{N} (r_j - r_j')^2 \right]^{\frac{1}{2}} \tag{32}$$

式中，N 是所要比较的总原子的数目，r_j 及 r_j' 分别是集合中不同结构中的同一原子的坐标。RMSD 定量地指出在集合中各结构中各原子在三维空间中位置的可变度，如果 RMSD=0，则表明在集合中每个结构都相同。对精确度很高的结构集合而言，其主链的

RMSD 小于 0.5Å，侧链则不大于 1.0Å。一般而言，对结构的有序部分(即二级结构部分)，其集合中各结构相对于集合的平均结构来说一般 RMSD 小于 1.0Å，而侧链则小于 2.0Å。程序 MOLMOL 可用来进行这类分析及其他很多有用的计算，该程序可以从网上免费下载(http://www.mol.biol.ethz.ch/wuthrich/software/)。分析在实验距离约束下所得到的结构集合时，一般用 RMSD 及在 MD 的约束下能量最小化过程中各能量约束的违反值，如键长、键角、VDW 距离等违反值的大小。如果是距离约束，还要看在集合中各结构的氢原子之间的距离是否违反对应的实验距离约束来分析。如果在集合中某一对氢原子的距离系统违反其对应的距离约束并且大于 1.0Å，则在计算过程中可能出现系统错误，有可能距离约束有问题或是其他原因，应该认真地检查谱峰归属及计算过程。另一个非常重要的检查 NMR 测定蛋白质结构质量的方法是应用程序 Procheck，Procheck 程序也能从网上免费下载(http://www.biochem.ucl.ac.uk/roman/procheck nmr/procheck nmr.html)。总之用 MOLMOL 及 Procheck 程序基本上能完成 NMR 结构的分析。

除上面所介绍的这些广泛应用的结构分析方法之外，还有很多分析结构的方法及讨论 NMR 测定蛋白质结构及其分子动力学性质对计算结构的影响。

随着高磁场 NMR 仪器的出现(750MHz、800MHz、900MHz 甚至 1000MHz)及蛋白质分子中 N 及 C 原子的同位素标记技术的发展，现在很多实验室都能测定分子质量在 20kDa 左右的分子。NMR 方法不但能用来测定蛋白质分子的结构，也可用来测定蛋白质–配体复合物及膜蛋白的结构。而实验技术的不断发展，如核的标记等也对计算方法提出了新的要求，同时 NOESY 谱峰归属及结构的自动化测定在最近几年得到了很大的发展，蛋白质结构的测定正在成为各生物学实验室中的日常工作。

主要参考文献

Campbell A P S B D. 1993. The two-dimensional transferred nuclear overhauser effect: theory and practice. Annual Review of Biophysics & Biomolecular Structure, 22: 99~122

Case D A, Wright P E. 1993. Determination of high-resoluation NMR structures of proteins, in NMR of proteins. In: Clore G M, Gronenborn A M, ed. New York: Macmillan. 53~91

Clore G M. 1988. NMR structure determination of proteins and protein complexes larger than 20 kDa. Curr Opin Chem Biol, 2(5): 564~570

Clore G M G A M. 1991. Two-, three-, and four-dimensional NMR methods for obtaining larger and more precise three-dimensional structures of proteins in solution. Annual Review of Biophysics & Biophysical Chemistry, 20: 29~63

Dayie K T, Wagner G, Lefevre J F. 1996. Theory and practice of nuclear spin relaxation in proteins. Annual Review of Physical Chemistry, 47: 243~282

Dyson H J W P E. 1996. Insights into protein folding from NMR. Annual Review of Physical Chemistry, 47: 369~395

Ernst R R, Bodenhausen G, Wokaun A. 1987. Principles of nuclear magnetic resonance in one and two dimensions. Oxford: Clarendon Press

Evans J N S. 1995. Biomolecular NMR spectroscopy. Oxford: Oxford University Press

Huang X M, Moy, F Powers R. 2000. Evaluation of the utility of NMR structures determined from minimal NOE-based restraints for structure-based drug design, using MMP-1 as an example. Biochemistry, 39(44): 13365~13375

Kaptei R, et al. 1988. Protein structures from NMR. Biochemistry, 27(15): 5389~5395

Moseley H, Montelione G. 1999. Automated analysis of NMR assignments and structures for proteins. Current Opinion in Structural Biology, 9(5): 635~642

Roberts G C K. 1995. NMR of macromolecules. In: Rickwood D, Hames B D. The Practical Appreoach Series. Vol 134. Oxford:IRI Press at Oxford Univeristy Press

Wagner G. 1993. Prospects for NMR of large proteins. J Biomol NMR, 3: 375~385

Wuthrich K. 1995. NMR in structural biology. A collection of papers by K. Wuthrich. Vol 5. World Scientific Series

Xu Y, Schein C H, Braun W. 1999. Combined automated assignment of NOESY spectra and three-dimensional structure calculation of proteins. In: Berliner L J, Krishna N R, ed. Modern Techniques in Protein NMR, in Biological Magnetic Resonance. New York: Plenum Publishing Corporation

Zimmerman D E, Montelione G T. 1995. Automated analysis of nuclear magnetic resonance assignments for proteins. Current Opinion in Structural Biology, 5(5): 664~673

(徐　源　杜荣霞)

第十九章　多维核磁共振技术在研究核酸分子结构中的应用

核酸是所有生物体都具有的一种生物大分子，不仅存在于每个细胞，而且也是构成无细胞结构病毒的主要成分。核酸分子在细胞的生理过程中起着重要作用。脱氧核糖核酸(DNA)的主要作用是携带遗传信息，它还可将携带的遗传信息转录给核糖核酸(RNA)，RNA 的主要作用是把 DNA 转录来的遗传信息传递给蛋白质。最近研究表明核酸具有酶的催化功能。虽然 DNA 和 RNA 的基本结构单元早已确定，但是与丰富多样的生理过程密切联系的 DNA 和 RNA 的结构却知道的甚少。20 世纪 90 年代，随着核酸化学、晶体学、核磁共振(NMR)技术的发展及同位素标定技术在核酸中的应用，开创了探究生物体内核酸分子结构和功能的新时代。科学家已确定了锤头型 RNA 和剪接型 RNA 的晶体结构，还有 RNA 和蛋白质的复合结构，然而核酶的催化机制至今仍没有确定。利用多维核磁共振测定溶液中大分子的结构作为晶体结构研究的补充，对于 DNA 和 RNA 的结构生物学发展极为重要。另外，NMR 特别适用于研究核酸分子高度多变的构象。

DNA 合成化学的发展，不仅极大地推动了核酸的核磁共振波谱学，而且使得以 DNA 为模板合成 RNA 成为可能。正是由于这些发展，DNA 和 RNA 的几个发夹型结构、DNA 的四螺旋(quadruplex)和三螺旋(triplehelix)结构得以用 NMR 确定。尽管拥有 800MHz 核磁共振谱仪，但由于核酸分子核磁共振质子信号重叠，极大地限制了所要研究的核酸分子的大小。而 ^{13}C 和 ^{15}N 富集的核酸分子克服了信号重叠而造成的困难，给研究分子质量很大的核酸分子铺平了道路。本章着重介绍溶液中 ^{13}C 和 ^{15}N 标定的核酸 NMR 技术。我们相信，随着 ^{13}C 和 ^{15}N 标定技术成本的降低以及高磁场 NMR 谱的发展，利用 NMR 研究分子质量较大的核酸将会越来越广泛。

第一节　DNA 和 RNA 样品的合成

对于已确定序列的 DNA 和 RNA，合成大量的样品供 NMR 研究的方法有两种：① 磷酰胺(phosphoramide)化学合成法；②酶的生化合成法。对于 RNA 来说，利用化学合成法合成大量的 RNA 费用昂贵，通常利用酶的生化合成法，DNA 则通常用化学合成法。Zimmer 和 Crothers 发展了利用酶来合成大量的 DNA，并可以合成大量的 ^{13}C 和 ^{15}N 标定的 DNA。另外，^{13}C 和 ^{15}N 标定的 DNA 合成因子——磷酰胺已经商品化，所以标定的 DNA 可以很方便地用化学法来生产，有兴趣的读者可参考有关文献。

以 DNA 为模板，利用 ^{13}C 和 ^{15}N 标定的 NTP 和 T_7 聚合酶可以把 DNA 转录成 RNA。这一方法可以对 RNA 的所有碳和氮原子进行标定，或者对某一类残基进行标定。Nikonowicz 发展了利用酶的生化合成法合成 ^{2}H 和 ^{15}N 富集的 RNA。利用酶的生化合成法对某一特定位置进行标定非常复杂，用化学合成法则容易得多。

第二节　核酸分子的结构单元和参数

一、核酸分子的结构单元

按照 IUPAC/IUB 指南，核酸的呋喃糖环和 5 个普通碱基的原子数目如图 19-1 所示，核酸分子最普通的碱基对如图 19-2。由图 19-1 可知，糖环的原子以“′”标出，而碱基的原子则不带“′”，如 C5′原子的两个氢原子分别为“H5′”和“H5″”。

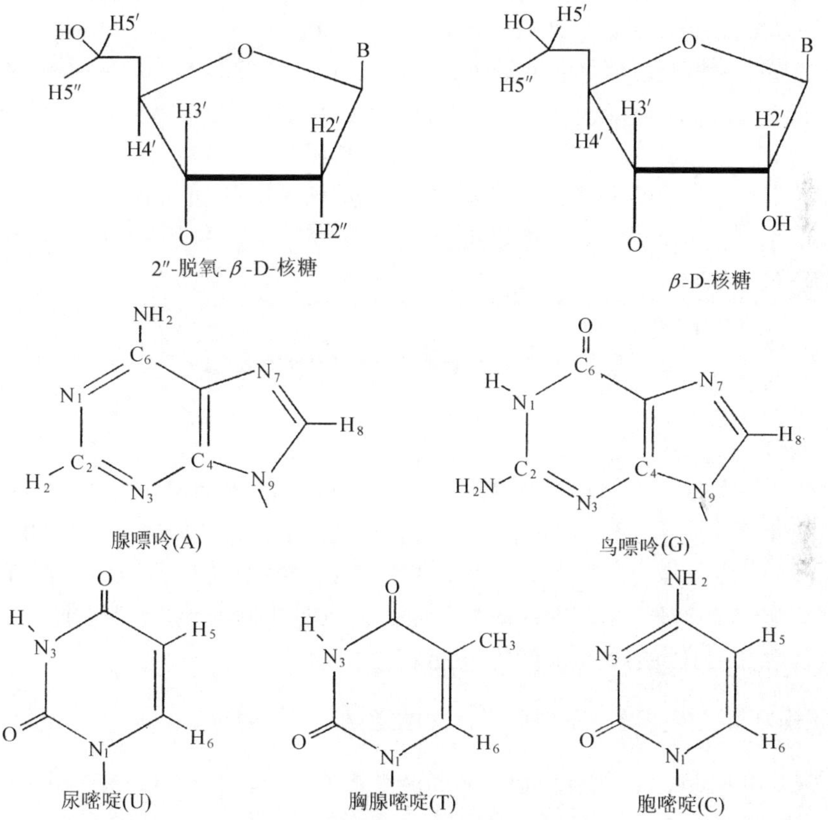

图 19-1　核酸的呋喃糖环和普通碱基

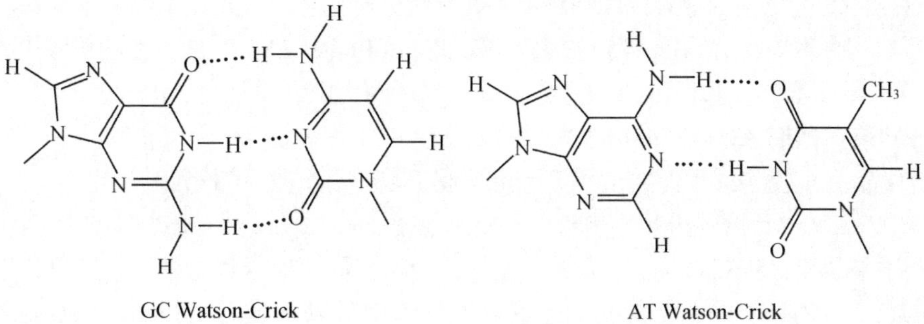

GC Watson-Crick　　AT Watson-Crick

图 19-2　Watson-Crick 碱基对

二、核酸分子中质子之间距离的定义

利用 NMR 研究核酸分子的高级结构的关键是根据质子之间的 NOE 关系来建立质子之间的空间距离。有关质子之间的距离是这样标定的，即对于质子 l 和γ来说，$d_i(l;\ \gamma)$定义为核苷酸内两个质子之间的距离，例如 $d_i(8;\ 2)$；$d_s(l;\ \gamma)$定义为核苷酸之间两个质子之间的距离，例如 $d_s(1';\ 6)$。在第二种情况中，l 为 5′-核苷酸的糖环 H1′，γ 为 3′-核苷酸的碱基质子 H6，甲基质子用 M 表示。例如 $d_s(3';\ 5/\mathrm{M})$表示 5′-核苷酸的糖环 H3′和 3′-核苷酸的碱基质子 H5 或甲基质子。核酸分子中两条互补链之间的质子距离定义如下：$d_{ci}(l;\ \gamma)$为某一碱基对质子之间的距离，例如 $d_{ci}(\mathrm{T—NH—3;\ A—NH_2—6})$；$d_{cs}(l;\ \gamma)_p$ 为两个相邻碱基对核苷酸质子之间的距离，例如 $d_{cs}(1';\ 2)_{3'}$。NH 和 NH_2 分别表示亚氨基质子和氨基质子。d_{cs} 要么表示两 3′-核苷酸质子之间的距离，要么表示两个 5′-核苷酸质子之间的距离，并用下标 p 标出。如果质子 l 和质子 γ 都不属于上面任何一种情况，质子之间的距离 $d(l;\ \gamma)$为核苷酸分子远程质子间的距离，例如 $d(\mathrm{T_2—NH—3;\ A_9—NH_2—6})$，$T_2$—NH—3 指第二个胸腺嘧啶的 3 位亚氨质子，$A_9$—$NH_2$—6 指第九个腺嘌呤的 6 位氨基质子。

三、核酸分子中质子之间的距离

通常 NMR 只获得较短质子之间的距离(小于 5~6Å)。因此，利用 NMR 确定核酸分子的整体特征，如双螺旋的弯曲就很困难，然而利用 NMR 确定分子的局部特征相对容易。在核酸分子结构中，质子之间的近距离以及这些近距离是如何决定结构的特征就特别重要。另外还要知道有些近距离并不取决于核酸构象的变化，例如 A 螺旋和 B 螺旋。如果你对核酸分子中质子之间的距离和特征有一个总的了解，你就可以集中精力研究那些与结构研究密切联系的质子之间的距离。

1. 与结构确定有关的重要核苷内质子之间的距离

在 DNA 和 RNA 中，核苷内质子之间的距离可分为以下 4 类。

(1) 与构象无关的质子之间的距离，包括偕位质子的 $d_i(2';\ 2'')$和 $d_i(5';\ 5'')$为 1.8Å，胞嘧啶和尿嘧啶碱基的 $d_i(5;\ 6)$为 2.45Å。

(2) 糖环内，除了 $d_i(2'';\ 4')$和 $d_i(1';\ 4')$，其他所有质子之间的距离都与构象无关。$d_i(2'';\ 4')$与糖环的构型密切相关；在 S 类型的构象中，$d_i(2'';\ 4')$为 4.2Å，在 N 类型的构象中，$d_i(2'';\ 4')$为 2.8Å。原则上，可以利用 $d_i(2'';\ 4')$来确定糖环的构象，但是它的准确度不够。另外，由于存在自旋扩散现象，$d_i(2'';\ 4')$之间的距离很难由 NOE 的强度来准确确定，在 RNA 中，不存在 $d_i(2'';\ 4')$，无法利用它来确定糖环的构象；$d_i(1';\ 4')$约为 3.4Å。

(3) $d_i(3';\ 5'/5'')$受糖环构象影响较少，受扭角影响较大。$d_i(4';\ 5'/5'')$只与γ扭角有关，因此可利用 $d_i(3'/4';\ 5'/5'')$来确定γ扭角，$d_i(2'/2'';\ 5'/5'')$微弱地依赖于糖环的构象和扭角γ。

(4) $d_i(1';\ 6/8)$只与配糖键的扭角 χ 有关，理论上可以来确定 χ 扭角。然而，当碱基和糖环的构象分别为顺式和反式时，$d_i(1';\ 6/8)$的差异最大，也只有 1.2Å。因此，根据 NOE 强度导出 $d_i(1';\ 6/8)$，进而给出扭角 χ 并不是一个好的选择。$d_i(2'/2''/3';\ 6/8)$的每一数值都取决于扭角 χ 的大小，因此，可以用它来确定扭角 χ。另外它的数值不仅与结构的确定有关，而且还可以通过它们之间的协力作用来确定糖环的构象。$d_i(5'/5''; 6/8)$ 取决于 γ、δ 和 χ 3 个扭角，在 DNA 中，$d_i(5'/5''; 6/8)$对确定结构很有用。在 RNA 中，由于 H5′和 H5″与 H6 或 H8 的相关峰以及 H2′或 H3′与 H8 或 H6 的相关峰严重重叠，$d_i(5'/5''; 6/8)$的应用受到了限制。

2. 与结构确定有关的重要核酸序列质子之间和交叉链质子之间的距离

螺旋式构象构成了核酸结构中最重要的一部分，A 螺旋和 B 螺旋是核酸结构中两种普遍存在形式。有许多文献报道了有关 A-DNA、B-DNA 和 RNA 序列质子之间的距离 $d_s(l; \gamma)$和交叉链的质子之间的距离 $d_{ci}(l; \gamma)$和 $d_{cs}(l; \gamma)$。

与可交换质子有关的交叉链质子之间的距离 $d_{ci}(l;\gamma)$和 $d_{cs}(l;\gamma)$表明碱基的配对情况，与交换质子或非交换质子有关的序列质子之间的距离表明碱基的堆积。只有仅有的几个质子之间的距离取决于不同的螺旋式构象。在 A 和 B 两种螺旋构象中，较短的碱基和碱基质子之间的距离 $d_s(6/8/5M; 6/8/5M)$与核酸的序列有关。与可交换质子有关的所有质子之间的距离，在两种螺旋构象中都很相似。两种螺旋构象中质子之间距离的差异，反应在含有 H2 的质子之间的距离为 $d_s(2; 1'/2)$和 $d_s(2; 1')$；核酸序列的糖环质子和碱基质子之间的距离为 $d_s(2'/2''/3'; 6/8/5)$，还有序列糖环质子和糖环质子之间的距离为 $d_s(2'/2''; 5'/5'')$、$d_s(2'; 3')$、$d_s(2''; 2'')$和 $d_s(1'; 5'')$。如果存在较短的交叉链质子之间(H2 和 H1′)的距离和序列，表明核酸的构象为 A 螺旋，如果不存在这些较短的距离，则表明核酸的构象为 B 螺旋。在 A 螺旋中，核酸序列 H2′和 H6 或 H8 之间的距离较短，H2″和 H6 或 H8 的距离较长；在 B 螺旋中，这两种关系正好相反。糖环质子和糖环质子之间的距离有如下的规律：如果 H2′或 H2″和 H5′或 H5″的距离较短，则为 A 螺旋，如果较长则为 B 螺旋；如果 H2′和 H3′的距离相当长，但仍在测量的范围内，则为 A 螺旋；但如果 H2′和 H3′的距离大于 7Å，用 NOE 技术不能测出，则为 B 螺旋。核酸的序列质子 H2′到 H2″、H1′到 H5″之间的距离大于 7Å，则为 A 螺旋，反之，则为 B 螺旋。一般来说，H2 和 H2′/2″与碱基质子之间的距离很容易从 NOE 谱中求出，糖环质子和糖环质子之间的距离，由于谱峰重叠，则很难确定。

3. 用 NOESY 来确定质子之间的距离

NOESY 图中相关峰的强度与距离的关系可简单表述如下

$$\mathrm{NOE}_{ij}=C/d^6_{ij}$$

式中，NOE_{ij} 为相关峰的强度，d_{ij} 为质子 i 和 j 之间的距离。

把实验中测得 d_{ij} 和计算机模拟的 $d_{模}$相比较，通过复杂的计算程序，即可以计算核酸的结构，本章将不予讨论。

第三节　NMR 样品的制备

核酸分子样品首先要溶解于 H_2O 或 D_2O 中，然后置于磁场中收集数据。多维 NMR 谱的采样，所需的 NMR 样品浓度应为 1~3mmol/L。二维图谱的采样时间通常需要 2~24h，三维和四维图谱的采样时间通常需要 30~120h。样品中盐(NaCl 或 KCl)的浓度可以为几到几百毫摩尔。NMR 的样品制备如下。

(1) 用化学合成法或酶的生化合成法获得样品，溶于双蒸水连续 3 次或 4 次进行冷冻干燥，以除去核酸中可能含有的挥发性杂质。如果样品要保持相当长的时间，样品需要去盐冷冻干燥，然后置于冰箱中。

(2) 用双蒸水或 D_2O 配制适当的缓冲溶液。一般来说，缓冲溶液的浓度为 10mmol/L 的磷酸盐、0.05mmol/L 的 EDTA、100mmol/L 的 NaCl，pH 为 7.0。

(3) 样品溶解于 600μl 的缓冲溶液中，如利用 Segime 样品管，溶液的体积可减少到 300μl，样品的浓度则增加一倍。

(4) 调节 pH 到所需的值。

需要特别注意的有以下几点。

(1) 制备 D_2O 溶液时，要在氮气或氩气中进行，以避免从空气中吸入氧气或水汽。

(2) 为防止顺磁离子引起的谱峰加宽现象，可加入少量的 EDTA，一般为 0.05mmol/L。

(3) 如果缓冲溶液中盐的浓度很高，亚氨的质子可与氘进行交换。

第四节　核酸分子中核磁共振化学位移的归属

利用 NMR 技术确定核酸分子的三级结构，首先必须归属核酸分子质子的化学位移。最初，核酸分子质子化学位移的归属主要是利用二维 NOESY 和 TOCSY 技术来完成的。20 世纪 90 年代以后 ^{13}C 和 ^{15}N 标定技术在核酸领域的发展，极大地开拓了 NMR 技术在核酸结构研究中的应用。在着重介绍 ^{13}C 和 ^{15}N 标定的核酸 NMR 实验之前，为了使读者有一个较全面的了解，先介绍非标定核酸结构研究中几个重要的核磁共振方法。

一、非标定核酸核磁共振化学位移的归属

1. 非标定核酸核磁共振化学位移归属方法

对于非标定的核酸分子来说，所研究的核通常为 ^1H 和 ^{31}P。由于 ^{13}C 和 ^{15}N 的自然丰度很低，碳和氮的 NMR 谱的灵敏度很低。通常利用 TOCSY 和 NOESY 对质子的化学位移进行归属，利用 ^1H-^{31}P 异核相关谱对磷的化学位移进行归属。如何对核酸序列质子的 NMR 信号进行归属已有许多报道，本节只简述有关方法。

非标定核酸核磁共振化学位移的归属由下列 4 步来完成(图 19-3)。

(1) 利用核酸序列中亚氨与亚氨质子、氨基与氨基质子之间的 NOESY 相关峰，归属亚氨和氨基质子的化学位移，确定碱基配对。

(2) 利用亚氨和氨基质子与非交换质子的 NOESY 相关峰，对非交换的碱基质子和糖环质子进行部分归属。在 A・T 和 A・U 碱基对中，由于其碱基内质子之间的距离短［*d*(AH2；T/UNH-3)］，腺嘌呤 2 位的 H 和胸腺嘧啶或尿嘧啶的 3 位 NH 之间的 NOESY 相关峰很强，这样腺嘌呤的 H2 很容易确定。在 A 螺旋的 DNA 结构中，腺嘌呤的 H2 与互补链的交叉残基的 H1 之间空间距离较短，如：

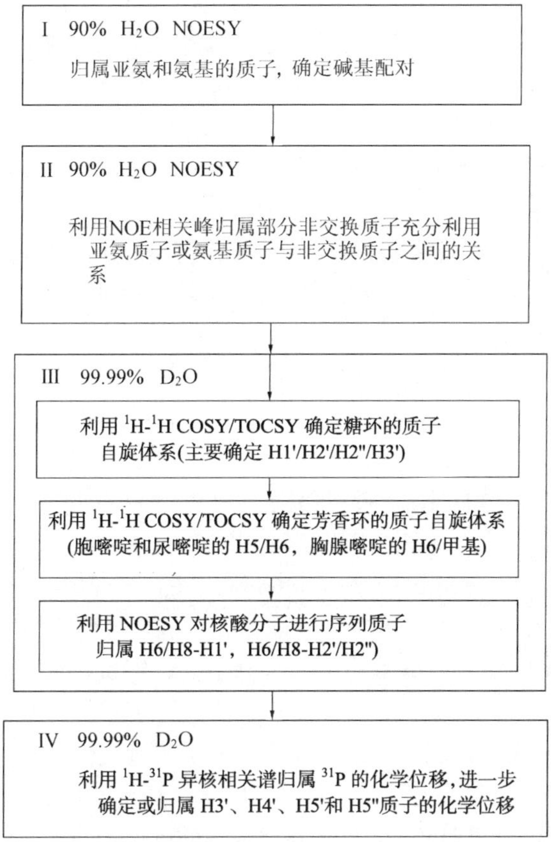

图 19-3 非标定核酸核磁共振信号归属流程图

	1	2	3	4	5	6	7	8	9	10	11	12	13	14
5′	–C	C	A	G	G	A	G	A	T	T	C	C	A	C –3′
3′	–G	G	T	C	C	T	C	T	A	A	G	G	T	G –5′
	–28	27	26	25	24	23	22	21	20	19	18	17	16	15

DNA 的第 20 位 A 上的 H2 和第 10 位的 T 糖环上的 H1′，第 19 位 A 上的 H2 和第 11 位的 C 糖环上的 H1′可观察到较强的 NOE。然而，在 B 螺旋的 DNA 结构中，上述的关系就不存在，因此，只能对碱基的非交换质子的化学位移进行部分归属。

(3) 糖环质子的自旋体系(从 H1 到 H3)和嘧啶碱基质子的自旋体系(从 H6 到 H5 或 Me)，可由 COSY、TOCSY 或 NOESY 来确定。在 DNA 的 TOCSY 谱中，胞嘧啶的 H6 和 H5 之间的相关峰很强，很容易辨认，为确定胞嘧啶碱基提供了条件。在 RNA 的 TOCSY 谱中，胞嘧啶和尿嘧啶的 H6 和 H5 的相关峰出现在同一区域，因此，不能用 TOCSY 来确定这些残基，但可以把嘧啶碱基和嘌呤碱基分开。虽然糖环质子的自旋体系与糖环的折叠有关，但是，还是可以利用 TOCSY 来确定大部分糖环的自旋体系。在 DNA 的 TOCSY 谱中，H1′总是可通过 H2″把磁化矢量转给 H3′，并不受糖环折叠的影响。DNA 的糖环通常为 S 构象，由于偶合常数 $^3J_{3'-4'}$较小，所以在 DNA 的 TOCSY 谱中，通常只可以观察到 H1′到 H3′的相关峰。如果糖环为 N 构象或处于 N 构象和 S 构象的平衡中，

H1′的磁化矢量可以从 H1′转移到 H4′，在 TOCSY 谱中可以观察到 H1′和 H4′的相关峰。如果 γ 扭角不是 g^+，H1′的磁化矢量可以转移到 H5′和 H5″，在 RNA 中，糖环通常为 N 构象，偶合常数 $^3J_{1'-2''}$很小，因此，在 RNA 的 TOCSY 图谱中，由于 H1′磁化矢量转移不到糖环内其他的质子，使 H2′的确定很困难。确定糖环的自旋体系，利用 NOESY 有助于对碱基的非交换质子和糖环质子进行核酸序列分布，如 H6 或 H8 和 H1 的相关峰，H6 或 H8 和 H2′或 H2″的相关峰。

(4) 在对质子的化学位移归属之后，利用 ^{1}H-^{31}P 异核相关谱可以对磷的化学位移进行归属，这不仅是上述步骤的一个延续，也是对步骤(3)所确定的 H3′、H4′、H5′和 H5″的进一步确认。

2. 压水峰方法

在大多数情况下，要得到可交换的质子信号，NMR 样品必须溶解于 90% H_2O 中，这样水分子的浓度约为 110mol/L，而要研究的核酸分子的浓度为 1~3mmol/L，在 NMR 采样时，如果不压制水分子的质子，就无法得到所要研究的核酸分子的质子峰。在过去的几十年中，发展了许多压水峰的方法，其中最简单的方法是水分子质子信号预饱和法(presaturation of the water signal)。然而这一技术却不能用来研究核酸分子的交换质子，其主要原因是核酸分子的亚氨或氨基质子与水分子交换很快，而预饱和法需要相对较长的时间(几秒)才能抑制水峰。当饱和了水分子质子时，这些质子也全部或部分被饱和，使得检测到的这些信号强度很低。为了研究核酸分子的可交换质子，必须利用选择性脉冲。随着 NMR 谱仪硬件和理论的发展，用选择性脉冲和梯度场的压水峰技术不断涌现。其中的一个为 WATERGATE(WATER suppression by gradient tailored excitation)技术，并成功地用在 TOCSY 和 ROESY 的脉冲序列中。另一技术为 WET(water suppression enhanced through T_1 effect)，利用 WET 进行水峰压制，效果显著，另外，WET 对射频脉冲的功率和样品的弛豫时间(T_1)都不敏感，水峰的压制效果超过 10^4。最近我们通过对 WET 的改变发展了“270 WET”新技术，使压水峰在原来的基础上又提高了大约 10 倍。“270WET”的脉冲序列如图 19-4 所示。

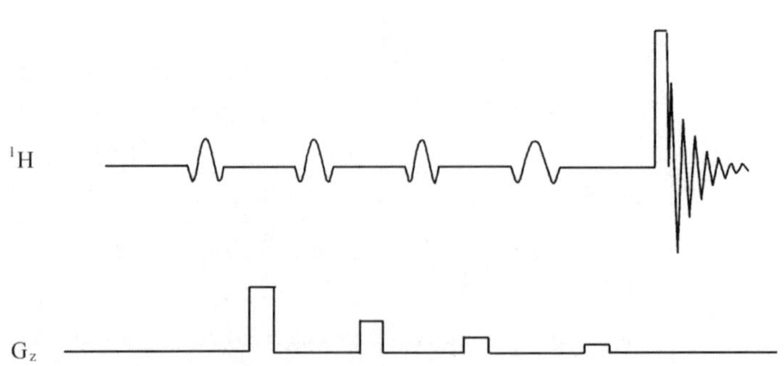

图 19-4　WET 或“270 WET”脉冲序列

3. 以 NOESY 为基础的非标定核酸序列质子化学位移的归属

同核之间的相关若是由交叉弛豫传递的，则得到的图谱称为二维 NOE 谱，也就是通常的 NOESY。图 19-5 为含 WET 的 NOESY 脉冲序列，通常称为 WETNOESY。

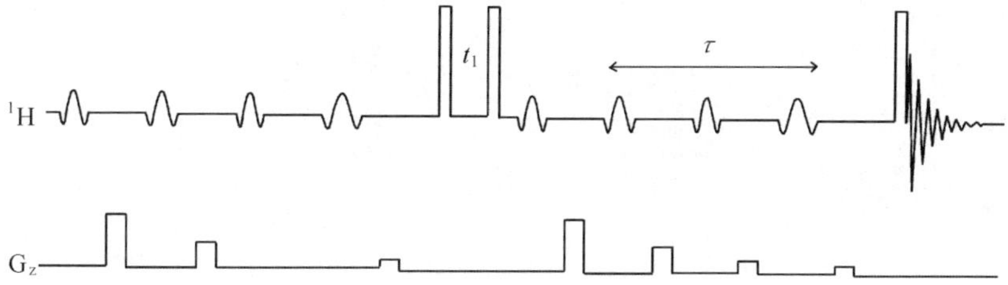

图 19-5 含 WET 的 NOESY 脉冲序列

WETNOESY 是研究核酸分子结构最有用的技术之一，其他的多维核磁共振技术所进行的化学位移的归属，其最终目的都是为了利用二维 NOESY 或三维 NOESY 给出有关质子之间距离的信息，并用于结构计算。在 NOESY 实验中，混合时间的设定很关键，因为质子之间磁化矢量的转移是在混合期间进行的。对于远小于纵向弛豫时间 T_1 的混合时间来说，NOESY 交叉峰的强度与混合时间成线性关系。对于大于纵向弛豫时间 T_1 的混合时间，磁化矢量就扩散到相互连接的自旋体系。NOESY 交叉峰的强度，由于弛豫效应而开始下降。为了获得足够强的 NOESY 相关峰，选择正确的混合时间就变得很重要，如果质子与水的交换速率很快，NOE 交叉峰的强度也逐渐降低，这样，如果在较低的温度下采集数据，就有助于抑制亚氨质子和水分子质子之间的交换。在 90% H_2O 的核酸样品采样时，需要使用 WETNOESY 技术，为了获得最充分的压水峰效果，WET 的脉冲序列分别插入 NOESY 脉冲序列的预备期和混合期。混合期的时间应大于 WET 脉冲的总时间，图 19-6 为部分修饰 DNA 的 750MHz WETNOESY 图的一部分。

TOCSY(total correlation spectroscopy)称为总相关谱，它的基本脉冲序列见图 19-7。以 $^3J_{H-H}$ 偶合相关的质子可以按 Harmann-Hahn 交叉极化(cross polarization)的机制进行核之间的磁化矢量的传递。自旋锁定(spin locking)是 TOCSY 中最主要的部分，自旋锁定有很多种方法。当自旋锁定的混合时间较短时，相关传递仅为 2~3 个键，当混合时间延长时，相关传递可延伸到整个自旋体系。对某一质子来说，则出现它与自旋体系其他质子的相关峰。TOCSY 对核酸序列质子的归属起着重要作用。

利用 NOESY 和 TOCSY 对非标定核酸序列质子进行归属时，遇到的主要困难之一是信号重叠，三维同核 NMR 是解决这类问题的方法之一。在研究非标定核酸分子的结构时，可应用由 TOCSY 和 NOESY 组合的三维实验，如三维 NOESY-NOESY、TOCSY-NOESY 和 NOESY-TOCSY 等。图 19-8 为三维 TOCSY-NOESY 的脉冲序列。

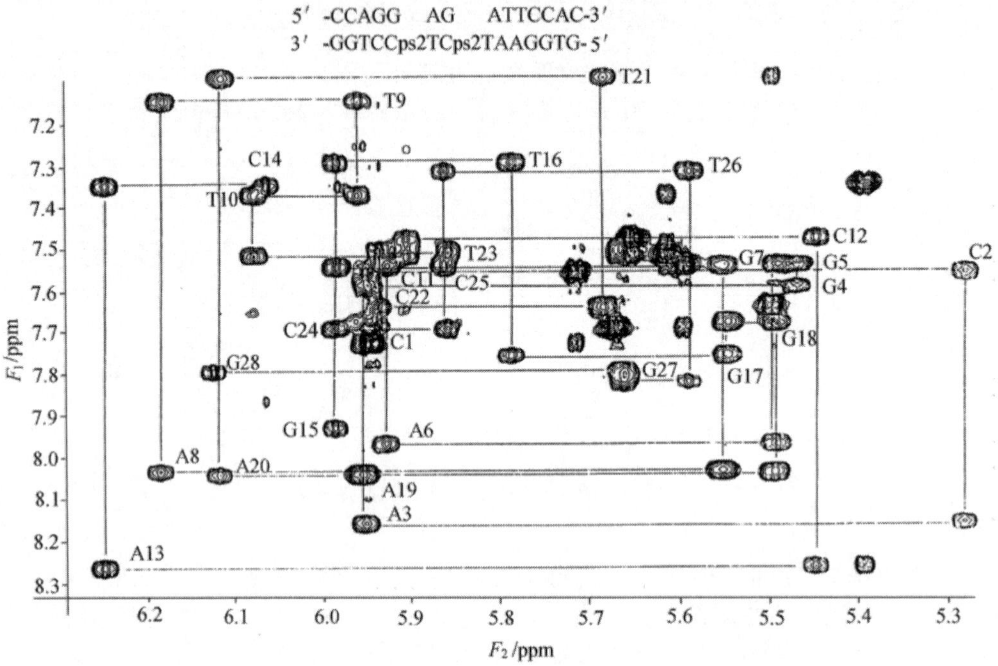

图 19-6 部分修饰的 DNA 的 750MHz WETNOESY 图谱

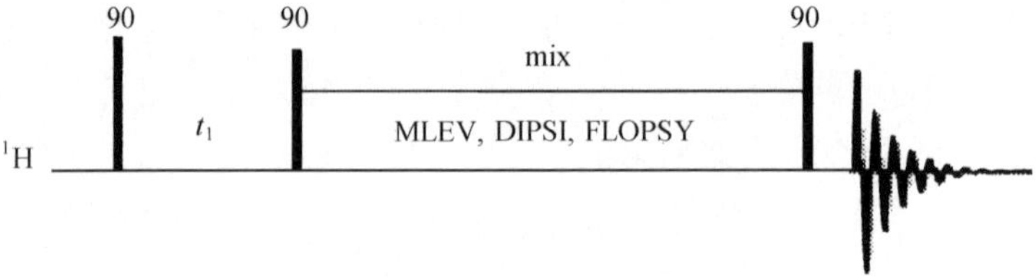

图 19-7 TOCSY 脉冲序列

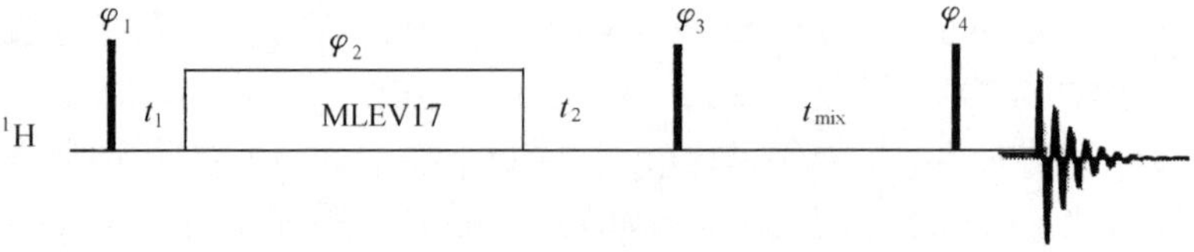

图 19-8 三维 TOCSY-NOESY 脉冲序列

二、标定核酸核磁共振化学位移的归属

随着 ^{13}C 和 ^{15}N 标定技术在核酸中的应用，突破了仅仅利用同核 NOESY 和 TOCSY 等技术对核酸结构的研究，克服了非标定核酸核磁共振信号的重叠和由 NOE 不能完全归属 NMR 信号的困难。标定的核酸分子主要有两类：①^{13}C 或 ^{15}N 标定的核酸；②^{13}C 和 ^{15}N 都标定的核酸。因此，化学位移的归属也分为以下两种。

1. 以 NOESY 为基础标定的核酸化学位移的归属

Nikonowicz 和 Pardi 提出了对 ^{13}C 或 ^{15}N 标定的核酸化学位移归属方法(图 19-9)。

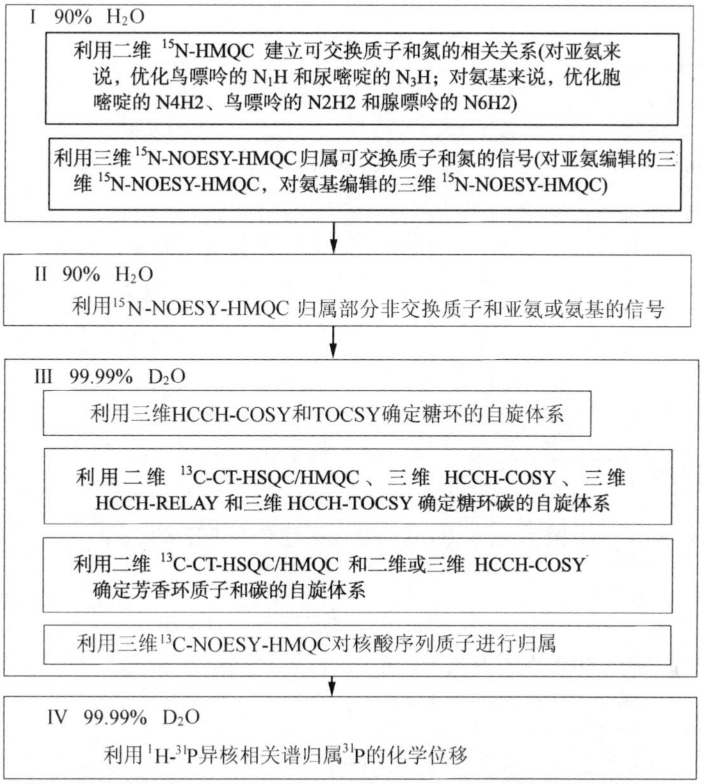

图 19-9 以 NOE 为基础的 ^{13}C 或 ^{15}N 标定核酸的核磁共振化学位移归属

糖环内质子和碳的化学位移是由一系列的二维和三维 HCCH 实验来归属的，而不是用如前所述的 COSY 或 TOCSY 来完成的。优点之一是信号的重叠程度减少，另一优点是通过化学键进行的相干转移是由不受糖环构象影响的偶合常数 J_{C-C}(42Hz)来进行，而不是通过受糖环构象影响的偶合常数 $^3J_{H-H}$(2~8Hz)来进行。每一残基的糖环质子和它的碱基质子是用三维(^1H，^{13}C，^1H)NOESY-HMQC 把残基内的糖环质子和它的碱基质子联系起来。图 19-10 为 NOESY-HMQC 的脉冲序列。

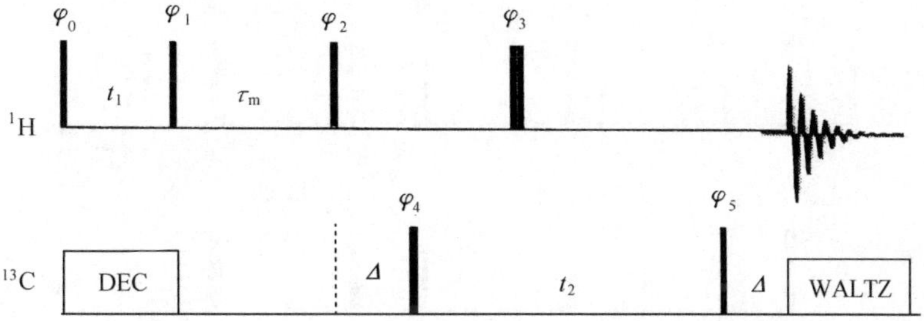

图 19-10 (^1H，^{13}C，^1H)NOESY-HMQC 的脉冲序列

图 19-11 右上为 NOESY-HMQC 的三维谱示意图，图 19-11 左上为二维 HMQC，是与 F_3 轴相垂直的截面示意图，图 19-11 下为二维 NOESY，是与 F_2 轴相垂直的截面示意图。

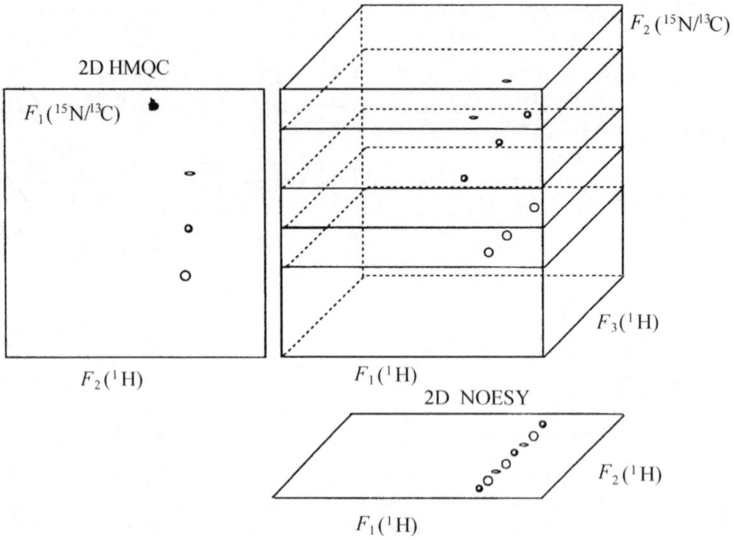

图 19-11 NOESY-HMQC 的三维谱示意图

亚氨和氨基质子的化学位移可以通过二维(^{1}H，^{15}N)HMQC、(^{1}H，^{13}C/^{15}N)SEHSQC 和三维(^{1}H，^{15}N，^{1}H)NOESY-HMQC 来进行归属，它们的脉冲序列分别见图 19-12、图 19-13 和图 19-14。

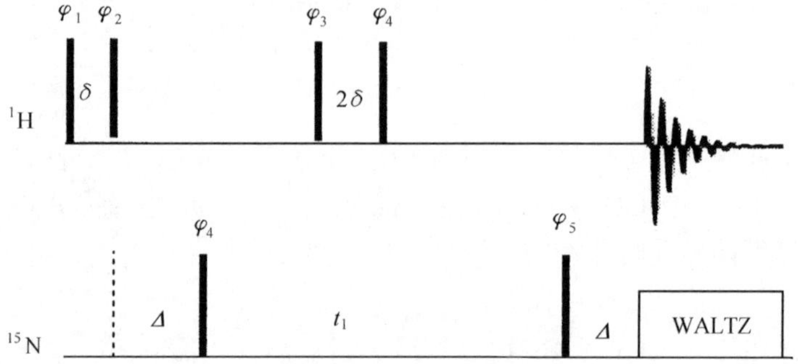

图 19-12 90%H_2O 中二维(^{1}H，^{15}N)HMQC 脉冲序列

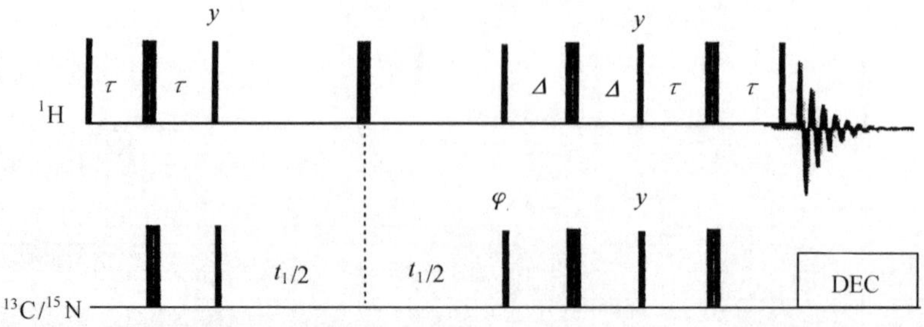

图 19-13 (^{1}H，^{13}C/^{15}N)SE-HSQC 脉冲序列

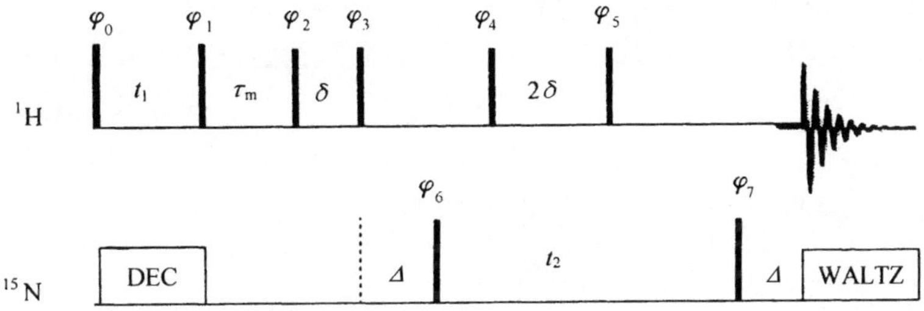

图 19-14　90%H_2O 中(^1H，^{15}N，^1H)NOESY-HMQC 脉冲序列

二维 HMQC 或 HSQC 实验能给出质子通过 $^1J_{H-X}$ 与直接相连的异核(^{13}C 或 ^{15}N)的相关峰，这两个实验给出的结果相同。测定 90%H_2O 的核酸样品时，还需进行压制水峰。测定核酸分子中与氮相连的质子时，由于亚氨和氨基的 ^{15}N 的化学位移差别较大，因此，HMQC 与 HSQC 通常分两个区域分别进行采样。需要注意的是氨基质子的交换速率要大于亚氨质子的交换速率，因此鸟嘌呤的氨基质子信号有增宽现象，造成检测这些质子的困难或根本观察不到。

2. 通过化学键之间核的相干转移建立核之间的相关关系

对于 ^{13}C 和 ^{15}N 标定的核酸分子，质子与质子之间的相互关系可以通过多个核之间的相干转移来建立，使得可以利用 NMR 确定分子质量较大的核酸分子。特别是 RNA，通过化学键之间核的相干转移，归属标定核酸的化学位移，方法见图 19-15。

I　90%　H_2O

利用二维 ^{15}N-HMQC 建立可交换质子和氮的相关关系(对亚氨来说，优化鸟嘌呤的 N_1H 和尿嘧啶的 N_3H；对氨基来说，优化胞嘧啶的 N4H2、鸟嘌呤的 N2H2 和腺嘌呤的 N6H2)

↓

II　90%　H_2O

利用HNCCH或HCCNH建立氨基/亚氨碱基的非交换质子之间的关系

↓

III　99.99%　D_2O

利用HCCH-TOCSY/(^1H, ^{13}C)HMBC建立H2 -H8之间的关系

利用HCN三共振实验建立碱基和糖环之间的关系

利用HCCH-COSY/HCCH-TOCSY建立糖环质子之间的关系

利用HCP/PCH/PCCH-TOCSY/HPHCH对核酸序列进行归属

图 19-15　通过化学键进行的核之间相干转移对 ^{13}C 和 ^{15}N 标定的核酸进行化学位移的归属

1) 亚氨质子或氨基质子与非交换的碱基质子之间的关系

到目前为止，通过化学键之间核的相干转移建立碱基的可交换质子与非交换质子的相关关系的主要脉冲序列有 3 种，这些脉冲序列都很相似，只是参数设置上有所不同。Simorre 设计出建立 ^{13}C 和 ^{15}N 标定的 RNA 分子嘌呤的亚氨质子和 H8 质子之间的相关关系的 H(NC)—TOCSY—CH 脉冲序列如图 19-16 所示。

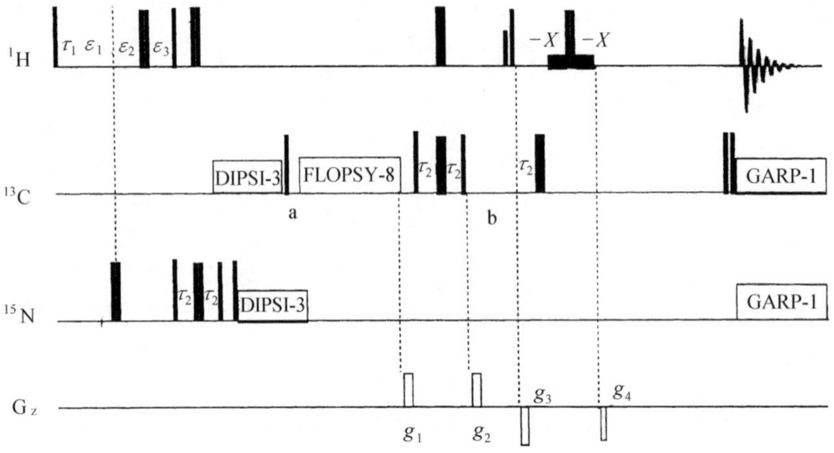

图 19-16　二维 H(NC)—TOCSY—CH 脉冲序列

实验开始时，亚氨质子 H1 的磁化矢量通过 INEPT 转移给 N1，^{13}C 的载频设在 161ppm，^{15}N 的载频设在 146ppm，通过(C，N)DIPSI 交叉极化脉冲 N1 获得的磁化矢量再转给 C6 和 C2。由于偶合常数 $^1J_{C6-N1}$ 和 $^1J_{C2-N1}$ 较小，DIPSI 的混合时间一般设为 44ms。

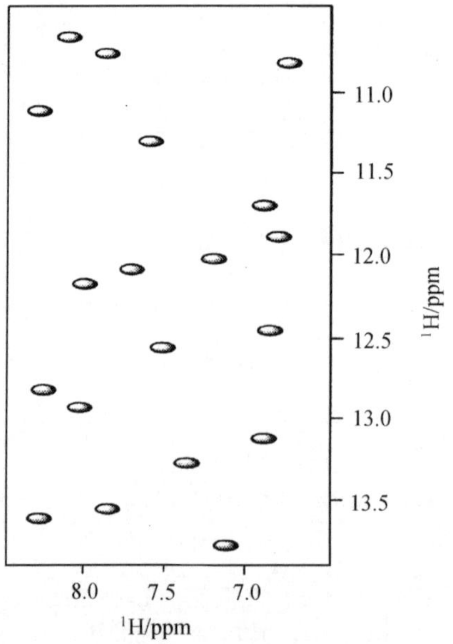

图 19-17　二维 H(NC)—TOCSY—(CH)示意图

通过一个混合时间为 37.8ms 的 FLOPSY8(C，C)TOCSY 脉冲，C6 和 C2 获得的磁化矢量就转给 C8，由于 C5 和 C6 的化学位移分别为 120ppm 和 160ppm，考虑到其他参数的设置，磁化矢量的转移是从 C6 直接转到 C8 或经过 C4 到 C8，或从 C6 经过 C5 再到 C4 最后到 C8。由于偶合常数 J_{C2-C5} 较小，磁化矢量的转移从 C2 先到 C5，然而再经过 C4 或 C6 到 C8 就不太可能。C8 获得的磁化矢量经过 INEPT 转给 H8，这样亚氨质子的 H1 和碱基的 H8 之间通过化学键之间核的磁化转移建立了相关关系。图 19-17 为某一 ^{13}C 和 ^{15}N 标定的核酸的二维 H(NC)—TOCSY—CH 示意图。

一般情况下，核酸中所有鸟嘌呤的亚氨质子和 H8 之间的相关峰都能观察到，但有时候末端鸟嘌呤的亚氨质子和水分子之间进行快速交换，这样亚氨质子和 H8 的相关峰就观察不到或相关峰很弱。

Simorre 等还设计了另外 3 个脉冲序列，用来建立尿嘧啶的亚氨和胞嘧啶的氨基质子与 H6 之间的相关关系(图 19-18~图 19-20)。

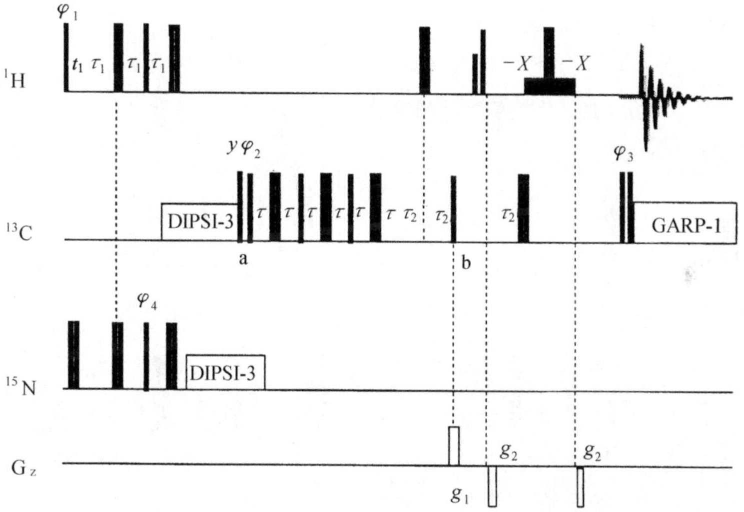

图 19-18　用于尿嘧啶测定的二维 H(NCCC)H 脉冲序列

在测定尿嘧啶的亚氨和 H6 之间关系时，亚氨质子的磁化矢量通过 INEPT 转移给 N3，通过(N，C)交叉极化转移，N3 获得的磁化矢量主要再转移给 C4，并使转移给 C2 的磁化矢量最小，^{13}C 的载频在 169ppm，^{15}N 的载频在 160ppm，交叉极化的混合时间一般为 90ms。然后通过两个相连的重聚 INEPT 脉冲把 C4 获得的磁化矢量转移给 C6，由于 C5 与 C4 和 C6 之间的化学位移相差较大，C4 到 C6 的磁化矢量转移是利用 INEPT 脉冲，而不是用 TOCSY 脉冲。图 19-19 和图 19-20 是用来建立胞嘧啶氨基质子和 H6 的关系，有关的图谱与图 19-17 极相似。Fiala 等设计了 HCCNH-TOCSY 脉冲序列用来建立嘌呤碱基的交换质子和非交换质子的相关关系(图 19-21)。

从概念上讲，此脉冲序列与 Simorre 提出的脉冲序列图 19-16 和图 19-18 相类似，不同的是磁化矢量的转移是从 H8 到亚氨质子，从 C 到 N 的磁化矢量转移是利用 INEPT 脉冲而不是利用交叉极化。把磁化矢量 C8 转移给 C6 的(C，C)TOCSY 的混合时间是 55ms，^{13}C 的载频为 150ppm。由于偶合常数 J_{C6-C5} 不影响 C6 到 N1 的磁化矢量转移，^{15}N

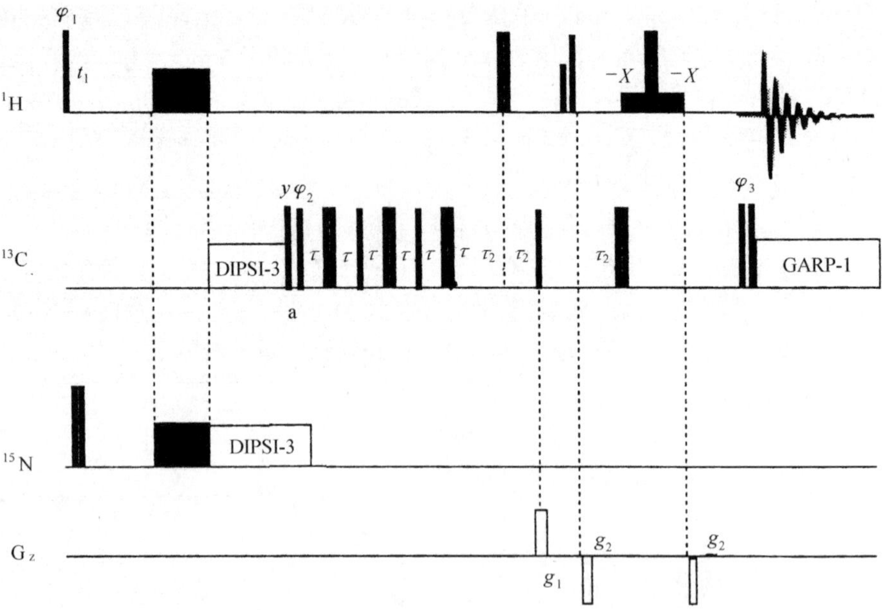

图 19-19　用于胞嘧啶测定的二维 H(NCCC)H 脉冲序列

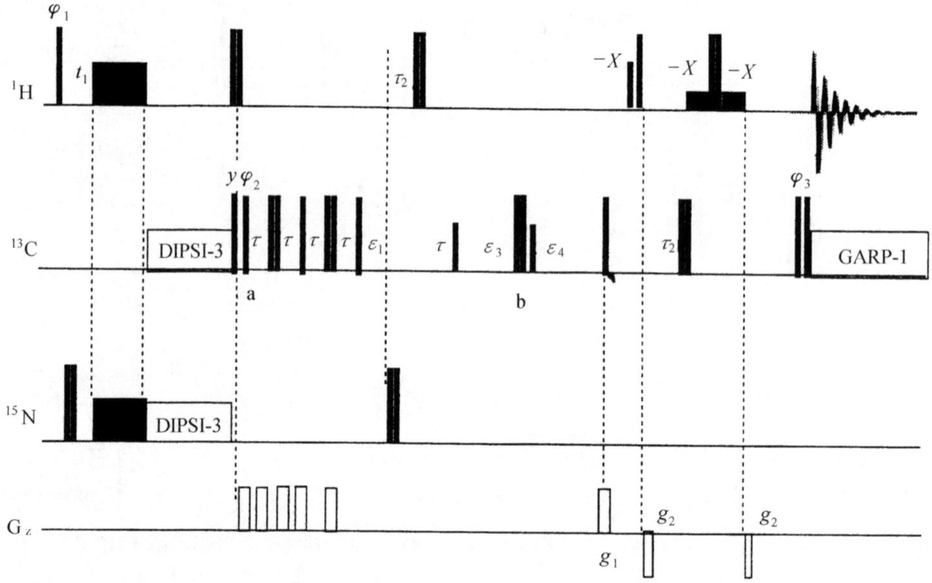

图 19-20　用于胞嘧啶测定的假三维 H(NCCC)H 脉冲序列

的载频在 N1 和 NH2 之间，数值可设为 120ppm。通过调整实验参数，胞嘧啶的 H5 和 H6 与氨基之间的相关峰，尿嘧啶的 H5 和 H8 到亚氨质子，^{13}C 的载频设为 150ppm，^{15}N 的载频设为 153ppm，(C，C)TOCSY 的混合时间为 19ms，(C，N)TOCSY 的混合时间为 58ms。在鸟嘌呤中，磁化矢量的转移是按照 H8→C8→C4→C6→N1→H1，而在尿嘧啶中，利用较长的(C，N)TOCSY 混合时间(如 70ms)，磁化矢量的转移主要按照 H6→C6→N1→C2→N3→H3。

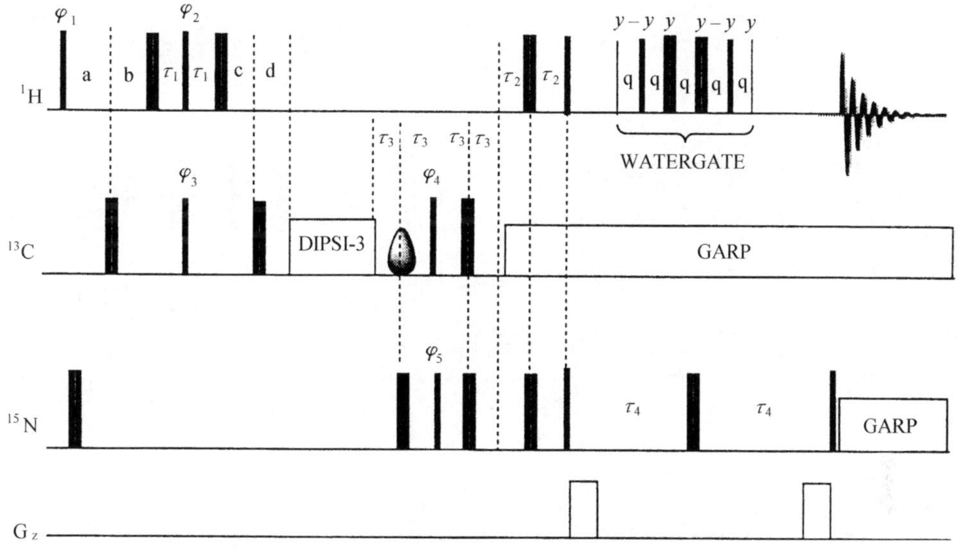

图 19-21　三维(^{1}H，^{13}C，^{15}N)HCCNH-TOCSY 脉冲序列

2) H2 和 H8 质子之间的相关关系

为了建立 ^{13}C 和 ^{15}N 标定的 RNA 中腺嘌呤的 H2 和 H8 质子之间的相关关系，Marino 和 Legault 分别设计了两个脉冲序列(图 19-22、图 19-23)，两个脉冲序列很相似，并且与测定蛋白质的 HCCH-TOCSY 关系密切。实验开始时，H2 的磁化矢量通过 INEPT 脉冲转移给 C2，通过(C，C)DIPSI-2 或 FLOPSY-8，C2 的磁化矢量转移给 C8，最后通过 INEPT 脉冲(图 19-22)或通过灵敏度增加的重聚 INEPT 脉冲(图 19-23)，C8 的磁化矢量转移给 H8。

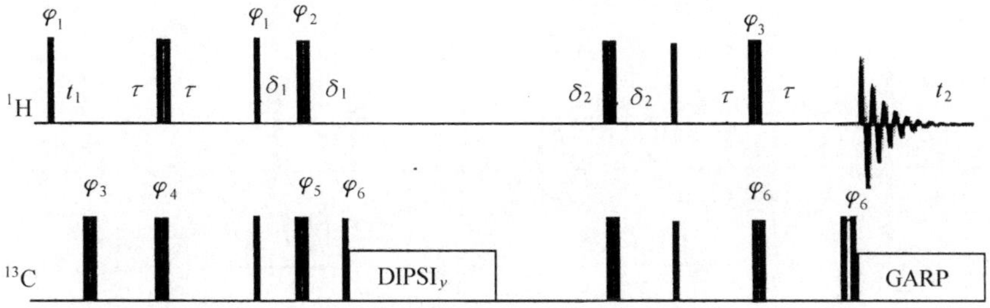

图 19-22　用于确定腺嘌呤的 H2 和 H8 相关关系的 HCCN-TOCSY 脉冲序列

值得一提的是非标定核酸分子腺嘌呤的 H2 和 H8 之间的相关关系，可通过 HMBC 技术来实现。

3) 碱基质子与糖环质子之间的相关关系

碱基质子与糖环质子之间的相关关系是通过三共振实验 HCN 来建立的，Sklenar 等设计了 3 个脉冲序列(图 19-24~图 19-26)来建立残基内糖环的 H1′和碱基的 H8 和 H6 相关关系。

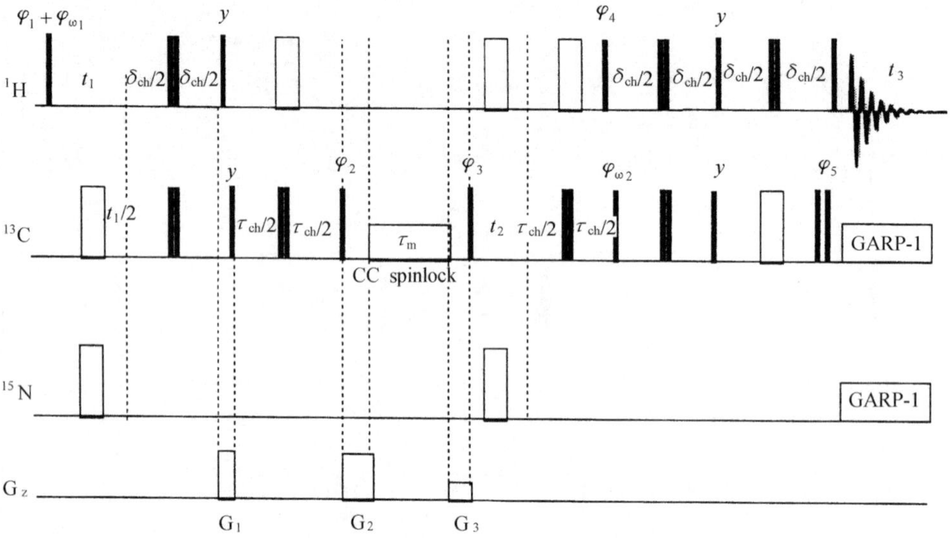

图 19-23　三维(^1H，^{13}C，^{15}N)HCCN-TOCSY 脉冲序列

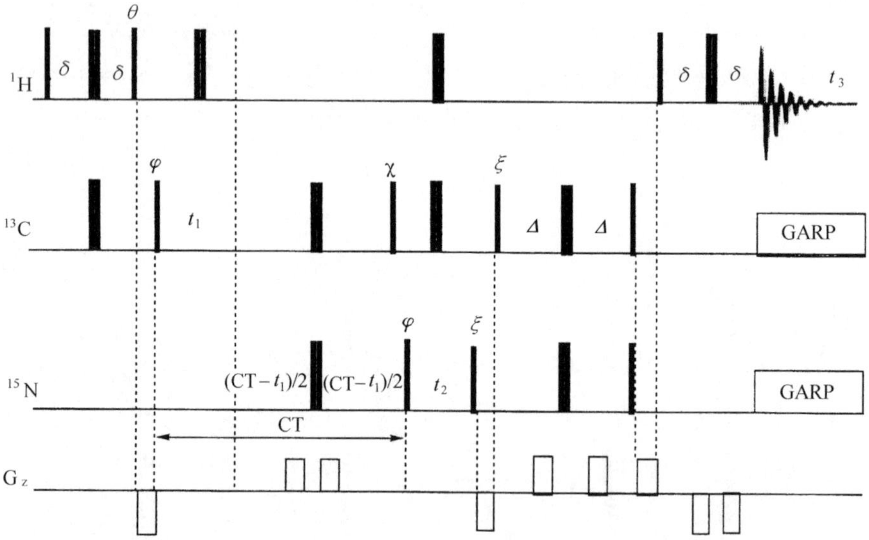

图 19-24　测定 H1′-C1′-N9/N1 相关关系的非选择性 HCN 脉冲序列

图 19-24 的脉冲序列给出 H1′-C1′-N9/N1 相关关系，图 19-25 的脉冲序列给出 H8/H6-C8/C6-N9/N1 相关关系。两个实验都用 INEPT 脉冲，先把 H 的磁化矢量转给 N，然后再通过一个反向 INEPT 脉冲，把 N 获得的磁化矢量再转回到 H。为了使 ^{13}C 和 ^{15}N 的磁化转移灵敏度较高，把 ^{13}C-^{15}N 的偶合常数演化期间设为常数。另外，残

基内的 H1′和 H8 或 H6 之间的相关关系，还可以通过一个二维三共振实验(HCNCH)来建立。一般情况下，芳香环的质子和糖环的 H1′质子的共振区域共振信号很好地分散，因此，在大多数情况下，一个二维实验一般可以适中地建立 H1′-H8/H6 之间的相关关系。图 19-26 为二维 HCNCH 实验的脉冲序列，由图 19-26 可见，嘌呤中的 H1′-C1′-N9-C8-H8 和嘧啶中的 H1′-C1′-N1-C6-H6 磁化矢量的转移是由 4 个相连的 INEPT 脉冲来完成的。Tate 设计了另一个脉冲序列(图 19-27)用来建立 ^{13}C 和 ^{15}N 标定的核酸中嘌呤残基的 H1′和 H8 之间的相关关系。磁化矢量的转移与上述 Sklenar 设计的脉冲相类似。Farmer 设计了一个三维脉冲序列(图 19-28)用来建立 H1′和 H6 或 H8 质子之间的关系。

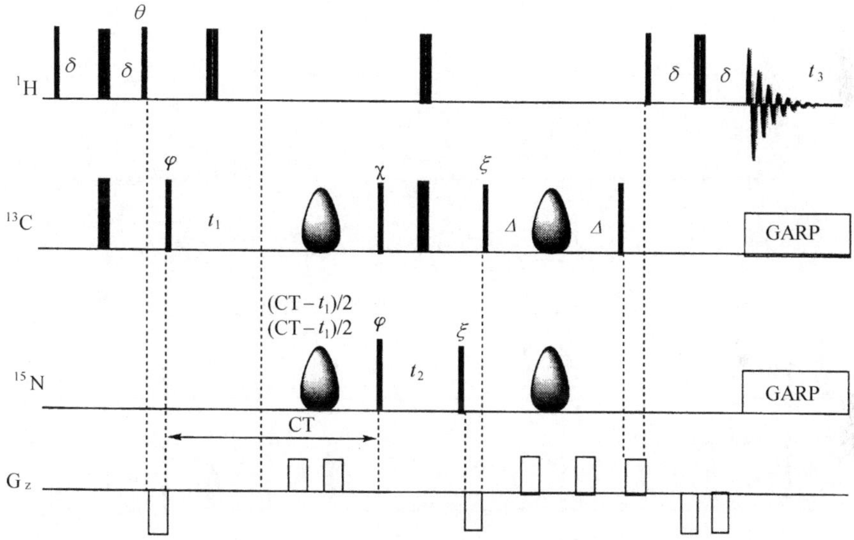

图 19-25 测定 H8-C8-N9 和 H6-C6-N1 相关关系的半选择性 HCN 脉冲序列

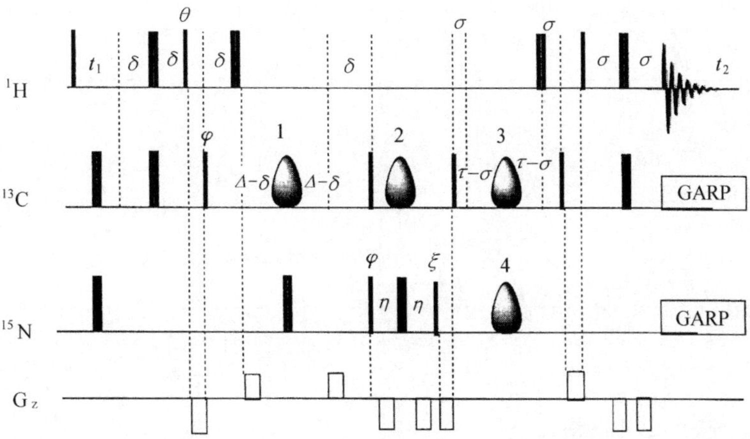

图 19-26 确定 H′和 H6 或 H8 之间相关关系的二维三共振 HCNCH 脉冲序列

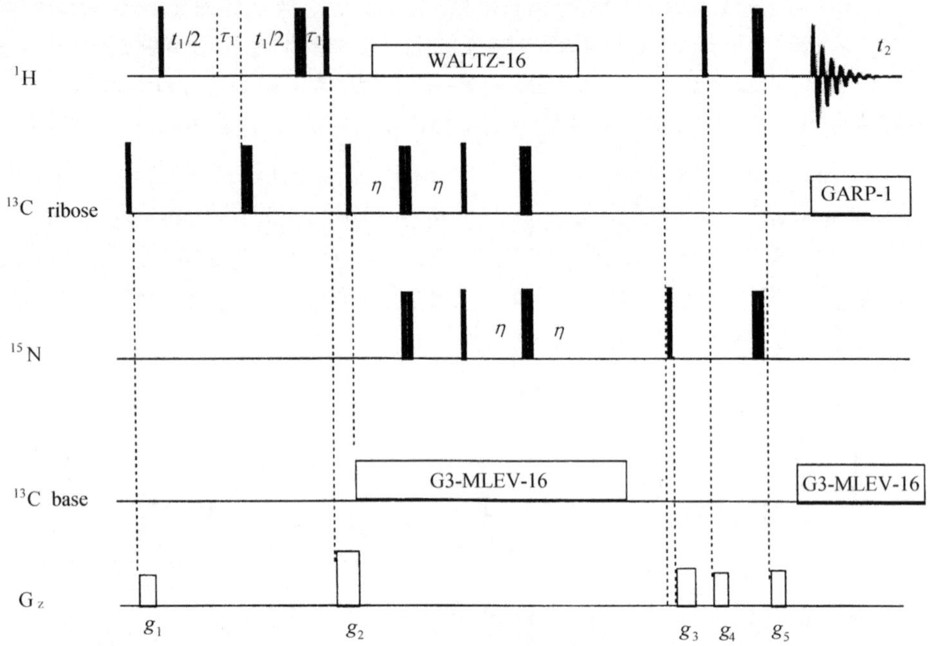

图 19-27　测定 H1′和 H8 之间相关关系的二维三共振 HCNCH 脉冲序列

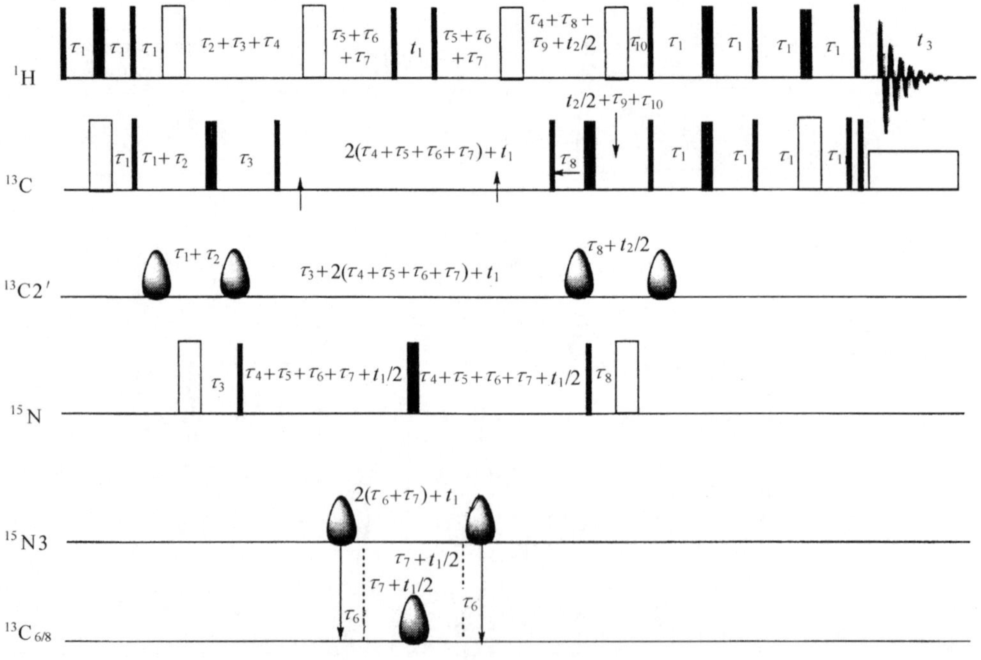

图 19-28　三维 HCCNH-TOCSY 脉冲序列

4) 糖环内质子之间的相关关系

核酸的每个糖环内质子之间的关系可由 HCCH 实验来建立，HCCH 实验有好几种形式，并广泛应用于蛋白质的 NMR 领域。在 HCCH 实验中，磁化矢量 H 和 C 的转移要么通过一个重叠 INEPT 脉冲，要么通过一个交叉极化脉冲。Zuiderweg 已证明交叉极化的磁化矢量转移比重聚 INEPT 有效，因此利用交叉极化的 HCCH 实验就具有较高的灵敏度。在过去，压制假峰和不期望的相关峰是由相循环来完成的，目前脉冲梯度场被广泛用来选择所需的相干途径并压制假峰。Kay 是第一个用脉冲梯场选择相关途径来提高灵敏度，并应用于二维和三维的 HCCH 实验中。利用脉冲梯度场选择相干的三维 HCCH 实验，水峰信号也得到了很好的压制。把 ^{13}C 的演化期设置为常数可消除碳–碳的偶合。图 19-29~图 19-31 分别为二维 CPCCH 和三维 CPHCCH 实验。

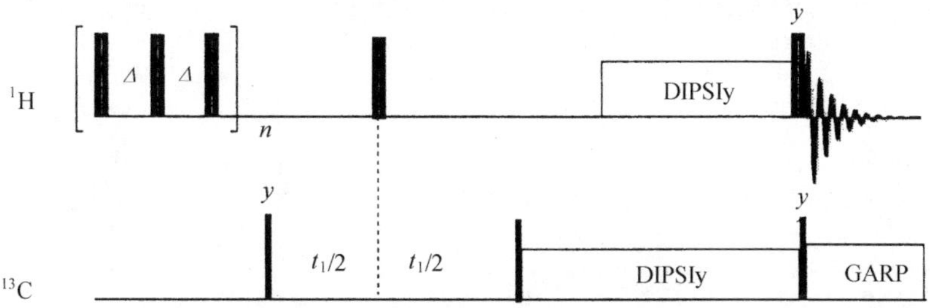

图 19-29　二维 CPCCH-TOCSY 脉冲序列

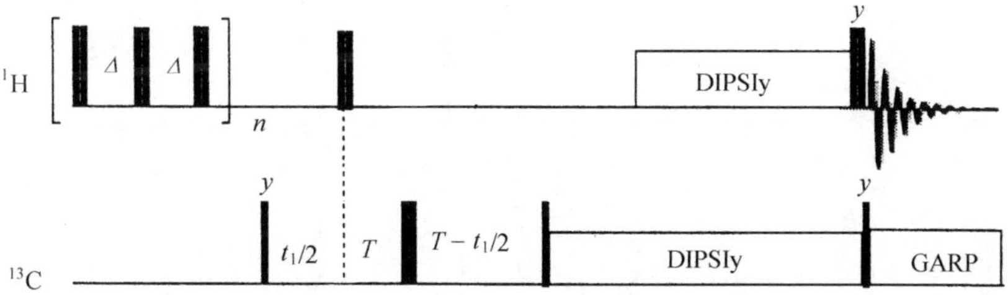

图 19-30　二维恒常数 CPCCH-TOCSY 脉冲序列

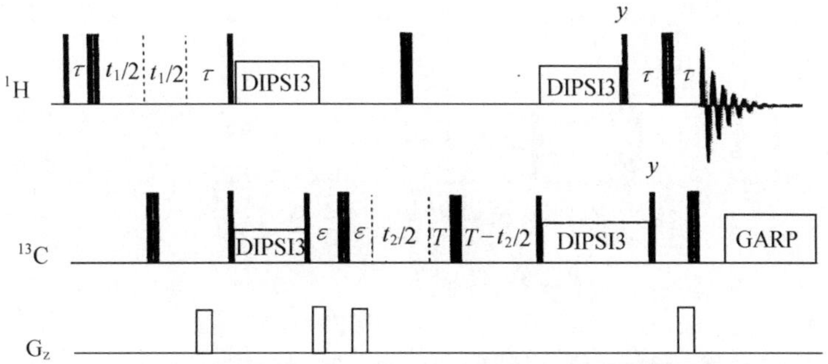

图 19-31　三维 CPHCCH-TOCSY 脉冲序列

为了实现 C 到 C 的磁化矢量的转移，选择最佳的混合时间是至关重要的。例如，从 C4′到 C1′磁化矢量转移的最佳混合时间为 18ms，而从 C1′到 C5′的时间为 25ms，从 C1′到 C2′的转移混合时间的设置可以少到 6~7ms。进一步区分 C2′和 C3′，HCCH 实验就要使用较短的混合时间或利用(C，C)COSY 实验。

5) 核酸骨架和糖环之间的相关关系

在蛋白质的 NMR 领域，沿着蛋白质骨架的 NMR 信号归属是通过核与核之间的化学键建立的。对于标定的 DNA 和 RNA 也有类似的方法，在 ^{13}C 标定的核酸出现之前，Pardi 第一个提出利用偶合常数 $J_{H3'_iP_i}$ 和 $J_{H5'/5''_{i+1}P_i}$ 建立糖环质子和磷原子核之间的相关关系，进而对核酸的序列进行归属。随着 ^{13}C 标定技术在核酸中应用，利用偶合常数较大的 $J_{C4'_iP_i}$ 和 $J_{C4_{i+1}P_i}$ 的数值，通过三维 HCP 实验可以归属核酸序列的 NMR 信号。Heus 提出利用偶合常数 $J_{C4'P}$ 建立核酸序列的连接顺序，利用 $J_{C5'P}$ 建立 5'→3'核酸序列的方向，CCH-TOCSY 实验可用来确定 $C5'_i$ 和 $C4'_i$，图 19-32(a)和图 19-32(b)为两个 HCP 脉冲序列。

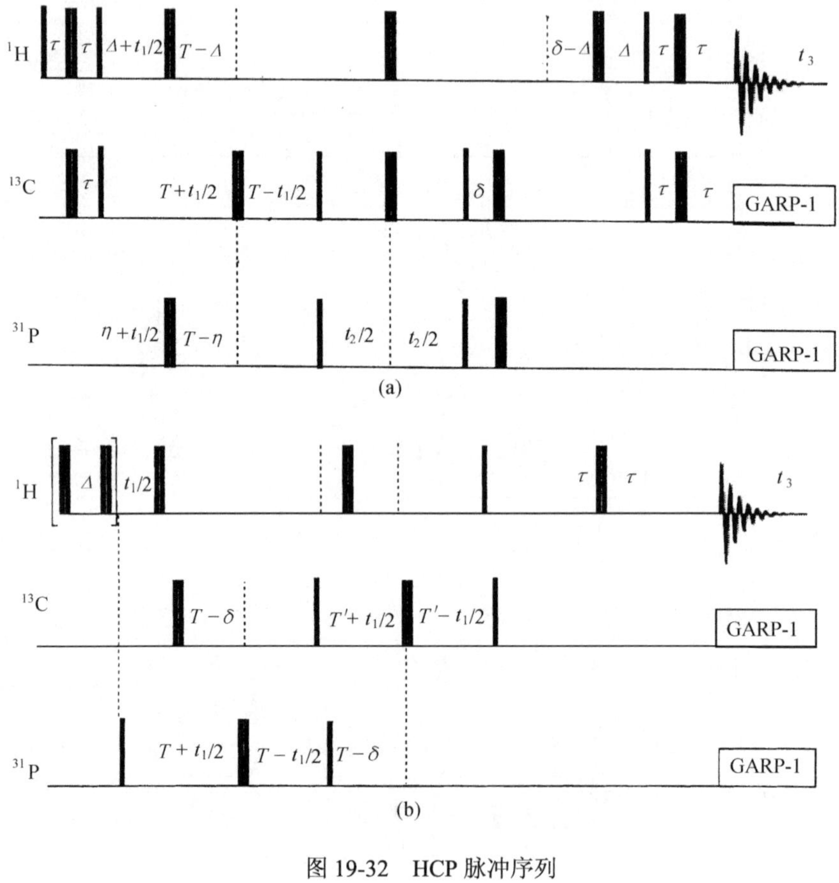

图 19-32　HCP 脉冲序列

在图 19-32(a)中，H4'的磁化矢量转给 C4'，然后再转给 P，最后返回 H4'。在图 19-32(b)中磁化矢量转移途径是从 P 开始，转给 C4'，最后到达 H4'。两个实验的灵敏度差不多，另外，这两个脉冲序列还可以设计为含有梯度场的形式和灵敏度增加的形式。由于 H4 和 P 的共振信号重叠比较严重，设计新的脉冲序列，把磁化矢量转移给化学位移更加分散的区域(如 H1 区域)就显得特别重要，PCCH-TOCSY 脉冲序列(图 19-33)因此应运而生。

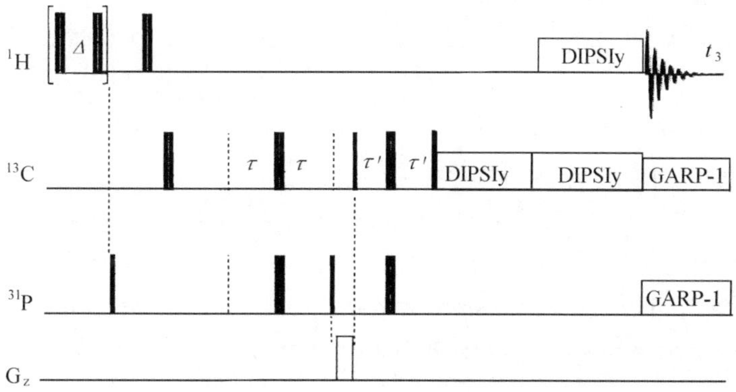

图 19-33　PCCH-TOCSY 脉冲序列

其中，磷的磁化矢量转移给 C4′，利用(C，C)TOCSY 脉冲，把 C4′的磁化矢量转移给 C1′，通过交叉极化，C1′获得的磁化矢量再转给 H1′。影响 PCCH-TOCSY 实验的因素很多，第一是偶合常数 $J_{C4'P}$；第二是 ^{31}P、H4′和 C4′的化学位移重叠程度；第三是弛豫时间 T_2。

本章只略谈了利用各种各样的脉冲序列用于归属核酸分子的化学位移。化学位移的归属是核酸分子结构研究最重要的一步，限于篇幅我们没有能够讨论有关偶合常数的确定。从核酸分子 NMR 图谱到核酸分子的结构，即核酸分子的结构计算是与核磁共振技术发展相平行的领域，有兴趣的读者可进一步阅读有关文献。

主要参考文献

Cate J H, Gooding A R, Podell E. 1996. RNA tertiary structure mediation by adenosine platforms. Science, 273: 1696~1699

Cate J H, Gooding A R, Podell E. 1996. Crystal structure of a group I ribozyme domain: principles of RNA packing. Science, 273: 1678~1685

Davis D G, Bax A. 1985. Assignment of complex ^{1}H NMR spectra via two-dimensional homonuclear Hartmann-Hahn spectroscopy. J Am Chem Soc, 107: 2820~2821

Farmer B T, Mueller L, Nikonowicz E P. 1993. Unambiguous resonance assignments in ^{13}C, ^{15}N-labeled nucleic acids by 3D triple resonance NMR. J Am Chem Soc, 115: 11040~11041

Fiala R, Fiang E, Patel D J. 1996. Direct correlation of exchangeable and nonexchangeable proteins on purine bases in ^{13}C, ^{15}N-labeled RNA using a HCCNH-TOCSY experiment. J Am Chem Soc, 118: 689~670

Hibers C W, Wigmenga S S, Hoppe H. 1996. Dynamics and the problem of recognition in biological macromolecules.New York: Plenum Press. 193

Kay L E, Keifer P, Saarinea T. 1992. Purr absorption gradient enhanced heteronuclear signal quantum correlation spectroscopy with improved sensitivity. J Am Chem Soc, 114: 10663~10665

Legault P, Farmer B T, Mueller L. 1994. Through-bond correlation of adenine ptotons in a ^{13}C-labeled ribozyme. J Am Chem Soc, 116: 2203~2204

Marino J P, Prestard J H, Crothers D M. 1994. Correlation of adenine H2/H8 resonances in uniformly ^{13}C labeled RNAs by 2D

HCCH-TOCSY: a new tool for ^{1}H assignment. J Am Chem Soc, 116: 2205~2206

Nikonowicz E P, Michnicka M, Kalurachechi K. 1997. Preparation and characterization of a uniformly ^{2}H/^{15}N-labeled RNA oligonucleotide for NMR studies. Nucleic Acids Res, 25: 1390~1396

Nikonowicz E P, Pardi A. 1993. An efficient procedure for assignment of the proton, carbon and nitrogen resonance in ^{13}C/^{15}N-labeled nucleic acids. J Mol Biol, 232: 1141~1156

Pardi A, Nikonowicz E P. 1992. Simple procedure for resonance assignment of the sugar proteins in ^{13}C-labeled RNAs. J Am Chem Soc, 114: 9202~9203

Pardi A, Walker R, Rapport S. 1983. Sequential backbone assignment in ^{13}C-labeled RNA via through-bond coherence transfer using three-dimensional triple resonance spectroscopy (^{1}H, ^{13}C, ^{31}P) and two-dimensional hetero TOCSY. J Am Chem Soc, 105: 1652~1653

Pley H W, Flaherty K M, Mckay D B. 1994. Three-dimensional structure of a hammerhead ribozymy. Nature, 372: 68~74

Scott W G, Finch J T, Klug A. 1995. The crystal structure of an All-RNA hammerhead ribozyme: a proposed mechanism for RNA catalytic cleavage. Cell, 81: 991~1002

Sklenar V, Peterson R D, Rejante M R. 1993. Two-dimensional triple-resonance HCNCH experiment for direct correlation of ribose H1′ and base H8, H6 protons in ^{13}C, ^{15}N-labeled RNA oligonucleotides. J Am Chem Soc, 115: 12181~12182

Smith F W, Feijon J. 1992. Quadruplex structure of oxytricha telomeric DNA oligonucleotides. Nature, 356: 164~168

Tate S, Ono A, Kainosho M. 1994. An alternative triple-resonance method for the through-bond correlation of intranucleotide H1′ and H8 NMR signals of purine nucleotides. Application a DNA dodecamer with fully ^{13}C, ^{15}N-labeled deoxyadenosine residues. J Am Chem Soc, 116: 5977~5978

Vaiegard K, Murray J B, Stockley P G. Crystal structure of an RNA bacteriophage coat protein-operator complex. Nature, 371: 623~626

Wagner G, Braun W, Haver T F. 1987. Protein structures in solution by NMR and distance geometry. The polypeptide fold of the basic pancerentic trypsin inhibitor determined using two different algorithms, DISGEO and DISMAN. J Mol Biol, 196: 611~639

Wijmenga S S, Mooren M M, Hilbers C W.1993. NMR of macromoleculars.In: Roberts G C K, ed. A Practical Approach. Oxford University Press. 217

Wuthrich K. 1986. NMR of proteins and nucleic acids. New York: John Wiley & Sons Press. 203

Zimmer D P, Crothers D M. 1995. NMR of enzymatically synthesized uniformly ^{13}C/^{15}N-labeled DNA oligonucleotides. Proc Natl Acad Sci USA, 92: 3091~3095

(杨宪斌　杨　铭)

第二十章 晶体学方法之一

——X射线晶体学

结构生物学是以生命物质的精确空间结构及其运动为基础来阐明生命活动规律和生命现象本质的科学，其核心内容是研究以蛋白质、核酸、糖和脂质体等为代表的生物大分子及其复合物和组装体的空间结构和功能。然而，生物大分子所具有的功能在很大程度上取决于其三维结构，因此生物大分子的空间结构的研究成为揭示其功能的基础。随着科学技术的飞速发展，应用于生物大分子三维结构的研究方法不断拓展，而生物大分子的晶体学的研究方法是至今为止研究其结构最有效的方法。

晶体能对X射线、电子束和中子束产生衍射效应，利用这种衍射可以测定晶态物质在原子水平上的结构，并获得详细的结构数据，如原子间的距离、键角、扭转角、分子的立体结构、绝对构型、热振动参数、原子和分子的堆积、有序或无序的排列以及非计量的程度等。通过衍射法测定生物大分子晶态物质结构的方法称为生物大分子晶体学。

生物大分子晶体学是从蛋白质晶体学开始发展起来的一门年轻的科学。20世纪50年代，肌红蛋白和血红蛋白晶体结构的测定拉开了生物大分子晶体结构测定的序幕。60年代又相继测定了溶菌酶、核糖核酸酶、胰凝乳蛋白酶和羧酞酶等一批重要的蛋白质晶体结构，标志着蛋白质晶体学走上了成熟发展的道路。在70年代，由于DNA合成和结晶学技术的发展，具有B-DNA螺旋结构的十二聚体寡核苷酸和A-DNA的片段四聚体寡核苷酸的晶体结构被测定，从而证实了Waston和Crick提出的DNA双螺旋模型。进入80年代后，随着结构测定的精度越来越高，结构测定的速度也急剧增加，近几年测定速度已增长到平均每天5.1个，国际蛋白质数据库PDB(protein data bank)的统计数据表明：到1991年1月，蛋白质、肽、病毒和核酸晶体数据已达到7587个，由此可见生物大分子晶体学研究方法的成熟已达到广泛应用的程度。

第一节 晶体及晶体X射线衍射的基础理论

一、晶体的结构特点

晶体是原子(或离子、分子)在三维空间中周期性重复排列构成的固体物质。如果把晶体中按周期重复的那部分原子(或离子、分子)抽象成一个几何点来代表，由于晶体内部结构的周期性，这些从晶体中无数个重复周期中抽象出来的一组点，在三维空间按一定的周期重复排列就构成点阵。点阵中的每一个点都具有相同的周围环境，点阵结构中每个点阵点代表的具体内容称为晶体的结构单元。将点阵点按一定的方式连接起来，在空间形成无数个大小和形状完全相同的平行六面体，每一个六面体代表晶体的基本单位，这种基本单位称之为晶胞。晶胞的大小和形状可用平行六面体的3个边长 a、b、c

和边长之间的夹角α、β、γ 6个参数表示，这6个参数统称为晶胞参数。根据晶胞的形状和所具有的特征对称元素，可以把不同的晶胞分成7个晶系。为了使所选取的晶胞具有尽可能高的对称性，有时不得不选取较大的晶胞，使晶胞成为带心的格子类型，这种晶胞称为复晶胞，不带心的晶胞则称为素晶胞，这样在7个晶系中共有14种不同的格子类型。若把反映晶体内部对称性的螺旋轴、滑移面和14种格子类型及32个点群相结合，得到反映晶体内部对称性的230个空间群。

与传统的小分子晶体所不同的是，蛋白质和核酸生物大分子晶体内，只能允许除镜面、滑移面和对称中心以外的对称组合或空间群存在。这是因为这些分子只有一种对映体(例如天然蛋白质只由L-氨基酸组成，因而绝对不会出现镜面对映体)。所以，对大多数生物大分子只能有65个空间群。

二、晶体的X射线衍射及晶体的衍射方向

当X射线按一定的方向射入晶体，与晶体中的电子发生作用后，就由电子向各个方向发射射线，这种现象叫散射。由于晶体是由原子组成的，而原子散射X射线的能力和原子中所含的电子数目成正比，电子越多，散射能力越强，一般原子的散射能力用原子的散射因子f表示。由于晶体中各原子散射的电磁波互相干涉、互相叠加，在某一方向得到加强的现象称为X射线衍射，其最大限度加强的方向为晶体的衍射方向，下面介绍两个满足衍射条件的重要方程。

受光栅对可见光衍射的启发，劳埃(Laue)把晶体看做是X射线的立体衍射光栅，并对五水硫酸铜、辉锌矿等晶体做了一系列的衍射实验，通过分析它们的衍射图谱，提出了满足衍射条件的劳埃方程

$$a(\cos\alpha-\cos\alpha_0)=h\lambda$$
$$b(\cos\beta-\cos\beta_0)=k\lambda$$
$$c(\cos\gamma-\cos\gamma_0)=l\lambda$$

式中，a、b、c分别为晶体在a、b、c方向上的周期；α_0、β_0、γ_0是X射线入射方向与晶轴a、b、c的交角，α、β、γ是X射线衍射方向与晶轴a、b、c的交角；λ是X射线的波长；h、k、l是整数，称为衍射指数。

从劳埃方程可以看出，如果X射线入射方向和波长已知或固定，根据衍射图定出α、β、γ，就能求出晶胞的3个参数a、b、c。

布拉格(Bragg)从另一个角度更方便地解释了劳埃的衍射实验，他把晶体对X射线的衍射作为晶体中平面点阵组对X射线的反射，而且晶体中相邻两个点阵平面上的光程差，必须为波长的整数倍才能产生衍射，这就是X射线衍射的基本公式——布拉格方程

$$2d_{(h,k,l)}\sin\theta=n\lambda \tag{1}$$

式中，h、k、l是平面点阵组的指标，为3个互质的整数；d为相邻两个点阵平面的间距；n为正整数1，2，3，…称为反射级数；θ是衍射角，随n不同而异，θ也可写成$\theta_{(nh,nk,nl)}$。

带有公因子n的平面指标(nh，nk，nl)是一组和(h，k，l)平行的平面，相邻两个平面的间距$d_{(nh,nk,nl)}$和相邻两个点阵平面的间距$d_{(h,k,l)}$存在以下的关系

$$d_{(nh, nk, nl)}=\frac{1}{n}d_{(h, k, l)} \tag{2}$$

将式(2)代入式(1)，得：

$$2d_{(nh, nk, nl)}\sin\theta_{(nh, nk, nl)}=\lambda \tag{3}$$

为简化起见，将平面指标(*nh*，*nk*，*nl*)改用衍射指标(*h*，*k*，*l*)，得到 X 射线晶体学中通用的布拉格方程，其表达式为

$$2d_{(h, k, l)}\sin\theta_{(h, k, l)}=\lambda$$

这个公式将衍射方向和平面间距及 X 射线的波长联系起来。

第二节　生物大分子的晶体培养

生物大分子的结晶过程同普通的小分子结晶一样，是一个有序化过程，即在溶液中处于随机状态的分子转变成有规则排列状态的固体。但是，生物大分子的结晶比普通的小分子结晶要困难得多，一方面是由于生物大分子的分子质量很高，几何形状比较复杂，表面电荷多种多样，使得分子间相互作用或相互结合的点很多，而可能形成有序排列的关键结合点和几何匹配位置又很少，分子构象对外界条件的改变特别敏感；另外生物大分子在结晶时，一般含有很高的溶剂量，而且溶剂一般占据大的通道或分子间连通的空隙，导致分子间相互作用减弱，使分子的有序聚集体不稳定。这些因素对不同的生物大分子结晶的影响都有其自身的特点，目前还没有现成的规律可循，可以说生物大分子晶体的培养在某种程度上讲还是靠机遇，或者说是一门艺术。下面就以生物大分子晶体学中最有代表性，而且解析结构最多的蛋白质晶体培养为例来讨论。

一、蛋白质晶体的形成

蛋白质从溶液中结晶时，首先是使体系非常缓慢地趋向于饱和，进而达到一个适宜的过饱和度形成少量的晶核，与此同时，要保持一定的条件，以保证溶液中的蛋白质分子间有最大量的有利的相互作用，使蛋白质分子失去自由运动的能量(平移、旋转)而结合到晶核上，形成新的稳定化学键(次级键)。随着晶核慢慢长大，溶液过饱和度逐渐降低，最后使溶液和晶体处于平衡状态，体系能量降低至最小，形成晶体。由此看来，在蛋白质晶体培养中，控制蛋白质溶液的过饱和度显得尤为重要，当蛋白质高度过饱和时将以无定形沉淀为主要析出形式，所以一般将蛋白质的浓度尽量缓慢提高至略高于其溶解度即可。

二、影响蛋白质晶体生长的因素

1. 蛋白质的纯度

蛋白质的纯度对蛋白质晶体的培养是至关重要的，有时极少量的杂质也会成为单晶生长的主要障碍，甚至连微晶也长不出来，所以一般情况下，样品的纯度应达到凝胶电泳一条带的水平。另外，在考虑蛋白质样品纯度时，还应注意到分子的微观不均匀性对

单晶培养的不利影响，可能会出现不同批号的原料生长的晶体质量差异很大，有时晶型都不一样，因此，对不同批号的原料应分别用来生长单晶。

2. pH

有些蛋白质分子对 pH 较为敏感，pH 的变化可以影响其溶解度，甚至会使蛋白质变性和破坏，因此要根据蛋白质分子的性质选择一定的 pH，同时为使溶液有尽量大的缓冲容量，缓冲剂的 pK_a 要尽量接近溶液的 pH。蛋白质排入晶格的基本条件是靠蛋白质之间的相互作用，这种作用主要是局部电荷引起的，而 pH 的变化还可改变蛋白质分子的电荷分布，所以利用 pH 变化可以得到不同晶型的蛋白质晶体。

3. 温度

蛋白质分子的结晶过程常发生在 0~40℃的范围内，最适宜的结晶温度是 0~4℃。蛋白质在低温下更稳定，易于较长时间放置，而且低温下更慢的溶解能力变化可使蛋白质有足够时间聚集为有序的晶体。当缺乏低温设备时，室温操作可使程序简单化，同时还可避免因温度变化导致对 pH 的影响。

4. 沉淀剂

为了迫使蛋白质分子从溶液中析出，必须选择一种或几种沉淀剂，来降低蛋白质分子的溶解度，促使蛋白质分子在溶液中产生有序的凝集而结晶。沉淀剂分为两类：一类是盐，如硫酸盐、磷酸盐及硝酸盐等；另一类为有机溶剂，如己二醇、2-甲基 2，4-戊二醇、乙醇和丙酮等。这两类沉淀剂的作用机制不同，盐类沉淀剂通过破坏蛋白质的水化层，减小蛋白质与水的结合能力，从而增大蛋白质分子之间的相互作用；而有机沉淀剂是通过降低水的介电常数和蛋白质分子的溶剂化能力，来增加蛋白质分子之间的静电相互作用。

三、蛋白质晶体的生长方法

蛋白质晶体生长的一个很重要的前提条件是蛋白质在结晶前需通过分离、纯化获得均一的电泳纯的样品。要使纯化后的蛋白质结晶，必须使溶液达到过饱和，可以通过以下两种手段得以实现，一是提高蛋白质在溶液体系的浓度(一般通过溶剂蒸发)；二是降低蛋白质的溶解度。因此蛋白质的结晶技术就是围绕上述两种手段，通过各种不同的方法和技术开展的。下面将介绍 4 种常用的结晶技术，以供参考。

1. 气相扩散法

气相扩散法是运用气相扩散达到平衡的原理而发展起来的一种最普遍和最常用的微量结晶技术，根据液滴的存在方式，分为悬滴结晶法和坐滴结晶法(图 20-1、图 20-2)。这两种方法都是将含有略高于某种蛋白质结晶所需要盐浓度的溶液与含有略低于这种盐溶液浓度，且溶质为待结晶的蛋白质，溶液放在一个封闭体系内，由于这两种溶液的浓度不同造成两者的饱和蒸气压不同，通过水或其他更容易挥发的有机分子的蒸发，使两者的饱和蒸气压逐渐趋于相等，最后达到平衡而使待结晶的蛋白质溶液内盐的浓度逐渐提高，蛋白质溶液达到一定的过饱和度后，开始结晶。

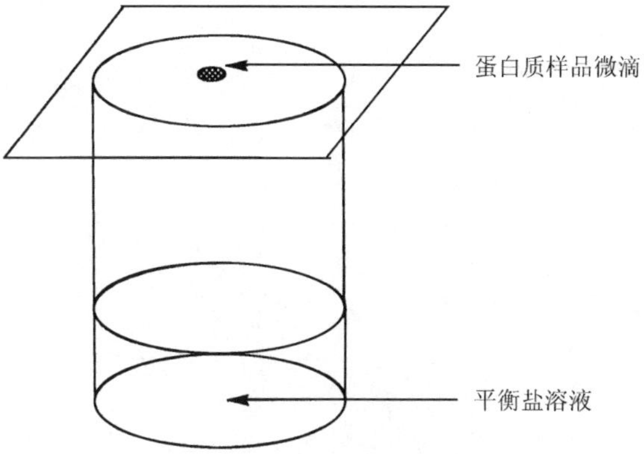

图 20-1　悬滴结晶法示意图

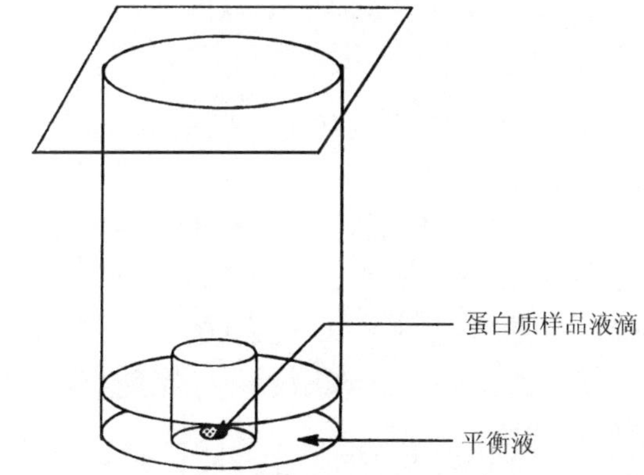

图 20-2　坐滴法示意图

悬滴结晶法(图 20-1)非常适用于只有少量样品而又要筛选大量条件的情况，而且这种方法在实践中较为成功，因而成为气相扩散法中比较具有代表性的通用技术。但由于重力的影响，悬滴结晶法的液滴体积不宜过大，且不易得到较大的晶体；而采用坐滴结晶法(图 20-2)可以加大液滴的体积，有利于得到大的晶体。

用气相扩散法已经培养了许多蛋白质的单晶，其中有过氧化氢酶、肌酸激酶、血清白蛋白、三磷酸甘油酯脱氢酶、苯丙氨酸 tRNA 合成酶、酪氨酸 tRNA 合成酶及刀豆球蛋白等。

2. 透析法

透析法是培养蛋白质晶体的常用方法之一(图 20-3)。由于透析膜内外的水、有机溶剂或一定浓度的盐溶液浓度不同，这些小分子物质的平衡通过膜缓慢地进行，使膜内外的浓度差随之减小，从而降低蛋白质的溶解度，蛋白质的浓度由不饱和到达饱和，当达到一定的过饱和度后析出结晶。应用比较广泛的透析法有：微量透析结晶法和对蒸馏水透析结晶法。

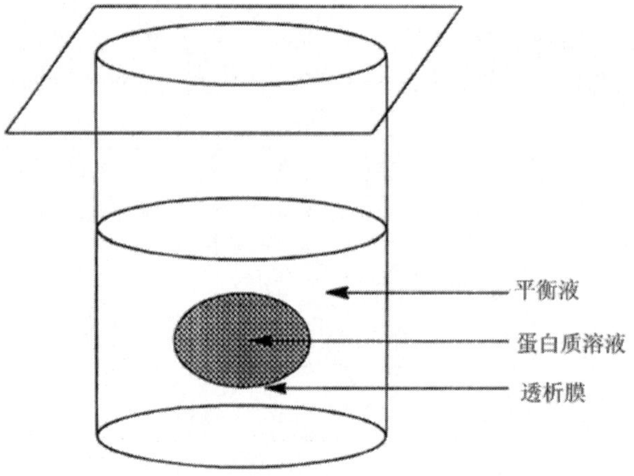

图 20-3　透析法示意图

微量结晶法所用样品量少，而且透析池有利于外透液的改变，可以很方便地筛选出可能的结晶条件。用聚丙烯酰胺胶塞代替透析膜，可以很方便地通过调节聚丙烯酰胺的浓度来控制蛋白质分子的扩散速度和排除极限，有利于蛋白质结晶。对蒸馏水透析结晶法方法极其简单，但用此法不易得到大晶体。

用透析法已有许多成功的例子，其中已长出供 X 射线衍射分析用的大单晶有：木瓜蛋白酶，D-木糖异构酶、过氧化氢酶、六角腺病毒、亮氨酸 tRNA 合成酶、天门冬氨酸转氨甲酰酶、免疫球蛋白等。

3. 分批静置法

分批静置法是一种最简单、最传统的蛋白质结晶方法(图 20-4)。它是通过在待结晶蛋白质溶液的体积、浓度和组成固定的条件下，加入不同量的饱和沉淀剂以产生一个浓度梯度，或调节不同的 pH，而使蛋白质在不同的过饱和度溶液中结晶。分批静置法与扩散法和透析法有本质的区别，在分批静置法中，蛋白质溶液一旦配制好，就处于过饱和状态，而在扩散法和透析法中，蛋白质溶液都是通过各种平衡从不饱和状态逐渐过渡到过饱和状态的。分批静置法包括分批结晶法和微量分批结晶法。

由于分批结晶法所需样品量较大，并且溶液装好瓶后，再要改变条件就很困难，不适宜用来筛选和优化结晶条件，所以微量分批结晶法很快就成为主流，它可用计算机控制的自动分配仪来精确的配制微量的蛋白质溶液，而且用油作为惰性的密封材料，可以为晶核的形成和晶体的生长营造更为有利的环境，大大提高单晶生长的重复性。用微量结晶法已经为许许多多结构研究工作提供了大量的晶体，例如酵母磷酸甘油酸激酶、血红蛋白、噬菌体 T_4 溶菌酶、木糖异构酶及β淀粉酶等。

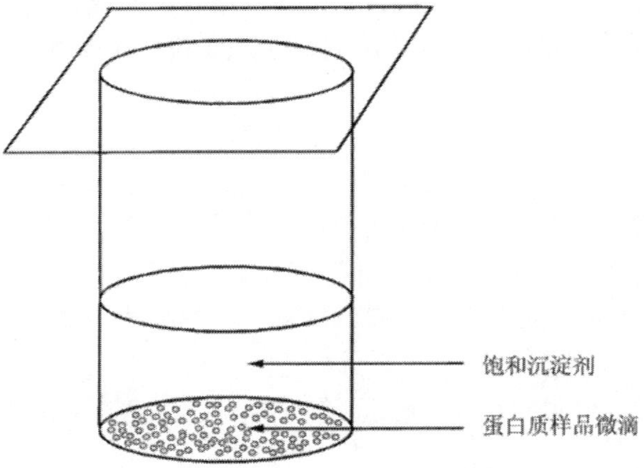

图 20-4　微量分批结晶法示意图

4. 自由界面扩散法

自由界面扩散法是利用液相平衡原理而形成的一种重要的蛋白质结晶方法，又称为液相扩散法(图 20-5)。它是根据蛋白质在不同溶剂中的溶解度不同，选择两种溶解性差别大的溶剂，将溶有待结晶蛋白质的溶液小心地放在另一种溶液的上层，首先在界面区域达到瞬间的过饱和，随着两层溶液互相扩散，各自形成一个浓度梯度，当扩散趋向平衡时，蛋白质的溶液达到一定的过饱和度，便形成了晶核。

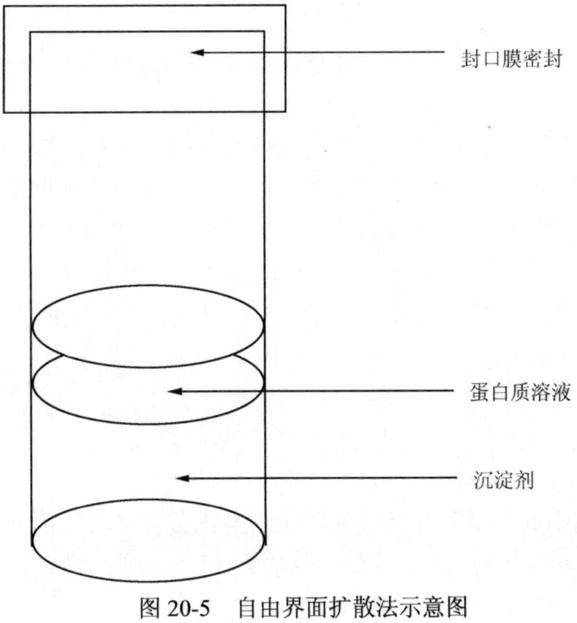

图 20-5　自由界面扩散法示意图

自由界面扩散法的优点是所需样品的体积很小，因此可以尝试许多不同的结晶条件。另外，改变毛细管的直径，可以调节扩散速度。

自由界面扩散法已用于生长细胞色素 c、3-磷酸甘油醛脱氢酶、肌激酶、红豆碱、木瓜蛋白酶、枯草杆菌蛋白酶、磷脂酶原 A、磷脂酶 A 以及硫氰酸酶等晶体。

四、蛋白质晶体的初步鉴定和挑选

当在母液中发现了晶体或类晶体物质时，可通过以下几种简单的方法初步鉴定晶体是蛋白质，还是母液混合物中所含的某种盐的晶体。

(1) 刮擦法　在体视显微镜下用玻璃针或针尖刮擦晶体，蛋白质晶体很容易破碎成小碎片，而盐晶体则比较难。

(2) 脱水法　将晶体置于空气中脱水，蛋白质晶体就会分裂或完全降解，而盐晶体一般不会这样。

(3) 染色法　在母液中加入很少量的染料，如伊兹特晶体染色剂(Izit crystal dye)，蛋白质晶体将被染为蓝色。

(4) 偏振光法　用偏振光观察晶体，盐晶体会出现双折射现象，而蛋白质晶体不会。

(5) 密度差法　蛋白质晶体的密度很接近于母液的密度，所以在母液中常呈半悬浮状态，用一个针尖就可使它悬浮起来，而盐晶体一般沉在容器底部。

在对蛋白质晶体进行初步确认以后，就要挑选适合做 X 射线衍射的单晶。晶体的形状和大小对晶体的衍射强度影响很大，太小的晶体衍射能力太弱，曝光时间加长，衍射背景相对加深；太大的晶体对 X 射线的吸收强，有时甚至使衍射点出现“空心”现象，影响衍射强度的准确性。所以，为了得到高分辨率的衍射数据，必须挑选生长完整、表面透亮和棱角清晰的单晶，而且晶体的线度在 0.2~0.5mm 之间最为适宜。

第三节　蛋白质晶体的 X 射线衍射结构分析

蛋白质晶体结构分析是在小分子晶体结构分析基础上发展起来的，它包含两方面的内容：一方面是晶体内部三维空间中原子排列的重复周期，用晶胞的形状和大小表示；另一方面是晶胞中原子的种类、数目和相对位置，用原子在晶胞中的坐标参数来表示。前面介绍的 X 射线衍射的基本方程——布拉格方程可解决衍射方向问题，即衍射图上斑点的位置，用它还可以确定晶胞的形状和大小，所以我们要解决的主要问题是弄清楚原子在晶胞中的分布。

一、相角和帕特森函数

当 X 射线通过晶体时，由于晶胞中各原子占有的位置不同，因此，它们所产生的次生射线的位相也是不同的。假定晶胞中有 n 个原子，每个原子的散射因子分别为 $f_1, f_2, \cdots, f_n$，每个原子散射波和原点的散射波位相差为 α_1，α_2，…，α_n，这 n 个原子的散射波互相叠加就可得到该衍射 h、k、l 的结构因子 $F_{(h,k,l)}$

$$F_{(h,k,l)} = |F_{(h,k,l)}| \exp\left[i\alpha_{(h,k,l)}\right]$$

式中，$|F_{(h,k,l)}|$ 称为结构振幅；$\alpha_{(h,k,l)}$ 称为相角。

通过对 $F_{(h,k,l)}$数据进行傅里叶合成，可以计算得到描述晶胞中原子位置的电子密度函数

$$\rho(X,Y,Z)=V^{-1}\sum_{-\infty}^{\infty}\sum_{-\infty}^{\infty}\sum_{-\infty}^{\infty}F_{(h,k,l)}\exp[-i2\pi(hX+kY+lZ)]$$

式中，V 是晶胞的体积；$\rho(X, Y, Z)$表示晶胞中距离原点的分数坐标为 X、Y、Z 处的电子密度。

在相当于原子核的位置，电子密度函数的值比较大，在原子核之间则相对而言比较低。所以，我们可以从电子密度最大来推断原子的位置。结合上面的两个公式，可以看出，电子密度函数与结构振幅和相角有关，结构振幅从衍射点的强度(即衍射图上斑点的亮度或黑度)可以推算出，而该衍射点的相角无法从实验收集的数据中直接得到。所以，晶体结构分析的核心问题是解决相角的问题。

用在衍射实验中直接观察的衍射强度数据推得的结构振幅 $|F_{(h,k,l)}|^2$，作为傅里叶级数的系数，进行傅里叶合成，得到在晶体结构中起重大作用的帕特森函数(Patterson)，其形式如下

$$P(U, V, W)=V^{-1}\sum_{-\infty}^{\infty}\sum_{-\infty}^{\infty}\sum_{-\infty}^{\infty}|F_{(h,k,l)}|^2\exp[-i2\pi(hU+kV+lW)]$$

式中，$P(U, V, W)$表示晶胞中相距为向量(U, V, W)的两点电子密度的乘积在整个晶胞中的加和值。

从上式可以看出，帕特森函数只要有结构振幅就可以计算。从帕特森函数图中可以得到晶胞中每一对原子间的向量峰，峰的位置表示每对原子在空间的相对位置，峰的高度正比于这两个原子各自所含电子数目的乘积。假定晶胞中的原子数为 N，向量峰的数目就有 $N(N-1)+1$ 个，而且其中许多是重叠的，不易辨认。因此，在实际应用时常用重原子法，即利用晶体中包含数目较少的重原子，辨认重原子间的向量峰，推出重原子的坐标参数。并用最小函数法、电子密度函数法定出其余轻原子的位置，经过修正得到更为精确的结构。

二、蛋白质晶体结构中解相角的方法

在小分子中，常可通过研究帕特森图和化学资料来解析结构。由于蛋白质含有原子数目一般都在 1000 个以上，帕特森图过于复杂，传统的小分子晶体解析方法已显得爱莫能助，因此要得到一个全新的蛋白质分子结构，其核心问题仍是解决各个衍射点的相角问题，由此而发展起来了适合蛋白质大分子晶体结构中解相角的 3 种方法，下面将分别叙述。

1. 同晶置换法

在蛋白质晶体中引入重原子，制备出重原子的衍生物，根据这样一对同晶置换晶体的衍射强度，求得其相角的方法称为同晶置换法。为此要首先制备重原子的衍生物，而浸泡法是制备重原子衍生物最常用的方法，它是把蛋白质晶体浸泡在含有一定浓度重原子试剂的缓冲溶液中，重原子试剂的分子或离子通过扩散，从晶体的通道进入晶体内，

当这些分子或离子遇到蛋白质表面合适的结合位点时，就与蛋白质分子形成重原子衍生物。由于在解析结构之前，对蛋白质的三维折叠方式还不了解，不知道哪些残基处于分子的表面，只能根据蛋白质的氨基酸组成去推测选择重原子试剂，因此制备合适的重原子衍生物需要经过大量的实验筛选。现在介绍一些经验和化学知识，可以指导重原子衍生物的制备。镧系和锕系的金属离子与蛋白质分子的相互作用主要是静电作用，易与天冬氨酸、谷氨酸的羧基和丝氨酸、苏氨酸的羟基相互作用，这种作用在较低的酸性条件下能得到加强。铂、金和汞离子与蛋白质分子形成配位键，能与甲硫氨酸、半胱氨酸中的硫原子，组氨酸中咪唑环上的氮原子，精氨酸、赖氨酸的侧链胍基和氨基相互作用，这种作用在较高 pH 下有利。铅和铊重原子试剂的性能介于上述两类之间。

在制备重原子衍生物时，先把蛋白质晶体用戊二醛交联剂短时间处理一下，使交联反应仅发生在晶体表面，这样一方面可以提高晶体的机械强度和稳定性，另一方面可以防止晶体放入重原子试剂溶液时产生裂痕及浸泡过程中晶体逐渐溶解，减少晶体结合重原子试剂后引起晶胞参数的变化。

在得到了合适的重原子衍生物以后就要判定重原子在晶胞中的位置，然后才能用同晶置换法解决蛋白质母体晶体的衍射相角问题。对于含有 1000 个以上原子的蛋白质分子的帕特森图的解释变得很困难，而重原子衍生物和蛋白质母体的差别帕特森图，可以把它们结构中共有的部分消掉，图上就剩下重原子间及重原子和蛋白质分子间的向量峰，因此利用差别帕特森图很方便地得到重原子的初始位置，进一步计算出蛋白质母体衍射点的相角。

2. 分子置换法

把已知结构的蛋白质分子放到待测蛋白质晶体的晶胞中建立初始结构模型，借助初始结构模型计算待测蛋白质各衍射点的相角，这种解决衍射相角的方法称为分子置换法。对于一个待测的蛋白质分子，其同源蛋白的分子结构是已知的，解决它的衍射相角问题常用分子置换法。与同晶置换法不同的是，分子置换法是把已知结构的模型分子先经过旋转，使其取向和待测晶体中目标分子的取向一致，然后再通过该模型分子的平移，找到目标分子在待测晶胞中的位置。最后，把与目标分子有一致取向的模型分子放到待测晶胞中去，用模型分子置换目标分子，来解决待测晶体的衍射相角问题。

3. 同晶差值傅里叶法

以与待测蛋白质结构同晶的已知结构的蛋白质分子作为特定模型而得到初始相角的方法称为同晶差值傅里叶法。随着 DNA 重组蛋白技术的发展，利用基因定位突变的方法成为研究蛋白质结构与功能的关系的重要方法之一，由此产生的突变体蛋白和天然蛋白质只存在一个或几个残基的差别，它的晶体与天然蛋白的晶体属于同晶型，用同晶差值傅里叶法测定这些蛋白质的结构更为方便有效。

三、电 子 密 度

解决了 X 射线晶体结构分析中最核心的相角问题后，就可以按下式计算电子密度图

$$\rho(X,Y,Z)=V^{-1}\sum_{-\infty}^{\infty}\sum_{-\infty}^{\infty}\sum_{-\infty}^{\infty}F_{(h,k,l)}\exp[-\mathrm{i}2\pi(hX+kY+lZ)]$$

对于用差值傅里叶法或分子置换法得到的初始相角而计算出的电子密度图，由于它的大部分结构信息是已知的，要重点考察的仅是局部的结构变化，所以这种电子密度图的解释比较容易，结构模型比较容易建立。而对于用同晶置换法所得到的相角计算出的电子密度图，由于初始相角的误差较大，又是一个全新的蛋白质结构，已知的结构信息很少，且起始分辨率也很低，电子密度图的解释就要困难得多，因此，在这里针对同晶置换法得到的电子密度图要进行简单的解释。

我们知道组成天然蛋白质的氨基酸都是“L”形的，而且蛋白质晶体的对称元素不含有第二类对称操作——镜面、滑移面、对称中心。因此，蛋白质分子在晶体里的分布有一个绝对构型问题。在实际工作中，常利用重原子的反常散射来判定重原子衍生物中重原子分布的绝对构型。

有了正确选择的对映体的电子密度图，就可以对电子密度图进行解释。由于蛋白质分子结构的复杂性，对一个未知结构的全新蛋白质分子，总是根据结构分析的不同阶段计算不同分辨率的电子密度图，在不同的图上先易后难逐渐从图中获取不同层次的结构信息。

在低分辨率(＞5Å)的电子密度图上，存在着电子密度较密集的区域，它是蛋白质分子肽链所占的空间，也存在着电子密度较稀疏的区域，这是晶体中溶剂所占的区域。由于有明显的溶剂区存在，因此要确定分子界面和分子大小是可能的。在电子密度较密集的区域，如果有直径为 4~6Å 的圆柱形棒状的电子密度存在，而且相对峰又较其他肽链区为高，这相应于蛋白质分子中的α螺旋结构。

中等分辨率(＞3.5Å)的电子密度图可以跟踪蛋白质分子的肽链走向。低分辨率图上α螺旋结构的棒状电子密度图在中等分辨率图上可以显示出右手螺旋的特征，其侧链往往指向多肽链的 N 端，β折叠结构不再粘连，β链之间的距离约 4.8Å，可明显地看见侧链交替分布于β链上下两侧。芳香环侧链已经可以辨别，脯氨酸会在主链上看见明显的凸起。

高分辨率(＜2Å)的电子密度图可以得到更正确的原子坐标及更多的结构信息，以建立初始结构模型。

四、精　　修

由于初始模型一般比较粗糙，为了得到更精细的结构信息，以满足结构和功能之间关系研究的需要，要对初始模型进行精化。其内容包括：精化原子坐标参数、提高电子密度函数和晶胞中原子分布的符合程度、提高结构振幅的计算值和实验值符合的程度。

对分子置换法得到的初始模型，先进行刚体修正，把分子作为整体进行旋转和平移，使结构模型在晶胞中的取向和位置有进一步的调整。对同晶置换法和差值傅里叶法得到的结构模型，先进行原子坐标的修正，待 R 因子下降至基本稳定后，然后再加入整体温度因子的修正，最后，用各个原子的各向同性温度因子进行修正。当 R＜0.25 时，则可考虑加入溶剂水分子进行修正，水分子的加入往往要经过几次去伪存真的反复过程，先加入(F_0-F_c)和$2(F_0-F_c)$差值图上都有较好的密度表现，而且与蛋白质分子中的原子有氢键作用的水分子，修正后这些水分子密度表现得更好，坐标也没有大的漂移，温度因子也合理，则认为这些水分子是可靠的；反之，则要从结构模型中去掉。通过反复可以找出有序的水分子。

最后，经过结构精修的结构，R 因子一般能达到 0.20 以下，键长的偏差约在 0.015Å，键角偏差约在 3°。

第四节　晶体结构的表达

当晶胞中原子的坐标参数确定后，需要计算原子之间的距离，特别是成键原子间的键长和键角。通过键长和键角的计算，把由晶体学表达的形式——原子在晶胞中的坐标参数转变为化学的内容，来了解原子间的联系、分子的结构、分子的形状和分子的堆积方式等。

一、键长的计算

设某晶体晶胞的 3 个单位向量为 $\boldsymbol{a}$、$\boldsymbol{b}$、$\boldsymbol{c}$，晶胞中某两个原子分别用原子 1 和原子 2 表示，它们的坐标参数分别为 x_1、y_1、z_1 和 x_2、y_2、z_2。联系这两原子间的向量 $\boldsymbol{S_{12}}$ 可表达如下：

$$\boldsymbol{S_{12}}=(x_2-x_1)a+(y_2-y_1)b+(z_2-z_1)c=\Delta x\, a+\Delta y\, b+\Delta z c$$

原子 1 和原子 2 的距离 S_{12} 为联系这两原子间的向量 $\boldsymbol{S_{12}}$ 的点乘的平方根。对于三斜晶系，计算键长的公式可表达如下：

$$S_{12}=[S_{12}\cdot S_{12}]^{\frac{1}{2}}=[(\Delta x)^2a\cdot a+\Delta x\Delta y a\cdot b+\Delta x\Delta z a\cdot c+\Delta y\Delta x b\cdot a+(\Delta y)^2 b\cdot b$$
$$+\Delta y\Delta z b\cdot c+\Delta z\Delta x c\cdot a+\Delta z\Delta y c\cdot b+(\Delta z)^2 c\cdot c]^{\frac{1}{2}}$$
$$=[(\Delta x)^2a^2+(\Delta y)^2b^2+(\Delta z)^2c^2+2\Delta x\Delta y ab\cos\gamma+2\Delta z\Delta x ca\cos\beta+2\Delta y\Delta z bc\cos\alpha]^{\frac{1}{2}}$$

其他晶系计算键长的公式见表 20-1。

表 20-1　计算键长的公式

晶系	原子 1、原子 2 间的距离 S_{12}
三斜	$[(\Delta x)^2a^2+(\Delta y)^2b^2+(\Delta z)^2c^2+2\Delta x\Delta y ab\cos\gamma+2\Delta z\Delta x cd\cos\beta+2\Delta y\Delta z bc\cos\alpha]^{\frac{1}{2}}$
单斜	$[(\Delta x)^2a^2+(\Delta y)^2b^2+(\Delta z)^2c^2+2\Delta x\Delta z ca\cos\beta]^{\frac{1}{2}}$
正交	$[(\Delta x)^2a^2+(\Delta y)^2b^2+(\Delta z)^2c^2]^{\frac{1}{2}}$
三方*$_b$	$[(\Delta x)^2+(\Delta y)^2+(\Delta z)^2+2(\Delta x\Delta y+2\Delta z\Delta x+2\Delta y\Delta z)\cos\alpha]^{\frac{1}{2}}a$
四方	$\{[(\Delta x)^2+(\Delta y)^2]a^2+(\Delta z)^2c^2\}^{\frac{1}{2}}$
六方	$\{[(\Delta x)^2+(\Delta y)^2-\Delta x\Delta y]a^2+(\Delta z)^2c^2\}^{\frac{1}{2}}$
立方	$[(\Delta x)^2+(\Delta y)^2+(\Delta z)^2]^{\frac{1}{2}}a$

* 三方晶系若取六方晶胞则按六方晶系公式计算。

二、键角的计算

设某一原子 1 有两个相邻的成键原子——原子 2 和原子 3，相互关系如图 20-6 所示。原子 1 和原子 2 间的键长为 S_{12}，原子 1 和原子 3 间的键长为 S_{13}，键角 φ(即∠123)的数值可由下式得到

$$\cos\varphi = \frac{S_{12} \cdot S_{13}}{S_{12} S_{13}}$$

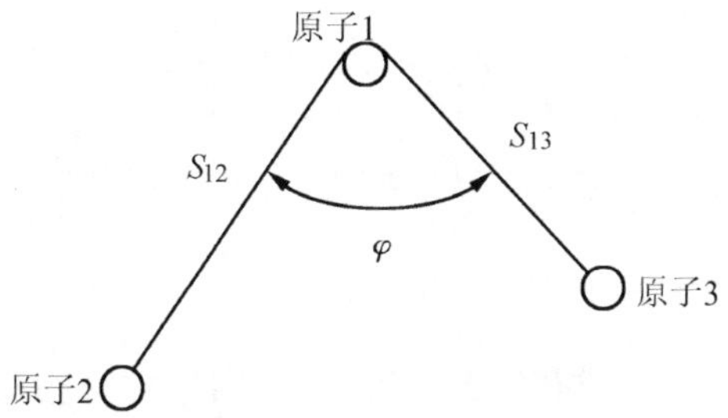

图 20-6　键角示意图

若晶胞参数为 a、b、c、α、β、γ，原子 1 在晶胞中的坐标参数为 x_1、y_1、z_1，原子 2 的坐标参数为 x_2、y_2、z_2，原子 3 的坐标参数为 x_3、y_3、z_3，若令

$$\Delta_2 x = x_2 - x_1 \qquad \Delta_3 x = x_3 - x_1$$
$$\Delta_2 y = y_2 - y_1 \qquad \Delta_3 y = y_3 - y_1$$
$$\Delta_2 z = z_2 - z_1 \qquad \Delta_3 z = z_3 - z_1$$

则对各个晶系的向量点乘乘积 $\boldsymbol{S}_{12} \cdot \boldsymbol{S}_{13}$ 的数值见表 20-2。按表所列公式算出 $\boldsymbol{S}_{12} \cdot \boldsymbol{S}_{13}$ 数值，并以键长乘积的数值相除，即得 $\cos\varphi$。

表 20-2　各晶系两向量点乘乘积($\boldsymbol{S}_{12} \cdot \boldsymbol{S}_{13}$)

晶系	$\boldsymbol{S}_{12} \cdot \boldsymbol{S}_{13}$ 的乘积
三斜	$\Delta_2x\Delta_3xa^2+\Delta_2y\Delta_3yb^2+\Delta_2z\Delta_3zc^2+(\Delta_2x\Delta_3y+\Delta_2y\Delta_3x)ab\cos\gamma+(\Delta_2z\Delta_3x+\Delta_2x\Delta_3z)ac\cos\beta+(\Delta_2y\Delta_3z+\Delta_2z\Delta_3y)bc\cos\alpha$
单斜	$\Delta_2x\Delta_3xa^2+\Delta_2y\Delta_3yb^2+\Delta_2z\Delta_3zc^2+(\Delta_2z\Delta_3x+\Delta_2x\Delta_3z)ac\cos\beta$
正交	$\Delta_2x\Delta_3xa^2+\Delta_2y\Delta_3yb^2$
三方*	$[(\Delta_2x\Delta_3x+\Delta_2y\Delta_3y+\Delta_2z\Delta_3z)+(\Delta_2x\Delta_3y+\Delta_2y\Delta_3x+\Delta_2z\Delta_3x+\Delta_2x\Delta_3z+\Delta_2y\Delta_3z+\Delta_2z\Delta_3y)\cos\alpha]a^2$
四方	$(\Delta_2x\Delta_3x+\Delta_2y\Delta_3y)a^2+\Delta_2z\Delta_3zc^2$
六方	$[(\Delta_2x\Delta_3x+\Delta_2y\Delta_3y-\frac{1}{2}\Delta_2x\Delta_3y-\frac{1}{2}\Delta_2y\Delta_3x)a^2+\Delta_2z\Delta_3zc^2$
立方	$(\Delta_2x\Delta_3x+\Delta_2y\Delta_3y+\Delta_2z\Delta_3z)a^2$

* 三方晶系若取六方晶胞则按六方晶系公式计算。

除计算键长和键角以外，有时对于共面的原子要计算出偏差值最小的平面方程，有时还要计算描述分子构象所需的数据，来完整而全面地表达出分子的结构。

第五节 晶体的中子衍射

1. 晶体对中子衍射的特点

在晶体中原子排列呈现周期性，当晶体受到中子束照射，晶体中各原子的散射经过相互干涉加强而产生衍射。与 X 射线散射不同的是原子对中子衍射的散射主要依靠原子核，所以中子的原子散射因子 f_N 由原子核决定。

中子衍射的原理和方法与 X 射线衍射相似，但也有它的特点：中子衍射需配合反应堆使用，不能像 X 射线那样普遍建立；中子衍射中有效中子的通量低，要求用作单晶结构测定的样品体积比较大；由于严格的单色性会使强度损失很大，要兼顾强度和单色性的要求，使收集衍射所需的时间及衍射的分辨率均能合乎要求；中子主要是被原子核所散射，与核外电子的相互作用很小，散射振幅与原子序数无关。

2. 中子衍射在生物大分子晶体结构上的应用

根据中子的特点，中子衍射在研究生物大分子晶体结构方面显示出其独特的魅力，它可以准确地测定氢原子的位置，因此中子衍射在生物大分子中氢原子位置和结合水研究中有重要应用。我们知道，在生物大分子的一些生理过程(如水解、脱氢、氧化还原、磷酸化、脱磷酸化等)都离不开氢原子和分子结合水。对于蛋白质而言，组成蛋白质的氨基酸有亲水和疏水之分，亲水氨基酸侧链一般在蛋白质的外侧以便于和水分子作用，疏水氨基酸在蛋白质的内侧构成疏水核，而氢原子和分子结合水对球状构象蛋白质的折叠和稳定起着重要作用。X 射线单晶衍射虽然提供了蛋白质原子结构方面的知识，但准确确定氢原子的位置是困难的。既然氢原子的特性主导了蛋白质的结构和功能关系，因此确定氢原子的位置就显得十分重要。然而直到现在，在生物大分子晶体结构研究中，中子衍射晶体学研究的例子还相当少，这主要是因为收集足够的布拉格反射数据费时相当长，同时数据收集又需要较大的单晶颗粒。如 Minezaki 等 1999 年对四方晶系溶菌酶的单晶采用中子成像的方法收集衍射数据就花费了 10d，然而利用中子晶体衍射方法确实发现了 X 射线所不能发现的一些结构信息，研究中发现溶菌酶的三维空间结构中排列着 157 个结合水分子、696 个氢原子和 264 个氘原子。

主要参考文献

王大成. 1998. 结构生物学研究的一些进展. 生物化学与生物物理进展, 25: 396~403

Blundel T L, Johnson L N. 1976. Protein crystallography. New York: Academic Press

Carter C W. 1990. Protein and nucleic acid crystallization. San Diego: Academic Press,1: 1~127

Dunitz J D. 1979. X-ray analysis and the structure of organic molecules Ithaca, N Y: Cornell University Press

Holmes K C，Blow D. 1965. The use of X-ray diffraction in the study of protein and nucleic acid structure. Methods of Biochem Anal, 13: 113~239

Kendrew J C, Bodo G, Dintzis H M. 1958. A three-dimensional model of the myoglobin molecule obtained by X-ray analysis. Nature, 181: 662~666

Niimura N. 1999. Neutron structural biology. J Phys Chem Solids, 60: 1265~1271

Srivice R F. 1999. Wiggling and undulating out of an X-ray shortage and the automated approach to protein structure. Science, 285: 1342~1346

Stout GH and Jensen LH. 1989. X-ray structure determination: a practuical guide. 2nd ed. New York: John Wiley and Sons

Zaccai G. 1999. Neutron scattering in Biology in 1998 and beyond. J Phys Chem Solids, 60: 1291~1295

(王　敏)

第二十一章　晶体学方法之二

——电子晶体学和电镜三维重构

Deisehofer 等 1985 年利用 X 射线晶体学方法解出了细菌光合色素反应中膜蛋白的晶体结构，轰动世界并因此获得诺贝尔化学奖。之所以如此，主要是由于膜蛋白固有的两亲性特征，多数难于从水中结晶，而且膜蛋白量非常少，因此想要在水溶液中培养出能用于 X 射线衍射分析的膜蛋白结晶非常困难，结构确定也不容易。时至今日，用 X 射线衍射方法解出的高分辨膜蛋白结构仅有 5 种，足以说明其难度之大。用核磁共振(NMR)方法虽然可以测定蛋白质在溶液中的构象，但是对蛋白质的分子质量有限制，目前只能研究小于 40kDa 的蛋白质分子结构。而大多数膜蛋白是多重复合物，分子质量超过 50kDa，NMR 技术对于测定这样大分子质量的结构就显得无能为力。

1968 年，De Rosier 和 Klug 开创了电子显微镜三维重构的基本原理和方法，使得电子晶体学成为又一种测定生物大分子结构的重要手段。它与 X 射线晶体学相似，只不过 X 射线是借助于 X 射线与晶体的相互作用，而电子晶体学是借助于电子与晶体的相互作用来研究晶体结构的。X 射线晶体学要求晶体的大小至少在 1Å 左右，而由于电子与物质的作用远强于 X 射线，所以从被研究的对象来说电子晶体学更适合于研究微小晶体与薄膜的结构。电子晶体学与 X 射线晶体学的另一个差别是 X 射线晶体学只能以 X 射线的衍射数据来获得晶体的结构信息；而电子晶体学不仅可以从电子衍射数据获得晶体的结构信息，还可以从电子显微像来获得晶体的结构信息，这主要是因为电子束可以用透镜聚集，运用电子显微学三维重构的原理，通过利用有限个数的已知投影像来近似地重构出物体的三维结构。电子晶体学的第三个独到之处是电子显微学可以与电子衍射学相结合，对于同一个试样，既可以拍摄电子显微像，又可以拍摄电子衍射图样。通过电子衍射可以得到准确的全部结构因子的振幅；从电子显微像可以得到结构因子的相位，由于两方面的信息互补，将二者结合起来，可以提高显微像的分辨率。

第一节　“科学之眼”的诞生

在正常情况下，人眼能分辨的最小细节是 0.1~0.2mm，也就是说对于两个很接近的小点，当中心距离大于 0.1mm 时肉眼能分辨，当中心距离小于 0.1mm 时肉眼就难分辨了。光学显微镜就是一个把欲观察的细节放大的仪器。

电子显微术用的是电子显微镜。和光学显微镜相比，它的分辨率要高得多，所以被称为“科学之眼”。一般分辨率用可分辨的最小距离(δ)表示

$$\delta \approx 0.4\lambda$$

这是由阿贝公式演变而来的,其中 λ 是光(电磁)波在真空中的波长。

由此我们可知分辨率是受衍射效应限制的，分辨率最终只能达到波长的五分之二，为了提高显微镜的分辨率就必须寻找波长更短的发射源。人们首先就想到紫外光，但使用之后分辨率提高不大；又试用 X 射线，虽然 X 射线的波长更短(1Å)，但找不到使 X 射线产生有意义折射的物质，也无法成像。最终促成“科学之眼”诞生的是以下两项科学上的发现，一是法国学者 Broglie 等提出高速运动的粒子也具有波动性，从而创立了波动力学，这个学说不久就被电子衍射实验所证实。因为电子能发生衍射，就证明它具有波动的特征，可被称之为一种波。促成电镜诞生的另外一项发现是 1926 年德国学者 Busch 提出的轴对称磁场可以会聚电子束，并且通过实验证明了这种电子束系统服从几何光学定律，就像玻璃透镜可以会聚光束一样。而轴对称磁场也可以被称为电磁透镜或电子透镜。后来，Ruska 教授根据电子光学与光学的相似性，参照光学显微镜的结构，研制出了第一台电子显微镜，它和光学显微镜的主要区别是用电子束代替光束，以电磁透镜代替玻璃透镜。在电子显微镜中由于使用了极短的电子波，根据公式$\delta \approx 0.4\lambda$，因而能获得极高的分辨率。电子显微镜这个“科学之眼”的诞生，极大地促进了科学的发展，Ruska 也因此荣获诺贝尔物理学奖。

第二节　电镜三维重构的理论基础

如上所述，电子波像光波一样也可以成像，是电子显微像。我们把一个物体的电子显微像定义为该物体在垂直于电子束行进方向的平面上的投影。电子束在通过样品的过程中与样品的原子相互作用，受到原子核场的作用，使电子运动方向发生较大改变，而能量不变，这个过程称为弹性散射。弹性散射电子携带了高分辨的结构信息，使得成像中各部分的强度(或密度)相对于平均强度有明显的变化，这种变化就称为像衬度，它包括振幅衬度及相位衬度。我们从成像能直接读取结构因子振幅和相位。

由于电子波的散射能力是 X 射线的 10^4 倍，所以电子光源可以从很薄的样品中获得生物信息。可以由一层单胞构成的晶体获得用于高分辨结构测定的数据，很适合于二维结晶的大分子结构研究，如膜蛋白的研究。X 射线光源由于散射强度不够，需要高度有序，足够大的单胞,而且有足够的数量才行，而用电子光源只需要一层单胞，面积有 $2\sim3\mu m^2$ 即可解出结构。由电子显微镜得到的是二维结构，经过重构处理得到三维结构。最早的三维重构理论是 1917 年由奥地利数学家 Radon 提出的，他从数学上证明了如果已知一个物体在不同取向上的无穷多个低维投影，就可以通过 Radon 变换,精确地重构出高维空间的物体结构。这个著名的 Radon 理论实际上是不能完全实现的，因为不可能获得一个物体的无穷多个投影。后来发展的许多三维重构理论都是通过利用有限个数的已知投影像来近似地重构出物体的三维结构。电镜三维重构思想的数学基础是傅里叶变换的投影与中央截面定理。中央截面定理的含义是一个函数沿某方向投影函数的傅里叶变换等于此函数的傅里叶变换通过原点且垂直于此投影方向的截面函数。所以电镜三维重构的理论基础是一个物体的三维投影像的傅里叶变换等于该物体三维傅里叶变换中与该投影方向垂直的、通过原点的截面(中央截面)。如图 21-1 所示,每一幅电子显微像都是投影像，它只能给出物体投影结构的二维信息，每幅投影像的傅里叶变换是傅里叶空间通过原点且垂直于投影方向一个截面。

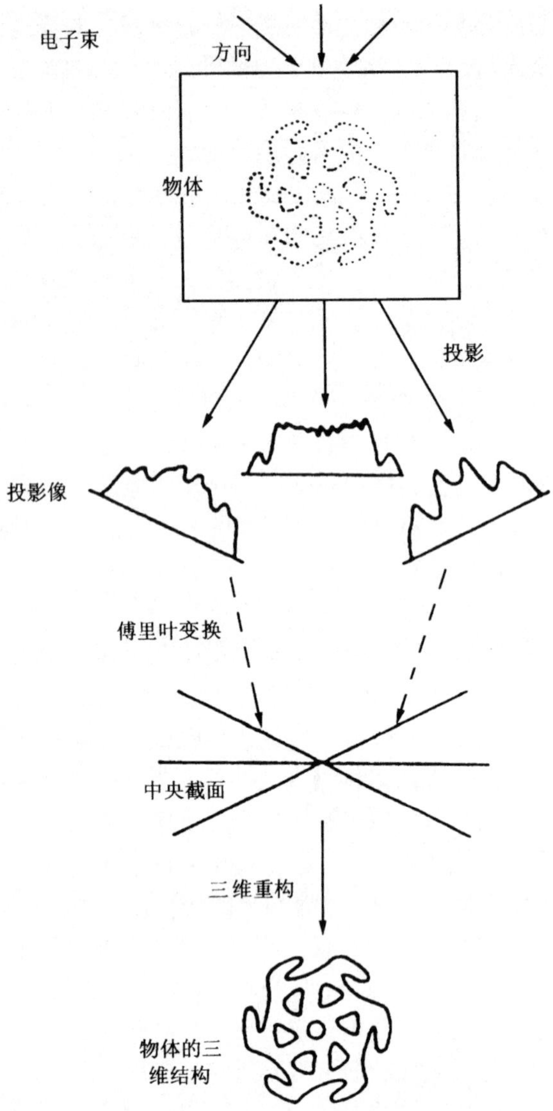

图 21-1　电子显微镜三维重构原理示意图

不难理解，若倾斜试样，沿不同投影方向拍摄一系列电子显微像，经傅里叶变换会得到一系列不同取向的截面，当截面数目足够多时，再经傅里叶变换组合，就会得到傅里叶空间的三维信息，再经傅里叶反变换，便能得到物体的三维结构。如果设物体的三维密度函数为 $f(x, y, z)$，若取 Z 轴为电镜的电子光学轴，则物体沿 Z 轴在 $X—Y$ 平面中的投影像(二维投影像)可用下面函数表示

$$s(x,y)=\int f(x,y,z)\,\mathrm{d}z \tag{1}$$

设其二维傅里叶变换为 $S(X,Y)$，则

$$S(X,Y)=\iint s(x,y)x\exp[-2\pi\mathrm{i}(xX+yY)]\,\mathrm{d}x\mathrm{d}y \tag{2}$$

设样品三维像 $f(x,y,z)$的三维傅里叶变换为 $F(X,Y,Z)$，则

$$F(X,Y,Z)=\iiint f(x,y,z)\ x\ \exp\ [-2\pi i(xX+yY+zZ)]\ dxdydz \tag{3}$$

当 Z=0，得到 X、Y 轴的傅里叶空间中央截面 $F(X,Y,0)$，根据式(1)、式(2)和式(3)推出

$$F(X,Y,0)=\iiint f(x,y,z)\ x\ \exp\ [-2\pi i(xX+yY)]\ dxdydz$$

$$=\iint s(x,y)\ x\ \exp\ [-2\pi i(xX+yY)]\ dxdy$$

所以

$$F(X,Y,Z)=S(X,Y)$$

这就证明了当 Z=0 时,物体在 Z 轴方向上投影的二维傅里叶变换 $S(X,Y)$与其三维像 $f(x,y,z)$的三维傅里叶变换 $F(X,Y,Z)$的截面相等。根据这一推理，如能获得各个方向的投影 $S(X,Y)$，就能得到各个中央截面的 $F(X,Y,Z)$，将它们对所有(x,y,z)积分，进行傅里叶反变换，即可重构出物体的三维密度函数 $f(x,y,z)$，重建样品的三维像。

这个电镜三维重构的思想首次提出是在 1968 年，De Rosier 和 Klug 提出了借助一系列沿不同方向投影的电子显微像来重构被测物体的立体构型，提出了利用计算机数字图像处理技术进行电子显微像三维重构测定生物大分子结构的概念和方法。这两名物理学家因此荣获 1982 年诺贝尔化学奖。在此基础上，Henderson 和 Unwin 建立了蛋白质电子晶体学，从 20 世纪 70 年代至今，蛋白质电子晶体学技术已逐步发展成为蛋白质结构解析的一种实用的方法。

第三节　蛋白质电子晶体学研究技术

Klug 等不仅提出三维重构的思想，而且还发展了用电镜技术研究二十面体球状病毒和螺旋对称的单颗粒生物大分子复合体结构的三维重构方法。近年来利用电子晶体学方法已陆续解出了细菌视紫红质、豌豆叶绿体膜中捕光复合物 II、微粒体谷胱甘肽转移酶、水分子通道蛋白以及离子通道乙酰胆碱受体等膜蛋白结构，最高分辨率已达 3Å 水平。同时二十面体病毒三维重构发展迅速，已解析了数十种病毒的结构，特别是 B 型肝炎病毒的结构测定已达 7.4Å，这为病毒分子生物学研究提供了大量的结构与功能方面的信息。但是到目前为止，在蛋白质电子晶体学研究中仍只有对二维晶体样品的结构研究能达到原子或接近原子的分辨率水平，所以要利用电子晶体学方法测定蛋白质的结构，首先必须得到在二维方向上高度有序且足够大的蛋白质二维晶体。

一、二维晶体的特征

二维晶体与生物膜一样含有一个连续的脂双层，其蛋白质有和体内一样的环境和状态，厚度为 50~200Å。人工生成的二维晶体包括泡状晶体、管状晶体和片状晶体。

在天然二维晶体和泡状晶体中，所有蛋白质分子都面向同一方向，在管状晶体中，蛋白质分子在圆柱体表面呈螺旋状排列，在片状晶体中蛋白质以交替的方向排列，它们是从各向同性去垢剂溶液中生长出来的。

二、二维晶体的获得

1. 膜蛋白二维晶体的获得

非水溶性蛋白(膜蛋白)一般要借助于脂双层而自发地形成二维结晶。当然，有些蛋白质本身就是以二维晶体形式存在于活体细胞中，则可以直接用于结构测定。比如在嗜盐细菌(*Holobacterium halobium*)的角膜中所形成的细菌视紫红质的二维晶体是迄今为止发现的惟一高度有序的天然二维晶体。1975 年，Henderson 和 Unwin 用此天然二维晶体解析了第一个 7Å 分辨率的膜蛋白结构。非天然存在的二维晶体主要通过以下三种方法获得。

1) 在生物膜中重排的方法

若待研究的蛋白质在膜中大量存在且密集堆积，有时可产生自发重排，如一种乙酰胆碱受体在 4~17℃温育几周后出现管状的二维晶体。也可以采用一些合适的方法诱导蛋白质在膜内重排形成二维结晶，如通过钒酸盐的诱导可使肌浆网钙-ATP(Ca-ATPase)在膜中形成结晶，也可以诱导钠、钾-ATP 酶的二维结晶。

2) 负提纯技术

利用合适的去垢剂抽提杂蛋白质及多余的膜脂，使待研究的蛋白质形成较大的二维晶体。用 TX100 抽提中心线粒体膜中的细胞色素还原酶、ATP 酶及脂类等，从而得到细胞色素氧化酶的二维结晶。

3) 透析法

利用适当的去垢剂将膜蛋白溶解后，保留或除去体系中残留的去垢剂，通常是把蛋白液加入到脂类与去垢剂胶束的悬浮液中，再用透析或吸附的方法去除体系中的去垢剂，当体系中的去垢剂浓度达到临界胶束浓度时，蛋白质就会重新排列，形成二维结晶。

2. 水溶性蛋白二维晶体的获得

一般水溶性蛋白的二维结晶需要借助于一个表面和沉积技术来促进蛋白质分子在二维方向上的有序堆积。用于可溶性蛋白二维晶体生长的材料表面有云母表面、水银表面、碳膜表面、脂单层表面等，用以上材料表面来吸附和展开一些可溶性蛋白质，均已成功地获得了可溶性蛋白的二维结晶。在脂单层表面生长二维晶体已成为目前普遍使用的方法。

三、电子显微镜(电镜)样品的制备

1. 负染色技术

制备蛋白质电镜样品主要采用染色法，染色观察是为了增加电子显微像的衬度。蛋白质本身呈现低衬度而染色剂分布于蛋白质之间的空隙中具有较高的衬度，所以称之为负染色。通常有两种染色方法：一是将蛋白质的溶液滴在载有碳膜的铜网上，吸除多余的液体，再在铜网上滴一滴醋酸铀水溶液，2~3min 后吸去多余的染色液即完成染色；另一种方法是将蛋白质的溶液和染色液混合，2~3min 后取出一滴混合液，滴在载有碳膜的铜网上，吸去多余的液体即完成染色。上述染色法虽然可以增加电子显微镜的衬度，但也有缺点，那就是染色剂颗粒效应会使像细节模糊。用这种方法制备的样品只能获得 1.5~2.0nm 的分辨率，难以满足高分辨的结构研究。

2. 糖包埋技术

糖包埋技术就是用葡萄糖、海藻糖等取代蛋白质中的水介质，在样品中形成一种类似水的环境，糖分子中的羟基可与蛋白质分子之间形成氢键，而且糖又没有挥发性，因而能较好地保持蛋白质分子的结构，使蛋白质在电镜的真空条件下不致受到损伤，用这种方法可以得到较高分辨率的电子显微像。具体的做法是先将蛋白质溶液与 1%的糖溶液按 1∶1 的比例混合，然后取出一滴混合液，滴在载有碳膜的铜网上即制成了糖包埋的样品。由于不需要染色，葡萄糖又不含重原子，不会影响蛋白质内部结构成像，是样品制备技术中的又一个进步。

3. 冰包埋技术

水对维持生物大分子发挥生物功能所必须的三维结构是不可缺少的物质。水的低温物理化学研究表明，水的冷冻速率与水的构象变化密切相关。如水可以形成六角形冰、立方体冰和玻璃态，水的无定形玻璃态是一种特殊的冰。这种冰不会破坏生物大分子的结构，而且能提供样品所需要的水分。玻璃态水在人工控制下(–130℃)去玻璃态时产生的立方体薄膜，为生物大分子提供了一个刚性的、稳定的支持物，适合于高分辨成像。通常，我们把溶液中的蛋白质样品，以极高的冷冻速度(＞10^4℃/s)冷冻在一薄层非晶体的玻璃态冰中，使样品的自然结构在显微镜的真空中保持接近于在溶液中的状态，而不必使用化学固定或负染色，这一系列技术也称之为冰包埋技术。冰包埋技术能够最大限度地保存蛋白质的天然精细结构，不仅容易获得高分辨率的结构数据，而且由于快速冷冻过程具有较短的时间，故亦可用于蛋白质功能的动态过程研究。冰包埋需要有超流体的液氦或液氮的低温冷台和专用的样品转移装置。应用这种技术可以防止电镜测定时真空状态导致的对生物大分子的损伤，还可以减轻电子束辐射造成的对样品的损伤。这种技术适合于研究病毒和大分子薄晶，包埋在玻璃态和立方体冰中的催化酶薄晶的电子衍射分辨率可以达到 2Å。在这个意义上来说，蛋白质电子晶体学也可以称为蛋白质冷冻电子显微学。

四、衍射信息的收集和数据的处理

有两种收集电子衍射信息的方法，一种方法是使样品绕某一个晶轴倾斜旋转，拍摄到一系列不同角度的显微像，另一种方法是使晶体倾斜一个较大的角度后，再绕平行于电子束的轴旋转，亦可拍摄到不同旋转角度的显微像。通过拍摄大量的照片，可以得到所需要的高分辨像。通过低剂量选区电子衍射谱经傅里叶分析可获得傅里叶函数的结构振幅参数；通过低剂量像经傅里叶分析可获得傅里叶函数的结构相位参数；通过对高剂量像的激光衍射可测定出低剂量成像时的欠焦量和球差系数，从而确定当时的相位反差传递函数；通过高剂量低倍像可以估计蛋白质样品的厚度。需要指出的是在拍摄上述几类照片时要严防电子束损伤，要尽量避免高剂量的电子照射到样品上，特别是对辐照敏感的生物样品，辐射会引起样品的移动，从而降低像的质量，所以要拍好这些照片需要相当的技术。这些技术包括：运用场发射电镜的电子束提高亮度、缩短曝光时间、减少辐照损伤以及运用点扫描技术，使照明光束减少成直径为50~200nm的束斑，利用微处理器控制束斑对样品进行扫描成像，保持样品的相对稳定性，从而改善成像质量等。

数据处理，包括照片数字化及计算机数据处理与重构。要进行计算机数据处理及重构，使用的函数是光密度函数，因此要先把照片上的每一点的光密度用数值标出——这就是数字化。为了重构，需要测定样品结构的傅里叶函数的振幅和相位。从理论上讲，由晶体的低剂量像的傅里叶变换可以同时得到振幅和相位，但由于电镜存在的像差和不稳定性，我们一般是采用电子衍射谱中衍射点的强度去计算傅里叶函数的结构因子的振幅，结合从低剂量像中得到结构因子的相位来进行三维重构。

第四节　低温电镜技术在生物大分子结构研究中的应用

一、DNA分子结构的研究

用电镜对核酸大分子进行直接观察，可以区分各种核酸分子的单链或双链、环状或直链等不同形态，也可以计算核酸分子的长度和分子质量，从而进一步研究核酸的结构和功能。比如，对于DNA分子持续长度(persistence length)的测定，反荷离子(counterion)诱导的DNA超螺旋及病毒的衣壳化以及DNA的液晶态包装结构的研究都是重要的应用实例。核酸分子的电镜样品出现的主要问题是如何保持核酸分子在溶液中的构型，以及如何克服像反差弱的缺点。为了解决这些问题，目前最广泛应用的技术就是蛋白质单分子展膜技术，即运用蛋白质单分子膜作为核酸分子的基膜。它的主要技术原理是：许多碱性球蛋白能在水溶液或低盐溶液的表面形成不溶的变性薄膜。在适当的条件下，这一薄膜可以成为单分子层，并由伸展的肽链构成一个单分子网。由于肽链上有大量氨基酸的碱性侧链基团，因此这些带有多个正电中心的蛋白质分子包围着带负电的核酸分子，当碱性蛋白质在溶液表面形成单分子层时，核酸分子也同时被拉开，伸展在溶液的表面，并能使核酸的形态与结构仍保持一定的完整性，展膜后，再将核酸分子捞到带支持膜的铜网上，经过一定过程的处理(如负染色)后，再在电镜下进行观察。

二、蛋白质三维结构的解析

1. 微管蛋白的结构与功能研究

1995年，Nogales等利用电镜三维重构首次得到微管二聚体的分辨率为6.5Å的二级结构，证实其存在着α螺旋和β折叠结构。从切面图看到微管壁的内侧高低起伏，微管壁的外侧较为平坦。另外根据微管蛋白与紫杉醇结合前后密度图像的差异，确证了紫杉醇与其生物靶微管蛋白的结合位点。当分辨率达到3.7Å时，则可获得微管蛋白精细的二级结构(α螺旋、β折叠以及它们之间的连接)。我们可以看到α、β微管蛋白的结构基本相同，每个结构单元中心是由两个β折叠组成的核心，周围是α螺旋。中心结构紧密，但仍能划分成3个功能区：氨基端(N端)区，该区是核苷酸的结合区；中间区，该区含有紫杉醇的结合位点；羧基端(C端)区，该区含有运动蛋白的结合域。3个功能区相互协调，使微管蛋白发生聚合和解聚并具有调节功能。另外，微管驱动蛋白(kinesin)属于一种微管依赖性 ATP 酶，驱动蛋白的头部含有微管和 ATP 结合位点，研究证实它具有一些生理活性所必需的结构域。美国加州大学 Downing 和 Glaeser 研究了驱动蛋白运动结构域与微管的相互作用,通过负染色和电镜技术揭示出结合于微管表面的驱动蛋白以 8nm 的轴向重复规则排列图样。被修饰的微管光衍射分析显示了一个很强的层线，间距是 8nm。并已证实，一个驱动蛋白是头部结合 4 个微管蛋白的杂二聚体。若添加 Mg-ATP 到微管–驱动蛋白复合体中就会造成驱动蛋白从微管表面完全脱离。

2. 膜蛋白的三维结构研究

对膜蛋白的三维结构研究是进行跨膜信号转导机制及受体信号转导机制研究的基础。电镜三维重构的方法虽然对于膜蛋白结构研究有其独到之处，但总的来说研究出结果的数量还不多。细菌视紫红质作为在高分辨水平上所解出的第一个膜蛋白的结构，对于人们认识膜蛋白的构建有重要意义。至 1995 年，人们用电镜解出的膜蛋白高分辨率三维结构还有植物捕光复合物及水分子通道蛋白等。用电子显微学方法解出的中等分辨率膜蛋白的三维结构有：光合作用反应中心、钙 ATP 酶、离子通道乙酰胆碱受体等。1995 年后，质子 ATP 酶、Na-ATP 酶、K-ATP 酶、细菌捕光复合体、细菌和线粒体细胞色素 c 氧化酶、线粒体 bcl、α溶血素及视紫红质等膜蛋白三维晶体也已得到，三维结构也通过电子显微学方法测定出来。

总之，用电子显微学方法研究膜蛋白结构的独到之处不仅在于二维晶体容易获得，还在于电子显微学与电子衍射之相结合的图像处理技术使得从电子衍射强度求得的结构因子振幅比较准确，而从电子显微像直接测定的结构因子的初始相位，也有助于解决相位问题。另外，极大分子的复合体也可以用非晶体学方法利用电子显微学技术分析测定其结构。

3. 二十面体病毒颗粒的三维重构研究

Casper 在 1956 年从番茄丛矮病毒晶体的 X 射线衍射图样的强度分布证实了球状病毒颗粒的二十面体对称性。近年来，由于二十面体病毒三维重构技术的发展，运用电镜技术已经搞清了数十种病毒的结构，而且运用电镜三维重构的方法首次完成了具有拉长的头部并带尾部的野生型噬菌体φ29 病毒的三维重构。证实它除了具有拉长的头(420Å×540Å)外，在衣壳中还包装着 19kb 的 dsDNA 基因组，它是一个具有 20Å 的收缩性颈尾连接的复杂复合体。并且完成了无 DNA 的成熟φ29 病毒的空衣壳以及两种等长的 ϕ29 病毒突变体颗粒的三维重构。发现二十面体点阵的头部在赤道附近区域具有 10 个附加的六邻体,等长的颗粒由 12 个五邻体和 20 个六邻体结构单位对称地排列所构成,头部的纤维只位于准三次轴及拉长的颗粒的端帽附近等。这些工作不仅预测了噬菌体φ29 的二级结构，而且在方法学研究上发展了二十面体病毒三维重构方法，这为研究许多典型二十面体对称的病毒结构开辟了新的途径。

主要参考文献

李方华, 刘维等. 1997. 蛋白质电子晶体学. 电子显微学报, 26(9): 515~5232

王大成. 1998. 结构生物学研究的一些新进展. 生物化学与生物物理进展, 25(5): 396~403

徐伟, 张新. 1998. 黄瓜和菠菜 LHC-II 的二维结晶及其结构的初步分析. 中国科学(C 辑), 28(4): 343~348

张景强. 1991. 生物电子显微技术. 广州: 中山大学出版社

Baumeister W, Steven A C. 2000. Molecular electron microscopy in the era of structural genomics. TIBS, 25: 624~631

Dcycle D A, Cabral J M, et al. 1998. The structure of the potassium channel: molecular basis of K^+ conduction and selectivity Science, 280(5360): 69~77

Downing, Glaeser R M. 1999. High resolution model of the microtubule Cell, 96(1): 79~88

Glaeser R M. 1999. Electron crystallography: present excitement,a nodto the past, anticipating the future J Struct Biol, 128: 3~14

Herderson R H, Unwin R N. 1995. Dimensional model of purple membrane obtained by electron microscopy Nature, 257: 28~32

Tao R, Olson N H, Xue W. 1998. Assembly of a tailed bacterial virus and its genome release studies in three dimensions. Cell, 95(3): 431~437

Volkmann N, Hanein D. 1999. Quantitative fitting of atomic models into observed densities derived by electron microscopy. J Struct Biol, 125: 185~195

Zhang H, Zhang J, et al. 1999. Visulization of protein-RNA interactions in cytoplasmic polyhedrosis virus. J Virology, 73(2): 1624~1629

(杨 铭)

第二十二章 显微学方法之一

——激光扫描共聚焦显微术

激光扫描共聚焦显微术(confocal laser scanning microscopy，CLSM)近年来发展迅速并日臻完善，是光学显微技术发展史上的重大突破。

它在生物医学研究中发挥着重要作用，其通常是在对样品进行断层扫描采集荧光图像基础上，实现原位、实时、定性、定量地检测生物组织、细胞及亚细胞结构中内源性或外源性蛋白质(肽)、核酸、酯(脂)、糖类分子及离子的荧光信号。

与荧光显微镜相比，激光扫描共聚焦显微镜在很大程度上克服了普通荧光显微镜的缺点，其优势功能在于能同时观察多重荧光、定位准确、结构细节清晰、过强或弱信号均可以成像，其成像的分辨率、对比度、清晰度比普通显微镜明显提高，而且能够定量测定荧光强度及其变化。

早在 1957 年，Marvin Minsky 就已提出有关共聚焦显微镜的某些技术原理，但激光扫描共聚焦显微镜作为商品推出是在 20 世纪 80 年代初期。早期的激光扫描共聚焦显微镜在技术上很不完善，其应用也受到限制。至 80 年代末，光学系统设计不断改进，成像的质量和灵敏度都有所提高；进入 90 年代初期，激光扫描共聚焦显微镜系统中逐步引入混合激光和紫外激光技术、计算机控制系统和光度技术。例如，1997 年出品的激光扫描共聚焦显微镜，已具备完善的光学系统、模块化的仪器设计、灵活的软件和高级别的计算机硬件，从而使得仪器的功能不断扩展和升级。尤其是近两年来，激光扫描共聚焦显微镜已经成为领先的激光技术、显微镜技术、光度技术、计算机及图像处理技术、精密的机械技术等多种高技术于一身的大型仪器，是当今世界上最先进的细胞分析及成像的手段之一。并且随着生物学、医学等研究的深入及荧光探针技术的迅速发展而显露出日益重要的作用。

第一节 激光扫描共聚焦显微镜的工作原理、基本结构及基本功能

1. 工作原理

激光扫描共聚焦显微镜基本的工作原理如图 22-1 所示。

由激光器发射的一定波长的激发光，经过照明孔光阑(illumination pinhole)形成点光源，由物镜聚焦于样品的焦平面上，称为点照明；样品上相应的被照射点受激发而发射出的荧光通过检测孔光阑(detecting pinhole)到达检测器上，实现点检测；这样由焦平面上样品的每一点的荧光图像组成了一幅完整的共焦图像，称为光切片(optical section)；通过计算机控制、处理，最后样品的信号成像于计算机监视屏上。

在激光扫描过程中，某一瞬间只有焦平面上的被扫描点发出的荧光才能通过检测孔光阑被检测器记录。虽然焦平面的上下也会有荧光产生，但来自非焦平面的光线，均被

检测孔光阑阻挡，不能形成共焦图像。照明孔光阑与检测孔光阑称为共焦孔光阑或共焦针孔(pinhole)。在激光扫描共聚焦显微镜的载物台上所加装的微量步进马达，可驱动载物台在扫描过程中上下步进移动，以使物镜聚焦于样品的不同层面上，获取该层的光学切片，从而可以得到细胞或组织各个横断面的一系列光学切片，即实现了“显微 CT”。若间歇或连续地扫描样品的某一个横断面(或一条线)并对其荧光进行定位、定性及定量分析，则可实现对该样品的动态监测。目前，有些新型号的同类仪器只设有检测孔光阑，不设照明孔光阑，但其工作原理与上述大至相同。

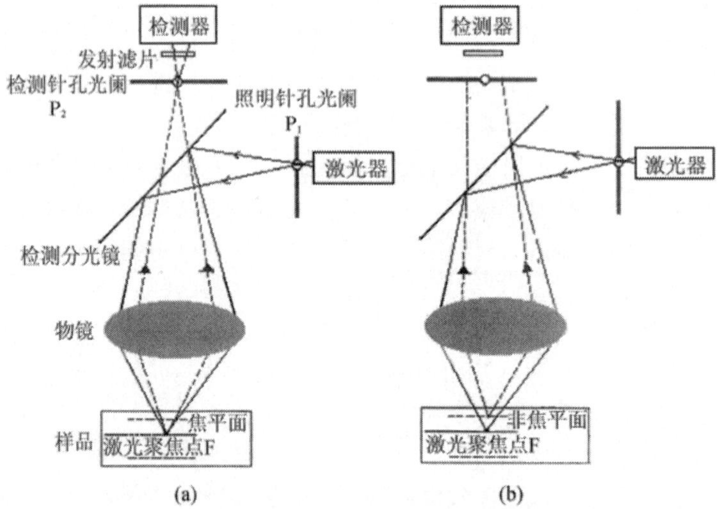

图 22-1　激光扫描共聚焦显微镜工作原理示意图

(a) 激光经照明针孔光阑(P_1)形成点光源，由物镜聚焦于样品焦平面上，焦平面上只有被激光扫描的点 F 所发出的一定波长的荧光才能通过检测针孔光阑(P_2)到达检测器，并成像于显示器上，得到相应的荧光图像；(b)来自非焦平面的光线，均被检测针孔光阑阻挡，不能通过针孔光阑到达检测器，因而不能形成共焦图像

2. 基本结构

激光扫描共聚焦显微镜主要由以下几部分组成：激光器、扫描器(包括检测器)、荧光显微镜(装配有微量步进马达)、光学装置、计算机控制。

激光器，常使用多谱线激光光源，以激发不同荧光染料。目前通常采用的激光谱线有：Ar——458nm、476nm、488nm、514nm；Kr——568nm、647nm；He-Ne——543nm、633nm 的激光、Ar(UV)——351nm、364nm 的紫外光、蓝紫光半导体激光器发出 405nm 的激光。作为激光光源可以单独或同时配备多个激光器，以满足大多数常用荧光探针的需要。激光器输出能量的大小，可以由激光电流控制器及声光控制器(AOTF)进行调节。

扫描器，内装有共焦孔光阑、分光镜及检测镜。分光器反射激发光并让需检测的荧光得以通过；激发光对标本作扫描式运动。从标本反射或发射的荧光在检测器内按颜色选择性地检测。检测器一般采用高灵敏度的光电倍增管，其检测的范围和灵敏度可根据样品的强度进行连续调节。

荧光显微镜上装有微量步进马达，其物镜镜头及光路系统均与扫描器光路系统相匹配。

整个系统的参数由计算机予以调控，使光线得以协同地在各个空间方向通过标本，所有的检测信号均被存于多维的图像储存器内，并对图像资料作进一步的加工处理。计算机还可以存储测定样品的条件，以便重复实验。

3. 基本功能

激光扫描共聚焦显微镜具有多种功能和广泛的应用。对不同型号的仪器有些差别，总体来讲，主要有如下几方面的功能。

1) 获取样品各层面的图像

激光扫描共聚焦显微镜利用激光对样品进行逐层扫描，获得相应各层面、线的连续荧光图像即共焦图像，其显微成像的特点如下：

(1) 保持样品的完整性　由于采用激光扫描样品各层面成像，所以对检测范围(数百微米)内的样品无需机械切割成片，而且激光能量较低，即使有一定的影响，仍可保持样品的完整性以及生物组织或细胞的活性。

(2) 可以只选择出样品中感兴趣的区域(region of interest，ROI)和深度进行扫描　获得相应各层面、线的共焦图像过程中，可以根据实验目的选择采集图像的区域，确定扫描的起点、终点和方向(XYZ 或 XZY)、深度、步距及光切片的数量、最佳扫描分辨率、图像的放大倍数等，并可测量每幅光切片在样品中的位置。

(3) 所采集的荧光图像比普通荧光显微镜质量好，更利于形态学观察　激光扫描共聚焦显微镜采用了能量可调的激发光源、直径可调的针孔、检测范围可调的高灵敏光电倍增管(photomultiplier，PMT)、高度精确的扫描系统及合理的光路设计、先进的图像处理软件，使其能够对于样品中很弱或很强的荧光信号的进行增强或减弱，从而保证了图像高反差、清晰、定位准确，这是普通的荧光显微镜难以实现的。

(4) 多种(波长)荧光同时成像　对多重荧光标记的样品，既可获取各单色荧光独立的共聚焦图像又可获取多重荧光合成(overlay)图像，并可采取顺序扫描软件程序(sequence)克服各荧光光谱交叉干扰。

2) 将已获取的共焦图像进行三维重建

现代激光扫描共聚焦显微镜能够利用先进的多功能计算机软件对所获得的样品连续光切片进行图像处理及三维重建，从而实现对样品三维立体结构的直接观察、空间定位和定量测量。

3) 定位、定性、定时、定量地测定样品中的静态或动态荧光信号的强度及几何参数

(1) 定性、定位测定　激光扫描共聚焦显微镜所观察到样品的荧光可以分为三类：①样品内源性已知荧光；②通过外加荧光标记物或经过诱导获得的荧光；③样品内源性或外来的未知荧光。对于①、②类，因为荧光信号所代表的物质是已知的，在采集图像时可根据其激发光、发射光波长(颜色)特征辨别出待测物质，即定性；同时确定其在样品中的位置，即定位；而③常常为干扰荧光，需要排除或进一步定性。如果样品具有多重荧光，激光扫描共聚焦显微镜能够将各荧光按波长分开，获取各荧光单独的图像，分

通道显示出来。

(2) 定量测定　对共聚焦图像中的任意区域的荧光信号的荧光强度、面积、距离等指标进行定量测定。这一功能可用于比较不同加药组之间荧光信号位置、强度的变化，从而测定药物作用效果、机理等，同时对多标记样品多通道实时测定。

(3) 实时监测　激光扫描共聚焦显微镜在定位、定性基础上，在动态定量监测样品的荧光信号方面显示了强大的功能。其特点为：①快速扫描：可满足毫秒级变化或微米级移动的荧光信号的实时监测；②设置时间程序：可将样品监测时间即总扫描时间划分成几个区段；在不同的时间区段内设置所需的扫描时间间隔、采样帧数、图像质量及开始下一个时间区段的间隔时间。扫描过程中可设置一个或几个加药时间点，分析切面任意区域随时间变化的曲线及相应的数据；③选取感兴趣区域进行动态监测。

4) 获取透射光及反射光图像

在获取荧光图像的同时，还可以得到待测样品相应的透射光及反射光图像。

5) 具有图像处理功能

进行图像的去噪、平滑，荧光的增强或减弱等。

6) 计算机将扫描和测定结果、测定条件予以储存，反复利用

综合上述功能，激光扫描共聚焦显微镜所获取的图像按照在每一幅共聚焦图像中显示的内容分类见表 22-1。

表 22-1　激光扫描共聚焦显微镜所获取的每一幅图像可显示的内容

图像的种类	每一幅图像可显示的内容	
	单荧光样品	多重荧光样品
第一类图像：扫描样品某一层面所获得的图像	单一荧光的图像、透射光的图像及二者的合成图像	各荧光的分解图像、多重荧光合成图像及其与透射光的合成图像
第二类图像：逐层扫描样品获取的图像	除获取第一类图像外，还可以得到各层面同时显示的荧光图像及其与透射光的合成图像	除获取第一类图像外，还可以得到分通道显示各荧光层面排列图像及相应的透射光图像，多重荧光同时显示各层面的荧光图像及与两种以上荧光与透射光的合成图像
第三类图像：三维重建图像	三维重建立体图像［3D、按照荧光强度分布的等高线图或蛋糕状荧光图像(蛋糕图)］	分通道显示各荧光的三维重建立体图像、荧光强度分布等高线图或蛋糕状荧光图像(蛋糕图)
第四类图像：动态监测样品的荧光信号	可以获取上述一类图像、二类图像及三类图像、各时间点的图像按照时间顺序排列的图像	可以获取某一时间点上述第一、二、三类图像、各时间点的图像按照时间顺序排列的图像、各荧光分通道显示的图像

以上的功能体现了激光扫描共聚焦显微镜测定样品的优势，但激光扫描共聚焦显微镜也有其缺点和局限性。用激光扫描共聚焦显微镜测定的大多数样品都需要进行荧光标记(只有少数样品能够直接测定其自发荧光或反射、透射光时而不需要荧光标记)，这限制了其测定范围和效果，而且并非所有荧光标记的样品都能够用激光扫描共聚焦显微镜来测定，这主要是因为：①激光光源的限制：一般的激光扫描共聚焦显微镜所配备的激光光源的激光谱线只有几条，只能满足一部分荧光探针的要求，这就造成了一些荧光探针在使用时不能在最大激发光处激发或根本不能激发出荧光，影响这些荧光探针测定的使用效果和应用；②激光扫描共聚焦显微镜检测发射荧光的滤片、通道数目限制了其使用。在一般激光扫描共聚焦显微镜的检测器前虽然都有许多配置发射

滤片的位置，但是发射滤片配置太少或配置不当的仪器，也会限制一些荧光探针的使用，目前，使用棱镜或光栅分光的通道日益替代滤片型通道；③可检测的样品面积小，只有物镜视野中一部分能够获得到共聚焦图像；而对于低倍镜大视野则要求荧光强度足够强；④使用环境要求较高，仪器维护及其配件昂贵；⑤样品的种类、厚度、自发荧光有时会影响测定。不同型号的激光扫描显微镜的结构、工作原理和功能有所不同，因此在使用仪器前可参阅相应的仪器介绍。

第二节　激光扫描共聚焦显微术在生物医学及药学研究中的应用

目前，激光扫描共聚焦显微镜常用于生物细胞或组织内的分子原位鉴定和定量、细胞及亚细胞结构形态学观察以及活体细胞或组织功能的动态监测，在医学及生物学许多领域所进行的分子水平、细胞及组织水平的研究中得到广泛应用，以下将介绍一些目前常见的应用及具体实现方法。

一、原位鉴定细胞或组织内生物大分子，观察细胞及亚细胞形态结构

1. 常用的荧光探针

大多数生物大分子检测前需要进行荧光标记，常用的荧光标记探针特性及用途列于表 22-2。

表 22-2　常用的荧光标记探针

探针名称	激发波长/nm	发射波长/nm	标记的物质	特性	应用	备注
PI	493，536，568	617，630	DNA 和 RNA	嵌入	核酸探针	不透过活细胞膜
HO33258, HO33342	343	480	DNA	结合式	特异 DNA 探针	透过活细胞膜
DAPI	345	455	DNA	结合式	特异 DNA 探针	半透过活细胞膜
AO	492	530 (DNA), 640 (RNA)	标记 DNA 和 RNA	嵌入(双链)静电(单链)	核酸探针	透过活细胞膜
FITC	490 (蓝)	525 (绿)	蛋白，各种特异性的配体	共价键结合	标记蛋白、免疫荧光、原位杂交	易于淬灭、生理条件下 pH 敏感
TRITC	555 (绿)	582(橙红)	细胞内蛋白，各种特异性的配体	共价键结合	标记蛋白、免疫荧光、原位杂交	比 FITC 稳定、生理条件下 pH 不敏感
Fluo-3	490	525	Ca^{2+}	形成复合物	测定细胞内 Ca^{2+}	能够跨细胞膜的形式为 Fluo-3AM
BCECF	450 (低 pH) 500 (高 pH)	530	H^+	测定细胞内 pH	范围 pH6.4~ 7.4	
SNARF-1	546 575	588，673	H^+	测定细胞内 pH	范围 pH6.3~ 8.6	
JC-1	490	527(低浓度或低线粒体膜电位)，590(高浓度或高线粒体膜电位)	线粒体膜电位	高浓度或高线粒体膜电位时形成红色 J 聚体	测定细胞线粒体膜电位	红色荧光与绿色荧光强度之比增加，说明线粒体膜电位升高

2. 细胞原位检测核酸

激光扫描共聚焦显微术通过成像显示出细胞内核酸的分布特征及含量，即实现定位、定性及定量检测核酸。该方法常用于细胞核及其形态学观察、检测细胞内 DNA 的复制及断裂情况、染色体定位观察等。检测核酸的前提是需要将核酸进行荧光标记，因此，选择适当的荧光探针是很重要的。荧光探针分子与核酸的结合基本上有如下三种方式。①嵌入式：即荧光探针分子直接嵌入在 DNA 的两个碱基对之间，这种方式结合紧密、稳定，不会因染色过程造成探针丢失、脱落；②亲和式：以静电力结合，带有正电荷的荧光探针分子与带有负电荷的核酸中的磷酸相互吸引而结合，这种方式结合极弱，常造成荧光分子的丢失；③共价结合：使 DNA 链的连接被打开，形成与荧光探针分子共价结合的方式。

下面介绍几种重要的检测核酸的荧光探针及其应用。

1) 碘化丙啶

碘化丙啶(propidium iodide，PI)是一种广泛应用的核酸探针，其标记核酸反应速度快，简单易行。PI 属于插入性荧光探针，可以嵌入到双链 DNA 和 RNA 碱基对中与之结合，无碱基特异性。PI 染色可以同时标记出双链 DNA 和 RNA 的总和，经过 RNA 酶处理除去双链 RNA 的干扰后，可以定性和定量观察 DNA。PI 的另一特点是不能进入完整的细胞膜，因此，可用来检验细胞的死活情况。

PI 作为非活细胞膜透性的荧光探针，所标记的样品既可以是活细胞也可以是固定的细胞，但二者实验目的不同：当标记活细胞样品时，目的在于检查细胞膜的完整性及其坏死情况，常应用于检测膜损伤、细胞凋亡；标记固定细胞时，目的一般是进行细胞核定位、显示细胞核或染色体的形态、定量测定核酸等，常应用于检测细胞周期、细胞凋亡、RNA 和 DNA 在细胞内的分布及其含量变化、核酸显色剂(例如单细胞电泳)等。

2) HO33342、HO33258+DAPI

HO33342(hoechst 33342)、 HO33258(hoechst 33258)+DAPI(4′，6-diamidino-2-phenylindole)这 3 种都是 DNA 特异性的荧光染料，细胞毒性小，特异性强，专一性地与 DNA 相结合；与 DNA 的结合是非嵌入式的，主要结合在 DNA 的 A—T 碱基区，尤其与 poly-［d(A—T)］结合牢固。3 种荧光染料与 DNA 结合后都是以紫外光激发，发射明亮的蓝色荧光，分辨率高。目前此类探针的应用主要有：①DNA 的定量检测，作为细胞增殖活性良好的指示剂；②测定细胞数量，染色体分型，多参数分析及核型分型；③定量 PCR 扩增产物(即使单链引物过量也可)；④区分 DNA 发夹构型中的平行区和反平行区；⑤根据判定细胞周期而把细胞群分类：G1 和 G2M 亚类；⑥追踪观察体内细胞的迁移、精子的结合位点、鼠卵原核变化。在激光扫描共聚焦显微镜测定中，需配置相应的紫外光源。

HO33342 和 HO33258 是对 DAN 特异结合得最好的活性染料，其适合大多数细胞染色，HO 是标记活细胞 DNA 最常用的荧光探针。其染色效果和对细胞的毒性(如干扰 DNA 合成)与细胞类型有关，HO33342 用其作某些特质性细胞群体(如骨髓细胞群体)的 DNA 定量分析是不合适的。

当 DAPI 与双链 DNA 结合时，荧光强度增强 20 倍，而与单链 DAN 结合时无荧光增强(它与硫酸葡萄糖、SDS、多聚磷酸及其他多聚阴离子结合时，也有轻度的荧光增强)。它的荧光强度比 hoechst 低，但光稳定性强于 hoechst。DAPI 选择性地与 DNA 相结合，特异性比 PI 高。DAPI 对于活细胞为半通透性，因此其用于常规固定细胞的染色，常应用于检测总 DNA、细胞核型分型，判定 DNA 倍性、作为原位杂交的荧光复染剂、检测琼脂凝胶电泳中的双链 DNA 分子等。

上述 3 种核酸探针均可用蒸馏水配成 1mg/ml 浓度的储存液，放在棕色瓶中，于 4 ℃冰箱中保存，一个月内使用。使用时用 PBS 稀释成所需的浓度，如果在 PBS 中超过 50μg/ml 的浓度，极易造成沉淀。标记细胞时，所用荧光探针的浓度可以根据细胞类型和不同仪器适当调节。

3) 吖啶橙

吖啶橙(acridine orange，AO)是三环杂芳香类染料，既可以标记 DNA，又可以标记 RNA，为特异性荧光染料。用蓝光激发后能够发出绿、红两种荧光。

AO 与核酸的结合分为强结合方式和弱结合方式两种，一种是嵌入核酸双链的碱基对之间，另一种是与单链核酸的磷酸发生静电间相互作用。

(1) 强结合方式又称插入性方式　AO 分子插入在双链核酸的碱基对之间，它们的结合能量为 25~42kJ/mol 染料，插入后的染料分子与核酸结合更加稳定，每插入一个 AO 分子，双链结构就发生 26°旋转，这样在一个位点上就限制了 AO 分子的插入数目，每隔 3 个碱基插入 1 个 AO 分子。这种方式的结合，主要是 AO 分子与 DNA 的结合，其荧光发射峰为 530nm，呈绿色荧光。

(2) 弱结合方式即静电吸引结合方式　带正电荷的 AO 分子与带负电荷的磷酸根结合，每个磷酸根的位点上均可结合一个 AO 分子，最大结合率为 1∶1，这种结合方式主要是 AO 分子与 RNA 分子的结合，其发射波长为 640nm，呈红色荧光。

AO 与核酸的结合方式在低浓度下最佳，此时插入性强结合方式占优势。

AO 的重要应用有：①对细胞内单链或双链 DNA/RNA 定性和定量；②分析核酸内部结构及含核酸的细胞成分构象；③观察 DNA 凝胶电泳情况；④作为胞内 pH 梯度显示剂，用来监测钠离子交换，钙离子诱导的质子梯度变化等。

4) 检测荧光原位杂交(FISH)信号

荧光原位杂交(fluorescence in site hybridization，FISH)方法在基因定位、染色体鉴别尤其是在检测细胞内 DNA 或 RNA 的某种特定序列的存在与否最为成功，它属于非放射性原位杂交。

该方法用荧光素(即能产生荧光的物质)标记的 DNA 或 RNA 为探针，在原位检测组织细胞内特定 DNA 或 RNA 片段，在特定条件下与细胞内的 DNA 或 RNA 形成稳定的杂交体。根据所用探针和靶核酸的不同，原位杂交分为 DNA-DNA 杂交、DNA-RNA 杂交、RNA-RNA 杂交 3 类。根据检测方法的不同，分为直接法和间接法两类。

在荧光原位杂交中，常用的荧光素有 FITC、罗丹明(rhodamin)及其衍生物四甲基异硫氰酸罗达明(tetramethyl-rhodamin-isothiocyanate，TRITC)和氨甲基香豆素醋酸酯(aminomethyl-coumarin acetic acid，AMCA)。

荧光原位杂交中应用的 DNA 探针一般大于 25kb。荧光原位杂交的另一特点是杂交背景干净，信号干扰小，选择性强。用激光扫描共聚焦显微镜是检测荧光原位杂交的最佳方法之一，对阳性信号不仅能精确定位，还能做定量分析。

激光扫描共聚焦显微镜可以通过下列方法实现对细胞内荧光原位杂交信号的定性、定位及定量的检测，获得最佳实验结果。①滤除噪声、提高检测分辨率、增强图像反差和增强弱信号，使细胞内的荧光信号的图像更清晰。②通过做“细胞 CT”，观察各层面杂交信号的分布情况，排除荧光探针堆积、细胞变形等引起的假象。③可以将细胞多荧光标记，显示出细胞质、细胞核区域及染色体位置。在激光扫描共聚焦显微镜上，分通道显示出细胞中每一种荧光的分布情况，并且可以将各通道荧光图像合成到一帧共聚焦图像上，从而准确定位出杂交信号的位置。④根据需要放大局部细节进行观察。⑤定量地测定杂交信号的荧光强度及所在的空间位置。⑥计算机及时以数字化形式存储共聚焦图像，可以反复处理、利用。

注意事项：①合理设置空白对照组，排除细胞自发荧光、试剂等引入的干扰荧光；②尽量多统计一些细胞数；③用做“细胞 CT”的细胞要尽量防止其由于玻片挤压的机械外力引起的细胞变形；④观察细胞的微细结构时，应尽量首先采用高倍的高分辨率物镜，然后再辅以电子放大方法，才能得到该部分清晰的共聚焦图像；⑤除特殊实验外，染色体上的荧光原位杂交信号往往是成对出现的，因此注意染色体配对。

3. 细胞原位检测蛋白质、抗体及其他分子

利用荧光探针标记蛋白质、抗体及其他分子，通过检测荧光信号在细胞中的位置及其含量，实现定位和定量。

1) 荧光探针简介

异硫氰基荧光素(fluorescein isothiocyanate，FITC)是检测蛋白质最常用的荧光探针，它能够以共价键结合细胞内总蛋白，又能广泛地结合各种特异性的配体，它是酸性染料，经蓝光激发后，发出明亮的绿色荧光。FITC 一般不能穿过活细胞的膜，被 FITC 标记的配体是能与不同的细胞结构特异性结合的各种大分子和小分子，如蛋白及其类似物、多聚核苷酸、脂类及其他生物分子。每个被标记分子可标记 2~8 个荧光素分子。被标记的外源凝集素可检测细胞表面糖分子；被标记的抗体可检测表面抗原；被标记的多聚阳离子可检测表面电荷；被标记的激素、生长因子、神经递质和病毒等可以检测细胞受体；被标记的大分子、微生物或塑料微球可检测细胞的内吞性；用荧光素标记的亲和素及用带有 dUTP 的生物素衍生物的 DNA 探针与靶 DNA 杂交能够检测原位的特殊基因。总之，抗体可检测被荧光探针标记的特异性配体，能够探测很多种细胞结构和功能的参量，是研究活细胞、死细胞和组织中的抗原、基因和各种生化过程的有力手段。其缺点是：①光照射及高温下 FITC 荧光容易淬灭，样品不宜长久保存；②所发射的荧光强度与 pH 有关，当 pH 低于 8 时，荧光显著下降；③FITC 的荧光易受到自发荧光的干扰。自发荧光是激光照射样品时，未染色细胞本身组分所发出的荧光，测量时必须用做对照组等方法加以排除。

另一种常用的共价标记物是罗丹明。罗丹明比 FITC 光稳定性好，在生理条件下对 pH 变化不敏感，其荧光强度受细胞自发荧光的干扰较小，但是不溶于水，使其偶联配体后荧光的量子产额较 FITC 低。TRITC、XRITC(rhodamine X isothiocyanate，异硫氰基

罗丹明 X)和 Texas red(德州红)都是罗丹明的衍生物，也是常用的共价标记探针。FITC 和 TRITC 是最早使用的一组双标记配体的荧光探针，前者发绿色荧光，后者发红色荧光。近年来，还有更为先进的荧光探针供研究人员选用。

2) *免疫荧光技术*

免疫荧光技术是将抗体(或抗原)标记上荧光素(例如 FITC)，它与细胞或组织内相应抗原(或抗体)结合后，通过检测适当的光源所激发出的荧光，定性、定位或定量检测样品中的抗体或抗原。免疫荧光技术具有免疫反应的特异性及检测的敏感性两项优点。

激光扫描共聚焦显微镜是细胞荧光定位及形态观察最佳方法，其定位的精确性与抗原抗体反应的高度灵敏性相结合，可以获得清晰的图像、定量及定性结果。

利用免疫荧光技术可以在组织切片、细胞、染色体或亚细胞水平原位检测抗原分子，一般能作抗原、半抗原的物质，包括蛋白质、多肽、酶、激素、磷脂、多糖、核酸、受体及病原体等都可用相应的特异性抗体的组织在细胞内原位检出和研究，是一种将形态、机能和代谢密切结合的方法。目前免疫荧光技术已逐渐拓展到细胞、基因和分子水平，同时原位显示基因及其表达产物，形成了新的检测系统，是其他任何生物技术难以达到和代替的，为生物学、医学和各个领域分子水平的研究与诊断，开拓了广阔的前景。

免疫荧光染色包括两种方法：①直接法：直接用荧光标记的抗体与组织或细胞中相应抗原相结合，本法简便快速，非特异荧光干扰少，缺点是一种标记抗体只能测定一种抗原，因此必须标记每一种抗体，而且在制备、标记抗体过程中常降低抗体的敏感性；②间接法：未标记的抗体(第一抗体)与组织中的抗原相结合，为了观察其结合的部位，另用荧光素标记的抗体(第二抗体)结合第一抗体。如第一抗体为兔血清，则第二抗体为其他动物抗兔免疫球蛋白抗体(如羊抗兔)。此法较直接法方便，因只需标记一种抗体，就可以用于许多由同一种动物制备的不同种类抗体。当然所需染色时间将延长约一倍，且有较多机会出现非特异性反应，但其敏感性较直接法高。

4. 检测绿色荧光蛋白

近年来，绿色荧光蛋白(green fluorescent protein，GFP)已成为跟踪活组织或细胞内基因表达及蛋白质定位的标记物。自 1994 年发现 GFP 以来，经过几年的研究，这一方法日益成熟，已成为基因转录调控、时相表达、蛋白定位、转基因动物、细胞骨架等研究的有效手段，在相关研究中得到了广泛的应用。

GFP 是多管水母属 *Aequorea victoria* 的代谢产物，是水母散发荧光的来源。纯化的 GFP 是一个含 238 个氨基酸的蛋白质，天然生色团位于第 64~69 位的α螺旋内。Chalfie 曾在 1994 年报道，发色基团是其蛋白质一级结构固有的，所以，它不需要添加底物或协同因子就可发出荧光。

该蛋白吸收光的波长最高峰值在 395nm 处，在 479nm 处也有吸收峰；发射的绿色荧光波长最高峰在 509nm 处，在 540nm 处伴随一小峰。因此，内源性荧光基团在受到紫外光或蓝光激发时，均可发出绿色荧光。其荧光性质一般较为稳定，能持续二十几分钟，仅在少数实验中发现其有猝灭现象。其发生的荧光无种属依赖性，操作简单方便，可观察基因对转染细胞的形态、功能、细胞周期等的影响。GFP 分子质量小，仅为 27kDa，其融合蛋白不影响结合蛋白的生物学功能，转染的细胞可继续传代。

据此，GFP 基因可用作一种直观、方便和有效的报告基因。目前发现，GFP 在任何活细胞中都表达(原核/真核细胞及病原菌)，因而可以作为活细胞的分子探针。GFP 基因连接上目的基因后转染细胞，可分析目的基因的生物学功能与特性。

随着对基因表达调控、蛋白在活细胞中自然状态下变化的深入研究，人们对报告基因的要求越来越高，GFP 的发现及在研究中的应用，不仅满足了这一迫切需要，而且彻底改观了过去的研究方法。GFP 定位与免疫组化技术定位是目前广泛应用的蛋白定位方法，但 GFP 定位比免疫组化技术定位具有更多的优点，作为体内报告分子，避免了抗体制备的过程，其定位可靠、快速、精确、可重复，而且能在活细胞体内直接观察蛋白分布情况，同时可监测两个或多个基因转录变化的具体发生时间。

用激光扫描共聚焦显微镜定位、定量监测细胞的 GFP 过程中，还往往辅助以其他荧光探针，即进行双探针标记或多探针标记，以定位出细胞核、细胞质、细胞器及染色体等。这时，应注意防止各荧光探针之间的光谱交叉的干扰。例如，在用 DAPI 与 GFP 双标记的细胞中，用 351~364nm 紫外光激发时，DAPI 会同时产生蓝光和绿光，干扰 GFP 的绿色荧光。 这种情况下排除干扰的方法有：①选择适合的荧光探针；②利用激光扫描共聚焦显微镜的顺序扫描功能(sequential mode)加以解决，即各荧光通道按单通道取图后，再由 Merge 软件将各通道图像合成；③可以考虑采用改变激发波长或发射光滤片组的方法；④降低样品的荧光强度。

类似于绿色荧光蛋白，目前所使用的荧光蛋白还包括红色荧光蛋白(RFP)、蓝色荧光蛋白(BFP)及黄色荧光蛋白(YFP)等，研究人员可根据需要加以选择。

5. 检测细胞凋亡

细胞凋亡在形态学上表现为两个过程：首先是细胞核固缩，染色质密度增加并聚集在核膜周边，DNA 裂解为 180~200bp 及其倍数，末端为 3′-OH 的寡核苷酸片段，琼脂糖凝胶电泳中呈特征性梯形 DNA 条带，细胞皱缩，细胞质内出现空泡，胞膜内陷将细胞分割为多个外有膜包裹、内有完整细胞器的小体即凋亡小体(apoptosisbody)。随之凋亡小体被巨噬细胞及临近的组织细胞吞噬，从凋亡小体形成到被吞噬、消化的整个过程中细胞膜及其内容物是完整的，既无线粒体和溶酶体的破坏，也没有酶的漏出，因此不出现炎症反应。凋亡是程序性死亡的主要方式，可因外界出现异常物质(如某些病毒、抗体、药物等)，或缺少正常物质(如机体必需的细胞因子)而发生，并在基因严格控制下需要特定蛋白质合成和能量的主动连续过程。

细胞凋亡时伴随染色质的降解及凋亡相关信号的传递，使得细胞质内 Ca^{2+}增多，激活钙/镁依赖的核酸内切酶，核酸内切酶抑制剂可阻断 DNA 断裂及细胞的死亡。在细胞凋亡的检测中，激光扫描共聚焦显微镜主要用于观察标记荧光的细胞形态、检测凋亡的进程及测定活细胞凋亡过程中钙的变化等方面，常用的具体方法如下。

(1) 细胞核形态观察　常用的荧光探针为一些可以标记 DNA 的探针，在荧光探针标记的凋亡细胞的共聚焦图像上可见细胞核区染色质浓缩、DNA 凝结而成的凋亡小体等。未经 RNA 酶消化的细胞，用 AO 及 PI 标记后，还可以显现出细胞的整体轮廓，有时可以看到凋亡细胞的出芽、变形等现象。

(2) 脱氧核糖核苷酸末端转移酶介导的缺口末端标记法(terminal deoxynuckeotidyl transferase mediated dUTP nick end labeling，TUNEL) 一种将分子生物学与形态学相结合的研究方法。TUNEL 法又分为荧光素标记测定法、过氧化物酶标记测定法、生物素-dUTP/酶标亲和素测定法、简易末端标记法等。在荧光素标记测定法中，波长为 494nm 的激发光可激发出波长为 523nm 的荧光信号，此标记系统特异性很高，具有很低的非特异染色。凋亡细胞产生的信号强度比非凋亡细胞高数十倍；测定凋亡细胞的灵敏度要比坏死细胞高十倍。本方法可用于福尔马林固定的石蜡包埋组织切片、冰冻组织切片、培养的细胞和从组织中分离中分离的细胞凋亡测定。还可在测定前用 PI 标记，即实现 FITC 的绿色和 PI 的红色荧光的双标记，并利用激光扫描共聚焦显微镜进行三通道同时观察和共定位，其中第一通道的绿色荧光代表细胞发生 DNA 的 3′-OH 断裂情况，绿色斑点和强度越大，说明断裂的 3′-OH 末端越多。第二通道 PI 的红色荧光图像，显示全部细胞和每个细胞核的轮廓。第三通道图像显示全部细胞的光镜形态及位置。TUNEL 共焦图像可获得定位、定性和定量结果： 定位出凋亡细胞的位置及细胞中的凋亡位点，比较正常细胞和凋亡细胞的形态学差别，排除荧光杂质和假象干扰，还可以统计出正常细胞及凋亡细胞的数目以及凋亡细胞占细胞总数的比例。

(3) Annexin-V 试剂盒是检测凋亡早期细胞膜损伤的新方法 目前认为在凋亡的早期阶段，变化主要发生在细胞的表面。虽然细胞膜的完整性尚还维持，但膜磷脂已失去平衡。此时位于细胞膜上的磷脂酰丝氨酸(phosphatidylserine，PS)会从细胞膜的内侧翻转到外侧，暴露于细胞外环境中。而 Annexin-V 是一种 Ca^{2+}依赖性磷脂结合蛋白，与磷脂具有高度亲和力，它可与转移到膜外的 PS 结合，从而在这些早期凋亡细胞还未出现形态学改变及 DNA 降解以前，即可通过 Annexin-V-FITC 而检测到。细胞凋亡的早期，可见到仅仅细胞膜上被染成绿色；在凋亡的中期，Annexin-V-FITC 会进一步与细胞质内的 PS 结合，可见细胞膜及细胞质均被染成绿色(表 22-3)。Annexin-V-FITC 一般要与碘化丙啶相结合使用，PI 能透过凋亡晚期的细胞和死细胞，使其染红。因而，Annexin-V 与碘化丙啶配合使用，能将凋亡细胞与死细胞鉴别开来，并且可以初步确定细胞凋亡的进程。

表 22-3 Confocal 获取 Annexin-V 共焦图像的种类及实验结果分析

共焦图像的种类	图像的解释	实验结果分析
第一通道显示 FITC 的绿色荧光图像	发生 PS 外翻的细胞会结合 AnnexinV-FITC，显出绿色荧光图像	(1) 单染绿色的细胞为凋亡早期或中期的细胞：凋亡的早期，仅细胞膜上被染成绿色； 凋亡的中期以后，可见到胞膜及细胞质均被染成绿色。每个细胞上绿色斑点大小代表细胞膜外翻的程度，斑点越大，说明 PS 外翻越严重 (2) 绿、红双染或单红染的为凋亡晚期或死亡细胞 (3) 绿、红均未染色、只有光镜图像的细胞为未凋亡的正常细胞 (4) 光镜图像可以数出全部细胞总数，并可辨别出样品中杂质颗粒的位置
第二通道显示 PI 的红色荧光图像	凋亡晚期和死亡细胞能够被 PI 染红	
第三通道为细胞的光镜图像	显示出全部细胞的形态、位置和数量	
一、二通道的组合图像	绿、红色荧光图像共定位，清晰地显示出单绿、单红、红绿双染细胞的位置，确定凋亡细胞进程	
三个通道的组合图像	绿色、红色荧光与细胞光镜图像共定位	

激光扫描共聚焦显微镜检测结果是判断细胞凋亡及其进程的有力证据之一。但往往还要结合一些其他实验结果，依靠多指标来判断细胞凋亡的情况。除用激光扫描共聚焦

显微镜检测外，还有流式细胞术、DNA 碎片的电泳法(DNA ladder)、电镜观察细胞膜、细胞核及凋亡小体等常规方法，来判断细胞是否发生凋亡和凋亡的程度。

6. 细胞器的观察及测定

实验目的不同，标记细胞器的方法也不相同。有一些探针可以直接跨过死细胞(包括固定细胞)或活细胞膜，选择性地与特定细胞器结合。这种直接标记的方法可以直接观察在某些生理病理过程中细胞及细胞器所发生的形态、数量的变化。目前已经有标记细胞核、线粒体、溶酶体、内质网(非特异性)、高尔基复合体的荧光探针。

另外利用免疫荧光技术，通过抗原、抗体反应，可以标记细胞中多种细胞器和胞内大分子，这不仅可以用于定位观察鉴定细胞，而且可以从分子水平来研究细胞内的变化。

二、活细胞或组织功能的实时动态监测

利用特异的荧光探针标记后，激光扫描共聚焦显微镜可观察单个细胞不同部位或不同组织区域接受刺激后的变化过程，也能够对单个细胞内各种离子(Ca^{2+}、pH、K^{+}、Na^{+}、Mg^{2+})、膜电位、活性氧的比例和动态变化作毫秒级实时定量分析，完成活细胞生理信号的动态监测，还可以通过荧光漂白恢复实验检测细胞内、细胞间分子流动情况。

1. 细胞质内 Ca^{2+}离子的实时定量测定

Ca^{2+}经细胞膜 Ca^{2+}通道和胞内 Ca^{2+}储存库(内质网和线粒体)两条途径进入细胞质发挥生理作用。细胞外 Ca^{2+}经细胞膜电压依赖性或配体门控 Ca^{2+}通道开放而进入细胞质；细胞内储存库的 Ca^{2+}通道的一部分由 IP_3 受体组成，在 IP_3 作用下储存库的 Ca^{2+}释放到细胞质。

细胞质 Ca^{2+}浓度受细胞内外 Ca^{2+}移动的调控。静息状态下，细胞质的 Ca^{2+}浓度为 0.01~0.1μmol/L，细胞外浓度为 1000μmol/L。细胞内的内质网和线粒体内储存的 Ca^{2+}浓度也在 1000μmol/L。膜上的 Ca^{2+}通道开放时，细胞外和细胞内储存库的 Ca^{2+}顺着 1 万~10 万倍的浓度梯度流入细胞质，细胞质的 Ca^{2+}浓度可上升到 10μmol/L，细胞质内高浓度的游离 Ca^{2+}通过种种 Ca^{2+}结合蛋白发挥生理效应。上升的 Ca^{2+}通过细胞膜或储存库膜上的 Ca^{2+}-ATP 酶(钙泵)的作用，迅速转运到细胞外或储存库内，细胞质内 Ca^{2+}又恢复到静息状态的水平。此外，线粒体的内膜上存在一种与 Ca^{2+}亲和力低而容量大的钙泵，当细胞受损伤使细胞质 Ca^{2+}浓度超过 10μmol/L 时，线粒体钙泵被激活，Ca^{2+}大量泵入线粒体，引起线粒体肿胀。

近年来，逐渐出现了许多种标记细胞离子的荧光探针，其中，Fluo-3 较为常用，其主要优点是可以用可见光激发。此法对细胞生理过程干扰较小，多用于动物来源的细胞内游离钙的测量。其乙酰羟甲基酯(AM)形式的 Fluo-3AM 为不带电荷的亲脂性化合物，易于渗透脂膜进入活细胞内，在胞内被非特异酯酶水解，释放出游离酸形式的荧光探针分子，此游离态也无荧光，不易漏出胞外，一旦与 Ca^{2+}结合形成复合物后有较强的荧光产生，pH7.0 时该荧光对 pH 的变化不敏感，对 Mg^{2+}也不敏感，故测量结果不易受这些因素干扰，从而发挥其钙探针的作用， 有利于观察钙峰。对细胞 Ca^{2+}进行荧光标记后，

用具有 488nm 氩激光的激光扫描共聚焦显微镜实时测量 Ca^{2+}离子浓度的动态变化。

2. 测定细胞内 pH 变化

细胞内 pH 是细胞激活过程中重要的细胞参量，细胞接受刺激后往往伴随细胞内 pH 的改变。

荧光标记法测量细胞内 pH 可使用的荧光探针很多，可根据实验需要进行选择，这里仅以 BCECF 为例进行说明。

BCECF(2′，7′-biscarboxyethyl-5，6-carboxyfluorescein，2′，7′-二羧乙基-5，6-羧基荧光素)是荧光素的衍生物，激发光谱是 pH 依赖性的。在生理 pH 范围内(pH6.4~7.4)，BCECF 的比例荧光与 pH 有很好的线性关系，被测量的细胞内 pH 的最大分辨率为 0.4pH 单位。用比例荧光测量 pH 的好处是测量值不受染料进入细胞多少、细胞的厚度、光猝灭情况以及染料漏出等影响。在用激光扫描共聚焦显微镜测定过程中，可用 488nm 激发，测量 530nm/640nm 发射荧光比值。BCECF-AM 可自由穿过细胞膜，但 BCECF 不能透过细胞膜。

3. 检测膜电位

由于细胞膜上各种泵的作用，例如钠钾泵、钙泵等，使细胞膜内外维持着不同离子的浓度梯度，包括 Na^+、K^+、Cl^-、Ca^{2+}等，造成细胞膜电位。对于静止的哺乳动物细胞，细胞内相对于细胞外为负，线粒体内相对于线粒体外电位为负。

激光扫描共聚焦显微镜常采用荧光标记法测量膜电位。根据探针对电位变化响应的速度，将电位敏感探针分为快响应探针和慢响应探针。对于快响应探针而言，膜电位直接影响探针分子的电荷分布而改变其光谱，因而响应快，适用于监测神经和肌肉组织中动作电位传播过程中发生的快速变化；快响应探针使脂质双层的外层染色，反应时间短于 1ms。膜电位变化时染料发生电子重排或微小的异构化，其荧光强度或光谱直接反映膜内电场的变化，故又称为电致变色染料(electrochromic)或电荷转移染料(charge-shift dye)。快响应探针的电位敏感性较低，一般变化幅度为每 100mV 变动 2%~10%，最高可达 20%。由于反应速度快，可用于连续监测膜电位的迅速变化。慢响应探针主要是通过改变其在膜内外的分布来对膜电位的变化作出反应的，探针的跨膜运动需要一定的时间，所以反应慢，适用于检测膜电位的慢变化，适合观察变化的结果，而不适合跟踪变化的过程。其反应时间慢，时间常数为 1~20s，能渗透质膜或细胞器膜，在膜两侧形成与膜电位相关的重新分布，其分布过程遵循能斯特(Nernst)公式，故又称为散布型染料(distributive dye)或 Nernst 染料，其包括带正电荷的 cyanine、rhodamine 和带负电的 oxonol。慢染料的电位敏感性强，膜电位每变化 1mV 时，荧光强度变化 1%~2%。由于反应慢，常用于观察变化结果，而不是监测动态过程。例如 JC-1(5，5′，6，6′-tetrachloro-1，1′，3，3′-tetraethyl benzimidalyl carbocyanine iodide)用于膜电位的比例测量。低浓度或低膜电位下，JC-1 以单体的形式存在，发绿色荧光(激发 490nm，发射 527nm)；在较高浓度或较高电位时形成 J 聚集体，发红色荧光(激发 490nm，发射 590nm)。J 聚集体的浓度随膜电位在 30~180mV 的范围内呈线性增加，因而红色荧光也线性增加。因此，当膜逐渐极化时，染料的颜色从绿色到黄绿色发生可逆的变化。JC-1 溶于水。

4. 检测细胞内活性氧的产生

活性氧也称活性氧物种(reactive oxygen species，ROS)是指氧的某些代谢产物和一些反应的含氧产物。在细胞里，可能产生活性氧的地方很多，大体可以将其划分在以下几个部位：线粒体内膜、细胞膜、细胞溶胶内、内质网及核膜的电子传递系统中、细胞内过氧化物酶体，参与这个过程的生物分子也很多。

氧自由基对人体有特殊的意义，它会与生物大分子，如核酸、蛋白质发生相互作用。为检测活性氧在细胞内的产生情况、对细胞的损伤以及检测抗氧化剂对细胞内自由基的清除作用，已经建立了许多检测方法和手段，其中荧光分析法和相关的检测仪器有其特有的优势。

用激光扫描共聚焦显微镜检测就是基于荧光探针标记来检测活性氧的方法。它不仅可以像其他方法一样检测到细胞过氧化物和氢过氧化物的总体水平，还能显示单个不同细胞的实际变化，由于是对活细胞作原位实时跟踪监测方面，较其他检测手段更显示出其优越性，测试时可在激光扫描间隙进行原位加样处理，追踪到活细胞在加样瞬间的动态变化，对药效的评价更客观、准确。

能够与激光扫描共聚焦显微镜相匹配的荧光探针中，DCFH-DA (2′，7′-dichlorofluorescin diacetate 或 2′，7′-dichlorodihydrofluorescein diacetate，DCFH-DA 或 H_2DCFDA)常用于直接测定细胞内活性氧自由基的动态变化。其原理是：不发光的 DCFH-DA 进入细胞内后，经酯酶作用脱去二酯(DA)，生成不发荧光的 DCFH (2′7′-dichlorofluorescin 或 2′，7′-dichlorodihydrofluorescein，DCFH 或 H_2DCF)，DCFH 被超氧阴离子、过氧化氢等活性氧氧化生成发荧光的 DCF (2′7′-dichlorofluorescein，DCF)。因活性氧自由基的含量与荧光探针之荧光强度成正比，因此可通过检测 DCF 的荧光强度，定性及定量监测活性氧自由基的动态变化。实验表明，上述过程发生于细胞时，有细胞内的过氧化物酶等参与反应，而在水溶液中的 DCFH 并不直接被水溶液中超氧化物、过氧化物或 OH 直接氧化。

DCFH-DA 常用于检测细胞产生活性氧的整体情况，从而反映细胞中呼吸爆发的状态。在细胞毒性评价中，用该探针显示细胞的总体氧化应激水平动态过程，并常与碘化丙啶联合使用：DCFH-DA 用于检测细胞氧化剂的生成量，而 PI 则用于检测细胞的损伤情况，因为 PI 是不透膜的核酸探针，只有随着细胞损伤或死亡，它才能跨过细胞膜进入细胞。在激光扫描共聚焦显微镜上可以分双通道同时检测到 DCF 的绿色荧光和 PI 的红色荧光所形成的共聚焦图像，并通过图像合成功能，使双通道不同色彩图像合成为一幅，清晰地显示出细胞内的各色荧光定位及其变化情况，即细胞损伤进程。

三、药物的作用机理研究

1. 观测药物跨膜动态过程及其在细胞或组织中的分布

一些具有稳定荧光的药物分子，可以用激光扫描共聚焦显微镜跟踪其与生物组织或细胞作用过程中荧光信号的动态变化，从而研究药物的跨膜动力学过程及跨膜后的分布。例如进行动物实验时，首先将药物经过荧光标记，然后经由注射等给药途径引入到动物体内，通过检测药物的荧光信号在器官、组织或细胞内的分布，可以发现药物作用的途径和靶器官或位点，判断药物能否跨过生物体内的屏障(如血脑屏障、胎盘屏障等)。进行药物跨细胞膜的体外实验时，将具有荧光标记的药物与细胞或组织切片作用后，用激光扫描显微镜跟踪荧光标记物跨膜的动力学过程及其进入细胞内的分布位点。

2. 药物的作用机理研究

激光扫描共聚焦显微镜可以通过检测一些生物学指标的改变来探讨药物的作用机理，常用的指标有①细胞形态学变化；②细胞凋亡或死亡的情况；③组织或细胞内蛋白质、核酸等大分子的活性、含量及分布变化；④细胞内 Ca^{2+}、H^{+}等离子含量及分布的变化；⑤自由基的变化；⑥膜电位的改变；⑦分子扩散速度、细胞间通讯的改变等。

例如，在进行转铁蛋白与稀土镱的结合物(Yb_2TF)抗肿瘤作用的机理研究中，首先用荧光探针 FITC 标记 Yb_2TF，然后将 Yb_2TF-FITC 与肿瘤细胞作用，利用激光扫描显微镜可以观测不同时刻荧光信号在细胞内的定位并测定 Yb_2TF-FITC 跨膜的动力学过程，实验观察到 Yb_2TF-FITC 首先结合在细胞膜上［图 22-2(a)］，然后跨膜进入细胞［图 22-2(b)］。进一步药物效测定发现，Yb_2TF 能够抑制 K562 白血病细胞和神经胶质瘤等肿瘤细胞的生长，具有抗肿瘤活性。

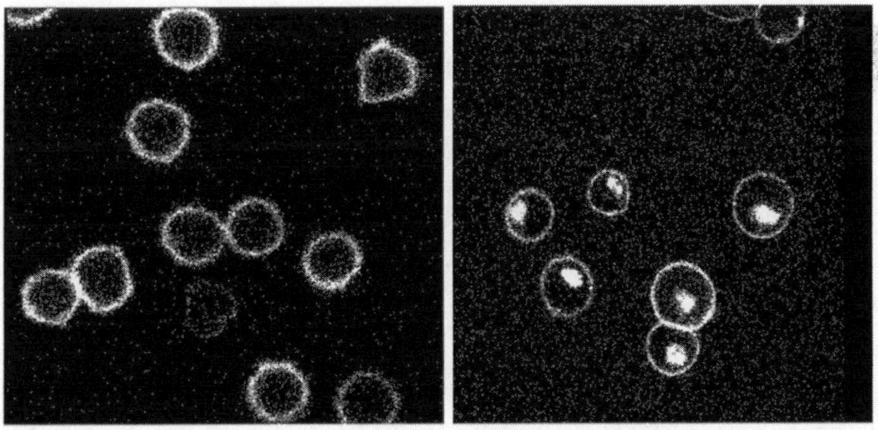

(a) (b)

图 22-2 FITC 标记的 Yb_2TF 跨膜进入细胞的过程示意图

(a) Yb_2TF-FITC 结合于细胞膜上；(b) Yb_2TF-FITC 跨膜进入细胞

主要参考文献

巴德年. 1998. 当代免疫学技术与应用. 北京：北京医科大学、中国协和医科大学联合出版社

姜泊, 张亚历, 周殿元. 1996. 分子生物学常用实验方法. 北京：人民军医出版社

李楠, 王凤翔, 周春喜. 1997. 激光扫描共聚焦显微术. 北京: 人民军医出版社
李楠等. 1998. 荧光探针应用技术. 北京: 军事医学科学出版社
马立人, 蒋中华. 1999. 生物芯片. 北京: 化学工业出版社
庞战军, 周玫, 陈媛. 1999. 自由基医学研究方法. 北京: 人民卫生出版社
石善溶. 1986. 免疫组织化学技术. 成都: 四川科学技术出版社
宋平根, 李素文. 1992. 流式细胞术的原理和应用. 北京: 北京师范大学出版社
孙存普, 张建中, 段绍瑾. 1999. 自由基生物学导论. 合肥: 中国科学技术大学出版社
阮幼冰译. 1996. 免疫荧光基础. 北京: 人民卫生出版社
赵克然, 杨毅军, 曹道俊等. 2000. 氧自由基与临床. 北京: 中国医药科技出版社
Chalfie M, Tu Y, Euskirchen G, et al. 1994. Green flourescent protein as a marker for gene expression. Science, 263(5184): 802~805
Dickson R M, et al. 1997. On/off blinking and switching behaviour of single molecules green fluorescent protein. Nature, 388: 355~358
Misteli T, et al. 1997. Application of the green fluorescent protein in cell biology and biotechnology. Nat Biotechnol, 15: 961~964
Park S H, Raines R T. 1997. Green fluorescent protein as a singnal for protein-protein ineractions. Protein Sci, 6: 2344~2349
Tews D S, Goebel H H, Schneider I, et al. 1997. DNA fragmentation and expression of apoptosis-related proteins in experimentally denervated and reinnervated rat facial muscle. Neuropathol Appl Neurobiol, 23(2): 141(Annexin V)
Yamao M, Katayama N, Nakazawa H, et al. 1999. Gene targeting in the silkworm by use of a baculovirus. Genes and Development, 13(5): 511~516

(袁　兰)

第二十三章　显微学方法之二

——原子力显微镜技术

自从光学显微镜问世以来，人们一直不断地为提高显微镜显示的分辨率而努力。20世纪80年代，宾尼等人研制成功扫描隧道显微镜(scanning tunneling microscope，STM)，这是显微技术发展历史上的一次飞跃。扫描隧道显微镜的工作原理是基于物理学的隧道效应。这时用一个很细小的探针(如铂铱细丝)非常接近被研究样品的表面，并且使两者形成两个电极。当在“两个电极”上外加一定的电压时，探针与被研究样品的表面之间就会形成电子流，这个电子流被称之为隧道电流，该电流的强度对于针尖和样品间距的变化很敏感。当针尖在样品表面扫描时，隧道电流会随着样品表面形貌而高低起伏变化，因此检测隧道电流的变化就能够反映被测样品表面原子形态和原子排列，从而形成结构图像。扫描隧道显微镜不仅突破了光学显微镜中光学衍射效应对分辨率的限制，而且克服了电子显微镜样品必须处于真空中的限制，实现了允许在空气、真空、室温或液体、缓冲液环境中，在分子或原子水平上，对材料表面细微结构或生命物质活动的直接观察。其横向分辨率达到0.1~0.2nm，纵向分辨率达到0.01nm。扫描隧道显微技术确实已成为现代纳米科技的有力工具，但是扫描隧道显微技术要求被检测对象有一定的导电性，例如是导体或半导体，因而限制了生物样品的应用。根据扫描隧道显微技术中“扫描、探针”的设计思路，而后导致一系列的扫描探针显微镜(scanning probe microscope，SPM)的诞生。其中1986年宾尼等人研制成功的原子力显微镜(atomic force microscope，AFM)克服了上述的限制，在自然状态下获得材料表面细微结构的信息。所以在生物学的研究中获得最为成功的应用，成为扫描隧道显微镜技术的补充和发展。

第一节　原子力显微镜的工作原理和基本结构

原子力显微镜的工作原理和基本结构如图23-1所示，样品如细胞或分子材料S放置在样品支撑台面T上，当一个尖锐的探针P非常靠近样品的表面时，探针针尖的原子与物体表面的原子之间形成微弱的相互作用力，即原子排斥力(10^{-12}~10^{-8}N)。上述的探针针尖被固定在对微弱力非常敏感的“微悬臂 C”器件上，微悬臂(cantilever)的另一端固定在支架上。当探针针尖在被测样品的表面扫描时，两者之间的原子力相对于各点位置的改变将会影响微悬臂受力弯曲的程度，然后变成光或电的信号而被检测，从而获得被测物体表面结构的信息。

原子力显微镜仪器的基本结构主要由以下几部分组成。

(1) 力敏感元件(微悬臂和针尖)及其运动检测装置，这是仪器最为关键的部分　微悬臂的长度与检测灵敏度成反比，一般选择在100~200μm；微悬臂的材料要有较低的力常数，横向刚性强，以减少热漂移和对样品的损伤。而针尖则应该尽量的细以获得高分辨率。

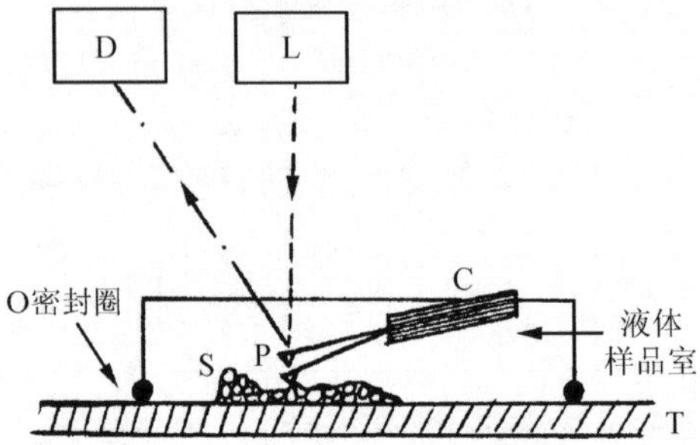

图 23-1　原子力显微镜的工作原理和基本结构

S：样品，T：样品台面，C：微悬臂，P：探针，L：激光器，D：检测器

(2) 监控力敏感元件运动的反馈回路　微悬臂探针针尖随着物体表面形貌而起伏变化有两种不同的工作状态，针尖在恒定的高度上对样品进行扫描［图 23-2(a)］，或者通过反馈线路产生相反方向响应的调节以保持微悬臂针尖和样品之间的相互作用力保持不变，或者说针尖和样品之间的间距恒定的恒力(或恒间距)扫描［图 23-2(b)］。

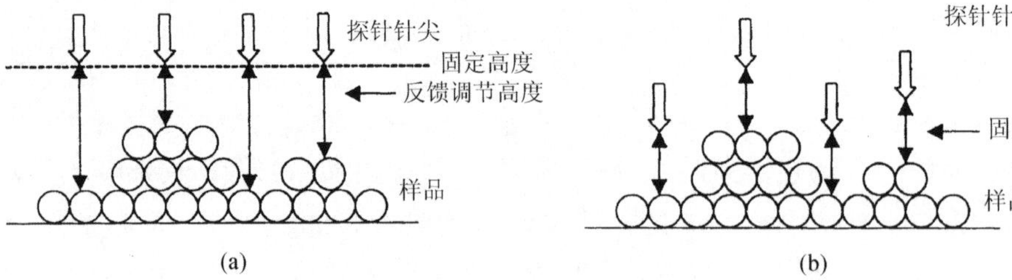

图 23-2　微悬臂探针针尖对样品进行扫描的示意图

(a) 针尖在恒定的高度上运动；(b) 针尖和样品之间的间距保持恒定的运动

(3) 扫描系统　其作用是使探针或者样品进行扫描运动。一般使用压电陶瓷管，利用压电陶瓷特性(几毫伏到几百伏电压)解决针尖达微米量级移动和对样品扫描的要求。

(4) 图像采集、处理及显示装置　通过计算机图形数字化技术实现样品形貌的真实显示。

原子力显微镜以物理学理论为基础，集最新的电子技术、激光技术、精密机械和计算机图形显示技术为一体，所以说该技术是很复杂和很先进的。采用光学检测微悬臂技术的原子力显微镜称为激光原子力显微镜(laser-AFM，图 23-1)。激光发生器 L 发出的激光光束经光学系统聚焦在微悬臂的背面，并反射到灵敏检测器 D 上。扫描过程中，微悬臂在垂直于样品表面上方随样品表面形貌而弯曲起伏，从微悬臂背面反射回来的激光光束的偏转角也跟着偏移。测量该偏转角的变化，从而反映被测样品的表面形貌。

美国 Digital 仪器公司于 1989 年开始生产原子力显微镜，现在有两种模式 BioScope AFM 和 MultiMode AFM 的产品。中国科学院化学所和中科机电设备公司也都已经研制成功了不同型号的原子力显微镜。

第二节 原子力显微镜的工作模式

原子力显微镜主要有两种工作模式,一种是准静态工作模式，又称接触模式。此时探针针尖和被测样品的表面两者之间轻轻接触，相互作用力较强，而微悬臂将在垂直于样品表面的方向上随着样品的形貌起伏运动。由于两者电子云发生重叠，导致仪器的分辨率极高，因此对表面细微结构观察的分辨率达原子级水平。应用此种模式也可测量原子间的相互作用力，可测量的最小力达到 10^{-9}N。接触模式适用于硬表面材料的观察。对于生物样品，由于其表面较软，探针针尖可能会造成表面损伤，所以进行生物样品检测时，在不过分降低其分辨率的情况下，应尽量降低针尖与样品的作用力，以避免造成表面损伤。

另一种工作模式是动态工作模式，又称轻敲式工作模式(tapping mode 或 oscillating mode)。采用这种工作模式时，在微悬臂或样品上施加高频振动(10~400kHz)。以微悬臂振动的情况为例说明它的工作原理(图 23-3)，当外加的高频振动频率接近微悬臂的固有振动频率或共振时，微悬臂振动的幅度达到最大值(自由振幅)，一旦微悬臂探针针尖与样品接触，会造成能量的损失，并引起振幅下降。对样品进行扫描运动时，当针尖扫过样品表面凸起处，微悬臂仅有较小的振荡空间，这时振幅自动降低，而针尖扫描经过凹处时，有较大的振荡空间，振幅加大。由于微悬臂高频振动的幅度将跟随针尖与样品间的间距或相互作用力而灵敏地变化，因此测量振动幅度的变化可以反映被测样品的表面形貌。振动幅度变化的检测一般可用内差法或外差法等光学干涉法进行。轻敲式的工作模式中微悬臂振动的幅度为几十纳米到几百纳米，这就要求针尖与样品互相不接触，故该模式又称为非接触模式。与单纯地探针针尖远离被测样品的表面来避免划破样品表面的非接触模式相比，采用轻敲式的工作模式对样品进行扫描的过程中，微悬臂针尖间歇地、短暂地接触样品表面以获得高的显示分辨率，但是它不会划破样品表面，适合于对细胞等柔性生物样品的观察。轻敲式的优点是：①成功地提高对软松的、黏胶或易碎样品测量的分辨率，也可以实现在培养液中对细胞的直接观察；②克服了引起图像失真的多种因素，例如振荡的微悬臂与准静态的微悬臂相比，能消除由于毛细作用或俘获的静电荷聚集在探针针尖上对样品产生的附加黏着力，

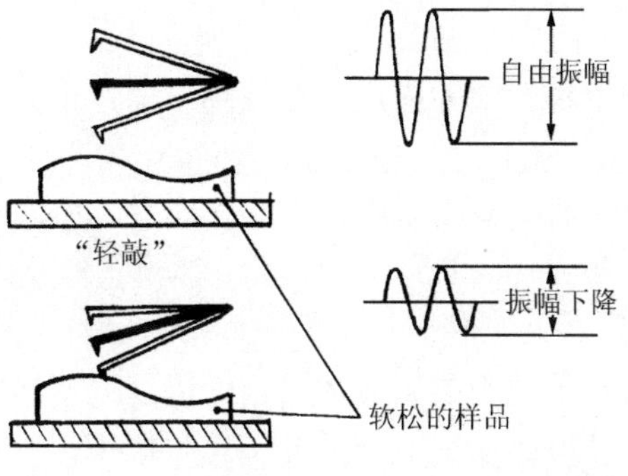

图 23-3 原子力显微镜轻敲式工作模式的工作原理图

以及探针在样品上产生的摩擦力和剪切力并引发样品位移的可能，减少成像的误差；③克服在接触式中由于热漂移引起力的不稳定性；④有较大的线性应用范围，节省测量时间，改善测量质量。

现在，轻敲式工作模式原子力显微镜的图像分辨率可以达到横向分辨率 0.1nm，纵向分辨率 0.01nm，即实现原子级水平的分辨。

第三节　原子力显微镜的优点和实验有关的问题

如前所说，原子力显微镜有其独特的优点，在生物学的研究中获得最为成功的应用，主要的优点如下：

(1) 对物体观察的分辨率在横向和纵向均可以达到原子级水平；

(2) 它可以在各种环境下工作，如在大气、室温、溶液中等自然状态环境下对活细胞进行成像，并且不用重金属覆盖和染色；

(3) 对样品的制备无特殊要求，既不像 X 衍射技术要求样品是晶体，也不像透射电镜那样要求样品超薄切片；

(4) 是真实表面结构的直接测试；

(5) 可以实现在细胞、亚细胞及分子水平上对样品实时、快速、动态过程的研究；

(6) 不仅可以作为观察样品形貌的工具，还能实现极小尺寸样品的精确加工。

由于运用原子力显微镜进行的是精细结构的研究，为了得到清晰的图像必须注意实验的条件：

(1) 认真选择基底材料，常常选用清洁、平坦的云母片为样品的载体，同时对基底材料进行离子交换处理和亲水处理，以增加基底与被测样品的结合能力和亲水性；

(2) 对微悬臂探针针尖进行特别的加工，例如用扫描电镜电子束沉积方法对针尖进行修饰，并采用离子研磨，以提高分辨率；

(3) 对样品制样方法及其存在的环境条件进行认真的选择，要使样品能够均匀分散在基底材料上，可以加入少量的表面活性剂或能够减小张力的溶剂，尤其对活细胞的处理比较麻烦。

第四节　原子力显微镜在结构生物学中的应用

原子力显微镜在结构生物学中的应用主要包括下面几个方面。

(1) 生物大分子如核酸、蛋白质、酶、染色体等结构和性质的直接观察与研究　近年来对 DNA、RNA 的精细结构成功地进行了深入观察，可以测量短至 130nm 的 DNA 片段。

(2) 多种细胞、细胞膜、人工膜脂质体的表面形态和特性的研究　Gould 等在 1990 年用原子力显微镜首次观察了细胞的表面形态，他们曾分辨出淋巴细胞表面 10nm 大小的膜结构特征，随后 Butt 和 Haberle 等应用原子力显微镜技术对红细胞、白细胞、神经细胞及心肌细胞的表面结构进行了研究，实验表明原子力显微镜在水溶液中对红细胞和白细胞的分辨率可以达到 8nm。

(3) 其他的生物材料如骨头、病毒、细菌、微生物、抗原/抗体的结构分析。

(4) 对生物表面事件实时、原位的监测，包括外源性物体(含药物)和细胞的相互作用；蛋白/蛋白、蛋白/核酸、基质及配体/受体的相互作用；细胞动力学过程的研究，如巨噬细胞吞噬异物过程的直接观察。

原子力显微镜的最突出的功能之一就是能够实现动态跟踪测定。 由于快速计算机图形成像技术的进步，目前原子力显微镜的成像通常仅需要 10~100s，因此它可以用来观察细胞的分裂和 RNA 的翻译等快速过程。Haberle 成功地观察了牛痘病毒穿过猴肾活细胞时的动态过程。

下面通过几个例子对原子力显微镜在结构生物学中的应用加以具体说明。

一、原子力显微镜用于 DNA 细微结构成像

DNA 是动态分子，受环境条件的影响它可能在多种结构形态间转变。人们已经注意到 DNA 的一级结构由单脱氧核糖核苷酸多聚而成，二级结构是双股链间通过碱基配对相互作用形成的双螺旋，三级结构中，最常见的是超螺旋，能量极小的超螺旋 DNA

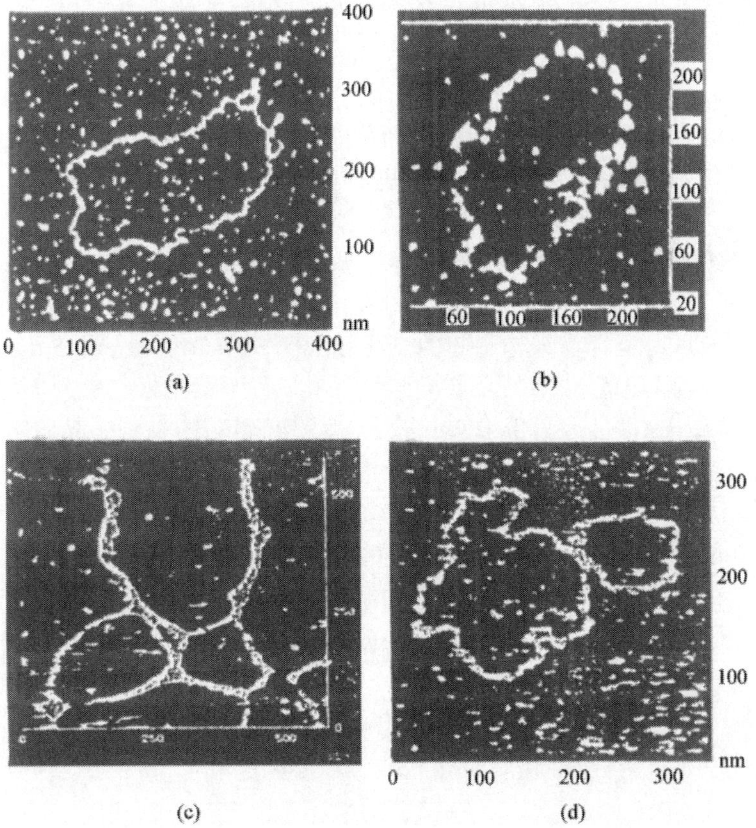

图 23-4　几种 DNA 细微结构的原子力显微镜成像

(a) Blue Script II 质粒 DNA 在丙醇–水溶液中的成像图(400nm×400nm)；(b) ΦX174 单链 DNA 在溶液中的成像图(250nm×250nm)；(c) 三链 DNA 成像图(600nm×600nm)；(d) 质粒 pSK31 超螺旋 DNA 成像图(350nm×350nm)

的结构不仅存在，而且具有重要的生物学功能。超螺旋态是功能态，储存必需的生物学过程的能量和信息，例如：超螺旋的双链环状结构是一些病毒复制必经的阶段。结构是功能的基础，为了研究结构和功能的关系，用原子力显微镜实现对 DNA 细微结构的观察是很重要的。图 23-4 是几种 DNA 细微结构的原子力显微镜成像，图 23-4(a)为 Blue Script II 质粒 DNA 在丙醇–水溶液中的成像图(400nm×400nm)。质粒 DNA 的形态呈现环状结构，质粒的链宽达 3~6nm，接近 DNA 实际螺旋直径。图 23-4(b)为ΦX174 单链 DNA 在溶液中的成像图(250nm×250nm)，为维持单链 DNA 处于伸展状态，在溶液中加入 0.5%或 2%的甲醛。图 23-4(c)为三链 DNA 成像图(600nm×600nm)，图中三条链绕在一起形成三辫结构，单链 DNA 的表观宽度约为 10nm，高度为 0.5~1nm，三链 DNA 的表观宽度为 28~30nm，高度为 1.5~2nm。由于双链 DNA 大沟处存在的多余的氢链，它们可能专一地与另一单链 DNA 分子结合形成三螺旋 DNA，理论分析和实验证实了三螺旋的存在。白春礼等人曾经用 STM 首次研究变性 λ-DNA *Hin*d III 的显微结构，看到三链辫状结构，这些研究对于了解 DNA 多态性有重要意义。图 23-4(d)为质粒 pSK31 超螺旋 DNA 成像图(350nm×350nm)，结果表明用原子力显微镜可以观察 DNA 的拓扑结构。

二、二价金属离子对 DNA 凝聚态的影响

已有研究证明 DNA 凝聚态不仅存在而且可能有生物活性作用。核酸凝聚已成为一个普遍存在的现象，直接改变 DNA 分子的二、三级结构。二价离子是有效的凝聚剂，但是对其作用的机制是不清楚的。这里的实验证实了不同的二价金属离子(Mg^{2+}、Mn^{2+}、Cu^{2+})对 DNA 与配基溴乙锭(EB)复合物凝聚态的影响(图 23-5)，虽然它们都可以诱导形成高级凝聚态，但是形态不一样。无金属离子的 DNA-EB 复合物处于伸展的分离状态[图 23-5(a)，750nm×750nm]，其中也有一些缠绕和卷曲，可能与解旋有关。加入镁离子后对复合物结构引起的变化较大[图 23-5(b)，5μm×5μm]，这时单个的线性分子消失了，出现多臂(3 臂或 4 臂)的结构。每个臂上嵌有数目不等的小颗粒，平均高度达(17±5)nm，远远大于 DNA 直径，呈高级组装的结构。光谱实验认为，锰离子的影响与镁离子相似，但原子力显微镜成像的结果却表明这两种二价金属离子的作用大不相同。锰离子的加入使 DNA-EB 复合物呈半环状密集堆积的结构[图 23-5(c)，2.5μm×2.5μm]，其直径远大于双链的大小。铜离子则使 DNA-EB 复合物呈网状结构[图 23-5(d)，6μm×6μm]，对这种现象的解释可能是与铜离子能干扰碱基配对，并使其处于解离状态形成了多个亲核位点有关。

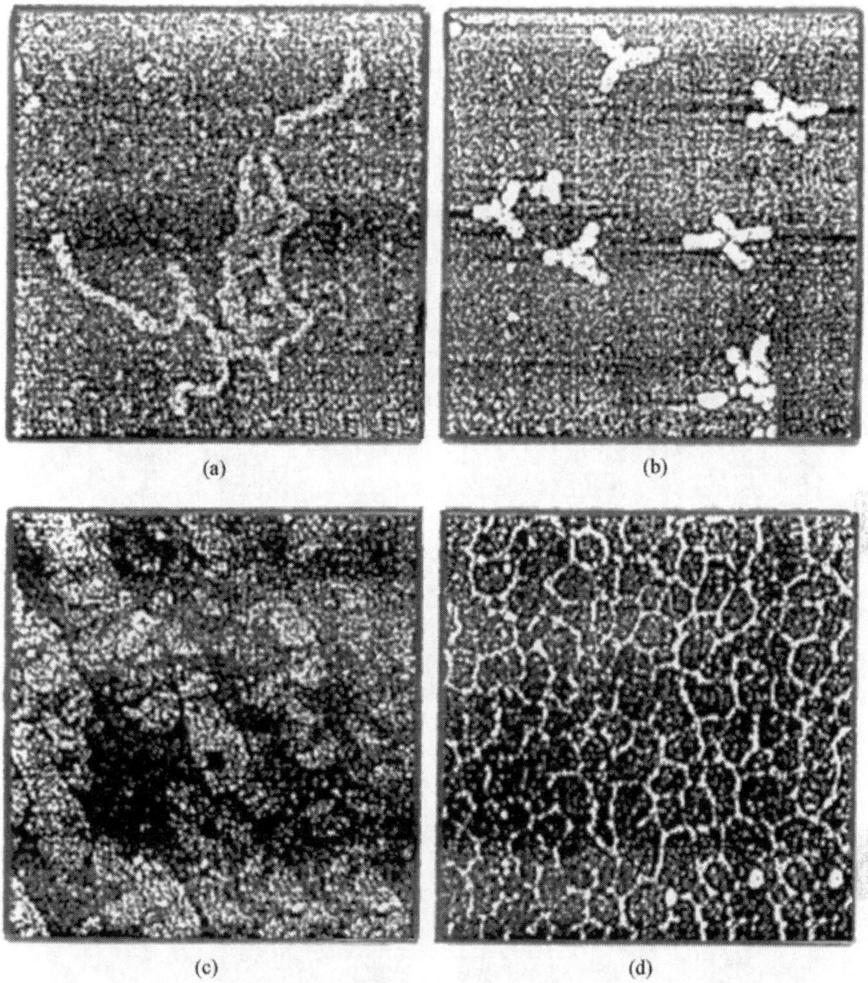

图 23-5　原子力显微镜成像观察不同的二价金属离子(Mg^{2+}、Mn^{2+}、Cu^{2+})对 DNA-EB 复合物凝聚态的影响

(a) 无金属离子时 DNA-EB 复合物精细结构的原子力显微镜成像(750nm×750nm)；(b) 镁离子加入后 DNA-EB 复合物精细结构的原子力显微镜成像(5μm×5μm)；(c) 锰离子加入后 DNA-EB 复合物精细结构的原子力显微镜成像(2.5μm×2.5μm)；(d) 铜离子加入后 DNA-EB 复合物精细结构的原子力显微镜成像(6μm×6μm)

三、血纤维蛋白质聚合过程的研究

用原子力显微镜研究蛋白质的结构不仅可以获得直观的分辨率较高的显微图像，而且可以实现实时的动态过程的研究。人血液中血纤维蛋白的聚合过程调控血液的凝结，与创伤治疗和心血管等疾病有密切关系。Quate 和 Hansma 等跟踪观察了引入凝血酶之后血纤维蛋白聚合过程的真实图像，图像大小为 450nm×450nm(图 23-6)。引入凝血酶之前的血纤维蛋白质分子成分散状态[图 23-6(a)]；引入凝血酶之后 10min 30s 形成串珠状的形态[图 23-6(b)]；12min40s 形成线状的形态[图 23-6(c)]；17min 10s 形成近网状结构[图 23-6(d)]；在 33min 之后蛋白质分子聚合成明显的网状结构。所以说引入凝血酶之后，

随着时间的增长，血纤维蛋白分子逐渐聚合形成较大的聚合体并最终形成网状结构。

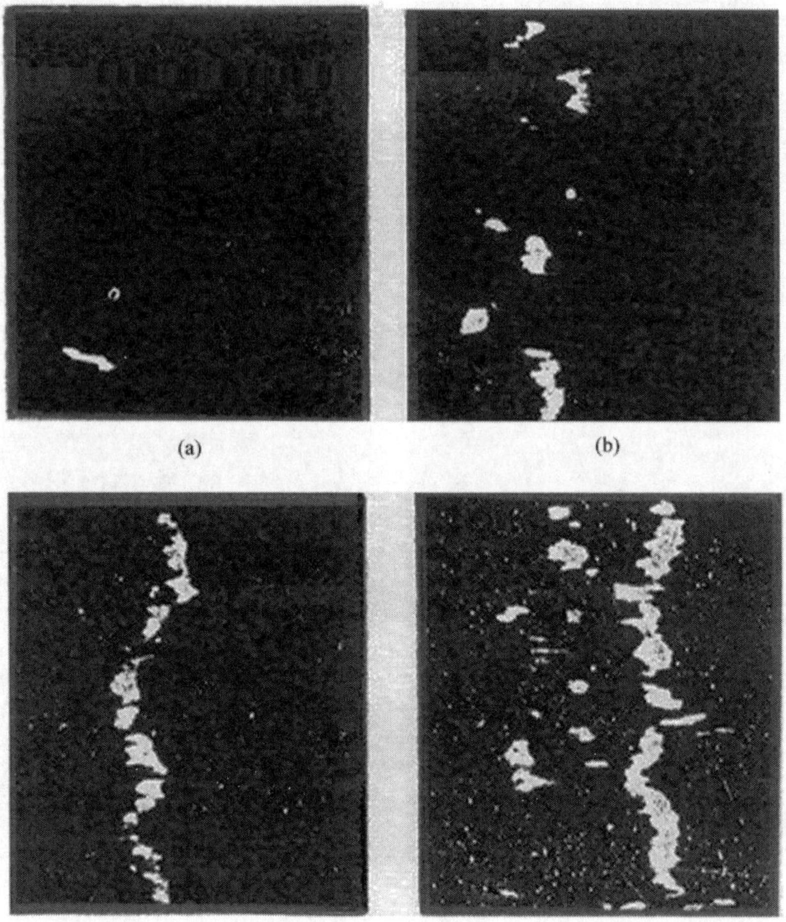

图 23-6　引入凝血酶之后血纤维蛋白聚合过程真实的原子力显微镜图像显示(300nm×450nm)

(a) 引入凝血酶之前；(b) 引入凝血酶之后 10min 30s；(c) 引入凝血酶之后 12min 40s；(d) 引入凝血酶之后 17min 10s

四、铁调节蛋白质 Fur 和气杆菌 DNA 碎片相互作用的原子力显微镜研究

铁调节蛋白质 Fur (ferric uptake regulation) 是实现细菌基因调节的一种金属蛋白，它影响铁的转运。Fe^{2+}存在时，Fur 作为一种抑制器(repressor)，抑制许多铁获得基因和病毒因子如毒素(toxin)的表达。电镜研究仅能提供 DNA-蛋白相互作用的初步信息，而且电镜技术对生物样品产生一定的损伤。用原子力显微镜可以直接观察到相互作用的生物大分子的高分辨图像，提供 Fur 蛋白质和 DNA 碎片相互作用及 Fur-DNA 复合物详细结构的信息。图 23-7 是电镜观察的结果，[图 23-7(a)]是 645bp DNA 碎片和 Fur 蛋白(蛋白：DNA=80：1)温育形成复合物正染色环形黑场电镜的图像，Fur 结合在线状 DNA 中间的部位上，结合部位的平均长度为 83bp；[图 23-7(b)]是 Fur 蛋白本身负染色的电镜照片，在 pH7.0~7.5 时，它们组装成尺寸近于相同(多数直径约 8nm)、构象不完全相同近于圆形的形状，该蛋白质中不加 DNA

图 23-7 电镜观察 645bp DNA 碎片和 Fur 蛋白相互作用的结果

(a) 645bp DNA 碎片和 Fur 蛋白(蛋白：DNA=80：1) 温育形成复合物正染色环形黑场电镜的图像；

(b) Fur 蛋白本身负染色的电镜照片

时，无线性聚合现象。[图 23-8(a)]是铁调节蛋白质 Fur 和气杆菌 DNA 碎片 3 个复合物的三维原子力显微镜成像，右边的碎片发生了向右边的折叠。Fur 蛋白涂敷的部位清晰可见，与电镜的图像相似，几乎都在 DNA 分子中间的部位上。[图 23-8(b)]是单个 645bp 气杆菌 DNA 碎片-Fur 蛋白复合物高放大倍率原子力显微镜成像，清楚地看到 Fur 蛋白结合在 DNA 碎片的特定的部位上，图像清晰，无背景干扰。动态过程的观察表明蛋白质沿着 DNA 分子的特定部位启动聚合，并涂敷在 DNA 碎片的中心部位。Fur-DNA 复合物显示很好的有序结构，表明蛋白涂敷可能是周期性的沿着 DNA 分子像螺旋那样排列。比较复合物的宽度与 Fur 蛋白直径，可以认为蛋白可能插入 DNA 分子的大沟中。但是它不使 DNA 双螺旋解螺旋，因为裸体 DNA 和涂敷 Fur 蛋白的 DNA 分子的长度没有区别。Fur 的结合也不会使 DNA 弯曲，但是确实增加了 DNA 局部的刚性。原子力显微镜直接观察到 Fur 蛋白和气杆菌 DNA 碎片调节域的相互作用及复合物结构的信息。

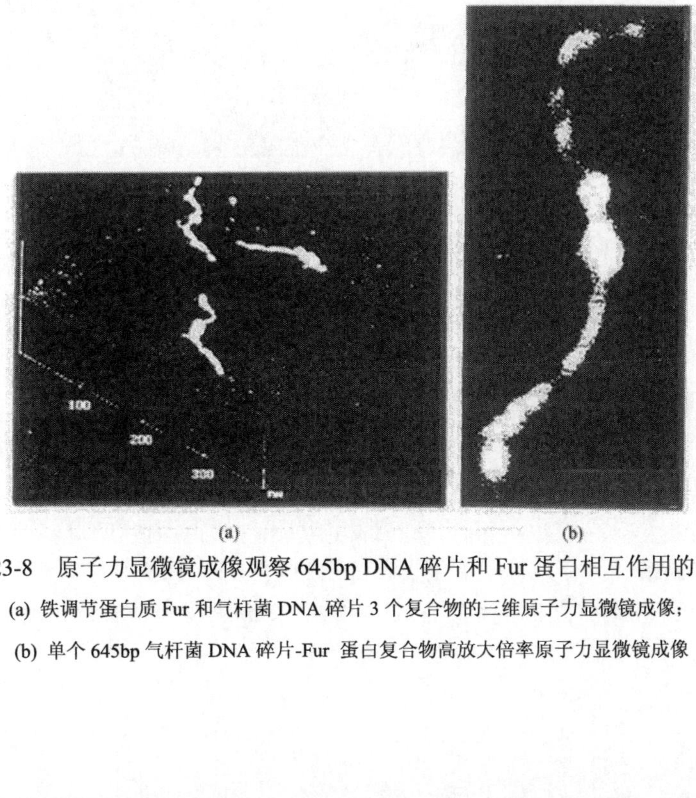

图 23-8 原子力显微镜成像观察 645bp DNA 碎片和 Fur 蛋白相互作用的结果

(a) 铁调节蛋白质 Fur 和气杆菌 DNA 碎片 3 个复合物的三维原子力显微镜成像；

(b) 单个 645bp 气杆菌 DNA 碎片-Fur 蛋白复合物高放大倍率原子力显微镜成像

五、原子力显微镜研究稀土离子 Gd^{3+}对细胞膜的表面形态的影响

研究外源性物质和细胞的相互作用的首要问题是了解它们在细胞膜表面发生的影响及射入方式，在这种研究工作中原子力显微镜是一个很好的工具。图 23-9 是稀土离子 Gd^{3+}对细胞膜表面形态影响的原子力显微镜成像。正常大鼠单个红细胞的原子力显微镜成像[图 23-9(a)，5μm×5μm]呈双凹圆盘形状，直径约 5μm。当提高分辨率缩小成像范

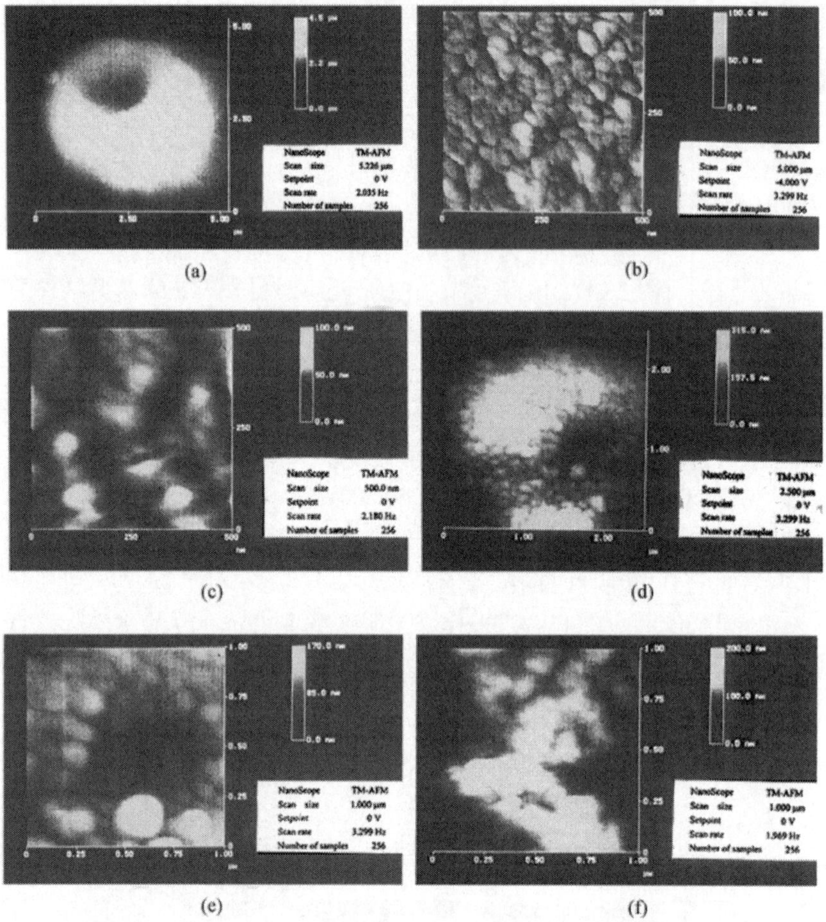

图 23-9　稀土离子 Gd^{3+}对细胞膜的表面形态的原子力显微镜成像研究

(a) 正常大鼠单个红细胞的原子力显微镜成像(5μm×5μm)；(b) 正常大鼠单个红细胞膜表面的精细结构(500nm×500nm)；(c) 5.0×10^{-6}mol/L Gd^{3+}在红细胞膜表面形成大小不均的域结构(500nm×500nm)；(d) 1.0×10^{-5}mol/L Gd^{3+}在红细胞膜表面形成孔洞结构(2.5μm×2.5μm)；(e) 红细胞膜表面孔洞结构的局部观察(1μm×1μm)；(f) 红细胞之间融合面的成像图(1μm×1μm)

围时，能观察到红细胞膜表面的精细结构[图 23-9(b)，500nm×500nm]。显示出红细胞膜表面是由大小不一的颗粒状物质密集地形成凹凸不平的表面。这些形态不同的颗粒状物质的直径大小范围在十几纳米至几十纳米之间。颗粒间的间隙微小，高低差也小。分析认为这些大小各异的颗粒是红细胞膜表面具有各种功能的膜外周蛋白，而颗粒之间的间隙则是膜的脂区，它们之间的相互作用形成了膜表面特殊的流动镶嵌板块结构。5.0×10^{-6}mol/L 稀土离子 Gd^{3+}溶液与红细胞温育 30min 后看到的单个红细胞图像和正常红细胞相比，红细胞的

双凹圆盘形状消失，正中的凹面部分突起，膜表面颗粒状的物质明显聚集增大，颗粒状的物质之间的间隙增宽。这时可能是稀土离子导致颗粒状膜外周蛋白发生了一定程度的聚集和交联，而且膜蛋白聚集的结果又导致膜脂区更加显露，因此在整个红细胞膜表面形成大小不均的域结构[图 23-9(c)，500nm×500nm]。增加稀土离子 Gd^{3+}的浓度到 1.0×10^{-5}mol/L，温育 30min 后，红细胞膜产生的域结构进一步发展成为孔洞结构[图 23-9(d),2.5μm×2.5μm]。此时红细胞的完整性未变，整体膜结构并没有被破坏，但是从红细胞膜局部精细结构上可见膜表面形成如“火山口”一样的孔洞结构。对孔洞结构的精细观察看到，孔洞周围是由大小形状不一的膜蛋白堆积而成，膜蛋白的直径一般都在 100 多纳米，最大的可达 200 多纳米[图 23-9(e)，1μm×1μm]。用原子力显微镜探针针尖所探测出的孔洞深度约为 78.83nm，孔洞的形状也呈现出倒置圆锥形，越向底部，孔洞的直径越小，孔洞的最小直径为 50nm 左右。当 Gd^{3+}浓度进一步增加到 5.0×10^{-5}mol/L 时，发现红细胞之间有聚集和部分细胞有融合的现象出现。此时红细胞膜表面的膜蛋白发生很大程度上的交联，形成巨大的蛋白质交联体。在原子力显微镜下观察红细胞之间形成融合体时，其融合面的成像见图 23-9f(1μm×1μm)。这时两个红细胞膜表面的膜蛋白相互聚集、交联在一起，形成了团状的蛋白簇。

原子力显微镜图像的观测证明稀土离子 Gd^{3+}能与红细胞结合并导致膜表面结构的变化，其变化的程度和 Gd^{3+}浓度的大小以及两者温育的时间长短相关。

主要参考文献

刘次全，白春礼，张静. 1997. 结构分子生物学. 北京：高等教育出版社

Binnig G, Quate C F, Gerber C. 1986. Atomic force microscope. Phys Rev Lett, 56: 930~933

Butt H J, Wolff E K, Gould S A C, et al. 1990. Imaging cell with the atomic force microscope. J Struct Biol, 105: 54~61

Cheng Y, Liu M Z, Li R C, et al. 1999. Gadolinium induces domain and pore formation of human erythrocyte membrane: an atomic force microscopic study. BBA, 1421: 249~260

Constant A J, Putman K O, Bart G, et al. 1994. Viscoelasticity of living cells allows high resolution imaging by tapping mode atomic force microscopy. Biophysical J, 87: 1749~1753

Eric L C, Dominique F, Martine B, et al. 1994. Observation of binding and polymerization of fur repressor onto operator-containing DNA with electron and atomic force microscopy. Proc Acad Sci USA, 91: 11816~11820

Gould S A C, Drake B, Prater C B, et al. 1990. From atoms to integrated circuit chips, blood cells and bacteria with the atomic force microscope. J Vac Sci Technol, A8: 369~373

Haberle W, Horber J K H, Binnig G. 1991. Force microscopy on living cells. J Vac Sci Technol, B9: 1210~1213

Haberle W, Horber J K H, Ohnesorge F. 1992. Ultramicroscopy, 42~44: 1161~1167

Hansma R K, Vesenka J, Siegerist C, et al. 1992. Reproducible imaging and discussion of plasmid DNA under liquid with the atomic force microscope. Science, 256: 1988~1992

Sun X G, Caao E H, Zhang X Y, et al. 2002. The divalent cation-induced DNA condensation studied by atomic force microscopy and spectra analysis. Inorg Chem Communic, 5: 181~186

Zhang P C, Bai C L, Cheng Y J, et al. 1994. Topographical structure of pBR322 DNA studied by scanning tunneling microscope and atomic force microscope. J Vac Sci Technol, B12: 1461~1464

(卢景雰)

第二十四章　波谱学在结构生物学中的应用

生物大分子结构与功能研究的进展在一定程度上依赖于先进的技术条件和实验方法，波谱技术在这方面起到重要的作用。波谱技术探测的是电磁辐射经过被研究物质时所发生的变化，根据波谱解析的结果对物质的结构和性质加以分析。表 24-1 列举了在生物学上感兴趣的一些波谱区域。从表 24-1 中首先可以看到，人们对电磁波谱不同波段的认识是物理学本身历史发展的反映，一个新波段的发现在很大程度上取决于新的辐射能源和新的检测方法的出现。波谱技术从可见光区域逐渐向两端发展：一端是波长比可见光更短，能量更高的高频区域；另一端是波长比可见光更长，能量更低的低频区域。可以想象，随着时代的发展，对波谱技术的认识还会更加深入和全面。其次还可以看到，物质内部的结构和运动状况决定了他们与电磁波某一波段特殊的相互作用。所以对一个课题的全面认识往往要求对不同波段的实验结果进行综合分析，即运用多种实验技术方法。

表 24-1　生物学研究中的电磁波谱区域图

跃迁类型	核跃迁	电子跃迁			分子振动、转动	磁跃迁	
						电子自旋	核自旋
作用机制	核	内层电子	外层电子		分子及固态	电子与外磁场	核与外磁场
能量/eV	4.1×10^{6}	4.1×10^{3}	4.1×10^{0}		4.1×10^{-2}	4.1×10^{-5}	4.1×10^{-7}
频率/Hz	10^{21} γ射线	10^{18} X 射线	10^{16} 紫外	10^{15} 可见	10^{13} 红外	10^{10} 微波	10^{8} 射频
实验技术	高能加速器	X 射线管	石英透镜系统	棱镜光栅	反射光栅	调速管 磁控管 固体振荡	电子管 晶体管
观察方法	计数器	照相板	显示记录	人眼	光电管	雷达技术	无线电技术
分析方法	Mossbauer-波谱	X 射线衍射	*	可见分光	IR 光谱拉曼光谱	ESR 法	NMR 法

*原子吸收光谱和发射光谱、旋光色散 CD、荧光光谱、UV-Vi 分光光度计。

近代由于物理学本身的发展和电子学、计算机技术的应用，使得波谱技术从简单到复杂，从单功能到多功能，从常规到快速，从手动到自动，从一维到多维。在内容丰富多彩的波谱学中，生物大分子的结构研究涉及 X 射线衍射、NMR、ESR、圆二色、红外(IR)和拉曼(Raman)等波谱技术的应用(本书对 X 射线衍射和 NMR 技术另有专门章节介绍)。

第一节　圆二色光谱

一、基 本 概 念

电磁辐射(电磁波)中，电场矢量 E、磁场矢量 H 的方向及波的传播方向 D 三者互相垂直。在 xyz 直角坐标系中，假设电磁波的传播方向沿着 x 轴，磁场矢量 H 指向 y 轴的方向，则电场矢量 E 在 z 轴方向(图 24-1)。一般将电场矢量 E 作为光波的振动矢量、用正弦函数表示：$E=E_0\sin\omega_0 t$，其中 $\omega_0=2\pi f_0$ 是光波振动的角频率，E_0 是光波振动的幅值。由电场矢量 E 与传播方向组成的平面称为振动面、平面偏振光是指振动面不随时间改变的光。这时电场矢量 E 在 z 方向的投影为直线，所以平面偏振光又称为线偏振光。

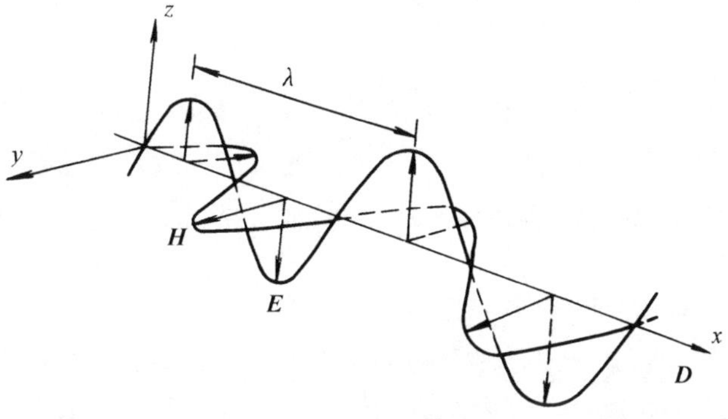

图 24-1　电磁波的示意图

一个线偏振光可以分解为两个振幅和频率都相等而旋转方向相反的偏振光，其中顺时针方向旋转的分量称为右旋偏振光，而逆时针旋转的分量称为左旋偏振光。另一方面如果有两个左、右旋圆偏振光的频率相同，但是振幅不相等，当这两个圆偏振光向相反的方向转动时，其合成矢量运动的轨迹是一个椭圆，这种偏振光又称为椭圆偏振光(图 24-2)。

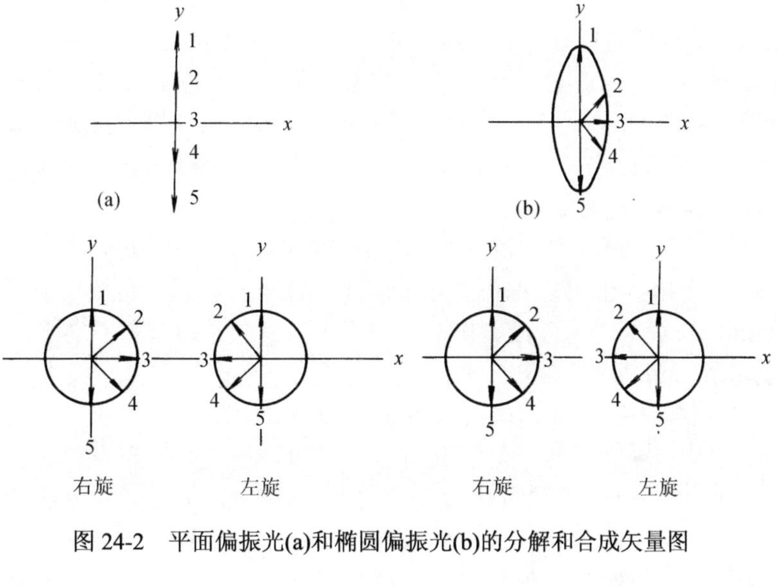

图 24-2　平面偏振光(a)和椭圆偏振光(b)的分解和合成矢量图

平面偏振光与物质相互作用时，由于物质对左、右两个圆偏振光的折射率不相同，经过物质之后形成两个幅度相等，但相位不一致的圆偏振光。合成之后的偏振面与原偏振面相差一定角度，这种现象称为该物质的旋光效应。如果物质对于两个圆偏振光的能量吸收情况不一致，则一个平面偏振光通过该物质之后形成两个频率相同但振动幅度不相等的左、右旋圆偏振光，合成矢量为椭圆偏振光，这种现象称为该物质的圆二色(circular dichroism,CD)效应。由于目前对旋光效应的检测灵敏度较低且波谱的分辨困难，故实际应用受到限制，本章仅讲述圆二色效应。

二、活 性 物 质

具有旋光效应或圆二色效应的物质被称为光学活性物质，简称活性物质。这类物质具有不对称结构，可分为两种类型：一是客观上的各向异性，如晶格分子空间排列的不对称性而形成左旋和右旋两个异构体；另一种是分子本身的不对称性结构。这类结构不仅仅存在于具有手性选择的小分子中，也存在于具有α螺旋和β折叠构象的生物大分子，如在多肽、蛋白质、聚核苷酸和多糖之中。

在有机化学中常常以分子中是否存在连接4个不同基团的非对称性碳原子作为判断活性物质的依据。分子内部存在有内消旋结构或外消旋结构时，导致对称面出现，这时含有非对称碳原子的物质未必是活性物质。再者温度、溶质和溶剂都影响物质的光学活性。相反，有些物质本来不具有光学活性，但是在不对称的环境中由于溶剂的诱导而表现活性特征，例如羰基苯是非活性物质，在不对称环境中可以变成为活性物质。这一些问题在实际和分析的过程中应加以注意。

三、圆二色波谱的计算

1. 通用的计算方法

圆二色效应的测量是用频率和振幅相同的左、右旋圆偏振光交替地照射被测量的样品，并分别记录透过样品时对左、右圆偏振光的吸收强度来实现的。光吸收率的差值$\Delta n=n_l- n_r$就是该物质的圆二色性，其中n_l、n_r分别为左、右旋圆偏振光的吸收率。正如前面所说，一个平面偏振光经过圆二色性的物质之后变为椭圆偏振光。通过理论计算得到圆二色性与此椭圆偏振光的椭圆率[θ]相关，即

$$[\theta]=(\ln 10)\cdot\Delta n\cdot 180/\pi=(\ln 10)\cdot(n_l-n_r)\cdot 180/\pi \tag{1}$$

按照 Beer 定律，也可以用摩尔椭圆率[θ]来表示圆二色性，[θ]的单位是$\text{deg}\cdot\text{cm}^2/\text{dmol}$。实际上，用直接测量法从仪器上得到的是透过样品之后左、右旋圆偏振光分量的强度I_l、I_r。这时得到：

$$[\theta]=4500/\pi cl\cdot(\ln 10)\cdot\lg(I_l/I_r) \tag{2}$$

对于物质中某个生色团而言，光吸收仅在对应的某一个特定波长上发生，而且吸收强度之差非常小，典型的 CD 谱的吸收差值约占总吸收的 0.03%，这是相当小的。为提高测量的精确度，而采用检测I_l、I_r两个信号之差与I_l、I_r两个信号之和的比值的计算方法。通过电子学线路的处理，将光电倍加管输出的两个光强之差(I_l-I_r)的电压E_S放大G倍，而输出的两个光强之和(I_l+I_r)的信号压缩一半为E_A，则

$$[\theta]=4500/\pi cl\cdot(\ln 10)\cdot(E_S\cdot G/E_A)\cdot\lg e/G \tag{3}$$

这里(E_S • G)、E_A 和 G 都可以直接从仪器上读出。

2. 科顿效应

圆二色光谱与该物质的吸收波谱具有相似的形状，是波长的函数。但是圆二色性按照物质对左、右旋圆偏振光吸收率之差表示时，会出现两种情况，即 $n_l > n_r$ 或 $n_l < n_r$。对应的 CD 波谱，即[θ]－λ 曲线的形式也有两种(图 24-3)：

[θ]$\propto n_l - n_r > 0$，称为正科顿(Cotton)效应(右旋物质)；

[θ]$\propto n_l - n_r < 0$，称为负科顿(Cotton)效应(左旋物质)；

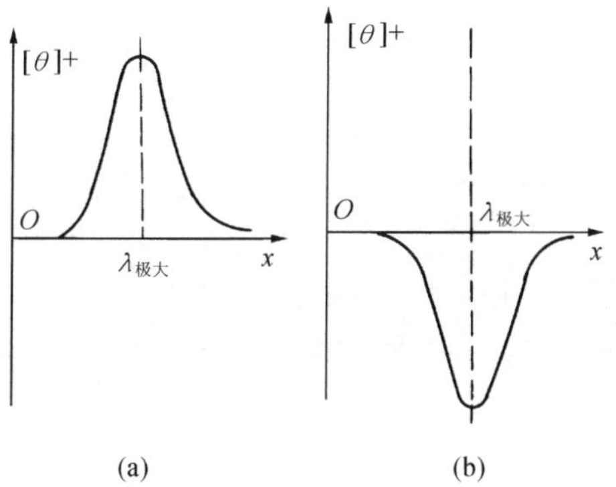

图 24-3　CD 谱的正科顿(a)与负科顿(b)效应

3. 预测二聚体的 CD 谱

我们感兴趣的不仅仅是具有单一生色团的活性物质的圆二色性，更注意由一系列生色团组装成的生物大分子的光学活性。以最简单的二聚体为例，它由两个单体生色团组成。按照理论分析预测，这时对 CD 谱的贡献来自于三个方面：①两个分开的单体 CD 谱之和，称为单电子项，它们的数值通常比较小；②电–磁耦合项。当一个单体具有小的磁跃迁偶极子而另一个单体具有较小的电跃迁偶极子时，该项显得比较重要。大多数情况下，在生色团中具有较大的电跃迁偶极子但只有较小的磁跃迁偶极作用，因此这一项也较小；③耦合振荡项，它的数值大小决定于两个单体生色团间的距离和分子的几何形状。由于两个单色团之间的相互偶合作用而大大增强圆二色性。从而表明多个生色团组装之后的 CD 谱确实对分子的构象很敏感。图 24-4 是一个二聚体 CD 谱组成的理论预测图。黑色、白色和斜线部分分别代表上述的单电子项，电–磁耦合项和偶合振荡项。$\nu_{0\alpha}$是单体 CD 谱的频带，在二聚体中它分裂为相距 $2\nu_{12}/h$ 的两个频带($\nu_{0\alpha}+\nu_{12}/h$)和($\nu_{0\alpha}-\nu_{12}/h$)。

4. 蛋白质和核酸的 CD 谱半经验计算方法

对于实际存在的蛋白质和核酸分子的结构比二聚体要复杂得多。按照量子力学的计算方法预测它们的 CD 谱几乎是不可能的。对现在已建立的预测和分析方法简单描述如下：蛋白

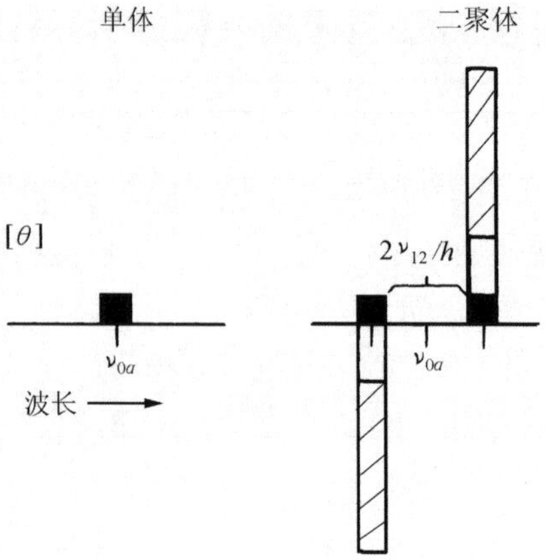

图 24-4　二聚体 CD 谱的理论分析预测

质分子中由于多肽骨架所产生的光学活性谱区在 190~230nm。脂肪侧链的性质不会明显地影响该区域的 CD 谱。因此可以简单地把一个蛋白质的构象看做是具有α螺旋、β折叠或是无规卷曲结构骨架的线性组合。人们已经测定了已知三维结构多肽(纯α螺旋、纯β折叠或纯无规卷曲)的 CD 谱(图 24-5)。当一个特定蛋白的二级结构类型(χ_α、χ_β、χ_{rc})已知时，人们就可以在每一个特定波长分别计算残基的 CD 谱，即

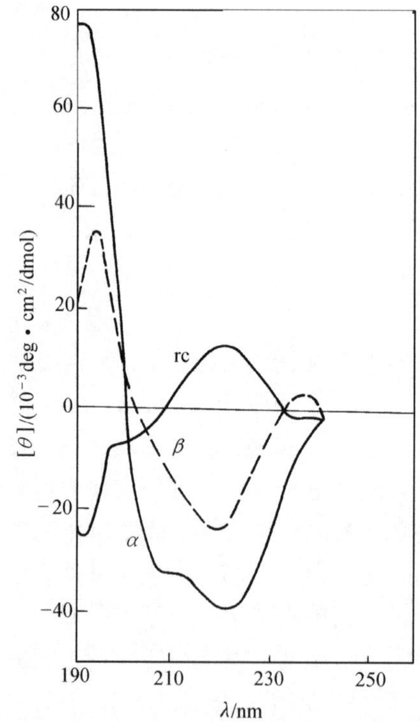

图 24-5　纯α螺旋、纯β折叠或纯无规卷曲(rc)结构多肽的 CD 谱

$$[\theta(\lambda)]=\chi_\alpha[\theta_\alpha(\lambda)]+\chi_\beta[\theta_\beta(\lambda)]+\chi_{rc}[\theta_{rc}(\lambda)] \quad (4)$$

其中，θ_α、θ_β和 θ_{rc} 分别是对应的单一构象多肽的 CD 测量结果。相对于波长而言，它们是彼此独立的函数。这样一种计算方法正是现代 CD 谱仪对测量结果进行计算机模拟分析的理

论基础。但是它受到多肽长度和四级相互作用的影响。Donnld Eetlaufer 对此提出了进一步的修正方法，但是计算方法会复杂得多。

人们不能忽视核酸与蛋白质不同，核酸分子的总 CD 谱与各个单体残基 CD 波谱的和之间存在差别。例如二核苷磷酸盐(dinucleoside phosphate，A_pG)的 CD 溶液谱与单体 A 和 G 的 CD 谱之和相差很大。这时不仅应该考虑核酸分子中碱基的组成成分，而且要考虑它们的相互作用。对于 A 和 G 两个碱基的组成的二聚体 A_pG 的 CD 谱理论表达式为：

$$2[\theta_{A_pG}(\lambda)]=[\theta_A(\lambda)]+[\theta_G(\lambda)]+I_{AG}(\lambda) \tag{5}$$

其中 $I_{AG}(\lambda)$为 A 和 G 碱基相互作用项。同理，对 G 和 U 两个碱基的聚合体，则可以写成：

$$2[\theta_{G_pU}(\lambda)]=[\theta_G(\lambda)]+[\theta_U(\lambda)]+I_{UG}(\lambda) \tag{6}$$

对于三核苷酸盐 A_pG_pU 的 CD 谱则可表示为：

$$3[\theta_{A_pG_pU}(\lambda)]=[\theta_A(\lambda)]+[\theta_G(\lambda)]+[\theta_U(\lambda)]+I'_{AG}(\lambda)+I'_{GU}(\lambda)+I''_{AU}(\lambda) \tag{7}$$

其中假设二聚体和三聚体的邻近效应相同，则

$$I_{AG}(\lambda)=I'_{AG}(\lambda)$$
$$I_{GU}(\lambda)=I'_{GU}(\lambda)$$

且忽略空间相隔较远的邻近效应，即 $I''_{AU}(\lambda)=0$。简化上式，则为

$$3[\theta_{A_pG_pU}(\lambda)]=2[\theta_{A_pU}(\lambda)]+2[\theta_{G_pU}(\lambda)-\theta_G(\lambda)] \tag{8}$$

所以说，只要测量两个二聚体的 CD 谱(A_pU 和 G_pU)以及一个 G 单体的 CD 谱之后就可以预测三聚体 CD 谱的结构。明显表现出多核苷酸 CD 谱的序列依赖性(图 24-6)。

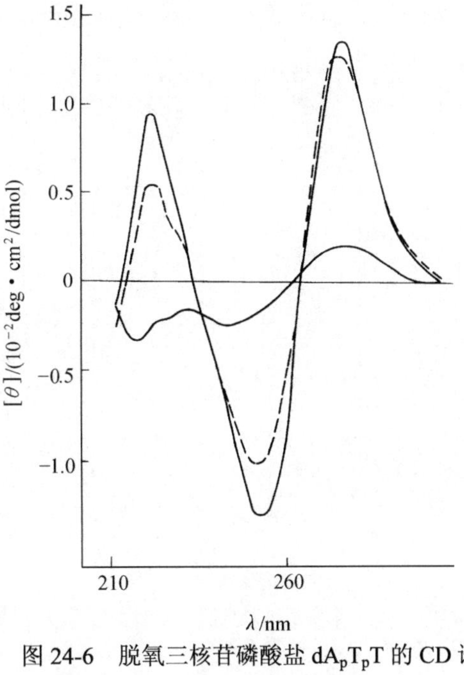

图 24-6 脱氧三核苷磷酸盐 dA_pT_pT 的 CD 谱

虚线为半经验方法计算的 CD 谱，实线为实验谱，细线是三个单体简单相加的 CD 谱

四、圆二色性应用于生物大分子的构象研究

由于现代仪器优越的性能，人们对样品 CD 谱的测量就像做紫外(UV)谱一样简便快速。但是要对 CD 波谱做出正确的分析却不容易，常常是与纯α螺旋、纯β折叠或纯无规卷曲结构的模型化合物的标准 CD 谱进行对比判断。对生物大分子这样的复杂体系的分析，从实验中得到的一般规律如下：

(1) 在 190~240nm 紫外波段，主要的生色团是肽链，因此这个波段 CD 波谱的信息可以反映蛋白质等生物大分子主链的构象；

(2) 在 240~300nm 近紫外波段，主要的生色团是芳香氨基酸的侧链，这时的 CD 谱的信息可以反映局部侧链间的相互作用；

(3) 大于 300nm 区段的 CD 谱主要反映金属离子氧化态、配体及链与链之间相互作用的信息及小分子与生物大分子的配位作用；

(4) 具有α螺旋构象的分子在其CD波谱的222nm和208nm附近呈负峰，并在190nm 附近有正峰；而对于无规卷曲构象在 198nm 附近有负峰，在 220 nm 附近有一小而宽的正峰；但是生物大分子的β折叠构象的椭圆率却不像α螺旋构象那么恒定。

五、CD 谱用于生物大分子构象的测定实例

1. 心肌线粒体膜细胞色素 c 氧化酶的 CD 谱

图 24-7 是正常线粒体膜细胞色素 c 氧化酶的 CD 谱。将克山病区用粮食喂养和正常喂养的豚鼠肌线粒体膜细胞色素 c 氧化酶的 CD 谱相比，208nm 和 222nm 处的负峰幅值显著减小，表明酶中α螺旋构象的含量降低。这与克山病区病理分析的结果是一致的。克山病区的食物中缺硒，用这种食物喂养的动物组织亦因缺硒造成心磷脂含量下降，心肌线粒体膜上细胞色素 c 氧化酶的活性降低。结构分析表明该酶中α螺旋构象的含量下降，导致细胞的功能改变。

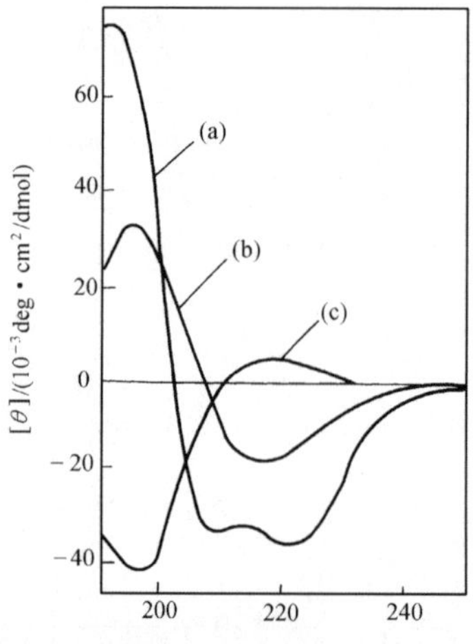

图 24-7　豚鼠肌线粒体膜细胞色素 c 氧化酶的 CD 谱

(a) α螺旋；(b) β折叠；(c) 无规卷曲

2. 肌动蛋白构象改变的 CD 谱研究

图 24-8 是球状肌动蛋白(a)和纤维状肌动蛋白(b)的 CD 谱的比较。球状肌动蛋白单体不具有圆二色性，而纤维状肌动蛋白呈明显圆二色效应。本实验的样品处于黏稠溶液中，因切变作用而使球性肌动蛋白单体聚合而成纤维状蛋白质，伴随有构象改变。

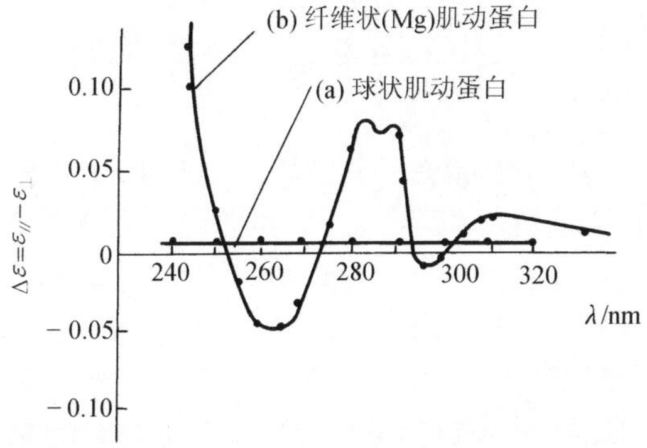

图 24-8　球状肌动蛋白(a)和纤维状肌动蛋白(b)的 CD 谱

3. 蜂毒素多肽与人工膜的相互作用

蜂毒素是一种欧洲蜂毒汁的主要成分，是一种高度水溶性的膜多肽。该肽与红细胞膜直接相互作用引起多肽 CD 波谱的变化。图 24-9 中曲线 1 在 208nm 和 222nm 处有两个负峰，表明α螺旋构象是蜂毒素插入细胞膜内的主要构象，曲线(b)在 204nm 和 222nm 处也呈两负峰，虽然不及曲线(a)强度大，但也表明吸附在膜上的蜂毒素仍以α螺旋构象为主；曲线(c)仅在 205nm 处呈一不宽的负峰，222nm 处几乎无峰，它表明处于溶液中的蜂毒素呈无规卷曲的构象。正像前文所述，多肽或蛋白质分子的 CD 谱可以由α螺旋、

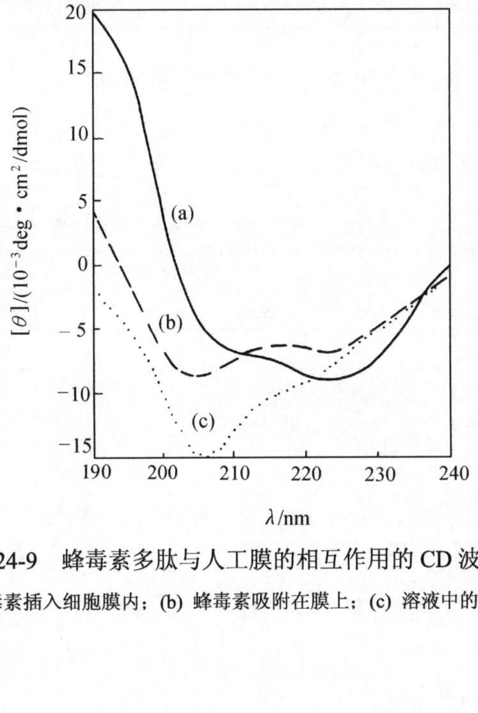

图 24-9　蜂毒素多肽与人工膜的相互作用的 CD 波谱

(a) 蜂毒素插入细胞膜内；(b) 蜂毒素吸附在膜上；(c) 溶液中的蜂毒素

β折叠和无规卷曲各构象成分的CD谱线性相加得到。因此用计算机可以对测得的CD谱进行解析，得到蜂毒素插入膜中的构象为：α螺旋：β折叠：无规卷曲= 84：1：15，而吸附于膜上时的构象中三者之比为27：20：53。

第二节　红外和拉曼波谱技术

一、红外波谱的分类

红外(infrared，IR)波谱技术是指在红外波段(10000~10cm^{-1})的吸收波谱技术。其能级间跃迁的机制与分子的转动–振动运动有关，所以红外吸收光谱又称为分子振动光谱或分子光谱。回顾分光技术和检测方法的发展史，红外分光光谱仪大体上分为三个发展阶段：棱镜分光的第一代红外光谱仪(20世纪60年代)、计算机光栅分光的第二代红外光谱仪(20世纪70年代)和第三代干涉分光傅里叶变换红外光谱仪(FT-IR，20世纪80年代)。按照红外波谱波长范围分类可分为三种类型：近红外(10000~4000cm^{-1})，中红外光谱(4000~400cm^{-1})和远红外光谱(400~10cm^{-1})。通常的运用范围是4000~650cm^{-1}。下面粗略地按5个区分别说明红外光谱频率与键、官能团结构的相关性(表24-2)。

表24-2　红外光谱频率与对应的键、官能团结构

波段/cm^{-1}		键、官能团
4000~2400	含氢基团特征区	水、醇、酚的羟基(OH)； 乙酰胺中的氨基(NH_2)， NH、OH的伸缩振动(3700~3100cm^{-1})
2400~2000	三键区	C≡C、C≡N键伸缩振动 C=C=C、N=C=S、累积双键，
2000~1500	双键区	C=O、C=C、C=N、芳环等
1500~1350	变形振动区	CH_3、CH_2、NO_2
1350~650	指纹区	所有的有机化合物，特别是P=O、P=S、C−X等

上述的频率与键、官能团的相应关系常常受到多种因素的影响，如复杂的结构环境、官能团之间的互相诱导，样品的状态和溶剂等。这一切也证实了红外光谱技术对结构分析的价值。表24-3列举在蛋白质和多肽分子中3个有用的红外吸收带，在氢键形成之

表24-3　多肽分子中三个主要的红外吸收带的特征

振动	氢键键合形式				非氢键键合形式
	α螺旋		β折叠		
	频率/cm^{-1}	二色性	频率/cm^{-1}	二色性	频率/cm^{-1}
I　N—H伸缩 ←N—H→ ↔	3290~3300	//	3280~3300	⊥	~3400
II　酰胺I ←C=O→　↔	1150~1660	//	1630	⊥	1680~1700
III　酰胺II　←C—N(H)→	1540~1550	⊥	1520~1525	//	<1520

后，带I和带II移向低频，而带III(酰胺II) 移向高频。N−H和C=O的伸缩振动基本

上在与键平行的方向偏振，酰胺 II 是两个方式的组合，基本上平行于 C－N 键(伸缩振动)，而与 N－H 键垂直(弯曲运动)。表中红外的二色性是指将红外样品滴在薄膜上，然后向一个方向拉伸，得到有取向的多肽。N—H 伸缩的红外偏振在平行于α螺旋轴时显著吸收，而对β折叠构象则不同，因为该结构的长轴方向与肽的氢键互相垂直。

二、傅里叶变换红外光谱技术

第三代 FT-IR 光谱技术基于干涉分光的原理。由麦克尔逊(Michelson)干涉仪得到的干涉图是一个时间域的函数，其中包含光谱信息，要经过数学上的傅里叶变换才能把时间域的干涉图变换为频率域的光谱图。从原理上讲(图 24-10)FT-IR 谱仪主要由麦克尔逊干涉仪和计算机两部分组成。图 24-10 中的分束器 BS 是干涉仪的核心部件，它将入射光一分为二：一半透射到动镜 M_2 上，另一半反射到定镜 M_1 上再返回 BS，这样形成干涉光后被送到样品上。S 发射的红外光经干涉仪调节后形成一束干涉光照射在样品 S_a 上。通过样品的干涉光信号经检测器 D 变为电信号并经放大器 A 进一步放大。干涉光信号是一个以动镜移动时间(或距离)为横坐标的时间函数，而且其中包含红外光谱的信息。经过计算机系统(A/D-D/A)进行傅里叶变换后，使得难以解析的时间域干涉图变为以波数(频率)为横坐标的人们熟悉的红外光谱。

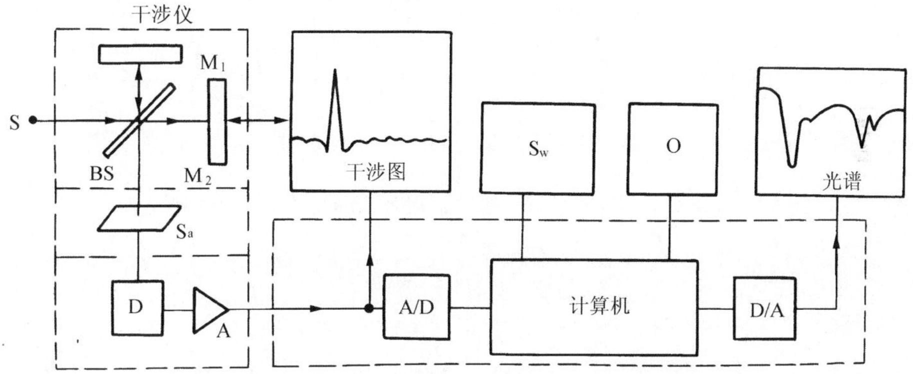

图 24-10　FT-IR 谱仪的结构方框图

S：光源，M_1：定镜，M_2：动镜，BS：分束器，S_a：样品，D：检测器，A：放大器，

A/D-D/A：转换器，S_w：键盘，O：计算机外设

现代采用快速傅里叶变换(FFT)技术实现快速计算，解决了计算量大的困难。但是一个高质量红外波谱的获得还要经过比率计算，即以空气或空白试剂作对照测定无样品时的空白 FT-IR 光谱，再通过计算机计算空白 FT-IR 谱与样品的 FT-IR 谱的比率。以聚苯乙烯为例(图 24-11)图示了红外光谱的提取过程。所得的波谱横坐标为频率，纵坐标为透射率 T。FT-IR 红外波谱技术比之早期的红外波谱具有多种优越之处，如灵敏度和分辨力高、光通量大、频带宽和测量时间短，而且它还可以与其他检测手段联机，大大扩展其应用，例如 FT-IR-GC(色谱)；FT-IR-MS(显微镜)；FT-IR-TGA(热重分析)和 FT-Raman(拉曼)等。

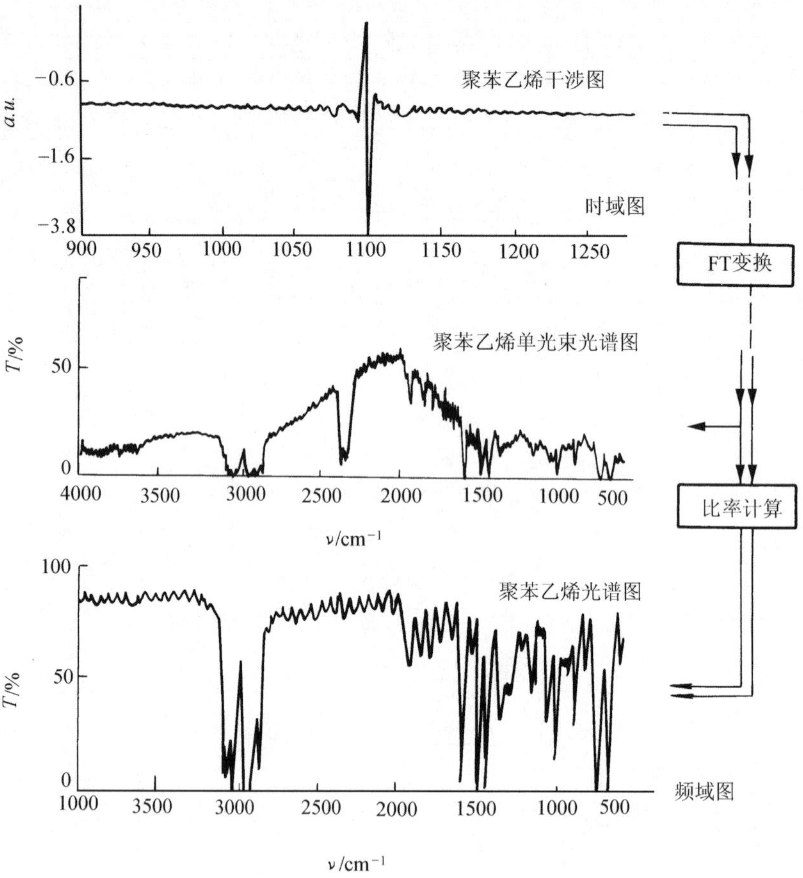

图 24-11　用比率计算方法提取聚苯乙烯红外光谱的过程

三、拉曼光谱技术

与红外光谱技术相似，拉曼(Raman)光谱技术也是提供分子振动和转动的信息。但是拉曼光谱是散射光谱，而红外则为吸收光谱。分子的光散射效应是 1928 年被印度物理学家拉曼发现，并因此命名为拉曼散射效应，这里不是直接观察两能级之间的跃迁，而是观察光散射效应，即由于激发光的光量子能量不足以产生电子激发跃迁时，这些光量子和被照射的分子相互作用改变了方向而发生散射。散射光与发射光频率相同的称为瑞利散射，频率不相同的称为拉曼散射。拉曼散射时激发光的光量子与被照射分子之间发生了能量交换，并且能量的变化刚好满足振动能级之差的要求。所以拉曼效应发生在红外光谱的范围内。拉曼散射分为两种类型：散射光频率低于激发光的称为斯托克斯散射，散射光频率高于激发光的称为反斯托克斯散射(图 24-12)。由于斯托克斯散射比反斯托克斯散射强得多，通常拉曼实验检测的主要是斯托克斯散射效应。激发光频率与散射光频率之差称为拉曼位移，是拉曼波谱的纵坐标。

Raman 光谱技术的主要困难在于：①拉曼散射光的强度非常弱，难以检测；②强荧光物质产生荧光干扰。20 世纪 60 年代出现的激光光源克服了第一个困难。激光光源的

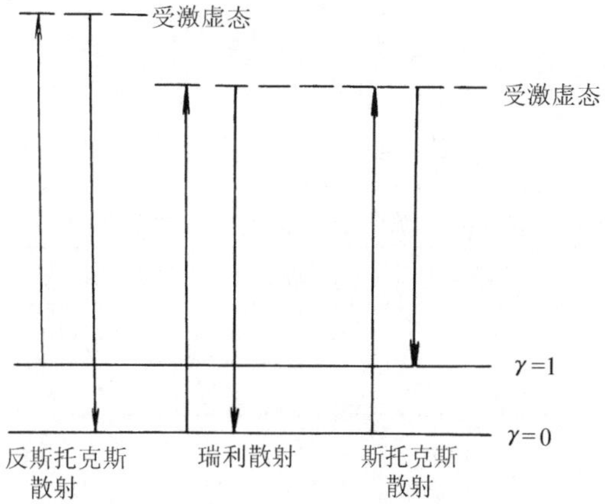

图 24-12　拉曼效应的示意图

强功率、单色性和定向性是过去的任何一种红外光源无法比拟。而且随着傅里叶变换红外技术的出现，一种新的傅里叶变换近红外激光拉曼光谱仪(NIR FT-Raman)问世了。它克服了荧光对拉曼测量的干扰，使得拉曼技术在分子结构的分析应用中大放光彩。

FT-Raman 光谱对于被测样品没有特殊要求，固体或者液体皆可。特别是近代拉曼显微镜的出现，将特殊的光学显微镜与拉曼光谱仪组合在一起。对非常微小的样品进行测量，最小光斑达 5μm。而共聚焦激光拉曼光谱仪(confocal laser Raman，CLR)能给出被研究分子的二维、三维的结构信息。有希望在生物样品的结构分析发挥更好的作用。图 24-13 是用 FT-Raman 光谱检测出厚 120μm 聚合物薄膜的 4 种不同组成。

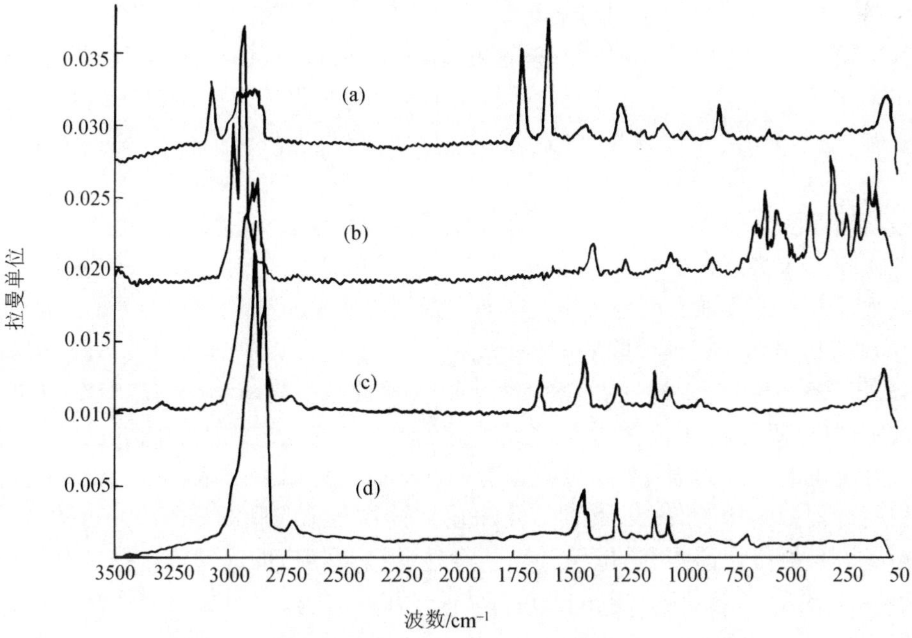

图 24-13　聚合物薄膜的四种不同组成的 FT-Raman 光谱

(a) 聚对苯二甲酸乙二醇酯；(b) 聚偏氯乙烯；(c) 尼龙 6；(d) 聚乙烯–聚异丁烯酯

四、红外与拉曼光谱技术的比较

虽然红外与 Raman 光谱都能提供与分子振动、转动有关的信息，对分子中的化学键和功能团进行指认，但是两者在原理和应用上存在明显差别(表 24-4)。

表 24-4　红外与拉曼光谱的基本比较

	分子运动	跃迁机制	波谱来源	样品处理
红外	振动、转动	吸收	分子偶极矩变化	压片(水有强烈吸收)
拉曼	振动、转动	散射	分子极化率变化	固体、液体(水的吸收少)

量子理论证实，只有引起分子偶极矩变化的振动才能产生红外光谱，例如非极性的 C＝C 双键在对称伸缩振动中偶极矩变化近等于零，红外吸收峰极小。相似的还有 CO_2 分子，其对称伸缩振动过程中偶极矩为零，不出现红外吸收峰，只能看到因偶极矩发生变化的反对称伸缩振动和弯曲振动的两个红外吸收峰。拉曼光谱不受分子本身偶极矩大小的限制，它的信号强度与分子极化率的变化成正比，与分子的对称性有关。例如具有对称中心的苯分子，其红外与拉曼光谱互不重叠，可以运用这两项技术互补地研究吸收过程与散射过程。

红外技术在生物学应用中的一个致命弱点是它对水的强烈吸收。即使很少的水也会产生强而宽的吸收频带重叠在样品的 IR 谱区，所以 IR 实验要求样品必须是干燥的。生物样品也得在冷冻干燥后测量，这样生物大分子会因为干燥而由此带来构象的改变和结构的修饰。但是拉曼光谱却有独特的优越性，因为水的拉曼光谱谱线很弱且谱形简单，可以说水对样品拉曼光谱的影响可以忽略，使人们可以在自然溶液状态下研究生物大分子。例如在溶液状态下测定蛋白质的二级结构及蛋白质与核酸的相互作用，包括药物在内的外源性物质与核酸的相互作用及细胞膜的结构和性质研究等。拉曼光谱是红外光谱的补充，也是对溶液态生物大分子实现红外检测的可靠手段。

振动波谱学对于生物聚合物在构象上的变化是灵敏的，因此可以用 IR 和拉曼技术研究在固态和溶液态蛋白质的结构。在普通 IR 测量中可以用 D_2O 氘代技术或 FT-IR 计算机处理办法部分地克服水的干扰，实现溶液态多肽分子结构的分析。对血红蛋白 Hb、牛血清白蛋白、核糖核酸酶、β乳球蛋白、α酪蛋白等在固态和液态的 IR 谱列于表 24-5。表 24-6 表明几种多肽中酰胺 I 与酰胺 II 的拉曼光谱频率与二级结构的关系。红外技术也被广泛用于模型和生物膜结构的研究中，在模型膜上的研究已经得到详细在有关官能团的红外光谱特征。拉曼光谱技术还成功地研究细胞膜中从凝胶相到液晶相的相变过程中结构的改变，也可以用来研究药物与细胞膜的相互作用。表 24-7 中细胞相变引起拉曼光谱强度的改变，由于键振动引起相应的光谱信号强度发生增加(↑)及减小(↓)的改变，故选用比值指标(I_{2890}/ I_{2850}、I_{1066} / I_{1090})可更加灵敏地检测细胞膜的相变反应。

表 24-5　几种球蛋白在固态和液态中的 IR 振动频率的比较　　(单位：cm^{-1})

Hb		牛血清白蛋白		核糖核酸酶		β乳球蛋白		α酪蛋白		指认
固态	液态	固态	液态	固态	液态	固态	液态	固态	液态	
1657	1656vs	1656vs	1655vs	1653vs	1656vs	1633vs	1632vs	1656vs	1655vs	酰胺 I
				1647vs	1646vs					
1541s	1547s	1540s	1548s	1538s	1548s	1538s	1551s	1538s	1551s	酰胺 II
			1517sh	1518sh	1520sh	1517sh				
1467w	1469w									
1455m	1455m	1452m	1452m	1450m	1453m	1451m	1450m	1448m	1453m	$\delta(CH_2)\delta(CH_3)$
1390m	1400m	1390m	1401m	1394m	1405m	1398m	1401m	1399m	1402m	$\nu_s(COO^-)$
1367w	1367w									
1306m	1308m	1305m	1305m	1309vw		1313w	1315w	1312w	1319w	$\nu_t(CH_2)$，$\nu_w(CH_2)$
			1282sh	1260sh	1260sh					酰胺 III
1245w	1255w	1248w	1247w	1237m	1240m	1238m	1247m	1242m	1245	酰胺 III
1170w	1170w	1172w	1173w			1168w	1165w	1158w	1162w	
1124sh	1130sh							1101m	1098m	$\nu_k(NH_2)$，$\nu_v(NH_2^+)$
1098ms	1106ms			1089ms	1101ms					
1050sh										ν(C-N)
970w								980m	979m	

注：s：强，m： 中等，w：弱，v：很，sh：肩(相对于峰)。

表 24-6　溶液中几种多肽的拉曼振动频率　　(单位：cm^{-1})

样　品	酰　胺　I			酰　胺　II		
	α螺旋	β折叠	无规卷曲	α螺旋	β折叠	无规卷曲
聚甘氨酸		1674 s	—		1234	—
聚-L-丙氨酸	1658 w	1666	—	1261 w	1234	—
聚-L-谷氨酸酯	—	—	1665		—	1248
聚高血糖素	1658	1672	—	1266	1232	1248
聚-L-赖氨酸	1654	1670 s	—	1311	1240	1253

表 24-7　细胞膜相变前后的拉曼光谱强度的改变

	C–C 振动/cm^{-1}			C–H 振动/cm^{-1}	
相变前	1066	1130	1090	2890↑	2850
相变后(升高温度)	↓(gauche 构象↓)	↓	↑(反式构象↑)	(链内无序化↑)	不变
比值指标(检测相变)	I_{1066}/I_{1090}			I_{2890}/I_{2850}	

五、应 用 举 例

下面举例说明红外与拉曼技术在生物大分子结构与性质研究中的应用。

1. 聚-L-赖氨酸构象的变化

在水溶液中聚 L-赖氨酸呈无规卷曲构象(pD=9.0)，当 pD 值增加至 11.9 时会引起构象改变。时间动力学研究在氘代溶液中完成，样品的构象从α螺旋转向明显的反平行的β折叠，历时约 2h(图 24-14)。

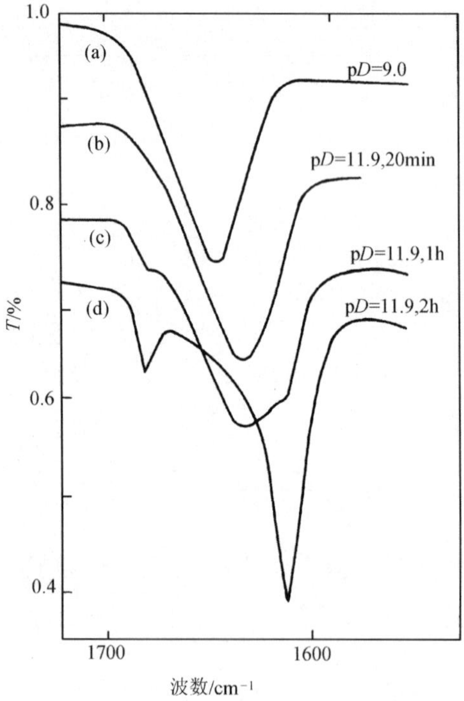

图 24-14　pD 值引起聚 L-赖氨酸构象改变的 IR 研究

(a) pD=9.0，无规卷曲；(b) pD=11.9，α螺旋，20min；(c) pD=11.9，α螺旋过渡到反平行β折叠，1h；(d) pD=11.9，反平行β折叠，2h

2. 内质网膜的 IR 和 Raman 研究

内质网膜在缓冲液中的 IR 光谱(a)和 Raman 光谱(b)见图 24-15，相应的光谱成分的解析见表 24-8。这些结果分析表明膜内在蛋白呈相当一部分α螺旋结构和无序多肽结构，Raman 光谱上也观察到在 1648cm^{-1} 的强峰，被指认为顺式构象中脂肪酰链 C=C 振动，在 1246 cm^{-1} 有酰胺频带，表明在膜蛋白中可能存在β或无序结构。

3. 顺铂及其类似物与人红细胞膜的相互作用

图 24-16 和表 24-9 是顺铂、溴铂、碘铂和反铂与人红细胞膜的相互作用的 IR 研究结果。对人红细胞膜 IR 波谱[图 24-16(a)]在 1173~834cm^{-1} 谱区的几个主要谱峰指认如下：① 1056cm^{-1} 谱峰来自膜脂极性头 P—O 或 P—O—C 伸缩振动；② 953cm^{-1} 谱峰在加入顺铂及其类似物之后才出现，它可能是 P—O 与铂(Pt)配位形成的新键的振动，即 P—O—

Pt；③ 1300cm^{-1} 谱峰为膜脂 P=O 不对称振动；④1724cm^{-1} 谱峰被认为是脂双层 C=O 键的贡献。不同结构的铂配合物加入细胞膜体系后对 IR 谱带的影响随着相互作用的时间而变化。表 24-9 的实验结果表明铂配合物与人红细胞膜的相互作用主要发生在膜脂的极性头部，包括静电作用和某些配位相互作用。长时间(12h)作用之后，顺铂的影响可以恢复，而其余铂配合物的作用是不可逆的。

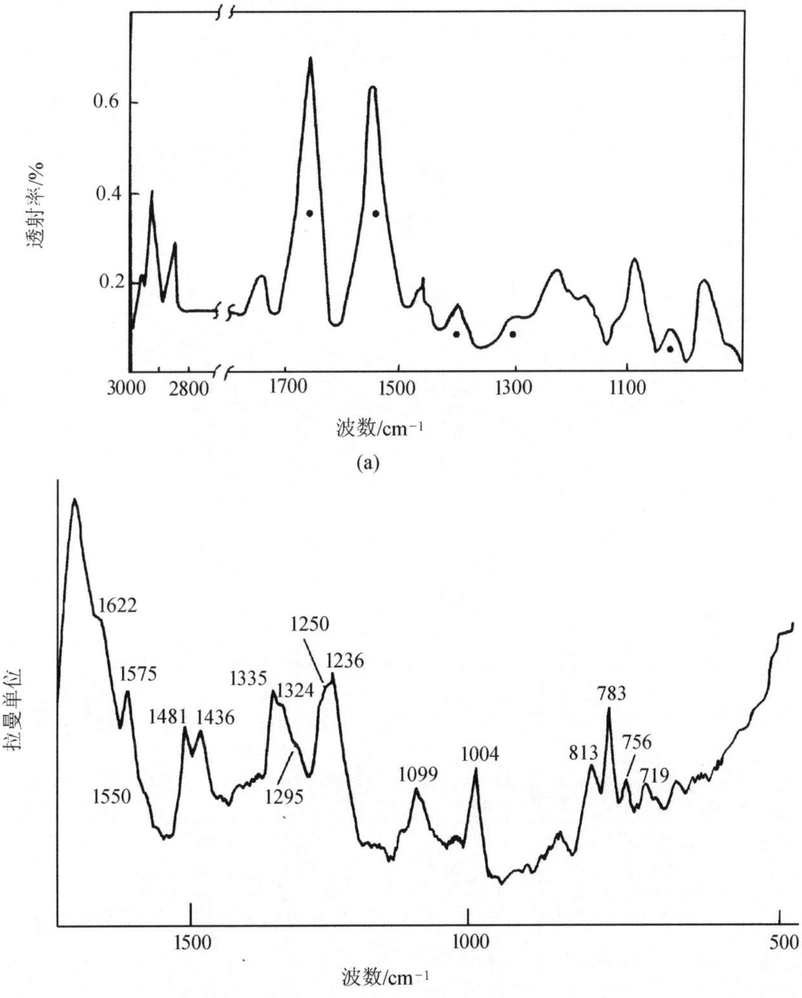

图 24-15 内质网膜在缓冲液中的 IR 光谱(a)和 Raman 光谱(b)

表 24-8 内质网膜在缓冲液中主要的 IR 频带(30℃)

频率/cm^{-1}	可能的结构指认
2956，2872	CH_3 不对称伸缩振动
2924，2853	CH_2 不对称伸缩振动
1738	C=O 伸缩振动
1655*	酰胺 I
1550*	酰胺 II
1400*	CO_2^- 对称伸缩振动、酪氨酸 OH 弯曲振动

频率/cm^{-1}	可能的结构指认
1300*	酰胺 III
1230	磷酸酯不对称伸缩振动
1180	C—O—C 不对称伸缩振动
1090	磷酸酯对称伸缩振动
1030*	C—O 伸缩振动
970	$(CH_3)_3N^+$伸缩振动

* 蛋白质骨架峰。

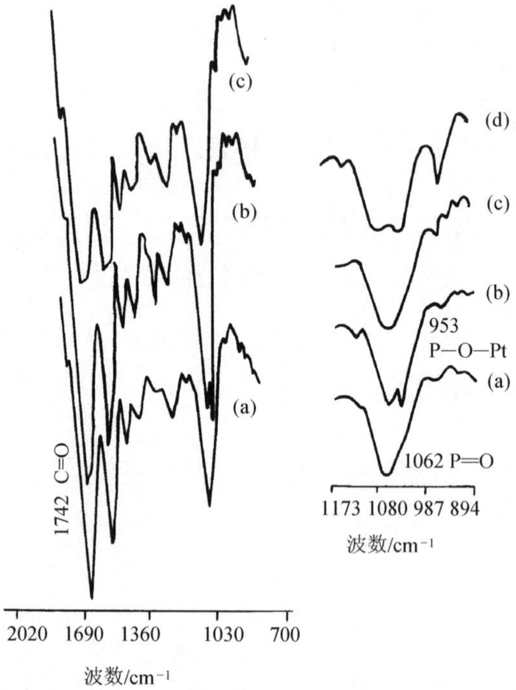

图 24-16 人红细胞膜的 IR 谱及铂配合物对它的影响

右：波谱范围 1173~894 cm^{-1}；左：波谱范围 2020~700 cm^{-1}，(a) 人红细胞；(b) 膜与顺铂在 37°C 温育 2.5h；(c) 膜与顺铂在 37°C 温育 12h；(d) 膜与反铂在 37°C 温育 0.5h

表 24-9 人红细胞膜的 IR 谱波数及铂配合物对它的影响

样品	时间	波数/cm^{-1}			
对照		1742	1300	1056	—
顺铂	2.5h/12h	1742/1742	1280/1300	1055,1030/1056	953/—
溴铂	2.5h/12h	1742/1742	1300/1300	1055,1018/1055,1018	953/953
碘铂	2.0h/12h	1742/1742	1300/1300	1055,1018/1055,1018	953/953
反铂	0.5h/12h	1742/1742	1300/1300	1055,1018/1055,1018	953/953

第三节　电子顺磁共振波谱技术

一、电子顺磁共振波谱技术的基本原理

1. 电子在直流磁场中的行为

核外的电子在绕原子核做轨道运动的同时绕自身的某个轴做旋转运动，后者称为自旋运动，运动产生相应的磁矩是轨道磁矩和自旋磁矩。对于自由基来说，自旋磁矩占总磁矩的99%以上，因此可以忽略轨道的贡献而简化理论的描述。在量子力学中，用下式表示电子自旋运动产生的磁矩μ_e和自旋角动量 S 之间的关系

$$\mu_e = -g_e \cdot \beta_e \cdot S \tag{9}$$

其中，g_e是电子的波谱分裂因子，为2.0023(无量纲)；β_e 是玻尔磁子，由电子的电荷和质量决定的一个物理常数，为 9.27×10^{-21}erg/G(1erg/G=10^{-3}J/T)。把一个磁矩为μ_e 的电子自旋放进直流磁场 H中，其相互作用的能量用哈密顿算符 $\mathscr{H}$表示，即

$$\mathscr{H} = -\mu_e \cdot H \tag{10}$$

将式(9)代入式(10)，可以得到，

$$\mathscr{H} = g_e \cdot \beta_e \cdot S \cdot H \tag{11}$$

假设磁场的方向在直角坐标系 Z 的方向，自旋矢量在此方面的投影为 M_s，则哈密顿算符 $\mathscr{H}$的标量表达形式为：

$$E = g_e \cdot \beta_e \cdot M_s \cdot H \tag{12}$$

M_s可选择的数值为+1/2 和-1/2。为了便于理解，这里再用不太严格的经典物理学理论对磁矩和直流磁场的相互作用加以进一步说明。在经典物理学中两者的相互作用为

$$E = -\mu_e \cdot H \cdot \cos\theta \tag{13}$$

其中，θ 是μ_e 和 H两矢量之间的夹角。当θ =0°时，$E_{下} = -\mu_e \cdot H$；而θ =180°时，$E_{上} = \mu_e \cdot H$。前者表示能量最低，体系最稳定的下能级状态，而后者则为能量最高，体系最不稳定的上能级状态。将一个自旋从 $E_{下}$变到 $E_{上}$状态要从外界吸收能量，反之，则会向外界释放能量。所以说一个自由电子(未成对电子)放进直流磁场中会发生能级分裂，分裂为上、下两个能级。这两个能级的能量分别为

$$E_{下} = -\mu_e \cdot H = -\frac{1}{2} g_e \cdot \beta_e \cdot H \quad E_{上} = \mu_e \cdot H = +\frac{1}{2} g_e \cdot \beta_e \cdot H,$$

而二个能级的能量之差：

$$\Delta E = g_e \cdot \beta_e \cdot H \tag{14}$$

电子自旋在磁场中的能级分裂称为 Zeeman 分裂，对应的运动状态称为 Zeeman 进动。

2. 共振条件

电子从下能级跃迁到上能级时所吸收的能量必须刚好满足两个能级之间的能量差。对于一个频率为 v 的电磁辐射来讲，它所具有的能量为 hv，h 是普朗克常数，为 6.626×10^{-27}erg/G。所以电子顺磁共振的条件为：

$$hv = \Delta E = g_e \cdot \beta_e \cdot H \tag{15}$$

式(15)仅表达了共振时对能量值的要求。事实上，电磁辐射的方向应与直流磁场的方向

互相垂直，才可以产生电子磁矩与电磁辐射之间的能量交换。在直流磁场中低能级的自由电子吸收能量跃迁到高能级的现象就是电子顺磁共振。如前所述，绝大多数情况下，电子磁矩主要来自于自旋运动的贡献，所以又常常把电子顺磁共振称为电子自旋共振(electron spin resonance，ESR)。审视共振条件 $h\nu = g_e \cdot \beta_e \cdot H$，其中频率 ν 和磁场 H 是可以在很宽的范围内满足共振的条件的要求。但是从技术的可行性考虑，电子顺磁共振实验常常在表 24-10 所列的波段中完成。一般情况下，EPR 信号十分微弱，被噪声所淹没，经过电子学处理后检测其共振的一次微分信号(图 24-17)。

3. g 因子

将物理常数代入式(15)，可以得到一个很有实用价值的表达式，即 $g = 0.7145\ \nu/(\mathrm{MHz/G})$。$g$ 值可以用来判断被检测的自由基或其他顺磁中心(表 24-11)。物质的 g 值偏离自由电子 g_e 的原因是因为其内部存在来自其他电子自旋或核自旋或轨道的扰动。对于 g 值的精确测定可以反映局部场的情况，分析物质的微观结构。例如对于过渡金属离子，g 值可以反映 d 壳层电子填充的状况。一般规律是：$g \approx g_e$ 时 d 壳层电子填充为半充满，如 Fe^{3+} 的电子组态为 $3d^5$；$g > g_e$ 时为大于半充满，如 Fe^{2+} 的电子组态为 $3d^6$；而 $g < g_e$ 时为小于半充满，如 Ti^{3+} 的电子组态为 $3d^1$。

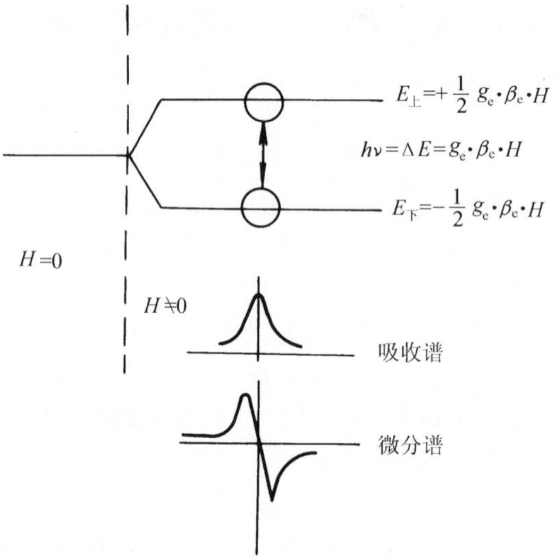

图 24-17　自由电子在直流磁场中的能级分裂和跃迁

表 24-10　目前电子顺磁共振实验采用的典型波段、频率和对应磁场

波段名称	典型频率 10^9 Hz	g=2 时对应的共振磁场/G
L	1.2	428
S	3.2	1140
X	9.6	3390
K	25	3930
Q	35	12500

表 24-11　一些物质的 g 值

物质名称	g 值	物质名称	g 值
自由电子	2.0023	NO 自由基	2.0020~2.009
镁及卟呤阳离子	2.0024~2.0028	Cu^{2+}络合物	2.05~2.40
黄素半醌自由基	2.0030~2.0040	Fe^{3+}低自旋络合物	1.4~3.1
硫自由基	2.02~2.06	Fe^{3+}高自旋络合物	2.0~9.7

4. 超精细相互作用

在自旋体系中，除了电子自旋外若还存在有磁性核，哈密顿能量算符的计算将增加超精细相互作用(hyperfine interaction)项。这时的表达式为(对各向同性体系)

$$\mathscr{H}= g_e \cdot \beta_e \cdot S \cdot H + a \cdot S \cdot I \qquad (16)$$

式中，S 为电子自旋量子数，可取(+1/2)和(-1/2)两个数值；I 为核自旋量子数，可取($2I$+1)个数值。a 是超精细分裂谱线的间隔，称为超精细分裂常数。从含有一个 I=1/2 的磁性核的最简单体系到含有 n 个等性的 I=1/2 的磁性核体系，人们可以分别写出对应的哈密顿能量算符表达式。按能级间允许跃迁的选择定律，即$\Delta M_s = \pm 1$，$\Delta M_I=0$ 的要求，可以预测到由于超精细相互作用而引起的谱线分裂数目、允许跃迁数、谱线的相对强度及总强度(图 24-18，表 24-12)。谱线的相对强度与二项式的系数相一致。

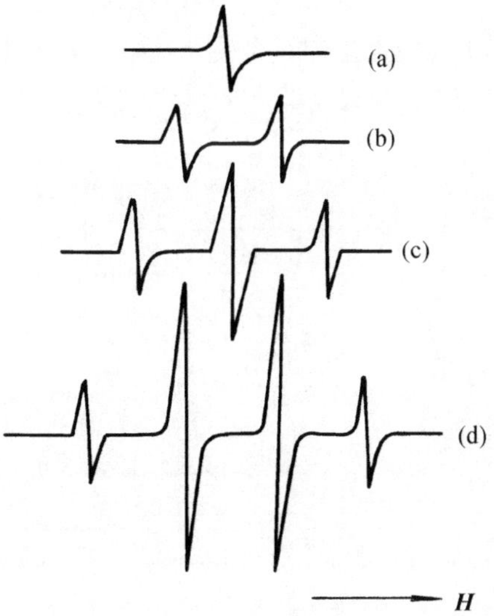

图 24-18　超精细分裂图谱示意图

(a) S=1/2，I=1/2，n=0；(b) S=1/2，I=1/2，n=1；(c) S=1/2，I=1/2，n=2；(d) S=1/2，I=1/2，n=3

表 24-12　超精细分裂常数的谱线数目、相对强度和总强度

核数	分裂数	允许跃迁数	相对强度	总强度
0	2	1	1	1
1	4	2	1　1	2
2	8	3	1　2　1	4
3	16	4	1　3　3　1	8
4	32	5	1　4　6　4　1	16
n	2^{n+1}	$n+1$	$(1+X)^n=1+nX+n(n+1)/2!\ X^2+\cdots+X^n$	2^n

超精细相互作用是溶液自由基ESR波谱的重要特征。ESR检测的结果可以给出清晰详细的超精细结构，而且从超精细分裂常数值可以分析该体系中电子云密度的分布情况。

例 1　一个自旋 S=1/2 和一个核自旋 I=1 体系，它的 ESR 波谱的理论预测如下：首先将 S=±1/2 和 I=–1，0，+1 三个数值分别代入式(16)，在直流磁场为 H_0时，则写出 6 个表达方程：

$$E_1=(-1/2)g_e\cdot\beta_e\cdot H_0+a(-1/2)(-1)=-1/2\ g_e\beta_eH_0-a\cdot 1/2$$
$$E_2=(-1/2)g_e\cdot\beta_e\cdot H_0+a(-1/2)0=1/2\ g_e\beta_eH_0$$
$$E_3=(-1/2)g_e\cdot\beta_e\cdot H_0+a(-1/2)(-1)=-1/2\ g_e\beta_eH_0+a\cdot 1/2$$
$$E_4=1/2\ g_e\cdot\beta_e\cdot H_0+a(1/2)(-1)=1/2\ g_e\beta_eH_0-a\cdot 1/2$$
$$E_5=1/2\ g_e\cdot\beta_e\cdot H_0+a(1/2)0=1/2\ g_e\beta_eH_0$$
$$E_6=1/2\ g_e\cdot\beta_e\cdot H_0+a(1/2)1=1/2\ g_e\beta_eH_0+a\cdot 1/2$$

按选择定律所规定的$\Delta M_S=\pm1$，$\Delta M_I=0$ 的要求，只有 $E_1\leftrightarrow E_6$，$E_2\leftrightarrow E_5$和 $E_3\leftrightarrow E_4$之间的跃迁是可以观察到的。其共振点的位置分别为(H_0-a)，H_0和(H_0+a)，每条谱线的间隔为 a。这是一种等高、等间隔、等宽度的各向同性波谱(图 24-19)。

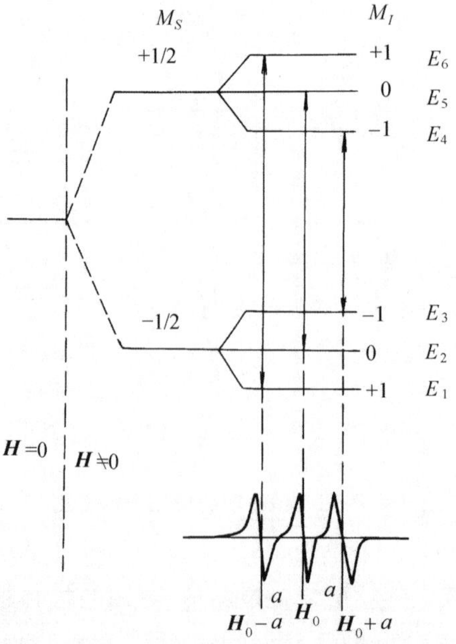

图 24-19　一个自旋 S=1/2 和一个核自旋 I=1 的体系的能级图和允许跃迁

例 2　萘负离子在 298K 的 ESR 波谱(图 24-20)。

萘负离子的电子顺磁共振波谱由两组五重峰重叠组成。从分子式中可以看到 2、3、6、7 为一组等性核，1、4、5、8 为另一组等性核。每一组的谱线都由 1∶4∶6∶4∶1 的五重峰组成(n=4，S=1/2，I=1/2)，超精细分裂常数分别为 4.95G 和 1.87G。对于π自由基，McConnell 理论指出：

$$a_i = Q \cdot \rho_i \tag{17}$$

其中，a_i 是第 i 个碳原子与其相连质子间的超精细分裂常数，ρ_i 是第 i 个碳原子上的电子云的密度，Q 是常数。由 ESR 实验得到两组不同的等性核上电子云分布密度之比 $\rho_1 / \rho_2 = 4.95/1.87=2.67$。这与 Hueckel 分子轨道理论(HMO)计算所得到的电子云密度分布 $\rho_1 / \rho_2 = 0.1810 / 0.0691 =2.62$ 是十分相近的。

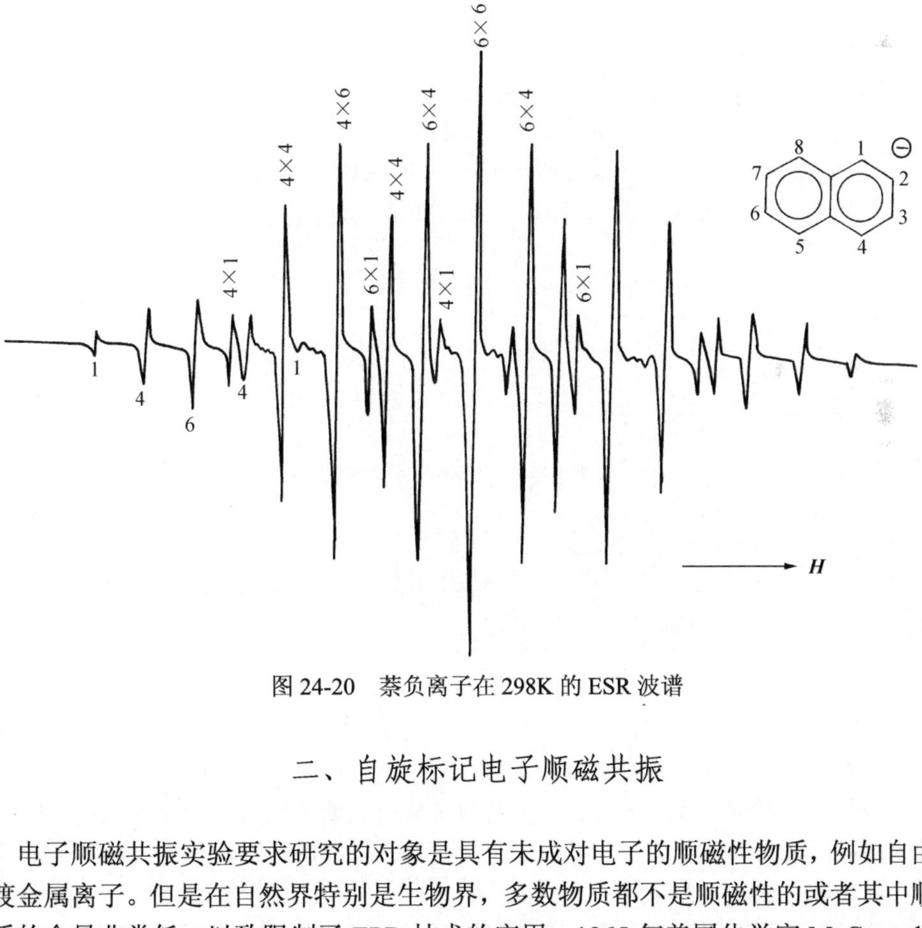

图 24-20　萘负离子在 298K 的 ESR 波谱

二、自旋标记电子顺磁共振

电子顺磁共振实验要求研究的对象是具有未成对电子的顺磁性物质，例如自由基和过渡金属离子。但是在自然界特别是生物界，多数物质都不是顺磁性的或者其中顺磁性物质的含量非常低，以致限制了 EPR 技术的应用。1965 年美国化学家 McConnell 等人提出自旋标记方法，大大地扩展了 ESR 技术在生物学中的应用。

1.自旋标记方法的概念

自旋标记方法是将某些稳定的自由基(或称为顺磁性的报告基团)按照共价或非共价的方式加到被研究的生物大分子体系上，借助于这些自由基(报告基因)的 ESR 波谱来分析该体系的微观结构、运动状态和理化特性。这些稳定的自由基就是自旋标记物。

对自旋标记物最基本的要求是：①本身是稳定的自由基；②能以某种方式结合到被研究物质的特定位置上；③标记物本身的 ESR 波谱相当简单，易于解释，对周围环境的物理化学变化极为敏感；④标记物对被研究体系的干扰非常小。最理想的自旋标记物是 N—O 自由基及其衍生物。N—O 自由基中未成对电子主要定域在 N 原子的 2Pπ轨道上，与 N 核(I=1)的超精细相互作用产生波谱分裂。在低黏度的稀溶液中，由于分子的快速运动，呈各向同性 ESR 波谱，形成与图 24-20 相似的三条等高、等间隔的谱型；在黏度高的溶液中呈各向异性 ESR 波谱。所以这种标记物具有方向性、运动相关性和极性。实验中经常使用的自旋标记物见图 24-21，下文将简述这些标记物的 ESR 波谱参数和它们所提供的相应的生物学信息。

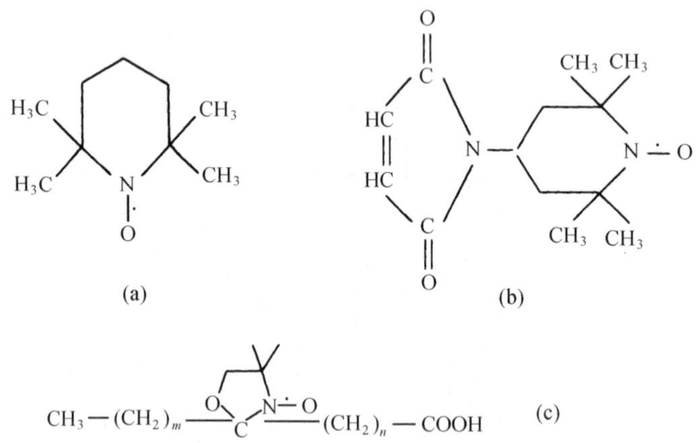

图 24-21　常用的自旋标记物的结构图

(a) 四甲基哌啶；(b) 马来酰亚胺；(c) 硬脂酸自旋标记物

2. 硬脂酸自旋标记物和细胞膜流动性

图 24-22 所示的是噁唑烷类自旋标记物的 ESR 波谱，这个化合物是由 18 个碳原子组成饱和长链，一头接有极性的亲水的羧基，另一头接有非极性的疏水甲基。NO 基团在长链上的位置可以选择，通用的表达式为：$I(m, n)$，m 是 NO 基所在处的碳原子与甲基尾部碳原子之间相隔的碳原子数目，n 是 NO 基所在处的碳原子与羧基头部碳原子之间相隔的碳原子数目。例如，5NS(12，3)是指 NO 基处于硬脂酸长链上的位置与羧基碳相隔 3 个碳原子，与甲基碳相隔 12 个碳原子，简写为 5NS。硬脂酸自旋标记物插入细胞膜类脂分子的脂双层中，其极性亲水端朝向膜外而非极性疏水端插入脂双层疏水区，排列于脂双层之中。硬脂酸自旋标记物是一系列 NO 基定位不同的标记物，如 5NS(12，3)、7NS (10，5)、12NS (5，10) 和 16NS (1，14)。因此这种标记体系可以用来测定细胞膜脂双层不同深度的流动性。计算 ESR 波谱时引入一个波谱参数 S，称为序参数。S 反映脂分子中脂双层的成序性。图 24-22 是典型的 5NS 脂肪酸自旋标记细胞膜的 ESR 波谱。这个波谱可分为两大部分叠加而成：一部分来自于平行于膜表面法线方向的自旋标

记物 NO 基的分量(·)；另一部分来自于垂直于膜表面法线方向的 NO 基分量(X)。两个三重分裂的中间峰相重叠。从实际测量的 ESR 波谱上，用下列公式近似计算序参数 S

$$S= 0.568 \cdot (A_{//}' - A_{\perp}') / [(A_{//}' + 2A_{\perp}')/3] \tag{18}$$

$A_{//}'$和 $A_{\perp}'$分别为 NO 基在水平方向和垂直方向的超精细分量。当 S=0 时，表示完全无序的运动状态，相当于 NO 基在很稀溶液中快速运动；S=1 时，则表示刚性有序的运动状态，一般情况下 0≤S≤1。细胞膜流动性与其有序性相反，即有序性愈大则流动性愈小；或有序性愈小则流动性愈大。

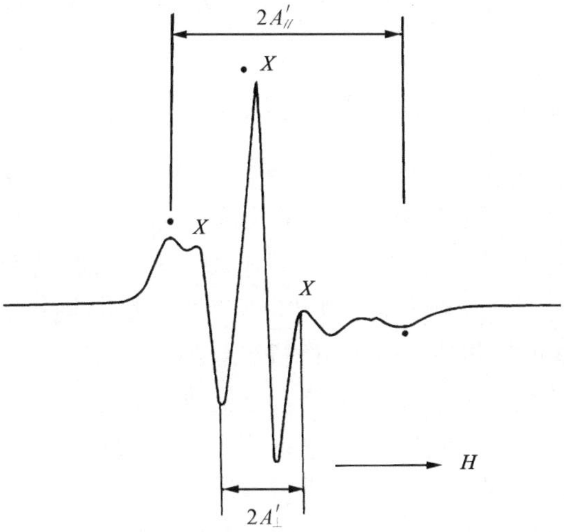

图 24-22　典型的 5NS 脂肪酸自旋标记细胞膜的 ESR 波谱

(X) 垂直分量，(·)平行分量

3. TEMPO 球形自旋标记物和相分离

四甲基哌啶(TEMPO)(图 24-23)自旋标记物是一种近似于球形的双溶性化合物。它是一种灵敏的探针，用于研究水脂混合体系中水相与脂相的分离情况。NO 基的 ESR 波谱具有极性相关的特点，即处于不同的极性环境中其 ESR 波谱的形状不同。环境的极性愈强，其波谱分裂因子(g 值)愈小而波谱超精细的分裂常数 a 值愈大，所以波谱向高场移动；环境极性愈弱，其 g 值愈大，a 值愈小，波谱向低场移动。因此 TEMPO 标记到脂质体或细胞膜中，将出现两组 NO 波谱，它们在低、中场的波峰重叠，在高场的波峰分开出现亚波谱 H(图 24-23)。H 反映了 TEMPO 渗入非极性区的程度，P 代表 TEMPO 处于亲水区的贡献。$f=H/(H+P)$称为分离系数。相分离的研究是在变温的条件下完成的，随着温度逐渐升高，类脂双层从凝胶相向液晶相转变，TEMPO 渗入被研究体系的疏水区比例增大，即 f 值增大，然后作 f-t 相关曲线。该曲线斜率最大点被称为相变温度点，它是脂质体由凝胶相转变为液晶相的温度点。可以用这种方法来研究生物膜的构象。

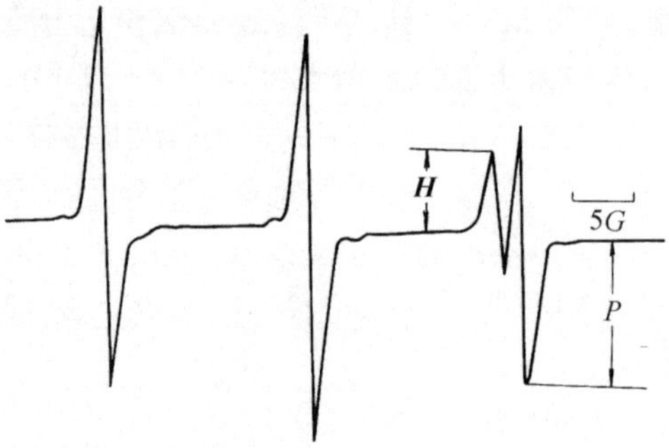

图 24-23 四甲基哌啶自旋标记细胞膜的 ESR 波谱(相变温度)

4. 强弱固定化比值和蛋白质的平均构象

马来酰亚胺(MSL)自旋标记物能与蛋白质分子中的巯基或氨基共价结合。平均看来，具有高级结构的蛋白质分子上的巯基可以分为两大类：一类处于比较自由的运动环境中，其自旋标记波谱呈现分辨清楚、宽度较窄且高度相近的三重峰，称为弱固定化波谱(X)；另一类则处于运动受到严重限制的微环境中，它们的自旋标记波谱呈现分辨不太清楚、高度不相等且较宽的三重峰，称为强固定化波谱(•) (图 24-24)。两种波谱相加时，中场峰重叠，低场峰清楚地分开。故定义来自于强固定化波谱的峰高 S 和来自于弱固定化的峰高 W 的比值 S/W，用它来描述被研究体系蛋白质的平均构象。

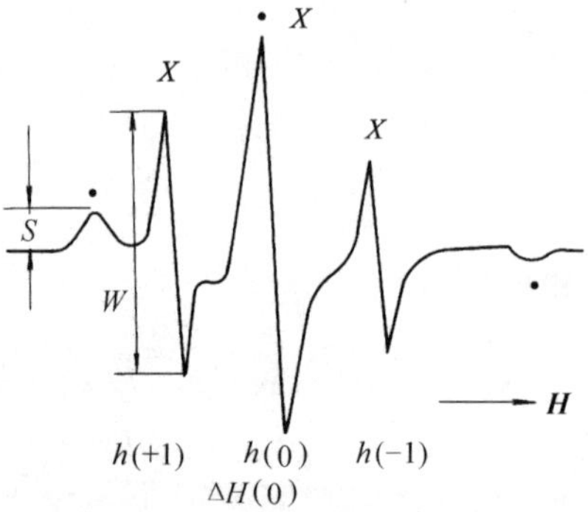

图 24-24 马来酰亚胺自旋标记膜(蛋白)的 ESR 波谱

(X)NO 基的弱固定化波谱；(•)NO 基的强固定化波谱

从波谱上可以得到的另一个参数是旋转相关时间 τ_c，对 τ_c 的确切定义是分子旋转 1 个孤度所需要的时间。它与蛋白质分子的运动状态、构象和环境的微黏度有关。在 X 波段对 MSL 自旋标记的体系，τ_c 秒的表达式如下：

$$\tau_c = 6.5 \cdot 10^{-10} \cdot \Delta H(0) \cdot \{ [h(0)/h(-1)]^{1/2} + [h(0)/h(+1)]^{1/2} - 2\} \tag{19}$$

或

$$\tau_c = 6.5 \cdot 10^{-10} \cdot \Delta H(0) \cdot \{ [h(0)/h(-1)]^{1/2} - 1\} \tag{20}$$

旋转运动也是类脂分子的运动状态之一，对于硬脂酸自旋标记的脂质体，其 τ_c 值计算如下：

$$\tau_c = 3.418 \cdot 10^{-10} \cdot \quad \Delta H(0) \cdot \{ [h(0)/h(-1)]^{1/2} - [h(0)/h(+1)]^{1/2} \} \tag{21}$$

上述各式中 $h(+1)$、$h(0)$和 $h(-1)$分别代表 ESR 波谱中低场、中场和高场的峰高，而$\Delta H(0)$是中场谱线的宽度。

三、自旋标记 ESR 技术的应用举例

自旋标记 ESR 技术对分子运动状态很敏感，又可以方便地在溶液状态下测量生物大分子的结构、性质和功能，所以在结构生物学中得到日益长进的应用。例如研究金属酶或金属蛋白的配位结构、蛋白质分子的对称性、活性部位的几何形状及各种因素(温度、pH、药物及致癌因子等)对构象的影响，监测核酸的构象，测定酶的催化速率和蛋白质的变性机理以及在膜生物学中的广泛应用。其中关键的问题是要有特定的自旋标记物。

例 1　在人工重组膜中研究脂–蛋白的相互作用。

在细胞膜中，膜蛋白的存在对膜脂的结构和性能都有重要影响，并决定细胞膜的生理功能。有关脂–蛋白的相互作用的研究常常在人工重组的膜上进行。图 24-25 是 5NS 自旋标记膜的 ESR 波谱。该重组膜由牛脑细胞中分离出的脂质体和赖氨酸–亮氨酸聚合物(Lys：Leu=2.7∶1)组成。当聚合物在整个体系中的比例由 0 增加至 0.25 时，ESR 波谱的有序度明显地减小，低场峰高 *B* 和中场峰高 C 比值 *B/C* 从 0.55 增加到 0.74。但是当聚合物在膜中所占的比例继续增加时，膜的有序度反而逐渐增加，表现了脂和蛋白在重组过程中复杂的相互作用。

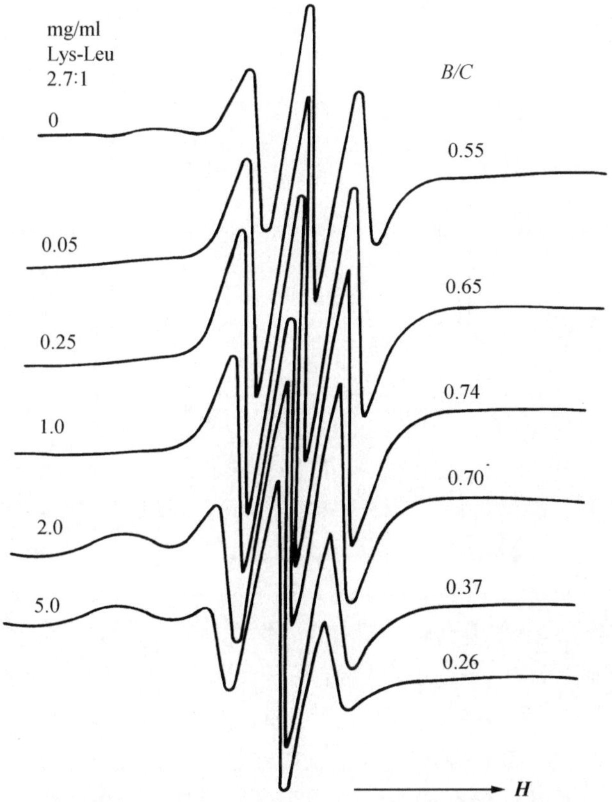

图 24-25　5NS 自旋标记人工重组膜(脂质体和赖氨酸–亮氨酸聚合物)的 ESR 波谱

例 2　漆酶汞衍生物(MDL)配位结构的脉冲 ESR 研究。

漆酶是一种以铜为配位中心的金属酶。由于它特异的光磁特性而引起人们对其精细结构的关注。用脉冲 ESR 方法得到了在常规连续波 ESR 技术和 X 射线衍射技术中所得不到的 Cu(II)配位结构的信息。图 24-26 是漆酶汞衍生物(MDL)在水溶液中 ESR 三脉冲一自旋回波包络调制的时间域波谱及相对应的傅里叶变换之后的频率谱。在图 24-26(b)中，0.73MHz 和 1.51MHz 是 ^{14}N 核的四极矩频率，3.91 MHz 的加宽峰可能来自电–核相互作用的各向异性。特别值得注意的是在 2.24MHz 和 3.02MHz 出现的峰刚好是 0.73MHz 和 1.51 MHz 的组合频率，这些频率的出现表示与 Cu(II)配位的 ^{14}N 核不止一个。通过与模型化合物的三脉冲–电子顺磁共振实验测定的和计算机理论模拟的波谱解析的结果相比较，可以判断在 MDL 中，II 型铜离子和 2 个组氨酸咪唑氮赤道配位。这些氮核的核四极矩相互作用 $e^2Qg=1.47$，而不对称参数 $\eta=0.83$。

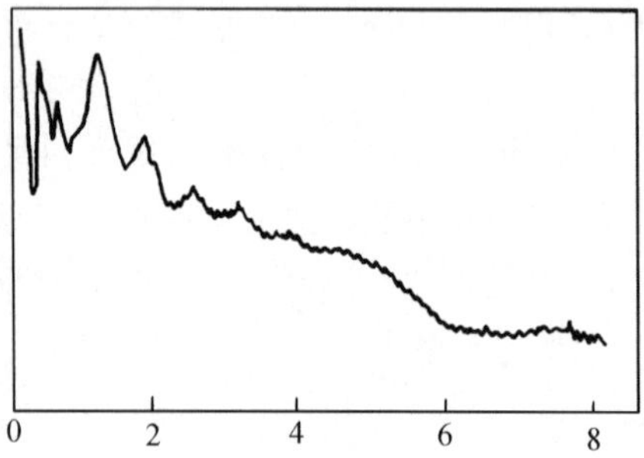

(a)

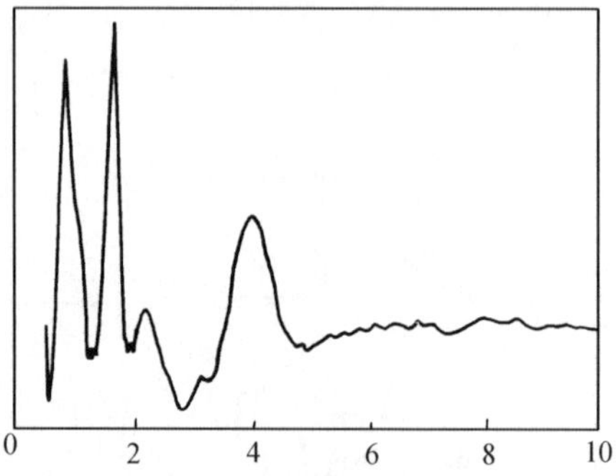

(b)

图 24-26　漆酶汞衍生物(MDL)在水溶液中 ESR 三脉冲一自旋回波包络调制的时间域波谱(a)及相对应的傅里叶变换之后的频率谱(b)

例 3　菌视紫红质(BR)二级结构的 ESR 研究。

菌视紫红质是跨膜蛋白，X 衍射测定结果表明其多肽链七次穿过膜的界面。对其包埋在膜中的结构域的界面和结构能够用点突变和自旋标记 ESR 相结合的方法进行测定。按照 R. Henderson 和 P. N. T. Unwin 提出的模型(图 24-27)，选择菌视紫质中一个多肽片段，对其中 125—142 残基处分别依次引入一个半胱氨酸，得到 18 个突变体，而天然的菌视紫红质该多肽片段中无半胱氨酸残基。每一个突变体和一个特殊的自旋标记物反

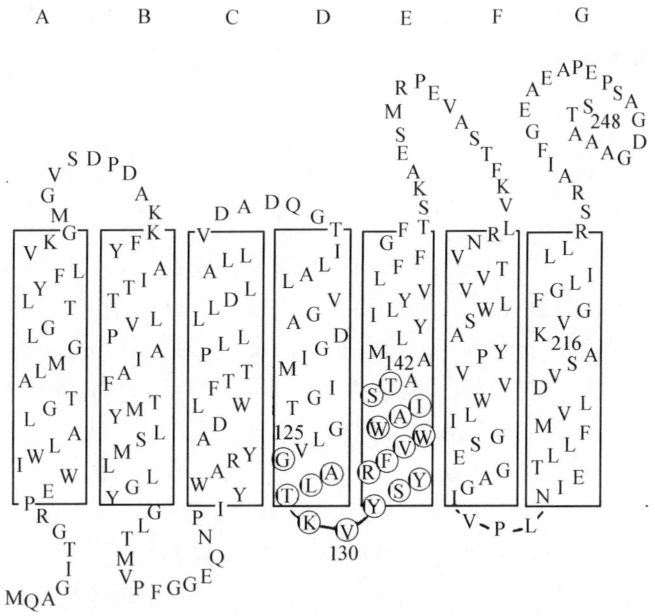

图 24-27　Henderson-Unwin 的菌视紫红质(BR)的模型

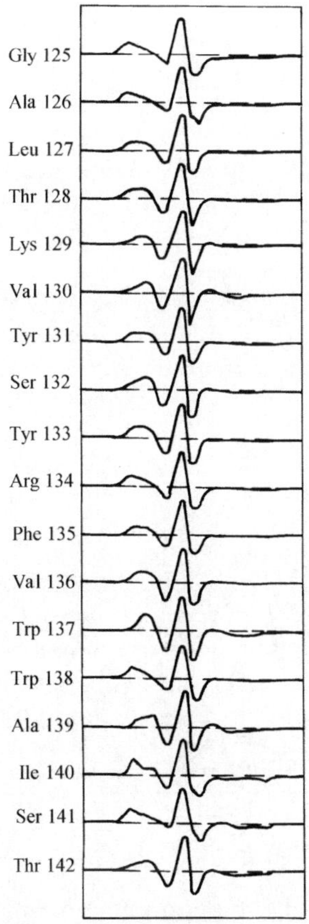

图 24-28　各个自旋标记的、重组的 BR 突变体–脂质体的 ESR 波谱

应，并且重组成具有功能的脂质体。图 24-28 中 125、126、131、134、138、140 和 141 等残基相对于其他的残基的 ESR 波谱有较大的 $A_{//}$分裂，表明它们处于一个相对更加受约束的环境；而 130、132、137 和 139 残基的 ESR 波谱有较小的 $A_{//}$分裂，则表明这些残基处于相对较为活动和宽敞的环境中。从结构上考虑，前者(残基)可能处于膜的内层，而后者可能处于膜的表面。另一方面，每一个自旋标记物和自由扩散的氧分子及乙二酸铬(CROX)的相关碰撞的频率可以用 ESR 饱和功率波谱仪测定，即用 ESR 波谱测定的半饱和功率点 $P_{1/2}$ 表示。$\Delta P_{1/2}$ 是实测的 $P_{1/2}$ 除去本底的差值(图 24-29)。CROX 是不能渗透膜的。图 24-29(b)中自旋标记后的残基 132—142 和大豆磷脂重组的脂质体与 CROX 无碰撞($\Delta P_{1/2}\approx 0$)，表明这段α螺旋在膜内。另一方面这些残基与 O_2 碰撞的$\Delta P_{1/2}$ 测定结果亦证明了残基 132~142 埋在膜内的可能性，因为对应的与 O_2 碰撞的$\Delta P_{1/2}$ 值高得多。碰撞频率与氧分子的扩散常数及氧分子的局部浓度的乘积 A 相关。在脂双层 C—H 链环境中氧的溶解度和扩散常数二者均高，残基的碰撞频率也比较高。图 24-29 (b)的样品中加入 1%~10% 的辛基糖苷后，残基 129~131 处的$\Delta P_{1/2}$ 增长。结果表明残基 129~131 形成一个短的暴露于水中的环，而残基 132~142 则仍旧埋在膜内。残基 131~138 位置处，氧的可接受率按相隔 3.6 个残基的周期变化。周期是二级结构的指标，实验结果强烈地提供了存在α螺旋结构和菌视紫红质穿过膜的界面的证明。

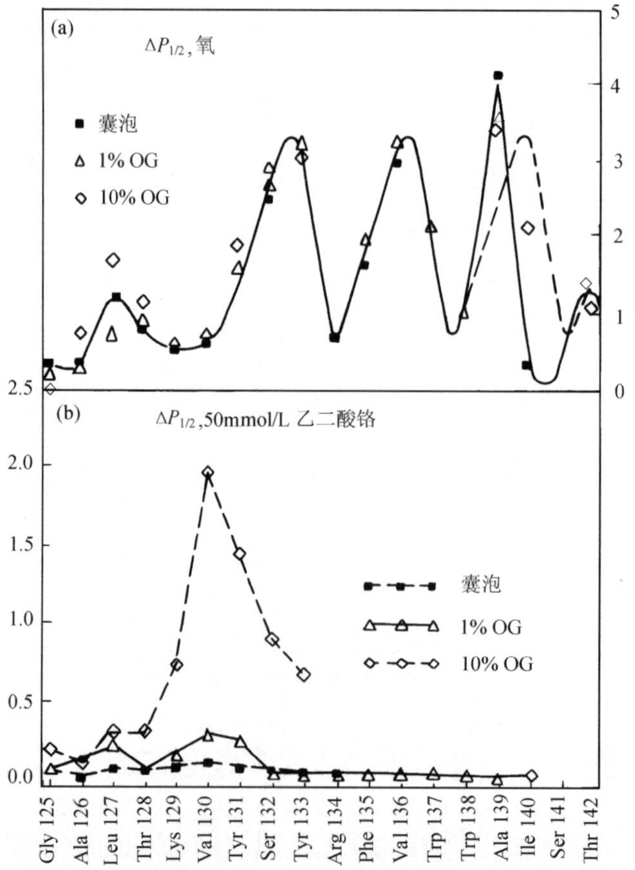

图 24-29　$\Delta P_{1/2}$ 与所选择的 BR 中一个多肽片段残基位置的关系

$\Delta P_{1/2}$ 为自旋标记突变体 ESR 波谱半饱和功率点的实测值 $P_{1/2}$ 除去本底后的差值

主要参考文献

林克椿. 1989. 生物物理技术. 北京: 高等教育出版社. 92

裘祖文. 1987. 电子自旋共振波谱. 北京: 科学出版社. 45

张建中, 赵保路, 张清刚. 1987. 自旋标记 ESR 波谱的基本理论和应用. 北京: 科学出版社. 234

朱良漪, 1997. 分析仪器手册. 北京: 化学工业出版社

Christlan A, Thomas M, Khorana HG, et al: 1990. Transmembrane protein structure: spin labeling of bacteriorhodopsin mutants. Science, 248: 1088~1092

Gerrard D L and Birnie J. 1990. Ramaan Spectroscopy. Anal. Chem, Vol. 62, (12): 145~149

Grell E. 1981. Membrane spectroscopy. Berlin: Springer-Verlag. 51~170, 377~426

Knowles P F, Marsh D, Rottle H W E. 1976. Magnetic resonance of biomolecules. London: John-Wiley & sons. 168~207

Lu J F, Bender C J, McCracken J, et al: 1992. Pulsed EPR studies of the type 2 copper binding site in the mercury derivative of laccase. Biochemistry, 31(27): 6265~6272

(卢景雰)

第二十五章　生物传感技术

——表面等离子共振技术

研究药物与核酸的相互作用有许多种方法，目前被广泛使用的主要包括：分光光度法(spectrophotometry)、DNA 足迹法(DNA footprinting)、平衡透析(equilibrium dialysis)、凝胶阻滞(gel retardation studies)、荧光淬灭(fluorescence quenching)、热变性(thermal denaturation)和超速离心法(ultracentrifugation)等。要使用这些方法检测药物与靶分子间的相互作用，通常必须满足下列条件之一：一是有合适的标记物；二是待测分子本身能发光或显色；三是药物与核酸分子结合后能够引起核酸的某些物理特性发生变化。例如，分光光度法需要待测药物对核酸的紫外–可见光吸收性质有影响作用，平衡透析法需要加入放射性标记物质等。对于一些不能满足上述条件的分子间相互作用，这些方法就无能为力了。表面等离子共振技术(surface plasmon resonance technology，SPR)很好地解决了上述问题，它能够在不需要任何标记物的情况下对不具有发光能力和其他物理性质变化的分子-分子相互作用进行实时检测。

表面等离子共振技术是在 20 世纪 90 年代发展起来的，它应用表面等离子共振原理检测生物传感芯片(biosensorchip)上的配体与分析物相互作用的一种新技术。早在 1900 年，Wood 就发现光波通过光栅后，光频谱发生了小区域的损失，这是关于表面等离子共振电磁场效应的最早记载。1909 年，Sommerfeld 从麦克斯韦的电磁理论出发，引入了复介电常数的概念，得到了局限在表面附近的电磁波的波动解。1957 年，Ritchie 首次发现了金属等离子共振现象，为表面等离子共振仪的诞生提供了理论依据。14 年后，Kreschmann 利用衰减全反射方法激发了光学表面等离子共振。1990 年第一台商业制造的生物传感器 (Biacore AB)诞生了。目前，表面等离子共振技术在药物筛选、药物分子靶点鉴定、药物化合物结构优化以及对肿瘤细胞信号转导途径和癌变机理的理解和设计干预肿瘤细胞生化反应过程的特异性药物分子开发中已经得到了广泛的应用。我们在本章中主要介绍一下表面等离子共振的原理以及表面等离子共振技术在研究药物与核酸相互作用方面的应用和实验方法。

第一节　表面等离子共振原理

一、基本物理光学原理

当光波从光密介质(折射率大)射向光疏介质(折射率小)，光在界面处发生反射和折射，折射角大于入射角。当入射角大于临界角时，没有折射光产生，入射光全部反射回去，这一现象称为全反射。深入研究表明，全反射时光波将透入光疏介质很薄的一层表面，深度约为光波波长(图 25-1)。

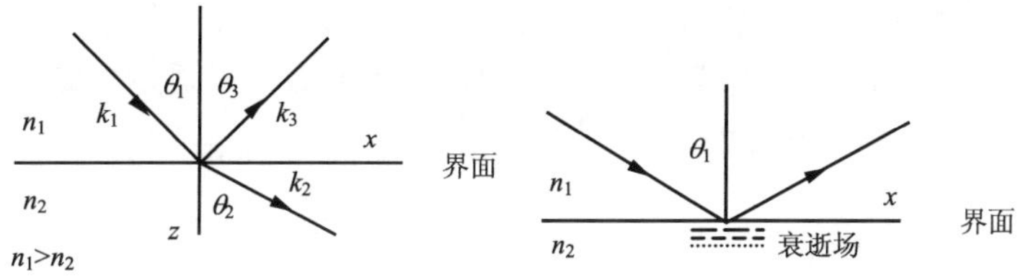

图 25-1　衰逝波的形成

图中 k_1、k_2、k_3 分别代表入射光、折射光、反射光的波矢；n_1 为棱镜的折射率；n_2 为空气的折射率。由菲涅尔定律 $n_1 \sin\theta_1 = n_2 \sin\theta_2$，可以看出，当 $\theta_1 > \theta c$ (临界角)的情况下，即当入射角大于临界角时，透射波的空间相移为

$$\bar{k}_2 \cdot \bar{r} = \frac{\omega}{c}(x\sin\theta_2 + z\cos\theta_2)$$

$$= \frac{\omega}{c}[(n_1 \sin\theta_1)x - \mathrm{i}z(n_1^2 \sin^2\theta_1 - n_2^2)^{\frac{1}{2}}],$$

式中 ω 为光波频率；i 为虚数单位；c 为光速。于是透射波表达式为

$$E_2 = E_{20}\exp\{\mathrm{i}[\omega t - (\frac{\omega}{c} n_1 \sin\theta_1)x]\} \times \exp[-\frac{\omega}{2} z(n_1^2 \sin^2\theta_1 - n_2^2)^{\frac{1}{2}}].$$

这表示沿 x 轴方向传播而振幅衰减的一个波，这就是衰逝波。衰逝波最后仍返回第一介质，总的来说光的能量没有进入第二介质。

二、表面等离子共振仪的光学原理

20 世纪 60 年代，在 Sommerfeld 理论的指导下，Otto 和 Kretschmann 等人研究了在金属和介质界面用光学方法激发表面等离子共振的问题。他们分别采用了图 25-2 的两种棱耦合方式。

在 Otto 结构中，棱镜的底部与金属膜之间有一段间隙。待测物质放置在这个间隙中，但这种结构在制作时不容易，在使用时也不方便。现在，在表面等离子共振传感器中已经很少采用。人们目前普遍采用 Kretschmann 结构，其使用的棱镜有 2 种：一种是等边直角三角形，另一种是半球形。

当一束平面单色偏振光以一定角度入射到介质上镀有的一层几十纳米的良导体(金或银) 时，光波在界面处发生全反射，产生衰逝波。金属在衰逝波作用下，其自由电子集中分布于金属表面，并形成电荷密度变化，该变化在金属与介质的交界面产生表面等离子波(surface plasmon wave，SPW)。SPW 是一种表面波，在界面以行波形式传播，它对界面处的介电常数变化极为敏感。当入射波以某一角度或某一波长入射，近场波矢 K 和 SPW 的波矢相等，发生谐振，入射光能量耦合到 SPW 波，反射光强度出现一个凹陷。此时的入射光角度称为表面等离子共振角。表面等离子共振角随金表面折射率的变化而变化，而折射率的变化又与金表面结合的分子质量成正比。表面等离子共振仪正是基于这一原理，将探针或配体固定于传感芯片的金膜表面，当含分析物的液体流过传感片表面，分子间发生特异性结合，可引起传感片表面折射率的改变，通过检测表面等离子共振信号的改变而检测分子间的相互作用(图 25-3)。

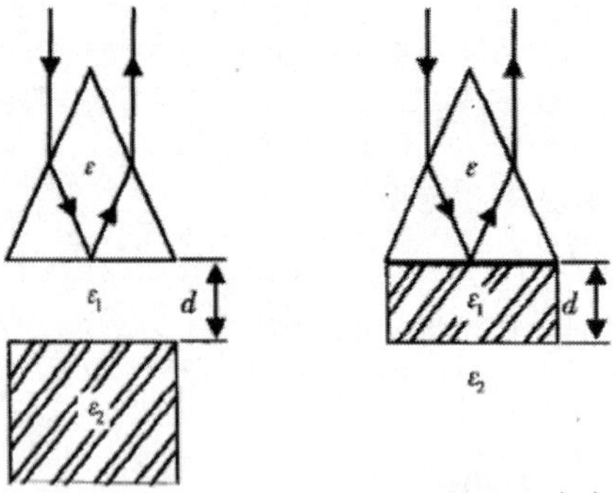

图 25-2　两种棱耦合方式的示意图

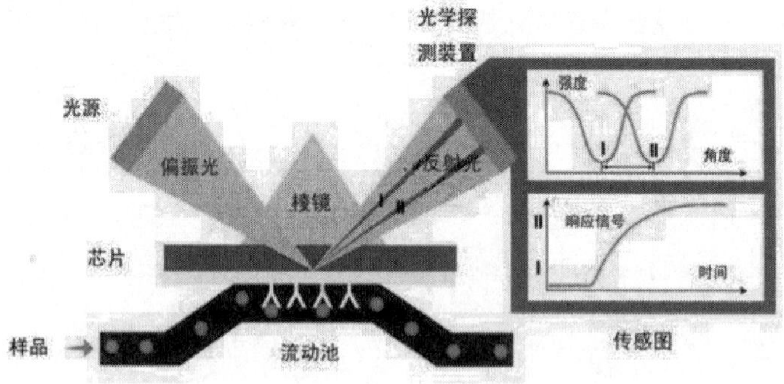

图 25-3　表面等离子共振仪光学系统工作示意图

目前常用的瑞典 Biacore 公司生产的表面等离子共振仪的光学系统并不是直接在棱镜底部淀积金属膜，而是将金沉积在传感芯片上，传感芯片的玻璃表面与玻璃棱镜接触。利用棱镜与传感芯片表面之间的硅树脂光学界面来保证棱镜与传感芯片良好的光学耦合关系。仪器采用高效率的近红外光二极管作为光源，通过棱镜的作用楔形光束被聚焦在传感芯片的玻璃表面。一排固定的感光二极管接收光信号，这排感光二极管能接收所有反射楔形光。通过楔形光和线性排列探测器的使用，就能在不移动光源，传感芯片和探测器的条件下实时检测表面等离子共振角度的变化。本章主要以瑞典 Biacore AB 公司生产的 Biacore 系列表面等离子共振仪为例，介绍表面等离子共振仪的组成及工作原理以及该技术在研究药物与核酸相互作用方面的应用及方法。

第二节　表面等离子共振仪的组成及工作原理

以瑞典生产的 Biacore 3000 表面等离子共振仪为例(图 25-4)，简要介绍一下这种仪器的工作原理。

Biacore 3000 由工作单元和一台安装有 Biacore Control 软件的电脑组成。

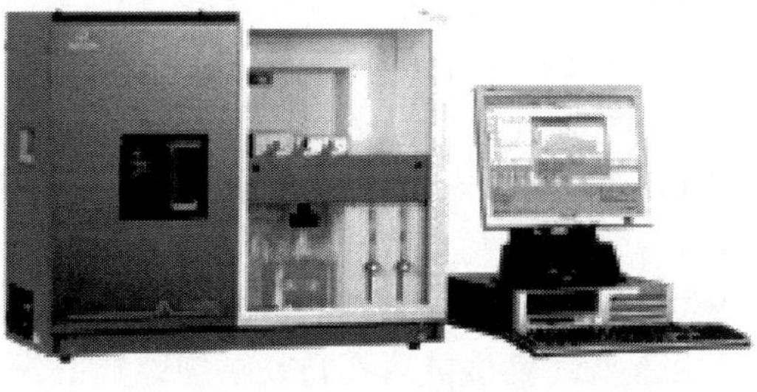

图 25-4　Biacore 3000 型表面等离子共振仪外观

一、Biacore 3000 的工作单元

Biacore 3000 的工作单元由以下六部分组成(图 25-5)：

(1) 两个液体传送泵：其中一个泵负责保持稳定流速的液体流过传感芯片表面，另一个泵负责自动进样装置中的样品传送。

(2) 自动上样装置(autosampler)：负责样品的混合、注射和回收。

(3) 一体化 U 型射流器(integrated u-fluidic cartridge， IFC)：包含液体传送通道，样品环和阀门。

(4) 检测单元：包括能够产生和测量表面等离子共振信号的光电组分。

(5) 四个可探测的液体池(flow cell)：该液体池通过将 IFC 靠在传感芯片上而形成。

(6) 微处理装置(microprocessor)：它能控制泵、自动上样装置和 IFC 的阀门并且能对表面等离子共振信号作基本的处理。

传感芯片插入检测单元的芯片盒中，引入(dock)仪器后与 IFC 共同形成液体池。IFC 通过连接块与缓冲液相连。连接块上有注射口，通过注射口可以将样品加载到 IFC 上。

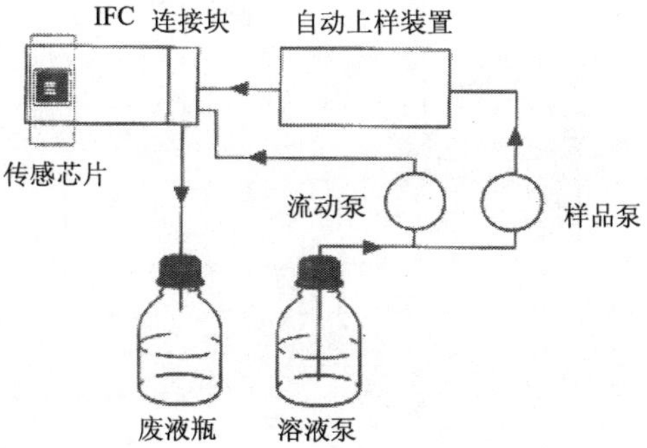

图 25-5　Biacore 3000 的液体流路简图

1. 泵

Biacore 3000 有两个互相独立的泵对液体进行处理。一个泵保证流速稳定的液体流过传感芯片表面，另外一个泵负责自动进样装置中的样品转移、稀释和混合并且将样品注射入 IFC。系统会根据需要自动地在两个泵之间切换，从而保证在进样过程中液体池中始终有连续液体流动。该仪器使用的是注射器式泵，优点是能够精确的非脉冲式注射，最低流速可以达到 1μl/min。

连续流动泵将缓冲液从缓冲液瓶中经过连接块泵入 IFC。自动进样泵有时也使用缓冲液瓶中的缓冲液，但这通常是为了清洗或者在自动进样装置中分配样品，还能自动将缓冲液加入自动进样管中。

2. 自动进样装置

自动进样装置用来转移、稀释、混合以及向 IFC 注射样品，而且还能进行样品的回收。自动进样架基(rack base)，可以放置两个样品架和一个试剂架(样品架之间)。样品放入小瓶中再放在样品架上。不锈钢制成的自动上样针安装在转运臂上，转运臂在三个马达的控制下可以做左右、前后、上下的运动，从而将上样针带到指定的位置或连接块。

自动进样装置由 Biacore 控制软件通过简单的 TRANSFER、MIX、INJECT 等命令来控制。自动进样架基的温度可以通过仪器右侧面的接口外接恒温水浴来调节。

3. 连接块

连接块(connector block)包括两个入口(图 25-6)，一个是连续流动泵泵入缓冲液的泵孔，另一个是自动进样泵注射样品的注射口，这些入口与 IFC 的液体通道直接相连。

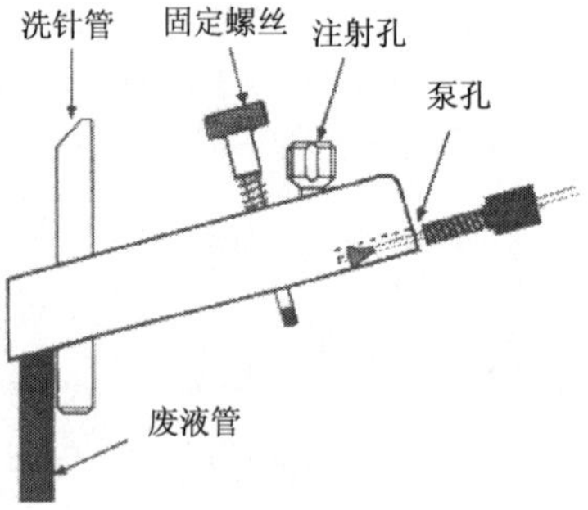

图 25-6　连接块侧面示意图

4. 一体化 U 型射流器

IFC 由特殊塑料制成，内部具有一系列通道和气阀，它的作用是控制液体转运到传感芯片表面的过程。IFC 直接与可探测的液体池相连。

通过 IFC 注射样品有两种方式：一是直接注射，二是样品环注射。

通常情况下我们使用的都是直接注射，它一次最多能注射 325μl 的样品。IFC 中的样品环容积是 100μl，它与直接注射的上样方向相反，样品环在以下特殊情况下使用：

(1) 注射样品量大于 325μl。这时通过顺序进行直接注射—样品环注射—直接注射，可以使一次最大注射量达到 750μl。

(2) 连续注射(co-inject)。此时第一个样品以样品环方式注射，第二个样品直接注射。

(3) 手动注射。

为了避免样品和缓冲液之间的扩散现象，自动进样装置能够自动的在样品与缓冲液之间引入一系列气泡。注射时利用阀门的转换，样品前后端的气泡和缓冲液被冲入废液瓶，样品注射入液体池。

液体池(图 25-7)通过直接将 IFC 的液体池块靠在传感芯片上而形成。IFC 的液体池块具有四个陷入 IFC 表面的长方形凹槽。每个凹槽都具有独立的液体传送渠道和阀门。液体池块压在传感芯片上形成四个独立的液体池，它的三面由 IFC 提供，第四面由传感芯片提供。

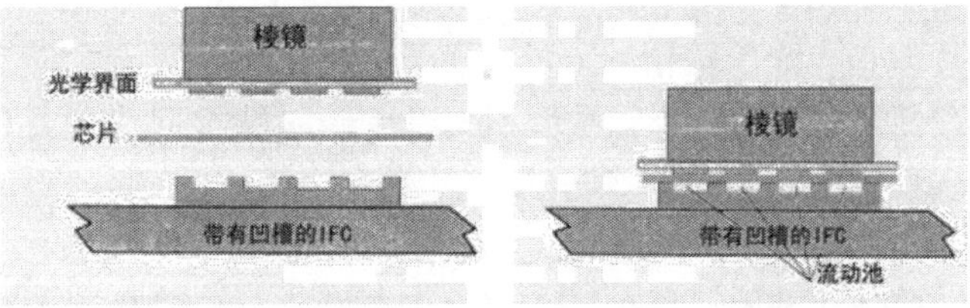

图 25-7　IFC 表面的凹槽与传感芯片形成四个液体池，它们与光学表面的脊精确对应从而保证系统组分间良好的光学接触

二、温 度 控 制

表面等离子共振信号对于温度变化非常敏感，所以在整个实验过程中保持传感芯片表面的温度恒定是非常重要的。Biacore 3000 采用 Peltier 元件来控制传感芯片的表面温度。如果温度不稳定，仪器前部面板上的黄色指示灯(light-emitting diode)会不停地闪烁。通过预设定，我们可以控制温度在 4~40℃之间任意一点(不能比环境温度低 20° C 以上)。

三、表面等离子共振仪的传感芯片

应用于表面等离子共振仪的传感芯片(sensor chip)有两个基本特征：首先是传感芯片玻璃表面覆盖有一薄薄的金层，这是产生表面等离子共振信号所必需的条件，是探测生物分子间相互作用的基础；另外一个特征是，在金层的上面又有另外一种覆层，这种覆层不影响表面等离子共振效应，能够连接配体并为所要研究的分子相互间作用提供适宜的环境。为方便起见通常我们把连接在传感芯片上的分子称为配体(ligand)，把待测的分子称为分析物(analyte)。

传感芯片(图 25-8)表面的金层及其覆层都是很稳定的，能够耐受极端 pH 和许多中等浓度的有机溶剂。一旦配体被固定在传感芯片上之后，传感芯片对于各种试剂和条件的耐受程度就主要取决于所连配体的性质。传感芯片本身镶嵌在塑料载体上，并有一个塑料鞘，以便取用。了解各种传感芯片的不同特性及使用条件、针对实验选用合适的传感芯片，对于取得真实可靠的实验结果、降低成本具有重要的意义。下面我们简要介绍几种传感芯片。

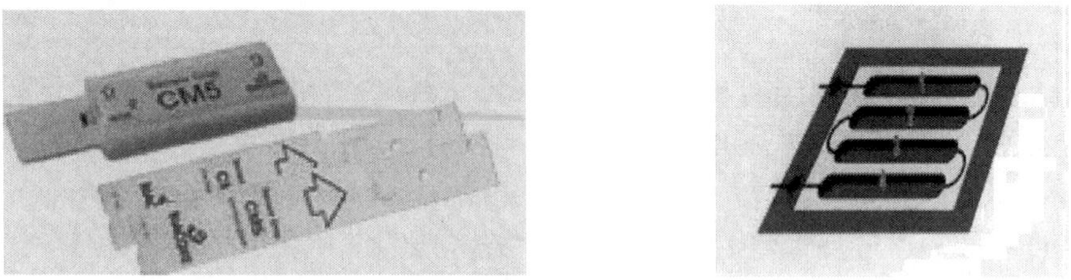

图 25-8　商品化传感芯片的外观及通路图

1. CM 系列传感芯片

该系列传感芯片都具有羧甲基葡聚糖覆层，配体能通过常见的功能基团，如氨基、巯基、乙醛基偶联在葡聚糖网架中。葡聚糖网架具有一定的柔韧性，从而允许偶联上的配体在表层中有一定程度的自由运动。

(1) CM5 传感芯片　该型号芯片是最常用的一种传感芯片(图 25-9)，能够固定多种配体，包括：有机小分子、蛋白、核酸以及碳水化合物。在生理缓冲液的条件下葡聚糖网架覆层大概伸展厚度有 100nm。

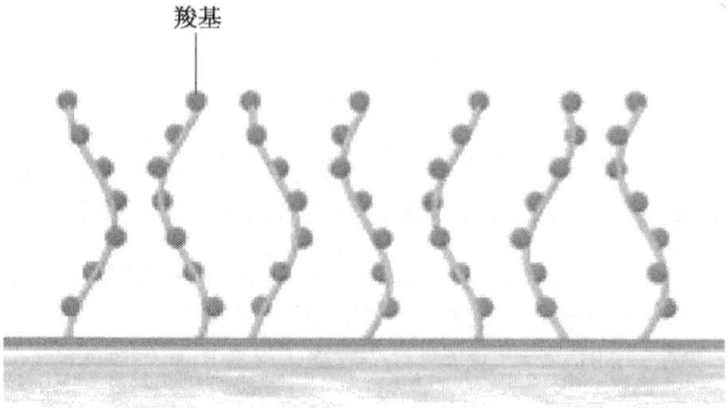

图 25-9　CM5 传感芯片结构示意图

(2) CM4 传感芯片　该型号传感芯片(图 25-10)与 CM5 的区别在于葡聚糖的羧甲基化程度较低(大约是 CM5 传感芯片的 30%)，固定能力和表面电荷密度均相对较低，低表面电荷密度能够降低带正电分子对于传感芯片表面的非特异性结合，所以该传感芯片适用于配体筛选处于复杂混合物的待分析物(如细胞提取液和培养液)。该传感芯片由于配体固定程度较低因而适用于动力学分析。

(3) CM3 传感芯片　该型号传感芯片(图 25-11)与 CM5 传感芯片具有相同的羧甲基

化程度，但是它的葡聚糖链较短。这样在研究大分子(分子质量大于 1000kDa)或者是像病毒或整个细胞的大颗粒时能减少空间效应。固定能力约是 CM5 的 30%，在动力学分析上比 CM5 有优势。

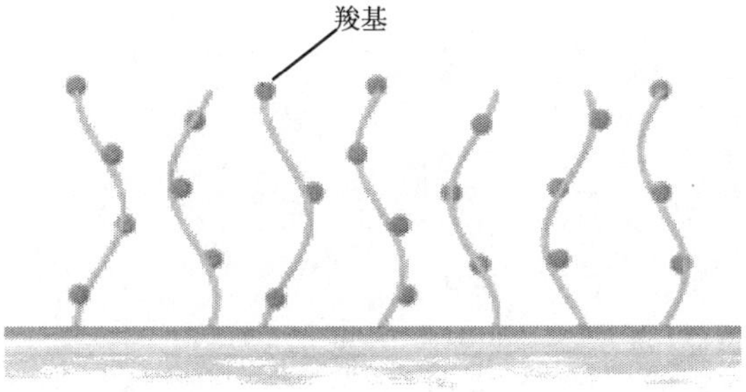

图 25-10　CM4 传感芯片结构示意图

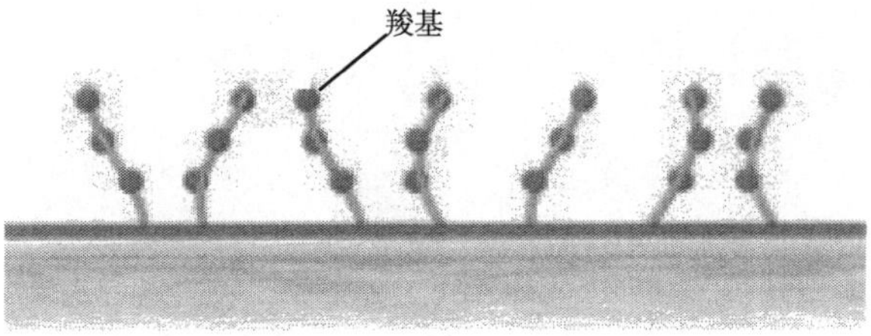

图 25-11　CM3 传感芯片结构示意图

2. 用于捕获技术的传感芯片

(1) SA 传感芯片　该型号传感芯片(图 25-12)的葡聚糖网架上共价偶联有链亲和素(streptavidin)，因此能够捕获带有生物素的配体。该传感芯片非常适用于核酸配体，也适用于连接生物素的蛋白、碳水化合物和脂。生物素和亲和素的结合力很强，带生物素的配体偶联到传感芯片表面后其稳定性几乎相当于共价偶联上的配体。

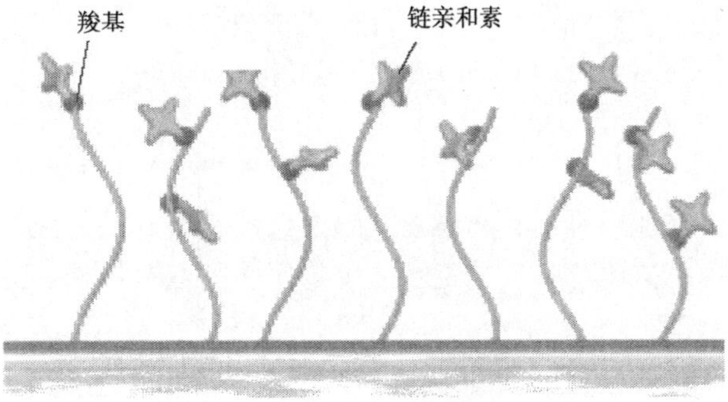

图 25-12　SA 传感芯片结构示意图

(2) NTA 传感芯片　该型号传感芯片(图 25-13)的葡聚糖网架上固定有 NTA(nitrilotriacetic acid)，通过二价镍离子能与带有多聚组氨酸尾巴的配体络合。该表面在 EDTA 的作用下很容易再生。

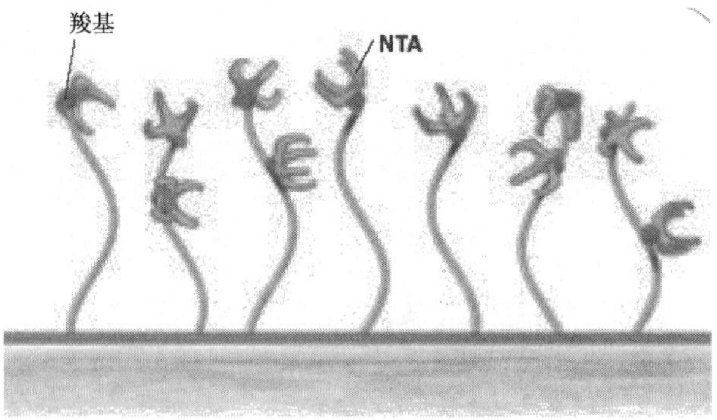

图 25-13　NTA 传感芯片结构示意图

3. 用于疏水配体的传感芯片

(1) HPA 传感芯片　该型号传感芯片(图 25-14)具有一个疏水性的表面，由长链巯基链烷(long-chain alkanethiol)分子直接连在金层表面而形成。该传感芯片主要研究分子与脂分子以及分子与脂结合分子的相互作用。脂分子流经传感芯片表面能在其疏水表面上形成单层膜作为配体，也可将膜结合蛋白组装入脂单层作为结合分析的配体。

图 25-14　HPA 传感芯片结构示意图

(2) L1 传感芯片　该型号传感芯片(图 25-15)具有类似 CM5 传感芯片的葡聚糖网架。网架上共价偶联有亲脂性残基。传感芯片通过亲脂性残基插入膜从而直接捕获脂质体和脂泡(lipid vesicle)。该传感芯片的优点是保持了膜的双层结构。尤其适合对于跨膜蛋白的研究。

4. 特殊用途的传感芯片

(1) C1 传感芯片　该型号传感芯片具有一个羧化聚苯乙烯树脂表面，不含葡聚糖网

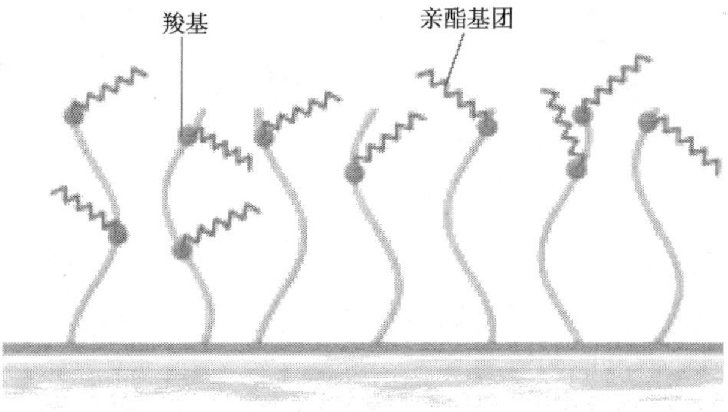

图 25-15　L1 传感芯片结构示意图

架。不具有亲水性质，固定水平只相当于 CM5 传感芯片的 10%。该传感芯片适用于非常大的配体(病毒和细胞)，由于缺少柔韧的葡聚糖网架，固定的配体不能在表层自由运动，多价分析物的舞蹈现象降低。

(2) Au 传感芯片和 SIA 传感芯片　该型号传感芯片只在玻璃表面含有一层金。SIA 传感芯片也只在玻璃表面含有一层金，与 Au 传感芯片不同的是 SIA 传感芯片的托采用特殊材料，而不是塑料制成的。

第三节　表面等离子共振技术在研究药物与核酸相互作用方面的应用及方法

新药研发的核心是药物靶点的发现以及药物分子与药物靶点相互作用机制的研究。表面等离子共振技术因其实时、高通量、特异性以及能在天然状态下研究药物分子与靶点的相互作用，从而为新药研发提供了有力的工具。

利用表面等离子共振技术能够很方便快捷的检测药物与待测分子的结合以及测定结合常数。目前，在药物与核酸相互作用的定性(following purification、epitope mapping 和 ligand fishing)与定量(measuring reaction kinetics、binding constants 和 determining the active concentration of molecules)研究等方面都获得了广泛的应用。利用从表面等离子共振技术获得的信息，我们可以进行药物的筛选、药物分子靶点的鉴定、药物化合物结构的优化、研究肿瘤细胞信号传导途径和癌变的机理以及设计干预(拮抗与激活) 肿瘤细胞生化反应过程的特异性药物分子。表 25-1 就是近年来报道的利用表面等离子共振技术测量的多种药物与核酸分子之间相互作用的动力学参数。

测量药物与核酸的相互作用，通常情况下我们选择将核酸先进行生物素修饰，然后连接在 SA 传感芯片(或共价偶联有链亲和素的 CM5 传感芯片)上，将药物作为流动相。以下用 SA 传感芯片为例，简单介绍一下常用的实验方法。当然对于不同的实验，要根据实际情况具体分析，对实验条件进行优化。

表 25-1 利用 SPR 仪测定的一些药物与核酸分子相互作用的动力学参数

分析物 (DNA 结合药物)	配体 (目标 DNA)	$K_a(M^{-1})^a$	$K_b(M^{-1})^b$	n^c
Sandramycin	5'-d(GCATGCTTTTGCATGC) 5'-d(GCGCGCTTTTGCGCGC) 5'-d(GCCGGCTTTTGCCGGC) 5'-d(GCTAGCTTTTGCTAGC)	9.0×10^{7} 3.8×10^{7} 2.5×10^{7} 2.3×10^{7}	7.8×10^{7} 4.0×10^{7} 1.5×10^{7} 1.8×10^{7}	1.0 1.0 0.83 0.83
Actinomycin	47bp DNA 序列包含 5 个 G-C 位点		1.9×10^{6}	
Mithramycin	HIV-1 Sp1 DNA			6
Distamycin	HIV-1NF-KB DNA			5
咔唑二阳离子衍生物	DNA hairpin oligomer with stem sequences CGAATTCG		$K_1=1.2\sim6.1\times10^{6}$ $K_2=2.5\sim4.2\times10^{5}$	1.4
DB293(芳香族)	Oligo2-1 hairpin duplex		$K_1=2.8\times10^{8}$, $K_2=7.3\times10^{7}$	2
DB293 衍生物	CTATGAC 含有 Oligo2-1		$K_1=1.38\times10^{7}$, $K_2=3.20\times10^{7}$	2
DB293 衍生物	AATT 含有 Oligol		$K_1=3.11\times10^{7}$, $K_2=1.22\times10^{4}$	1
DB358 (三聚噻吩衍生物)	AT,AATT 和 GC 含有发卡环 DNA		1.7×10^{6},1.4×10^{6},0.6×10^{6},	3
吖啶衍生物 1，2，3，4	$d(AG_3[T_2AG_3]_3)$二聚体	1.1×10^{6}, 2×10^{5}, 4×10^{5}, 5×10^{5},		
吖啶衍生物 1，2，3，4	$d(AG_3[T_2AG_3]_3)$四聚体	1.3×10^{6}, 8.3×10^{5}, 1.6×10^{7}, 1.6×10^{7},		
2，7 双脒咔唑	d(CATATATATCCCCATATATATG) d(CGCGCGCGTTTTCGCGCGCG)		$K_1=11.5\times10^{6}$; $K_2=0.9\times10^{6}$ $K_1=2.5\times10^{5}$; $K_2=0.8\times10^{5}$	
3，6 双脒咔唑	d(CATATATATCCCCATATATATG) d(CGCGCGCGTTTTCGCGCGCG)		$K_1=2.3\times10^{6}$; $K_2=0.3\times10^{6}$ $K_1=4.7\times10^{5}$; $K_2=1.1\times10^{5}$	
DB293(芳香族)	多种 13bp 序列包含 ATGA 基序		$K_1=0.3\sim1.8\times10^{6}$; $K_2=4.1\sim9.5\times10^{7}$	2
Ditercalinium	d(CGAATTCGTCTCCGAATTCG) d(CGCGCGCGTTTTCGCGCGCG) $d([AG_3TTAG_3]_3)$	0.9×10^{7} 1.0×10^{7} 3.0×10^{7}		2 2 2
AT2433-B1 (吲哚咔唑糖苷类)	富含 AT 的序列		1.3×10^{6}(25℃),1.5×10^{6}(4℃)	4~5
	富含 GC 的序列		8.9×10^{6}(25℃),7.6×10^{6}(4℃)	3
DB75 相关的二苯基呋喃	5'-biotin-CATATATATCCCCATATATATC-3' 5'-biotin-CGCGCGCGTTTTCGCGCGCG-3'			
大环类 BOQ1	d(CGAATTCGTCTCCGAATTCG) d(CGCGCGCGTTTTCGCGCGCG) $d([AG_3(TTAG_3)_3])$		1.1×10^{6} 1.5×10^{6} 1.2×10^{7}	2 2 2
大环类单体 MOQ2	d(CGAATTCGTCTCCGAATTCG) d(CGCGCGCGTTTTCGCGCGCG) $d([AG_3(TTAG_3)_3])$		1.1×10^{6} 1.9×10^{6} 1.4×10^{6}	1 1~2 2
大环类单体 MMQ1	d(CGAATTCGTCTCCGAATTCG) d(CGCGCGCGTTTTCGCGCGCG) $d([AG_3(TTAG_3)_3])$		4.7×10^{5} 4.1×10^{5} 8.6×10^{5}	3 4~5 4

a 结合常数 $K_b=k_a/k_d$.

b 稳态结合常数 $R/C=K_bR_{max}-K_bR$.

c 结合位点数.

一、实 验 介 绍

1. 实验原理

通过亲和素和生物素的特异性高亲和作用，将连接有生物素的核酸分子固定于传感芯片表面，当待测的小分子化合物流过传感芯片表面时，如果能与被偶联在传感芯片表面的配体分子结合(图 25-16)，表面等离子共振角会发生变化，我们通过观察传感图(图 25-17)可以研究配体与分析物的结合情况，并可以测定动力学参数。

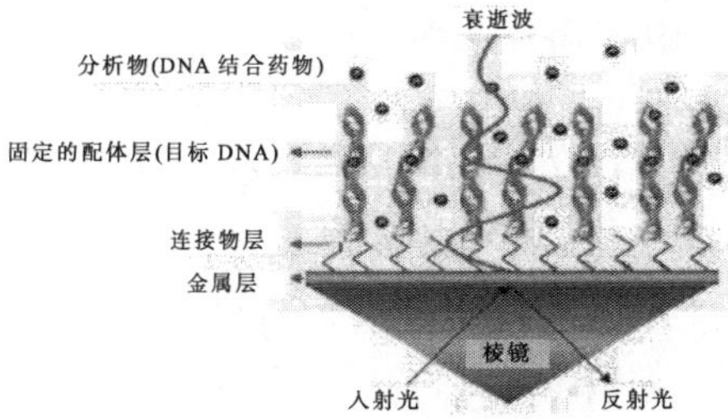

图 25-16　实验原理模式图

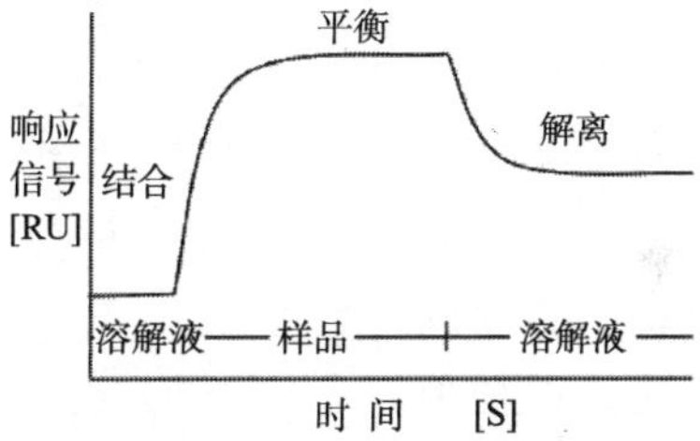

图 25-17　小分子化合物与核酸分子结合的传感图

2. 注意事项

(1) 做动力学实验要求固定在传感芯片上的配体要尽量少，待测物质的流速要大于或等于 30μl/min。

(2) 固定核酸前可以先脉冲式注射 2~3 次 50mmol/L 的 NaOH，以洗去未与传感芯片共价结合的链亲和素。

(3) 核酸固定后一般要等待 3~4 小时，待基线基本稳定之后再开始做动力学实验。

(4) 再生溶液包括高 Ph、低 pH、高盐、表面活性剂处理等，根据具体情况从最温和的条件开始实验。

(5) 做实验之前一定要做 desorb 和 sanitize 彻底清洁系统，防止核酸分解失活。

(6) 流动相液体可以根据分析物情况自行调整。

(7) 一些小分子化合物的水溶性较差，这时可以使用 DMSO，但最大浓度要小于 10%，而且要对最后的结果进行校正。

二、实时测量药物与核酸分子之间相互作用动力学参数的原理

核酸靶分子(A)固定在表面等离子共振传感芯片的表面，待测药物(B)从一端进入，通过液流和扩散作用到达芯片表面，同固定在芯片表面的核酸分子发生作用。通过传感图获得数据，对数据进行分析从而确定相互作用的动力学参数。

我们用以下公式表示在液体池中复合物 AB 的形成。

$$A_{\text{bulk}} \underset{K_m}{\overset{K_m}{\rightleftharpoons}} A_{\text{surface}} + B \underset{K_b}{\overset{K_a}{\rightleftharpoons}} AB$$

公式中 K_m 代表液流到芯片表面以及从芯片表面到液流的质量转移(mass transfer)数率常数，K_a，K_b 代表核酸–药物复合物的速率常数。在理想状态下，药物从液流到芯片表面以及从芯片表面到液流的转移应该不影响结合常数，这就要求转移速率 K_m 与结合速率 K_a 相比要快得多。在实验中我们通过降低芯片表面核酸的固定量以及提高流速来达到这个目的，所以在动力学实验中一般要求流速要大于 30μl/min，这种情况下我们测得的数据就代表结合的情况。

通过采用不同浓度(≥5 个)的药物进行实验，从而得到一系列传感图，利用分析软件，将这些传感图与预设的模型拟合，可以得到各种动力学参数。

因为核酸分子的多价性和小分子药物的特殊性质，对于药物与核酸分子各种参数的测定还有一种特殊分析方法，下面具体介绍一下利用 Scatchard 作图来确定各种参数的实验和数据处理方法。

当我们观察传感图发现药物流过传感芯片的响应值大于按照 1∶1 结合模式计算出的理论 R_{max}，这就表示核酸分子上与药物结合的不只一个位点。此时我们可以通过利用 Scatchard 图来计算位点的数目。定义 r 为结合百分数(在这里等于各浓度达到稳态的 RU 值与理论 R_{max} 的比值)，C 为药物浓度，K_A 为结合常数，n 为每个核酸分子上能结合的药物分子数。可以推导出下列结合公式：

$$r/C = K_A(n-r)$$

根据上式作 r/C 对 r 的图为一直线，此图称为 Scatchard 图(图 25-18)。此直线的斜率为 $-K_A$，其与横轴的交点即为结合部位的总数 n。因此 Scatchard 图常被用来计算核酸与药物的结合常数以及核酸上药物结合位点的数目。

举例说明：Neomycin B(图 25-19)是一种小分子化合物，它能够选择性地与一些 RNA 序列结合，如 HIV-1 的 mRNA 的 Rev responsive element (RRE)片段。我们分别将三种 RRE 相关肽(图 25-19)：野生型 RRE 片段Ⅱ(wt-RRE-Ⅱ)，野生型 RRE 片段Ⅱ的环状区(RBE3)和其突变体(RBE3-neg)固定在传感芯片上，用不同浓度的 Neomycin B 作为流动相，可以得到一系列传感图。以 r 为横坐标，r/C 为纵坐标作 Scatchard 图(图 25-20)，拟合后从图中求出结合常数 K_A 与核酸上药物结合位点的数目 n。三段核酸与 Neomycin B 结合位点的数目分别为：3(wt-RRE-Ⅱ)，1(RBE3)和 1(RBE3-neg)。

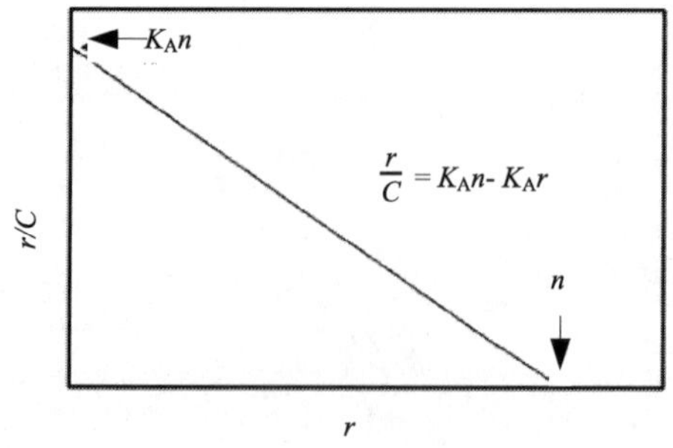

图 25-18　Scatchard 图

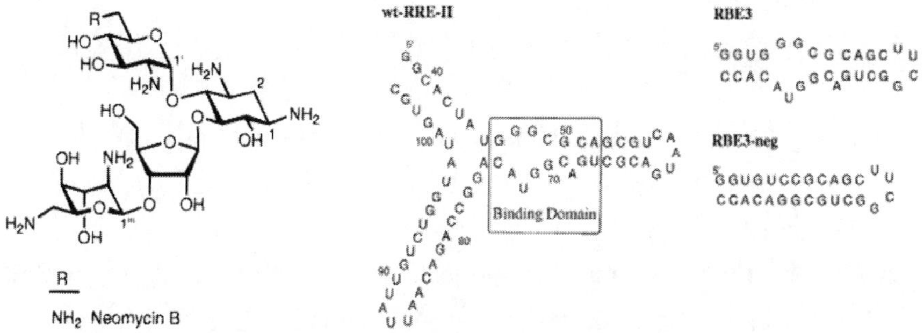

图 25-19　Neomycin B 及三种核酸分子结构图

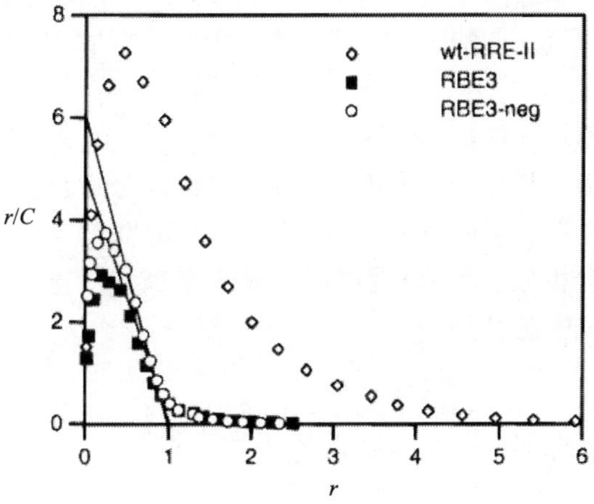

图 25-20　Neomycin B 与 wt-RRE-Ⅱ，RBE3 和 RBE3-neg 结合的 Scatchard 图

主要参考文献

陈丽华, 苏忠民, 王荣顺. 2004. 用表面等离子共振仪进行生物分子相互作用研究的评述. 分子科学学报, 20(4): 44~49

金红涛; 马万云. 2001. 远场光学探测与近场光学探测. Journal of Transducer Technology, 20(8): 10~15

吴英才, 袁一方, 徐艳平. 2004. 表面等离子共振传感器的研究进展. Journal of Transducer Technology, 23(5): 1~5

Biacore AB. 2003. Biacore 3000 Instrument Handbook. Version AE. Sweden: Biacore AB. 2~1—2~9

Biacore AB. 2003. BIAevaluation Software Handbook. Version AE. Sweden: Biacore AB. 4~1—4~25

Biacore AB . 2003. Biacore Sensor Surface Handbook. Version AA. Sweden: Biacore AB. 9~14

Biacore AB . 1994. BIAtechnology Handbook. Version AB. Sweden: Biacore AB. 2~3—2~5

Biacore AB . 2005. Biacore 2005 catalog. Sweden: Biacore AB. 14~17

Hendrix M, Priestley ES, Gerald F, et al. 1997. Direct observation of aminoglycoside-RNA interaction by surface plasmon resonance. Journal of the American Chemical Society, 119: 3641~3648

Lin L P, Huang L S, Lin C W, et al. 2005. Determination of Binding Constant of DNA-binding Drug to Target DNA by Surface Plasmon Resonance Biosensor Technology. Current Drug Targets-Immune, Endocrine & Metabolic Disorders, 5: 61~72

(王丽珺)

第二十六章　双向电泳在蛋白质研究中的应用

随着人类基因组计划(human genome project，HGP)的实施，人类基因组全部序列测定已完成。然而，仅有一个框架是不够的，还要在此基础上进行多层次的注释才能富有意义。人类基因组计划的最终目的就是要了解编码人类染色体基因的功能是什么，即基因的调控机制。蛋白质是基因的直接产物，不仅构成了人体的基本结构容积，也包括了那些参与生命过程中生化反应的酶。伴随着人类基因组计划的实施，有人提出了蛋白质组(proteome)的研究即蛋白质组学(proteomics)。蛋白质组学是一个大范围筛选研究细胞、有机体及生物体体液中蛋白质的学科。这也是人类基因组研究的延续和发展。蛋白组学研究过程中需要精确制备的样品，双向电泳，图像检测与分析，蛋白点的分离鉴定以及数据处理。其中，核心技术是双向电泳。到目前为止，除双向电泳外还没有其他技术能在一次分离过程中同时分析成千上万个蛋白质。本章节就双向电泳的原理、方法及其在蛋白质研究中的应用作简要的介绍。

第一节　双向电泳的原理

双向电泳(two-dimensional electrophoresis，2-DE)是广泛用于分析组织细胞或其他蛋白复合物的最有效方法。该技术利用蛋白质的两种特性来分离蛋白质：首先根据蛋白质的等电点不同进行等电聚焦而将不同等电点的蛋白质分开；然后根据蛋白质分子质量差异进行聚丙烯酰胺凝胶电泳分离蛋白质。双向电泳后的每一个蛋白斑点代表样品中的单个蛋白。因此，成千上万的蛋白质得以被区分。同时，该蛋白的等电点，相对分子质量和含量等信息也一并获得。

O’Farrell 和 Klose 于 1975 年首先发明了双向电泳技术。当时的第一向等电聚焦是在含两性电解质聚丙烯酰胺凝胶柱的窄管内进行(在电流作用下，两性电解质形成 pH 梯度，这也是等电聚焦的关键)。样品加于管胶的一端在高电压下进行分离，等电聚焦后，凝胶棒被移出窄管，经 SDS 缓冲液平衡，然后置于聚丙烯酰胺凝胶(SDS-PAGE)垂直电泳进行第二相分离。自从双向电泳被使用以来，其作为一种高效的生物学分离手段所发挥的巨大作用已得到了广泛认同。然而，双向电泳技术也只是在近几年才获得了巨大的有意义的进展与应用，主要得益于如下方面的进展与突破。

(1) 固向 pH 梯度的发明与完善极大地改善了双向电泳的重复性和上样量。由 Gorg A 及其同事发展的新双向电泳技术改进了一向分离技术。他们用新缓冲系统(immobiline buffer)来建立凝胶内的固向 pH 梯度(immobilized pH gradient，IPG)替代原有的聚丙烯酰胺凝胶柱，新 IPG 条附着于塑料膜被板上，便于使用。

(2) 蛋白质快速分析方法的改进使得双向电泳之后单个蛋白质点能够被迅速分离鉴定。质谱技术可分析小量的肽和蛋白质样品。微量化学测序及氨基酸分析也可用于小样品量的检测。此外，大量特异性抗体的应用使免疫化学方法鉴定蛋白质性质成为可能。

(3) 物美价廉的电脑和软件可常规用于分析复杂的双向电泳结果。

(4) 由于人们已经获得了许多生物的完整或部分基因组，通过双向电泳可快速分离鉴定特定基因所编码的蛋白。

(5) 互联网查询方便。直接点阵图数据库可用于电泳结果的比较，基因序列数据库可提供序列信息。

第二节　双向电泳的方法

双向电泳的过程包括样品制备、等电聚焦、SDS-PAGE 电泳、结果分析与处理。

一、样品制备

这是获得好的 2-DE 结果的必要步骤。蛋白质样品在来源和类型上存在极大的差别，但样品制备的原则是相同的。用于 2-DE 的样品蛋白应该完全变性溶解，无聚集，处于还原状态。样品缓冲液中一般都含有高浓度的尿素和一至多种去污剂。样品制备过程应越简单越好，以免蛋白质丢失。处理组织和细胞蛋白质时，应尽量避免蛋白质水解。建议直接在低温含有蛋白酶抑制剂和强变性剂的环境下进行。样品及用于制备样品的溶液应当临用时配制或用分装于−80°C 的储存液，并避免反复冻融。此外，要求用高纯度的去离子水。固向颗粒及脂类物质应充分去除，超速离心可以除去颗粒性物质，否则将会堵塞凝胶孔。当加入尿素后，样品加热不能超过 37°C，否则蛋白质将会被修饰。

二、等电聚焦

等电聚焦是一种根据蛋白质等电点不同分离蛋白质的电泳方法。蛋白质是一种两性分子，在不同的 pH 环境下，可带正电荷、负电荷或零电荷。蛋白质所带的净电荷量是其氨基酸侧链及两端所有正负电荷的总和。蛋白质的等电点是其净电荷为零时的 pH。在梯度 pH 环境中，蛋白质在电场作用下将向净电荷为零的位置(即等电点)移动。不同的蛋白质分别被浓缩在其等电点的位置，这样使得电荷量差异极小的蛋白质也能被分离。待测蛋白质在样品处理过程中已得到变性，因此可得到高分辨的结果。新近研制的 IPG 干胶条具有高重复、高分辨和高载量特点，因此可提供简易、重复性高的第一向电泳结果。

三、SDS-PAGE 电泳

SDS-PAGE 是一种根据分子质量不同来分离蛋白质的方法。SDS 是一种非离子去污剂，不仅能够包裹于蛋白骨架的表面使其成为带负电荷的复合物，而且还能打开蛋白质的氢键，阻断疏水反应，解除蛋白质的二级结构。当同时使用还原剂 DTT 时，二硫键被断开，蛋白质分子便成为带有相同电荷密度的柔软棒状多肽链。所以，蛋白质经 SDS

和还原剂处理后，按分子质量差异来分离不同类型则成为可能。蛋白质样品经等电聚焦后，再根据不同的实验目的、样品复杂程度和工作流程，选择不同规格的双向电泳系统进行垂直或水平(SDS-PAGE)电泳。

四、结果分析与处理

(1) 染色法　蛋白质样品经第一、二向电泳分离，再用不同方法染色便可直接观察与分析凝胶结果。最常用的直接分析凝胶结果的方法有考马斯亮蓝染色、银染、荧光显影和放射自显影。放射自显影常用的标记物为 ^{35}S，^{14}C，^{3}H，^{32}P。样品在制备过程中已掺入上述某种标记物，电泳后的凝胶经干燥再与 X 光片曝光或用磷光屏记录放射强度。荧光显影是将像 2，5-二苯噁唑 2，4-diphenyloxazole，PPO 荧光闪烁剂预置于凝胶中，然后进行染色，是一项非常灵敏的方法。银染是非放射性染色方法，但是，它也是非常复杂，多步骤的过程，许多因素可影响染色结果。如果要得到高质量重复性好的结果就必须注意染色试剂的纯度和染色时间。考马斯亮蓝染色的灵敏度虽然只有银染的 1/50，但该方法相对比较简单还可用于定量。考马斯亮蓝按一定的化学量结合于蛋白，通过检测相对辉度可用于蛋白质定量。现在，全自动染色机配以不同的染色程序已用于凝胶的银染和考马斯亮蓝染色。据报道，全自动染色机进行银染时，灵敏度极高，单一条带内蛋白条含量低于 1ng 也能被检测到。

理论上讲，每一块凝胶能分析 15 000 个蛋白质，但实际上每一块凝胶能检测到 5000 个蛋白斑点已达到了非常好的分离效果。用于分析比较含有许多蛋白斑点的不同凝胶的分析软件及图像激光扫描系统目前业已得到了广泛的开发与应用，单个蛋白斑点的增加与消失均能被检测， 同时还能进行定量和追踪分析。不断扩大的 2-DE 结果数据库也有利于分析比较不同的实验结果。

(2) 免疫印迹法　除了直接分析凝胶结果外，另一种间接的方法为印迹法。经双向电泳后的凝胶能被转移至硝酸纤维膜或聚二氟乙二烯(PVDF)膜，再进行免疫化学检测或化学微测序。已知的针对某一特定蛋白质的抗体用于免疫化学检测可特异性地鉴定待测蛋白。

(3) 质谱分析　双向电泳后的凝胶还可进行质谱分析，并对目标蛋白进行序列分析。复杂的蛋白质样品经2-DE 电泳分离后可得到不同的蛋白点，每一点对应着一个蛋白质。对感兴趣的蛋白质点经化学或酶方法消化后，再进行电喷雾质谱(electron ionization mass spectrometry，EI-MS)或基质辅助激光解析飞行时间质谱(matrx-assisted laser-desorption ionization-time of flight-mass spectrometry， MALDI-TOF-MASS) 分析，可得到单一肽片段的氨基酸序列。所得到的实验参数与数据库内参数进行匹配对比，确定该样品是否为新蛋白质，另外，还可利用核苷酸序列数据进行蛋白质的克隆。特别是基质辅助激光解析飞行时间质谱可对极少量的样品(pmol 级)进行分析得到高分辨率的图谱， 达到微量、快速、准确、高通量的目标。

第三节　双向电泳技术的应用

虽然以核酸为基础的基因表达检测手段已获得了巨大成功，但要作为所有蛋白质分析的工具尚存不足。例如，许多研究表明 mRNA 与蛋白质丰度在同一细胞内往往存在一定的差异；相同丰度的 mRNA 翻译成蛋白质的量也可能存在高达 20 倍的差异。而且，多数蛋白质所参与的细胞内生物过程也包括蛋白质的翻译后修饰，这种修饰将影响到蛋白质的功能、半衰期和定位。因此，从蛋白水平检测基因表达的意义是不言而喻的。2-DE 技术的改善及其与生物质谱的联用使之具备了分离复杂的蛋白复合物、阐明蛋白质之间差异并鉴别这些蛋白的能力。双向电泳在蛋白质研究中的特殊应用包括以下几方面。

(1) 分析免疫沉淀物及其他蛋白复合物　在分析生长因子对细胞内蛋白质表达影响时，Pandey 等应用特异抗体沉淀富集酪氨酸磷酸化蛋白，再用 2-DE 分析比较生长因子处理前后细胞内该蛋白的表达差异。

(2) 鉴定细胞器成分　如线粒体、细胞核等细胞器经过超速离心分离和 2-DE 过程，可明确其特异的蛋白成分。

(3) 药物代谢和毒理学研究　许多研究表明，2-DE 技术可用于药物代谢与毒理学研究。环孢素 A(cyclosporin A) 的药效已由多种动物模型得到证明，但同时具有严重的肾毒性。近期利用 2-DE 的研究表明，分子质量为 28kDa 的蛋白 calbindin-D 为环孢素 A 介导的肾毒性的标志性蛋白。此外，药物诱导的大鼠肝细胞粗面内质网增加也经 2-DE 分析得到了证明。

(4) 研究简单生物的全蛋白组　2-DE 技术已成功地用于结核杆菌、幽门螺杆菌、白色念珠菌等微生物全蛋白组的研究。此外，致病菌与非致病菌蛋白组的比较研究，以及它们对药物的不同反应性研究中，2-DE 技术也将发挥重要作用。

(5) 免疫印迹　蛋白样品经 2-DE 分离后再转移至硝酸纤维膜或聚二氟乙二烯 (PVDF)膜，应用特异性蛋白抗体标定人们感兴趣的蛋白点，不仅可以大致明确该蛋白的特性，而且还可以分析含量极低不能进行质谱分析的蛋白质。例如，有人在高分辨 2-DE 后用抗磷酸化抗体检测到了 300 个含磷酸化丝氨酸的蛋白质，260 个含磷酸化苏氨酸的蛋白质；显示了免疫印迹技术一次如此大量的检测磷酸化蛋白质的优势。目前，也有人将蛋白或肽段进行荧光或其他标记后转移至膜上，再用特异的间接检测手段鉴定标记物，从而可获得感兴趣的用于质谱分析的蛋白点。

(6) 发现疾病相关蛋白并阐明其功能　疾病的发生发展过程中，蛋白质表达的质与量将会有不同程度的改变。通过 2-DE 技术研究这一变化过程，比较正常和疾病组织的 2-DE 图谱，可阐明疾病的病理过程，从而指导该疾病的诊断与治疗。例如，应激心肌细胞蛋白质组双向电泳凝胶电泳分析发现，11 种蛋白质在去甲肾上腺素应激后发生了明显和稳定的质和量的改变。其中，6 种在应激后表达降低，4 种增高，1 种只在应激后表达，提示这些差异表达的蛋白可能参与了心血管应激反应乃至应激的损伤过程。此外，2-DE 技术用于基因功能研究也有报道。对鼻咽癌候选抑瘤基因 *NGX6* 的功能研究表明，导入该基因的细胞所表达的蛋白中有 7 种出现下调，包括 RAB 蛋白、NG24 前体、LIM 同源序列 9 等。这些蛋白参与了细胞生长、增殖与分化的信号传导通路。上述研究结果表明 *NGX6* 基因可能经多种途径影响鼻咽癌的生长。

(7) 新药研究　以双向电泳为核心技术的蛋白质组学研究已成为研究药物作用机理、发现药物作用靶蛋白以及评价先导化合物的有效手段。采用对比研究的方法可分析细胞与组织在给药前后蛋白图谱的变化，与药物作用相关的特殊蛋白质的改变；同时结合质谱技术可证明药物针对的多种不同的细胞功能环节(如细胞生长、组分蛋白的合成、细胞中间代谢及信号传导)，进而阐明药理作用并发现靶标蛋白。基于药物作用分子机理的药物筛选和对先导化合物的评价工作也将得到开展。靶标蛋白还将为新药设计提供模板。例如，三氧化二砷对肝癌细胞系 HepG2 核基质蛋白影响的研究不仅发现了药物处理后出现了新的核基质蛋白，而且还证明了该蛋白的细胞特异性。在三氧化二砷抑制 HepG2 生长的机理之一得到阐明的同时，还发现了核基质蛋白作为某些抗癌药物作用靶点的可能性，也为该化合物发展为治疗肝癌药物提供了理论依据。

总之，双向电泳在蛋白质组分析中的应用正在不断大量地增加。这也是分析基因表达产物–蛋白质成分的过程。这一过程包括了一个单一样品中多种蛋白质的自动系统分离、鉴定与定量。双向电泳不仅具有空前的检测大量蛋白质的能力，而且还是唯一的具有检测翻译后修饰和协同翻译修饰(post and cotranslational modification)能力的手段，这也是基因序列所不能描述的内容。

主要参考文献

殷海丰, 钱令嘉, 应万涛等. 2002. 应激心肌细胞蛋白质组双向电泳凝胶电泳分析. 中国生物化学与分子生物学报. 18(2): 234~239

Aicher L, Wahl D, Arce A, et al. 1998. New insights into cyclosporine A nephrotoxicity by proteome analysis. Electrophoresis. 19(11): 1998~2003

Alizadeh A A, Eisen M B, Davis R E et al. 2000. Distinct types of diffuse large B-cell lymphoma identified by gene expression profiling. Nature. 403(6769): 503~511

Anderson N L, Anderson N G. 1998. Proteome and proteomics: new technologies, new concepts, and new words. Electrophoresis. 19(11): 1853~1861

Berkelman T, Stenstedt T. 1998. 2-D Electrophoresis –Using immobilized pH gradients-Principles and methods. Amershampharmacia Biotech. 6~36

Gorg A, Postel W, Domscheit A et al. 1988. Two-dimensional electrophoresis with immobilized pH gradients of leaf proteins from barley (Hordeum vulgare): method, reproducibility and genetic aspects. Electrophoresis. 9(11): 681~692

Newsholme S J, Maleeff B F, Steiner S, et al. 2000. Two-dimensional electrophoresis of liver proteins: characterization of a drug-induced hepatomegaly in rats. Electrophoresis. 21(11): 2122~2128

O'Farrell P H. 1975. High resolution two-dimensional electrophoresis of proteins. J Biol Chem. 250 (10): 4007~4021

Ong S E, Pandey A. 2001. An evaluation of the use of two-dimensional gel electrophoresis in proteomics. Biomolecular Engineering, 18: 195~205

Pandey A, Podtelejnikov A V, Blagoev B, et al. 2000. Analysis of receptor signaling pathways by mass spectrometry: identification of vav-2 as a substrate of the epidermal and platelet-derived growth factor receptors. Proc Natl Acad Sci U S A. 97(1): 179~184

Rosenkrands I, Weldingh K, Jacobsen S, et al. 2000. Mapping and identification of mycobacterium tuberculosis proteins by two-dimensional gel electrophoresis, microsequencing and immunodetection. Electrophoresis. 21(5): 935~948

Yoshida M, Loo J A, Lepley R A. 2001. Proteomics as a tool in the pharmaceutical drug design process. Curr Pharm Des.7:291~310

(李　敏)

第二十七章 高内涵筛选与高内涵分析技术

创新药物的研发离不开使用适当的药物作用靶点对大量化合物样品进行筛选。筛选规模越大，发现新药的机会就越多。目前，高通量药物筛选(high throughput screening，HTS)技术已经使采用药物作用靶点对利用天然产物和组合化学生成的大量化合物样品进行筛选成为现实。然而，新药研究领域目前仍面临许多严峻的挑战。传统的、针对单一靶点的研究方法已难以适用于一些多基因疾病(如肿瘤、神经退行性疾病、代谢性疾病)和病毒感染等相关治疗药物的研究。而高内涵筛选与高内涵分析(high content screening and high content analysis，HCS)技术的创立使得人们从疾病相关基因调控通路和网络水平上研究药物的作用机理、代谢途径和潜在毒性，以及在细胞水平全面评价活性化合物的成药性成为可能。本章将对 HCS 的概念、系统组成、常用荧光染料与探针以及在药物筛选中的优势及其应用进行简要介绍。

第一节 高内涵筛选的概念和优势

1997 年，美国 Cellomics 公司成功开发出首个高内涵药物筛选技术平台，该技术的问世为揭开了药物筛选研究崭新的一页。而后国外其他一些公司也相继开发出同类产品，加入了高内涵药物筛选技术的研究，为细胞组学研究提供了总体解决方案。

高内涵筛选是指在保持细胞结构和功能完整性的前提下，多通道、多靶点同时检测被筛样品对细胞形态、生长、分化、迁移、凋亡、代谢途径及信号转导各个环节的影响，在单一实验中获取大量与基因、蛋白及其他细胞成分相关的信息，确定其生物活性和潜在毒性的过程。同时，高内涵筛选也是一种应用高分辨率的荧光数码影像系统，旨在获得被筛样品对细胞产生的多维立体和实时快速的生物效应信息，在细胞水平上检测多个指标的多元化、功能性筛选技术平台。事实上，HCS 是以微孔板为载体，检测代表不同生物学意义的多重荧光标记，在细胞水平快速获得包括确证候选基因的功能与药物靶标，研究细胞信号传导通路与药物毒性等系统生物学信息的过程。HCS 所涉及的不仅仅是传统意义上的“筛选”，也包含了一系列的“分析”功能，已应用于生命科学中从药物发现到学术研究的多个领域。因此，对于 HCS 更加全面、客观的诠释应为高内涵筛选与高内涵分析技术，简称高内涵筛选。

通过与目前广泛使用的 HTS 技术进行比较，HCS 的优势可从多方面得以体现。相比于传统的药理学实验方法，高通量筛选以其快速、高特异性、高灵敏度的特点在短短数年内，就受到国际药物研究机构的极大重视，成为新药发现过程中的主要技术手段。虽然其发现活性化合物的速度快，但是其检测模型均建立在单个药物作用靶分子的基础上，无法全面反映被筛样品的生物活性特征，只能得到有限的数据，初筛得到的阳性结果需要进一步确认。此外，HTS 是针对单个靶点筛选量的提高，是纵向上的突破；而

HCS 不仅在筛选量上超越了 HTS，而且实现了对多个靶点的同时筛选，拓展了检测范围，是纵向和横向上的双重突破。

更重要的是，HCS 获取信息是以细胞为单位，而不像 HTS 是以微板孔为单位，这就意味着研究者可以从细胞群体的各种反应中获取信息，而不是像以前那样信息仅仅来源于一个微板孔中的所有细胞的平均反应。HCS 这种获取多个终点，包括单个的和细胞群体的定量数据的能力全面加深了研究者对筛选中得到信息的理解。这为过去劳动强度和难度均很大的细胞功能和作用机制研究提供了新颖的视角。

通过同步应用报告基因、荧光标记、酶学反应和细胞可视化等高内涵筛选常规检测技术，研究人员可以在新药研究的早期阶段获得活性化合物对细胞产生的多重效应的详细数据，包括细胞毒性、代谢调节和对其他靶点的非特异性作用等，从而显著提高发现先导化合物的速率，减少开发后期的失败率。

虽然 HCS 作为一种在新药研发中应用的全新研究手段才仅仅几年，但是国外业界人士一致评价 HCS 是新药研发的具有重要意义的组成部分，如果说高通量自动化 DNA 测序技术对顺利完成人类基因组计划的贡献是革命性的，那么高内涵筛选在当今药物发现中将起到同样的关键作用。

第二节　高内涵筛选系统的组成

高内涵筛选系统是一个从活细胞中提取信息并建立系统化认识细胞形态或分子变化的综合体系。体系中各组成发挥不同的作用，并联合起来共同完成全面的筛选工作。主要包括以下几部分：

1. 荧光显微系统

由于许多化合物只能引起在细胞形态，细胞器形态和分子分布方面相对微弱的改变，高分辨率荧光显微镜成为检测这些变化的理想选择。该系统中，细胞结合荧光标记物可反映出细胞生理条件上的变化，并通过将光源引入到细胞内的荧光探针捕获到细胞变化的丰富图像信息。

2. 自动化荧光图像获取系统

在观察到荧光标记的细胞变化后，高分辨率 CCD 相机可用来拍摄图像。自动化荧光图像获取系统可快速并精确地移动细胞培养板或载玻片，自由转换各种波长的激光及散射滤光片以满足多种研究需要。同时使用激光共聚焦技术可以与多种培养板匹配，在较短时间内完成 96 孔板或 384 孔板样品分析。另外还可增加温度控制系统以维持细胞活性，也可增加自动加样系统以及白光系统等功能，便于灵活使用。

3. 检测仪器

观察并获取图像只是 HCS 技术的第一步，为了有效完成分析工作，必须利用检测仪器从图像中提取有价值的信息。为了拓展检测的范围，一些国外医药公司开发了以变化终点检测和动态活细胞检测相结合的分析方法。例如，通用电气医疗系统集团(GE

HealthCare)开发的活细胞图像分析系统 IN Cell Analyzer 1000，3000 等和美国 Cellomics 公司开发出的 ArrayScan HCS Reader 和 KineticScan^{TM} HCS Reader(KSR)等。在 KSR 系统中，配置了 Zeiss 活细胞检测荧光显微镜，高清晰–30ºC 冷 CCD 以及自动三维温度、湿度、CO_2 浓度控制系统，可以进行长达 5 天的在线活体观测。此外，该系统还可自由选择需要的滤光片组合与物镜组合，辅以 8 通道多功能液体处理系统，同时应用广泛的分析软件和信息学软件进行高达每小时 3000 张的在线检测分析，可提供多参数、多指标、可量化的丰富信息，极大地提升了药物筛选与相关研究工作的效率与科学性。此外，该系统对固定细胞与活细胞均可进行检测。

4. 图像处理分析软件

随着 HCS 技术的开发与应用，需要一种新型的软件使 HCS 操作简化和自动化，有利于基于形态学和荧光标记的细胞特征和参数的测定。例如，Cellomics 公司开发的 BioApplication 软件，可以在适合的环境下将图像数据转化为生物学信息，能够处理多种来源，包括来自荧光检测、激光共聚焦、扫描流式细胞检测以及其他 HCS 仪器的图像与数据。

已有的生物学应用软件包括：动力学细胞结构(kinetic compartmental analysis)分析，靶点激活(target activation)，动力学靶点激活(kinetic target activation)，分子转位实验(molecular translocation)，动力学分子转位分析模块描述(kinetic molecular translocation)，药物基因毒性检测(micronucleus)，细胞形态学检测(morphology explorer V2)，细胞周期检测(cell cycle)，蛋白偶联受体信号通路(GPCR signaling G)，细胞质–膜转位实验(Cyto-Cell Mem translocation)，多参数细胞毒性检测(MP cytotoxicity)，细胞运动性检测(cell motility)，细胞黏附实验(cell spreading)，细胞质–核转位实验(cytoplasm-to-nucleus translocation)，受体内化(receptor internalization)，有丝分裂检测(mitotic index)，细胞活力检测(cell viability)，细胞结构分析(compartmental analysis)，细胞凋亡与健康状态检测(cell health profiling V2)，神经突生长(neurite outgrowth)，高级神经突生长分析(extended neurite outgrowth)，逐点筛选检测(spot detector V2)。

上述软件可广泛应用于肿瘤、中枢神经系统疾病、心肺疾病、内分泌疾病、传染性疾病以及毒理学研究。而且，一种应用软件可应用于不同疾病的研究；同时，一类疾病也可采用多种应用软件同时进行分析。

5. 结果分析和数据管理系统

应用软件可用于分析单个和群体细胞水平的多种特征，追踪分析多种细胞变化过程，包括信号分子转位、受体内源化、钙离子化、酶活化、细胞凋亡、细胞周期以及神经突生长等，获取有意义的生物信息并转变为药物与细胞相互作用的全面认识，加速新药的研究与开发。而数据管理系统则用来储存和管理已获取的图像和定量分析结果，并能够将结果以显像、图表和数字等多种形式在个体细胞和细胞群体的水平输出，便于研究者回顾和总结这些信息以辅助其作出决策。

除上述这些主要组成外，生物信息学工具、新型细胞株的研制和选择性试剂也是 HCS 综合系统的组成部分，在实验检测中同样发挥着重要作用。

基于上述组成的 HCS 系统按照一定的工作流程(图 27-1)可广泛应用于新药研究与多项基础研究的不同方面。

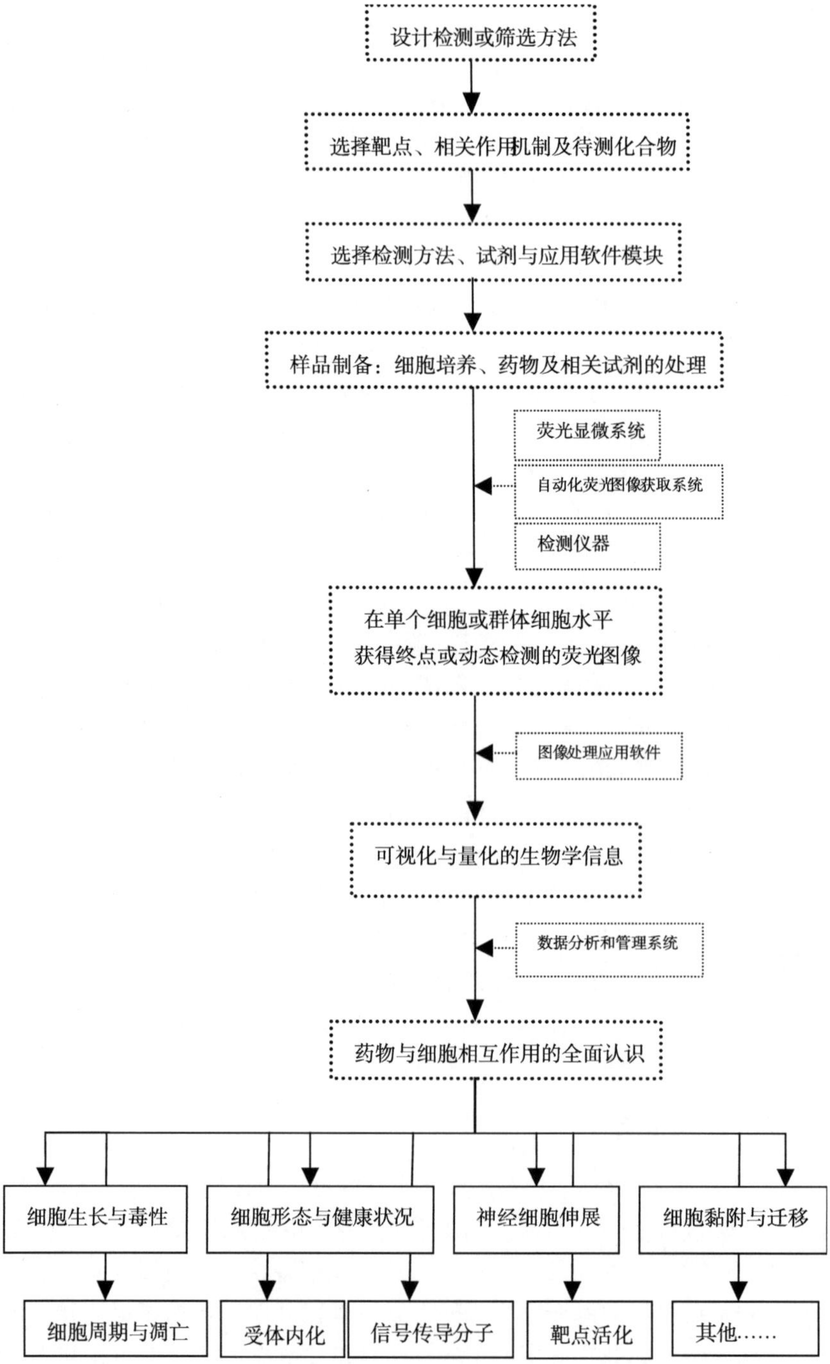

图 27-1　HCS 工作流程与应用

第三节　用于HCS筛选与分析中的荧光染料与探针

HCS 筛选与分析系统常用的染料包括 Hoechst33342，FITC(Fluorescein)，TRITC(Tetramethylrhodamine)，Texas Red 和 Cy5。其他可用的染料还有：DAPI，Alexa Fluor 488，Alexa Fluor 546，Alexa Fluor 647，Cy2，Cy3，Cy5，EGFP (enhanced)，5-Carboxyfluorescein (5-FAM)，BODIPY FL，Calcein，DiO ($DiOC_{18}(3)$)，Fluo-4，Fluoro-Jade，FluorX，Green，Oregon Green 488，Rhodamine 110，SpectrumGreen，SYTO 13，YO-PRO-1，YOYO-1。

常用于染核的染料为 Hoechst33342，也可用 DAPI 或 YOYO-1。FITC 或 TRITC 多用于荧光抗体的标记。而用于检测膜通透性的染料可用 MitoTracker，Alexa Fluor 488 等。此外，HCS 检测过程中还会用到一些特殊的染料。例如：①pH 敏感染料：CypHer-5 是一个对 pH 敏感的花青苷衍生物，当 pH 为 5 时，95%的染料会发出红色荧光，而当 pH 为 7.4 时，仅有不到 5%的染料会发光。②绿色荧光蛋白 GFP：GFP 是从 *Aequorea Victoria* 中分离出的一种天然荧光蛋白，分子质量约为 27~30kDa，含有 238 个氨基酸残基。*Aequoria* 的 GFP 在 395nm 能吸收蓝光，受到 Ca^{2+}或紫外线激活时发绿色荧光，最大发射峰为 509nm。GFP 的生色团为一个稳定的环状三肽结构，由 Ser65、Tyr66 和 Gly67 这 3 个氨基酸残基通过自身环化和氧化形成，生色团之间是通过共价键结合。野生型 GFP 的荧光强度较低，细胞质中约 1×10^4 个 GFP 分子发射的荧光才能用普通荧光显微镜精确测定。通过对 GFP 的结构和生化特性进行改造，已获得许多具有不同激发峰和发射峰的突变体，使 GFP 荧光强度和作为报告基因的检测灵敏度大大提高。由于 GFP 的表达与受体细胞的种属无关，原核和真核细胞都能表达，而且对细胞没有毒性，不会扰乱受体细胞的正常功能。因此，GFP 的表达能用于单细胞和活细胞观察。值得一提的是，通用电气医疗系统集团(GE HealthCare)已开发出多种能稳定表达 GFP 融合蛋白的转染细胞株，通过示踪不同的蛋白或转录因子在活细胞内的表达与运动轨迹特征，不仅可了解某些被检测的化合物的生物效应，也能发现某种靶蛋白的激活剂与抑制剂。③硝基还原酶(nitroreductase)：硝基还原酶可作为某些转录因子的报告基因，共同转染于细胞。当转录因子激活时，硝基还原酶表达并作用于其特异性底物。由于底物具有膜通透性，并能与非荧光的 Cy5 染料连接。硝基还原酶能使底物生成带荧光的可被检测的 Cy5 产物，由此可分析信号分子的激活程度。④其他荧光染料：JC-1 为 P-糖蛋白的荧光底物，而细胞对药物的多药耐药性的产生与 P-糖蛋白的过度表达密切相关。通过检测肿瘤细胞对 JC-1 的外排能力，可间接推测细胞的 P-糖蛋白水平，有助于筛选多药耐药逆转剂。

由于高内涵药物筛选技术目前尚处于发展阶段，还有大量需要解决的技术难题，如常用的荧光蛋白灵敏度尚需提高。由于 GFP 和它的衍生物是天然荧光蛋白，没有酶的信号放大作用，一个分子的 GFP 只能产生一个光子，相对酶来说敏感性有待提高。另外，许多荧光染料对活细胞来说是器质性染色，染料浓度的选择必须非常谨慎，确保细胞在孵育过程中保持活性，最大限度降低潜在的毒性反应。因此选择合适的荧光探针也是高内涵药物筛选成功的关键。

由于荧光标记物的引入有时也会对待测样品或细胞功能产生一定的影响。因此，非标记光学生物传感器在高通量与高内涵药物筛选技术的应用也是改善检测效果的策略之一。例如，表面等离子共振(surface plasmon resonance，SPR)技术、基于反射干涉光谱(reflectometric interference spectroscopy，RIS)的非标记光学生物传感器均可应用于高通量与高内涵药物筛选。

第四节 HCS 的应用

作为药物筛选技术发展前沿的 HCS 已在新药研究的多个方面开始应用，并且随着 HCS 操作系统和应用工具的不断开发，HCS 已成为基于细胞的药物筛选靶点优化、二次筛选、先导化合物的确立以及药物结构与功能关系研究的重要技术手段。HCS 技术在实际应用中的巨大潜力已为研究者所认同，下面将从细胞毒性研究、细胞增殖、信号传导通路和神经细胞生长等方面简述 HCS 的应用。

一、药物对细胞毒性作用的检测

细胞毒性(toxicology)检测一直是药物发现过程中的重要部分，细胞模型在高通量筛选中应用最广泛的是观察样品的细胞毒性，其中对肿瘤细胞株的毒性作用可用来筛选抗肿瘤药物。以前几乎所有针对细胞增殖的高通量检测方法都是基于酶活性或细胞蛋白质含量等单一指标的生化反应，如 SRB 法、MTT 法、^{3}H 掺入法等。细胞增殖的生物学反应非常复杂，包括几条通路的活化，如受体刺激后信号转导、蛋白激酶激活、受体底物磷酸化、DNA 合成增加等都可促使细胞增殖。传统的方法不足以反映样品产生细胞毒时的作用机理。

高内涵细胞毒性筛选模型，可以直接反映细胞数目与形体、细胞膜通透性改变、细胞骨架蛋白的变化、线粒体聚集、核形态学变化等多个方面的信息。自动化的 Array Scan HCS Reader 或标准荧光显微系统均可检测到分别被不同的细胞膜可透性荧光染料标记的死细胞与活细胞，并且可以实现与其他参数(如细胞毒性其他特征、信号传导通路、细胞器等)的同步检测。主要的检测指标如下：

(1) 细胞活力检测(cell viability) 根据活细胞和死细胞的数量比例来判断细胞活力。

(2) 多参数细胞毒性检测(multiparameter cytotoxicity) 首先同时快速获取细胞毒性四个特性变化的相关信息，即细胞核的形态学、细胞膜通透性、溶酶体内的物质和细胞密度。然后进行软件分析，最后判定药物的细胞毒性是属于早期、中期或晚期细胞毒性。

(3) 微核检测(micronucleus test) 微核是常用的遗传毒理学指标之一，指示染色体或纺锤体的损伤。由于这种损伤会因细胞受到的外界诱变因子的作用而加剧，而微核产生的数量又可与诱变因子剂量的强弱呈正比，因此在体外实验中，可以用微核出现的频率来评价环境诱变因子对生物遗传物质的损伤程度。通过检测细胞核的完整性、细胞膜的通透性、细胞整体染色几个方面的指标来综合评判。既可以研究候选化合物的基因毒性，也同时检测它的细胞毒性。

(4) 细胞运动功能检测(cell motility) 细胞的运动特性影响细胞很多生理和病理学过程，包括癌细胞的侵袭与转移、炎症、血管形成、创伤修复和胚胎发育等。用HCS 直接测定迁移细胞产生的运动轨迹可分析细胞的运动能力。实验在铺满标记荧光珠子的毯状结构上进行，随着细胞移动，它们会吞噬珠子，并在所到之处留下动态轨迹，故轨迹面积与细胞运动能力大小是成比例的。

(5) 细胞黏附性检测(cell spreading) 细胞黏附和扩散是一个包括细胞表面和细胞外基质分子之间的相互作用等多方面因素组成的综合事件。很多生理过程，如癌细胞转移、炎症反应和肿瘤发生，都与细胞的黏附有关。如果手动分析这些形态学的特征，将花费大量的时间和人力，而它使用的大量脚本文件也并非为生物学家们所熟悉。美国 Cellomics 公司提供了一个简易的方法——通过对每个细胞的多参数检测和药物对于细胞黏附和扩散影响，来评判是否会有效抑制癌症。细胞可以识别并结合固定的配体，进而吸附于组织特异性的底物上，由于受体配体的相互作用，细胞伸长变平。这种细胞伸展的过程受细胞表面的黏附分子和细胞外基质的调节。HCS 系统检测细胞伸展性并不是测定细胞–配体的结合力持久与否，而是通过测定特异底物的吸附和伸展，来反映细胞的应答能力，这种测定提供了一个对细胞形态学变化所需要的结构和调节分子进行功能性检测的方法。那些以这些分子的功能和表达为靶点的药物的有效性可通过测定细胞在组织特异性底物上吸附和伸展的频率分析得到。

(6) 细胞凋亡检测(multiparameter apoptosis) 凋亡是在细胞生长与死亡的重要过程之一，凋亡过程受阻将会引起许多疾病。凋亡信号的模式大致相似，但转导通路的细节会随着细胞种类和凋亡诱导物的变化而不同。经过不同的荧光染料染色，再经图像分析和数据处理，可以得到多个细胞基本特征和细胞健康状态的综合信息。这些综合信息被定义为“事件”(events)，用于区分不同的细胞健康状态。例如，通过检测细胞核是否固缩、细胞膜通透性是否增加以及 Annexin V 是否染色，来判断和定义不同的细胞“事件”。通过软件分析，最后可以分别得到凋亡前期和后期的细胞亚群百分比。Lövborg 等在实验中用药物处理 HeLa 细胞和淋巴瘤 U937 细胞，再加入 DNA 结合染料(Hoechst 33342)和荧光素标记探针。运用 HCS 的自动图像获取和分析工具，在同一个细胞中可检测到具有时间和剂量依赖性的 caspase-3 激活、线粒体膜电位增加和细胞核分裂或固缩。由此可筛选与评价具有诱导凋亡作用的新化合物。图 27-2 显示 1μmol/L 紫杉醇作用于 HeLa 细胞 24h 后，用 Hoechst33342 染为蓝色的细胞核发生明显的固缩(通道 1)；而被 MitoTracker 染为红色的线粒体膜电位发生变化，红色增强(通道 2)；由于细胞膜通透性增强，绿色的细胞膜染料 Alexa Fluor488 得以进入细胞质且颜色更深(通道 3)。

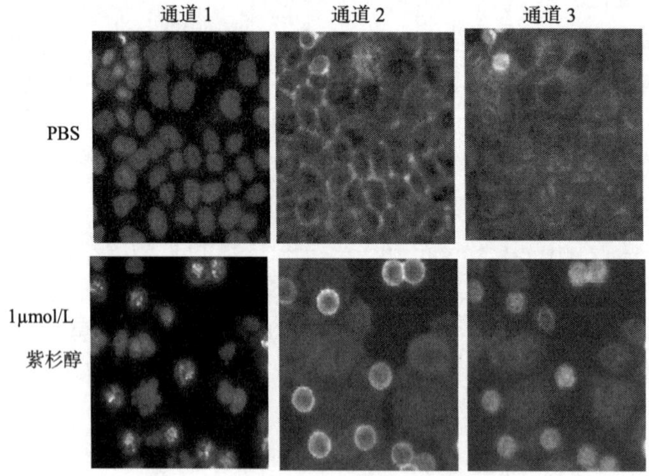

图 27-2　紫杉醇诱导 HeLa 细胞凋亡

二、药物对细胞增殖的影响

有关细胞增殖的分析研究在药物研发过程中，特别是在评价药物的药效与毒性方面意义重大。药物对有丝分裂、细胞周期及其相关调节通路的影响都可用 HCS 技术进行检测。

(1) 有丝分裂指数　细胞增殖包括多个复杂的亚细胞变化的精细调控过程，但其中两个关键的有丝分裂现象很容易辨别，即微管纺锤丝的形成和染色体的浓缩。利用识别核内组蛋白磷酸化抗原决定簇的特异性抗体和荧光标记的第二抗体可辨认处于有丝分裂过程中的细胞。有丝分裂指数是指在一个细胞群体中经历分化过程的细胞比例，可作为评价生长因子对细胞的刺激潜能以及药物抗增殖活性的指标之一，不仅可用于识别增殖细胞和筛选诱导或抑制有丝分裂过程的化合物，同时也可作为一种诊断方法发现癌细胞。研究表明，以 Array Scan 为检测仪的 HCS 技术测定有丝分裂指数与荧光激活细胞分选(FACS)的效果相同，而且 HCS 使用 96 孔板，并可检测黏附细胞，使得样品制备过程更为简单。

(2) 细胞周期检测　细胞周期检测常用于评价药物的抗癌活性，是一种全新的检测分析方法。目前对于细胞周期的研究方法(如流式细胞仪)，都需要大量的悬浮细胞，对于筛选和自动化，流式细胞仪也不能很好的解决目前所有的问题；此外，流式细胞仪的分辨率仅为 2~5μm。灵活、多通道、高内涵软件能够测定每个细胞所处的细胞周期阶段，报告细胞亚群分布，并且同时鉴定某种细胞周期相关蛋白以获得更多更丰富的信息。例如，肿瘤细胞经 DNA、全部 Rb (retinoblastoma)和磷酸化 Rb 三种细胞周期标记物标记后，通过对每个细胞进行分析，可获得细胞周期的信息来区分不同的细胞亚群。以往对细胞周期的研究中，由于处于有丝分裂和 G_2 细胞是非荧光标记的，所以区分进入 G_2 和 S 期的细胞就很困难。但采用 HCS 系统的细胞增殖荧光检测方法，通过引入不同的标记物，处于周期中每一个位置的细胞均可得以区分。例如，通过检测免疫荧光标记的 G_2 期细胞特有的磷酸化的组蛋白 H3，经 5μmol/L 长春新碱作用 24h 的 $HepG_2$ 细胞内荧光强度随着药物浓度增加明显增强；荧光染色的细胞也逐渐增多，表明细胞被阻断在 G_2/M 期(图 27-3)。

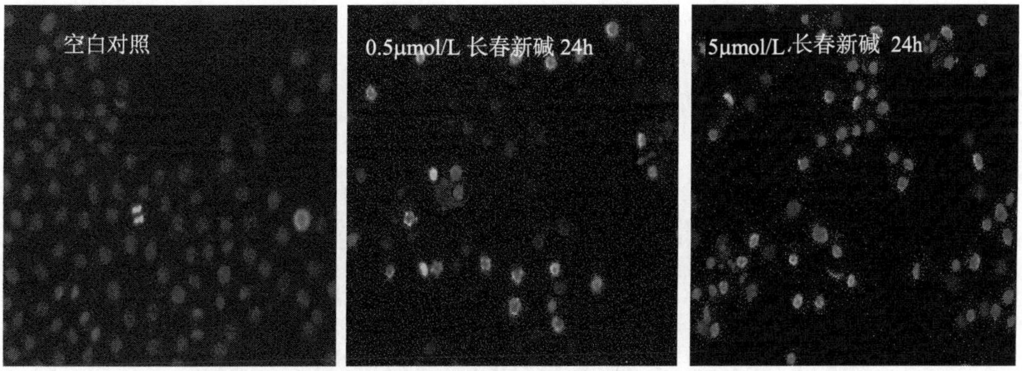

图 27-3　长春新碱阻断 $HepG_2$ 细胞于 G_2/M 期

(3) 调节通路　细胞的增殖反应也会引起多个通路的激活，应用新颖的细胞增殖 HCS 分析方法可同时检测属于不同通路的生物标记物。Gasparri 等人建立了 HCS 自动多参数分析法测定正常人体真皮成纤维细胞(normal human dermal fibroblast，NHDF)的体外增殖指数。他们用胰岛素样生长因子、血小板来源的生长因子、表皮生长因子、成纤维细胞生长因子或血清饥饿的 NHDF，测定 Ki-67 抗原表达、BrdU(bromodeoxyuridine)掺入和 pRb(retinoblastoma protein)磷酸化来定量检测增殖指数。这一方法的突出优点在于每种增殖标记物可单独分析也可与其他标记物结合起来综合分析。

三、信号转导通路的研究

信号转导是一个生物大分子物质激活和转位的复杂过程。例如，转录因子在从细胞质转移到细胞核，传递了目的基因的转录信息而实现了其生物功能。配体与受体结合、与 NF-κB、NFAT、c-jun 和 STAT 等转录因子的信号转导途径都是从激活和转位到细胞核中开始的。因此检测特异性的转录因子从细胞质到细胞核的转位过程可以反映出转录因子本身激活的事实。除了转录因子外，许多激酶的磷酸化过程也是一个转位过程，用来转导信号形成信号通路。

大部分的信号转导包含了细胞中多种成分的相互作用过程。例如，激活作用通常就是某个靶标分子在细胞中重新定位并转导生物学信号的过程。HCS 系统可进行多分子转位研究，对受到上游信号刺激的多个相关靶点同时检测，并研究其相互之间的关系。

以体内某些与疾病密切相关的信号分子为靶点来研究药物作用机制或筛选化合物是新药研究的重要内容之一。绝大部分信号分子的激活与其在细胞内的转移有密切关系，所以 HCS 系统经常通过测定信号分子的转移来间接检测转导通路上的信号激活过程。

NF-κB 与肿瘤和炎症的发生都有密切关系，是目前研究较多的信号分子之一。Ding

等人利用 HCS 技术测定 IL-1 和 TNF 诱导的 NF-κB 核转移。HCS 系统作为快速、敏感和自动化定量检测体系可用于监测 NF-κB 信号转导过程中的早期事件，并可用于自动化筛选抑制或诱导 NF-κB 激活的化合物。例如，经免疫荧光染色，细胞核由 Hoechst 33324 标记为蓝色，NF-κB 由 P65 单克隆抗体 FITC 标记的羊抗鼠二抗染成绿色。对照组细胞的 NF-κB 均匀分布于细胞质中；当细胞受到 TNF-α刺激后，NF-κB 转位至胞核内，荧光染色集中于胞核区域(图 27-4)。

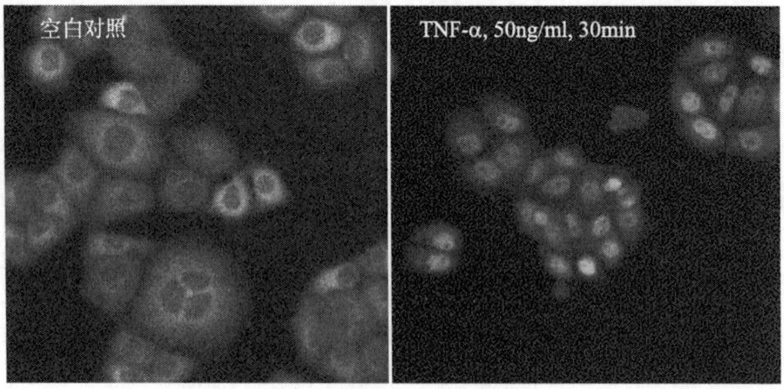

图 27-4　TNF-α诱导 HeLa 细胞的 NF-κB 核转位

HCS 系统还可解决一些更复杂的关于信号转导的问题。不同的刺激物可激活不同的信号分子，而一些分子会参与多个信号通路，这种复杂性使得特异受体或刺激物激活信号通路的过程的研究成为一个富有挑战性的问题。例如，MAPK(mitogen-activated protein kinase)信号通路及其激活的研究。MAPK 的信号传递在很多信号转导通路中扮演重要角色，并且是抗肿瘤药物研究中的关键靶点。ERK(extracellular signal-regulated protein kinase)是 MAPK 的一种。阐明特异受体激活 ERK 的过程可发现特异作用于此通路的化合物。Ghosh 等人用 HCS 分析了表皮生长因子(EGF)受体特异激活 ERK 的过程，发现 ERK 结合并激活受体可导致两个效应，即 ERK 磷酸化并转移至核内及 EGF 受体–配体复合物内源化并在核内体(endosome)或溶酶体中降解。用 HCS 可以同时检测、确认和联系这两个平行过程，显示出基于细胞的 HCS 分析方法具有同时测定多个靶点以及追踪动态变化过程的能力。该实验中，采用了 3 种荧光标记物检测 3 个不同的靶点(蓝色荧光标记细胞核、绿色荧光标记 ERK 和红色荧光标记 EGF)，而 HCS 系统应用的灵活性还可以允许更多的相关靶点(最多至 6 个)被同时定量检测，为我们的实际研究工作及基于 HCS 技术的自主研发提供了有利条件。其自动化操作、客观准确性及易于掌握的分析方法给我们带来了丰富的信息和定量的结果，并且显示出 HCS 在解决细胞内信号通路方面的巨大潜力。

除此之外，还有很多信号分子如：ATF-2、AKT1、c-Jun、NFAT、PKC-a、STAT1、STAT2 和 STAT3 等都可以用 HCS 来进行检测。

四、HCS 对药物的神经生长活性评价

在中枢神经系统药物研发中，如何识别作用于神经突生长的化合物是研究的核心内容。但是现有的检测方法有劳动强度大、主观性强、无法准确区别神经细胞本身和它的轴突等缺点。而 HCS 技术可利用对神经细胞特异性的荧光标记抗体识别神经细胞，并且可用不同颜色的荧光区分神经细胞和其轴突，由此取代了以往从不同类型细胞的混合体中分离神经细胞这一非常耗时的步骤，使得检测工作的速度大大提高，并且降低了人为误差。

神经元细胞的形态受到多种刺激因素，如神经营养因子、电活性、轴突形成、功能成熟和分化等的调控，因此能够快速、自动地分析神经元形态上的各种变化的方法将成为研究中的利刃。HCS 分析模块 extendedneurite outgrowth(ENO)能够识别神经元或类神经元细胞，定量分析其形态特征并给出一系列测量数据以辅助识别能影响神经元形态的因素。这些数据包括荧光强度测定和细胞形状及面积、神经细胞单个突起的长度及总长度、突起的数量和分支数等一些整体形态学指标。ENO 可以通过分析神经递质和细胞表达的其他特异性蛋白来区分、确认和比较神经元细胞亚群，并报告每个细胞亚群在单细胞水平和群体细胞水平的状况。因此，它能够比较出各个亚群的区别，并获取细胞应答时的微小而重要的变化。Nakashima 等人利用抗微管蛋白的特异抗体和 Alexa Fluor 488 标记的二抗体识别 PC12 细胞(大鼠嗜铬细胞瘤细胞)神经突，检测了神经生长。还有人用 PC12 细胞的亚克隆 Neuroscreen-1 细胞进行同类实验，发现 Neuroscreen-1 细胞比 PC12 细胞生长快 50%~80%，而且对于神经生长因子有更灵敏和更快速的反应性，且在 2 天内可测量到轴突长度的变化，而不是往常的 6~8 天。所以这种细胞更适用于更高通量的筛选。

五、G 蛋白偶联受体与钙离子通道检测

G 蛋白偶联受体(G protein coupled receptor，GPCR) 广泛表达于各种细胞的表面，能够结合种类繁多的配体(如神经递质、激素、光子、气味分子、趋化物和各种生长因子等)，是小分子调节剂治疗干预的丰富靶点来源。据估计大约有 80%的已知激素和神经调节因子都是通过 GPCR 发挥作用的。目前，世界上大约 40%的畅销药物是以 GPCR 为靶点的。

研究表明，应用荧光生物传感器如荧光染色、蛋白标记等方法对 G 蛋白偶联受体活化剂或调节剂进行高内涵药物筛选，可平行得到 GPCR 本身及其相连的第二个蛋白质在细胞内的位置、数目等多种信息数据。除了绿色荧光蛋白对 GPCR 标记检测方法外，最近又出现了一种新方法——pH 敏感花青苷(cyanine dyes)染色法。CypHer-5 是一个对 pH 敏感的花青苷衍生物，当 pH 为 5 时，95%的染料会发出红色荧光，而当 pH 为 7.4 时，仅有不到 5%的染料会发光。GPCR 细胞外的 N 端表位决定簇可与标记 CypHer-5 的表位决定簇抗体结合。只有当 GPCR 受配体激活，并由细胞表面被吞入细胞内，由于细胞内 pH 降低，染料才能发荧光。该方法在高内涵药物筛选中具有广泛应用前途。

钙离子信号调节许多重要的生物过程，在药物发现过程中，细胞水平的钙离子检测被认为是最重要的筛选技术之一，50%以上与钙离子信号相关的药靶是通过 GPCR 和相关受体进行的。经钙离子荧光指示剂与核染料作用后，HCS 可对细胞逐一进行钙流检测，分析药物对钙离子信号的影响，进而了解药物对相关药靶的作用。例如，成神经细胞瘤株 SK-N——SH 中 M3 蝇蕈碱受体的活化可刺激钙离子的释放，通过检测核周围特定区域钙离子信号的反应，可定量分析化合物对 M3 蝇蕈碱受体的影响。

六、肿瘤细胞多药耐药逆转剂的检测

肿瘤细胞的多药耐药性(multidrug resistance，MDR)涉及临床常用的多种抗肿瘤药物，是肿瘤成功化疗最严重的障碍之一。多药耐药的作用机制复杂，主要与 P-糖蛋白过度表达有关。JC-1 为 P-糖蛋白的荧光底物，通过检测肿瘤细胞 P-gp 对 JC-1 的外排能力，有助于筛选多药耐药逆转剂。

七、HCS 与 RNA 干扰

RNA 干扰(RNA interference，RNAi)是近年来日益受人们青睐的一种有效抑制基因表达的技术。它将与目的基因相对应的正义 RNA 和反义 RNA 组成的含 21~24 个核苷酸的小分子干扰 RNA 双链(small interfering RNA，siRNA)转染至靶细胞，可使目的基因的 mRNA 降解从而抑制基因的表达。不断有报道利用 siRNA 在培养哺乳动物细胞中进行基因功能分析方面的研究，那些出现靶蛋白水平剧烈减少的细胞被称为基因敲减(knockdown)细胞。可以预期， siRNA 将在基因产物功能鉴定、确定基因产物的基本细胞事件和病理过程中发挥关键作用。

RNAi 技术是一种发展很快并有应用前景的基因控制技术，目前已广泛地应用于多学科的研究，尤以医学领域的研究最为突出。它不仅可用于基础研究，而且为病毒感染性疾病和肿瘤防治开辟了更为广阔的前景。在肿瘤研究中可广泛应用于①癌基因及抑癌基因的敲除，②有关肿瘤性疾病信号传导途径的研究，③肿瘤免疫逃逸方面的研究，④提高肿瘤对化疗及放疗的敏感性等诸多方面。RNAi 是机体的一种由小分子 RNA 介导的序列特异性免疫保护性机制，它起着一定的对抗侵入性遗传因子(如病毒、转基因)的作用，可以抑制其复制、减弱或消除其基因毒性。在病毒学研究中，目前多数是通过直接合成特异的 siRNA 以降解病毒 RNA 或其 mRNA，也有通过 RNAi 抑制参与病毒复制过程的宿主细胞的某些基因的表达而发挥抗病毒作用。RNA 干扰技术在抗病毒方面的研究主要集中在抗 HIV、HBV、HCV 的研究上，也有一些抗植物病毒方面的报道；将 RNA 干扰技术用于对 SARS 病毒的防治的研究也获得了突破性进展。

RNAi 基因沉默效果一方面需通过基因功能地改变来评价，另一方面需要检测基因表达水平。常规 RT-PCR、Northern blot、免疫组化和 Western blot 等方法可用于目的基因 mRNA 和蛋白水平表达抑制的检测，但在定量检测上仍有一定的局限性。于是，人们进一步采用实时定量 RT-PCR、流式细胞技术(flow cytometry)和激光共聚焦等方法进行检测，大大提高了结果的客观真实性。由于目前多采用瞬时转染的方法获得基因敲减细胞，其靶蛋白水平一般在 siRNA 转染后 5~7 天就会恢复；而采用常规的实验方法难于同时动态检测上述多项指标。新近发展起来的高内涵筛选分析系统可在活细胞状态下动态观察 siRNA 对细胞的形态、生长、靶分子的变化，以解决上述难题，并将提升结果评价的科学性与有效性。RNAi 与 HCS/A 的结合为应用全基因组 siRNA 文库或以蛋白激酶、离子通道和受体等基因家族亚类(subsets)研究细胞表型提供了强大的分析工具。Clathrin 和 caverolae/raft 介导的胞质分裂是胞内分裂(endocytosis)的两个主要途径。Pelkmans 等应用 RNAi 与 HCS/A 技术在基因组范围内开展了人类激酶在不同胞内分裂途径中功能的研究。为了证明激酶在胞内分裂中的作用，首先采用 VSV 和 SV40 病毒进行 HCS 筛选，当感染发生时，胞内分裂途径是上述两种病毒特异性的靶点。通过分析荧光病毒蛋白的表达，发现了能影响病毒感染 HeLa 细胞的一组激酶。进一步的基因敲减与表型变化的 HCS 技术评价确证了单个的“活性”激酶。该研究分析了两条胞内分裂途径中的 20 多种表型，由此可见 HCS 在大规模 RNAi 研究中的特殊作用。除了证明大量参与胞内分裂的激酶以及参与不同的胞内分裂过程的激酶亚类外，该研究还发现了一组在两条不同的胞内分裂途径中发挥完全相反作用的激酶，表明两条通路的共同调节作用。Bettencourt-Dias 等在果蝇系统中用 RNAi 研究了参与细胞周期进程的激酶，并以图像分析为基础的 HCS 检测有丝分裂缺陷的细胞表型。例如，通过高分辨率的图像分析系统捕获 Aurora A 敲减所致中心体和仿垂体聚集缺陷，阐明了基因的功能。Eggert 等应用 HCS 结合化学遗传学方法和基因组范围 RNAi 共同筛选鉴别胞质分裂抑制剂以及靶点。通过平行筛选，研究者利用果蝇细胞筛选了近 20 000 个 siRNA 以及 51 000 个小分子化合物，发现了 50 个胞质分裂抑制剂和 214 个与胞质分裂相关的重要基因，其中包括一个 Aurora B 途径的新蛋白。

RNAi 与 HCS 联合应用，为药物研发提供了一个的强大平台，极大地改变了药物研发的过程。利用 RNAi 与 HCS，可用于功能基因组学及蛋白质功能研究、信号转导通路研究。既提供了大规模药物靶标筛选的可能，可用于化合物库的筛选，又可用于药物靶标和化合物库的共同筛选。虽然 RNAi 与 HCS 联合应用也面临着挑战，尤其是来自于自动化细胞图像分析方面的挑战，但我们仍有理由相信 RNAi 与 HCS 用于药物研发，有着很好的前景。值得期待的是，RNAi 与 HCS 联合应用将可能攻克下复杂的细胞表型分析难题去进行大规模初级靶标筛选和化合物库筛选，成功加速未来药物的开发过程。

虽然高内涵筛选技术尚处于发展初期，但它的巨大潜力和在新药研发领域将要占据的重要地位不容小视。高内涵筛选不仅能阐明被筛样品与药靶的相互作用关系，而且可同时了解细胞的其他生物学改变，进而研究其对相关代谢途径的影响，并通过观察细胞形态来预测化合物的毒性。应用高内涵筛选技术能够加速发现具有潜在开发前景的活性化合物，设定深入评价的优先次序，为构效关系研究和结构优化改造提供有力的支持。因此，高内涵筛选代表着创新药物研究技术发展的必然趋势。

随着现代科学技术的发展，HCS 还将被不断完善与发展，尤其是在荧光检测、HCS 筛选试剂、多功能多参数筛选方法以及与之匹配的软件开发应用等方面都有望在近年内获得长足进展，使 HCS 成为新药研发的强大工具与平台。

主要参考文献

陈凯先，蒋华良，罗小民等. 2004. 后基因组时代的药物发现：趋势和实践. 中国天然药物, 2: 257~260

Bettencourt-Dias M, Glet R, Sinka R, et al. 2004. Genome-wide survey of protein kinases required for cell cycle progression. Nature, 432: 980~987

Ding GJF, Fischer PA, Boltz RC, et al. 1998. Characterization and Quantitation of NF-κB Nuclear Translocation Induced by Interleukin-1 and Tumor Necrosis Factor-a. J Bio chem, 273: 28897~28905

Edwards BS, Oprea T, Prossnitz ER, et al. 2004. Flow cytometry for high－throughput, high－content screening. Curr Opin Chem Biol, 8: 392~398

Eggert US, Kiger AA, Richter C, et al. 2004. Parallel chemical genetic and genome-wide RNAi screens identify cytokinesis inhibitors and targets. PLoS Biol, 2: e379: 2135~2143

Gasparri F, Mariani M, Sola F, et al. 2004. Quantification of the Proliferation Index of Human Dermal Fibroblast Cultures with the ArrayScan™ High-Content Screening Reader. J Biomol Screen, 9: 232~243

Ghosh RN, Grove L, Lapets O. 2004.A quantitative cell-based high-content screening assay for the epidermal growth factor receptor–specific activation of mitogen-activated protein kinase. Assay and Drug Development Technologies, 2: 473~481

Giuliano KA, DeBiasio RL, Dunlay RT, et al. 1997.High-content screening:a new approach to easing key bottlenecks in the drug discovery process. J Biomol Screen, 2: 249~259

Giuliano KA, Haskins JR, Taylor DL. 2003. Advances in high content screening for drug discovery. Assay Drug Dev Technol, 1: 565~577

Liptrot C. 2001. High content screening—from cells to data to knowledge. Drug Discov Today, 6: 832~834

Lövborg H, Nygren P, Larsson R. 2004. Multiparametric evaluation of apoptosis: effects of standard cytotoxic agents and the cyanoguanidine CHS 828. Mol Cancer Ther, 3: 521~526

Lowes VL, Ip NY, Wong YH. 2002. Integration of signals from receptor tyrosine kinase and G protein-coupled receptors. Neurosignals, 11: 5~19

Minguez JM, Giuliano KA, Balachandran R, et al. 2002. Synthesis and high content cell-based profiling of simplified analogues of the microtubule stabilizer(+)-discodermolide . Mol Cancer Ther, 1: 1305~1313

Nakashima S, Ikeno Y, Yokoyama T, et al. 2003. Secretory phospholipases A2 induce neurite outgrowth in PC12 cells. Biochem J, 376: 655~666

Pelkmans L, Fava E, Grabner H, et al. 2005. Genome-wide analysis of human kinases in clathrin- and caveolae/raft-mediated endocytosis. Nature, 436: 78~86

Proll G, Steinle L, Pröll F, et al . 2007. Potential of label-free detection in high-content-screening applications. *Chromatogr* 1161: 2~8

Rausch O. 2006. High content cellular screening. Curr Opin in Chem Bio, 10: 316~320

Widmann C, Gibson S, Jarpe MB, et al. 1999.Mitogen-activated protein kinase:Conservation of a three-kinase module from yeast to human. Physiol Rev, 79: 143~180

Wylie P. 2004. Neural cell differentiation—HCS confronts the challenges for high-throughput and secondary screening assays. Modern drug discovery, 7: 61~62

(李 敏)

第二十八章　计算机辅助技术在生物大分子结构模拟与功能研究中的应用

当今计算机科学与技术的迅速发展，使其从过去的单一计算功能发展到集拟合、模拟、制表、绘图、选择、判别、存储、检索、统计、管理、自动控制和人工智能于一体的专家系统。近二十年来，这些新技术在结构生物学及其相关学科中广泛应用，显示出了巨大的威力。计算机技术所涉及的内容很多，本章将主要介绍蛋白质和核酸结构与功能研究中常用的设计方法和手段。在此基础上，针对后基因组时代的药物设计发展趋势，阐述并讨论基于生物网络的药物设计新方法。

第一节　计算机技术在蛋白质结构与功能研究中的应用

蛋白质是生命体中一大类重要的组成物质，其种类繁多、功能复杂，行使着包括：催化、调节、转运、储存、运动、结构成分、支架作用、防御进攻和其他异常功能等生物学功能，几乎覆盖了生命活动的各个方面。蛋白质各种生物学功能的行使与其三维结构有着密不可分的联系。为了完成特定的功能，要求蛋白质具有特定的三维结构，而一旦蛋白质发生变性，丧失了其天然构象，其正常的生物学功能也就无从谈起。

当前对蛋白质的研究大致可以分为三个层次：①对单个蛋白结构功能的研究。这层研究主要围绕单个蛋白质展开，包括对其结构的测定和预测、生物学功能的研究、以单个蛋白为靶标的药物设计、设计特定结构的蛋白质和改造已有的蛋白质等。这第一个层次的研究历史最为悠久，手段方法也最为成熟，已经积累了大量的经验、知识和数据，但仍然留有许多重要问题有待解决，比如蛋白质结构的从头预测以及蛋白质结构全新设计等，而且每前进一步都非常艰难；②蛋白–蛋白相互作用的研究。随着基因组计划的接近尾声和蛋白质组学的兴起，蛋白–蛋白相互作用的研究逐渐成为热点，在计算和实验手段上最近都得到了长足的发展，尤其是在基因组尺度上的研究；③生物网络的研究。近来，人们对于生物学网络进行了大量的研究，而在此当中，蛋白质构成了生物网络的核心，早期的研究更加注重生物学网络本身的性质，最近的研究逐渐开始关注网络中的各个节点对于网络的功能的影响，这些研究从系统的和整体的角度丰富和加深了我们对于生命过程的了解。

一、蛋白质结构预测

自从 1961 年 Anfinsen 以核糖核酸酶的可逆变性研究证实了“蛋白质序列决定其天然结构的假说”以来，从蛋白质一级序列直接预测三级结构一直是无数人梦寐以求的目标。经过这么多年的不断发展，人们在这个问题上取得了一定的进展，但是距离最终问题的解决仍然有一段相对遥远的距离。就当前而言，蛋白质结构预测方法可以分为三类：

1. 同源模建

人们对已经解出的蛋白质结构进行观察发现，两个进化相关的蛋白质往往具有类似的三维结构，因此这类方法的基本出发点是序列相近的蛋白质结构也比较相似。对于待预测的未知结构蛋白质，如果能够在现有 PDB 库中找到与其同源性较高的序列，我们即可认为该未知蛋白质具有与其相类似的结构。同源模建(homology modeling)方法(图 28-1)一般包括一下几个步骤：通过序列比对寻找模板蛋白；识别和复制结构保守区结构；模建结构非保守区(通常为 loop 区)结构；侧链安装和对整个结构的精修(refinement)。

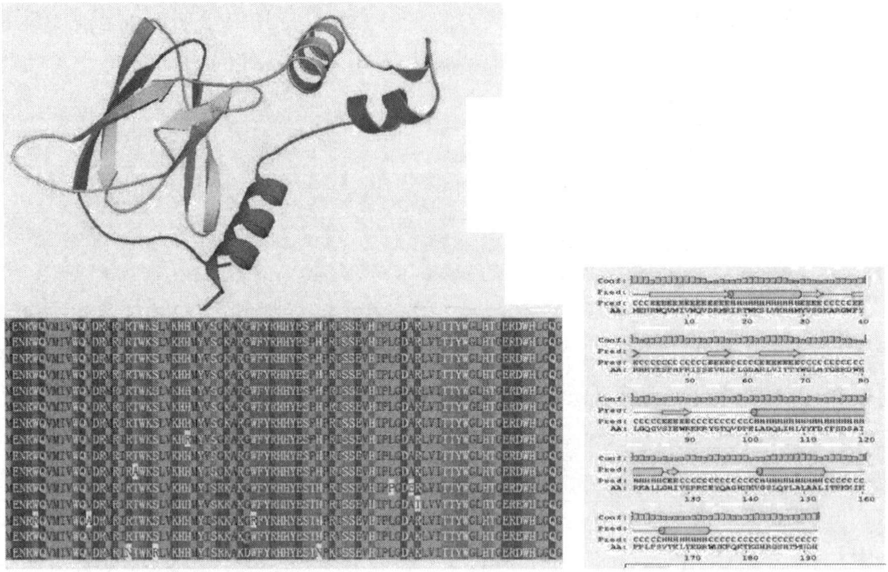

基于蛋白序列同源性的搜索和比对

蛋白二级结构预测

图 28-1　基于序列和二级结构同源性的模建方法示意图

影响同源模建方法准确性的主要因素有两个：目标蛋白和模板蛋白的结构保守性；比对的准确性。目前来说，如果存在与目标蛋白序列等同性(sequence identity)在 50%以上的模板蛋白，则在此基础上搭建的结构准确性可以到 1Å 左右(Cα的 RMSD)；对于序列等同性在 30%~50%的情况，一般两者会共享 80%以上的结构，CASP 结构预测比赛的结果显示最好的预测结构准确性不超过 4Å，典型情况在 2~3Å 左右，现在的问题一般是在环区的模建和结构的精修(refinement)上。对于序列等同性在 20%~30%的情况，两者结构保守性可以低到 55%。从比对的角度来说，等同性在 30%以上的情形比较简单，30%以下的情况比较困难，尤其是对于 20%以下的情形，错误比对的残基经常可以达到总残基数的 50%左右。当前最有代表性的同源模建程序主要有 Modeller 和 COMPOSER。两者的差别主要在于对模板结构的使用方法上，Modeller 是根据模板结构产生一些结构特征限制，然后在这些约束条件下进行优化得到最终结构；COMPOSER 则是直接拷贝模板的保守区结构片段。

2. 折叠模式识别

折叠模式识别(fold recognition)方法与前面的同源模建方法可以归为一个大类：基于知识的结构预测方法。随着大量蛋白质结构的解出，人们发现尽管已知结构的数量增长得很快，但是蛋白质折叠种类的增长却比较缓慢(图 28-2)。因此人们普遍猜测蛋白质的折叠种类是有限的，并建立了几个折叠模式数据库，常见的有 SCOP 和 CATH 等。近来有研究表明，当前的 PDB 已经足够大，从而原则上在现有的 PDB 库基础上可以解决单结构域蛋白的预测问题。在此基础上，人们提出来了折叠模式识别的预测方法，即假定当前已经知道了所有的蛋白质折叠类型，这样对于一个待预测的蛋白质，我们只需要通过判别一下它属于哪个折叠类型便可以得知其大致的结构，然后再进一步通过结构精修得到最终的构象。具体做法上，传统的方法一般是把未知结构序列逐个比对在一个已有的折叠模式库中的每个结构上，由于在比对的过程中未知序列在已知结构上滑动，因此折叠模式识别方法又被称之为 Threading 方法。在早期的方法当中，序列的插入和删除是不考虑的；现代的方法则考虑了序列的插入和删除。然后用 3D-profile 或者统计平均势的方法进行判别。这方面的代表程序有 THREADER、PROSPECT 等。

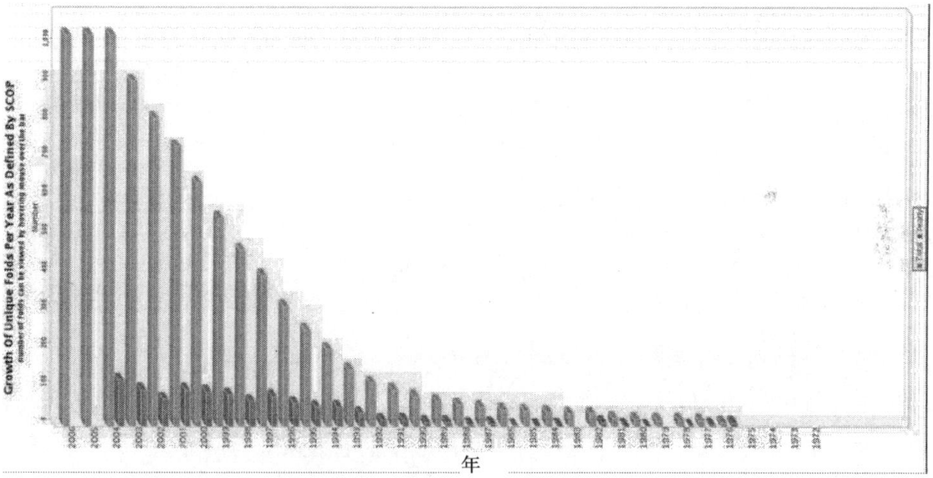

图 28-2　SCOP 定义的蛋白质折叠类型的数目近 30 年来增长的情况

蛋白质晶体结构数据库 PDB 网站 http://www.rscb.org，2006 年 4 月 25 日

近年来，也有研究直接将预测工作简化为一个模式识别问题，使用支持向量机(support vector machine，SVM)、神经网络(neural network)等机器学习方法直接进行折叠模式的判别也取得了不错的效果。

3. 结构从头预测

与前面两种基于知识的方法不同，结构从头预测(*ab initio* structure prediction)方法，顾名思义，则是直接从物理化学的基本原理出发对蛋白质结构进行预测，即通过计算模拟的方法直接寻找蛋白质的自由能最低态。因此与同源模建方法要求有与待预测蛋白同源的已知结构蛋白、折叠模式识别方法要求待预测蛋白属于已知的折叠类型不同，从头预测方法原则可以适用于所有的蛋白质，当然这个目标的实现是非常非常的困难。对于一个从头预测方法来说，一般由三部分组成：①结构的描述和候选构象的生成策略。对于蛋白质结构的模型描述，常见的有全原子模型、全重原子模型和各种虚原子模型(每个残基用一个、两个或者多个虚原子来表述)等；对于构象生成策略来说，大致可以分为两类：晶格(lattice)和非晶格(off-lattice)模型。前者中构象的变化在取值上是离散的(比如主链二面角限制为给定的几对)，而后者构象则是可以连续变化的。②能量函数。力场方法和统计平均势的方法都可以被用在这里作为判断构象好坏的能量函数。③构象全局优化算法。当前面的工作准备好了之后，现在我们面临的就是一个势能函数全局极小化的问题。如果能量函数足够准确的话，我们只要能找到使能量函数取到全局极小的构象，那就正确预测出了蛋白质的天然构象。因此，一个有效的全局极小化算法是我们所需要的，常见的搜索算法大致可以分为三类：遗传算法、蒙特卡罗模拟和分子动力学方法。

目前来说，最好的从头预测方法仍然是 David Baker 等自 1997 年就开始发展的 ROSETTA 方法。ROSETTA 方法主要是基于片段组装的方法，先通过对已知的蛋白结构进行统计得到一个片段库，然后在此基础上搭建构象并进行筛选。

国际上对于蛋白质结构预测方法有一个比赛：CASP(critical assessment of structural prediction)。CASP 从 1994 年开始，之后每两年一届，截至 2006 年已经进行了7 届。CASP 比赛的组织者向那些实验结构生物学家征集即将解出结构的蛋白质序列，然后作为预测的目标序列提供给参赛者。因此 CASP 比赛的结果可以比较真实地反映出一个预测方法的准确性和能力。十多年来，随着新技术的不断出现和计算能量的不断提高，人们在蛋白质结构预测问题上取得了长足的进展。

二、蛋白质分子对接

蛋白–蛋白对接与受体与配体对接的思路基本一致(图 28-3)，只是由于配体由小分子换成蛋白之后，问题变得困难了许多。对接的第一步仍然是需要寻找几何形状匹配得比较好的构象，然后再应用针对蛋白–蛋白相互作用的能量函数进行评估。

早期的分子对接研究表明几何互补性在复合物结构的形成中非常重要，所以采用几何互补性作为分子对接打分函数的标准。虽然复合物的几何互补性理论上比分子对接产生的解的几何互补性要好，但是也有一些例子表明假阳性的解比正确的解具有更好的几何互补性。预测软件 ZDOCK 和 DOT 一样，采用了 FFT 技术进行刚体对接。RDOCK 使用了一个新的几何互补性打分，该打分是计算在一个距离 cutoff 之内的受体－配体原子对数，然后减去一个碰撞罚分。其性能在分子对接竞赛 3~5 轮中比较靠前。目前比较成功的分子对接程序之一 Rosetta Dock 采用了 real-space 的蒙特卡罗能量极小化搜索算法在刚体对接中先低分辨率搜索主链构象，然后用相同的搜索算法重新安装了侧链。这两步使用的自由能函数是由 LJ 势，方向依赖的氢键势和隐式溶剂模型组成。最后采用聚类算法选择最大的类作为预测结果。这个算法在蛋白–蛋白分子对接竞赛 3~5 轮中取得了初步的成功。Wang 等利用在 off-rotamer 空间进行转子采样循环中让扭转角能量极小化加上 unbound 天然结构的侧链堆积的信息实现了一个快速的侧链安装算法。这个算

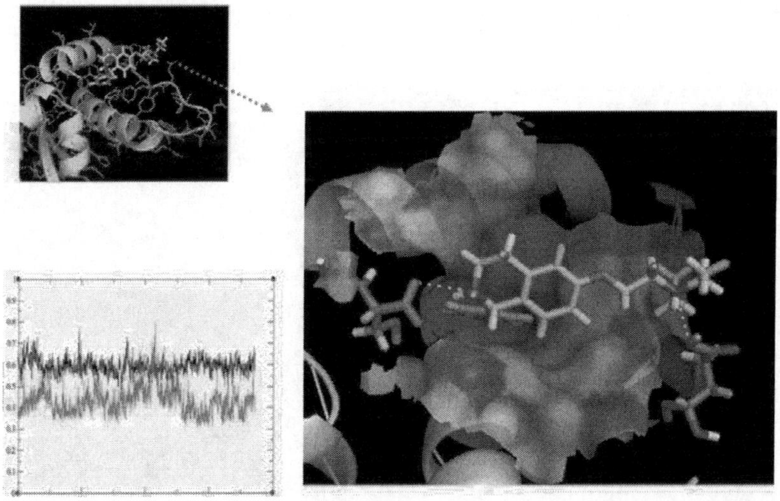

图 28-3　受体与配体相互作用模式的动力学模拟

法极大提高了 Rosetta Dock 的精度和速度与蛋白质结构预测类似，从 2001 年开始国际上组织了蛋白-蛋白复合物结构的预测比赛 CAPRI(critical assessment of prediction of interactions)，至 2008 年为止已经结束了 8 轮比赛。从预测结果来看，蛋白-蛋白复合物结构的预测目前还相当不理想，有待于进一步的发展。

三、蛋白质的分子动力学模拟

对于蛋白质动态结构的模拟，分子动力学(molecular dynamics，MD)模拟是基本的计算研究手段。分子动力学模拟方法是利用牛顿力学基本原理，通过求解运动方程从而得到体系中所有原子的轨迹。

由于绝大多数生命活动都是在水溶液中完成的，因此在模拟过程中有一个重要的问题——如何处理溶剂，也就是水。目前解决的方法可以分为两类，一类是水不以显式在模拟体系中出现，与之相匹配的力场称为隐式溶剂力场；另一类是水以显式出现在模拟体系中，相应的力场称为显式溶剂力场。前者由于水不直接出现在模拟体系中，因此大大减小了体系的粒子数，计算速度较快，但是结果相对来说不如显式溶剂力场可靠。常见的隐式溶剂力场方法有 ACE、EEF1 和 GBSA 等。而后者则需要发展相应的描述水分子的模型，水分子的模型有非常多种，目前在生物大分子计算中常用的有 SPC、TIP3P、TIP4P 等，水分子模型的研究本身就是一个非常有趣和重要的问题，如近期有人在 Nature 上发表文章用 TIP4P 模型和 MD 方法研究水的相变(过冷水的结冰过程)。一般来说，各个力场与水分子模型有其习惯的搭配，如 GROMOS 力场搭配 SPC、CHARMM 力场搭配 TIP3P、OPLS/AA 力场搭配 TIP4P 等。

另外，在模拟中我们还需要考虑边界的处理问题。对于边界的处理存在两种思路：

一是应用周期性边界条件，将体系向空间周期性的拓展，从而不再存在边界的问题(图 28-4)；二是采用随机动力学模拟，对于体系边界的分子加入随机扰动(图 28-5，白色区域内执行正常的分子动力学模拟，在边界的灰色区域内加入随机扰动)。

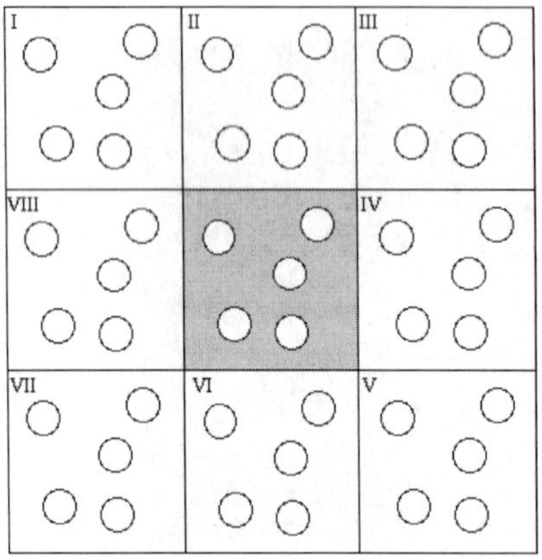

图 28-4　周期性边界条件

引自 http://www.ch.embnet.org/MD_tutorial

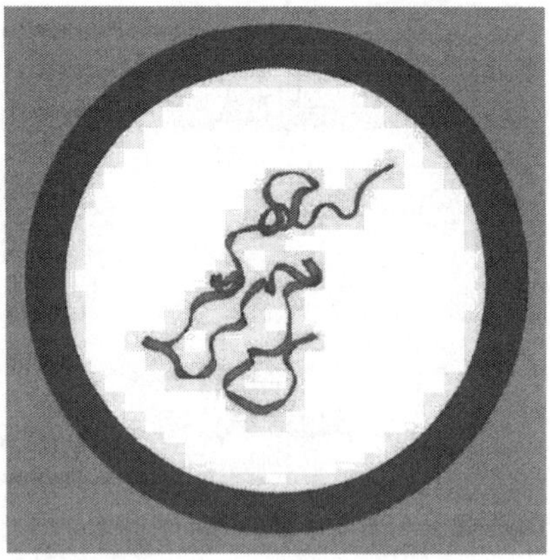

图 28-5　随机动力学模拟

引自 http://www.ch.embnet.org/MD_tutorial

最后，模拟中我们还会碰到如何控制温度、压力、表面张力等宏观热力学的问题。对于温度控制，常见的算法有 Berendsen 和 Nose-Hoover 方法等；对于压力控制，常见的算法有 Berendsen 和 Parrinello-Rahman 方法等。其中，温度控制的 Nose-Hoover 方法和压力控制中的 Parrinello-Rahman 方法能够与相应系统的情况相对应，使得模拟更接近于真实情况。

对于 MD 方法而言，在应用上主要需要克服的是计算量大的问题。围绕着如果何减小计算量的问题，人们采取了一系列的措施。由于在模拟中主要耗时于对非键相互作用项的计算上，因此人们在这方面投入了大量精力，主要思想是在不影响计算精度的前提下尽可能地提高计算速度。对于范德华相互作用，由于其随距离衰减非常迅速，因此简单的 cutoff 策略就已经非常有效；但是对于库仑相互作用，由于静电为长程力随距离的衰减比较缓慢，简单的 cutoff 策略不是太有效，处理起来比较麻烦，常见的有 PME(particle-mesh Ewald)方法。另外，分子动力学方法的有效并行化也是一个大家比较关注的问题。

经过 20 多年来的发展，目前已经发展了很多比较成熟的分子动力学模拟程序，常见的有 CHARMM、AMBER、GROMOS、GROMACS 和 NAMD 等。前三个更注重各种新方法技术的研究，后两个则着重于应用。其中 GROMACS 提供了非常快的单机性能和比较方便易用的分析工具，而 NAMD 则更加关注大规模并行时的效率。

除此之外，前面我们所提到的 MD 方法模拟轨迹原则上就是其系统真实的演化轨迹。但是 MD 作为一种采样手段也有着广泛的应用，针对这方面的需求，为了提高采样效率，人们发展了诸如 Multicanonical MD、Conformational Flooding、Essential Dynamics Sampling 和 Targeted MD 等诸多技术。

MD 模拟在应用类型上可以分为三类：①作为一种采样方法。如用 XRD 或 NMR 解析蛋白质结构时用于结构的修正；②体系的平衡态模拟。可以从中获取结构或运动方面的性质以及体系的热力学参数；③模拟体系真实的运动情况。前两者用其他模拟方法也可以达到，但是对于运动，MD 模拟是唯一的手段。

MD 模拟在蛋白质折叠、去折叠、聚合、稳定性和催化机理等方面都有着广泛的应用。在催化机理研究方面，对于需要涉及化学反应的场合，采用分子力学结合量子力学的方法也可以加以描述。MD 模拟典型的工作有：1998 年 Duan 等在显式水和周期性边界下，对 36 肽(villin 头段亚结构成)进行了长达 1ms 的折叠模拟；2001 年 Bert L. de Groot 等对水通道蛋白输运过程的研究；2000 年 Ma 等应用 TMD 方法对分子伴侣 GroEL 行使功能时构象变化的研究；2003 年 Dmitri 等对 Amyloid Peptide 聚集的研究等。

这里尤其值得一提的是两个工作。1998 年段勇等在 Science 上发表的工作，他们经过长达 1ms 的模拟，观察到了一个 36 肽(villin 头段亚结构成)的部分折叠过程(图 28-6)。A 是模拟起始时的去折叠态；B 是模拟中看的部分折叠态；C 是蛋白的天然构象；D 是构象 C 和 E 结构叠合的情况；E 是模拟中得到的构象聚类之后最稳定构象类的代表构象。以此为基础，段勇等认为如果能将模拟时间跨度进一步提到毫秒级，则可以用来解决小蛋白的折叠问题。他们的工作大大增强了人们对于 MD 模拟的信心。此后 IBM 宣布启动 Bluegene 计划，准备建造超级计算机，通过 MD 的方法进行蛋白质结构预测，目前计划已在进行中。

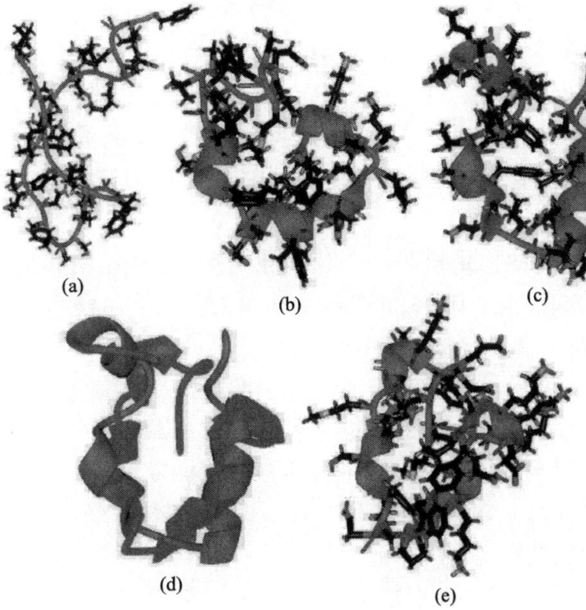

图 28-6　用分子动力学方法进行蛋白折叠模拟的情况

引自(Duan and Kollman 1998)

2001 年 Bert L. de Groot 和 Helmut Grubmuller 对人的水通道蛋白 AQP1 和细菌的甘油通道蛋白 GlpF 进行了 MD 模拟，研究了其生物学功能(图 28-7)。模拟在模仿生理条件的环境下进行，时间为 10ns。结果成功地观测到了水分子穿过通道的事件，由此得到的水分子通过蛋白的速率与实验结果基本相符，同时根据折叠过程的观察，对两个蛋白对水和甘油选择性通过的原因作出了解释。

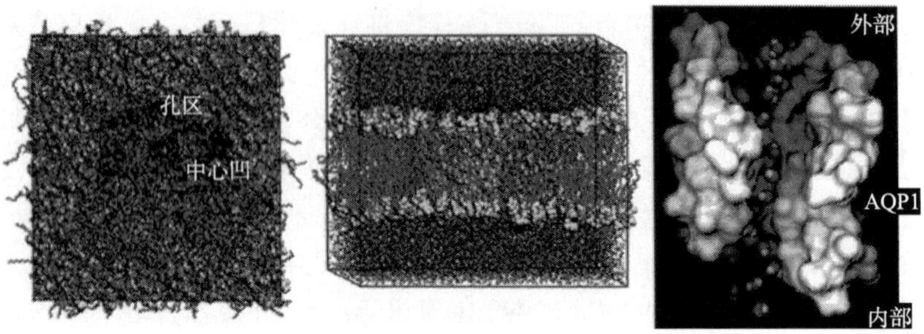

图 28-7　水通道蛋白与水输运的动力学模拟

第二节　核酸结构的计算机分子动力学模拟与功能研究

核酸具有重要的生物生理功能——遗传信息的储存、复制、翻译以及催化功能(酶性核酸)，是药物研究时重要的生物靶；随着人类基因组计划的顺利完成以及随之开展的功能基因组学的研究，调节和抑制基因的表达和翻译过程在生命过程和疾病过程中的重要性越发明显。因此，在核酸水平研究治疗药物的概念已越来越深入人心；人们已知一些具有多糖链的抗生素是以 mRNA 为作用靶的，而第一个人工合成的反义寡核苷酸 Formivisen 也于 1997 年也被美国 FDA 批准上市用于治疗巨细胞病毒引起的视网膜炎。以 DNA 和 RNA 的特定序列为作用靶的药物研究将成为 21 世纪的一个重要研究方向。但由于以核酸为生物靶的药物设计在实际操作过程中的各种控制环节非常复杂，目前的相关研究还处在初级阶段。

要阐明核苷酸在人体内的作用机制，我们必须了解其空间结构和动力学性质，在分子和原子水平上对某些实验过程中出现的实验现象进行解释，从而为进一步的研究打下基础。X 射线衍射和核磁共振技术是获得三维结构信息的重要实验手段，可以方便的测得核酸分子的晶态和液态结构。从 1953 年至今，由实验数据得到 B-DNA 结构所经历的四个阶段(图 28-8)。Watson 和 Crick 在 1953 年首次确立了 DNA 的双螺旋结构模型，阐明了碱基配对原则(图 28-8a)；随后纤维衍射技术被用来测定 DNA 的结构，图 28-8b 显示了 1976 年 Arnott 等测得的含有 12 个碱基片段的大肠杆菌 (*Eco*R I)DNA 寡核苷酸 d(CGCGAATTCGCG)的结构；　到了 1980 年，利用 X 射线衍射技术，确定了这一寡核苷酸的单晶结构，这是第一个 DNA 双螺旋的单晶结构(图 28-8c)；利用核磁共振技术，Bolton 等在 2000 年得到了这一结构的溶液构象(图 28-8d)。

伴随着计算机技术的发展和理论化学的不断完善，基于分子动力学的分子模拟技术也被应用到核酸结构的相关研究中。由于大多数生物化学反应或过程是在溶液中进行的，分子溶液构象的研究具有重要意义。测定分子溶液构象的实验手段主要是核磁共振方法，但核磁共振方法受到实验因素的限制，测定的相对分子质量最大一般在 20kDa，而且即使核磁共振得到 NOE 等实验数据，也要借助分子模拟方法才能将分子溶液构象的三维结构模建出来，因此分子模拟方法在分子溶液构象研究中起着重要作用。

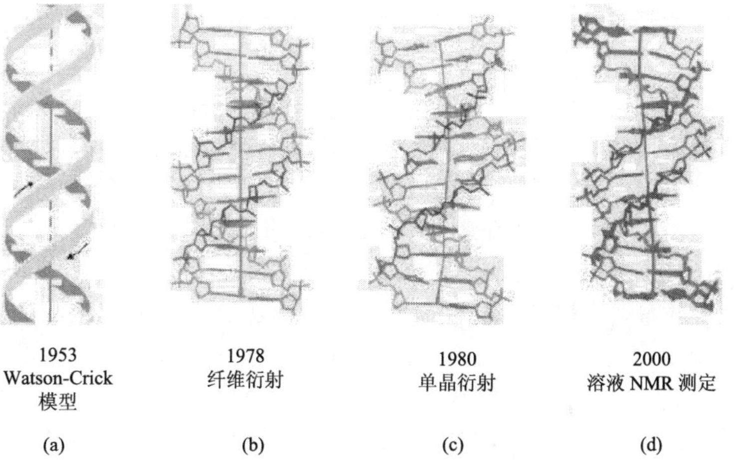

图 28-8　DNA 结构研究的四个阶段

近年来，一些 DNA 和 RNA 序列的晶体结构相继被报道，它们常常被用来与理论计算的结果进行比较。但是由于晶体结构受晶格堆积力的限制和影响，并不能完全反映 DNA 或 RNA 在溶液中的动力学构象，这就使得分子动力学模拟成为研究核酸在溶液中的结构和运动的一个重要手段。

用分子动力学模拟的方法研究核酸的溶液构象是一个具有挑战性的课题。DNA 和 RNA 在中性和生理 pH 条件下是一个带多个电荷的电解质，其磷酸骨架中的基团全部电离，因此，电荷–电荷之间的静电相互作用将是决定其结构和推动分子动力学模拟的主要作用力。根据库仑定律，这种静电作用随距离的增加而递减，但是减小的速度比较慢，并且由于其他许多条件的限制而变得复杂。另外，核酸的表面积/体积比要比蛋白质大，这就使溶剂效应更加显著，从某种程度上讲，溶剂效应起着很重要的作用。因此在对核酸进行分子动力学研究时，正确处理长程静电相互作用和溶剂效应是非常必要的。目前，在分子动力学模拟过程中普遍使用的 particle-mesh Ewald(PME)加和方法和各种溶剂化模型已被证明能够很好地解决这一问题，节省了计算时间，使得核酸分子的动力学模拟变得更容易、更准确。

模拟核酸分子所使用的力场主要包括 AMBER、CHARMM 和 BMS 等。大量的研究结果表明应用这些力场可以很好的模拟核酸分子的三维结构以及动力学性质。

一、正常反义寡核苷酸双链的分子动力学研究

1983 年，Levitt 首次对 $d(CGCGAATTCGCG)_2$ 双链进行了在真空中的分子动力学研究。之后不久，第一个含有抗衡离子和水分子的 DNA 双链的分子动力学模拟也被报道。从那以后，有关核酸大分子的计算机分子动力学研究逐渐为人们所重视，并取得了很大进展。

1. 寡核苷酸双链的稳定结构和构型转化

在实验和理论计算中研究的比较多的寡核苷酸是大肠杆菌(*Eco*R Ⅰ)的 12 碱基 DNA 双链 d(CGCGAATTCGCG)$_2$(其中 GAATT 部分是 *Eco*R Ⅰ 限制性内切酶的作用位点)。X 射线晶体衍射结果表明该双链为 B 型结构。York 等首先在晶体环境下对该体系进行了分子动力学模拟，模拟时间为 2.2ns。Young 及其合作者以及 Duan 等在不同环境下以 B-DNA 为初始模型对该体系进行了在溶液中的分子动力学研究，模拟时间分别为 1.5ns 和 1ns。这些模拟使用的都是 AMBER 力场，最终都得到了 B 型稳定结构，与晶体结构非常相近。Young 等在其 1.5ns 模拟结果基础上又对 d(CGCGAATTCGCG)$_2$ 双链进行了长达 5ns 的模拟，并得到了相当稳定的 B-DNA。Bolton 等的 14ns 的模拟结果也显示，在整个模拟过程中，体系始终保持 B 型稳定结构，而且与核磁共振结果符合得很好。Karplus 等以 X 射线晶体结构为起始模型对 d(CGATTAATCG)$_2$ 进行了 1.2ns 的分子动力学研究，计算中分别使用了 CHARMM27，AMBER 和 BMS 力场，用 particle mesh Ewald 方法处理长程静电相互作用。结果显示，使用三种力场都得到了 B 型稳定结构，并且与 X 射线结果非常接近。这些研究结果表明，如果选用了正确的分子动力学模拟参数，那么得到的结构与实验数据基本一致。

在进行分子动力学模拟过程中，会出现 A 型和 B 型之间的转化。Kollman 等用 AMBER 力场对双链 d(CCAACGTTGG)$_2$ 进行了分子动力学研究。共进行了四次，两次以 A-DNA 为初始模型，两次以 B-DNA 为初始模型，模拟时间都为 1ns。结果发现，A-DNA 转变为 B-DNA。表明从不同构型的 DNA 出发进行分子模拟时，最终都可转化为同一构型的 DNA，这就与 X 射线衍射和核磁共振得到的结果比较一致。Cieplak 等以 A-和 B-DNA 为初始模型对双链 d(CGCGAATTCGCG)$_2$ 进行了 1.5ns 的分子动力学模拟，发现 A-和 B-DNA 都向由 X 射线衍射得到的结构发生收敛。他们还发现，A、B 两种构型的转化与碱基序列没有太大关系，因为对 d(CCAACGTTGG)$_2$ 进行分子动力学模拟也发生了类似的现象。

2. 溶剂环境和离子浓度对 DNA 分子结构的影响

溶剂环境和离子浓度的不同会对 DNA 的稳定构象产生影响。Cheatham 等用 AMBER 力场，以 A-DNA 为初始构型研究了 d(CCAACGTTGG)$_2$ 在不同溶剂中的结构。结果显示在水溶液中，DNA 分子由 A 型结构转化为 B 型结构；在纯乙醇溶液中，DNA 分子结构被破坏；而在 85%的乙醇水溶液中，A 型结构稳定。计算结果与实验相吻合。Yang 和 Pettitt 选用 CHARMM 力场对 d(CGCGAATTCGCG)$_2$ 的研究发现，当使用浓度为 0.45mol/L 的盐溶液作溶剂时，DNA 双链由 B 型转化为 A 型。MacKerell 对这一序列在无盐、低盐(0.26mol/L Mg^{2+})和高盐(0.50mol/L Mg^{2+}和 0.59mol/L Cl^-)三种环境条件下的研究表明，其结构都介于 A 型和 B 型之间，接近 A 型，符合实验结果。Cheatham 和 Kollamn 研究了 $Co(NH_3)_6^{3+}$存在条件下，序列 d(ACCCGCGGGT)$_2$ 的溶液构象，A 构型稳定，并出现了 B 构型向 A 构型的转化。Feig 等对 d(CCCCTTTT)$_2$ 进行了相关研究。这些研究结果表明通过分子动力学模拟可以成功的再现由于环境不同引起的分子结构变化。

3. 抗衡离子和水分子与 DNA 分子的作用

在对 d(CGCGAATTCGCG)$_2$ 双链进行分子动力学研究时发现，在整个 5ns 的模拟过程中，有一个 Na^+抗衡离子在超过一半的时间内都被局域在 ApT 碱基附近的小沟区，而这一区域被认为具有非常高的负静电势。而对 d(CCAACGTTGG)$_2$ 的研究并没有发现有 Na^+结合在小沟区。关于抗衡离子和 DNA 的相互作用，不断有新的实验研究证明一价阳离子会优先结合在 DNA 分子中的 A_nT_n(A-tract)序列小沟区，小沟区阳离子结合位点是 A-tract 所独有的，抗衡离子的结合使得 A-tract 结构发生弯曲，并且小沟区变窄。但是计算机模拟研究并没有给出明确的结论：一部分研究认为 Na^+紧密结合在 A-tract 的小沟区；而其他人持相反意见。Madhumalar 和 Bansal 对 d(CGCAAATTTGCG)$_2$ 进行了 7ns 的分子动力学模拟，结果表明在 A_3T_3 区域的小沟区变窄，并且有水合作用形成的水脊(spine of hydration)，但是并没有 Na^+进入小沟区。在 A-tract 区域的小沟区变窄主要是由于 AT 碱基本身固有的性质(如高 propeller twist 值和负的 slide 值)。对于抗衡离子与 DNA 分子的结合机理，要想达成共识，有待于更多、更精确的理论研究。

水分子是影响 DNA 分子结构的重要因素之一。大量的实验结果——主要来自于核磁共振和 X 射线晶体衍射—已经证明了这一观点。对 d(CGCAAATTTGCG)$_2$ 双链的模拟得到了与实验一致的结果，即水分子在 DNA 小沟区形成水脊。同样的，在对 d(CCAACGTTGG)$_2$ 的研究中也观察到了水脊的存在。计算得到的水合作用模式的不同表明其具有序列依赖性。

4. 特殊结构 DNA 分子

除了双螺旋 DNA，一些具有特殊结构的 DNA 分子的计算机模拟研究也被报道。Shields 研究了 d(T)$_{10}$ · d(A)$_{10}$ · d(T)$_{10}$ 平行三螺旋的分子构象，与实验所得数据一致。杨洁等以 TAT 三链 DNA 为模板，采用同源模建的方法，分别建立起两个含 21nt 的脱氧寡核苷酸 Cp1(G3TG2TGT2G5TG2TGT)和 Cp3(TGTG2TG5T2GTG2TG3)的三维结构，采用分子力学和分子动力学的方法进行构象研究，证明了 Cp1 与乙肝病毒的核心启动子片段之间能稳定地形成三链 DNA，并能特异地抑制 DNA 结合蛋白与 Cp 片段结合。Orozco 等研究了几种反平行三链 DNA d(G#G · C)、d(A#A · T)和 d(T#A · T)的稳定构象及其分子动力学性质。Berger 及其合作者利用计算机模拟了 5′-GCGAAAGC-3′由于碱基错配形成的拉链(zipper)结构。Silva 对由 DNA 序列 d(GCGGTGGAT)形成的平行四链结构进行了分子动力学研究，得到了一个含有两个平面和四个 G · C · G · C 平面的稳定结构。此外，作为潜在的抗癌药物，G-四链 DNA 分子(G-DNA)引起了人们的注意。Hurley 等用 CHARMM 程序和 BMS 对 d[AG$_3$(TTAG$_3$)$_3$]形成的反平行 G-四链结构(含有三个 G·G·G·G 平面)进行了分子动力学模拟，并研究了 5，10，15，20-(N-甲基-2-吡啶基)-四取代卟啉与它相互作用的情况。Sponer 及其合作者用 AMBER 力场研究了由 d(GGGG)$_4$ 形成的平行 G-四链结构的形成过程，给出了结构和结合自由能的信息。

二、化学修饰的反义寡核苷酸双链的分子动力学研究

在利用计算机辅助核酸分子构象研究中，有关正常寡核苷酸的研究比较多。近年来，经过化学修饰的杂寡核苷酸的构象研究也越来越为人们所重视，如 PNA(peptide nucleic acids)、DNG(deoxyribonucleic guanidine)和 HNA(hexitol nucleic acids)等的分子动力学模拟研究。

PNA(图 28-9)由于其可与互补链形成亲和性较高的双链、三链结构，有较强的抗核酸酶活性，而成为很有潜力的反义核酸药物，从而引起人们的研究兴趣。

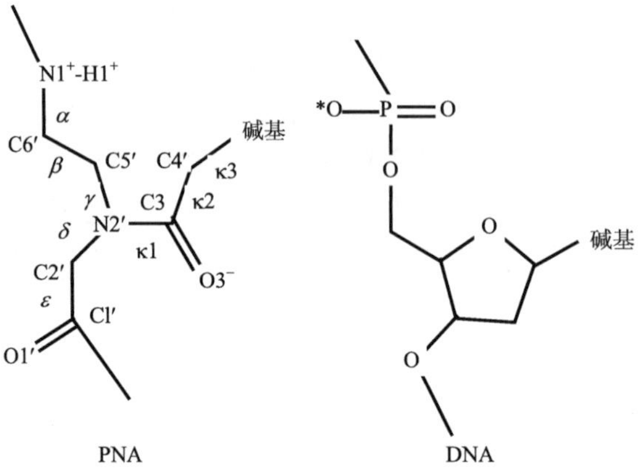

图 28-9　PNA 结构

Sen 和 Nilsson 研究了具有相同序列的 PNA、DNA 和 RNA 的单链结构，发现 PNA 链最初的碱基堆积结构在整个模拟过程中都保持着，而 DNA 和 RNA 链出现了堆积消失的情况。此外他们还发现，相比较而言，RNA 链的柔性最大而 PNA 链的刚性最强。紧接着他们研究了 PNA · PNA 以及平行 PNA · DNA 和反平行 PNA · DNA 在溶液中的构象(图 28-10)，平行 PNA · DNA 为 B 型结构，而 PNA · PNA 和反平行 PNA · DNA 结构介于 A 型和 B 型之间，更偏向于 A 型，与 NMR 和 X 射线衍射结果一致。Soliva 等也研究了 PNA · DNA 和 PNA · RNA 的双链结构，结果表明无论以哪种构型为初始模型，最终结构都会向由 NMR 得到的结构发生收敛。他们还发现 PNA 比 DNA 和 RNA 具有更高的柔性，但这并没有影响碱基的堆积排列。PNA · DNA · PNA 三链的分子动力学模拟研究结果显示，最终得到的稳定结构与晶体结构类似。并且与正常的 DNA · DNA · DNA 三链结构相比，有不同的螺旋特征但相同的碱基堆积作用。

Winter 等研究了 HNA(图 28-11)分别与 RNA 和 DNA 的杂交构象，HNA 与 RNA 的结合非常稳定，比它和 DNA，甚至比 dsDNA、dsRNA 和 DNA/RNA 都要稳定。他们根据 HNA 的数据建立了 HNA/RNA 和 HNA/DNA 的初始结构，这两个复合物都类似于 A 型，并且碱基对间的氢键也非常类似。Winter 认为两个复合物稳定性的差别是由小沟区溶剂化效应的不同引起的。Herdewijn 等研究了 MNA(GCGTAGCG)与其互补链 RNA(CGCAUCGC)的杂交性质，发现其杂交能力很差，并用分子动力学模拟得到的构

象对这一结果进行了解释，认为 3′-OH 与磷酸酯基中的 6′-O 形成的分子内氢键造成的链结构扭曲使得其杂交能力减弱。

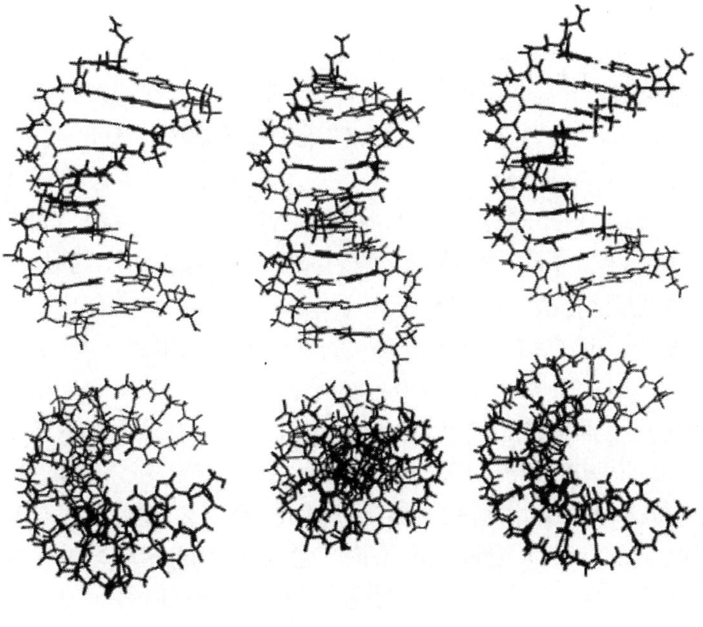

(a) (b) (c)

图 28-10 计算机模拟得到的 PNA · DNA

(a) 反平行 PNA · DNA；(b) 平行 PNA · DNA；(c) PNA · PNA 平均结构

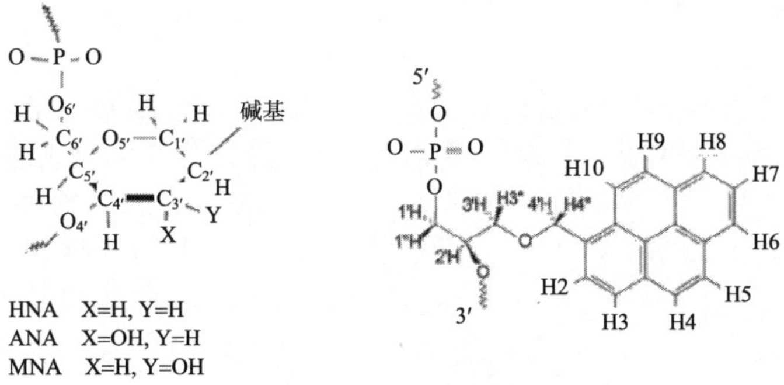

图 28-11 HNA、MNA、ANA 和 INA 的分子结构

Allart 等对 ANA(altritol nucleic acids)的杂交能力进行了分子动力学研究，其杂交能力的强弱顺序为：dsANA>ANA:RNA>ANA:DNA。Somerville 等对化学修饰的寡核苷酸序列 d(GCTAAGthioGAAAGCC):d(GGCTTTCCCTTAGC)(其中 thioG 为 6-巯基鸟嘌呤)进行了分子动力学模拟，结果显示 thioG 的存在对整个双链结构的影响是局部的。与正常 G:C 碱基对相比，thioG:C 碱基对儿的氢键作用减弱，并且碱基寿命减少了 80 倍，这就使得这一化学修饰的寡核苷酸双链(T_m=39.4°C)稳定性比正常 DNA 双链(T_m=45.0°C)

低。Nielsen 等用 AMBER 力场研究了一种新型的嵌合型核苷酸(INA)——d(CTCAACXCAAGCT): d(AGCTTGXGTTGAG)中 X 为嵌合体 1-O-(1-芘基甲基)丙三醇(28.11)。从计算结果来看，INA:INA 结构为 B 型。嵌合体的嵌入使得双螺旋在嵌入部位解开，但两个嵌合体仍旧位于螺旋中心，彼此之间以及和相邻碱基之间发生堆积，形成一个阶梯状结构，并且嵌合体的嵌入使分子的小沟区变宽。实验证明这一双链仅比正常 DNA 双链的亲和性略低，可能的原因就是嵌合体虽然对双链结构有影响，但影响只是局部的。而且嵌合体之间以及与周围碱基之间的堆积作用增强，因此 INA:INA 双链比较稳定。Cheatham 和 Kollman 在这方面做了很多工作。他们研究了序列为 d(CCAACGTTGG)的 DNA 与 RNA 的杂交情况，还对 $d(CGCGAATTCGCG)_2$ 和它的 3′-磷酰胺化的类似物进行了分子动力学模拟，发现无论初始模型为 A-还是 B-DNA，最终得到的 3′-磷酰胺化的寡核苷酸的结构都为 A 型，发生了 B→A 的转化。而且在模拟过程中出现了碱基对张开再闭合的过程。Barsky 等使用 CHARMM 力场研究了 3′-磷酰胺化 DNA 和 5′-磷酰胺化 DNA 与互补 RNA 形成的杂交双链的结构，结果显示 3′-磷酰胺化 DNA 链中的 NH 基团容易进入水中，而 5′-磷酰胺化 DNA 链中的 NH 基团不容易进入水中，这一骨架溶剂化特点使得 3′-磷酰胺化 DNA:RNA 双链比 5′-磷酰胺化 DNA:RNA 双链更稳定。James 等研究了硫代磷酸酯基修饰 DNA:RNA 双链的结构与 RNase H 活性的关系，发现小沟区宽度介于 A 型和 B 型结构之间以及 DNA 链糖环构象转化引起整个螺旋结构柔性增加的结构特点使得该杂交双链能够被 RNase H 识别。

第三节　基于生物网络的药物设计

药物研发是一项系统工程，涉及包括医学、化学、生物学等多个学科的合作与分工。近年来，作为药物研究的前期工作，药物的设计工作也愈来愈表现出整体性和系统性的特点。即在药物研究计划的早期，就对药物靶点的选择、备选化合物的选择等多个方面进行综合、全面的考虑，而不是仅仅局限于自己确定的那个目标靶蛋白。这样做的目的很大程度上是在尽可能早的阶段，考虑药物可能存在的毒副作用、吸收代谢方面的不良性质，从而在最大限度上降低后期的风险性，减少药物开发的投入成本。这是近几年药物设计发展中体现出来的新特点，区别于早期的药物设计思想和策略。

那么如何在药物的开发中体现这种整体性呢？随着人类基因组计划的实现，系统生物学(system biology)这一概念的提出和发展，为更深层次地了解生命的普遍规律提供了新的思路和方法。通过研究特定条件下体系中各组分的相互关系，人们可以更清楚的认识生命过程中的基本机制、规律及生物的进化。同时，系统生物学在药物设计中的应用和发展，也为制药业注入了新的活力。通过建立生物网络模型，研究网络中各蛋白和小分子的相互作用，可以帮助人们更好地理解疾病的发展过程，选择合适的药物靶标，评价药物的疗效与毒副作用等。

本节我们将围绕后基因组时代的药物设计特点和系统生物学这一概念出发，讨论系统生物学在药物设计方面的应用和发展，进而阐述基于生物网络的药物设计理念和方法。

一、系统生物学与药物设计

根据系统生物学的创始人之一 Leroy Hood 的定义，系统生物学是研究一个生物系统中所有组成成分(RNA、蛋白质等)的构成，以及在特定条件下这些组分间的相互关系的学科。整体性和系统性是这一学科的显著的特征。

系统生物学是在人类基因组计划的带动下逐渐兴起，不过早在 20 世纪 40 年代就有科学家提出了从系统的角度理解生物体系的概念。但由于当时的实验数据较少，计算机技术还不够发达，因此提出后并没有马上得到大量的实施，只有少数的科学家利用这一思路对一些小型的生物网络进行了尝试。

一般系统生物学研究有以下三个步骤：①整理实验数据，确立研究对象。这一步是研究的限速步骤，是最关键的一步。数据收集全面、正确与否，关系到模型本身的精确程度；对生物过程的理解，选择相对独立的体系，进行必要的近似与假设，直接关系到所建模型的正确性与适用范围；②建立数学模型，通过拟合实验结果验证模型的可靠性。这一步需要具有很好的数理基础，对计算机比较熟悉的研究人员完成。合理的方程形式，决定了理论模型在多大程度上与实验模型具有一致性；③分析网络的动力学性质，解释生物过程发生机制，预测改变不同条件可能产生的结果。本步是在第一、二步基础上的应用，是采用系统生物学方法的目标所在，体现方法的应用成果。

系统生物学可以为人们提供许多有用信息：它可以使人们更清楚的认识体系的结构，理解系统的动力学性质，发现生物过程的基本机制和规律；通过比较不同生物行使相同或相似生物功能的生物网络的异同，研究网络的优化问题，探索生物的进化；在药物设计方面，通过计算机模拟疾病治疗过程，人们可以更有效的发现新的药物靶标，判断药物的药效与毒性。

系统生物学的兴起在药物设计研究领域中掀起了一股热潮。传统的药物设计具有新药开发周期长、人力财力耗费大、多靶点的复合治疗途径设计难及药物毒副作用估计难等缺点。系统生物学注重整体性及系统性的特征，为克服这些缺点提供了理论与方法。现在越来越多的从事药物设计的研究人员开始关注系统生物学在药物开发中的应用，并在药靶的发现、药效及毒性的评估、优化治疗方案与药物作用机制等各方面进行研究尝试。

1. 系统生物学在药靶开发中的应用

构建生物网络模型，通过流量分析、参数稳定性分析等方法可以有效地发现新的药物靶标。2000 年 Haugh 小组发表了他们在 PLC 通路的研究工作。PLC 通路是影响细胞的运动性和定向性的重要信号传导通路。从直观上判断，PLC 是很好的治疗癌症的药物靶标。然而 Haugh 小组的研究发现 PLC 的抑制剂 U73122 只有在较高浓度下才具有治疗效果，这样可能导致一定的毒副作用。相对的，PLC 的底物 phosphatidylinositol-(4，5)-bisphosphate 代谢很快并需要不断稳定地向血管膜补给，是更为有效的治疗癌症的药物靶标。类似的，Helfert 小组结合遗传学实验与计算机模拟，发现磷酸丙糖异构酶对锥体虫的成活十分关键。抑制该酶可以导致锥体虫死亡，从而治疗卡格氏疾病。

2. 系统生物学在药物活性研究中的应用

哮喘是由嗜酸性粒细胞、肥大细胞和 T 淋巴细胞等多种炎症细胞参与的气道慢性炎症。Stokes 小组建立了 Asthma PhysioLab 模型，用于模拟气道在变态反应原刺激下的哮喘症状。和动物实验相反，该模型的计算结果显示抑制白介素 5(IL-5)对哮喘的治疗效果并不明显。临床实验证实了这一计算结果。Asthma PhysioLab 模型成功地预测了药物的活性，Pfizer 公司已将该模型用于实际新药开发中哮喘药靶的筛选与药效的评估。

碱性成纤维细胞生长因子(FGF-2)受体信号传导通路是心血管疾病中的重要通路。不少实验小组已通过搭建该通路的计算模型，用于解释 FGF-2 在心血管疾病中的调控作用。临床研究发现冠状动脉内灌注 FGF-2 对心血管疾病治疗效果不大。利用 FGF-2 受体信号传导通路数学模型计算发现，由于受通路中一个速控反应的控制，灌注的 FGF-2 只能短暂地增加细胞内 FGF-2 的浓度，这就解释了临床中采用灌注 FGF-2 治疗心血管疾病的方法失效的原因。

3. 系统生物学在药物毒性评估中的应用

通过建立生物网络模型，人们可以更直观地考虑药物分子对非靶点通路的影响，判断药物可能存在的毒副作用。例如，吡嗪酰胺是一种治疗肺结核病的药物，Bugrim 小组通过网络分析，预测了该药可能存在的毒副作用。Apic 小组在他们 2005 年发表的文章中指出，通过网络分析，Viagra 的毒副作用可以更早地被发现，该药物具有蓝视的毒副作用的原因是因为它一方面可以与平滑肌中的磷酸二酯酶 5 结合实现疗效，另一方面它也可以与眼球中磷酸二酯酶 5 的同源蛋白磷酸二酯酶 6 结合导致毒副作用产生。

4. 系统生物学在优化药物治疗方案中的应用

NF-κB 家族蛋白是细胞凋亡过程中的重要转录调节因子。NF-κB 的活性与肿瘤的形成和转移密切相关，因此 NF-κB 通路的研究在癌症治疗具有重要意义。Bortezomib 通过抑制 NF-κB 的核易位对多发性骨髓癌具有治疗效果。然而 Sung 小组建立的 NF-κB 通路模型揭示只有当 bortezomib 对其作用靶点的抑制率超过 95%时才能有效地降低 NF-κB 在核处的浓度。而临床上所能使用的 bortezomib 的最大剂量也只能达到 65%的抑制率，因此 bortezomib 并不是十分有效的治疗癌症的药物。他们的计算结果发现，直接抑制细胞质的 NF-κB 能更有效的治疗癌症。这一研究结果不仅提供了新的治疗癌症的药靶，同时为制定药物使用剂量、优化药物治疗方案提供了新的方向。

糖尿病是常见的慢性疾病之一。Kitano 小组建立了计算模型用于研究糖尿病的治疗方案。他们的模型包括了脂细胞、肝细胞、骨骼肌细胞与胰腺β细胞的相互作用。在文章中，Kitano 小组讨论了可能的多靶点治疗糖尿病的方案。他们特别提到了使用 infliximab(一种 TNF-α抗体)与其他抑制 TNF-α策略相结合治疗 2 型糖尿病。

5. 系统生物学在药物作用机制研究中的应用

系统生物学不仅可以帮助人们寻找新的药靶，更快速、简便的判断药物的药效和毒性，设计最优的疾病治疗方案，还可以帮助人们理解药物的作用机制，从根本上解释药物的药效和毒副作用。一个很好的例子是Christopher小组搭建的癌细胞模型。该模型包括1000多个与细胞存活和动态平衡相关的基因与蛋白，引用的文献超过3650篇。他们在计算机上模拟了一系列基因敲除实验，同时用siRNA方法加以验证。现在该模型已用于寻找新的治疗癌症的药靶，解释药物的作用机制。

另一个关于系统生物学在药物作用机制研究中的应用的例子，是关于 EGFR 的研究。EGFR是治疗的癌症的重要的靶点。关于EGFR的计算模型已经建立起来用于更好的理解EGFR抑制剂治疗癌症的机制。尽管目前已开发出许多EGFR的抑制剂，但它们具体的作用机制仍然不是十分清楚。通过建立数学模型模拟EGFR抑制剂的作用过程弥补了这一空白。

二、基于网络的药物设计

人体是一个复杂的稳定体系，通过信号转导、抑制或激活等多种调节手段来维持正常的生理功能。当疾病发生的时候，人体的某一部分平衡被打破，一个或几个蛋白的功能发生异常，多数药物的作用就在于通过调节这些酶的活性，使内环境平衡恢复正常，从而消除疾病的症状表象，达到缓解疾病发展的目的。进而，免疫系统发挥作用，达到恢复的目的。因此，我们可以看到，人体可以抽象为一个复杂的分子调控网络。网络的成员包括了大分子物质和小分子调控物质，通过大分子和小分子的相互作用以及大分子之间的相互作用，达到调节机体平衡的目的。在这个体系中，包含了两种相互作用指导下的网络类型，即蛋白质–蛋白质相互作用网络和蛋白质–内源性配基相互作用网络。从药物设计的需要来看，在机体内后者的作用更大一些。生物体内的网络是多对多的类型，很少有一对一的情况发生，这种冗余的存在，是生物体在长期进化中演变的结果。药物设计的初衷往往是要设计专一性抑制或者激动剂，但由于人体调节网络的特点，药物在体内的作用不可能是完全单一性的，而是多靶点作用的模式。另外，由于阻断或者激活了某个生理环节，就会导致整个网络或者部分网络负反馈的发生，从而间接影响到其他蛋白的功能，这也是抗药性产生的一个最主要的原因。在这里，我们提出基于网络的药物设计的概念(图28-12)。

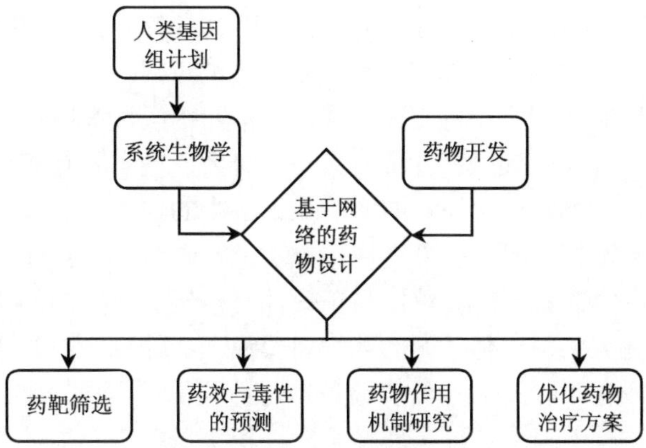

图28-12 基于网络的药物设计示意图

基于网络的药物设计是指在整理前人实验、临床数据的基础上建立疾病的数学网络模型，通过计算模拟疾病的发生过程与药物的治疗过程，发现新的治疗靶标，并评估药物的药效与毒性、选择优化疾病治疗方案、研究药物的作用机制，辅助药物设计。基于网络的药物设计与靶向药物设计相对应，着眼的不是一个特定的药靶的控制，而是整个疾病网络平衡的调节。在将网络从疾病状态转移到正常生理平衡的过程中，可以考虑多个小分子、多靶点的复合治疗手段，力求在控制疾病通路的同时也能维持其他通路的正常生理状态，实现有效而无不良反应的治疗过程。由于使用计算机模拟，基于网络的药物设计可以更迅速的、直观地反映药物治疗疾病的真实过程，减少时间、人力、财力的消耗。

炎症的病理过程是人体内研究的比较深入的一个生理过程，我们这里所讲的炎症体系包括了花生四烯酸代谢途径以及一系列白介素通过激活受体介导的病理条件下的反应。这个体系中涉及了包括环氧酶、脂氧酶、磷脂酶 A2 等在内的一系列重要靶点蛋白，是药物设计研究中的热点。但正如我们所看到的，一系列设计出的抑制剂在体外都有良好的活性，在体内却都出现了诸如胃肠道反应、瑞氏综合征在内的不良反应。

对于这样的体系，从基于网络的药物设计角度出发，我们至少需要搞清楚以下几个问题：①哪一个或几个蛋白是最适合做药物设计靶点的，这样的蛋白质应该具有以下的特征：在通路的关键位置、负反馈调节比较少和具有很高的选择性。因为在这样的体系中，不同酶的同源性很高，甚至有些就是同工酶(如 COX-1 和 COX-2)，如果不加以选择，设计出来的抑制剂很有可能是不专一的，也可以通过激活或者阻断其他酶的活性，进而影响到其他生理功能；如果在这个过程中，有负反馈机制的发生，情况将会更加复杂。②体系中那些蛋白质是对生理过程起着至关重要的作用，这些环节往往是药物毒性产生的原因，应该在药物设计的早期加以挑选和避免。这样的蛋白质往往调控着通路中的速控步骤，同时接受体内多个内源性活性分子的调节，专一性比较差。

目前，基于网络的药物设计一般遵循以下流程：①前人的研究数据，建立疾病网络模型；②网络动力学性质分析；③筛选药靶；④优化治疗方案。

从系统生物学的角度提出的基于网络的药物设计，为药物的开发提供了新的思路。它的优点在于：①从系统的角度出发，考虑药物对网络平衡的整体效应，更符合人体内药物治疗疾病的真实情况；②通过参数敏感性分析等手段，可以快速的找到网络中潜在的药靶，并能通过改变网络的输入十分方便的评估药物的疗效；③网络本身的拓扑结构可以让人们对药物可能产生的毒副作用一目了然，通过对网络的动力学性质的分析，人们可以更清楚的了解毒副作用产生的根源；④对于治疗手段没有限制，可以轻松的设计多靶点的复合治疗手段并评估疗效；⑤节省人力、财力，对实验具有指导作用。当然这种方法也具有一定缺点：①它受已积累的实验数据多少的影响，如果对一个体系的了解甚少，缺乏关键的实验数据，就不能采用这种方法进行研究；②整理前人的实验数据是一个繁琐的过程，所收集的数据的完整性与正确性将直接影响后面的实验结果；③受电脑技术的限制，对于庞大的网络体系，计算时间长或无法计算。由此我们可以看到，基于网络的药物设计的发展离不开高通量实验技术与计算机技术的成熟。基于网络的药物设计今后的主要发展方向有：①通过高通量实验累积大量疾病相关数据，建立网络数据库，方便疾病网络模型的建立；②发展数学方法，能够更快更准确地描述网络模型，得到更多有用信息；③形成一套规范的普适的研究流程，便于研究各种不同的疾病。

主要参考文献

Avino A, Cubero E, Gonzalez C, et al. 2003. Antiparallel triple helices: Structural characteristics and stabilization by 8-amino derivatives. J. Am. Chem. Soc, 125: 16127~16138

Barsky D, Colvin ME, Zon G, et al. 1997. Hydration effects on the duplex stability of phosphoramidate DNA: RNA oligomers. Nucleic Acid Res, 25: 830~835

Berman HM, Westbrook J, Feng Z, et al. 2000. Bourne: the Protein Data Bank. Nucleic Acids Research, 28: 235~242

Brown, J. H. 2006. Breaking symmetry in protein dimers: designs and functions. Protein Sci, 15: 1~13

Canutescu A A, Shelenkov A A, and Dunbrack R L, Jr. 2003. A graph-theory algorithm for rapid protein side-chain prediction. Protein Sci, 12: 2001~2014

Cheatham III TE, Yong MA. 2001. Molecular dynamics simulations of nucleic acids: success, limitations and promise. Biopolymers, 56: 232~256

Cheng J and Baldi P. 2006. A Machine Learning Information Retrieval Approach to Protein Fold Recognition. Bioinformatics, 22: 1456~63

Chen R and Weng Z. 2003. A Novel Shape Complementarity Scoring Function for Protein-Protein Docking. Proteins, 51: 397~408

Duan Y, Wilkosz P, Crowley M, Rosenberg JM. 1997. Molecular dynamics simulation study of DNA dodecamer d (CGCGAATTCGCG) in solution: conformation and hydration. J. Mol.Biol, 272: 553~572

Dunbrack R L, Jr. 2002. Rotamer libraries in the 21st century. Curr Opin Struct Biol, 12: 431~440

Evans, J. S., Mathiowetz, A. M., and Goddard, W.A., 3rd et al. 1995. De novo prediction of polypeptide conformations using dihedral probability grid Monte Carlo methodology. Protein Sci, 4: 1203~1216

Eyal, N., Stefan, F., and Martin, K. 1996. Simulation of activation free energies in molecular systems. J Chem Phys, 105: 1902~1921

Feig M, Pettitt BM. 1998. Structural equilibrium of DNA represented with different force fields. Biophys. J,. 75: 134~149

Fiser A, and Sali A. 2003. ModLoop: automated modeling of loops in protein structures. Bioinformatics, 19: 2500~2501

Garrett M M, et al. 1998. Automated docking using a Lamarckian genetic algorithm and an empirical binding free energy function. J Comput Chem, 19: 1639~1662

Ginalski K. 2006. Comparative Modeling for Protein Structure Prediction. Curr Opin Struct Biol, 16: 172~177

Han H, Langley DR, Rangan A, Hurley LH. 2001. Selective interactions of cationic porphyrins with G-quadruplex structures. J. Am. Chem. Soc, 123: 8902~8913

Han S, Lee BC, Yu ST, et al. 2005. Fold Recognition by Combining Profile~Profile Alignment and Support Vector Machine. Bioinformatics, 21: 2667~2673

Hardin C, Pogorelov TV and Luthey-Schulten Z. 2002. Ab Initio Protein Structure Prediction. Curr Opin Struct Biol, 12: 176~181

Hedstrom L. 2002. Serine protease mechanism and specificity. Chem Rev, 102: 4501~4524

Hoffmann R, Valencia A. 2003. Protein Interaction: Same Network, Different Hubs. Trends Genet, 19: 681~683

Holm L, and Sander C. 1992. Fast and simple Monte Carlo algorithm for side chain optimization in proteins: application to model building by homology. Proteins, 14: 213~223

Janin J, Henrick K, and Wodak S J, et al. 2003. CAPRI: a Critical Assessment of PRedicted Interactions. Proteins, 52: 2~9

Karplus M, and McCammon J A. 2002. Molecular dynamics simulations of biomolecules. Nat Struct Biol, 9: 646~652

Krebs W G, Alexandrov V, and Gerstein M, et al. 2002. Normal mode analysis of macromolecular motions in a database framework: developing mode concentration as a useful classifying statistic. Proteins, 48: 682~695

Krishnamoorthy B, and Tropsha A. 2003. Development of a four-body statistical pseudo~potential to discriminate native from non-native protein conformations. Bioinformatics, 19: 1540~1548

Ksiazek T G, Erdman D, Goldsmith C S, et al. 2003. A novel coronavirus associated with severe acute respiratory syndrome. N Engl J Med, 348: 1953~1966

Lindahl E, Hess B, and Van der Spoel D. 2001. GROMACS 3.0: a package for molecular simulation and trajectory analysis. J Mol Model, 7: 306~317

Madhumalar A, Bansal M. 2003. Structural insights into the effect of hydration and ions on A-tract DNA: a molecular dynamics study. Biophys. J, 85: 1805~1816

Oostenbrink C, Soares T A, and Van Gunsteren W F. 2005. Validation of the 53A6 GROMOS force field. Eur Biophys J, 34: 273~284

Oostenbrink C, Villa A, and Van Gunsteren W F. 2004. A biomolecular force field based on the free enthalpy of hydration and solvation: the GROMOS force-field parameter sets 53A5 and 53A6. J Comput Chem, 25: 1656~1676

Osguthorpe D J. 2000. Ab initio protein folding. Curr Opin Struct Biol, 10: 146~152

Schonbrun J, Wedemeyer W J, and Baker D. 2002. Protein structure prediction in 2002. Curr Opin Struct Biol, 12: 348~354

Silva MW. 2003. Association of DNA quadruplexes through G:C:G:C tetrads. Solution structure of d**(GCGGTGGAT).** Biochem, 42: 14356~14365

(刘振明　金宏威)